高等学校计算机专业系列教材

计算机
算法基础

第2版

［美］沈孝钧 ●著

ESSENTIALS OF COMPUTER
ALGORITHMS
Second Edition

机械工业出版社
CHINA MACHINE PRESS

本书作者根据自己几十年的教学与科研实践，系统地总结了计算机算法的设计与分析方法，覆盖了大部分主要的算法技术，包括分治法、动态规划、贪心算法、图的周游算法、穷举搜索等，涉及一系列重要的算法问题，包括排序问题、选择问题、最小支撑树问题、单源最短路径问题、网络流问题、字符串的匹配问题和计算几何算法问题等。作者力求通过有趣和难易适中的案例说明算法的特点和应用场景，使读者能够理解如何针对具体问题选择高效的算法。

本书适合作为高校计算机及相关专业算法课程的教材，也适合作为软件研发人员了解算法的技术参考书。

北京市版权局著作权合同登记　图字：01-2023-2139 号。

图书在版编目（CIP）数据

计算机算法基础 /（美）沈孝钧著 . —2 版 . —北京：机械工业出版社，2024.1
高等学校计算机专业系列教材
ISBN 978-7-111-74659-1

Ⅰ.①计…　Ⅱ.①沈…　Ⅲ.①计算机算法—高等学校—教材　Ⅳ.① TP301.6

中国国家版本馆 CIP 数据核字 （2024）第 013697 号

机械工业出版社（北京市百万庄大街 22 号　邮政编码 100037）
策划编辑：朱　劼　　　　责任编辑：朱　劼　陈佳媛
责任校对：张亚楠　陈　越　　责任印制：李　昂
河北鹏盛贤印刷有限公司印刷
2024 年 4 月第 2 版第 1 次印刷
185mm×260mm・25.5 印张・633 千字
标准书号：ISBN 978-7-111-74659-1
定价：79.00 元

电话服务　　　　　　　网络服务
客服电话：010-88361066　机　工　官　网：www.cmpbook.com
　　　　　010-88379833　机　工　官　博：weibo.com/cmp1952
　　　　　010-68326294　金　书　网：www.golden-book.com
封底无防伪标均为盗版　机工教育服务网：www.cmpedu.com

前　　言

计算机算法是计算机科学的一个重要分支，是计算机专业的一门必修课。作者从事这门课的教学及相关研究工作已有三十余年，在走了不少弯路后逐渐领悟到算法的思维方法和设计技巧，积累了一些经验，很希望通过书的形式让更多的读者在学习的初期就能得到正规的训练，为今后进一步深造奠定坚实的基础。即使对于不再深造的学生而言，能正确地运用算法课中的方法解决实际工作中的问题也是至关重要的。我们经常看到，有些学过算法的学生仍喜欢用自己习惯的复杂度高的方法来求解问题，这是还没真正入门的表现。本书的主要目的就是帮助学生养成自觉运用所学方法去追求最好结果的良好习惯。

书是为学生而用，为读者而写。作者本着这一宗旨，以共同探索解决问题的方式来讨论，使读者能触摸到作者的思维方法，并能建立起自己独立思考的学习习惯。为此，作者在本书的一些地方使用了与其他书不同的叙述和证明方法，避免简单照搬国内外教材，以激发读者的兴趣。培养独立思考能力和创新的欲望对从事算法工作的人来讲十分重要，没有哪一种具体的算法可以解决所有问题，也没有哪一本书是万能的，只有勤于思考的人才能较好地解决实际问题。理论要联系实际，没有理论指导很难把实际问题解决好，两者的结合要靠读者在实际工作中去实践。

本书包含了任何算法书都会包含的基本内容，并进行了扩充，主要包括网络流、字符串匹配、计算几何算法、近似算法、穷举搜索法、平摊分析及斐波那契堆等，并在附录中介绍了红黑树和用于分离集合操作的数据结构。每章后配有精心挑选的习题，其中相当一部分是作者在教学实践中设计的。全书的内容足够用于两个学期教学。经过适当地取舍，本书可用作高等院校计算机及相关专业高年级本科生、硕士生及博士生教材。

最后，作者要感谢启蒙导师朱宗正教授（已去世）、博士生导师 C. L. Liu 教授（已去世）的指导和熏陶，感谢清华大学、南京理工大学、伊利诺伊大学香槟分校的培养和提供的优良学术环境，感谢密苏里大学提供的教学和研究机会，感谢东南大学的单冯教授帮助完成本书的审校工作，并感谢朋友和家人的鞭策和支持。

本书修订了第 1 版中的错误。此外，做了以下主要改进。

- 增加第 17 章——平摊分析和斐波那契堆。
- 增加附录 B——用于分离集合操作的数据结构。
- 在第 2 章、第 4 章和第 7 章中增加了一些例题和证明方法。
- 在第 6 章中，改进了动态规划的定义方法和例题解释。
- 增加了很多难易不等的习题供教师选择。

沈孝钧

2024 年 2 月 20 日

教学建议

教学章节	教学要求			
	一学期课程	课时	二学期课程	课时
第1章 概述	算法复杂度的度量	1	算法复杂度的度量	1
	函数增长渐近性态的比较， O、Ω、Θ记号	1	函数增长渐近性态的比较， O、Ω、Θ记号	1
第2章 分治法	分治法原理	1	分治法原理	1
	递推关系求解	2	递推关系求解	2
	主方法，求解例题示范	1	主方法，求解例题示范	1
第3章 基于比较的排序算法	插入排序	1	插入排序	1
	合并排序	1	合并排序	1
	堆排序	2	堆排序	2
	快排序（不详细分析）	1	快排序	2
第4章 不基于比较的排序算法	决策树模型及排序最坏情况下界	1	决策树模型及排序最坏情况下界	1
			二叉树的外路径总长与排序平均情况下界	1
			二叉树的全路径总长与堆排序最好情况下界（选讲）	(1)
	计数排序	1	计数排序	1
	基数排序，桶排序（选讲）	(1)	基数排序，桶排序	1
第5章 中位数和任一顺序数的选择	最大数和最小数的选择（选讲）	(1)	最大数和最小数的选择	1
	任一顺序数选择（选讲）	(1)	任一顺序数选择	1
	找k个最大数讨论（选讲）	(1)	找k个最大数讨论	1
第6章 动态规划	动态规划原理，矩阵连乘	2	动态规划原理，矩阵连乘	2
	最长公共子序列	1	最长公共子序列	1
	最佳二元搜索树（只介绍问题）	—	最佳二元搜索树（选讲）	(2)
	多级图及其应用	1	多级图及其应用	1
	最长递增子序列（选讲）	(1)	最长递增子序列（只讲n^2算法）	1
第7章 贪心算法	原理、最佳邮局设置问题	1	原理、最佳邮局设置问题	1
	最佳活动安排问题	1	最佳活动安排问题	1
	其他最佳活动安排问题	1	其他最佳活动安排问题	1
	哈夫曼编码问题	1	哈夫曼编码问题	1
	最佳加油计划（选讲）	(1)	最佳加油计划	1

（续）

教学章节	教学要求			
	一学期课程	课时	二学期课程	课时
第 8 章 图的周游算法	图的表示、广度优先搜索算法	2	图的表示、广度优先搜索算法	2
	无向图的二着色问题	1	无向图的二着色问题	1
	深度优先搜索算法	2	深度优先搜索算法	2
	拓扑排序及应用	1	拓扑排序及应用	1
	强连通分支算法	1	强连通分支算法	1
			双连通分支算法	1
第 9 章 图的最小支撑树	问题定义和通用算法	2	问题定义和通用算法	2
	Kruskal 算法（选讲）	（1）	Kruskal 算法	1
	Prim 算法	1	Prim 算法	1
第 10 章 单源最短路径	问题定义和 Dijkstra 算法	2	问题定义和 Dijkstra 算法	2
	Bellman-Ford 算法（选讲）	（1）	Bellman-Ford 算法	1
第 11 章 网络流	—	—	网络流定义，割的定义	1
	—	—	最大流最小割定理	1
	—	—	Ford-Fulkerson 方法	1
	—	—	Edmonds-Karp 算法	1
	—	—	Dinic 算法	1
	—	—	二部图匹配、Hall 氏定理	1
	—	—	Birkhoff-von Neuman 定理（选讲）	（1）
	—	—	推进－重标号算法（选讲）	（2）
第 12 章 计算几何基础	—	—	平面线段及相互关系	2
	—	—	平扫线技术	1
	—	—	平面点集的凸包	1
	—	—	最近点对问题	1
第 13 章 字符串匹配	—	—	一个朴素的字符串匹配算法	1
	—	—	Rabin-Karp 算法（选讲）	（1）
	—	—	基于有限状态自动机的匹配算法	2
	—	—	KMP 算法	1
第 14 章 NP 完全问题	预备知识、P 类语言	2	预备知识、P 类语言	2
	非确定图灵机、多项式检验算法	1	非确定图灵机、多项式检验算法	1
	NP 类语言和 NP 完全问题定义	1	NP 类语言和 NP 完全问题定义	1
	第一个 NPC 问题（只定义）	—	第一个 NPC 问题	1
	若干著名 NPC 问题的证明： SAT, 3-SAT（只定义），团，顶点覆盖，哈密尔顿回路（只定义），TSP，子集和（只定义），集合划分（只定义）	3	若干著名 NPC 问题的证明： SAT, 3-SAT（只定义），团，顶点覆盖，哈密尔顿回路（只定义），TSP，子集和，集合划分	4

（续）

教学章节	教学要求			
	一学期课程	课时	二学期课程	课时
第15章 近似算法	—	—	近似算法的性能评价、顶点覆盖问题	1
	—	—	货郎担问题	1
	—	—	集合覆盖问题	1
	—	—	MAX-3-SAT问题，加权顶点覆盖问题	1
	—	—	子集和问题（选讲）	（1）
	—	—	鸿沟定理和不可近似性（选讲）	（1）
第16章 穷举搜索	搜索问题及方法的描述（选讲）	（1）	搜索问题及方法的描述	1
	回溯法（选讲）	（2）	回溯法	2
			分支限界法	1
			博弈树（game tree）和 α-β 剪枝（选讲）	（1）
第17章 平摊分析和斐波那契堆	—	—	概述，平摊分析常用方法	1
	—	—	动态表格（选讲）	（2）
	—	—	斐波那契堆	3
总课时	基本部分	40	—	80
	选讲部分	（11）	—	（12）

说明：

1）本建议仅供参考。学生也许已学过 Huffman 码或其他内容等，可做适当调整。

2）本建议是以一学期最少 40 课时授课时间来设计的，最好能有 50 课时。为灵活起见，部分内容可由教师选讲，选讲部分用括号表示。

3）除选讲以外的内容为重点内容，建议不做删减，除非学生已学过。

4）对各章节的课时分配是大概估计，有的也许需要 1.5 课时，有的需要 0.5 课时，教师可灵活掌握。

目　　录

第1章 概述

计算机算法的设计与分析简称为计算机算法，是计算机科学领域中的一个重要分支，它主要研究两方面问题：

1) 如何分析一个给定算法的时间复杂度。

2) 如何为给定的计算问题设计一个算法，使得它的复杂度最低。

通俗地讲，这里的时间复杂度就是用多少时间，显然以上两个问题是紧密相连的。因为实用价值不大，计算机算法课一般已不太讨论空间复杂度，即用多少存储单元的问题，本书也是这样。本章介绍算法的时间复杂度的基本概念以及分析和设计算法时应当遵循的基本原则。

1.1 算法与数据结构及程序的关系

计算机算法是数据结构和程序设计的后续课程。一个简单的问题是，学了数据结构和程序设计课程之后，为什么还要学算法？程序本身是算法吗？本节逐步给出简单回答。在深入学习之后，读者自己会有更准确的理解和领悟。

1.1.1 什么是算法

简单地说，算法（algorithm）是为解决某一计算问题而设计的一个计算过程，其每一步必须能在计算机上实现并在有限时间内完成。广义地讲，一个用某种语言（比如 C++ 或机器语言）编写的程序也可称为算法。但是，为了理论分析的严格性和便利性，我们对算法的定义加了某些限制。经过下面的讨论，我们会了解是哪些限制及为什么要加这些限制。

1.1.2 算法与数据结构的关系

算法与数据结构是密不可分的，除极少数算法外，几乎所有算法都需要数据结构的支持，而且数据结构的优劣往往决定算法的好坏。数据结构把输入的数据及运算过程中产生的中间数据用某种方式组织起来以便于动态地寻找、更改、插入、删除等。没有一种数据结构是万能的，我们应根据问题和算法的需要选用和设计数据结构，而在讨论数据结构时也必定会讨论其适用的算法。所以，数据结构课程与算法课程的内容往往有很多重叠。但是，数据结构课程需要解释其在计算机上的具体实现，而算法课程着重讨论在更为抽象的层次上解决问题的技巧及分析方法。打个比方，数据结构就好像汽车零件，例如发动机、车轮、车窗、车闸、座椅、灯光、方向盘等，而算法就好像是汽车总体设计。我们假定读者熟悉常用的一些数据结构，包括数组、队列、堆栈、二叉树等，而略去对它们的介绍。读者还应当具有基本的编写程序的知识。

1.1.3 算法与程序的关系

一段用某种计算机语言写成的源码，如果可以在计算机上运行并正确地解决一个问题，则称之为一个程序。程序必须严格遵守该语言规定的语法（包括标点符号），并且编程时往往还必须考虑计算机的物理限制，例如，允许的最大整数在 32 位机上和 64 位机上是不同的。而算法则不依赖于某种语言，不必严格遵守某个语法，更不依赖具体计算机的物理限制。只要步骤和逻辑正确，一个算法可以用任何一种语言表达。当然这种语言必须清楚无误地定义每一步骤且能够让稍懂程序的人看懂。这样，算法设计者可以着重考虑解题方法而免去不必要的琐碎的语法细节。所以，算法通常不是程序，但一定可以用任一种语言的程序来实现。（我们假定执行程序的机器有足够大的内存。）

1.1.4 选择排序的例子

在这一节，我们举一个例子——选择排序 (Selection Sort) 来说明算法与程序的关系。排序问题就是要求把输入的 n 个数字从小到大（或从大到小）排好。我们假定输入的这 n 个数字是存放在数组 $A[1..n]$ 中。下面的算法称为选择排序。

【例 1-1】选择排序。

```
输入：A[1],A[2],…,A[n]
输出：把输入的 n 个数重排使得 A[1]≤A[2]≤…≤A[n]
Selection-Sort(A[1..n])
1  for(i←1,i≤n,i++)
2      key←i
3      for(j←i,j≤n,j++)
4          if A[j]<A[key]
5              then key←j
6          endif
7      endfor
8      A[i]↔A[key]
9  endfor
10 End
```

这个算法看上去像 C++ 程序，但不是。实际上，它不遵守目前为止任一个可在计算机上编译的语言规定的语法，但它把算法的步骤描述得很清楚。这个算法含有 n 步，对应于变量 i 从 1 变到 n。第一步，它把最小数选出并放在 $A[1]$ 中；第二步，它把余下的在 $A[2..n]$ 中的最小数选出并放在 $A[2]$ 中，以此类推，第 i 步，它把余下的在 $A[i..n]$ 中最小的数选出并放在 $A[i]$ 中。当 $i=n$ 时，排序完成。算法中第 2~7 行表明该算法是用顺序比较的方法找到 $A[i..n]$ 中最小的数所在的位置 $A[key]$ 的。然后交换 $A[i]$ 和 $A[key]$，该算法显然是正确的。

1.1.5 算法的伪码表示

从上一节的例子中，我们看到算法的描述不依赖于某一语言，但又必须用某种语言去描述。我们把这个语言称为伪语言（pseudo language），而用该语言所表达的算法称为伪码（pseudo code）。不同的人可用不同的伪码写算法。本书允许任何含义清楚的伪码，例如上一节中的例 1-1。但是我们应当注意符号的一致性，例如我们用 "←" 表示赋值，则不要与 "=" 或 ":=" 混用。用伪码可以方便我们对算法的描述，有时还可以大大简化描述。例如，例 1-1 中的算法还可以描述如下。

【例 1-2】选择排序的另一种描述。

```
Selection-Sort(A[1..n])
1  for(i←1,i≤n-1,i++)
2     find j such that A[j]=min{A[i],A[i+1],…,A[n]}
3                    // 这里，操作符号 min 表示找出集合中有最小值的元素
4     A[i]↔A[j]
5  endfor
6  End
```

显然，这样的伪码大大简化了描述，突显了思路和方法，且易于分析。本书的伪码以英文为主，适当加入中文注释，以简洁、准确为原则。

1.2 算法复杂度分析

简单地说，某个算法的时间复杂度（time complexity）是它对一组输入数据执行一次运算并产生输出所需要的时间。早期的计算机使用者往往只注重程序的正确性而忽略了其时间的复杂度，这是因为当时计算机的速度与人算、珠算、机械式计算机或电动计算机相比太快了，似乎不需要时间。但后来人们困惑地发现，调试好的程序在实际应用时却迟迟不能算出结果，因而往往导致成百万美元投资的失败。原来，程序是正确的，但是，随着所解问题的规模增大，每次执行的时间却成十倍、百倍、千倍地增长。所以，算法复杂度的分析成了一个十分重要和必须考虑的问题。

1.2.1 算法复杂度的度量

既然算法复杂度很重要，那我们该如何度量？直接在机器上测量执行一次算法的时间显然不是好办法，因为即使是同样的算法和同样的输入数据，在快速计算机上执行和在慢速计算机上执行的时间是不同的。而且，不同的编译程序也会影响计算时间。这样的测量不能反映算法本身的优劣。

一个客观的度量方法是数一数在执行一次算法时一共需要多少次基本运算。基本运算指一条指令或若干条指令可以完成的操作，例如加法、减法、乘法、除法、赋值、两个数的比较等。不同语言提供的基本运算集合也许不完全相同，但大部分相同。某一语言所允许的不同的基本运算的个数是一个常数，且很少超出 300。但是，这一办法说起来容易做起来难。就拿例 1-1 中这一简单算法来说，有变量 i 和 n 的比较，有 i 每次加 1 的运算，有数组 A 中数字间的比较等，数出一个准确的数很困难。对于稍微复杂一点的算法，这一办法很难实行。所以必须简化对复杂度的度量。

解决的办法是，只统计算法中一个主要的基本运算被执行的次数并把它作为算法的复杂度。这里，主要的基本运算指的是在算法中被执行得最多的一个运算。这样，度量会大为简化。例如，在例 1-1 中，第 4 行的比较运算是一个主要运算。因此，选择排序的复杂度可以这样得出：

选出最小的数并放入 $A[1]$ 需要 $(n-1)$ 次比较；

选出第二小的数并放入 $A[2]$ 需要 $(n-2)$ 次比较；

……

选出第 i 小的数并放入 $A[i]$ 需要 $(n-i)$ 次比较；

……

选出第 $n-1$ 小的数，即第 2 大的数，并放入 $A[n-1]$ 需要 1 次比较；

选出第 n 小的数，即最大数，并放入 $A[n]$ 不需要比较，它已经在 $A[n]$ 中。

所以，总共需要的比较次数即复杂度是

$$T(n)=(n-1)+(n-2)+\cdots+1=\frac{n(n-1)}{2} \tag{1.1}$$

那么，这种简化是否合理？下面会继续讨论。

1.2.2　算法复杂度与输入数据规模的关系

算法的基本功能是将一组输入数据进行处理和运算，并产生和输出符合所解问题需要的结果。显然，一个算法的复杂度与输入数据的规模（通常用 n 表示）有关。例如，式（1.1）表明，选择排序中 n 越大，则所需比较的次数越多。我们当然希望算法中主要的基本运算的执行次数要少，但更重要的是，我们希望其复杂度随着 n 的增长而缓慢地增长。所以，一个算法的复杂度，就像式（1.1）那样，是一个以输入数据规模 n 为自变量的函数 $f(n)$。假定某一问题有两个算法，其复杂度分别为 $f(n)$ 和 $g(n)$。如果在 n 趋向无穷大时，$f(n)<g(n)$，我们则认为第一个算法优于第二个算法。例如，$f(n)=200n$，$g(n)=n^2$，$f(n)$ 比 $g(n)$ 好。注意，在 n 小于 200 时，$f(n)$ 并不优于 $g(n)$，所以在解决具体问题时，我们应当理论联系实际以确定用哪个算法。但是，在算法分析领域，我们只注重考虑在 n 趋向无穷大时的情形以便于进行理论分析，这是因为函数增长快慢的本质在这种情形下才真正体现出来。所以，虽然算法分析的结果对解决实际问题起着巨大的和决定性的指导作用，但理论联系实际的工作仍需要由解决实际问题的工作者去完成。本书将尽量把对理论的讨论与实际问题相结合。

因为我们必须讨论 n 趋向无穷大时的情形，所以算法所解决的问题必须允许无穷多个不同大小的输入数据。比如排序问题，算法必须是能将任意多的数字排好序的一般方法。例 1-1 中的选择排序是一个算法，因为 n 可以是任意一个正整数。作为反例，如果一个程序周期性地计算每周 7 天测量的温度的平均值，那么这个程序不在我们讨论的算法范畴内。这是我们对算法定义的最主要的限制，也是对我们要解决的问题的限制，即所解问题必须有无穷多个可能的不同规模的输入数据。我们把每一个具体的输入数据的集合称为该问题的一个实例（instance）。例如，5.1、3.2、8.6、9.7、4.0 这 5 个数可认为是排序问题的一个实例。解决一个问题的算法必须能够对问题的任何一个实例进行运算并输出正确结果。

通常讨论的算法还有一些其他限制，例如，算法不可以无结果地、永远不停地运算下去。因本书所讨论的算法不会涉及这些问题，我们略去对它们的解释。上面的限制，即要求输入规模 n 可趋向无穷大，是最主要的。

1.2.3　输入数据规模的度量模型

因为算法的复杂度是输入数据规模大小（简称输入规模）的函数，那么如何来度量输入规模？一般所采用的模型是用输入数据中数字的个数或输入的集合中元素的个数 n 作为输入数据规模的大小。在这个模型下，每个数，不论其数值大小，均占有一个存储单元，而任何一个基本运算所需时间是常数并不受被操作数大小的影响。例如，做 5+7 和做

10 225 566+45 787 899 所需时间是一样的。本书也采用这个模型，这个模型也有其缺点。比如，它把变量 n 也作为一般变量处理。这似乎不太合理。一方面允许 n 趋向无穷大，而另一方面又认为任何与 n 有关的基本运算像其他数字一样只需要常数时间。这是理论不完美的地方。但是，这部分的影响一般小于算法中主要部分的复杂度，不影响算法优劣的比较。这一模型在实践中被广泛采用而且非常成功。

另一个模型是用输入数据的二进制表示中所用的比特数作为输入数据的规模。这个模型在输入数据只含一个数或几个数时很有用。比如，我们希望判断一个数 a 是否为质数时，输入数据只有一个数。这时，前面的模型失败，因为 n 始终为 1，而且数 a 往往是个非常大的数，用一个存储单元存储 a 是一个不合理的假设。这时，用其比特数表示输入规模是一个合理的模型。本书基本上用不到这个模型。

1.2.4 算法复杂度分析中的两个简化假设

因为算法复杂度的优劣取决于在 n 趋向无穷大时它增长的快慢，所以两个复杂度在 n 趋向无穷大时如相差在常数倍之内，则可以认为是同阶的函数。例如，$f(n)=500n$ 和 $g(n)=3n$ 是同阶无穷大。而 $f(n)=5n$ 和 $g(n)=5n^{1.01}$，尽管指数相差很小，却有本质不同。它们不同阶，因为在 n 趋向无穷大时 $g(n)$ 和 $f(n)$ 之比会无限增大。所以，在分析算法复杂度时，注重的是函数增长的阶的大小，而不计较常数因子的影响。正因如此，在分析算法复杂度时只统计一个主要的基本运算被执行的次数就是很合理的。这是因为任一语言提供的不同的基本运算的种类（如加、减、乘、除、比较等）是一个不大的有限集合，而一个算法中用到的不同的基本运算的种类更是它的一个小子集。假定一个算法中用到 k 种不同运算，而算法中主要的基本运算被执行的次数是 $f(n)$，那么所有基本运算被执行的总数 $g(n)$ 满足关系 $f(n) \leqslant g(n) \leqslant kf(n)$。因为 k 是个很小的常数，所以 $g(n)$ 和 $f(n)$ 是同阶的函数。为了使这两个同阶函数所对应的实际所需时间也是同阶函数，我们还需要两个假设：

1）任一基本运算所需时间是一个常数，不因被操作数大小而改变。这一点在 1.2.3 节中已提到，即运算时间与被操作数大小无关。这一假设是合理的，因为不论数字大小，计算机中二进制表示所用的比特数是一样的且硬件操作的时钟周期数也往往一样。即使有所不同，其差别也是在常数倍之内。

2）任何两个不同的基本运算所需要的时间相同。例如，做一次减法与做一次乘法所需时间被认为相同。实际上会有不同，但也是在常数倍之内。

因为差别在常数因子之内的两个函数是同阶的，以上两个假设既合理又可大大简化我们的分析。它们的合理性是建立在输入规模 n 趋向无穷大的假设之上。这个假设是我们对算法的定义所加的最主要的限制和要求。我们对算法的理论分析和设计都是建立在这个假设之上。顺便说一句，虽然我们在分析算法复杂度时只需要统计一个主要的基本运算被执行的次数，但是统计两个（或三个）主要的基本运算也是可以的，这并不影响复杂度。有时，当我们不能确定某个运算是否在任何情况下都是主要的基本运算时，可考虑取两个或几个基本运算来统计。

1.2.5 最好情况、最坏情况和平均情况的复杂度分析

同一个算法可能会遇到各种不同的输入数据，从而导致执行的时间不同。即使两组输

入数据有相同的规模，算法执行的时间也会大不相同。因此，我们往往需要估计在输入规模同为 n 的情况下，遇到最有利的一组输入数据时，算法所需要的时间是多少；遇到最不利的一组输入数据时，算法所需要的时间是多少；以及在各种输入情况下平均所需要的时间是多少。上面三种情况下，算法所需要的时间分别称为最好情况复杂度、最坏情况复杂度和平均情况复杂度。下面我们看一个简单例子。例 1-3 是一个线性搜索的算法。这个算法顺序搜索数组 $A[1..n]$ 中的 n 个数，如发现某个数 $A[i]$ $(1 \leqslant i \leqslant n)$ 等于要找的数 x，则报告序号 i，否则报告 0。

【例 1-3】线性搜索的算法。

```
Linear-search(x,A[1..n])
输入：x 和数组 A[1..n]
输出：如果 A[i]=x(1≤i≤n)，输出 i，否则输出 0
1  i←1
2  while(i≤n and x≠A[i])
3    i←i+1
4  endwhile
5  if i≤n
6    then return (i)
7    else return (0)
8  endif
9  End
```

我们把数 x 和数组 $A[1..n]$ 之间比较的次数作为复杂度。最好的情况是 $A[1]=x$，这时算法只需要一次比较。当 x 不在数组中或者发现 $A[n]=x$，算法则需要比较 n 次，这是最坏情况。算法平均情况下的复杂度与各种情况的分布有关。假设 x 总是可以在数组中找到，并且 x 等于任一个数 $A[i]$ 的概率都是 $1/n$ $(1 \leqslant i \leqslant n)$，那么平均情况复杂度为：

$$\frac{1}{n}(1+2+\cdots+n)=\frac{1}{n}\cdot\frac{n(n+1)}{2}=\frac{n+1}{2}$$

显然，最坏情况的复杂度是最重要的和必须考虑到的，它帮助我们判断，算法能否在任何情况下，都能在预期的时间内完成，而不会因运算时间过长导致整个软件系统失败。平均复杂度可帮助我们了解长时间重复使用一个算法时可能会有的效率。最好情况的复杂度相对来讲不太重要而往往不做分析，但为了理论分析的需要，我们有时也会讨论。

1.3 函数增长渐近性态的比较

由上述讨论可知，算法复杂度的优劣取决于在输入规模 n 趋向无穷大时其增长速度的快慢，即所谓的阶。本节介绍评估和比较两个函数随 n 增长时渐近性态优劣的常用方法和记号，以及常见的一些复杂度函数。

1.3.1 三种比较关系及 O、Ω、Θ 记号

在比较两个复杂度函数时一般有三种情况，即同阶、高阶、低阶。然而，我们用得更多的三种关系是"不高于""不低于""同阶于"，分别用记号 O（读作大 oh），Ω（读作大 omega）和 Θ（读作大 theta）表示。下面逐一讨论。

定义 1.1 设 $f(n)$ 和 $g(n)$ 是两个定义域为自然数的正函数。如果存在一个常数 $c>0$ 和

某个自然数 n_0 使得对任一 $n \geq n_0$，都有关系 $f(n) \leq cg(n)$，我们则说 $f(n)$ 的阶不高于 $g(n)$ 的阶，并记作 $f(n) = O(g(n))$。

【例1-4】证明 $n^3 + 2n + 5 = O(n^3)$。

证明： 因为当 $n \geq 1$ 时，我们有 $n^3 + 2n + 5 \leq n^3 + 2n^3 + 5n^3 = 8n^3$，所以 $n^3 + 2n + 5 = O(n^3)$。（取 $c = 8$，$n_0 = 1$。）　∎

定义 1.2　设 $f(n)$ 和 $g(n)$ 是两个定义域为自然数的正函数。如果存在一个常数 $c > 0$ 和某个自然数 n_0 使得对任一 $n \geq n_0$，都有关系 $f(n) \geq cg(n)$，我们则说 $f(n)$ 的阶不低于 $g(n)$ 的阶，并记作 $f(n) = \Omega(g(n))$。

【例1-5】证明 $n^2 = \Omega(n \lg n)$。（注意，在计算机科学领域，不明示的对数底规定为2。）

证明： 因为当 $n \geq 1$ 时，我们有 $n > \lg n$，所以 $n^2 = \Omega(n \lg n)$。（取 $c = 1$，$n_0 = 1$。）　∎

定义 1.3　设 $f(n)$ 和 $g(n)$ 是两个定义域为自然数的正函数。如果关系 $f(n) - O(g(n))$ 和 $f(n) = \Omega(g(n))$ 同时成立，我们则说 $f(n)$ 与 $g(n)$ 同阶，并记作 $f(n) = \Theta(g(n))$。

【例1-6】证明 $n^3 + 2n + 5 = \Theta(n^3)$。

证明： 因为例1-4已经证明了 $n^3 + 2n + 5 = O(n^3)$，只需要证明 $n^3 + 2n + 5 = \Omega(n^3)$。我们注意到当 $n \geq 1$ 时，$n^3 + 2n + 5 > n^3$，所以 $n^3 + 2n + 5 = \Omega(n^3)$，这样也就证明了 $n^3 + 2n + 5 = \Theta(n^3)$。　∎

1.3.2　表示算法复杂度的常用函数

多项式函数是用于表示算法复杂度的最常见的函数之一。容易证明任一个多项式函数与其首项同阶。我们把它总结在定理1.1中。

定理 1.1　假设 $p(n) = a_k n^k + a_{k-1} n^{k-1} + a_{k-2} n^{k-2} + \cdots + a_1 n^1 + a_0$ 是一个变量为 n 的多项式函数，其中系数 $a_k > 0$，那么 $p(n) = \Theta(n^k)$。

证明： 我们先证明 $p(n) = O(n^k)$。有以下演算：

$$
\begin{aligned}
p(n) &= a_k n^k + a_{k-1} n^{k-1} + a_{k-2} n^{k-2} + \cdots + a_1 n^1 + a_0 \\
&\leq a_k n^k + |a_{k-1}| n^{k-1} + |a_{k-2}| n^{k-2} + \cdots + |a_1| n^1 + |a_0| \\
&\leq a_k n^k + |a_{k-1}| n^k + |a_{k-2}| n^k + \cdots + |a_1| n^k + |a_0| n^k \\
&\leq (a_k + |a_{k-1}| + |a_{k-2}| + \cdots + |a_1| + |a_0|) n^k \\
&\leq C n^k
\end{aligned}
$$

这里，$C = (a_k + |a_{k-1}| + |a_{k-2}| + \cdots + |a_1| + |a_0|)$ 是一个大于零的常数，所以 $p(n) = O(n^k)$。
现在证明 $p(n) = \Omega(n^k)$。

$$
\begin{aligned}
p(n) &= a_k n^k + a_{k-1} n^{k-1} + a_{k-2} n^{k-2} + \cdots + a_1 n^1 + a_0 \\
&\geq a_k n^k - |a_{k-1}| n^{k-1} - |a_{k-2}| n^{k-2} - \cdots - |a_1| n^1 - |a_0| \\
&\geq a_k n^k - |a_{k-1}| n^{k-1} - |a_{k-2}| n^{k-1} - \cdots - |a_1| n^{k-1} - |a_0| n^{k-1} \\
&\geq a_k n^k - (|a_{k-1}| + |a_{k-2}| + \cdots + |a_1| + |a_0|) n^{k-1} \\
&= a_k n^k - D n^{k-1}
\end{aligned}
$$

这里，$D = (|a_{k-1}| + |a_{k-2}| + \cdots + |a_1| + |a_0|)$ 是一个非负常数。因此，我们有

$$
p(n) \geq a_k n^k - D n^{k-1} = a_k n^k \left(1 - \frac{D}{a_k} \cdot \frac{1}{n} \right)
$$

当 $n \geq \lceil 2D / a_k \rceil$ 时，

$$p(n) \geqslant a_k n^k \left(1 - \frac{D}{a_k} \cdot \frac{1}{n}\right) \geqslant \frac{1}{2} a_k n^k$$

所以，$p(n) = \Omega(n^k)$。（取 $c = \frac{1}{2} a_k$，$n_0 = \lceil 2D / a_k \rceil$。）

这也就证明了 $p(n) = \Theta(n^k)$。 ∎

如果一个算法的复杂度是 $\Theta(n^k)$，k 是一个正整数，我们称该复杂度为 k 阶多项式。例如，选择排序的复杂度是 2 阶多项式 $\Theta(n^2)$。当 $k=1$ 时，则称之为线性复杂度。另一常见函数是以 $\lg n$ 为变量的多项式，或以 $\lg \lg n$ 为变量的多项式，例如 $(\lg n)^2$、$(\lg \lg n)^3$ 等。而很多复杂度是以这两种函数为因子的函数，例如 $(\lg n)^3 (\lg \lg n)$，我们统称它们为对数多项式 (polylog)。

如果一个函数在变量 n 趋向于无穷时比任何一个多项式都高阶，则称之为超多项式 (super polynomial)，例如指数函数 2^n、阶乘函数 $n!$，以及 n^n 等。这些函数增长极快以至于任何多项式与之相比都以零为极限。

【例 1-7】证明对任意正整数 k，$\lim\limits_{n \to \infty} \dfrac{n^k}{2^n} = 0$。

证明：由微积分中洛必达法则，

$$\lim_{n \to \infty} \frac{n^k}{2^n} = \lim_{n \to \infty} \frac{kn^{k-1}}{2^n \ln 2} = \lim_{n \to \infty} \frac{k(k-1)n^{k-2}}{2^n (\ln 2)(\ln 2)} = \lim_{n \to \infty} \frac{k!}{2^n (\ln 2)^k} = 0$$ ∎

由上可见，如果一个算法的复杂度是指数函数，则该算法基本上是无法应用的，因为它增长得太快了。为了对其增长有一个感性认识，我们举下面的一个例子。据说俄国的一位沙皇与当时的一位象棋大师下棋输了，他问这位大师希望得到什么奖赏。这位大师说，棋盘有 $8 \times 8 = 64$ 个格子，我希望从第一个格子得到一粒米开始，每数下一个格子，得到的米粒数加倍。这就是说，他要得的米粒总数为 $1 + 2 + 4 + \cdots + 2^{63} = 2^{64} - 1$。这个数字有多大呢？$2^{64} - 1 = 16 \times (2^{10})^6 - 1 > 16 \times 1000^6 = 16 \times 10^{18}$。作者曾数过某种大米，一两大约有 2500 粒，也就是说，一吨米有 5000 万粒。所以，这位象棋大师要的米大约是 $16 \times 10^{18} / (5 \times 10^7) > 3 \times 10^{11}$ 吨，也就是大于 3000 亿吨。这个数字大大超过沙俄一年粮食收成。以每人每年 1000 斤米计算，这些米可供 60 亿人吃 100 年。如果某算法需要 2^n 次运算，则当 $n=64$ 时，即使用每秒能做 20 亿亿（$= 20 \times 10^{16}$）次运算的、2019 年世界上最快的超级计算机 Summit，也需要至少 $16 \times 10^{18} / (20 \times 10^{16}) = 80$ 秒。如果 $n=84$ 呢？那它就需要 80×2^{20} 秒 $> 8 \times 10^7$ 秒。一年有 $365 \times 24 \times 3600 = 31\,536\,000 < 4 \times 10^7$ 秒，该超级计算机需要运算 2 年多才能得到结果。

【例 1-8】证明对任意小正整数 $\varepsilon > 0$，$\lim\limits_{n \to \infty} \dfrac{\lg n}{n^\varepsilon} = 0$。

证明：由微积分中洛必达法则，

$$\lim_{n \to \infty} \frac{\lg n}{n^\varepsilon} = \lim_{n \to \infty} \frac{\ln n}{(\ln 2) n^\varepsilon} = \frac{1}{\ln 2} \lim_{n \to \infty} \frac{1/n}{\varepsilon n^{\varepsilon - 1}} = \frac{1}{\ln 2} \lim_{n \to \infty} \frac{1}{\varepsilon n^\varepsilon} = 0$$ ∎

例 1-8 说明对数函数的阶比任一多项式函数或幂函数的阶要小。实际上，对任何正整数 k 和任意小正整数 $\varepsilon > 0$，都有 $(\lg n)^k = O(n^\varepsilon)$。我们当然希望算法复杂度 $T(n)$ 越小越好，最好是常数 (constant)，记为 $T(n) = \Theta(1)$。在常数和对数之间还有其他一些函数，例如，$\lg^* n$。该函数定义为对 n 连续进行对数运算的次数使其值小于或等于 1。例如 $\lg^* 16 = 3$，因为 $\lg \lg \lg 16 = 1$。在本书中，我们不常用这些函数，等用到时再做介绍。

1.4　问题复杂度与算法复杂度的关系

当为某一问题设计算法时，我们总是追求最好的复杂度。但是，怎样才能知道已达到最佳？我们必须考虑问题的复杂度。本节简单介绍问题复杂度和算法复杂度的关系。

1.4.1　问题复杂度是算法复杂度的下界

问题的复杂度就是任一个解决该问题的算法所必需的运算次数。例如，任何一个用比较大小的办法将 n 个数排序的算法需要至少 $\lceil \lg n! \rceil$ 次比较才行。这个结果将在第 4 章讨论。那么，$\lceil \lg n! \rceil$ 就是（基于比较的）排序问题的复杂度。因为没有一个算法可以用少于 $\lceil \lg n! \rceil$ 次比较解决排序问题，$\lceil \lg n! \rceil$ 就成了算法复杂度的下界。通常我们使用的是在 Ω 意义下的下界，即任一比较排序算法的复杂度必定为 $\Omega(\lg n!)$ 或 $\Omega(n\lg n)$。所以，如果可以证明某个问题至少需要 $\Omega(g(n))$ 运算次数，那么 $\Omega(g(n))$ 就是所有解决该问题的算法复杂度的下界。

反之，如果某一算法的复杂度是 $O(f(n))$，那么它所解决的问题的复杂度不会超过 $O(f(n))$。因此任一算法的复杂度也是其所解决的问题的复杂度的上界。通常在已知的某问题的复杂度下界和该问题最好的算法的复杂度之间存在距离，算法工作者的任务就是努力寻找更好的下界或更优的上界。找出问题的复杂度，即找出其算法复杂度的下界，是一项重要的工作，因为它可以告诉我们当前算法是否还有改进的余地。

1.4.2　问题复杂度与最佳算法

以排序问题为例，如果一个排序算法的复杂度是 $O(\lg n!)$，那么这个算法是（渐近）最佳的。当然，如果一个排序算法正好需要 $\lceil \lg n! \rceil$ 次比较，它就是一个绝对最佳的算法。显然，找到一个绝对最佳的算法通常非常困难，因而最佳算法一般是指渐近最佳。当某算法的复杂度与所解问题的下界（渐近）吻合时，则该算法是一个（渐近）最优的算法。

1.4.3　易处理问题和难处理问题

如果某一算法的复杂度是超多项式的，那么这个算法基本上是没有用处的，因为它需要的时间太长。如果一个问题的复杂度本身就是超多项式的，则称该问题为难处理问题（intractable）。反之，称为易处理问题（tractable）。如果一个问题是难处理问题，那么我们只能依赖近似算法或启发式算法来解决。判断一个问题是易处理还是难处理似乎比找到该问题复杂度容易，因为找到了复杂度就可以判断该问题是易处理还是难处理。可是，有相当多的问题看似简单，判断却十分困难。这样一类问题称为 NP 完全问题。其准确的定义会在第 14 章讨论。现在人们知道的是，如果任何一个 NP 完全问题被证明有超多项式下界，那么所有这类问题都有超多项式下界。反之，如果任何一个 NP 完全问题可以在多项式时间内解决，则所有 NP 完全问题都可以有多项式算法去解。但是，到目前为止，没有人能对任何一个 NP 完全问题给出多项式算法或证明它只能有超多项式算法，这就是著名的 P=NP 或 P ≠ NP 的猜想问题。

习题

1. 假设 $f(n)$ 和 $g(n)$ 为两个定义域为自然数的正函数。证明 $f(n)+g(n)=\Theta(\max(f(n),g(n)))$。

2. 假设 $f(n)=\Theta(p(n))$，$g(n)=\Theta(q(n))$，并且都是正函数，证明以下结论。

   （a）$f(n)+g(n)=\Theta(p(n)+q(n))$

   （b）$f(n)*g(n)=\Theta(p(n)*q(n))$

   （c）$f(n)/g(n)=\Theta(p(n)/q(n))$

3. 对以下每个函数，用记号 Θ 表示与其同阶的只含一项的函数。例如，$f(n)=(n+1)^3$ 可表示为 $f(n)=\Theta(n^3)$。

   （a）$f(n)=n^2+n\lg n$

   （b）$f(n)=\dfrac{\sqrt{n}\left(n\lg n+2n\right)}{\lg^2 n+n}$

   （c）$f(n)=\dfrac{\left(n^2+\lg n\right)(n+1)}{n+n^2}$

4. 用 Θ 记号表示对下面一段程序中语句 $x \leftarrow x+1$ 被执行的次数的估计。

```
for i ← 1 to n
    for j ← i to 3i
        x ← x + 1;
    endfor
endfor
```

5. 对以下每个级数和 $T(n)$，用 Θ 记号表示与其同阶的只含一项的函数。

   （a）$T(n)=\displaystyle\sum_{k=1}^{n}\dfrac{k^3\lg k+1}{k^2+k+1}$

   （b）$T(n)=\displaystyle\sum_{k=1}^{n}\dfrac{\sqrt{k}+k\lg k+8}{3k^2\lg k+5k+1}$

6. 在讨论例 1-3 的线性搜索算法的平均复杂度时，我们假设数字 x 总可以在数组 A 中找到，这简化了问题。如果我们假定，x 不出现在数组 A 中的概率是 $\Pr(x \notin A[1..n])=0.2$，而 x 等于 A 中任意一个数的概率相同，即 $\Pr(x=A[1])=\Pr(x=A[2])=\cdots=\Pr(x=A[n])$，求线性搜索算法的平均复杂度。

第 2 章　分治法

当输入数据规模很小时，比如只有一个或两个数字，则绝大多数的问题都很容易解。可是当输入规模增大时，问题往往变得很难。因此，算法设计的一个基本方法就是寻找大规模问题解与小规模问题解之间的关系，从而找到如何把一个大规模问题转化为一个小规模问题或一组小规模问题去解的方法。分治法 (divide and conquer) 是这种方法之一。后面要讲的贪心算法和动态规划也是基于这种方法，但技巧上有不同之处。

2.1　分治法原理

简单地说，分治法 (亦称分治术) 的做法是将一个规模为 n 的问题分解为若干个规模小些的子问题，然后找出这些子问题或者一部分子问题的解并由此得到原问题的解。在解决这些子问题时，分治法要求用同样的方法递归解出。也就是说，我们必须把这些子问题用同样的方法再分为更小的问题直至问题的规模小到可以直接解出。这个不断分解的过程看起来很复杂，但用递归的算法表达出来却往往简洁明了。通常，分治法只要讲明三件事即可：

1）底（bottom case）：对足够小的输入规模，如何直接解出。

2）分（divide）：如何将一个规模为 n 的输入分为整数个规模小些的子问题。

这是一个递归的过程。每个子问题又要递归地分解为更小的子问题，直到底为止。这个被分解的原问题或被分解的子问题，称为那些由它分解得到的子问题的父问题。这里，父子关系就是被分解的问题和分解的问题之间的关系。

3）合（conquer）：如何从子问题的解中获得它们的父问题的解，即上一层子问题的解。

合是一个逐层向上的合并过程，直到最初的规模为 n 的原问题得解为止。

下面我们看一个例子。

2.1.1　二元搜索的例子

假定要在一个已排好序的数组 $A[1] \leqslant A[2] \leqslant \cdots \leqslant A[n]$ 中查找是否有一个数等于要找的数 x。如果有 $A[i]=x$，$1 \leqslant i \leqslant n$，则报告序号 i，否则报告无 (nil)。如果我们用第 1 章里的线性搜索去找，当然可以找到。但是最坏情况时，我们需要比较 n 次。实际上，我们可以利用数组已排好序这一个条件设计出更快的算法。二元搜索就是我们要介绍的方法。

【例 2-1】二元搜索算法。

```
Binary-Search(A, p, r, x)
输入：要寻找的数字 x 和数组 A 中任一段子序列，A[p]≤A[p+1]≤…≤A[r]。
输出：如果有 A[i]=x (p≤i≤r)，则输出 i，否则输出 nil。
1  if p>r                    //说明被搜索的集合为空集，搜索遇到了底
2      then return nil
```

```
3     endif
4     mid←⌊(p+r)/2⌋ //mid 是中位数的序号
5  if A[mid]=x
6        then return mid
7        else if x<A[mid]
8              then Binary-Search(A,p,mid-1,x)
9              else Binary-Search(A,mid+1,r,x)
10             endif
11 endif
12 End
```

上面算法明显使用的是分治法。它先找出序列的中位数 (即位于序列中间的数字) $A[mid]$。如果序列中有偶数个数字，则有两个数在序列中间，本例中，我们取前面一个为中位数，即 $mid=⌊(p+r)/2⌋$。如果 $A[mid]=x$，则问题解决。否则，原序列一分为二，前一半为数值小的子序列 $A[p..mid-1]$，而后一半为数值大的子序列 $A[mid+1..r]$。如果 $x<A[mid]$，则只需要搜索前一半，否则搜索后一半。

搜索子序列的算法是递归进行的。每递归一步，搜索的范围就减少一半。这样，原来的问题就转化为规模小一半的子问题了。因此，递归算法的伪码要适用于不同输入规模的问题。例如，在上面算法中，输入的序列是从 $A[p]$ 到 $A[r]$，而不是从 $A[1]$ 到 $A[n]$。因为 p 和 r 是变量，数组 A 的任何一段子序列都可以用 $A[p]$ 到 $A[r]$ 来定义，包括原序列 $A[1]$ 到 $A[n]$。这样一来，这个递归算法就适用于任何一个子问题了。同时，也正是因为它适用于任何输入规模的子问题，在我们解决原始问题时，要设计一个主程序来调用它。例如，上面的算法 Binary-Search 设计好之后，当我们要搜索数组 $A[1]$, $A[2]$, $\cdots$, $A[n]$ 时，主程序需要调用 Binary-Search(A, 1, n, x)。

在我们调用 Binary-Search(A, 1, n, x) 时，如果存在某个数 $A[i]=x$，则在某一步递归时一定会发现，问题就解决了。否则，要搜索的子序列在某一步递归时变为空集。这时算法遇到了底而报告 nil。

一个要注意的地方是，递归算法只需要说清楚相邻两层之间的关系即可，也就是说清楚如何把一个给定的子问题 (或原问题) 分解为它的几个子问题。在本例中，算法只需要说清楚如何把子序列 $A[p..r]$ 分解为它的两个子序列（$A[p..mid-1]$ 和 $A[mid+1..r]$）即可。至于如何把它的子问题，例如 $A[p..mid-1]$，再分解为更小的子问题是由计算机编译软件按照算法自动完成的。也就是说，在软件面对子序列 $A[p]$ 到 $A[mid-1]$ 时，会自动把变量 r 置为 $mid-1$。这时的子序列 $A[p]$ 到 $A[r]$ 就是 $A[p]$ 到 $A[mid-1]$。因此，写算法时只要说清楚如何把子序列 $A[p]$ 到 $A[r]$ 分解即可，千万不要画蛇添足。

最后，谈一下如何设计底。这要根据具体问题而定。一般说来，我们可以想象一下，在问题很小时，再分解会发生什么情况。例如，在上例中，我们为什么不把 $p=r$，即数组只有一个元素时定义为底？我们可以想象一下，当只有两个数字时，$r=p+1$，我们怎么分解序列 $A[p]$, $A[p+1]$ 呢？这时，$mid=p$。如果 $x<A[mid]$，那么前半部分是空集。如果 $p=r$ 是底，空集也必须是底。那么，不如只用空集做底，既正确又简单明了。

2.1.2 表示复杂度的递推关系

对一个用分治法设计的算法，该如何计算其复杂度？一般来说，可以先建立一个表示复杂度的递推关系，然后求解得到。以二元搜索算法为例，我们把序列 A 中的数和 x 之间的比较作为主要的基本运算，把序列 A 中数字的个数 n 作为输入的规模。假设在最坏情况下，对一个规模为 n 的序列，二元搜索算法所需的比较次数为 $T(n)$，那么我们有以下的递推关系：

$$T(0)=0$$
$$T(n)=T(\lfloor n/2 \rfloor)+1 \qquad\qquad (2.1)$$

这是因为当序列为空时 $(n=0)$，我们不需要做任何比较，而当序列非空时 $(n>0)$，我们做一次 x 和中位数的比较。如果它们相等，运算终止。但在最坏情况下，它们不相等而我们需要在含有 $\lfloor n/2 \rfloor$ 个数字的子序列中继续递归搜索。式（2.1）的解是 $T(n) \leqslant \lceil \lg(n+1) \rceil$。以后会看到，如果要搜索的数 x 等于序列中任一数的概率相等，那么二元搜索是个最佳算法（参见第 4 章习题 2），所以它是一个重要的算法而受到广泛的应用。

对其他用分治法设计的算法，其复杂度均可以用类似的递推关系表示。假设某个分治算法把规模为 n 的输入数据分为规模为 n/b（b 为正整数）的一组子问题，然后解出其中 a 个子问题，从而获得原问题的解。那么，该算法的复杂度 $T(n)$ 可以用下面的递推关系表示：

$$T(1)=c$$
$$T(n)=aT(n/b)+f(n) \qquad\qquad (2.2)$$

其中 c 是一常数，$T(1)=c$ 表示算法在遇到底时 $(n=1)$ 所需时间为 c。式（2.2）中，$aT(n/b)$ 是解决 a 个子问题所需时间，$f(n)$ 是算法在做分解工作时所需要的时间以及在做合并工作时所需要的时间的总和，也就是除了解决子问题本身以外所需要的前序工作和收尾工作所花的时间总和。因为底的规模因算法不同而不同，有时会有 $T(2)=c$，$T(3)=c$ 等。我们以后会看到，算法在遇到底时所需的时间 c，不论大小，只要是常数，就不影响算法的（渐近）复杂度。另外，n/b 很可能不是整数，所以，式（2.2）的解不一定能给出精确到个位的算法的复杂度，但容易看出，它一定会给出正确的渐近复杂度。

绝大部分分治算法的复杂度均可用式（2.2）表示，但有些复杂度的递推关系会在形式上略有不同，例如 $T(n)=aT(\sqrt{n})+f(n)$。这时往往需要先做一个变量替换，把它变为式（2.2）的形式来解。在下节中我们探讨如何解式（2.2）这样的递推关系。

2.2　递推关系求解

在这一节中，我们探讨如何解式（2.2）这样的递推关系。递推关系的其他形式及更为全面的一般性讨论可在离散数学书中找到。

2.2.1　替换法

这个方法是先猜想一个复杂度，然后用数学归纳法证明其正确。下面看一个例子。

【例 2-2】确定由以下递推关系表示的算法复杂度。

当 $1 \leqslant n \leqslant 4$ 时，$T(n)=\Theta(1)$，否则为 $T(n)=2T(\lfloor n/2 \rfloor)+n$。

解：我们猜想这个解是 $T(n)=\Theta(n\lg n)$。我们用归纳法先证明 $T(n)=O(n\lg n)$，即证明存在常数 c 使得当 $n \geqslant 2$ 时，$T(n)<cn\lg n$。

归纳基础：

当 $n=2$，3，4 时，$T(n)=\Theta(1)$，所以存在常数 c 使 $T(n)\leqslant c$，从而有 $T(n)\leqslant c<cn\lg n$。可假定 $c>1$。

归纳步骤：

假定当 $n=2$，3，4，$\cdots$，$(k-1)$ 时，$T(n)<cn\lg n$，现在证明当 $n=k$ $(k\geqslant 5)$ 时，$T(n)<cn\lg n$ 仍然正确。我们注意到，当 $n=k$ 时，$2\leqslant \lfloor n/2 \rfloor = \lfloor k/2 \rfloor <k-1$。由归纳假设得到：

$$T(\lfloor n/2 \rfloor)<c(\lfloor n/2 \rfloor)\lg(\lfloor n/2 \rfloor)\leqslant c(n/2)\lg(n/2)=(cn/2)(\lg n-1)$$

进而从递推关系得到：

$$\begin{aligned}
T(n)&=2T(\lfloor n/2 \rfloor)+n\\
&<2(cn/2)(\lg n-1)+n\\
&=cn(\lg n-1)+n\\
&=cn\lg n-cn+n\\
&<cn\lg n \qquad\qquad （因为 c>1）
\end{aligned}$$

这就证明了 $T(n)=O(n\lg n)$。下面用归纳法证明 $T(n)=\Omega(n\lg n)$。我们证明存在常数 $d>0$ 使得当 $n\geqslant 2$ 时，$T(n)\geqslant d(n\lg n+n)$。

归纳基础：

当 $n=2$，3，4 时，$T(n)=\Theta(1)$，而 $(n\lg n+n)\leqslant 12$，所以存在足够小的常数 $d>0$ 使得 $T(n)>12d\geqslant d(n\lg n+n)$。我们不妨假设 $d<1/4$。

归纳步骤：

假定当 $n=2$，3，4，$\cdots$，$(k-1)$ 时，$T(n)\geqslant d(n\lg n+n)$ 成立。那么当 $n=k(k\geqslant 5)$ 时，因为 $\lfloor n/2 \rfloor = \lfloor k/2 \rfloor \leqslant k-1$，所以由归纳假设得到：

$$\begin{aligned}
T(\lfloor n/2 \rfloor)&\geqslant d[(\lfloor n/2 \rfloor)\lg(\lfloor n/2 \rfloor)+\lfloor n/2 \rfloor]\\
&\geqslant d(n/2-1)\lg(n/4)+d(n/2-1)\\
&=(dn/2-d)(\lg n-2)+dn/2-d\\
&=(dn/2)\lg n+2d-d\lg n-dn+dn/2-d\\
&>(dn/2)\lg n-d\lg n-dn/2 \qquad （删除 2d-d）\\
&>(dn/2)\lg n-dn-dn/2 \qquad （因为 \lg n<n）\\
&=(dn/2)\lg n-3dn/2
\end{aligned}$$

进而从递推关系得到：

$$\begin{aligned}
T(n)&=2T(\lfloor n/2 \rfloor)+n\\
&>2[(dn/2)\lg n-3dn/2]+n\\
&=dn\lg n-3dn+n\\
&=dn\lg n+dn-4dn+n\\
&>d(n\lg n+n) \qquad （因为 d<1/4 从而有 -4dn+n>0）
\end{aligned}$$

这就证明了 $T(n)=\Omega(n\lg n+n)=\Omega(n\lg n)$，从而有 $T(n)=\Theta(n\lg n)$。

用替换法解递推关系需要猜测出正确的复杂度，并且往往需要分别证明上界和下界。当然，很多时候我们只需要对上界做出估计从而简化一些工作。另外，该方法需要一定的数学技巧。本书不常用这个方法。下面看一个需要变量替换的例子。

【例2-3】确定由以下递推关系表示的算法复杂度。

$$T(n)=2T(\sqrt{n})+\lg n$$

解：置 $n=2^k$ 并代入原递推关系后得到：

$$T(2^k)=2T(2^{k/2})+k$$

这样一来，T 是变量 n 的函数，而 n 又是 k 的函数。我们定义 $S(k)=T(2^k)$。那么 $T(2^{k/2})=S(k/2)$。这样，得到一个关于变量 k 的递推关系：$S(k)=2S(k/2)+k$。从例 2-2 我们知道 $S(k)=\Theta(k\lg k)$。因为 $n=2^k$，$k=\lg n$，我们得到 $T(n)=T(2^k)=S(k)=\Theta(k\lg k)=\Theta(\lg n\lg\lg n)$。

2.2.2 序列求和法与递归树法

序列求和法与递归树法的本质是相同的，只不过递归树法用一棵树把序列产生的过程显示出来，而序列求和法中的序列是直接从递推关系一步一步展开后得到，然后，对该序列求和即可。下面看一个例子。

【例2-4】用序列求和法确定由以下递推关系表示的算法复杂度。

$$T(1)=\Theta(1)$$
$$T(n)=2T(n/2)+n\lg n$$

解：我们先置 $n=2^k$ 把原递推关系简化，得到 $T(2^k)=2T(2^{k-1})+k2^k$。

定义 $W(k)=T(2^k)$ 后，我们得到 $W(k)=2W(k-1)+k2^k$。下面我们一步一步展开这个递推关系。

$$\begin{aligned}
W(k)&=2W(k-1)+k2^k\\
&=2[2W(k-2)+(k-1)2^{k-1}]+k2^k\\
&=2^2W(k-2)+(k-1)2^k+k2^k\\
&=2^2[2W(k-3)+(k-2)2^{k-2}]+(k-1)2^k+k2^k\\
&=2^3W(k-3)+(k-2)2^k+(k-1)2^k+k2^k\\
&=\cdots\\
&=2^{k-1}W(1)+2\times2^k+3\times2^k+\cdots+(k-1)2^k+k2^k\\
&=2^{k-1}W(1)+2^k[2+3+\cdots+(k-2)+(k-1)+k]\\
&=2^{k-1}W(1)+2^k[k(k+1)/2-1]\\
&=\Theta(k^22^k)\text{。}\qquad(\text{因为 }W(1)=\Theta(1))
\end{aligned}$$

因而我们得到：

$$T(n)=T(2^k)=W(k)=\Theta(k^22^k)=\Theta(n\lg^2 n)\text{。}$$

从上面例子可看到，如果底的复杂度 $W(1)$ 是常数，则其大小不影响算法复杂度。这里，我们要解释一个问题。那就是，当变量 k 取整数值 1，2，3，$\cdots$，k，$\cdots$ 时，变量 n 取值为 2，4，8，$\cdots$，2^k，$\cdots$，也就是说，n 的取值是一些特殊的整数值且间隔会越来越大。那么以上结果还正确吗？是的，结果仍然正确。这是因为，对任一 n，存在一个 k，使得 $2^k\le n<2^{k+1}$。从递推关系可知，$T(n)$ 是一个单调递增函数，故有 $T(2^k)\le T(n)\le T(2^{k+1})$。所以存在常数 $c>0$ 和 $d>0$，使得 $ck^22^k\le T(n)\le d(k+1)^22^{k+1}$。这表明，$T(n)=O((k+1)^22^{k+1})$ 且 $T(n)=\Omega(k^22^k)$。因为 $(k+1)^22^{k+1}=\Theta(k^22^k)$，所以 $T(n)=\Theta(k^22^k)=\Theta(n\lg^2 n)$。

序列求和法中一步一步展开的过程可以用一棵递归树来描述。在递归树中，每个结点对应着序列中的一项，而所有结点对应的表达式的总和等于 $T(n)$。对应于例 2-4 的递归树在图 2-1 中给出。图 2-1a 显示的是第一步展开后的结果，表示 $W(k)$ 等于 $k2^k$ 加上两个 $W(k-1)$ 的总和。图 2-1b 显示的是第二步展开后的结果。这一步把第一步中叶结点的表达式再用递归关系展开一层。图 2-1c 显示的是经过 $(k-1)$ 步展开后得到的树。这时每个叶结点代表一个底的情形，递归停止。从图中可以看到，树根的表达式即是序列求和中最右边一项，树中第一层两结点表达式之和就等于序列求和中右边第二项，树中第二层四结点表达式之和就等于序列求和中右边第三项。总之，递归树每向下发展一层就相当于序列求和法中展开一步。所以，这两种方法本质上相同。

　　用递归树法来描述递归关系展开的过程往往有局限性。如果递归关系 $T(n)=aT(n/b)+f(n)$ 中的系数 a 不是整数，那么这棵递归树将很难画。

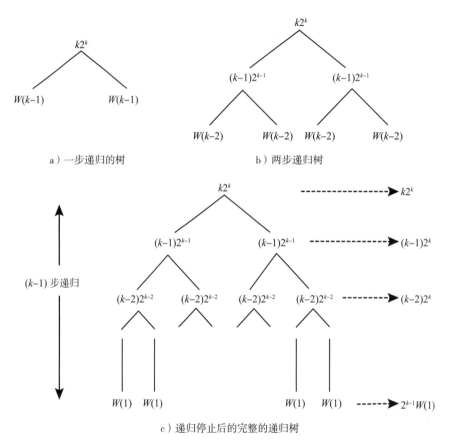

a）一步递归的树　　　　　　　　b）两步递归树

c）递归停止后的完整的递归树

图 2-1　递推关系 $W(k)=2W(k-1)+k2^k$ 对应的递归树

2.2.3　常用序列和公式

　　因为用序列求和法来解递归关系的关键是对序列求和，所以有必要熟悉一些常用的序列求和公式。下面是一些最常见的序列和（级数和）公式。它们的证明大部分已为读者熟知或留作练习而不在此赘述。我们只对个别的公式给予证明。

1. 等差级数

一个序列 $\{a_n\}$ 称为等差级数，如果 $a_{n+1}=a_n+d$，其中 d 为常数。等差级数的求和公式为 $\sum_{i=1}^n a_i = a_1+(a_1+d)+(a_1+2d)+\cdots+[a_1+(n-1)d]=na_1+d\dfrac{n(n-1)}{2}$。

最简单也是最常用的等差级数就是 $\{n\}$，其和为

$$\sum_{i=1}^n a_i = \frac{n(n+1)}{2} \tag{2.3}$$

2. 多项式级数

一个序列 $\{a_n\}$ 称为多项式级数，如果 a_n 是一个以 n 为自变量的 k 阶多项式，其中 k 是一个正整数常数，例如，$\{n^2\}$。常用的求和公式有：

$$\sum_{i=1}^n i^2 = 1^2+2^2+3^2+\cdots+n^2 = \frac{n(n+1)(2n+1)}{6} \tag{2.4}$$

$$\sum_{i=1}^n i^3 = 1^3+2^3+3^3+\cdots+n^3 = \left(\frac{n(n+1)}{2}\right)^2 \tag{2.5}$$

$$\sum_{i=1}^n i^k = 1^k+2^k+3^k+\cdots+n^k = \Theta(n^{k+1}) \tag{2.6}$$

我们证明一下式（2.6）。首先，因为 $\sum_{i=1}^n i^k \leqslant n^k+n^k+\cdots+n^k=n\times n^k=n^{k+1}$。所以有 $\sum_{i=1}^n i^k = O(n^{k+1})$。然后，又因为 $\sum_{i=1}^n i^k \geqslant \sum_{i=\lceil n/2\rceil}^n i^k \geqslant \sum_{i=\lceil n/2\rceil}^n \lceil n/2\rceil^k \geqslant (n/2)^{k+1}=(\dfrac{1}{2^{k+1}})n^{k+1}$。所以有 $\sum_{i=1}^n i^k = \Omega(n^{k+1})$。因此有 $\sum_{i=1}^n i^k=\Theta(n^{k+1})$。

3. 等比级数

一个序列 $\{a_n\}$ 称为等比级数，如果 $a_n=ra_{n-1}=a_0r^n(r\neq 1)$。用数学归纳法可证明其求和公式为：

$$\sum_{i=0}^n a_0r^i = a_0\frac{r^{n+1}-1}{r-1} \tag{2.7}$$

例如，$1+2+4+\cdots+2^n=2^{n+1}-1$。

4. 调和级数

序列 $\{1/n\}$ 称为调和级数，而 $H_n=\sum_{i=1}^n \dfrac{1}{i}$ 称为第 n 阶调和数。一个有名的结果是 $H_n=\Theta(\ln n)$。这个结果可以用积分的办法证明。

当整数 $k\geqslant 1$ 时，变量 x 在区间 $[k,k+1]$ 中取值范围是 $k\leqslant x\leqslant k+1$，所以有关系：

$$\frac{1}{k+1}\leqslant\frac{1}{x}\leqslant\frac{1}{k} \text{ 和 } \int_k^{k+1}\frac{1}{k+1}\mathrm{d}x\leqslant\int_k^{k+1}\frac{1}{x}\mathrm{d}x\leqslant\int_k^{k+1}\frac{1}{k}\mathrm{d}x$$

因而我们有以下推导：

$$\sum_{k=1}^n\int_k^{k+1}\frac{1}{k+1}\mathrm{d}x\leqslant\sum_{k=1}^n\int_k^{k+1}\frac{1}{x}\mathrm{d}x\leqslant\sum_{k=1}^n\int_k^{k+1}\frac{1}{k}\mathrm{d}x$$

$$\sum_{k=1}^n\frac{1}{k+1}\leqslant\sum_{k=1}^n(\ln(k+1)-\ln k)\leqslant\sum_{k=1}^n\frac{1}{k}$$

$$H_{n+1} - 1 \leqslant \ln(n+1) \leqslant H_n$$

由上式，把 n 换为 $(n-1)$，得 $H_n - 1 \leqslant \ln n$ 或 $H_n \leqslant 1 + \ln n$。从而得到：

$$\ln(n+1) \leqslant H_n \leqslant 1 + \ln n$$

因为 $\ln n < \ln(n+1)$，所以有 $\ln n < H_n \leqslant 1 + \ln n$。由此可见，$H_n$ 几乎就等于 $\ln n$，它们之差小于 1。因此显然有 $H_n = \Theta(\ln n)$。

5. 其他级数

$$\sum_{k=1}^{n} k2^k = (n-1)2^{n+1} + 2 \tag{2.8}$$

2.2.4 主方法求解

这里的主方法指的不是一个新的方法，而是用序列求和法解递推关系式（2.2）时得到的一些结果的总结。在式（2.2）中，影响结果的参数有 3 个，即 a、b 和函数 $f(n)$。当它们满足一定关系时，其解可以立即得到。因此，当我们用主方法解式（2.2）时，只需要检查一下这 3 个参数满足哪一个条件即可对号入座地给出结果，从而省去烦琐重复的求解过程。具体来说，给定递推关系 $T(n) = aT(n/b) + f(n)$，这里 $a \geqslant 1$，$b > 1$，要先比较一下 n^k 和 $f(n)$ 哪个函数的阶高，这里 $k = \log_b a$。下面我们介绍最常用的三条规则。

规则一：如果存在一个正数 $\varepsilon > 0$ 使得 $f(n) = O(n^{k-\varepsilon})$，那么 $T(n) = \Theta(n^k)$。

【例 2-5】 用主方法确定由以下递推关系表示的算法复杂度。

$$T(n) = 9T(n/3) + n\lg n$$

解：在这个递推关系中，$a = 9$，$b = 3$，$k = \log_b a = \log_3 9 = 2$。

如果我们用 $\varepsilon = 0.2$，那么 $n^{k-\varepsilon} = n^{2-0.2} = n^{1.8}$。因为 $f(n) = n\lg n = O(n^{1.8})$，所以 $T(n) = \Theta(n^2)$。

规则二：如果 $f(n) = \Theta(n^k)$，那么 $T(n) = \Theta(n^k \lg n)$。

【例 2-6】 用主方法确定由以下递推关系表示的算法复杂度。

$$T(n) = T(2n/3) + 1$$

解：在这个递推关系中，$a = 1$，$b = 3/2$，$k = \log_b a = 0$。

因为 $f(n) = 1 = \Theta(n^0)$，所以 $T(n) = \Theta(\lg n)$。

【例 2-7】 用主方法确定由以下递推关系表示的算法复杂度。

$$T(n) = 2T(n/2) + n$$

解：在这个递推关系中，$a = 2$，$b = 2$，$k = \log_b a = \log_2 2 = 1$。因为 $f(n) = n = \Theta(n^1)$，所以 $T(n) = \Theta(n\lg n)$。

规则三：如果存在一个正数 $\varepsilon > 0$ 使得 $f(n) = \Omega(n^{k+\varepsilon})$，并且存在一个正数 $c < 1$ 使得 $af(n/b) \leqslant cf(n)$，那么 $T(n) = \Theta(f(n))$。

【例 2-8】 用主方法确定由以下递推关系表示的算法复杂度。

$$T(n) = 3T(n/2) + n^2\lg n$$

解：在这个递推关系中，$a = 3$，$b = 2$，$k = \log_2 3 \approx 1.58$。显然，我们可以用 $\varepsilon = 0.2$ 使

得 $f(n)=n^2\lg n=\Omega(n^{1.58+0.2})$。现在需要找到一个正数 $c<1$ 使得 $af(n/b)\leq cf(n)$。因为 $af(n/b)=3(n/2)^2\lg(n/2)<\dfrac{3}{4}n^2\lg n=\dfrac{3}{4}f(n)$，所以 $c=\dfrac{3}{4}<1$ 可以满足要求。因此，$T(n)=\Theta(n^2\lg n)$。

以上 3 条主方法规则的正确性可以用序列求和法证明。感兴趣的读者可以自己试着证明或在其他教科书中找到证明，这里我们就省去这个证明。另外要说明的是，以上 3 规则不能解决所有的情况。除了这 3 个规则外，人们还发展出一些更强的规则，但以上 3 规则基本上够用。当遇到以上 3 规则不适用的情况时，我们可以用序列求和法或找出针对具体问题的方法去解。

2.3　例题示范

在这一节，我们再举一个分治法解题的例子并用主方法分析它的复杂度。

【例 2-9】给定序列 $A[1]$, $A[2]$, $\cdots$, $A[n]$，请用分治法设计一个复杂度为 $O(n\lg n)$ 的算法来找出其中两个序号 i 和 j，满足 $1\leq i<j\leq n$，$A[i]\leq A[j]$，并且它们的和 $A[i]+A[j]$ 最大。如果没有这两个数，则输出 $-\infty$。

解：分治法每次把序列一分为二，直至子序列只含一个数，这时就是底了。我们要考虑的主要问题是，当算法把序列 $A[p..r]$ 分为 $A[p..mid]$ 和 $A[mid+1..r]$，并递归地解决两个子问题后，如何得到全局的解？假设 $A[i1]$ 和 $A[j1]$ 是第一个子问题的解，$A[i2]$ 和 $A[j2]$ 是第二个子问题的解，我们可以比较两者中哪一个更好。如果 $A[i2]+A[j2]>A[i1]+A[j1]$，那么第二个解比较好。但是，这不一定是全局的解，因为 $A[i1]$ 和 $A[j1]$ 只能取自 $A[p..mid]$，$A[i2]$ 和 $A[j2]$ 只能取自 $A[mid+1..r]$。

从全局来看，从序列 $A[p..mid]$ 中取一个数 $A[i]$，从序列 $A[mid+1..r]$ 中取一个数 $A[j]$，结果也许会更好。但是，这样的解是不可能从子问题中得到的。所以，在递归地解决两个子问题后，我们还要做额外的工作来弥补缺失的部分。具体做法是，我们在序列 $A[mid+1..r]$ 中找出最大的数 $A[j3]$，然后在序列 $A[p..mid]$ 中所有小于等于 $A[j3]$ 的数中找出最大的一个数 $A[i3]$。那么，全局的最优解一定产生于 $A[i1]+A[j1]$、$A[i2]+A[j2]$ 和 $A[i3]+A[j3]$ 三者之中。这个额外的工作算在分治法的合并部分，不同的问题有不同的额外的工作。算法的伪码如下，其正确性证明可由伪码中的注释轻松得到，这里略去详表。

```
Max-Sum-Two-Numbers(A[p..r],i,j,M)          // p≤r
输入: A[p..r]
输出: i 和 j 使得 p≤i<j≤r, A[i]≤A[j], 并且 M=A[i]+A[j] 最大。如不存在，输出 -∞。
1  if p=r
2     then      M ← -∞              //只有一个数，不存在解
3        else      mid ← ⌊(p+r)/2⌋
4           Max-Sum-Two-Numbers(A[p..mid],i1,j1,M1)
5           Max-Sum-Two-Numbers(A[mid+1..r],i2,j2,M2)
6           find j3 such that A[j3]=max{A[k]|mid+1≤k≤r}  //后半部分中最大的数
7           S ← {A[k]|p≤k≤mid,A[k]≤A[j3]}      //前半部分中小于等于 A[j3] 的数
8              if |S|=∅
9                 then      M3 ← -∞
10                else      find i3 such that A[i3]=max{A[k]|A[k]∈S}
11                M3 ← A[i3]+A[j3]
12             endif
```

```
13              if M3>M2 and M3>M1
14                 then       M←M3
15                            i←i3
16                         j←j3
17                 else if M2>M1
18                         then    M←M2
19                                 i←i2
20                              j←j2
21                         else    M←M1
22                              if M≠-∞
23                                 then    i←i1
24                                      j←j1
25                              endif
26                    endif
27       endif
28  endif
29 End
```

算法的主程序很简单，只须调用 Max-Sum-Two-Numbers($A[1..n]$, i, j, M) 即可得到原问题的解。上述算法的第 6~12 行是找寻第 3 个解的部分，需要 $O(n)$ 时间。所以算法复杂度可由递推关系 $T(n)=2T(n/2)+O(n)$ 决定。由主方法规则二得到 $T(n)=O(n\lg n)$。有趣的是，稍做修改，本例算法的复杂度可降为 $O(n)$，我们把它留给读者思考。

最后，指出一点，在把原序列 $A[p..r]$ 分为两部分时，与二元搜索不同。在二元搜索中，前半部分是 $A[p..mid-1]$，而本例中是 $A[p..mid]$。因为在二元搜索中，元素 $A[mid]$ 在序列一分为二之前已经比较过了，无须包含在后续的搜索范围内，所以算法要根据具体问题来设计。

习题

1. 用分治法设计一个算法找出数组 $A[1..n]$ 中最大的数，并分析所需的比较次数。

2. 用分治法设计一个算法同时找出数组 $A[1..n]$ 中最大和第二大的数，$n \geq 2$，并分析所需的比较次数。

3. 假设某公司在过去 n 天中的股票价格顺序记录在数组 $A[1..n]$ 中。我们希望从中找出两天的价格，其价格的增幅最大。也就是说，我们希望找到 $A[i]$ 和 $A[j]$，$i<j$，使得 $M=A[j]-A[i]$ 的值最大，即 $M=\max\{A[j]-A[i] \mid 1 \leq i<j \leq n\}$。试设计一个复杂度为 $O(n\lg n)$ 或更好的分治算法。

4. 设 A 和 B 是两个 $n \times n$ 矩阵。众所周知，计算乘积 $C=AB$ 通常需要 $\Theta(n^3)$ 次乘法和加法。基于分治术的 Strassen 算法可以改进这个复杂度。下面是这个算法。为简化起见，我们假设 $n=2^k$。

   Strassen's algorithm(A, B, n)：

   （a）将 A 和 B 各自划分为 4 个 $n/2 \times n/2$ 的矩阵如下。

   $$A=\begin{pmatrix} A_{11} & A_{12} \\ A_{21} & A_{21} \end{pmatrix}, \quad B=\begin{pmatrix} B_{11} & B_{12} \\ B_{21} & B_{21} \end{pmatrix}$$

   （b）按下面的公式递归计算出 7 个 $n/2 \times n/2$ 的矩阵。

   $$P=(A_{11}+A_{22})(B_{11}+B_{22}) \qquad Q=(A_{21}+A_{22})B_{11}$$
   $$R=A_{11}(B_{12}-B_{22}) \qquad S=A_{22}(B_{21}-B_{11})$$
   $$T=(A_{11}+A_{22})B_{22} \qquad U=(A_{21}-A_{11})(B_{11}+B_{12})$$
   $$V=(A_{12}-A_{22})(B_{21}+B_{22})$$

（c）按下面公式计算出 4 个 $n/2 \times n/2$ 的矩阵。

$$C_{11}=P+S-T+V \qquad\qquad C_{12}=R+T$$
$$C_{21}=Q+S \qquad\qquad C_{22}=P+R-Q+U$$

（d）输出结果如下。

$$C=AB=\begin{pmatrix} C_{11} & C_{12} \\ C_{21} & C_{21} \end{pmatrix}。$$

请分析 Strassen 算法的复杂度。不必证明其正确性。

5. 证明式（2.1）满足 $T(n)=T(\lfloor n/2 \rfloor)+1 \le \lceil \lg(n+1) \rceil$。

6. 用替换法获得以下递推关系的一个渐近上界。

（a）$T(n)=T(n/2)+2T(n/4)$

（b）$T(n)=2T(\lfloor n/2 \rfloor+5)+n$

7. 证明以下递推关系有 $T(n)=O(2^n)$。

（a）$T(n)=nT(n/2)+n$

$\quad T(1)=1$

（b）$T(n)=T(n-1)+T(n-2)+n^2$

$\quad T(1)=1,\ T(2)=2$

（c）$T(n)=5\,n^2T(n/2)+n^3$

$\quad T(1)=1$

8. 用序列求和法解以下递推关系。

（a）$T(n)=4T(n/2)+n^2\lg n$

（b）$T(n)=3T(n/3)+\dfrac{n}{\lg n}$

9. 用主方法解以下递推关系。

（a）$T(n)=4T(n/2)+n$

（b）$T(n)=4T(n/2)+n^2$

（c）$T(n)=4T(n/2)+n^3$

（d）$T(n)=7T(n/2)+n^2$

（e）$T(n)=4T(n/3)+n$

（f）$T(n)=3T(n/9)+5\sqrt{n}$

（g）$T(n)=4T(n/2)+n^2\sqrt{n}$

10. 解递推关系 $T(n)=2T(\sqrt{n})+\lg n$。

11. 证明以下序列和的公式的正确性。

（a）$\displaystyle\sum_{k=1}^{n}k2^k=(n-1)2^{n+1}+2$（式（2.8））

（b）$\displaystyle\sum_{k=1}^{n}k\lg k=\Theta(n^2\lg n)$

*（c）$\displaystyle\sum_{k=2}^{n}\dfrac{k}{\lg k}=\Theta(\dfrac{n^2}{\lg n})$

12. 用积分法证明 $1^k+2^k+3^k+\cdots+n^k=\Theta(n^{k+1})$，这里 k 是任一个固定的正整数。

13. 假设我们开一部卡车从城市 A 到城市 B，中间一共经过 n 个苹果市场，包括城市 A 和城市 B 的苹果市场，并且编号为 1~n。在市场 i，$1 \le i \le n$，从顾客的观点看，其每斤的买入价 $B[i]$ 和卖出价 $S[i]$ 都已知，单位是元。下图给出了一个 $n=6$ 的例子。

$B[1]=5$　　$B[2]=4$　　$B[3]=8$　　$B[4]=2$　　$B[5]=7$　　$B[6]=9$
$S[1]=3$　　$S[2]=3$　　$S[3]=7$　　$S[4]=1$　　$S[5]=6$　　$S[6]=7$

现在我们计划找一个市场 i 买苹果，然后再找一个市场 $j \geqslant i$ 把苹果卖掉使得赚的钱最多（如果根本赚不到钱，则使亏损越小越好）。我们假设卡车不可以向回开，并且只做一次买卖。例如，在上面的例子中，最好的方案是在市场 4 买苹果而在市场 6 卖出去，这样做每斤可赚 $7-2=5$ 元。请设计一个分治算法找出市场 i 和 j 使得利润最大或亏损最小，并分析算法复杂度。

14. 假设 n 个学生 $S[i]$ 的身高 $height[i]$ 不同（$1 \leqslant i \leqslant n$），并且已排序为 $height[1] < height[2] < \cdots < height[n]$。另外，他们的性别对应地记录在数组 $sex[1..n]$ 中，$sex[i]=F$ 表示 $S[i]$ 是女生，$sex[i]=M$ 表示 $S[i]$ 是男生（$1 \leqslant i \leqslant n$）。如果 $sex[i]=F$，$sex[j]=M$，并且 $height[i] < height[j]$，那么 $S[i]$ 和 $S[j]$ 可组成一对合格的舞伴。请用分治法设计一个复杂度为 $O(n)$ 的算法来计算这 n 个学生中有多少个不同的合格的配对方案。

15. 给定序列 $A[1]$，$A[2]$，$\cdots$，$A[n]$，请用分治法设计一个复杂度为 $O(n \lg n)$ 的算法来找出其中最长一段递增（不减）序列段，即找出两个序号 $i \leqslant j$，使得 $A[i] \leqslant A[i+1] \leqslant A[i+2] \leqslant \cdots \leqslant A[j]$，并使 $j-i+1$ 最大。

16. 在一条东西向的大街上有 n 户人家，它们与西头的距离顺序为 $H[1] < H[2] < \cdots < H[n]$。另外，街上有 m 所学校，$1 \leqslant m < n$, 它们与西头的距离顺序为 $S[1] < S[2] < \cdots < S[m]$。假设每家都有学生，并且步行到最近的学校上学。

    （a）假设某家与西头的距离为 x，请用分治法设计一个复杂度为 $O(\lg m)$ 的算法来确定这家的学生应该去哪所学校和步行的距离有多远。请用 Nearest-school$(S[1..m], k, d, x)$ 作为算法的名字。其中，$S[k]$ 表示要去的学校，d 表示从 x 到 $S[k]$ 的距离。

    （b）下面是一个利用 (a) 中的算法而设计的分治法算法。它确定这 n 家中哪家学生步行的距离最远，有多远，以及去哪所学校。调用这个算法时置 $i=1$ 和 $j=n$ 即可。请证明这个算法的复杂度是 $O(n \lg m)$。

```
Longest-Distance(H[i..j],S[1..m],u,h,dist)        // S[u]、h 和 dist 是答案 ,i≤j
1   if i=j
2       then        x ←H[i]
3           Nearest-school(S[1..m],k,d,x)          // 调用 (a) 中的算法
4           u←k
5           h←i
6           dist←d
7       else mid←⌊(i+j)/2⌋
8           Longest-Distance(H[i..mid],S[1..m],u-L,h-L,dist-L)
9           Longest-Distance(H[mid+1..j],S[1..m],u-R,h-R,dist-R)
10          if dist-L>dist-R
11              then        u←u-L
12                  h←h-L
13                  dist←dist-L
14              else        u←u-R
15                  h←h-R
16                  dist←dist-R
17          endif
18  endif
19  End
```

调用 Longest-Distance($H[1..n]$, $S[1..m]$, u, h, $dist$) 后，我们得到从家 h 到学校 u 的距离最远，该距离为 $dist$。

*17. 在一条东西向的大街上有 n 户人家，它们与西头的距离顺序为 $H[1]<H[2]<\cdots<H[n]$。另外，街上有 m 所学校，$1 \leqslant m<n$，它们与西头的距离顺序为 $S[1]<S[2]<\cdots<S[m]$。假设人家 $H(k)$，$1 \leqslant k \leqslant n$，有 $U(k)$ 个学生，并且步行到最近的学校上学。为确定起见，如果家两边的学校等距离，学生选西边的学校。请用分治法设计一个复杂度为 $O(n\lg m)$ 的算法来确定哪个学校会接收最多的学生。

18. 给定序列 $A[1]$, $A[2]$, $\cdots$, $A[n]$，请用分治法设计一个复杂度为 $O(n\lg n)$ 的算法来找出其中一段递增（不减）序列段，即找出两个序号 $i \leqslant j$，使得 $A[i] \leqslant A[i+1] \leqslant A[i+2] \leqslant \cdots \leqslant A[j]$，并使它们的和 $\sum\limits_{k=i}^{j} A[k]$ 最大。

19. 给定序列 $A[1]$, $A[2]$, $\cdots$, $A[n]$，请用分治法设计一个复杂度为 $O(n\lg n)$ 的算法来找出其中两个序号 $i<j$，使得 $A[i] \leqslant A[j]$，并使它们的和 $A[i]+A[j]$ 最小。如果没有这样两个数，则输出 $+\infty$。

20. 在序列 $A[1]$, $A[2]$, $\cdots$, $A[n]$ 中，一个数可能出现若干次。如果一个数出现的次数 k 超过一半，即 $k>n/2$，那么我们说这个序列有一个垄断数。请用分治法设计一个复杂度为 $O(n\lg n)$ 的算法来判断一个给定序列是否有一个垄断数。如果有，报告这个数及其出现次数 k，否则报告 $k=-\infty$。我们约定，该算法只能用比较序列中两数字是否相同来判断，比较的结果不报告谁大谁小，只告知两数字相同或不相同。当比较的两数字不是序列中的数字时，可以报告大小。

*21. 每个多米诺骨牌有两个正整数。假设有 n 个多米诺骨牌 S_1, S_2, $\cdots$, S_n 水平地放成一排如下图所示。假设我们不能改变骨牌之间的相对位置，但可以原地翻转每个骨牌。用 $L[i]$ 和 $R[i]$ 分别表示 S_i ($1 \leqslant i \leqslant n$) 左边和右边的数。例如，在下例中 $L[1]=5$, $R[1]=8$, $L[2]=4$, $R[2]=2$ 等。如果 $L[i]<R[i]$，我们称 S_i 被置为状态 0 并记为 $W[i]=0$，翻转后则为状态 1 并记为 $W[i]=1$。下例中 S_1 为状态 0 而 S_2 为状态 1。如果 $L[i]=R[i]$，S_i 的状态可记为 $W[i]=0$ 或 $W[i]=1$。

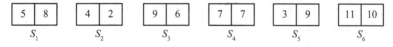

请用分治法设计一个算法来确定每个骨牌的状态使得 $M=\sum\limits_{i=1}^{n-1} R[i] \times L[i+1]$ 取得最大值。分析该算法的复杂度。

第3章　基于比较的排序算法

一个数字的序列，a_1, a_2, a_3, $\cdots$, a_n，如满足 $a_1 \leqslant a_2 \leqslant a_3 \leqslant \cdots \leqslant a_n$，则称为递增（或非递减）序列。类似地，如果该序列满足 $a_1 \geqslant a_2 \geqslant a_3 \geqslant \cdots \geqslant a_n$，则称为递减（或非递增）序列。把无序的 n 个数排成一个递增或递减的序列称为排序（Sorting）。不言而喻，排序是一个非常重要的工作，许多算法问题都需要先对输入数据或中间结果做出排序。

如果我们只允许通过比较数字之间相对大小来做出排序决定，那么这种排序就称为基于比较的排序（comparison-based sorting）。基于比较的排序不允许算法知道和利用一个数字内在的构成，例如，这个数字是几位数，这个数字的第二位是多少等。我们常用的排序算法大都是基于比较的排序算法。人们在实践中提出了许多排序算法，但本章中只讨论 4 种最常用、最重要的排序算法，即插入排序、合并排序、堆排序和快排序。假定要排序的 n 个数存放在数组 $A[1..n]$ 中。因为对称的关系，我们只讨论如何把它们排为一个递增序列，使得 $A[1] \leqslant A[2] \leqslant \cdots \leqslant A[n]$。

3.1　插入排序

插入排序（insertion sort）是最简单的一种排序方法。插入排序的做法是，先把第一个数 $A[1]$ 排好序，再把前两个数，$A[1]$ 和 $A[2]$，排好序，然后，把前三个数排好序，以此类推，直到 n 个数全排好。因为第一个数的排序不需要任何比较，插入排序是从第二个数起进行比较。插入排序的这种逐步得到解的方法称为贪心算法，我们会在第 7 章详细讨论。下面介绍插入排序的详细步骤。

3.1.1　插入排序的算法

假设我们已把前 $k-1$ 个数 $(k \geqslant 2)$ 排好序，使得 $A[1] \leqslant A[2] \leqslant \cdots \leqslant A[k-1]$，那么下一步要考虑如何把 $A[k]$ 插入到这 $(k-1)$ 个数中使前面 k 个数排好序。做法是，将 $A[k]$ 复制到一临时变量 x 中并将 x 与前面这 $(k-1)$ 个数从 $A[k-1]$ 开始向前依次比较。如果 $A[k-1] \leqslant x$，则比较停止，这时前 k 个数已排好，不需要插入。否则，继续把 x 与 $A[k-2]$ 比较，与 $A[k-3]$ 比较，$\cdots$，直至找到某个 $A[j](j \geqslant 1)$，使得 $A[j] \leqslant x$。显然，$A[k]$ 应该插在 $A[j]$ 和 $A[j+1]$ 之间。算法把原来在 $A[j+1]$，$A[j+2]$，$\cdots$，$A[k-1]$ 中数字顺序向右移动一个位置后将 x 中的数，也就是原来的 $A[k]$，置入空出来的 $A[j+1]$ 中。如果这样的 j 不存在，说明 x 小于所有前面的（$k-1$）个数，那么 x 应置入 $A[1]$。算法把原来在 $A[1]$，$A[2]$，$\cdots$，$A[k-1]$ 中数字顺序向右移动一个位置后将 x 中的数插入 $A[1]$。操作从 $k=2$ 做起直至 $k=n$，排序完成。以下是插入算法的伪码。

```
Insertion-sort(A[1..n])
1   if n=1
```

```
2        then exit
3    endif
4    for k←2 to n
5        x←A[k]
6        j←k-1
7        while j>0 and A[j]>x
8            A[j+1]←A[j]            // A[j]比x大，向后挪一位
9            j←j-1
10       endwhile                   // 如果j=0，则有x<A[1]
11   A[j+1]←x                       // 把x插入到A[j+1]（如j=0，也正确）
12   endfor
13 End
```

插入排序的正确性一目了然。下面我们分析其复杂度。

3.1.2　插入排序算法的复杂度分析

我们把序列中数字之间的比较（也就是上述算法中的第7行的操作）作为主要的基本运算来计算复杂度。最好的情况是输入数组 A 已经是一个递增序列。这时的复杂度为 $T(n)=n-1$，因为从 $k=2$ 到 $k=n$，只需要一次比较即可插入 $A[k]$。

最坏的情况是输入数组 A 是一个递减序列。这时 $A[k]$ 需要和 $A[1..k-1]$ 中每一个数比较后方可插入。因此最坏情况的复杂度为 $T(n)=\sum_{k=2}^{n}(k-1)=\frac{n(n-1)}{2}=\Theta(n^2)$。

平均情况的复杂度可分析如下。我们先考虑将 $A[k]$ 插入所需的平均比较次数。$A[k]$ 可能插在从 $A[1]$ 到 $A[k]$ 的任一位置。我们假定 $A[k]$ 插入这 k 个位置中任一个的概率都是 $1/k$。如图 3-1 所示，如果 $A[k]$ 是插在 $A[k]$ 位置，则一次比较就够了；如果 $A[k]$ 是插在 $A[k-1]$ 位置，则正好要两次比较；如果 $A[k]$ 是插在 $A[j]$ 位置则正好要 $(k-j+1)$ 次比较。注意，$A[k]$ 插在 $A[1]$ 和 $A[2]$ 位置所需比较次数是相同的，均为 $k-1$，这是因为当 $A[k]$ 与 $A[1]$ 比较后即可确定它是在 $A[1]$ 或 $A[2]$ 位置。

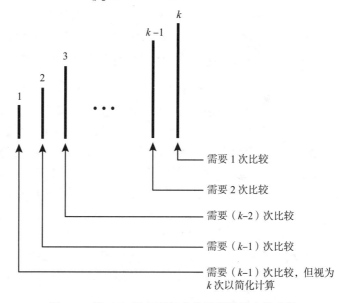

图 3-1　将 $A[k]$ 插入到各个位置所需的比较次数

为方便起见，我们假定 $A[k]$ 插入 $A[1]$ 位置所需比较次数为 k。显然，这一简化不影响渐近复杂度。由此，我们得到插入 $A[k]$ 的平均复杂度为 $\frac{1}{k}\sum_{j=1}^{k}j=\frac{k+1}{2}$。这样整个算法的平均复杂度为：$A(n)=\sum_{k=2}^{n}\frac{k+1}{2}=\Theta(n^2)$。

3.1.3 插入排序的优缺点

插入排序的复杂度较高，后面会介绍复杂度为 $\Theta(n\lg n)$ 的算法，但是插入排序算法简单，实现容易，并且是一个**稳定 (stable)** 排序。一个排序算法称为是稳定的，如果序列中任意两个相等的数在排序后不改变它们的相对位置。插入排序的另一个优点是，它是一个就地操作的算法。如果一个算法不需要使用或只需要使用常数个除输入数据所占有的空间以外的存储单元，我们称之为**就地操作 (in-place)** 的算法。除了数组 $A[1..n]$ 以外，插入排序只需要指针 k、指针 j 和临时工作单元 x，显然是就地操作的算法。

3.2 合并排序

因为插入排序最坏情况和平均情况的复杂度均为 $\Theta(n^2)$，我们希望能找到更快的排序算法。合并排序 (merge sort) 有较小的复杂度。合并排序用的是分治法，它把一个要排序的序列一分为二，然后将这两个子序列分别递归地排序后再合并为一个完整的递增序列。这个算法的核心是将两个有序的子序列合并 (merge) 的算法。所以，我们先讲这个合并算法。

3.2.1 合并算法及其复杂度

假设 $A[1..n_1]$ 和 $B[1..n_2]$ 分别为两个递增序列，即

$$A[1] \leqslant A[2] \leqslant A[3] \leqslant \cdots \leqslant A[n_1]$$
$$B[1] \leqslant B[2] \leqslant B[3] \leqslant \cdots \leqslant B[n_2]$$

合并算法就是把这两个序列合并为一个单一的递增序列 $C[1.. n_1 + n_2]$ 使得

$$C[1] \leqslant C[2] \leqslant C[3] \leqslant \cdots \leqslant C[n_1 + n_2]$$

合并算法的做法是，每一步选出当前序列 A 和 B 中最小的数，并把它顺序放入序列 C 中，同时把它从所在的原序列 A 或 B 中删去。找出这个最小的数只需要比较两个序列的首项即可。假定我们已经找到序列 A 和 B 中 $(k-1)$ 个最小的数并顺序放入 $C[1]$ 至 $C[k-1]$ 中。把这 $(k-1)$ 个数从序列 A 和 B 删除后，设 $A[i]$ 和 $B[j]$ 分别为这两个剩余序列的首项 (算法开始时 $i=j=1$)，那么，下一步要找出第 k 个最小的数的做法如下。

如果 $A[i] \leqslant B[j]$，那么 $A[i]$ 必定是当前序列 A 和 B 中所有的数当中最小的数，所以把它放入 $C[k]$ 中，而序列 A 中下一个数 $A[i+1]$ 成为新的首项。同理，如果 $A[i] > B[j]$，那么 $B[j]$ 被放入 $C[k]$ 而序列 B 的下一个数 $B[j+1]$ 成为新的首项。当序列 A(或 B) 中的数已全部放入序列 C 时，则只需要把另一序列 B(或 A) 中所剩下的数依次放入序列 C 中即可。下面是合并算法的伪码。

```
Merge(A[1..n₁],B[1.. n₂],C[1..n₁+n₂])
1  i←1
2  j←1
3  k←1
4  while i≤n₁ and j≤n₂
5      if A[i]≤B[j]
6          then C[k]←A[i]
7              i←i+1
8          else     C[k]←B[j]
```

```
9                    j ← j+1
10      endif
11      k ← k+1
12  endwhile
13  if i>n₁                        // 说明序列 A 里的数已全部放入序列 C 中
14      then C[k..n₁+n₂] ← B[j..n₂]  // 把序列 B 中剩余的数顺序放入序列 C 中
15      else C[k..n₁+n₂] ← A[i..n₁]  // 否则，把 A 中剩余的数顺序放入序列 C 中
16  endif
17  End
```

如果我们把序列中数字之间的比较作为主要运算，那么任何情况下，合并算法需要最多（n_1+n_2-1）次比较。这是因为每一次比较后有一个数被放入序列 C 中。当序列 A(或 B) 中的数已全部放入序列 C 时，另一序列中至少还有一个数未被选入序列 C，所以最多需要 (n_1+n_2-1) 次比较。这表明合并算法的最坏情况复杂度为 $T(n)=n_1+n_2-1=O(n)$，这里 $n=n_1+n_2$ 是被合并的两个序列中所有数字的个数。

值得一提的是，上面合并算法的最好情况的复杂度仍然是 $T(n)=O(n)$。这是因为，不论算法做了多少次比较，它都需要把序列 A 和 B 中的每一个数字都放入 C 中。这个赋值运算有 $n_1+n_2=n$ 次。实际上，把这个赋值运算作为主要运算似乎更为合理。但是，有一点要注意的是，如果所有三个数组 A、B、C 都是用链表连接的，则算法中 14 和 15 行可以在 $O(1)$ 时间内完成。这时，如果只算比较次数，则最好情况的复杂度是 $\Theta(\min(n_1, n_2))$。

3.2.2　合并排序的算法及其复杂度

合并排序是一个分治算法。它的底是被排序的序列只含一个数，这时不需要任何操作，这个数本身即为有序的序列。否则，算法把序列一分为二，再递归地将这两个子序列排序，最后用合并算法将它们合并为一个单一的递增序列。我们假定要排序的数字放在数组 $A[p..r]$ 中 ($p \leqslant r$)，下面是合并排序的伪码。

```
Mergesort(A[p..r])
1   if p<r                          // 如果 p=r，只含一个数，是底，不需要任何操作
2       then mid ← ⌊(p+r)/2⌋
3            Mergesort(A[p..mid])
4            Mergesort(A[mid+1..r])
5            Merge(A[p..mid], A[mid+1..r], C[p..r])
6            A[p..r] ← C[p..r]
7   endif
8   End
```

显然，前面所讲的合并算法 Merge($A[1.. n_1]$, $B[1.. n_2]$, $C[1.. n_1+n_2]$) 需要稍加修改后才能用在排序算法中。主要修改的地方是各数组两端的序号必须是变量，不能总是从 1 开始。这种修改极为容易，不在此赘述了。当我们需要将数组 $A[1..n]$ 中的 n 个数排序时，只需调用 Mergesort($A[1..n]$) 即可。

有些读者也许对递归算法不熟，这里举一个例子来帮助理解递归。假设我们对数组 $A[1..8]$ 进行合并排序，$A[1..8]=\{9, 6, 2, 4, 1, 5, 3, 8\}$。合并排序把它一分为二后做三件事：

```
1       合并排序 A[1..4]
2       合并排序 A[5..8]
3       A[1..9] ← 合并 A[1..4] 和 A[5..8]
        当算法执行第 1 步时，它又递归地做三件事：
```

```
1.1   合并排序 A[1..2]
1.2   合并排序 A[3..4]
1.3   A[1..4]←合并 A[1..2] 和 A[3..4]
      当算法执行第 1.1 步时，它又递归地做三件事：
1.1.1   合并排序 A[1]
1.1.2   合并排序 A[2]
1.1.3   A[1..2]←合并 A[1] 和 A[2]
```

当算法执行第 1.1.1 步和第 1.1.2 步时，它遇到了底，不做任何事。合并 A[1] 和 A[2] 后得到 A[1..2]={6, 9}，这也是第 1.1 步的结果。下面算法执行第 1.2 步。经过类似 1.1 步中的三件事后，得到 A[3..4]={2, 4}。这时算法执行第 1.3 步，得到 A[1..4]={2, 4, 6, 9}。这也是第 1 步的结果。

完成第 1 步后，算法开始执行第 2 步。它的过程与第 1 步类似，结果得到 A[5..8]={1, 3, 5, 8}。这时 A[1..4] 和 A[5..8] 都已完成排序，第 3 步将它们合并为 A[1..8]={1, 2, 3, 4, 5, 6, 8, 9}。

从这个例子可以看出，合并排序是把一个序列不断地一分为二直到只含一个数为止，然后再不断地把较短的（排好的）序列合并为较长的序列直到全部排好。这个过程可以用一棵二叉树来表示。图 3-2 显示了对应于上面例子的二叉树，其中树叶对应着底的情况。每个内结点 x 代表一个子序列。它的两个儿子结点代表这个子序列被一分为二后的两个更小的子序列。当这两个更小的子序列被排好序之后，它们在结点 x（父结点）处被合并为一个排好的序列。因此，树中每一结点既代表着一个划分操作又代表着一个合并操作。其划分的顺序是从根开始，自上而下，与树的前向遍历一致，而合并的顺序是从叶子（底）开始，自下而上，与树的后序遍历顺序一致。

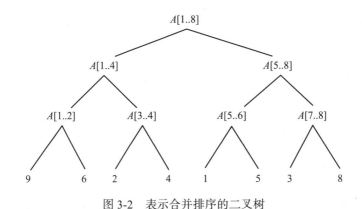

图 3-2   表示合并排序的二叉树

如果把被排序的数组 A[1..n] 中的数字之间的比较作为主要的基本运算，合并排序在最坏情况下需要的比较次数 T(n) 可以用下面的递推关系表示：

$$T(1)=0$$
$$T(n)=T(\lceil n/2 \rceil)+T(\lfloor n/2 \rfloor)+(n-1) \qquad (3.1)$$

定理 3.1   设 T(n) 为最坏情况下合并排序需要的数组 A[1..n] (n>0) 的数字之间的比较次数，那么，T(n) 满足不等式 $T(n) \leqslant n\lceil \lg n \rceil - (n-1)$。

证明： 我们用归纳法证明。

归纳基础：

由式（3.1），我们有以下不等式：

$$T(1) = 0 \leqslant 1 \times \lceil \lg 1 \rceil - (1-1) = 0$$
$$T(2) = T(1) + T(1) + (2-1) = 1 \leqslant 2 \lceil \lg 2 \rceil - (2-1) = 1$$
$$T(3) = T(2) + T(1) + (3-1) = 3 \leqslant 3 \lceil \lg 3 \rceil - (3-1) = 4$$
$$T(4) = T(2) + T(2) + (4-1) = 5 \leqslant 4 \lceil \lg 4 \rceil - (4-1) = 5$$

所以，当 $n = 1$，2，3，4 时，有 $T(n) \leqslant n \lceil \lg n \rceil - (n-1)$，定理成立。

归纳步骤：

假设当 $n = 1$，2，3，4，$\cdots$，$k-1 (k \geqslant 5)$ 时，我们有 $T(n) \leqslant n \lceil \lg n \rceil - (n-1)$。下面我们证明，当 $n = k$ 时，仍然有 $T(n) \leqslant n \lceil \lg n \rceil - (n-1)$。

因为 $\lceil k/2 \rceil \leqslant k-1$，由归纳假设，我们有 $T(\lceil k/2 \rceil) \leqslant \lceil k/2 \rceil \times \lceil \lg \lceil k/2 \rceil \rceil - (\lceil k/2 \rceil - 1)$。

当 k 是偶数时，$\lceil \lg \lceil k/2 \rceil \rceil = \lceil \lg(k/2) \rceil = \lceil \lg k - 1 \rceil = \lceil \lg k \rceil - 1$。

当 k 是奇数时，$\lceil \lg \lceil k/2 \rceil \rceil = \lceil \lg((k+1)/2) \rceil = \lceil \lg(k+1) - 1 \rceil = \lceil \lg(k+1) \rceil - 1 = \lceil \lg k \rceil - 1$。等式最后一步是因为当 k 是奇数时，$\lceil \lg(k+1) \rceil = \lceil \lg k \rceil$。

所以，由归纳假设，我们有：

$$T(\lceil k/2 \rceil) \leqslant \lceil k/2 \rceil \times \lceil \lg \lceil k/2 \rceil \rceil - (\lceil k/2 \rceil - 1) = \lceil k/2 \rceil \times (\lceil \lg k \rceil - 1) - \lceil k/2 \rceil + 1 \qquad (3.2)$$

$$T(\lfloor k/2 \rfloor) \leqslant \lfloor k/2 \rfloor \times \lceil \lg \lceil k/2 \rceil \rceil - (\lfloor k/2 \rfloor - 1) \leqslant \lfloor k/2 \rfloor \times (\lceil \lg k \rceil - 1) - \lfloor k/2 \rfloor + 1 \qquad (3.3)$$

把式（3.2）和式（3.3）代入到式（3.1），我们得到：

$$
\begin{aligned}
T(n) = T(k) &= T(\lceil k/2 \rceil) + T(\lfloor k/2 \rfloor) + (k-1) \\
&\leqslant (\lceil k/2 \rceil \times (\lceil \lg k \rceil - 1) - \lceil k/2 \rceil + 1) + (\lfloor k/2 \rfloor \times (\lceil \lg k \rceil - 1) - \lfloor k/2 \rfloor + 1) + (k-1) \\
&= k (\lceil \lg k \rceil - 1) - k + 2 + (k-1) \\
&= k \lceil \lg k \rceil - k + 1 \\
&= k \lceil \lg k \rceil - (k-1) 。
\end{aligned}
$$

归纳成功。■

由定理 3.1 知，$T(n) = O(n \lg n)$。另外，因为排序中合并部分的最好情况需要至少 $\min(n_1, n_2) = \lfloor n/2 \rfloor$ 次比较，所以有不等式：$T(n) \geqslant T(\lceil n/2 \rceil) + T(\lfloor n/2 \rfloor) + \lfloor n/2 \rfloor$。由主方法可知，$T(n) \geqslant 2T(\lfloor n/2 \rfloor) + \lfloor n/2 \rfloor = \Omega(n \lg n)$。因此，合并排序的最好情况、最坏情况，以及平均情况的复杂度都是 $T(n) = \Theta(n \lg n)$。

3.2.3 合并排序的优缺点

不论是最坏情况还是平均情况，合并排序的复杂度是最好的。在第 4 章中，我们会证明这一点。作为另外一个优点，合并排序是个稳定排序。但是，它的一个重大缺点是，它不是一个就地操作的算法，需要使用 $\Omega(n)$ 个除数组 $A[1..n]$ 外的存储单元。当 n 很大时，这是一个很大的开销。另外，把数组 C 中元素再复制到数组 A 要消耗时间，相当于把基本操作的次数加倍。当 n 很大时，递归所需要的堆栈也会增加开销。

3.3 堆排序

堆排序（heap sort）克服了合并排序不是就地操作的缺点，并且有相同的渐近复杂度 $\Theta(n\lg n)$。堆排序的工作原理如下。它先把要排序的 n 个数字放在一棵称为堆的二叉树中，包括叶子在内，一个结点放一个数。这棵二叉树帮助我们很快找到最大的一个数。当我们从堆里取走这个最大数以后，我们可以方便地把剩下的二叉树再修复为一个堆。这样我们可以再取走下一个最大数。堆排序就是通过这样不断从堆里取出最大的数和不断修复的过程完成排序的。下面我们先介绍堆的结构。

3.3.1 堆的数据结构

含有 n 个数字的堆是一棵有 n 个结点 (包括叶结点) 的二叉树，并满足以下 3 个条件：

1）所有叶结点必须出现在树的最底下一层或倒数第二层。

2）如果倒数第二层有叶结点，那么这层中的所有内结点必须出现在所有叶结点的左边。并且，除最后一个内结点（即倒数第二层中最右边的那个内结点）可能只有 1 个儿子（左儿子）结点外，堆中每一个内结点必须要有两个儿子结点。

3）每个结点上存有一个数字并满足堆顺序 (heap order)，即任一内结点 v 中含有的数要大于或等于其儿子结点中的数字，从而也必定大于等于以 v 为根的子树中所有结点含有的数。遵守这样顺序的堆称为最大堆。显然，我们也可以定义最小堆，其堆顺序则是父结点中的数字要小于或等于其儿子结点中的数字。因为对称性，所以本书只讨论最大堆。显然，在这样的堆中，根结点中的数最大。

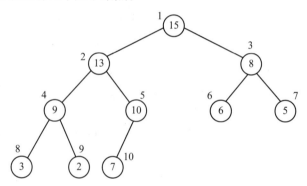

图 3-3　一个有 10 个数字的堆

图 3-3 给出了一个含有 10 个数字的堆的例子。可以证明 (见本章习题 3)，一个有 n 个结点的堆的高度为 $h = \lfloor \lg n \rfloor$。

有 n 个数字的堆通常可以用一个有 n 个单元的数组，比如 $A[1..n]$，来实现。具体办法是，把堆中的数字从根开始，从上到下逐层顺序存入数组。对每一层中的数，采用从左到右的次序存入数组。以图 3-3 中堆为例，每个结点边上的序号标明了它在数组 $A[1..10]$ 中的位置。图 3-4 直接显示了图 3-3 中 10 个数在数组 $A[1..10]$ 中存放的情况。这样存放后，这棵二叉树及其堆顺序隐含在这个数组中。这样的数据结构称为隐式数据结构。那么这个堆是怎样隐含在里面的呢？

A	[1]	[2]	[3]	[4]	[5]	[6]	[7]	[8]	[9]	[10]
	15	13	8	9	10	6	5	3	2	7

图 3-4　用数组 $A[1..10]$ 实现图 3-3 中的堆

我们注意到，堆中任一个父结点的序号和它两个儿子的序号之间有一定的关系。假定 $A[i]$ ($1 \le i \le n$) 是堆中第 i 个结点，也就是数组中第 i 个数。我们有以下关系：

1）$A[i]$ 的左儿子 (left son) = $A[2i]$　　　　（需要 $2i \le n$，否则 $A[i]$ 没有左儿子。）

2）$A[i]$ 的右儿子（right son）＝$A[2i+1]$　　　（需要 $2i+1 \leqslant n$，否则 $A[i]$ 没有右儿子。）

3）$A[i]$ 的父亲（father）＝$A[\lfloor i/2 \rfloor]$　　　（需要 $i>1$，否则 $A[i]$ 是根。）

以上这三个关系不难证明，留给读者。有了这三个关系，树中结点间的关系就完全确定了。

3.3.2　堆的修复算法及其复杂度

假设 $A[1..n]$ 中的 n 个数已形成一个堆，那么我们可以立即在 $A[1]$ 处找到最大的数。可是当我们把这个最大数从堆中取走后，如何去找第二个最大数呢？我们的做法是把剩下的 $n-1$ 个数再修复成一个有 $n-1$ 个数的堆。这样，我们可以立即在树根处找到下一个最大的数，并把它取走后再修复剩下的堆。重复这样的过程直至所有数都从堆中取走。这一节，我们解释如何修复一个堆。

我们假设，在需要修复的堆中，有一处也仅有一处违反了堆顺序。也就是说，在某一个内结点 $A[i]$ 中的数小于其某个儿子结点中的数值，而其余的所有内结点 $A[j]$ $(j \neq i)$ 都保持着最大堆顺序，即 $A[j]$ 中的数大于等于以 $A[j]$ 为根的子树中每个结点含有的数字。

堆修复是个递归算法，它先把 $A[i]$ 中的数与它的两个子结点中的数进行比较。如果 $A[i]$ 的数字最大，则修复停止，否则 $A[i]$ 中的数与持较大数的儿子中的数进行交换。这样便修复了 $A[i]$ 与其儿子的关系。这样做没有影响到其他内结点的最大堆顺序，但与 $A[i]$ 交换数字的儿子除外，所以算法接着递归地对这个儿子结点进行修复。因为下一个需要修复的点都是当前修复点的儿子，递归迟早会停止。停止时，或者所有点都满足最大堆顺序，或者当前修复点是个叶结点而无须修复。

当我们做堆排序时，我们每次在 $A[1]$ 找到最大的数，并把它和最后一个叶结点 $A[n]$ 中的数交换。这样一来，这个最大的数就放在了 $A[n]$。这恰恰是把数组 $A[1..n]$ 排序后放最大数的地方。然后，我们把 $A[n]$ 从堆中切除，也就是把 n 减 1。这样，剩下的 $n-1$ 个数就在数组 $A[1..n-1]$ 中了。但是，数组 $A[1..n-1]$ 需要修复才能成为一个堆。显然，需要修复的点就是树根 $A[1]$。

下面是堆修复的伪码，其中变量 *heap-size* 是堆中数字的个数，即 n。

```
Max-Heapify(A[1..heap-size],i)              //A[i] 是要修复的结点
1   l ← 2i                                   // 左儿子的序号
2   r ← 2i+1                                 // 右儿子的序号
3   if l≤heap-size and A[l]>A[i]             // 与左儿子比较
4       then largest ← l
5       else largest ← i
6   endif
7   if r≤heap-size and A[r]>A[largest]       // 较大者与右儿子比较
8       then largest ← r
9   endif
10  if largest ≠ i                           // 如果 A[i] 小于 A[largest]
11      then            A[i]↔A[largest]      // 把 A[i] 与该儿子的数字交换
12          Max-Heapify(A[1.. heap-size], largest) // 递归地修复该儿子所在的点
13  endif
14  End
```

当我们需要修复根结点时，只需要调用 Max-Heapify($A[1.. heap\text{-}size]$, 1) 即可。图 3-5 给出一个堆被逐步修复的例子。

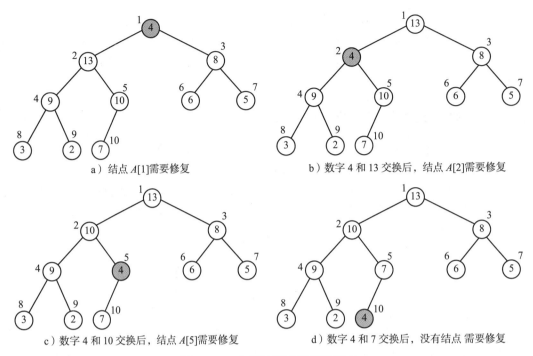

a）结点 A[1]需要修复

b）数字 4 和 13 交换后，结点 A[2]需要修复

c）数字 4 和 10 交换后，结点 A[5]需要修复

d）数字 4 和 7 交换后，没有结点 需要修复

图 3-5　一个堆被逐步修复的例子

堆修复算法的复杂度可以这样分析：算法修复当前点时需要两次比较以确定该点和它两个儿子结点中，谁的数最大。如果某儿子结点中的数最大，修复算法把修复点里的数与该儿子中的数交换后，递归修复该儿子结点。因为堆的高度为 $h=\lfloor \lg n \rfloor$，所以递归的深度最多为 $\lfloor \lg n \rfloor$。因此，最坏情况下，堆修复需要做 $2h=2\lfloor \lg n \rfloor=O(\lg n)$ 次比较。

值得注意的是，堆修复算法是个就地操作的算法。也就是说，它最多只需要常数个除数组 A 以外的存储单元。

3.3.3　为输入数据建堆

假设我们要把存在数组 A[1..n] 中的 n 个数用堆排序将其变为递增序列，那么我们首先要做一个准备工作，就是把 A[1..n] 变成一个堆。如图 3-4 所示，任何在数组 A[1..n] 中的 n 个数已构成一棵（隐形）二叉树，只是结点中的数字也许不满足最大堆顺序。我们要做的，就是调整 A[1..n] 中的数字使其成为一个堆。我们希望这个建堆的工作不要花太长时间，否则就会适得其反。下面是一个只需要用线性时间的分治法建堆算法。算法 Build-Max-Heap(A[1..n], i) 的作用是调整以 A[i] 为根的子树里的数字使该子树满足最大堆顺序。

```
Build-Max-Heap(A[1..n], i)
1  l ← 2i            //左儿子的序号
2  r ← 2i+1              //右儿子的序号
3  if  l≤n
4      then Build-Max-Heap(A[1..n], l)    //如果 l>n，则 A[i] 是树叶，没有左儿子。
5  endif
6  if  r≤n                               //如果 r>n，A[i] 没有右儿子。
7      then Build-Max-Heap(A[1..n], r)
8  endif
```

```
9   Max-Heapify(A[1..n], i)
10  End
```

这个分治法中的底没有明说，而是隐含其中。当 $A[i]$ 没有儿子时，算法不再继续。否则，算法先把左子树和右子树调整为堆以后调用 Max-Heapify($A[1..n]$, i) 将 $A[i]$ 为根的树变为堆。当我们调用 Build-Max-Heap($A[1..n]$, 1) 后，即可将 $A[1..n]$ 变为一个堆。这个建堆算法显然也是就地操作的算法。它的复杂度 $T(n)$ 可分析如下。

置 $n = 2^{h+1} - 1$。这样 $A[1..n]$ 所对应的二叉树是一棵高度为 h 的满二叉树（complete binary tree），这里 $h = \lg(n+1) - 1$。

满二叉树的所有叶结点都在底层。图 3-6 给出了一棵高为 3 的满二叉树的例子。一棵高为 h 的满二叉树的左右两棵子树是高为 $h-1$ 的满二叉树。

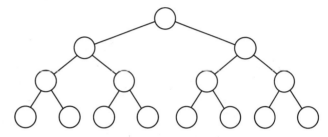

图 3-6　一棵高为 3 的满二叉树的例子

因为 Max-Heapify($A[1..n]$, 1) 需要最多 $2h = 2\lfloor \lg n \rfloor = O(\lg n)$ 次比较，上面的建堆算法的复杂度满足递推关系：

$$T(n) = 2\ T\left(\frac{n-1}{2}\right) + O(\lg n)$$

因此，调用 Build-Max-Heap($A[1..n]$, 1) 得到 n 个结点的堆的复杂度是：

$$T(n) = 2\ T\left(\frac{n-1}{2}\right) + O(\lg n) \leqslant 2T(n/2) + O(\lg n) = O(n)$$

其中，最后一步可由主方法得到。注意，根据例 2-4 的解释，用 $n = 2^{h+1} - 1$ 得到的复杂度适用于所有 n。

3.3.4　堆排序算法

将数组 $A[1..n]$ 建堆后，堆排序的过程就很简单了，其算法如下：

```
Heapsort(A[1..n])
1   Build-Max-Heap(A[1..n], 1)
2   heap-size←n
3   while heap-size>1
4       A[1]↔A[heap-size]
5       heap-size←heap-size-1
6       Max-Heapify(A[1..heap-size], 1)
7   endwhile
8   End
```

上面这个算法将 $A[1..n]$ 建堆以后进入一个循环。每次循环，算法做三件事：

1）把 $A[1]$ 和最后一个叶子 $A[heap\text{-}size]$ 中的数交换。这样当前堆中最大的数就放在正确位置上了。例如，循环第一步把最大数 $A[1]$ 放入 $A[n]$ 中。

2）把堆的规模（$heap\text{-}size$）减 1，这等价于把最后一个叶子 $A[heap\text{-}size]$ 从树中摘去。原来在这个叶子中的数字已移到 $A[1]$ 中。

3）调用 Max-Heapify($A[1..heap\text{-}size]$, 1) 进行堆修复。修复后，$A[1..heap\text{-}size]$ 变成一

个堆，以便在下一次循环中找到下一个最大数。

　　循环在 heap-size=1 时，即堆中只有 A[1] 一个数时结束。堆排序显然是就地操作的
算法。图 3-7 给出了一个堆排序的例子。它显示了前四次循环后及所有循环结束时，数组
A[1..10] 中哪些数字已排好序和哪些数字仍在堆中。为清楚起见，我们用二叉树图示数组
中数字在每次循环后的位置，但略去显示每一次循环中对堆的修复过程。

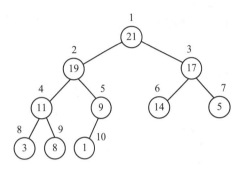

a）循环开始时的 A[1..10] 是一个堆

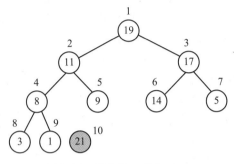

b）一次循环后，最大数 21 放在 A[10]，A[1..9]
修复为一个堆

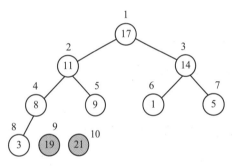

c）两次循环后，第二大数放入 A[9]，A[1..8]
修复为一个堆

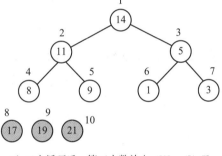

d）三次循环后，第三大数放入 A[8]，A[1..7]
修复为一个堆

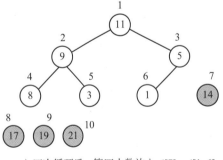

e）四次循环后，第四大数放入 A[7]，A[1..6]
修复为一个堆

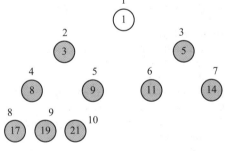

f）九次循环后，A[1] 修复为一个堆，算法结束。
A[1..10] 排序为一递增序列

图 3-7　一个堆排序的例子

3.3.5　堆排序算法的复杂度

　　堆排序需要先花 $O(n)$ 的时间把数组 $A[1..n]$ 变为一个堆。然后，算法循环 $(n-1)$ 次，
而每次循环的时间主要花在堆修复算法上。因为堆修复的时间是 $O(\lg n)$，所以堆排序算法的

最坏情况复杂度是 $T(n)=O(n)+(n-1)O(\lg n)=O(n\lg n)$。那么它的最好情况和平均情况复杂度是多少呢？可以证明堆排序算法的最好情况的复杂度有下界 $\Omega(n\lg n)$。从而，在任何情况下，堆排序复杂度都是 $T(n)=\Theta(n\lg n)$。这个证明将在下一章中讨论。

3.3.6　堆排序算法的优缺点

堆排序是就地操作的算法，它的复杂度 $T(n)=\Theta(n\lg n)$ 是渐近最优的，但是，堆排序的最大缺点是不稳定。读者可以很容易地找到不稳定的例子。另外，可以证明（见本章习题19）排序开始前，最坏情况下，它需要至少 $2n-\lg(n+1)$ 次比较构建一个堆。而且，最坏情况下，它的排序部分还需要约 $2n\lg n$ 次比较。所以，最坏情况下，堆排序实际需要的比较次数比合并排序的 $n\lceil\lg n\rceil-(n-1)$（见定理 3.1）要多一倍以上。

3.3.7　堆用作优先队列

堆的数据结构不仅可以用来排序，而且可以被许多其他算法用来动态地管理和修改数据，比如插入一个数据，删除一个数据，减少（或增加）一个数据的值，找到最大（或最小）的两个数，等等。能够有效提供这些操作的数据结构都称为优先队列（priority queue）。这里，有效指的是低复杂度。注意，这里的一个数据可能是一个含多个域的记录。比如，图书馆中的每本书由序号、书名、作者、出版社、出版时间等构成一个记录。其中每一项称为一个域，而用来查找的域称为关键字（key），比如序号常被用作一本图书的关键字。因为找到了关键字也就找到了整个记录，所以管理和修改数据的算法往往也是管理和修改关键字的算法。我们讲的数字就是指关键字。

数组是个最简单的优先队列。用数组可以在 $O(1)$ 时间内更改一个数，但要找最大数时却很慢，需要 $\Theta(n)$ 时间。这里，我们看一下堆 $A[1..n]$ 是如何支持这些操作的，并讨论相应的复杂度。以下算法一目了然而无须解释。

1. 增加一个数的值

假设我们需要把 $A[i]$ 中的数增加到新的值 key，可用下面的算法。

```
Heap-Increase-Key(A[1..n], i, key)    //1≤i≤n
1   if key < A[i]
2       then error   // 要增加的值比原来的值还小，不合理
3   endif
4   A[i]←key
5   father(i)←⌊i/2⌋
6   while i>1 and A[father(i)]<A[i]
7       A[i]↔A[father(i)]
8       i←father(i)
9       father(i)←⌊i/2⌋
10  endwhile
11  End
```

这个算法复杂度为 $O(\lg n)$。

2. 插入一个数

假设我们需要插入一个新的值 key 到堆里，可用下面的算法。

```
Max-Heap-Insert(A[1..heap-size], key)
1  heap-size ← heap-size+1
2  n ← heap-size
3  A[n] ← −∞
4  Heap-Increase-Key(A[1..n], n, key)
5  End
```

这个算法复杂度为 $O(\lg n)$。

3. 取走最大数

假设我们要取走最大的数并放入变量 *max* 中，可用下面算法。

```
Heap-Extract-Max(A[1..heap-size], max)
1  n ← heap-size
2  if n<1
3      then return "error, heap underflow"      // 堆是个空集
4  endif
5  max ← A[1]
6  A[1] ← A[n]
7  heap-size ← n−1
8  Max-Heapify(A[1..heap-size], 1)
9  return max
10 End
```

这个算法复杂度为 $O(\lg n)$。

4. 将最大的数复制到变量 *max* 中

假设我们把堆里最大的数复制到变量 *max* 中，但不把它从堆中删除，可用下面的算法。

```
Heap-Maximum(A[1..heap-size], max)
1  if heap-size<1
2      then return "error, heap underflow"      // 堆是个空集
3  endif
4  max ← A[1]
5  return max
6  End
```

这个算法复杂度为 $O(1)$。其他的基本操作，例如减少一个数的值或删去一个数等，留为练习。

3.4 快排序

快排序（quick sort）是人们常用的又一个排序算法，它有很好的平均情况下的复杂度并且是一个就地操作的算法。下面进行详细讨论。

3.4.1 快排序算法

快排序是分治法的又一个例子。假定数组 $A[1..n]$ 中的数字需要排序，不同于合并排序，快排序不是把序列分为长度相等（最多差 1）的两段，而是按照以下原则将序列分为两部分：先从数组 $A[1..n]$ 中选一个数作为中心点 (pivot)。然后，其余 $n-1$ 个数逐个

与这中心点进行比较。所有小于等于中心点的数组成第一部分，并且放在 $A[1..q-1]$ 中（$1 \leqslant q \leqslant n$）。这里，$q-1$ 是第一部分的数字个数，可能为 0。数组中大于中心点的数组成第二部分，并且放在 $A[q+1..n]$ 中。最后把中心点放入 $A[q]$，它不归入任一部分。这个中心点的选取有多种方法，但结果都差不多，本书取 $A[n]$ 作为中心点来划分。有兴趣的读者可进一步查阅文献。

在把序列进行上述划分之后，快排序算法再递归地对第一部分和第二部分进行快排序。当第一、二部分排好序之后，整个序列就自然排好了。这个分治法的底是当序列为空或只有一个数字的情况。这时算法不需做任何事。所以，快排序实际上是个不断对子序列进行划分的过程。因为快排序是个递归算法，所以它必须允许数组的任何一段 $A[p..r]$（$1 \leqslant p \leqslant r \leqslant n$）作为输入的数组。

我们在划分算法中用了两个指针：i 和 j，其中 i 指向当前第一部分最右的位置，而 j 指向下一个需要比较的数。开始时，$i=p-1$（因为第一部分是空集），$j=p$。我们从 $A[p]$ 开始到 $A[r-1]$ 为止，将每个数逐个与中心点 $A[r]$ 比较。其中，小于或等于 $A[r]$ 的数字放在 $A[p..i]$ 中，而大于 $A[r]$ 的数放入 $A[i+1..j-1]$ 中。$A[j]$ 到 $A[r-1]$ 中的数是到目前为止还未检查的数字。图 3-8 描述了这一情况。划分结束时，如 $i=p-1$，则表示第一部分是空集，而 $i=r-1$ 则表示第二部分为空集。

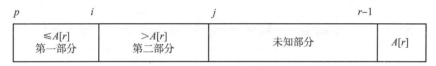

图 3-8　划分算法的图示

就像合并算法是合并排序的核心，序列划分的算法是快排序的核心。与合并算法不同的是，快排序的序列划分不需要额外的存储空间，它只需要把数字在序列中进行交换和移动。因此，快排序是个就地操作的算法。具体操作如下：

每次我们比较 $A[j]$ 和 $A[r]$ 时，有两种结果，分述如下：

1）$A[j]>A[r]$。针对这种情况，$A[j]$ 中数字应属于第二部分。我们只需要把指针 j 加 1 即可。

2）$A[j] \leqslant A[r]$。针对这种情况，$A[j]$ 中数字应属于第一部分。我们的操作是把 $A[j]$ 和 $A[i+1]$ 中的数字交换，然后把指针 i 和 j 分别加 1。

这个操作可把 $A[j]$ 中的数字并入第一部分 $A[1..i+1]$。同时，原来在 $A[i+1]$ 中的数被移到了 $A[j]$。如果这个数属于第二部分，操作后它仍属于第二部分。如果原 $A[i+1]$ 中的数不属于第二部分，则第二部分为空，必有 $j=i+1$。那么，指针 i 和指针 j 加 1 后，仍有 $j=i+1$，第二部分仍为空，算法正确。

当 $A[1..r-1]$ 中每个数都和 $A[r]$ 比较后，交换 $A[i+1]$ 和 $A[r]$ 中的数字。这样就把 $A[r]$ 中的数放在了中心点位置上，并保持划分正确。显然，中心点位置是 $q=i+1$。

根据上面的讨论，划分算法只需要 $(r-p)$ 次比较并且是就地操作，其伪码如下：

```
Partition(A[p..r], q)
1  x ← A[r]
2  i ← p-1
3  for j ← p to r-1              // 每次操作后，for 循环会自动把 j 加 1
4     if A[j] ≤ x                // 如果 A[j]>x，不需要任何操作，i 不变
```

```
5          then    i←i +1
6                  A[i]↔A[j]
7       endif
8    endfor
9  A[i+1]↔A[r]
10 q←i+1
11 return q
12 End
```

图 3-9 是一个序列划分的例子。序列中有 8 个数字，图 3-9 显示了每一次比较后数组中数字的变化，其中第二部分的数字用阴影表示。

初始状态	p	$p+1$	$p+2$	$p+3$	$p+4$	$p+5$	$p+6$	r
$i=p-1$	$j=p$							r
序列 $A[]$	2	8	7	1	3	5	6	4

第 1 次比较后

	i	j						r
	2	8	7	1	3	5	6	4

第 2 次比较后

	i		j					r
	2	8	7	1	3	5	6	4

第 3 次比较后

	i			j				r
	2	8	7	1	3	5	6	4

第 4 次比较后

		i			j			r
	2	1	7	8	3	5	6	4

第 5 次比较后

			i			j		r
	2	1	3	8	7	5	6	4

第 6 次比较后

			i				j	r
	2	1	3	8	7	5	6	4

第 7 次比较后

			i				j	r
	2	1	3	8	7	5	6	4

把 $A[r]$ 放到中心点后

			i	q			j	r
	2	1	3	4	7	5	6	8

图 3-9　一个序列划分的例子

基于上面的划分算法，快排序算法可设计为：

```
Quicksort(A[p..r])
1  if p<r          // 如果 p≥r，则见底，算法不做任何事
2      then Partition(A[p..r], q)
3            Quicksort(A[p..q-1])
4            Quicksort(A[q+1..r])
5  endif
6  End
```

如果要把 $A[1..n]$ 排序，则只需要调用 Quicksort($A[1..n]$)。

3.4.2　快排序算法最坏情况复杂度

快排序中主要操作仍然是数组中数字间的比较。直观上看，如果算法中每次划分都很不对称，则需要比较的次数最多。一个极端的情况是，$A[1..n]$ 是一个已排好序的序列，即 $A[1]\leqslant A[2]\leqslant A[3]\leqslant\cdots\leqslant A[n]$。容易看出，快排序所需要比较的次数为：$(n-1)+(n-2)+\cdots+1=n(n-1)/2$。所以，最坏情况的复杂度是 $T(n)=\Omega(n^2)$。

那么上面的情况是否是最坏呢？有没有更坏的情况呢？结论是没有更坏的情况了。

定理 3.2　给定序列 $A[p..r]$，快排序 Quicksort($A[p..r]$) 需要最多 $n(n-1)/2$ 次比较，这里 n 为数组中元素的个数，即 $n=p-r+1$。

证明：设 $T(n)$ 为快排序在最坏情况下，需要的比较次数。我们用数学归纳法证明 $T(n)\leqslant n(n-1)/2$。

归纳基础：

当 $n\leqslant 2$ 时，显然有 $T(0)=T(1)=0$，$T(2)=1$，定理正确。

归纳步骤：

假设当 $n=1$，2，$\cdots$，k 时 ($k\geqslant 2$)，有 $T(k)\leqslant k(k-1)/2$。我们证明当 $n=k+1$ 时，定理也正确，即 $T(n)=T(k+1)\leqslant k(k+1)/2$。

假定快排序第一次划分后，第一部分有 $a(\geqslant 0)$ 个元素而第二部分有 $b(\geqslant 0)$ 个元素，$a+b=k$。这一划分需要 k 次比较。由归纳假设，用快排序对第一部分排序时最多需要 $a(a-1)/2$ 次比较，而对第二部分排序时最多需要 $b(b-1)/2$ 次比较。因此整个排序需要最多 $k+a(a-1)/2+b(b-1)/2$ 次比较。因为

$$
\begin{aligned}
&k+a(a-1)/2+b(b-1)/2\\
&=(a^2+b^2+2k-a-b)/2\\
&=(a^2+b^2+k)/2 \qquad\qquad （因为 a+b=k）\\
&=[(a+b)^2-2ab+k]/2\\
&=(k^2-2ab+k)/2\\
&=(k^2+k)/2-ab\\
&\leqslant k(k+1)/2
\end{aligned}
$$

归纳成功，所以定理成立。　■

定理 3.2 说明快排序的最坏情况是，每次划分，都有 a 或 b 为零，即 $A[1..n]$ 是一个已排好序的递增序列或递减序列。所以，快排序的最坏情况复杂度是 $T(n)=\Theta(n^2)$。那么它的平均情况和最好情况的复杂度又是怎样的呢？下面两节证明这两个复杂度都是 $\Theta(n\lg n)$。对证明不感兴趣的读者可跳过，或等有时间再看。

3.4.3 快排序算法平均情况复杂度

定理 3.3 给定序列 $A[p..r]$，快排序 Quicksort($A[p..r]$) 平均需要的比较次数为 $T(n) = O(n\lg n)$，这里 $n = p - r + 1$ 为数组中元素的个数。我们假设，每次划分中出现的各种情况的概率分布是均匀分布。

证明： 假设快排序对 n 个数进行划分后，第一部分含 k 个数，第二部分含 $(n-k-1)$ 个数。整数 k 的值可以是 0 到 $(n-1)$ 中任何一个数，一共有 n 种不同的情况。我们假定这 n 种情况的概率相等，均为 $1/n$。那么算法平均需要的比较次数 $T(n)$ 满足以下递推关系：

$$T(n) = \frac{1}{n}\sum_{k=0}^{n-1}\left[T(k) + T(n-k-1)\right] + (n-1)$$

$$= \frac{1}{n}\left[\sum_{k=0}^{n-1}T(k) + \sum_{k=0}^{n-1}T(n-k-1)\right] + (n-1)$$

$$= \frac{2}{n}\sum_{k=0}^{n-1}T(k) + (n-1) \tag{3.4}$$

由式（3.4），我们得到：

$$nT(n) = 2\sum_{k=0}^{n-1}T(k) + n(n-1) \tag{3.5}$$

把 n 换为 $(n-1)$ 后可得：

$$(n-1)T(n-1) = 2\sum_{k=0}^{n-2}T(k) + (n-1)(n-2) \tag{3.6}$$

由式（3.5）减去式（3.6）得到：

$$nT(n) - (n-1)T(n-1) = 2T(n-1) + 2(n-1)$$

$$nT(n) = (n+1)T(n-1) + 2n - 2 \tag{3.7}$$

将式（3.7）两边同除 $n(n+1)$ 后得到：

$$\frac{T(n)}{n+1} = \frac{T(n-1)}{n} + \frac{2}{n+1} - \frac{2}{n(n+1)} \tag{3.8}$$

由式（3.8）展开后得到：

$$\frac{T(n)}{n+1} < \frac{T(n-1)}{n} + \frac{2}{n+1}$$

$$< \frac{T(n-2)}{n-1} + \frac{2}{n} + \frac{2}{n+1}$$

$$< \cdots$$

$$< \frac{T(1)}{2} + \frac{2}{3} + \frac{2}{4} + \cdots + \frac{2}{n} + \frac{2}{n+1}$$

$$= 2\left(\frac{1}{3} + \frac{1}{4} + \cdots + \frac{1}{n} + \frac{1}{n+1}\right) \qquad （因为 T(1) = 0）$$

$$< 2\ln(n+1)$$

$$= (2\ln 2)\lg(n+1)$$

$$\approx 1.39\lg(n+1) \tag{3.9}$$

所以，算法平均需要的比较次数和复杂度为

$$T(n) < 1.39(n+1)\lg(n+1) = O(n\lg n)$$

■

3.4.4 快排序算法最好情况复杂度

直观地看，如果每次划分都把序列分为两个有相同大小的部分（或最多差一个数），则快排序所要的比较次数最少。如果是这样，不妨设 $n = 2^{k+1} - 1$，我们有如下递推关系：

$$T(n) = 2T\left(\frac{n-1}{2}\right) + n - 1$$

或者

$$T(2^{k+1}-1) - 2T(2^k-1) + 2^{k+1} - 2$$

定义 $S(k) = T(2^{k+1}-1)$，得到等式

$$S(k) = 2S(k-1) + 2^{k+1} - 2 \qquad （3.10）$$

用序列求和法可将式（3.10）求解如下。

$$
\begin{aligned}
T(n) = S(k) &= 2S(k-1) + 2^{k+1} - 2 \\
&= 2[2S(k-2) + 2^k - 2] + 2^{k+1} - 2 \\
&= 2^2 S(k-2) + 2^{k+1} - 2^2 + 2^{k+1} - 2 \\
&= \cdots \\
&= 2^k S(0) + k2^{k+1} - 2^k - 2^{k-1} - \cdots - 2 \\
&= k2^{k+1} - 2^{k+1} + 2 \qquad （因为 S(0) = T(1) = 0） \\
&= (k-1)2^{k+1} + 2 \\
&= (n+1)[\lg(n+1) - 2] + 2 \qquad （因为 2^{k+1} = n+1，k-1 = \lg(n+1) - 2） \\
&= (n+1)\lg(n+1) - 2n \\
&= \Theta(n\lg n)
\end{aligned}
$$

那么直观的结果 $T(n) = (n+1)\lg(n+1) - 2n$ 是不是最好情况呢？有没有更好的情况呢？定理 3.4 回答了这个问题。

定理 3.4　给定序列 $A[p..r]$，快排序 Quicksort($A[p..r]$) 需要最少 $\lceil(n+1)\lg(n+1)\rceil - 2n$ 次比较，这里 n 为数组中元素的个数，$n = p - r + 1$。

证明：设 $T(n)$ 为快排序需要的最少比较次数。我们用归纳法证明 $T(n) \geq \lceil(n+1)\lg(n+1)\rceil - 2n$。

归纳基础：

$n = 0$ 时，$T(0) = 0$，$\lceil(0+1)\lg(0+1)\rceil - 2 \times 0 = 0$，定理正确。

$n = 1$ 时，$T(1) = 0$，$\lceil(1+1)\lg(1+1)\rceil - 2 \times 1 = 0$，定理正确。

$n = 2$ 时，$T(2) = 1$，$\lceil(2+1)\lg(2+1)\rceil - 2 \times 2 = \lceil 3\lg 3\rceil - 4 = \lceil 4.755\rceil - 4 = 1$，定理正确。

归纳步骤：

假设当 $n = 0$，1，2，$\cdots$，$(k-1)$ 时 $(k \geq 3)$ 定理正确。我们证明当 $n = k$ 时，定理也正确，即快排序需要最少 $\lceil(k+1)\lg(k+1)\rceil - 2k$ 次比较。假定在快排序第一次划分后，第一部分有 $a(\geq 0)$ 个元素而第二部分有 $b(\geq 0)$ 个元素，$a + b = k - 1$。这一划分需要 $k - 1$ 次比

较。由归纳假设，用快排序对第一部分排序时最少需要 $\lceil(a+1)\lg(a+1)\rceil-2a$ 次比较，而对第二部分排序时最少需要 $\lceil(b+1)\lg(b+1)\rceil-2b$ 次比较，因此整个排序需要最少 $f(a,b)=(k-1)+\lceil(a+1)\lg(a+1)\rceil-2a+\lceil(b+1)\lg(b+1)\rceil-2b$ 次比较。下面我们来简化这个式子。

$$\begin{aligned}
f(a,b) &= (k-1)+\lceil(a+1)\lg(a+1)\rceil-2a+\lceil(b+1)\lg(b+1)\rceil-2b \\
&= \lceil(a+1)\lg(a+1)\rceil+\lceil(b+1)\lg(b+1)\rceil-2(a+b)+(k-1) \\
&= \lceil(a+1)\lg(a+1)\rceil+\lceil(b+1)\lg(b+1)\rceil-(k-1) \qquad (\text{因为 } a+b=k-1) \\
&\geq (a+1)\lg(a+1)+(b+1)\lg(b+1)-(k-1)
\end{aligned}$$

因为 $(a+1)\lg(a+1)+(b+1)\lg(b+1)$ 在 $a=b=(k-1)/2$ 时有极小值，所以

$$\begin{aligned}
f(a,b) &\geq (a+1)\lg(a+1)+(b+1)\lg(b+1)-(k-1) \\
&\geq 2\left(\frac{k-1}{2}+1\right)\lg\left(\frac{k-1}{2}+1\right)-(k-1) \\
&= (k+1)\lg\frac{k+1}{2}-(k-1) \\
&= (k+1)[\lg(k+1)-1]-(k-1) \\
&= (k+1)\lg(k+1)-2k
\end{aligned}$$

因为比较次数 $f(a,b)$ 必须是整数，所以有 $f(a,b)\geq\lceil(k+1)\lg(k+1)\rceil-2k$。归纳成功。∎

由定理 3.4 可知快排序的最好情况复杂度是 $\Theta(n\lg n)$。在第 4 章的习题 5 中，我们把快排序的运算过程用一棵二叉树来描述从而给出最好情况复杂度是 $\Theta(n\lg n)$ 的另一个证明。

3.4.5 快排序算法的优缺点

如上所述，快排序是一个就地操作的算法，并且它的平均复杂度 $\Theta(n\lg n)$ 是渐近最优。它实际使用的比较次数平均为 $1.39n\lg n$，优于堆排序所需次数，但它在最坏情况时有复杂度 $\Theta(n^2)$，高于堆排序。另外，它显然不是稳定的排序。

习题

1. 给出一例证明在最坏情况下，合并算法至少需要 n_1+n_2-1 次比较。

2. （a）设计一个复杂度为 $O(n\lg n)$ 的算法，以确定数组 $A[1..n]$ 中的 n 个数是否有相同的数字。

   （b）设计一个复杂度为 $O(n\lg n)$ 的算法，把数组 $A[1..n]$ 中出现奇数次的数字挑选出来。

3. （a）一个高为 h 的堆最少和最多能含有多少个结点 (包括所有内结点和叶结点)？

   （b）证明一个含有 n 个数的堆的高为 $\lfloor\lg n\rfloor$。

4. 假设 Heap-Delete($A[1..n]$, i) 表示将 $A[i]$ 这个数从数组 $A[1..n]$ 构成的堆中删去，并使所余 $n-1$ 个数形成一个堆的操作。用伪码设计一个复杂度为 $O(\lg n)$ 的算法来实现 Heap-Delete($A[1..n]$, i) ($1\leq i\leq n$)。

5. 假设 Heap-Decrease-Key($A[1..n]$, i, key) 表示在数组 $A[1..n]$ 构成的堆中把 $A[i]$ 的值减少为 key，并把 $A[1..n]$ 修复为一个堆的操作。用伪码设计一个复杂度为 $O(\lg n)$ 的算法来实现 Heap-Decrease-Key($A[1..n]$, i, key) ($1\leq i\leq n$)。

6. 给定一个排好序的数组 $A[1]\leq A[2]\leq\cdots\leq A[n]$，例 2-1 中的二元搜索算法可以用一棵二元搜索树来描述。树中每个内结点含有一个数组中的数。树根里的数是算法进行比较的第一个数，即

$A[mid]$。如果 $x=A[mid]$，则搜索成功并报告。否则，根据结果是 $x<A[mid]$ 还是 $x>A[mid]$，算法决定是递归搜索左半部分，还是递归搜索右半部分。因而这棵二元搜索树的左右两棵子树可相应地递归构造。下图给出了当 $n=1$，2，3，4 时二元搜索树的例子。其中叶结点表示搜索失败的情况。

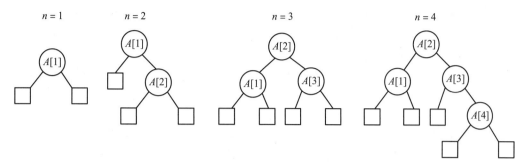

（a）证明一棵二元搜索树 T 的叶结点只出现在最底下两层。

（b）证明一棵含 n 个数的二元搜索树的高度为 $h=\lceil \lg(n+1) \rceil$。

*7. 一个结点在一棵树中的高度就是以这个结点为根的子树的高度。证明在一个有 n 个数字的堆中，高度为 h 的结点数最多为 $\lceil \dfrac{n}{2^{h+1}} \rceil$。

8. （**K 路合并问题**）利用最小堆（min-heap）设计一个时间复杂度为 $O(n\lg k)$ 的算法将 k 个排好序的序列合并为单一排好序的序列。这里 n 是所有 k 个序列中数字的总和。

9. 大家熟知，数组 $A[1..n]$ 形成的堆里，第 i 个数 $A[i]$ ($1 \leqslant i \leqslant n$) 的左儿子、右儿子及父亲的所在位置可以由下面公式算出：

$$\text{Left}(A[i])=A[2i]$$
$$\text{Right}(A[i])=A[2i+1]$$
$$\text{Parent}(A[i])=A[\lfloor i/2 \rfloor]$$

但是很多时候我们不能把这个堆存放在从 $A[1]$ 开始的数组中，而是存放在从 $A[p]$ 开始的 n 个单元中，即存放在 $A[p..r]$ 中，这里 $r=p+n-1$。这相当于把这 n 个数在数组中向右平移了 $(p-1)$ 个位置。请给出在这种情况下，确定数字 $A[i]$ ($p \leqslant i \leqslant r$) 的左儿子、右儿子及父亲的所在位置的公式。

10. 证明一个有 n 个数字的堆的左子树最多含有 $\lfloor 2n/3 \rfloor$ 个结点。

11. 给定一个 n 个数的数组 $A[1..n]$ 和一个常数 x。我们希望确定数组中是否存在两个数，$A[i]$ 和 $A[j]$ ($1 \leqslant i<j \leqslant n$) 使得 $A[i]+A[j]=x$。设计一个复杂度为 $O(n\lg n)$ 的算法解决这个问题。如果这样两个数存在，则报告这两个数，否则报告不存在。

12. 锦标赛排序法是一个基于比较的排序算法。它可以用一棵称为锦标赛树（tournament tree）的完全二叉树来描述。这棵二叉树要求正好有 n 个叶子来存储 n 个要排序的数字，并且所有叶子在底层或倒数第 2 层。下面是一棵有 5 个叶子的锦标赛树图例。

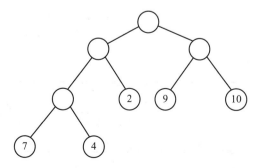

算法开始前，将要排序的 n 个数字放在这 n 个叶子中。每个内结点代表一次比较。每次比较中胜者，即较小的数，参加下一轮在其父结点处的比较。在每个内结点处，当它的两个子结点处的比较有了结果之后，该结点处的比较即可进行。最后，在根结点处的比较决出冠军，即最小的数。因为一共有 $(n-1)$ 个内结点，所以只需 $(n-1)$ 次比较就可以找到最小数。当确定了最小的数后，即可把它送到输出序列中。另外，把它原来所在的叶子中的值改为 ∞。显然，重复上面的过程可得到下一个最小的数。

（a）如果重复所有在内结点处的比较去找下一个最小的数，我们又需要 $(n-1)$ 次比较。这个复杂度太高。请设计一个只需 $O(\lg n)$ 次比较的算法去找下一个最小的数。（只需解释步骤，不要求伪码。）

（b）请用伪码设计一个用数组来实现锦标赛排序的算法，使其复杂度为 $O(n \lg n)$。

13. 给定一个数组 $A[1..n]$，我们希望建一棵有 n 个内结点的完全二叉树 T。它满足以下条件：

1）T 的根中存有数组 $A[1..n]$ 中最小的数。

2）假设根中的数为 $A[r]$，则根的左子树由数组 $A[1..r-1]$ 中的数递归建立，而根的右子树由数组 $A[r+1..n]$ 中的数递归建立。

3）当数组为空时，对应的子树为叶结点而过程停止。

让我们称这样的二叉树为**最小优先树**。下面的图示给出一个例子。

$A[1] = 6$，$A[2] = 10$，$A[3] = 2$，$A[4] = 7$，$A[5] = 9$，$A[6] = 5$

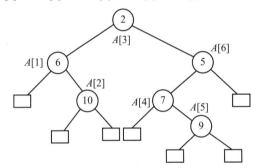

（a）画出对应于下面序列的最小优先树：6，5，2，9，7，1，3，10，9。

（b）设计一个构造最小优先树的算法，使其平均复杂度为 $O(n \lg n)$。我们假设最小数出现在序列中任何位置的概率相同。（注：可以有 $O(n)$ 算法。）

14. 如下图所示，平面上有上、下两条平行线。每条线上各自分布有 n 个点，并从左到右顺序标为 1，2，$\cdots$，n。我们把上面的 n 个点与下面的 n 个点配成一一对应的 n 个对子后，用一条线段把每对点连上。若上面的点 i 与下面的点 k 相连，则记 $k = \pi(i)$ $(1 \leqslant i, k \leqslant n)$。如果 $i < j$ 但 $\pi(i) > \pi(j)$，那么线段 $(i, \pi(i))$ 和线段 $(j, \pi(j))$ 会有交叉点。例如，在下图中一共有 10 个交叉点。请设计一个 $O(n \lg n)$ 的算法计算一个给定的 n 对连线 $(i, \pi(i))$ $(1 \leqslant i \leqslant n)$ 一共有多少个交叉点。

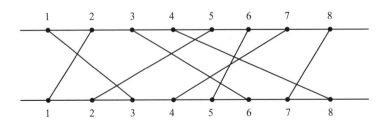

15. 每个内结点都有两个儿子的二叉树称为完全二叉树。设 L 为一棵完全二叉树 T 的叶子的集合。用数学归纳法证明以下等式：

$$\sum_{x \in L} \frac{1}{2^{depth(x)}} = 1$$

（ $depth(x)$ 表示 x 的深度，即从根到点 x 的路径长度。）

16. T 是一棵高度为 h 的完全二叉树，它的所有结点（包括叶结点）的集合是 V。用数学归纳法证明以下不等式：

$$\sum_{x \in V} \frac{1}{2^{depth(x)}} \leqslant h+1$$

17. 重新考虑第 8 题的 k- 路合并问题。假设 $A_1, A_2, \cdots, A_k$ 是 k 个排好序的序列。序列 A_i 有 n_i 个数 $(1 \leqslant i \leqslant k)$ 并且有 $n_1 + n_2 + \cdots + n_k = n$。下面的分治算法 k-merge(A, i, j, B, m) 把 A_i 到 A_j $(1 \leqslant i \leqslant j \leqslant k)$ 的序列合并为单一的排好序的序列 B。这里，$m = \sum_{h=i}^{j} n_h$ 是序列 B 中数字的个数。调用 k-merge $(A,$ $1, k, B, n)$ 则可把 $A_1, A_2, \cdots, A_k$ 合并为单一的排好序的序列 B。假设合并一个有 p 个数的序列和一个有 q 个数的序列需要 $(p+q-1)$ 次比较，请为算法 k-merge (A, i, j, B, m) 的复杂度建立一个递推关系并证明 k-merge $(A, 1, k, B, n)$ 的复杂度是 $O(n\lg k)$。

```
k-merge(A,i,j,B,m)
1   if i=j
2       then    m←n_i
3               B[1..m]←A_i[1..n_i]
4       else mid←⌊(i+j)/2⌋
5               k-merge(A,i,mid,B_1,m_1)
6               k-merge(A,mid+1,j,B_2,m_2)
7               m←m_1+m_2
8               Merge(B_1[1..m_1],B_2[1..m_2],B[1..m])      // 合并 B_1 和 B_2 为序列 B
9   endif
10  End
```

18. 假设数组 $A[1..n]$ 是一个堆。请设计一个 $O(\lg n)$ 的算法，对任一个元素 $A[i]$，它可以找出并打印出在对应的二叉树中，从根 $A[1]$ 到 $A[i]$ 的这条路径。用 left 和 right 表示每一步的走向。例如，在下面的堆里，$A[10]$ 的路径是 root → left → right → left。

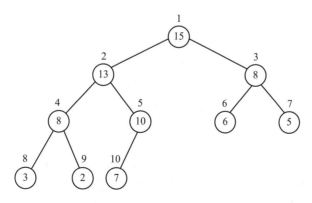

19. 证明，在最坏情况下，3.3.3 节中建堆的算法 Build-Max-Heap$(A[1..n], 1)$ 需要至少 $2n-2\lg(n+1)$ 次比较。

20. 证明，在最好情况下，合并排序的算法 Mergesort$(A[1..n])$ 需要至少 $\frac{1}{2}n\lg n - \frac{1}{2}(n-1)$ 次比较。

第4章 不基于比较的排序算法

除了第 3 章中介绍的 4 种排序算法外，人们还设计了很多基于比较的排序算法（简称比较排序），但是没有一个算法的复杂度可以比 $\Theta(n\lg n)$ 更优。后来证明，如果只是用比较数字大小的方法来排序，任何算法在最坏情况时都必须做至少 $\lceil\lg(n!)\rceil \approx n\lg n$ 次比较。这一结果省去了算法研究者为追求比 $O(n\lg n)$ 更好的算法所做的无谓努力。同时，它也告诉人们，要想得到更快的排序算法，必须要有除比较之外的对数字的操作。在本章中，我们将证明 $\Theta(n\lg n)$ 是比较排序复杂度的下界并介绍 3 种常用的不基于比较的排序算法。对问题的复杂度下界的研究是算法设计和分析领域的重要课题。知道了一个问题的复杂度下界不仅为解决该问题提供了指导，往往还可推出许多其他问题的下界，例如，由比较排序的下界可推出求 n 个点的凸包问题的复杂度也是 $(n\lg n)$。本章的例 4-1 也是一个例子，读者应该学一点这方面的基本方法。

4.1 比较排序的下界

在介绍 3 种常用的不基于比较的排序算法之前，我们先证明为什么任何比较排序的算法在最坏情况时都必须做至少 $\lceil\lg(n!)\rceil \approx n\lg n$ 次比较。这意味着 $\Omega(n\lg n)$ 是所有比较排序算法的最坏情况复杂度的一个（渐近）下界。在这一节中，我们还讨论平均情况下比较排序的复杂度的下界，以及如何用类似方法得到堆排序最好情况的复杂度。

4.1.1 决策树模型及排序最坏情况下界

很多决策的过程是通过对输入数据做一系列某个操作得出的结果来做出决定的。其中，每次操作会有两个或多个可能的结果，而下次对哪几个数据进行操作是根据这一次操作的结果而定的。这样的过程可以用一棵**决策树**来描述。树中每个结点 u 都代表一个指定的操作。该操作可能有几种结果，它的每个可能的操作结果对应 u 的一个儿子结点。决策算法从执行树根指定的操作开始。当算法完成点 u 指定的操作后，算法要根据操作结果找到对应的那个儿子结点。下一步就是执行这个儿子结点所指定的操作。这个过程一直进行到下一个儿子结点是一个叶子为止，决策算法结束。因为比较排序是通过一系列数字间的比较来完成的，所以可以用一棵决策树来描述。其中，每个结点代表一次两个数之间的比较。

证明 $\lceil\lg(n!)\rceil$ 是比较排序的一个下界，我们只需要证明输入的 n 个数都不相等的情况。这是因为针对一个特殊情况的下界也一定是包含所有情况的下界。我们将证明，即使已知这 n 个数都不相等，任何比较排序的算法，在最坏情况下，都必须做至少 $\lceil\lg(n!)\rceil \approx n\lg n$ 次比较。显然，当一个序列被排好序，这个序列中任何两个数之间的大小关系就被完全决定了。一个基于比较的排序算法要指明第一步要比较哪两个数，然后根据结果，下一步该比较哪两个数，然后再根据结果做下一次比较。每次比较就是回答一个问题：两个数中哪一个比较大？这样一个比较的过程可以用一棵二叉树来描述。

图 4-1 中的二叉树就是一棵排序的决策树，它描述了一个排序算法是如何将输入序列 $A[1]$、$A[2]$、$A[3]$ 中的 3 个数排序的。树中每个内结点中的两个数指明，在算法到达这个结点时，要进行比较的两个数。从根结点开始，算法把当前结点指明的两个数比较后有两个结果，一个结果是左边的数小于右边的数，另一个结果是左边的数大于右边的的数。根据不同结果，算法顺着相应的边到达下一个结点。当排序可以确定时，就到达了一个叶结点。图中每个叶结点代表一个排序的结果。显然，对每一个有 n 个数的输入序列，任何一个排序算法对应一棵唯一的决策树 $T(n)$。

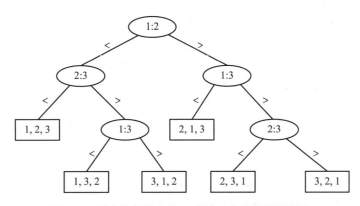

图 4-1　用决策树描述的一个基于比较的排序算法

一个有 n 个不同数的序列中，最小的数称为第 1 顺序数，第 2 小的数称为第 2 顺序数，以此类推，第 n 个小的数（即最大的数）称为第 n 顺序数。排序就是确定在原序列中，哪个是第 1 顺序数，哪个是第 2 顺序数，以此类推，哪个是第 n 顺序数。所以，排序的本质是给出 n 个顺序数在原序列中的位置。

所以，在一棵排序决策树中，每个叶结点对应一个排序结果，它代表了一个从输入的 n 个数到序列 1，2，3，$\cdots$，n 的一个映射 π。假设输入序列是 $A[1]$，$A[2]$，$\cdots$，$A[n]$，输出序列是 $B[1]<B[2]<\cdots<B[n]$。如果 $B[j]=A[i]$ $(1 \leqslant i, j \leqslant n)$，那么，$A[i]$ 就是第 j 顺序数。我们可以定义这个映射函数为：$\pi(i)=j$。比如，图 4-1 中左边第 2 个叶结点 (1, 3, 2) 表示 $A[1]<A[3]<A[2]$。这个映射函数是：$\pi(1)=1$，$\pi(2)=3$，$\pi(3)=2$。换句话说，$A[1]$ 是第 1 顺序数，$A[2]$ 是第 3 顺序数，$A[3]$ 是第 2 顺序数。

因为算法是确定的，而输入的 n 个数都不相等，一个输入序列只能有一个排序结果，所以一个叶结点只能代表一个映射。那么一共有多少个不同的映射呢？因为一个映射正好等于一个 n 个元素的全排列，所以有 $n!$ 个不同的映射。因此，这棵决策树必须至少有 $n!$ 个叶子来代表这些不同的映射，一个都不能少，否则算法不正确。例如，在图 4-1 中，如果没有 (3, 2, 1) 的叶子，那么如果输入的三个数中 $A[3]$ 最小，$A[2]$ 其次，$A[1]$ 最大，算法因无法报告这一结果而失败。当然，这棵决策树也不能有多于 $n!$ 个叶子。否则，必有两个叶子（x 和 y）对应同一个映射。设结点 v 是决策树中 x 和 y 的最小公共祖先。又假设 $A[i]$ 和 $A[j]$ $(1 \leqslant i, j \leqslant n)$ 在点 v 做比较，结果必定是 $A[i]<A[j]$ 或 $A[i]>A[j]$。这说明，x 和 y 对应的映射中，有一个含 $A[i]<A[j]$，而另一个含 $A[i]>A[j]$，导致矛盾。所以，如假定 n 个输入数字都不相等，那么一棵比较排序的决策树必定正好有 $n!$ 个叶子。

由于任何一个正确的排序算法对应的决策树 $T(n)$ 中必须有至少 $n!$ 个叶子，而 $T(n)$ 又是一棵二叉树，那么 $T(n)$ 不能太小。我们很容易观察到，高度 $h=0$ 的树只有一个结点，因为它没有儿子结点，通常把这个结点归为叶子。当高度 $h=1$ 时，一棵二叉树最多有 2 个叶结点。当高度 $h=2$ 时，一棵二叉树最多有 4 个叶结点。以此类推或用归纳法可证明一棵高为 h 的二叉树最多有 2^h 个叶结点。所以任一排序算法所对应的决策树 $T(n)$ 的高度 h 必须满足 $2^h \geq n!$，也就是 $h \geq \lg(n!)$。因为高度 h 必须是整数，我们有：

$$h \geq \lceil \lg(n!) \rceil \tag{4.1}$$

那么，决策树高度 h 和算法复杂度又有什么关系呢？我们知道，在树中的每一个结点都有一个深度 (depth)，即从根到这个结点路径的长度，或边的个数。例如，图 4-1 中代表 (3, 2, 1) 的叶结点的深度为 3，而根的深度为 0。所以，树的高度等于树中所有结点中最大的深度，而最大的深度必定在某个叶结点那里。容易看出，一个叶结点在决策树 $T(n)$ 里的深度就等于，算法在这个叶结点结束并输出这个点所对应的序列时，所需要的比较次数。这是因为算法沿着从根到这个叶结点的路径，每比较一次向前进一步，一直到该叶结点为止。比如，图 4-1 代表的算法如果在叶结点（3，2，1）结束，则需要 3 次比较。所以，有最大深度的叶结点代表了最坏情况。由式（4.1）可知，任何基于比较的排序算法在最坏情况时需要 $\lceil \lg(n!) \rceil$ 次比较。这就是著名的基于比较的排序的下界，我们把它正式地陈述在下面定理中。

定理 4.1 任何一个基于比较的排序算法，在最坏情况时，需要至少 $\lceil \lg(n!) \rceil$ 次比较。这里，n 是被排序的输入序列中数字的个数。

证明： 由式（4.1）可知，任一个基于比较的排序算法对应的决策树高 h 必满足关系 $h \geq \lceil \lg(n!) \rceil$。所以，决策树中存在一个深度大于等于 $\lceil \lg(n!) \rceil$ 的叶子 x。那么，当输入序列映射到叶子 x 时，算法必定顺着从根到 x 这条路径进行比较，每走一步比较一次。这使得算法必须经过至少 $\lceil \lg(n!) \rceil$ 次比较才可以得到对应于 x 的排序结果。所以，任一个基于比较的排序算法，在最坏情况时，需要至少 $\lceil \lg(n!) \rceil$ 次比较。∎

这里，我们提醒读者，以上结果是在假定输入的数字都不相同的情况下得出的。如果序列很特殊，比如数字只取 0 和 1 两个值，那么 $\lceil \lg(n!) \rceil$ 次比较不一定是下界。但是，我们考虑的是最坏情况的复杂度，因此可假定输入的数字都不相同。

由微积分中的 Sterling 公式，$n! \approx \sqrt{2\pi n}\left(\frac{n}{e}\right)^n$，我们有 $\lg(n!) \approx \lg\left(\sqrt{2\pi n}\left(\frac{n}{e}\right)^n\right) = \lg\sqrt{2\pi n} + \lg\left(\frac{n}{e}\right)^n = \lg\sqrt{2\pi n} + n(\lg n - \lg e) = n\lg n - (n\lg e - \lg\sqrt{2\pi n}) \approx n\lg n$。所以，我们通常也说排序的下界是 $n\lg n$。顺便说一下，当 n 趋向无穷大时，Sterling 公式的误差会变得非常小。丢弃部分 $-(n\lg e - \lg\sqrt{2\pi n})$ 的绝对值小于 $1.45n$。可见 $n\lg n$ 是个相当紧的界。因为合并排序和堆排序算法在最坏情况下都有 $\Theta(n\lg n)$ 复杂度，下面的推论显然正确。

推论 4.2 合并排序和堆排序算法都是渐近最佳算法。

如本章开头所说，排序的下界不仅对排序算法的设计和分析有指导意义，而且往往可用来得到其他问题的下界。让我们看一个例子。

【例 4-1】 假设我们需要设计一个算法来判定任一给定数组 $A[1..n]$ 中的 n 个数是否有相同的数字，那么，在最坏情况下，任何基于比较的算法需要至少 $\lceil \lg(n!) \rceil$ 次比较来判定。

证明： 假设有一个基于比较的算法可以正确地判定任一数组 $A[1..n]$ 中的 n 个数是否有相同的数字。让我们给这个算法输入任意一个 n 个数都不同的数组 $A[1..n]$，那么算法必定会判定数组中没有相同的数字。假设这 n 个数排序后的序列是 $b_1<b_2<b_3<\cdots<b_n$ ($b_i \in A[1..n]$, $1 \leq i \leq n$)。我们不要求算法做这个排序,但我们可以做。那么,我们可以断定,这个算法一定比较了 b_1 和 b_2,也就是比较了最小的两个数。我们可用反证法来证明,具体证明过程如下。

如果这个算法没有比较 b_1 和 b_2,却判定数组中没有相同的数字,那么我们可以把数组 $A[1..n]$ 中的 b_2 改动一下。我们让 b_2 等于 b_1,$b_2=b_1$,其余数不变。然后,我们再让这个算法去判定改动后的数组 $A[1..n]$。显然,这个改动不改变任何两个数,b_i 和 b_j ($1 \leq i < j \leq n$) 的比较结果,除非 $i=1$,$j=2$。因为这个算法对改动前的数组判断时,没有比较 b_1 和 b_2,所以算法这一次会重复所有先前的比较,也不会比较 b_1 和 b_2。因此,算法不会察觉到我们的改动而仍然会判定数组中没有相同的数字。显然,这一次算法错了。所以,算法必须比较 b_1 和 b_2。

同理,这个算法必定要比较 b_2 和 b_3。以此类推,这个算法必须比较序列中每两个相邻的数字,b_i 和 b_{i+1} ($1 \leq i \leq n-1$)。这就意味着,根据这个算法的比较结果,我们可以把这 n 个不同数字排序。因为基于比较的排序,在最坏情况下,至少需要 $\lceil \lg(n!) \rceil$ 次比较,所以这个算法,在最坏情况下,也需要至少 $\lceil \lg(n!) \rceil$ 次比较。■

4.1.2　二叉树的外路径总长与排序平均情况下界

决策树不仅可以帮我们找到最坏情况下排序算法的下界,而且可以帮我们找到平均情况下排序算法的下界。在上一节中,我们看到决策树中不同的叶结点对应不同的输入数据的情况。每个叶结点的深度就是当输入数据映射到这个叶结点时,算法需要的比较次数。那么,所有叶结点的深度的平均值即可作为平均情况下算法需要的比较次数。这里,当我们考虑平均值时,要假定各种输入情况发生的概率分布。因为我们通常都假定均匀分布,所以我们的做法是把所有叶结点的深度加起来,也就是算出树根到所有叶结点的路径的总长,然后除以叶结点的个数。因为叶结点有时也称为外结点,所以这个路径的总长称为外路径总长 (external path length),而所有内结点的深度的总和称为内路径总长 (internal path length)。在考虑排序的平均情况时,只需要外路径总长。但在其他问题中,我们有时需要内路径总长或两者之和。这一节的推导略长一些,但掌握和熟悉这一节的方法会帮助你理解和解决许多其他问题,例如堆排序最好情况下界、哈夫曼编码、最佳二元搜索树、快排序最好情况下界等都用到这里讨论的概念。

定义 4.1　假设 L 和 I 分别是一棵二叉树 T 的叶结点和内结点的集合。二叉树 T 的外路径总长定义为 $EPL(T) = \sum_{x \in L} depth(x)$,内路径总长定义为 $IPL(T) = \sum_{x \in I} depth(x)$,全路径总长定义为 $TPL(T) = EPL(T) + IPL(T)$,这里 $depth(x)$ 表示结点 x 的深度。

定义 4.2　一棵二叉树 T 被称为有最小外路径总长 (Min-EPL) 的二叉树,如果它的外路径总长 $EPL(T)$ 是所有有相等叶结点个数的二叉树中最小的。类似地,一棵二叉树 T 被称为有最小内路径总长 (Min-IPL) 的二叉树,如果它的内路径总长 $IPL(T)$ 是所有有相等的内结点个数的二叉树中最小的。

定义 4.3　一棵二叉树 T 被称为有最小全路径总长 (Min-TPL) 的二叉树,如果它的全路径总长 $TPL(T)$ 是所有有相等的结点个数的二叉树中最小的。

我们这里讨论的二叉树是任何一棵二叉树,当然也包括排序对应的决策树。我们想知道，一棵有 l 个叶结点的二叉树的外路径总长最小是多少。我们先看一下有最小外路径总长的二叉树有什么特点。

引理 4.3 一棵有最小外路径总长的二叉树必定是一棵完全二叉树 (full binary tree)，即每个内结点正好有两个子结点。

证明： 如果一棵二叉树的某内结点只有一个子结点，我们可以把这个内结点去掉，而把它的唯一子结点和它的父结点相连。这样得到的新的二叉树仍然有相同的叶结点集合而外路径总长显然会减小。图 4.2 显示了这一变换。所以任一棵有最小外路径总长的二叉树必定是一棵完全二叉树。∎

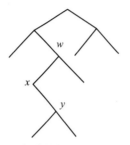 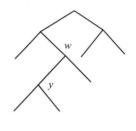

a）原二叉树内结点 x 只有一个子结点 y b）变换后的二叉树中不含结点 x

图 4-2 把只有一个子结点的内结点从二叉树中删去示例

引理 4.4 任一棵有最小外路径总长的二叉树的所有叶结点必定只出现在最底下两层。

证明： 由引理 4.3 可知，我们只需要考虑完全二叉树。如果高为 h ($h \geq 3$) 的一棵完全二叉树 T 中有一个叶子 x 出现在 k ($\leq h-2$) 层上，那么我们可以在 $h-1$ 层上找一个内结点 y，然后切去它的两个叶结点儿子，a 和 b，并将 a 和 b 接到 x 上去。图 4-3 显示了这样的变换。变换后，原来的叶结点 x 变成了内结点，原内结点 y 变成了叶结点，叶结点 a 和 b 仍是叶结点，而其他的结点没有变化。因此，这样得到的二叉树 T' 仍然含有与树 T 相等的叶结点个数。但是，通过下面简单计算可知，这个变换后的二叉树 T' 比树 T 有较小的外路径总长。

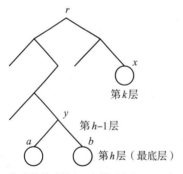 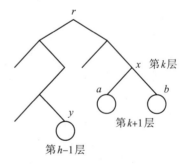

a）变换前叶结点 x 在第 k 层（$k \leq h-2$)   b）变换后的二叉树 T' 中叶结点的总数不变

图 4-3 消去一个不在最底下两层的叶结点的变换示例

$$EPL(T')=EPL(T)-|原路径(r,x)|-|原路径(r,a)|-|原路径(r,b)|+|新路径(r,y)|+$$
$$|新路径(r,a)|+|新路径(r,b)|$$

$$= EPL(T) - k - h - h + (h-1) + (k+1) + (k+1)$$
$$= EPL(T) - h + k + 1$$
$$\leqslant EPL(T) - h + (h-2) + 1$$
$$= EPL(T) - 1$$

所以，任一棵有最小外路径总长的二叉树的所有叶结点必定只出现在最底下两层。 ■

引理 4.5 假设一棵有最小外路径总长的二叉树 T 有 l 个叶结点，那么 $EPL(T) > l(\lceil \lg l \rceil - 1)$。

证明： 我们假设这棵二叉树 T 的高是 h。从引理 4.3 和引理 4.4 可知，T 是一棵完全二叉树并且所有叶结点都在最底下两层。假设 T 在 $(h-1)$ 层的内结点个数为 x，那么必有 $1 \leqslant x \leqslant 2^{h-1}$。

因为 T 是一棵完全二叉树，并且所有叶结点都在最底下两层，所以第 $(h-1)$ 层正好有 $2^{h-1} - x$ 个叶结点，而第 h 层正好有 $2x$ 个叶结点，T 总共有 $l = 2x + (2^{h-1} - x) = 2^{h-1} + x$ 个叶结点。图 4-4 显示了这一关系。它把底层的 $2x$ 个叶结点都画在左侧。显然，不论它们在底层如何分布，其 $EPL(T)$ 不变。因为叶结点的深度至少是 $(h-1)$，所以有 $EPL(T) > l(h-1)$。

因为 $2^{h-1} < l = 2^{h-1} + x \leqslant 2^h$，我们有 $(h-1) < \lg l \leqslant h$，即 $h = \lceil \lg l \rceil$，引理得证。 ■

根据引理 4.5，我们可以得到平均情况下比较排序的复杂度下界。

定理 4.6 假设各种输入情况的概率均等，任何一个基于比较的排序算法平均需要至少 $\lceil \lg(n!) \rceil - 1$ 次比较。这里，n 是被排序的输入序列中数字的个数。

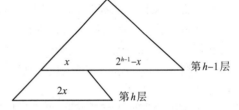

图 4-4 有最小外路径总长的二叉树 T 中叶结点的个数和树的高度的关系

证明： 假设二叉树 T 是一棵基于比较的排序算法所对应的决策树。我们知道，这个算法平均需要的比较次数 $A(n)$ 等于它外路径总长除以叶结点数。假设它有 l 个叶结点，根据引理 4.5，我们有 $A(n) = EPL(T)/l > (\lceil \lg l \rceil - 1)$。因为决策树中的叶结点数 l 至少是 $n!$，所以 $A(n) > \lceil \lg(n!) \rceil - 1$。 ■

从定理 4.6 可知，基于比较的排序算法的平均复杂度的下界几乎与最坏情形时的一样。

4.1.3 二叉树的全路径总长与堆排序最好情况下界

二叉树的路径总长还经常用于证明其他问题的下界。我们这里举一个例子，就是用全路径总长来证明堆排序的最好情况下界。我们先看一下有 n 个结点的有最小全路径总长的二叉树有什么特点。

引理 4.7 设有 n 个结点的最小全路径总长的二叉树 T 的高度是 h。那么，它的所有内结点，除了第 $h-1$ 层的内结点外，都必须有两个子结点。

证明： 我们用反证法证明。假设树 T 在第 k ($k \leqslant h-2$) 层的一个内结点 x 只有一个子结点，那么我们可以切去底层一个叶结点 a 并把它连到 x 上。图 4-5 显示了这个变换。

显然，变换后的二叉树仍有 n 个结点。因为除点 a 以外各点的深度不变而点 a 的深度减少，所以变换后得到的二叉树 T' 有较小的全路径总长，产生矛盾，定理得证。 ■

注意引理 4.7 和引理 4.3 的不同。有 n 个结点的有最小全路径总长的二叉树不一定是完全二叉树。

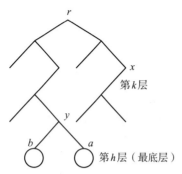

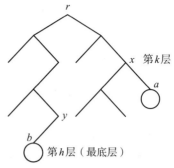

a）树 T 中结点 x 在第 k 层且只有一个子结点　　　　b）变换后的二叉树 T' 与 T 有相同的结点总数

图 4-5　将只有一个子结点的内结点变为有两个子结点的内结点示例

引理 4.8　有 n 个结点的堆所对应的二叉树有最小全路径总长。

证明： 我们先证明一棵有最小全路径总长的二叉树 T 的全部叶结点必须在最底下两层。假设这棵二叉树 T 的高是 h，类似引理 4.7 的证明（参考图 4-5），如果在第 k（$k \leq h-2$）层有一个叶结点 x，那么我们可以在底层切去一个叶结点 a 并把它连到结点 x 上。变换后的二叉树 T' 仍有 n 个结点。因为除点 a 以外各点的深度不变而点 a 的深度减少，所以变换后的二叉树 T' 有较小的全路径总长。因此，一棵有最小全路径总长的二叉树 T 的全部叶结点必须在最底下两层。

再由引理 4.7 可知，除了第 $h-1$ 层的内结点外，这棵有最小全路径总长的二叉树 T 的所有其他内结点必须有两个子结点。所以，与堆一样，这棵树 T 在删除底层后必定是个完美二叉树。因此，树 T 和一个有 n 个结点的堆所对应的二叉树有相同的高度 $h = \lfloor \lg n \rfloor$，并且底层的叶结点数也相等。因此，有 n 个结点的堆所对应的二叉树有最小全路径总长。　■

定理 4.9　设 $TPL(T)$ 是 n 个结点的二叉树 T 的全路径总长，则有 $TPL(T) > n(\lfloor \lg n \rfloor - 2)$。

证明： 假设 T 是一棵有 n 个结点的堆所对应的二叉树，其高度是 h，底层有 u 个叶结点，那么有 $1 \leq u \leq 2^h$。如图 4-6 所示，从根开始到第 $h-1$ 层，T 在各层的顶点个数顺序为 1，2，2^2，2^3，$\cdots$，2^{h-1}。

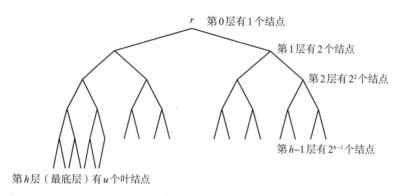

图 4-6　在堆所对应的二叉树中，各层的结点数

所以，我们有等式 $n = (1 + 2 + 2^2 + 2^3 + \cdots + 2^{h-1}) + u = 2^h - 1 + u$。现在，这棵树的全路径总长就等于 $TPL(T) = \sum_{k=0}^{h-1} k 2^k + uh$。

从第 2 章中式（2.8）知 $\sum_{k=0}^{h-1} k 2^k = (h-2) 2^h + 2$，所以有

$$TPL(T) = (h-2)2^h + 2 + uh$$
$$> (h-2)2^h + u(h-2)$$
$$= (h-2)(2^h + u)$$
$$> (h-2)n$$

因为 $h = \lfloor \lg n \rfloor$，由引理 4.8 得出，$TPL(T) > n(\lfloor \lg n \rfloor - 2)$。∎

现在我们证明，把 n 个数的数组进行堆排序，在最好情况下，需要 $\Omega(n \lg n)$ 次比较。在下面的证明中，我们假设数组中 n 个数都不相同。否则，这个结果不成立。比如当所有数都相同时，堆排序只需线性时间 $\Theta(n)$ 即可。

定理 4.10　如果 $A[1..n]$ 中数字都不同，那么任何情况下 Heapsort($A[1..n]$) 需要的比较次数是 $T(n) = \Omega(n \lg n)$。

证明： 为叙述方便，假定 n 是偶数，$n = 2k$。显然这不影响下界的证明。在建好堆之后，前 k 个数，$A[1..k]$ 对应内结点，而后 k 个数（$A[k+1..2k]$），为叶结点。最后一个叶子是 $A[2k]$，它的父亲 $A[k]$ 是最后一个内结点。堆排序的每次循环将根中最大数与最后一个叶子中的数交换，然后从堆中切掉这个叶子，再将堆修复以便下一次循环。

假设序列的中位数，即第 k 个小的数，是 x。在 n 个数中，应该正好有 k 个数大于 x。下面我们要证明的是，在循环开始前的堆中，至少有 $\lfloor k/3 \rfloor$ 个叶子的数值是小于 x 的。否则，最多有 $\lfloor k/3 \rfloor - 1$ 个叶子中的数是小于 x 的。那么，就有至少 $\lceil 2k/3 \rceil + 1$ 个叶子中的数是大于 x 的。而这些叶子的父亲的数值也必须是大于 x 的。因为它们一共至少有 $\lceil (2k/3+1)/2 \rceil \geq \lceil k/3 \rceil$ 个父亲，那么一共会有至少 $\lceil 2k/3 \rceil + 1 + \lceil k/3 \rceil > k$ 个结点中的数大于 x。这就产生了矛盾。所以，至少有 $\lfloor k/3 \rfloor$ 个叶子的数值在开始时是小于 x 的。这也就是说在 k 个内结点中，即 $A[1..k]$ 中，至少有 $\lfloor k/3 \rfloor$ 个结点中的数值在开始是大于 x 的。我们用 S 表示这些点的集合，$|S| \geq \lfloor k/3 \rfloor = \lfloor n/6 \rfloor$。

经过 $k = n/2$ 次循环后，序列中 k 个较大的数，包括 S 中的点所含的数字，被输出到 $A[k+1..n]$ 中并排好序，而较小的 k 个数仍在堆中。因为 S 中的点是内结点，不会被这 k 次循环切去，所以它们被输出的唯一途径是在这 k 次堆的修复中一步一步向根移动，最后到达根的位置而被输出。因为把一个数在堆中向上移动一步需要 2 次比较，所以堆排序在这 k 次循环中需要的比较次数至少是：

$$2 \times \sum_{a \in S} \text{结点 } a \text{ 在开始时的堆中的深度}$$

下面，我们证明这个数为 $\Omega(n \lg n)$。我们把堆 $A[1..n]$ 做如下变换：

1）把 S 以外的点标为空洞。

2）如果堆里一个 S 中点 a 的父结点 b 是空洞，则交换 a 和 b 中的数字，使点 a 成为空洞，点 b 进入 S，$S \leftarrow S \cup \{b\} - \{a\}$。重复这个操作直到每个 S 中点的父结点都不是空洞。

3）删去任何以空洞为根的子树。

显然，我们会得到只含 S 中数字的一棵二叉树（不一定是堆）T。因为第 2 步操作只会减少 S 中点的深度，不会增加深度，所以堆排序在前 k 次循环中需要的比较次数至少是：

$$T(n) \geq 2 \sum_{a \in S} \text{结点 } a \text{ 在开始时的堆中的深度}$$
$$\geq 2 \sum_{a \in S} \text{结点 } a \text{ 在变换后的二叉树 } T \text{ 中的深度}$$
$$= 2 \times TPL(T)$$

根据定理 4.9 及 $|S| \geqslant \lfloor n/6 \rfloor$，得到 $T(n) \geqslant 2 \times TPL(T) = \Omega(n \lg n)$。 ■

4.2 不基于比较的线性时间排序算法

由于基于比较的排序算法在最坏情况时至少需要 $\Omega(n \lg n)$ 次比较，要想突破这个下界就必须采用不基于比较的算法。下面，我们介绍 3 种常用的不基于比较的排序算法，即计数排序、基数排序和桶排序。由于这些算法都有一些附加条件，因此大部分应用仍采用基于比较的排序。但是，有合适的应用问题时，当然应当使用这些不基于比较的排序算法。

4.2.1 计数排序

计数排序要求被排序的数字是整数，并且限制在某一个范围内。假设 $a_1, a_2, \cdots, a_n$ 是 n 个要排序的整数，我们约定 $0 \leqslant a_1, a_2, \cdots, a_n \leqslant k$，而且 $k = O(n)$。如果这些整数不满足这个条件，我们往往可以把问题变换为一个满足该条件的排序问题。这方面的技巧不在这里讨论，我们只讨论满足以上条件的排序问题。

假设数组 $A[1..n]$ 中的数满足以上条件，计数排序做的第一件事是统计一下有多少数是 0，有多少数是 1，有多少数是 2，以此类推，直到有多少数是 k。将统计结果放在数组 $C[0..k]$ 中，其中，$C[i]$ 是数组 A 中等于整数 i 的个数 $(0 \leqslant i \leqslant k)$。按理，我们已经可以把这 n 个数排序了。比如，数组中有 2 个 1，3 个 2，1 个 5，我们是否可以马上输出 1，1，2，2，2，5 呢？

问题是，每个整数只是一个关键字，它可能代表着一个庞大的与之关联的记录。比如一个人的人事档案，其中身份证号码被用作关键字来排序。当我们用关键字来排序时，不可以把身份证号码与该证持有人的整个记录分开。所以有了数组 $C[0..k]$ 以后，我们还要回答，对数组 A 中的每一个数对应的完整记录应该安排在第几个位置。为此，我们还需要做些事。

计数排序做的第二件事是进一步统计，有多少个数是 0（这是已知的，等于 $C[0]$），有多少个数是小于等于 1 的，有多少个数是小于等于 2 的，以此类推，直到有多少个数是小于等于 k 的。这一步实际上是对数组 C 做累计统计，结果仍放在 C 中，即 $C[0]$ 不变，$C[1] = C[0] + C[1]$，$C[2] = C[1]$（更新过的值）$+ C[2]$，以此类推，直到 $C[k] = C[k-1]$（更新过的值）$+ C[k]$。

计数排序做的第三件事是把 $A[1..n]$ 中的数字，从 $A[n]$ 到 $A[1]$，一个一个放入数组 $B[1..n]$ 中使它们在数组 B 中排好序。当我们把 $A[j]$ $(1 \leqslant j \leqslant n)$，放入数组 B 时，根据数组 C 中的值决定它在数组 B 中的位置。如果 $A[j] = u$ 且 $C[u] = d$，则把 $A[j]$ 放入 $B[d]$ 中。然后修改 $C[u]$ 为 $d-1$。这样做的理由如下：

1）如果 $A[j] = u$ 是从 $A[n]$ 到 $A[1]$ 序列中我们看到的第一个等于整数 u 的数，则说明包括 $A[j]$ 在内，共有 d 个小于等于 u 的数在序列中，而 $A[j]$ 是最右边的一个 u。所以，在排好序之后的序列里，$B[1]$ 至 $B[d]$ 必定是小于等于 u 的数。因为 $A[j]$ 是最右边的一个等于 u 的数，所以应该把 $A[j]$ 放入 $B[d]$ 中，然后修改 $C[u]$ 为 $d-1$。这是因为除 $A[j]$ 外，$A[1..n]$ 有 $d-1$ 个小于等于 u 的数。它们应该放在 $B[1]$ 至 $B[d-1]$ 中。

2）如果 $A[j]$ 不是我们看到的第一个等于 u 的数，那么 $C[u] = d$ 表明，除去那些之前已经看到并已经安排好的等于 u 的数外，包括 $A[j]$ 在内，$A[1..n]$ 中一共有 d 个小于等于 u 的数。它们必须被安放在 $B[1]$ 至 $B[d]$ 中。因为 $A[j]$ 是数组 A 中的这 d 个小于等于 u 的数中最右边的一个，所以应该把 $A[j]$ 放入 $B[d]$ 中。我们注意到，这一步之前，我们可能看到过小于 u 的数，它们已被安排在 $B[1]$ 至 $B[d-1]$ 中的某些地方，但它们不影响 $A[j]$ 在序列中的位置是 $B[d]$。同理，我们之前可能还看到过大于等于 u 的数，它们已被安排在 $B[d+1]$ 之后的地方，也不影响 $A[j]$ 在序列中的位置是 $B[d]$。$A[j]$ 放入 $B[d]$ 后，修改 $C[u]$ 为 $d-1$，指明下一个等于 u 的数（如果还有的话）在 B 中的位置。

计数排序做完第三件事后，排序完成。排好序的 n 个数字输出在数组 $B[1..n]$ 中。下面看一个例子。

【例 4-2】用计数排序为下面的数组 $A[1..8]$ 排序。

A	1	2	3	4	5	6	7	8
	4	5	3	0	2	3	4	2

因为每个数字的值在 0 和 5 之间，即 $k=5$。算法第一步算得数组 $C[0..5]$ 如下：

C	0	1	2	3	4	5
	1	0	2	2	2	1

算法第二步累加数组 C 中数字后得到 $C[0..5]$ 如下：

C	0	1	2	3	4	5
	1	1	3	5	7	8

算法第三步将数字输出到 $B[1..8]$ 中，图 4-7 显示了每步后数组 B 和 C 中内容的变化。下面是计数排序算法的伪码，其正确性由以上讨论得证。

```
Counting-Sort(A[1..n], B[1..n], k)          //0≤A[j]≤k(1≤j≤n)
1   for i←0 to k
2       C[i]←0                   // 初始化数组 C 为全零
3   endfor
4   for i←0 to n
5       C[A[i]] ← C[A[i]]+1   // 如果 A[i]=j，那么 C[j] 加 1，C[j] 是整数 j 的个数
6   endfor
7   for i←1 to k
8       C[i]←C[i]+C[i-1]   //C[i] 是小于或等于 i 的整数的个数
9   endfor
10  for j←n downto 1
11      u←A[j]
12      d←C[u]
13      B[d]←A[j]
14      C[u]←d-1
15  endfor
16  End
```

这个算法的复杂度是 $O(n)$。这是因为每一个循环需要 $O(n)$ 时间或 $O(k)=O(n)$ 时间，所以总的时间为 $O(n)$。显然，计数排序比基于比较的排序快，但要求输入数字为整数且在一定范围之内。另外，很容易看出，计数排序是稳定排序，但不是就地操作的算法。

（1）$A[8]=2$，而 $C[2]=3$，故将 $A[8]$ 放入 $B[3]$ 中并修改 $C[2]$ 为 2。

B	1	2	3	4	5	6	7	8
			2					

C	0	1	2	3	4	5
	1	1	2	5	7	8

（2）$A[7]=4$，而 $C[4]=7$，故将 $A[7]$ 放入 $B[7]$ 中并修改 $C[4]$ 为 6。

B	1	2	3	4	5	6	7	8
			2				4	

C	0	1	2	3	4	5
	1	1	2	5	6	8

（3）$A[6]=3$，而 $C[3]=5$，故将 $A[6]$ 放入 $B[5]$ 中并修改 $C[3]$ 为 4。

B	1	2	3	4	5	6	7	8
			2		3		4	

C	0	1	2	3	4	5
	1	1	2	4	6	8

（4）$A[5]=2$，而 $C[2]=2$，故将 $A[5]$ 放入 $B[2]$ 中并修改 $C[2]$ 为 1。

B	1	2	3	4	5	6	7	8
		2	2		3		4	

C	0	1	2	3	4	5
	1	1	1	4	6	8

（5）$A[4]=0$，而 $C[0]=1$，故将 $A[4]$ 放入 $B[1]$ 中并修改 $C[0]$ 为 0。

B	1	2	3	4	5	6	7	8
	0	2	2		3		4	

C	0	1	2	3	4	5
	0	1	1	4	6	8

（6）$A[3]=3$，而 $C[3]=4$，故将 $A[3]$ 放入 $B[4]$ 中并修改 $C[3]$ 为 3。

B	1	2	3	4	5	6	7	8
	0	2	2	3	3		4	

C	0	1	2	3	4	5
	0	1	1	3	6	8

（7）$A[2]=5$，而 $C[5]=8$，故将 $A[2]$ 放入 $B[8]$ 中并修改 $C[5]$ 为 7。

B	1	2	3	4	5	6	7	8
	0	2	2	3	3		4	5

C	0	1	2	3	4	5
	0	1	1	3	6	7

（8）$A[1]=4$，而 $C[4]=6$，故将 $A[1]$ 放入 $B[6]$ 中并修改 $C[4]$ 为 5。

B	1	2	3	4	5	6	7	8
	0	2	2	3	3	4	4	5

C	0	1	2	3	4	5
	0	1	1	3	5	7

图 4-7　计数排序实例

4.2.2　基数排序

基数排序（radix sort）要求被排序的数字都是由 d 位数组成的整数，而且每位数可以取从 0 到 k（$k>0$）的整数值之一，比如十进制数中每位可以取 0~9 中任意一个数。假设有 n 个这样的数需要排序，那么基数排序的做法是，从右向左，即从最低位到最高位，逐位进行排序。也就是说，这 n 个数字被排序 d 次，每一次用 d 位中的一位作为关键字来对前面一次排序的结果做进一步排序。因为每一位的取值范围是 $[0..k]$ 中的整数，我们可以用计数排序来完成。基数排序的伪码如下：

```
Radix-Sort(A[1..n],d,k)
1  for i←1 to d
2      for j←1 to n
3          D[j]← ith digit of  A[j]          // 抽取 A[j] 中右边数起第 i 位数
4      endfor
5      Counting-Sort(D[1..n], B[1..n], k)          // 以 D[1..n] 为关键字计数排序
6      A[1..n] ← B[1..n]
7  endfor
8  End
```

要注意的是，当我们从 n 个数中取出某一位时，是用这一位作为关键字来决定这 n 个数的顺序。因此，计数排序 Counting-Sort($D[1..n]$, $B[1..n]$, k) 输出的数组 B 中的每个数应是完整的 d 位数。算法中计数排序可以换用其他排序算法，只要是稳定排序即可。下面看一个基数排序的例子。

【例 4-3】基数排序例子。

在这个例子中，一共有 7 个 3 位数的十进制整数要排序。图 4-8 中最左边一列是排序开始时的顺序，右边分别列出了它经过个位数排序、十位数排序及百位数排序后的顺序。最右边一列是百位数排序后算法结束时的顺序。

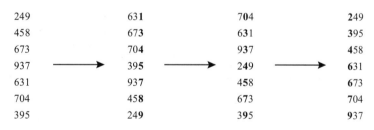

249	631	704	249
458	673	631	395
673	704	937	458
937	395	249	631
631	937	458	673
704	458	673	704
395	249	395	937

图 4-8　基数排序的一个实例

因为计数排序的复杂度是 $O(n+k)$，所以基数排序算法的复杂度是 $O(d(n+k))$。通常 d 是常数，所以只要 $k=O(n)$，基数排序算法的复杂度就是线性的，即 $O(n)$。现在我们证明基数排序是正确的并且是稳定的。

基数排序正确性证明：

我们只需证明，如果 a、b（$a<b$）是序列中任意两个数，那么排序后，a 一定排在 b 的前面。再有，如果 $a=b$，那么它们在序列中的相对顺序在排序后不变。后一种情况显然正确，因为如果 $a=b$，那么它们的每一位都相等。由于计数排序对每一位的排序都是稳定排序而不改变 a 和 b 的相对顺序，因此排序结束时，它们在序列中顺序不变。

现在来看 $a<b$ 的情形。假设 a 的 d 位数字，从高位到低位，是 a_d, a_{d-1}, $\cdots$, a_2, a_1，而

b 的 d 位数字，从高位到低位，是 $b_d, b_{d-1}, \cdots, b_2, b_1$。因为 $a<b$，那么从高位到低位，一定会在某 h 位上使 $a_h<b_h$ $(d \geq h \geq 1)$。我们假定 h 是第一个出现这个不等式的位，即 $a_d=b_d$，$a_{d-1}=b_{d-1}, \cdots, a_{h+1}=b_{h+1}$，但 $a_h<b_h$。因为基数排序是从最低位向最高位进行逐位排序，那么在对第 h 位排序后，a 一定排在了 b 的前面。又因为 $a_d=b_d, a_{d-1}=b_{d-1}, \cdots, a_{h+1}=b_{h+1}$，所以在以后的比 h 位高的排序中，a 和 b 的相对顺序不变。因此在最后输出的序列中，a 一定排在 b 的前面。因为 a 和 b 是序列中任意两个数，这就证明了基数排序是正确的并且是稳定的。∎

4.2.3 桶排序

桶排序（bucket sort）是另一个不基于比较的排序算法。它需要的条件是，被排序的序列 $A[1..n]$ 中每个数都在 0 和 1 之间，即 $0 \leq A[i]<1 (1 \leq i \leq n)$。如果不满足这个条件，我们通常可以做变换使其满足。比如，如果有小于零的数，我们可以把每个数都加上一个足够大的正数使每个数都大于等于零。这样做不影响数字间相对大小的关系。另外，可以把每个数都除以一个足够大的数（或向左移小数点）使最大的数小于 1。满足这个排序条件后，桶排序的第一步是把这些数分发到编号为 0 到 $(n-1)$ 的 n 个桶里去。每个桶实际上是一个数组或链表，把分发到桶里的数字联起来。分的方法是把每个数乘以 n，如果它的整数部分是 k，则把它分到第 k 号桶里去。因为 $0 \leq A[i]<1 (1 \leq i \leq n)$，每个数乘以 n 后我们有 $0 \leq nA[i]<n$ 或 $0 \leq \lfloor nA[i] \rfloor \leq (n-1)$，所以每个数 $A[i]$ 对应着桶号 $j=\lfloor nA[i] \rfloor$。下面看一个实例。

【例 4-4】桶排序分配数字入桶的例子。

图 4-9 所示的例子中，左侧是存在数组 A 中待排序的 10 个数字，而右侧显示这 10 个数是怎样被分配到 $B[0]$ 到 $B[9]$ 的 10 个桶里面的。

A			B						
1	.76		0	/					
2	.14		1	→	.14	→	.19	/	
3	.35		2	→	.29	→	.24	→	.27	/
4	.29		3	→	.35	/			
5	.75		4	/					
6	.98		5	/					
7	.24		6	→	.61	/			
8	.19		7	→	.76	→	.75	/	
9	.27		8	/					
10	.61		9	→	.98	/			

图 4-9 一个桶排序分配数字的例子

分发完这 n 个数之后，桶排序的第二步是用某种基于比较的排序算法将各桶中的数分别进行排序。这一步，由于每个桶里数字通常会很少，用插入法排序比较简单实用且稳定。桶排序的最后一步是把从 0 号桶开始到 $(n-1)$ 号桶为止已排好序的 n 个序列依次串联起来。算法的正确性显然。桶排序算法的伪码如下：

```
Bucket-Sort(A[1..n])
1  for i←1 to n
2      j←⌊nA[i]⌋
3      insert A[i] into list B[j]        // 把 A[i] 插入链表 B[j]
4  endfor
5  for j←0 to n−1
6  insertion-sort B[j]                    // 用插入排序把链表 B[j] 中数排序
7  endfor
8  concatenate lists B[0], B[1], ⋯, B[n−1] in order  // 依次联结 B[0], B[1], ⋯, B[n−1]
9  End
```

桶排序的最坏情况发生在所有数都被分配在同一个桶的时候，这时的复杂度为 $O(n^2)$。但是通常数字会比较均匀地分配到 n 个桶里，使得桶排序的平均复杂度是 $O(n)$，详见下面的分析。

桶排序的复杂度分析

第一步分配数字的工作以及第三步依次联结 n 个序列的工作显然只需要 $\Theta(n)$ 时间。因此，桶排序的复杂度取决于第二步的排序工作需要多少时间，而这又取决于这 n 个数是如何分布在这 n 个桶里的。假设分在 j 号桶里的数字的个数是 n_j $(0 \leqslant j \leqslant n-1)$，那么插入排序这个桶里的数字，在最坏情况下，需要 $O(n_j^2)$ 时间。所以桶排序复杂度有以下关系：

$$T(n) = \Theta(n) + \sum_{j=0}^{n-1} O(n_j^2) \tag{4.2}$$

因为 $\sum_{i=0}^{n-1} n_i = n$，所以有

$$n^2 = \left(\sum_{i=0}^{n-1} n_i\right)^2 = \sum_{i=0}^{n-1} n_i^2 + 2 \sum_{0 \leqslant i < j \leqslant n-1} n_i n_j \geqslant \sum_{i=0}^{n-1} n_i^2$$

我们得到，在任何情况下，

$$T(n) = \Theta(n) + \sum_{j=0}^{n-1} O(n_j^2) = O(n^2)$$

这是最坏情况下的复杂度。如果不用插入排序，这个结果可以改进为 $O(n\lg n)$。但是通常每个桶里的数字很少，插入排序实际需要的复杂度反而会比其他算法小而且是一个稳定排序，因此通常用插入排序。虽然最坏情况下的复杂度较高，但桶排序的平均情况的复杂度却是线性的。下面证明这件事。

我们可认为在某种均匀分布下，平均情况的复杂度是式（4.2）的期望值。这个均匀分布在下面证明中会定义。因此，我们有如下推导。

$$\begin{aligned}
E[T(n)] &= E\left[\Theta(n) + \sum_{i=0}^{n-1} O(n_i^2)\right] \\
&= \Theta(n) + \sum_{i=0}^{n-1} E\left[O(n_i^2)\right] \\
&= \Theta(n) + \sum_{i=0}^{n-1} O\left(E\left[n_i^2\right]\right)
\end{aligned} \tag{4.3}$$

下面我们证明 $E\left[n_i^2\right] = 2 - \dfrac{1}{n}$。

定义 X_{ij} 为一个随机变量，

$$X_{ij} = \begin{cases} 1, & \text{如果} A[j] \text{被分到编号为} i \text{的桶里} \\ 0, & \text{其他情况} \end{cases}$$

那么，我们有

$$n_i = \sum_{j=1}^{n} X_{ij} \circ$$

$$E\left[n_i^2\right] = E\left[\left(\sum_{j=1}^{n} X_{ij}\right)^2\right] = E[(X_{i1} + X_{i2} + \cdots + X_{in})^2]$$

$$= E\left[\sum_{j=1}^{n} X_{ij}^2 + \sum_{1 \le j \le n} \sum_{\substack{1 \le k \le n \\ k \ne j}} X_{ij} X_{ik}\right]$$

$$= \sum_{j=1}^{n} E\left[X_{ij}^2\right] + \sum_{1 \le j \le n} \sum_{\substack{1 \le k \le n \\ k \ne j}} E[X_{ij} X_{ik}] \qquad (4.4)$$

我们假定 X_{ij} 和 X_{ik} 是相互独立的，并且 $Pr[X_{ij} = 1] = \dfrac{1}{n}$（均匀分布）。那么我们有：

$$E[X_{ij}^2] = \frac{1}{n}(1^2) = \frac{1}{n} \text{ 和 } E[X_{ij} X_{ik}] = \left(\frac{1}{n}\right)^2 (1^2)$$

将它们代入式（4.4），得到：

$$E\left[n_i^2\right] = \sum_{j=1}^{n} \frac{1}{n} + \sum_{1 \le j \le n} \sum_{\substack{1 \le k \le n \\ k \ne j}} \left(\frac{1}{n}\right)^2$$

$$= 1 + n(n-1)\left(\frac{1}{n}\right)^2$$

$$= 2 - \frac{1}{n} \qquad (4.5)$$

将式（4.5）的结果代入式（4.3），我们得到桶排序的平均复杂度是

$$E[T(n)] = \Theta(n) + \sum_{i=0}^{n-1} O\left(E\left[n_i^2\right]\right)$$

$$= \Theta(n) + \sum_{i=0}^{n-1} O\left(2 - \frac{1}{n}\right)$$

$$= \Theta(n)$$

习题

1. 不用 Sterling 公式，而用第 2 章中对式（2.6）证明的方法证明 $\lg(n!) = \Theta(n\lg n)$。

2. 假设序列 $A[1..n]$ 含有 n 个不同的数并已从小到大排好，即 $A[1] < A[2] < \cdots < A[n]$。为方便起见，还假定 $A[0] = -\infty$ 和 $A[n+1] = \infty$。考虑在这个序列中搜索一个给定数字 x。如果有某个序号 i 存在使得 $x = A[i]$（$1 \le i \le n$），则报告成功并输出序号 i。否则，找出两个相邻序号，i 和 $i+1$，满足 $A[i] < x < A[i+1]$。证明，如果用比较的方法搜索，任何算法在最坏情况下需要至少 $\lceil \lg(n+1) \rceil$ 次比较。这题的结果和第 2 章习题 5 的结果证明二元搜索算法（例 2-1）是最优的。

3. 假设在需要排序的 6 个数 $a_1, a_2, a_3, a_4, a_5, a_6$ 中，已知 $a_1 < a_3 < a_5$，但此外不知道其他数字之间的任何关系。证明任何基于比较的排序算法在最坏情况下需要至少 7 次比较才能把这 6 个数排好序。

4. 对任意一棵有 n 个内结点的完全二叉树 T，其外路径总长 $EPL(T)$ 和内路径总长 $IPL(T)$ 满足以下关系：$EPL(T) = IPL(T) + 2n$。

5. 快排序把数组 $A[p..r]$ 中的数进行排序的过程可以用一棵二叉树来描述。假设算法的第一次划分后，数字 k 是中心点，位置在 $A[q]$，左边部分存放在 $A[p..q-1]$ 中，而右边部分存放在 $A[q+1..r]$ 中。我们用二叉树的根来代表数字 k。然后，它的左子树可递归地从算法对 $A[p..q-1]$ 的操作来构造，而它的右子树可递归地从算法对 $A[q+1..r]$ 的操作来构造。当序列为空时，其对应的二叉树为一个叶子。当序列只含一个数时，其对应的二叉树只含一个内结点而它的左右子树均为叶子。下图显示快排序对序列 7，6，2，10，8 的操作是如何用一棵二叉树表示的。

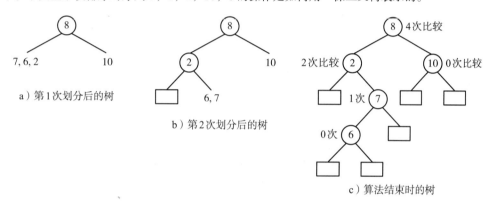

a）第 1 次划分后的树   b）第 2 次划分后的树   c）算法结束时的树

      容易看出，以内结点 x 为中心点的划分所需要的比较次数就等于它下面子树中内结点的个数（不包括 x 本身）。作为例子，图 c 中我们把各次划分所用比较次数标在相应结点边上。当某个内结点下面的子树不含内结点而只含叶子时，它不对应一个划分，或者说，它需要 0 次比较。

（a）证明快排序完成对数组 $A[p..r]$ 排序所用的比较次数就等于它所对应的二叉树的内路径总长。

（b）用（a）的结果证明快排序最好情况下复杂度是 $\Omega(n\lg n)$。

6. 请解释计数排序是稳定排序。

7. 利用计数排序，设计一个复杂度为 $O(n)$ 的算法将取值在 0 到 $n^2 - 1$ 内的 n 个整数排序。

8. **（寻找缺失整数问题）** 数组 $A[1..n]$ 含有除了一个整数之外的所有从 0 到 n 的整数。我们希望把这一缺失的整数在 $O(n)$ 时间内找到。这个本应简单的问题变得复杂起来是因为：这个问题中每个数都是以二进制存放，而我们每次只能访问一个比特。也就是说，你不能把一个整数一次取出。为简单起见，你可以假定 $n = 2^k - 1$，而每个数是一个 k 位的二进制数。

9. **（检查 n 个皇后问题）** 在一个 $n \times n$ 的棋盘里如何放置互不攻击的 n 皇后是个有名的问题。我们用坐标 (i, j)（$1 \le i, j \le n$）来表示一个皇后被置于棋盘的第 i 行和第 j 列的交叉点上。一个在坐标 (i, j) 上的皇后和一个在坐标 (u, v) 上的皇后会互相攻击当且仅当它们在同一行，或者同一列，或者同一对角线上，也就是 $(i = u)$ 或 $(j = v)$ 或 $|i - u| = |j - v|$。现在假设有 n 个皇后，它们的位置是 (a_1, b_1)，(a_2, b_2)，$\cdots$，(a_n, b_n)，请设计一个 $O(n)$ 的算法来检查它们是否可以相安无事。

10. 第 3 章的习题 2（b）要求设计一个复杂度为 $O(n\lg n)$ 的算法把数组 $A[1..n]$ 中出现奇数次的数字挑选出来。请证明任何基于比较的算法，在最坏情况下，需要至少 $\lg(n!)$ 次比较才能解决这个问题。

11. 假设在一个有 n（$= 2k + 1$）个数的序列 $A[1..n]$ 中，有一个与其他数都不同的数 x，而其他的数则成对出现，一共有 k 对数字。每对中两个数有相同的值，但不同的对子有不同的数值。

（a）设计一个复杂度为 $O(n\lg n)$ 的基于比较的算法找出这个与其他数都不同的数 x。

（b）用决策树证明，任何基于比较的算法，在最坏情况时，需要 $\Omega(n\lg n)$ 次比较才能找出这个
与其他数都不同的数 x。

*12. 我们知道将数组 $A[1..n]$ 合并排序的过程可以用一棵完全二叉树 T 来表示。第 3 章的图 3.2 给出
了以下的例子。

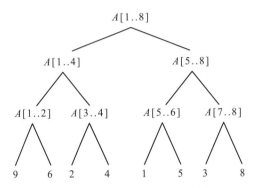

（a）证明这棵树 T 的所有叶子在最底下两层，树高为 $h=\lceil \lg n \rceil$。

（b）为简单起见，假设合并一个有 p 个数字的序列和一个有 q 个数字的序列需要 $p+q$ 次比较。
证明将数组 $A[1..n]$ 合并排序需要的比较次数等于这棵树的外路径总长，即 $EPL(T)$。

（c）用（b）的结果证明，合并排序需要的比较次数小于等于 $n\lceil \lg n \rceil-(n-1)$。这里，我们假设
合并一个有 p 个数字的序列和一个有 q 个数字的序列需要最多 $p+q-1$ 次比较。

*13. 用第 12 题的结果证明，合并排序数组 $A[1..n]$ 需要的比较次数大于等于 $\frac{1}{2}EPL(T)-\frac{1}{4}(n-1)$。这
里，T 是合并排序对应的完全二叉树。

第5章 中位数和任一顺序数的选择

将一个 n 个数的序列排序是解决许多问题的第一步，其重要性不言而喻，但是也有些问题不要求把全部 n 个数排序，而是找出其中一个或几个满足要求的数。比如，找出最大数，或找出最小数，或找出第二个小的数等。对于这样的问题，用排序当然可以解，但是似乎是杀鸡用牛刀，因为比较排序需要至少 $\Omega(n\lg n)$ 次比较，而非比较排序又受各种条件限制。我们希望能找到不经过排序而取得所需要的数的算法。这一章讨论这个问题。

5.1 问题定义

在一个有 n 个数的集合或序列中，最小的数称为第 1 小顺序数，第 2 小的数称为第 2 小顺序数，$\cdots$，第 i 小的数称为第 i 小顺序数，$\cdots$，第 n 小的数（即最大的数）称为第 n 小顺序数。另外，当 n 为奇数时，处在中间位置的数，即第 $\frac{n+1}{2}$ 小顺序数也称为中位数。当 n 为偶数时，有两个处在中间位置的数，即第 $\frac{n}{2}$ 小顺序数和第 $\left(\frac{n}{2}+1\right)$ 小顺序数。为一致起见，中位数指的是第 $\frac{n}{2}$ 小顺序数。因此，不论 n 是奇数还是偶数，第 $\left\lceil\frac{n}{2}\right\rceil$ 小顺序数称为（递增顺序的）中位数。第 1 小顺序数也称为最小顺序数或最小数。

在一个有 n 个数的集合或序列中，也许有些数相等，比如有两个第 2 小的数，那么两个中任何一个可称为第 2 小顺序数而另一个称为第 3 小顺序数。

类似地，我们可以定义，最大的数为第 1 大顺序数，第 2 大的数为第 2 大顺序数，$\cdots$，第 i 大的数称为第 i 大顺序数，$\cdots$，第 n 大的数（即最小的数）称为第 n 大顺序数。第 $\left\lceil\frac{n}{2}\right\rceil$ 大顺序数称为（递减顺序的）中位数，第 1 大顺序数也称为最大顺序数或最大数。

我们约定，如果不讲大小，那么第 i 顺序数指的是第 i 小顺序数 $(1\leqslant i\leqslant n)$，中位数是指递增顺序的中位数。

定义 5.1 在无序的 n 个数中找出第 i 顺序数 $(1\leqslant i\leqslant n)$ 的问题称为顺序数的选择问题。当 $i=\left\lceil\frac{n}{2}\right\rceil$ 时，第 i 顺序数的选择问题也称为中位数的选择问题。

显然，在 n 个数中找出第 i 顺序数 $(1\leqslant i\leqslant n)$ 的问题等价于找第 $(n-i+1)$ 大顺序数的问题。

5.2 最大数和最小数的选择

最简单也是最常见的顺序数选择问题就是找最大顺序数和最小顺序数。

5.2.1 最大和最小顺序数的选择算法及其复杂度

找最大顺序数（或最小顺序数）是个极简单和容易的问题。下面的算法找出数组 $A[1..n]$ 中的最大顺序数。其正确性很显然。

```
Maximum(A[1..n], max)
1  max ← A[1]
2  for i ← 2 to n
3      if max < A[i]
4              then max ← A[i]
5      endif
6  endfor
7  return max
8  End
```

显然，算法稍加修改后即可变为找最小顺序数的算法，我们略去细节。容易看出，以上找最大（或最小）顺序数的算法需要 $n-1$ 次比较。那么一个有趣的问题是，我们能否用少于 $n-1$ 次的比较来找到最大数呢？当它们都不等时，下面的定理告诉我们上面的简单算法竟然是最佳的。

定理 5.1 任何基于比较的算法在 n 个不等的数字中找出最大（或最小）顺序数至少需要 $n-1$ 次比较。

证明： 因为对称，我们只证明最大数的情形。在 n 个不等的数字中，最大顺序数是唯一的。两个数比较后，我们把较大的数称为胜者而较小的数为败者。那么，某个数是最大顺序数的充要条件是：

1）它必须和某些其他的数比较过，并且在每次比较后都是胜者。

2）其他的 $n-1$ 个数中的任何数都必须参加过比较，并且至少在某一次比较中，它是败者。

所以，如果每次比较后都在败者（较小的那个数）上打上一个印记，那么除了最大数以外的每个数都必须被打上至少一个印记。总的印记数显然至少是 $n-1$。因为每一次比较只打一个印记，所以总的比较次数至少是 $n-1$。也就是说，基于比较的算法在 n 个不等的数字中找出最大顺序数至少需要 $n-1$ 次比较。用类似的方法可证明，找出最小顺序数也至少需要 $n-1$ 次比较。注意，这个下界是所有情况的下界，包括最好情况。∎

现在进一步考虑，如果没有 "n 个数不等" 的限制，那么找出最大（或最小）顺序数的算法是否仍然需要 $n-1$ 次比较呢？试想当它们都相等时的情况。这时，任一个数都是最大和最小数，似乎不用比较就可以得到结果。显然，如果我们事先知道它们相等，我们不比较就可以得到结果，可是，如果事先不知道呢？定理 5.2 推广了定理 5.1 的结果。

定理 5.2 如果事先不知道输入的 n 个数中任何两个数的大小关系，包括大于、小于和相等，那么任何基于比较的算法在这 n 个数字中找出最大（或最小）顺序数，至少需要 $n-1$ 次比较。

证明： 因为对称，我们只证明最大数的情形。我们用一种与定理 5.1 的证明不同的方法来证明。我们用一个图 G 来表示某算法找最大顺序数的比较过程。开始时，图中有 n 个孤立顶点，分别代表这 n 个数。如果算法将两个数 a 和 b 进行一次比较，则不论结果如何，我们在代表 a 和 b 的两个顶点之间画一条边。当算法结束时，图中边的个数就是算法进行的比较次数。

我们用反证法证明，图 G 必须是个连通图。假设不是，那么必有一块连通子图 C，其中的点和算法报告的最大数所对应的顶点没有通路相连。如果我们把子图 C 中每个点所代表的数都加上一个相同的数 M 的话，那么子图 C 中点之间相对大小的关系不会改变。所以，如果让算法对更改过的 n 个数再找一次最大顺序数的话，我们会得到同样的结果，即输出的最大数与算法在原先未更改过的 n 个数中找到的最大数是同一个数。这个结果不受所加的数 M 的大小的影响。这就产生了矛盾，因为我们可以加上一个很大的 M 而使原来的最大数不再最大。因此，图 G 必须是个连通图。因为有 n 个顶点的连通图必定含有至少 $n-1$ 条边，所以该算法至少用了 $n-1$ 次比较。用类似的方法可证明，找出最小顺序数也至少需要 $n-1$ 次比较。定理得证。　■

5.2.2　同时找出最大数和最小数的算法

在某些应用中，我们可能希望在数组 $A[1..n]$ 中把最大顺序数和最小顺序数同时找到。那么，最简单的办法是先用 $n-1$ 次比较把最大顺序数找到，然后从余下的 $n-1$ 个数中再用 $n-2$ 次比较把最小顺序数找到。这样做我们一共需要 $2n-3$ 次比较。这是不是最优的算法呢？答案是否定的。下面的算法只需大约 $2n/3$ 次比较，其步骤如下：

1）顺序把每两个数字配为一组，即 $A[1]$ 和 $A[2]$ 为第 1 组，$A[3]$ 和 $A[4]$ 为第 2 组，以此类推，$A[2k-1]$ 和 $A[2k]$ 为第 k 组。如果 n 是奇数，则最后一组只含一个数 $A[n]$。

2）先比较 $A[1]$ 和 $A[2]$，大者放入变量 max，而小者放入变量 min。

3）从第 2 组开始，每组做三次比较。先比较组内两个数决出谁大谁小。（如果 n 是奇数，则最后一组不需要组内比较。这时 $A[n]$ 既是大者又是小者。）然后，每组的较大者和当前 max 中的数比较，如果它大于 max 中的数，则用它更新 max 中的数。最后，每组的较小者和当前 min 中的数比较，如果它小于 min 中的数，则用它更新 min 中的数。

4）报告第 3 步结束后的 max 和 min。

这个算法显然正确，不需解释。下面是算法的伪码。

```
Maximum-and-Minimum(A[1..n], max, min)
1  if n=1
2  then    max←min←A[1]
3     exit
4  endif
5  if A[1]<A[2]
6     then    min←A[1]
7             max←A[2]
8     else    min←A[2]
9             max←A[1]             //第 1 组处理完
10 endif
11 if n>2
12    then for k←2 to ⌊n/2⌋
13             if A[2k-1]<A[2k]
14                then    min←min{A[2k-1],min}
15                        max←max{A[2k],max}
16                else    min←min{A[2k],min}
17                        max←max{A[2k-1],max}
18             endif
19       endfor
20       if 2k<n                   //n 是奇数的情况
21          then    min←min{A[n], min}
```

```
22                         max ← max{A[n], max}
23              endif
24 endif
25 End
```

这个算法需要的比较次数可计算如下：

（1）当 n 是偶数时，一共是 n/2 组，每组进行 3 次比较，但第一组只要一次比较，所以一共需要 $\frac{3n-4}{2}$ 次比较。

（2）当 n 是奇数时，一共是 (n+1)/2 组，每组进行 3 次比较，但第一组是一次而最后一组是两次。所以一共需要 $\frac{3n-3}{2}$ 次比较。

总之，不论奇偶，这个算法需要的比较次数是 $2n-2-\lfloor n/2 \rfloor$。可以证明这个算法是最优的，证明可在其他书中找到或参考本章习题 10。

5.3   线性时间找出任一顺序数的算法

在这一节，我们讨论如何从 n 个数中找出第 i 顺序数（包括中位数）的问题，这里 $i\ (1 \leqslant i \leqslant n)$ 可以是任意指定的序号。我们介绍两个算法，一个是保证最坏情况复杂度是 $O(n)$ 的算法，而另一个是平均情况复杂度是 $O(n)$ 的算法。第一个算法的理论价值大于实际价值，因为它不仅实现起来很复杂，而且时间 $O(n)$ 中含有很大常数。

5.3.1   最坏情况复杂度为 $O(n)$ 的算法

假设我们要在集合 A 中的 n 个数里找出第 i 顺序数，下面是一个复杂度为 $O(n)$ 的分治算法的伪码。

```
Select(set A,n,i)            //1≤i≤n
1  如果 n≤5，则排序后直接得到第 i 顺序数 (1≤i≤5)。    // 分治算法的底
2  把 n 个数每 5 个为分一组，剩下不足 5 个的为一组。     // 一共 m=⌈n/5⌉组
              // 前 m−1 个组是完整的。如最后一组不完整，则有 (n−5⌊n/5⌋) 个数
3  用排序找出每组的中位数，中位数的集合记为 M。  //|M|=m=⌈n/5⌉
4  递归调用 Select(set M,m,⌈m/2⌉)，找出集合 M 的中位数，设该数为 x。
5  把集合 A 的 n 个数逐个与 x 比较后，划分为如下三个子集：
   Set 1={y ∈ A|y<x}           // 所有小于 x 的数
   Set 2={y ∈ A|y=x}           // 所有等于 x 的数，包含 x 本身
   Set 3={y ∈ A|y>x}           // 所有大于 x 的数
6  Let |Set 1|=a, |Set 2|=b, |Set 3|=c         //a≥0,b≥1,c≥0
7  if i≤a
8  then Select(Set 1,a,i)       // 集合 A 的第 i 顺序数就是 Set 1 中的第 i 顺序数
9  else if a<i≤a+b             // 第 i 顺序数存在于 Set 2
10     then return x            //Set 2 中的所有数相等，包括 x，任取一个即可
11     else k ← i−(a+b)    // 第 i 顺序数在 Set 3 中，是 Set 3 中的第 k 顺序数
12          Select(Set 3,c,k)
13     endif
14 endif
15 End
```

上面的算法显然正确。当 n>5 时，算法第 2~4 步的目的是找一个数 x 使得以它为中心把集合 A 划分为三个子集以后，Set 1 和 Set 3 比较平衡，都不会很大。下面证明这个算法

的复杂度是线性的。

定理 5.3　算法 Select(set A, n, i) 的复杂度是 $T(n)=O(n)$。

证明： 假设这个算法的复杂度为 $T(n)$，我们可分析如下：

1）算法中第 1 步显然只需要 $O(1)$ 时间。这是分治法的底。

2）算法中第 2 步显然只需要 $O(n)$ 时间。

3）算法中第 3 步也只需要 $O(n)$ 时间，但是 5 个数的排序至少需要 $\lceil \lg 5! \rceil = 7$ 次比较。

4）算法中第 4 步需要 $T(m)=T(\lceil n/5 \rceil)$ 时间。

5）算法中第 5 步需要 $O(n)$ 时间。

6）算法中第 6 步不需要时间，因为做第 5 步时就可以统计出集合的大小。

7）算法中第 7~14 行是选择一子集进行递归调用，所需要的时间取决于子集的大小。下面我们证明：

$$|\text{Set 1}|=a \leqslant \frac{7n}{10}+4 \quad \text{和} \quad |\text{Set 3}|=c \leqslant \frac{7n}{10}+4$$

显然，我们只需要证明：

$$(a+b) \geqslant \frac{3n}{10}-4 \quad \text{和} \quad (b+c) \geqslant \frac{3n}{10}-4$$

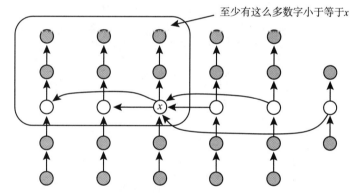

图 5-1　子集划分示意图

我们借助图 5-1 来说明。图中白的小圆圈代表各组的中位数，而有向边的方向是从较大的数指向较小的数。因为 x 是中位数集合 M 的中位数，所以有 $\lceil m/2 \rceil$ 个小组的中位数小于等于 x。这些小组中，每个完整小组至少有 3 个数小于等于该小组的中位数，也就小于等于 x。$\lceil m/2 \rceil$ 个小组中可能有一个不完整，所以集合 Set 1 和集合 Set 2 中一共至少有 $(3 \times \lceil m/2 \rceil - 2)$ 个数。因此有：

$$a+b \geqslant 3 \times \lceil m/2 \rceil - 2 \geqslant 3m/2-2 = 3 \times \lceil n/5 \rceil/2 - 2 \geqslant \frac{3n}{10}-2 > \frac{3n}{10}-4$$

现在估计 $b+c$。因为有 $\lfloor m/2 \rfloor$ 个小组的中位数大于等于 x，其中每个完整小组中至少有 3 个数大于等于该小组中位数，也就大于等于 x。在这 $\lfloor m/2 \rfloor$ 个小组中可能有一个不完整。所以集合 Set 2 和集合 Set 3 中一共至少有 $(3 \times \lfloor m/2 \rfloor - 2)$ 个数。因此有：

$$b+c \geqslant (3 \times \lfloor m/2 \rfloor - 2) \geqslant 3(m-1)/2-2 > 3m/2-4 = 3\lceil n/5 \rceil/2-4 \geqslant \frac{3n}{10}-4$$

因为 $a+b+c=n$，所以有：

$$a = n - (b+c) < n - (\frac{3n}{10} - 4) = \frac{7n}{10} + 4$$

$$c = n - (a+b) < n - (\frac{3n}{10} - 4) = \frac{7n}{10} + 4$$

根据以上分析，我们可以有以下递推关系，其中 α 是个常数。

如果 $n \leq 5$，则有 $T(n) = \Theta(1)$。否则有：

$$T(n) < T(\lceil n/5 \rceil) + T(\frac{7n}{10} + 4) + \alpha n \tag{5.1}$$

下面我们用替代法解式（5.1）得到 $T(n) = O(n)$。

我们证明，存在常数 β 使得 $T(n) \leq \beta n$。

归纳基础：

我们总可假定当 $1 \leq n < 100$ 时，存在常数 β 使得 $T(n) \leq \beta n$。可假设 $\beta \geq 20\alpha$。

归纳步骤：

假设当 $1 \leq n < k$ 时 $(k \geq 100)$，$T(n) \leq \beta n$。下面我们证明当 $n = k$ 时，仍有 $T(n) \leq \beta n$。

因为 $\lceil n/5 \rceil < n$，所以，由归纳假设，$T(\lceil n/5 \rceil) \leq \beta(\lceil n/5 \rceil)$。

同理，因为 $\frac{7n}{10} + 4 < n$，我们有 $T(\frac{7n}{10} + 4) \leq \beta(\frac{7n}{10} + 4)$。所以，从式（5.1）得到：

$$
\begin{aligned}
T(n) &\leq T(\lceil n/5 \rceil) + T\left(\frac{7n}{10} + 4\right) + \alpha n \\
&\leq \beta(\lceil n/5 \rceil) + \beta\left(\frac{7n}{10} + 4\right) + \alpha n \\
&\leq \beta\left(\frac{n}{5} + 1\right) + \frac{7n}{10}\beta + 4\beta + \alpha n \\
&= \frac{9}{10}\beta n + 5\beta + \alpha n \\
&= \beta n - \frac{1}{10}\beta n + 5\beta + \alpha n \\
&= \beta n + \alpha n - \beta n\left(\frac{1}{10} - \frac{5}{n}\right) \\
&\leq \beta n + \alpha n - \beta n\left(\frac{1}{10} - \frac{5}{100}\right) \quad \text{（因为 } n \geq 100\text{）} \\
&= \beta n + \alpha n - \frac{1}{20}\beta n \\
&\leq \beta n \quad \text{（因为 } \beta \geq 20\alpha\text{）}
\end{aligned}
$$

归纳成功。这就证明了（5.1）式的解是 $O(n)$。定理正确。 ∎

虽然算法 Select(set A, n, i) 保证最坏情况下的复杂度是 $O(n)$，但是其常数因子相当大。从算法第 2、3、5 步可知常数 α 至少为 3。随着 n 的增大，常数 β 可小一些，但至少有 $\beta > 30$ 以保证证明中 $\alpha n - \beta n(\frac{1}{10} - \frac{5}{n}) < 0$。

5.3.2 平均情况复杂度为 $O(n)$ 的算法

为了克服算法 Select(set A, n, i) 的缺点，我们可设计一个简单得多的算法，其平均情况复杂度为 $O(n)$。我们注意到，前面的算法花了大量的力气去找中心点 x 以保证划分的均衡性。如果我们随机地做一个划分，虽然有时会不均衡，但这种概率还是小。尤其是当我们进行多次递归时，总不会老是不走运吧？那么，如何进行随机的划分呢？最简单的方法是使用快排序中的划分算法 Partition($A[p..r]$, q)。下面称为**快选择**的算法 Quick-Select($A[p..r]$, m, i) ($m=r-p+1$) 就是基于这个思路的。它也是一个分治算法。如果输入是数组 $A[1..n]$ 时，那么调用算法 Quick-Select($A[1..n]$, n, i) 就可得到结果。

```
Quick-Select(A[p..r],m,i)            //m=r-p+1
1  Partition(A[p..r],q)              // 快排序中的划分算法
2  if q-p=i-1                        // 第一部分正好有 i-1 个数，中心点 A[q] 是第 i 顺序数
3      then return A[q]
4      else if i<q-p+1               // 第 i 顺序数在第一部分
5          then    Quick-Select(A[p..q-1],q-p,i)
6          else k←i-(q-p+1)
7              Quick-Select(A[q+1..r],r-q,k)
8                  // A[p..r] 的第 i 顺序数是第二部分的第 k 顺序数
9          endif
10 endif
11 End
```

在最坏情况下，这个算法显然需要 $O(n^2)$ 时间，但是它的平均情况复杂度是 $O(n)$。我们把平均情况的分析作为练习，不在这里讨论。

5.4　找出 k 个最大顺序数的算法

随着计算机网络的发展，许多实际问题不是只找一个或两个顺序数，而是需要从大量的数据中找出一组有用的数字，往往是 k 个 ($k>1$) 最大的顺序数或 k 个最小的顺序数。由于对称性，我们只讨论找 k 个 ($k>1$) 最大顺序数的问题。在下面的讨论中，为方便起见，Select(set A, n, i) 是指找第 i 大顺序数的算法，而不是 5.3 节中的找第 i 小顺序数的算法。

5.4.1　一个理论联系实际的问题

在许多实际问题中，我们往往需要从 n 个数中找出 k 个最大的顺序数。例如，在众多的网站中，我们希望找出被访问次数最多的 100 个网站。又例如，在所有高考生中找出前 1000 名总分最高的考生，等等。因为实际问题中 n 还是有界的，这是一个需要理论联系实际的问题，根据 n 和 k 的关系以及 n 本身的大小来设计最佳算法。

我们举一个例子来说明。假设我们希望从 10 亿个数字的集合 A 中找出 1000 个最大的数字，即 $n=10^9 \approx 2^{30}$，$k=10^3$。让我们先来比较几种直观的方法。

1）重复使用找最大数的算法，需要大约 $kn=1000n$ 次比较，显然是个笨办法。

2）假设我们用合并排序，大约需要 $n\lg n=30n$ 次比较，比方法 1 好。

3）理论家也许会这样做，就是先调用 Select(set A, 10^9, 1000)，把第 1000 大顺序数找到。然后再拿它和其他 10 亿个数去比，大者留下。这样做，$O(n)$ 时间即可完成。可是该算法不仅很烦琐，而且它的常数因子很大。我们在前面分析时指出该常数至少为 30，那么需要操作的次数至少为 $30n$，看来比排序法还要多花时间。我们要指出的是，当 $\lg n \gg 30$ 时，这个方法会好些，所以要具体问题具体分析。

在下面我们介绍几种更优的方法。

5.4.2 利用堆来找 k 个最大顺序数的算法

用堆来找 k 个最大顺序数的算法是，先从 n 个数中取出 k 个数来，并建立一个有 k 个数的最小堆。建好堆后，我们逐个检查余下的 $(n-k)$ 个数。每次检查一个数时，我们把它和堆的根所含的数字进行比较。如果它小于等于根里的数，则丢弃，因为它小于等于目前选中的 k 个数。否则，用这个数取代根中的数并修复堆结构。这样，堆中的 k 个数始终是目前检查过的所有数中最大的 k 个数。当每个数都检查完之后，堆中的 k 个数就是要找的 k 个最大的数。这个算法显然正确。我们给出伪码如下：

```
k-Select(A[1..n],k)
1  Build-Min-Heap(A[1..k],1)
2  for i ← (k+1) to n
3      if A[i]>A[1]                      // 否则，跳过 A[i]，也就是丢弃 A[i]
4          then  A[1]↔A[i]
5                Min-Heapify(A[1..k],1)
6      endif
7  endfor
8  return A[1..k]
9  End
```

显然，上面的算法是就地操作的算法。因建堆所需时间大约 $2k$ 次比较，所以它在最坏情况时需要大约 $2k+2(\lg k)(n-k)$ 次比较。通常 $k << n$，这个数可简化为 $2n\lg k$。在我们例子中，$n=10^9 \approx 2^{30}$，$k \approx 2^{10}$，$2n\lg k \approx 20n$，显然比前面介绍的几种算法好。这是最坏情况，实际需要的比较次数会远远小于 $20n$，因为很多数字会比根中的数小而只需要一次比较。想一想，还有更好的办法吗？

是的，试想我们用一个最大堆来对这 n 个数排序。不同的地方是，当我们从堆中输出 k 个最大数字后，排序中止。这个方法需要的比较次数大约是 $2n$。这是因为建最大堆大约需要 $2n$ 次比较，而以后输出 k 个最大数需要最多 $2k\lg n$ 次比较。在我们的例子中，$2k\lg n \approx 60\ 000 << n$。这个方法的缺点是，当 n 很大时，堆所占用的空间很大。如果我们不考虑空间的开销，有没有算法可以用比 $2n$ 更少的比较次数找出 k 个最大数字呢？有，我们将在下一节讨论。

5.4.3 利用锦标赛树来找 k 个最大顺序数的算法

第 3 章习题 12 讨论了用锦标赛树 (tournament tree) 的方法来排序。为方便读者，这里从找 k 个最大顺序数的角度再介绍一下这个方法。锦标赛树排序法是一个基于比较的算法，它可以用一棵称之为锦标赛树的完全二叉树来描述。这个二叉树要求正好有 n 个叶子来存储 n 个要排序的数字，并且所有叶子在底层或倒数第 2 层。图 5-2 是一棵有 5 个叶子的锦标赛树。

算法开始前，被排序的 n 个数字被放在这 n 个叶子中。每个内结点代表一次比较，当它的两个子结点处的比较有了结果之后，该结点处的比较即可进行。每次比较中胜者，即较大的数，参加下一轮在其父结点处的比较。叶结点中的数字直接参加在其父结点处的比较。最后，在根结点处的比较决出冠军，即最大的数。因为一共有 $(n-1)$ 个内结点，所以只需 $(n-1)$ 次比较就可以找到最大数。当最大的数 M 被确定后，即可把它输出。另外，把它原来所在的叶子中的数 M 改为 $-\infty$。显然，重复上面的过程可得到下一个最大的数。

　　问题是，如果重复所有在内结点处的比较去找下一个最大的数，我们又需要 $(n-1)$ 次比较，这个复杂度太高。实际上只需要做 $O(\lg n)$ 次比较就可以找到下一个最大的数。我们注意到，在大部分结点处所比较的两个数没有变化。它们仍然是在找前一个最大数时进行过比较的两个数。那么，哪些结点处所比较的两个数会有变化呢？容易看出，可能有变化的结点必定是在从前一轮的最大数 M 所在的叶子到根的这条路径上。

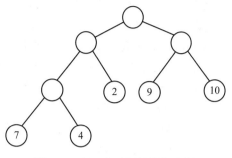

图 5-2　有 5 个叶子的锦标赛树

　　所以，我们的做法是，在每个结点处记录每次比较后的胜者（被比较的两个数中较大者）。当我们找下一个最大数时，沿着前一个最大数 M 所在的叶子到根的这条路径，在每个结点处做一次比较，并更新胜者。最后，在根结点处比较的胜者为下一个最大数。因为有 n 个叶子的这棵二叉树的高度是 $\lceil \lg n \rceil$，所以这条路径最长为 $\lceil \lg n \rceil$。又因为前一个最大数 M 所在的叶子中数已改为 $-\infty$，第一轮比较可以轮空，所以找下一个最大的数最多只需 $\lceil \lg n \rceil - 1$ 次比较。因此，用这个方法找 k 个最大顺序数需要的比较次数是 $(n-1)+(k-1)(\lceil \lg n \rceil - 1) = n+(k-1)\lceil \lg n \rceil - k$。我们把伪码的设计留给读者。

　　用锦标赛树找 k 个最大顺序数的缺点是需要很大的空间，它需要一个有 $2n-1$ 个单元的数组，比堆所需的空间还大一倍。另外，通常 $k \ll n$，但是，如果 k 很大呢？因此，选用哪种算法是一个理论联系实际的问题。

习题

1. 用分治法设计一个算法，同时找出数组 $A[1..n]$ 中的最大和最小的数，并分析所需的比较次数。

2. 证明任一基于比较的排序算法在最好情况下至少需要 $(n-1)$ 次比较才能把一个 n 个数字的序列排好。我们假定这 n 个数字中可以有相等的数字，但必须通过比较才能确定两数是否相等。

3. 根据 5.4.3 节的讨论，在 n 个数中同时找出最大和第二大的数需要的比较次数不超过 $n+\lceil \lg n \rceil - 2$。请给出一个简单例子说明。

4. 假设我们要从有 n 个不同的数字的集合 $A[1..n]$ 中找出 1000 个与 $A[1..n]$ 的中位数距离最近的数。我们假定这 1000 个数中包括中位数本身，并假设 $n \gg 1000$。两个数 x 和 y 之间的距离定义为它们差的绝对值 $|x-y|$。请设计一个快速而方便的 $O(n)$ 算法。

5. 假设我们要从有 n 个不同的数字的集合 $A[1..n]$ 中找出 k 个与 $A[1..n]$ 的中位数距离最近的数。我们假定这 k 个数中包括中位数本身，并假设 $n > k \gg 1000$。两个数 x 和 y 之间的距离定义为它们差的绝对值 $|x-y|$。请设计一个快速而方便的 $O(n)$ 算法。

6. 假设在一个东西向的街道上有 n 个住户。它们距离西头的距离分别是 $H[i]$（米）$(1 \leqslant i \leqslant n)$。我们假定这些距离是不相等的，并且没有从小到大排好序的。现在要在这条街上设一个邮局使得它到这些住户的平均距离最小。也就是说，要算出这个邮局到街西头的距离 x，使 $\sum\limits_{1 \leqslant i \leqslant n} |H[i]-x|$ 最小。请设计一个 $O(n)$ 算法找到邮局的位置。

7. $X[1..n]$ 和 $Y[1..n]$ 各含排好序的 n 个数字。请设计一个复杂度为 $O(\lg n)$ 的算法找出在数组 X 和数组 Y 中所有 $2n$ 个数的中位数。我们假定这 $2n$ 个数都不相等。（提示：如果 $X[k]$ 是中位数，它应

该在 Y 中什么位置？）

*8. 完成对 5.3.2 节中快选择算法 Quick-Select ($A[1..n]$, n, i) 的平均复杂度的分析。

9. 假设在 X-Y 坐标平面上有 n 个点，$a_1=(x_1, y_1)$，$a_2=(x_2, y_2)$，$\cdots$，$a_n=(x_n, y_n)$。两点 $a_i=(x_i, y_i)$ 和 $a_j=(x_j, y_j)$ 间的曼哈顿距离（Manhattan distance）定义为：$d(a_i, a_j)=|x_i-x_j|+|y_i-y_j|$。请设计一个 $O(n)$ 的算法找出一个中心点 $z=(x, y)$ 使得这 n 个点到点 z 的平均曼哈顿距离最小。

*10. 证明，在最坏情况时，同时找出数组 $A[1..n]$ 中的最大的数和最小的数的算法需要至少 $2n-2-\lfloor n/2 \rfloor$ 次比较。本题的结果证明，5.2.2 节中的算法是最优的。（提示：考虑两个集合，L 和 S，L 是可能是最大数的数字集合，S 是可能是最小数的数字集合。一开始，$L=S=A[1..n]$。对于任何算法，我们可以做如下跟踪：算法做一次比较后，记下两个集合的变化（它们会减小）。当 L 和 S 减小到各自只含一个数时，算法才能结束。例如，$L=S=\{6, 3, 9, 1, 12\}$。比较 3 和 9 后，$L=\{6, 9, 1, 12\}$，$S=\{6, 3, 1, 12\}$。再比较 L 中 6 和 9 后，$L=\{9, 1, 12\}$，$S=\{6, 3, 1, 12\}$。算一下，至少要多少次比较 L 和 S 才会减小到各自只含一个数。）

11. 下面是一个同时找出数组 $A[1..n]$ 中的最大数和最小数的基于分治法的算法。算法是作用在数组 $A[p, r]$ 上的（$p \leqslant r$）。在调用该算法时，只须置 $p=1$，$r=n$。该算法显然正确。请证明，当 $n \geqslant 2$ 时，该算法最多需要 $2n-2-\lceil n/3 \rceil$ 次比较。

```
D&C-Max-Min(A[p..r],max,min)
1   if r=p
2       then    max ← min ← A[p]
3       return
4   else if r=p+1
5           then if A[p]≤A[r]
6                   then    max ← A[r]
7                           min ← A[p]
8                   else    max ← A[p]
9                           min ← A[r]
10                  endif
11          endif
12          return
13  endif                // 以上是有一个数或两个数时的情况，也就是底的情况
14  q←⌊(p+r)/2⌋
15  D&C-Max-Min (A[p..q],max1,min1)
16  D&C-Max-Min (A[q+1,r],max2,min2)
17  max ← max{max1, max2}
18  min ← min{ min1, min2}
19  End
```

12. 设计一个同时找出数组 $A[1..n]$ 中的最大数和最小数的基于分治法的算法，使得该算法最多需要 $2n-2-\lfloor n/2 \rfloor$ 次比较。

第6章 动态规划

动态规划（dynamic programming）是解决许多优化问题的常用方法之一。它的原理和分治法类似，都是把一个较大规模的问题分解为较小的问题来解决，但分解的方法不同。让我们称一个被分解的原问题为父问题，而由父问题分解得到的一组规模较小的问题是该问题的子问题。

分治法在一开始就要决定如何把一个父问题分解为两个或几个子问题，而且每层递归时，即把一个子问题再分解为规模更小的子问题时，都遵循一样的分解规则。比如，合并排序中，每次分解都是把一个父问题的序列从中间一分为二。分治法被称为由顶向下的递归过程，是因为它先分解规模最大的原问题，然后再继续把子问题分为规模更小的子问题，一直分解到底为止。把底解出后，再由下向上合并。这样的分解极不灵活。有些问题在不同规模或数据不同时，最佳的划分可能也不同，而固定的分解规则导致分治法很难给出最佳结果。有时，即使分治法可以给出最佳结果，但时间复杂度会很高。

与分治法不同的是，动态规划在分解一个父问题时，会考虑到这个父问题的所有可能的划分，也就是所有可能的子问题，并动态地找出最佳的划分。下面我们详细介绍这个方法。

6.1 动态规划的基本原理

如上所述，动态规划在分解一个父问题时，所有可能的子问题的最佳解都必须已经获得，这样才能为父问题找到最佳划分和最佳解。那么，这些子问题的最佳解怎么得到呢？我们必须先把这些子问题分解为更小的子问题，并且得到它们的最佳解。以此类推，直到底层，也就是直到不可分解的、有最小规模的子问题。

因此，动态规划的第一步是定义最小规模的子问题，也就是底层的子问题，并把所有这些子问题的最佳解找到。接着，由此找出稍大一些的子问题的最佳解，也就是它们的父问题的最佳解。然后，再找出更大一些规模的父问题的解。继续这个过程直到最大的父问题，也就是原问题，获得最佳解为止。每个父问题的最佳划分事先是不知道的，但是，当它的所有可能的子问题都最佳地解决之后，就可以比较它的各种划分，并从中找到它的最佳划分和最佳解。所以，动态规划是一个自底向上的归纳过程。在这个过程中，每个子问题的解以及原问题的解都是最佳解，也必须是最佳解。

下面是更为具体的讨论。我们约定，任何子问题和原问题的解都是指最佳解。动态规划分为两步，分述如下。

（1）初始化

给定一个规模为 n 的问题，动态规划的第一步是定义一个有最小规模的子问题的集合，称为初始集合。这些子问题的解的集合，称为初始解集合。它们作为基础或边界条件以使更大规模的子问题，也就是它们的父问题，以及它们的父问题的父问题，以此类推，一直到原问题的解可以在它们之上建立。比如，下面要讲的把 n 个矩阵 $(A_1, A_2, \cdots, A_n)$ 连乘的问题中，初始集合中有 n 个子问题，每个子问题只含一个矩阵 $A_i (1 \le i \le n)$。

解出初始集合中每个问题的时间复杂度一般为零或者一个常数。我们用 S_0 表示这个初始集合。

（2）自下而上归纳

这一步是动态规划的主要工作。首先，它在 S_0 的基础上归纳定义一系列子问题的集合，$S_1, S_2, \cdots, S_k$。原则是，定义好集合 $S_0, S_1, S_2, \cdots, S_i (0 \le i \le k-1)$ 之后，集合 S_{i+1} 中每一个子问题是比前面定义的集合 $S_j (0 \le j \le i)$ 中子问题规模更大的子问题，并且都可以用前面集合 $S_j (0 \le j \le i)$ 中的子问题的解来计算它的解。也就是说，集合 S_{i+1} 中每一个子问题是 $S_j (0 \le j \le i)$ 中的子问题的父问题。这个归纳定义进行到当集合 S_k 包含规模为 n 的原问题时为止。这里，所谓规模更大，指的是集合 S_{i+1} 中的任一个子问题 π，除自身以外，它包含的所有子问题都已经在前面的集合 $S_j (0 \le j \le i)$ 中定义过了，它的规模当然比它的子问题的规模大。但是，要注意一点，前面定义过的子问题中，有的可能不是由 π 可以分解出的子问题，与 π 不构成父子关系，那么 π 的规模不一定比这些子问题大。这一点很好理解。这是因为，前面的集合 $S_j (0 \le j \le i)$ 中定义的子问题通常会组成各种各样不同的父问题，而 π 只是其中一个父问题。不同的父问题往往各自分解为一组不同的子问题。

其次，在定义 S_{i+1} 中的子问题时，同时要做的一项工作是，要提供从 $S_0, S_1, S_2, \cdots, S_i$ 中子问题的解来产生 $S_{i+1} (0 \le i \le k-1)$ 中子问题的解的算法。当动态规划执行这个算法时，从 S_0 的初始解开始，它会计算出 S_1 中所有问题的解，然后，算出 S_2 中所有问题的解，S_3 中所有问题的解，以此类推，直到 S_k 中所有问题的解。这样，就得到了原问题的解。由于集合 S_{i+1} 中每个解可能会用到 $S_0, S_1, S_2, \cdots, S_i$ 中任何一个子问题的解，所以，我们要求所有子问题的解（包括原问题的解）都必须是最佳的。

一个子问题或原问题的解是最佳的，意味着这个问题有一个目标值，而这个解可以取得最佳的目标值。一个优化问题追求的解是使目标值达到最大或最小，称为最佳。显然，找出 S_{i+1} 中每个子问题的解和前面 $S_0, S_1, S_2, \cdots, S_i$ 中子问题解之间的关系是设计算法的关键。这个关系一般可以用公式表达，称为**归纳公式**。这个归纳公式给出了父问题的最佳目标值和子问题的最佳目标值之间的关系。

我们通常也把集合 S_i 中的子问题称为第 i 层的子问题，序号 i 越大，层次越高。动态规划在计算第 $i+1$ 层中子问题的解集合时，可以用到下面的每一层——从 S_0 到 S_i——的所有子问题的解。所以，它避免了分治法中划分不灵活的弊病。它在计算某一层子问题的解集合时，一般情况下，并不能确定这一层中哪些子问题的解将来会被用上。这是在计算高一层子问题的解时动态决定的。当然，我们可省去一些将来肯定用不上的子问题的解，以减少复杂度并加快动态规划的运算。这方面的技巧本书不做深入讨论，有兴趣的读者可从其他参考书中了解。这里，我们假定动态规划给出每层中所有子问题的解，不做删减。

由上面的简单介绍可知，动态规划要做 3 件事：

1）定义每一层的子问题集合，包括初始解集合，并使原问题成为最大的子问题。

2）给出初始解集合和归纳公式。

3）设计基于归纳公式的算法，用于逐层构造所有子问题的解，并计算它们的最佳目标值。

因为定义的子问题必须要有归纳公式，所以前两件事是同时考虑的。另外我们需要引入一个或几个参数用以定义子问题。它们往往决定了动态规划的规模，即一共有多少个子问题需要解决。显然，参数越少越好以使算法复杂度最小。下面看一些例子。

6.2 矩阵连乘问题

大家都知道如何把两个矩阵相乘。如果矩阵 A 和 B 的维数分别是 $r \times s$ 和 $s \times t$，那么乘积 $C = AB$ 的维数为 $r \times t$，并且其中任一项 c_{ij} 可以用以下公式求得：

$$c_{ij} = \sum_{k=1}^{s} a_{ik} \times b_{kj} \tag{6.1}$$

其中，a_{ik} 是矩阵 A 在 i 行 k 列上的数字，b_{kj} 是矩阵 B 在 k 行 j 列上的数字，c_{ij} 是矩阵 C 在 i 行 j 列上的数字。由式（6.1）知，矩阵 C 中每一项需要 s 次乘法和 $(s-1)$ 次加法。我们用乘法次数来作为其复杂度，那么计算 $C = AB$ 所需要的乘法次数为 rst。

如果我们需要计算 n 个矩阵的乘积 U，$U = A_1 A_2 A_3 \cdots A_n$，最少需要多少次乘法呢？由于矩阵连乘适用结合律，我们可以按多种顺序来进行，其乘法次数可能会因为计算顺序不同而相差甚多。矩阵连乘问题就是要找出最佳的顺序使我们可以用最少的乘法次数来求得这个乘积。

6.2.1 定义子问题

让我们看一个 4 矩阵连乘的例子。为清晰起见，我们用 A、B、C、D 分别表示矩阵 A_1、A_2、A_3、A_4。

【例 6-1】假设我们要计算 4 个矩阵 A、B、C、D 的乘积 $ABCD$。它们的维数如下：

矩阵	A	B	C	D
维数	25×2	2×40	40×15	15×30

用什么顺序连乘可使复杂度最小呢？

一共有 5 种可能的顺序。每种顺序用一棵二叉树表示，其中每个结点代表一个矩阵，其维数在结点边上标出。树中每个父结点代表两个子结点上的矩阵之积。对每一种顺序，我们可计算出总共需要的乘法次数。

1）$(((AB)C)D)$，图示如下：

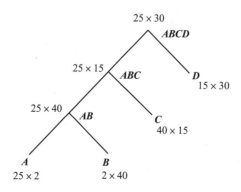

乘法次数 $= 25 \times 2 \times 40 + 25 \times 40 \times 15 + 25 \times 15 \times 30 = 2000 + 15\,000 + 11\,250 = 28\,250$。

2）$(A(B(CD)))$，图示如下：

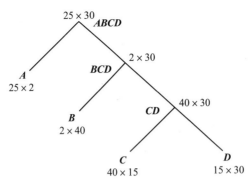

乘法次数 $=40\times15\times30+2\times40\times30+25\times2\times30=18\,000+2400+1500=21\,900$。

3）$((AB)(CD))$，图示如下：

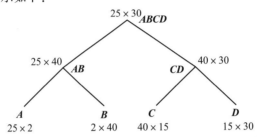

乘法次数 $=25\times2\times40+40\times15\times30+25\times40\times30=2000+18\,000+30\,000=50\,000$。

4）$((A(BC))D)$，图示如下：

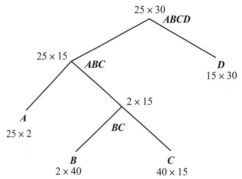

乘法次数 $=2\times40\times15+25\times2\times15+25\times15\times30=1200+750+11\,250=13\,200$。

5）$(A((BC)D))$，图示如下：

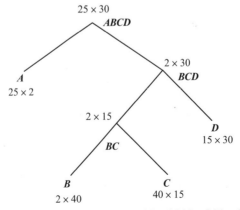

乘法次数 $=2\times40\times15+2\times15\times30+25\times2\times30=1200+900+1500=3600$。

显然顺序 $(A((BC)D))$ 最好。从上面的例子可见矩阵连乘的顺序极大地影响了其复杂度。那么，怎样找到最佳顺序呢？如果我们像上面的例子一样，把所有顺序都列出来，一个一个算，那么可证明有 $C(2n-2, n-1)/n$ 这么多顺序。这里，$C(2n-2, n-1)$ 是 $(2n-2)$ 个物体中取 $(n-1)$ 个物体的组合数，$C(2n-2, n-1)/n$ 是第 $(n-1)$ 阶 Catalan（卡塔兰）数，显然太大了。（Catalan 数的定义可在离散数学教科书中找到。）下面讨论动态规划的方法。

假设 n 个矩阵的序列是 $A_1, A_2, A_3, \cdots, A_n$，它们的维数分别是：

$$p_0 \times p_1, \ p_1 \times p_2, \ \cdots, \ p_{n-1} \times p_n$$

因为两个矩阵相乘时，前面一个矩阵的第 2 个维数必须等于后面一个矩阵的第 1 个维数，所以，上面连乘矩阵的维数对的序列可简化为一个维数的序列，即

$$p_0, \ p_1, \ \cdots, \ p_{n-1}, \ p_n$$

试想我们如何把序列 $A_1A_2A_3 \cdots A_n$ 分为两个子序列。这里的子序列是指原序列中连续的一段。对例 6-1 的 4 个矩阵而言，最佳划分是 A 和 BCD，而不是从中间分开。显然，如果维数序列不同，最佳划分的位置会不同。也就是说，分治法看来解不了这道题。那么，动态规划怎么做呢？动态规划会考虑所有可能的划分。假设分为两个子序列：$A_1 A_2 A_3 \cdots A_j$ 和 $A_{j+1} A_{j+2} A_{j+3} \cdots A_n$。

这里，下标 j 是一个变量，代表各种可能的分法，$1 \leqslant j \leqslant n-1$。那么接下来，在我们划分子序列 $A_1A_2A_3 \cdots A_j$ 时，如果 $j \geqslant 2$，又要考虑它的所有可能的分法。它可能的分法包括：$A_1 A_2 A_3 \cdots A_{i-1} (2 \leqslant i \leqslant j)$ 和 $A_i A_{i+1} A_{i+2} \cdots A_j$。

这里，下标 i 也是一个变量，代表对序列 $A_1A_2A_3 \cdots A_j$ 的各种可能的分法，$2 \leqslant i \leqslant j$。同理，序列 $A_{j+1} A_{j+2} A_{j+3} \cdots A_n$ 也有各种可能的分法。由此可见，任何由参数 i 和 j 定义的子序列，$A_i A_{i+1} A_{i+2} \cdots A_j (1 \leqslant i \leqslant j \leqslant n)$ 的连乘问题都会是我们要考虑的子问题。

因为当我们划分一个子序列时，一定会得到两个更短的子序列，所以我们可按照它们的长短把所有子问题分层。S_1 是所有长为 1 的子序列的集合，即 $S_1 = \{A_1, A_2, A_3, \cdots, A_n\}$。因为 S_1 中的每个子序列只含一个矩阵，不需要任何乘法，所以它们可以作为动态规划的初始集合。这里，我们不用 S_0，而用 S_1 表示初始集使得思路更清晰。在这一层中，每个子问题是含一个矩阵的序列，其目标值是 0，也就是需要的乘法次数。

然后，第 2 层是所有含两个相邻矩阵的子序列，即 $S_2 = \{A_1A_2, A_2A_3, \cdots, A_{n-1}A_n\}$，第 3 层是所有含 3 个相邻矩阵的子序列，即 $S_3 = \{A_1A_2A_3, A_2A_3A_4, \cdots, A_{n-2}A_{n-1}A_n\}$。这样，层次高一层，子问题的规模就增加一个矩阵。我们继续这样的过程直到 $S_n = \{A_1A_2A_3 \cdots A_n\}$。显然，$S_n$ 的子问题就是 n 个矩阵连乘的原问题。

由以上讨论，矩阵连乘的任何一个子问题都可以定义为 $A_i A_{i+1} A_{i+2} \cdots A_j (1 \leqslant i \leqslant j \leqslant n)$。它的规模 l 是它含有的矩阵个数，$l = j - i + 1$，也就是它所在集合 S_l 的层次。显然，这样定义的子问题一共有 $n(n-1)/2$ 个。

6.2.2　归纳公式

定义了子问题后，我们需要找到归纳公式来确定子序列 $A_i A_{i+1} A_{i+2} \cdots A_j (1 \leqslant i \leqslant j \leqslant n)$ 连乘的最佳顺序。我们用 $A[i..j]$ 表示从 A_i 到 A_j 这一段矩阵序列，而用 $M(i, j)$ 表示将这些矩阵连乘所需的最少乘法次数，即目标值，最小为最佳。为方便起见，$A[i..j]$ 也表示把 A_i 到 A_j 这一段矩阵连乘后的矩阵。显然，当 $i = j$ 时，$A[i..j]$ 只含一个矩阵 A_i，不需要任何乘法，它属于初始集合。所以 $M(i, i) = 0$ 是初始集合中每个子问题 $A[i]$ 的初始解。如果

$i < j$，任何算法都是先把矩阵序列 $A[i..j]$ 分为两段，分别算出各段的乘积后再把它们相乘。假设这两段分别为 $A[i..k]$ 和 $A[k+1..j]$（$i \le k < j$）。很容易看出，将 $A_i A_{i+1} \cdots A_k$ 连乘后的矩阵 $A[i..k]$ 有维数 $p_{i-1} \times p_k$，而将 $A_{k+1} A_{k+2} \cdots A_j$ 连乘后所得矩阵 $A[k+1..j]$ 的维数为 $p_k \times p_j$。因此，最后一步把 $A[i..k]$ 和 $A[k+1..j]$ 相乘需要 $p_{i-1} \times p_k \times p_j$ 次乘法。因此，如果划分点在 A_k，那么把序列 $A_i A_{i+1} A_{i+2} \cdots A_j$ 连乘总共需要的最少乘法次数为：

$$M(i, k) + M(k+1, j) + p_{i-1} \times p_k \times p_j \qquad (6.2)$$

其中，$M(i, k)$ 和 $M(k+1, j)$ 分别是将 $A[i..k]$ 和 $A[k+1..j]$ 两段各自连乘所需要的最少乘法次数。因为这两段长度均小于序列 $A[i..j]$ 的长度，所以它们的值都在前面的步骤里已算出，并且对应这两段的最佳顺序也已知。

但是，式（6.2）的值随着 k 值的不同而不同，而不同的 k 值对应着序列 $A[i..j]$ 的不同的划分。因此 $M(i, j)$ 应该是式（6.2）能取得的最小值。所以 $M(i, j)$ 的值可由下面的归纳公式算出：

$$M(i, j) = 0, \text{ 如果 } i = j \text{（对应初始解集合）}$$
$$M(i, j) = \min_{i \le k \le j-1} \left[M(i, k) + M(k+1, j) + p_{i-1} \times p_k \times p_j \right], \text{ 如果 } i < j \qquad (6.3)$$

一旦确定了 $M(i, j)$ 的值，那么对应的 k 值也就定了，从而确定了将矩阵 A_i 到矩阵 A_j 连乘的顺序。这个 k 值记为 $K(i, j)$，因为它是对应于 $M(i, j)$ 的最佳划分值。这里，我们清楚地看到动态规划的自底向上归纳的过程，以及动态决定最佳划分的特点。

注意，式（6.3）适用于任何一层的任何一个子问题 $A[i..j]$（$1 \le i \le j \le n$）。

我们用 $l = j - i + 1$ 表示子问题 $A[i..j]$ 的长度。动态规划算出两张表，第一张表 M 有 n 行和 n 列，在第 i 行和第 j 列的位置填入 $M(i, j)$ 的值。第二张表 K 也有 n 行和 n 列，在第 i 行和第 j 列的位置填入 $K(i, j)$ 的值。初始化时，把 $M(i, i) = 0$ 填入表中的主对角线（初始集合 S_1 的解）。然后，用式（6.3）依次算出所有长度 $l = 2$ 的子问题（集合 S_2）的 $M(i, j)$ 值，所有长度 $l = 3$ 的子问题（集合 S_3）的 $M(i, j)$ 的值，以此类推，直到 $l = n$。$M(1, n)$ 的值就是将 $A_1 A_2 A_3 \cdots A_n$ 连乘需要的最少乘法次数。

6.2.3　算法伪码和例子

图 6-1 逐步显示了动态规划应用在例 6-1 的连乘问题上的中间结果和最后结果。表 M 中第 i 行第 j 列的格子的中间是 $M(i, j)$ 的值。如图，每一格的左上方标出的是对应的子序列，而右下方标出连乘后所得矩阵的维数。

这个算法的伪码如下：

```
Matrix-Chain-Order(P[0..n])        // 输入是 n 个矩阵的维数序列
1  for i ← 1 to n                   // 初始化产生初始解集合
2      M(i, i) ← 0
3  endfor
4  for l ← 2 to n                   // 这里，l 是子问题的规模
5      for i ← 1 to n-(l-1)
6          j ← i+l-1
7          M(i, j) ← ∞
8          for k ← i to j-1
9              q ← M(i, k)+M(k+1, j)+P[i-1]×P[k]×P[j]
10             if q<M(i, j)
11                 then M(i, j) ← q
12                     K(i, j) ← k
```

```
13              endif
14          endfor
15      endfor
16  endfor
17  return M and K
18  End
```

这个算法的复杂度是 $O(n^3)$。这是因为表 M 和 K 的规模是 $O(n^2)$，而表中每一项的计算需 $O(n)$ 时间。

在产生表 M 和 K 之后，还有一步工作要做，那就是输出连乘的顺序。这个顺序可以有多种表示。我们可以从 $K(1, n)$ 开始，画一棵二叉树来表示。$K(1, n)$ 中的值指出在哪里划分 $A[1..n]$。我们可以画一个根结点和代表这两段的两个叶结点。然后，如果某一个叶结点代表的一段矩阵序列 $A[i..j]$ 含两个或两个以上矩阵 $(i<j)$，则根据 $K(i, j)$ 的值把 $A[i..j]$ 再分段，也就是把这个叶结点变为内结点并向下发展出两个新的叶结点，分别代表这两段。这个过程持续到每个叶结点只含一个矩阵为止。图 6-2 展示了如何由图 6-1 中的表 K 构造一棵二叉树。

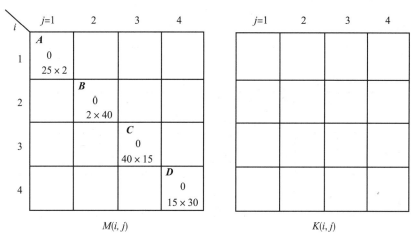

a）动态规划解矩阵连乘问题的初始化（所有 $l = 1$ 的子问题的解）

b）用式（6.3）算出所有 $l = 2$ 的子问题的解。例如，$M(2, 3)$ 的格子显示 BC 由 B 和 C 相乘得到，乘法次数是 $2 \times 40 \times 15 = 1200$，乘积 BC 的维数是 2×15。$K(2,3)=2$ 则表明 BC 相乘的分段在 A_2，也就是在 B

图 6-1   动态规划对例 6-1 中矩阵连乘问题运算的逐步显示

M(i, j) (上表)

i＼j	j=1	2	3	4
1	*A* 0 25×2	*AB* 2000 25×40	*ABC* 1950 25×15	
2		*B* 0 2×40	*BC* 1200 2×15	*BCD* 2100 2×30
3			*C* 0 40×15	*CD* 18000 40×30
4				*D* 0 15×30

K(i, j) (上表)

i＼j	j=1	2	3	4
1		1	1	
2			2	3
3				3
4				

c）用式（6.3）算出所有 *l* = 3 的子问题的解。例如，连乘积 ***BCD*** 有两种分段法，*k*=2 和 *k*=3，分别对应 ***B(CD)*** 和 ***(BC)D***。如果 *k*=2，子问题 ***B*** 和 ***CD*** 已解，分别需要 0 和 18 000 次乘法，因 ***B*** 和 ***CD*** 相乘需要 $2 \times 40 \times 30$=2400 次乘法，总数是 20 400。如果取 *k*=3，则总共需要 1200+0+$2 \times 15 \times 30$=2100。所以最佳解取 *k*=3，在 ***C*** 处分段

M(i, j) (下表)

i＼j	j=1	2	3	4
1	*A* 0 25×2	*AB* 2000 25×40	*ABC* 1950 25×15	*ABCD* 3600 25×30
2		*B* 0 2×40	*BC* 1200 2×15	*BCD* 2100 2×30
3			*C* 0 40×15	*CD* 18000 40×30
4				*D* 0 15×30

K(i, j) (下表)

i＼j	j=1	2	3	4
1		1	1	1
2			2	3
3				3
4				

d）用式（6.3）算出 *l*=4 的问题的解，即连乘 ***ABCD*** 的解。它有 3 种分段方法，*k*=1、*k*=2 和 *k*=3，分别对应 ***A(BCD)***、***(AB)(CD)*** 和 ***(ABC)D***。经过比较，*k*=1 最好。这时，总共需要 0+2100+$25 \times 2 \times 30$=3600 次乘法，应在矩阵 ***A*** 处分段

图 6-1　动态规划对例 6-1 中矩阵连乘问题运算的逐步显示（续）

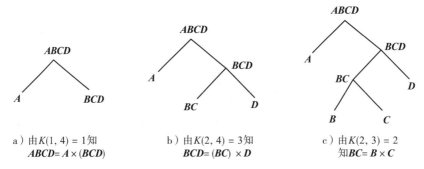

a）由 K(1, 4) = 1 知
ABCD = *A* × (*BCD*)

b）由 K(2, 4) = 3 知
BCD = (*BC*) × *D*

c）由 K(2, 3) = 2
知 ***BC*** = *B* × *C*

图 6-2　由图 6-1 中的表 *K* 逐步构造二叉树示例

另外，我们也可以在原矩阵序列中插入括号来指明连乘顺序。下面的递归算法 Print-Optimal-Parentheses(K, i, j) 为子问题 $A_iA_{i+1}A_{i+2} \cdots A_j$ 产生带括号的矩阵序列。当我们调用算法 Print-Optimal-Parentheses(K, 1, n) 时，即可获得原问题的连乘顺序。对例 6-1 中的矩阵序列，这个带括号序列是 $(A((BC)D))$。

```
Print-Optimal-Parentheses(K, i, j)
1  if i=j
2     then print "A" i                   // 打印 Aᵢ
3     else print "("
4          Print-Optimal-Parentheses(K,i,K(i,j))
5          Print-Optimal-Parentheses(K,K(i,j)+1,j)
6          print ")"
7  endif
8  End
```

6.3 最长公共子序列问题

给定两个字符序列 X 和 Y，如果有另外一个字符序列 Z，它既是 X 的子序列也是 Y 的子序列，那么，Z 被称为 X 和 Y 的公共子序列。这里，子序列不要求是连续的一段。序列 Z 中相邻的字符不一定在序列 X 或 Y 中也相邻，但它们的前后顺序是一样的。我们希望找出一个 X 和 Y 的最长的公共子序列 (longest common subsequence)。最长的公共子序列反映了 X 和 Y 之间相似的程度，具有实际应用价值。图 6-3 给出了一个最长公共子序列的例子。

从上面的例子可以看出，如果 X 中的一个子序列是 X 和 Y 的公共子序列，当且仅当这个子序列中的字符可与 Y 中相同的字符顺序配对。我们用 $LCS(X, Y)$ 表示 X 和 Y 的最长公共子序列。

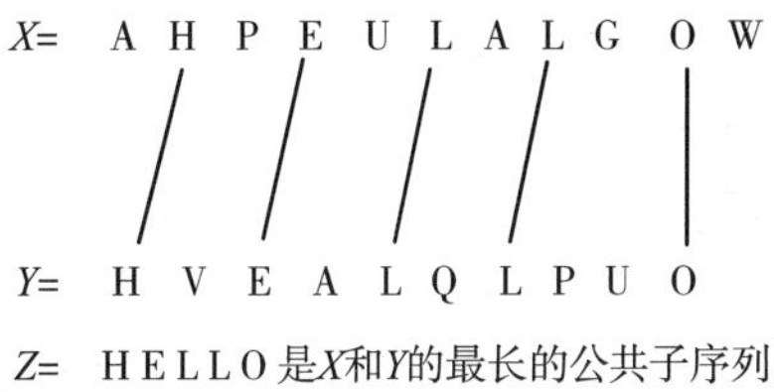

图 6-3 最长公共子序列的例子

6.3.1 定义子问题

下面讨论如何用动态规划找到一个最长的公共子序列。我们假设字符串 X 有 m 个字符而字符串 Y 有 n 个字符，表示如下：

$$X=<a_1, a_2, \cdots, a_m>$$
$$Y=<b_1, b_2, \cdots, b_n>$$

我们考虑这个问题的子问题。我们先定义 X 和 Y 的所有前缀如下：

$X_0=\varnothing$　（表示空集）

$X_i=<a_1, a_2, \cdots, a_i>$ ($i=1, 2, \cdots, m$)　（含 i 个字符的 X 的前缀）

$Y_0=\varnothing$

$Y_j=<b_1, b_2, \cdots, b_j>$ ($j=1, 2, \cdots, n$)　（含 j 个字符的 Y 的前缀）

对任何一个 X 的前缀 X_i ($0 \leqslant i \leqslant m$) 和任何一个 Y 的前缀 Y_j ($0 \leqslant j \leqslant n$)，找出 X_i 和 Y_j 之间的最长公共子序列就是原问题的一个子问题，而 X_m 和 Y_n 之间的最长公共子序列就是 X 和 Y 的最长公共子序列。这里，变量 i 和 j 就是定义子问题的参数。显然，子问题的个数

是 $(m+1)(n+1)$，也就是动态规划的规模。这里，我们把 X_0 和 Y_0 也分别作为 X 和 Y 的前缀以便于建立初始子问题和初始解。

要注意的是，如果我们考虑 X 的子序列 $X[i..j] = <a_i, a_{i+1}, \cdots, a_j>$ $(1 \leqslant i \leqslant j \leqslant m)$ 和 Y 的子序列 $Y[k..l] = <b_k, b_{k+1}, \cdots, b_l>$ $(1 \leqslant k \leqslant l \leqslant n)$，那么，$X[i..j]$ 和 $Y[k..l]$ 的最长公共子序列也可以用来定义子问题。但是，这样一来，需要 4 个参数，i、j、k、l，动态规划的规模会很大，算法复杂度会很高。在我们设计子问题时一定要使规模越小越好。

6.3.2 归纳公式

用动态规划设计的算法将找出所有 X_i $(0 \leqslant i \leqslant m)$ 和 Y_j $(0 \leqslant j \leqslant n)$ 之间的最长公共子序列，并且，当计算 X_i 和 Y_j 的最长公共子序列时，算法保证这个子问题需要用到的所有更小子问题已被解决。

我们定义 $C(i, j)$ 为 X_i 和 Y_j 之间的最长公共子序列的长度，也就是目标值，最大为最佳。与矩阵连乘一样，在我们求得 $C(i, j)$ 时，也要记住这个解是怎样从子问题的解得来的，以便不仅知道长度，而且可以实际构造出这个最长公共子序列。下面讨论它的归纳公式。

显然，当 $i=0$ 或 $j=0$ 时，$C(0, j) = C(i, 0) = 0$，这是初始解集或边界条件。

当 $i>0$ 且 $j>0$ 时，我们注意到有以下归纳公式：

$$C(i, j) = C(i-1, j-1) + 1, \qquad 如果 \ a_i = b_j,$$
$$C(i, j) = \max\{C(i-1, j), C(i, j-1)\}, 如果 \ a_i \neq b_j \qquad （6.4）$$

这是因为当 $a_i = b_j$ 时，我们总可以把 a_i 和 b_j 配对，然后再加上 X_{i-1} 和 Y_{j-1} 之间的最长公共子串就是解了。当 $a_i \neq b_j$ 时，a_i 和 b_j 不能同时选入公共子序列中。如果不选 a_i，那么最长的公共子序列为 X_{i-1} 和 Y_j 的公共子序列，其长度为 $C(i-1, j)$。如果不选 b_j，那么最长的公共子序列为 X_i 和 Y_{j-1} 的公共子序列，其长度为 $C(i, j-1)$。所以，式（6.4）正确地给出了由较小规模问题的解导出较大规模问题的解的归纳公式。

6.3.3 算法伪码和例子

因为当两个序列中有一个是空集时，它们没有公共子序列，因而成为初始子问题。在初始化 $C(0, j) = C(i, 0) = 0$ 后，我们可以用式（6.4）算出所有 $C(i, j)$ $(1 \leqslant i \leqslant m, 1 \leqslant j \leqslant n)$ 的值，它们构成表 C。具体做法是从上到下一行一行计算，先算出所有 $C(1, j)$ $(1 \leqslant j \leqslant n)$ 的值，再算出所有 $C(2, j)$ $(1 \leqslant j \leqslant n)$ 的值，以此类推，最后算出所有 $C(m, j)$ $(1 \leqslant j \leqslant n)$ 的值。在计算第 i 行时，又是按照从左到右的顺序计算，即先算出 $C(i, 1)$，再算出 $C(i, 2)$，等等，最后算出 $C(i, n)$。

在计算 $C(i, j)$ 时，我们需要同时记下它与子问题的解之间的关系，以便在表 C 完成后可以把这个最长公共子序列找到，而不仅仅是一个长度的值。我们用另一个表 $D(i, j)$ $(1 \leqslant i \leqslant m, 1 \leqslant j \leqslant n)$ 来记录这个关系。式（6.4）告诉我们有三种关系，一是 $C(i, j) = C(i-1, j-1) + 1$，我们用 $D(i, j) = $ "$\nwarrow$" 表示 $C(i, j)$ 是从表 C 中左上方邻居 $C(i-1, j-1)$ 得来的。二是 $C(i, j) = C(i-1, j)$，我们用 $D(i, j) = $ "$\uparrow$" 表示 $C(i, j)$ 是从上一行邻居 $C(i-1, j)$ 得来的。三是 $C(i, j) = C(i, j-1)$，我们用 $D(i, j) = $ "$\leftarrow$" 表示 $C(i, j)$ 是从同一行左侧邻居 $C(i, j-1)$ 得来的。当然，这 3 个箭头符号也可用其他变量名表示。

下面是计算表 C 和 D 的算法的伪码。

```
LCS-Length(X[1..m],Y[1..n],C,D)
1   for i←0 to m
2       C(i,0)←0    //LCS(X_i, Y_0) 的初始解
3   endfor
4   for j←1 to n
5       C(0, j)←0              //LCS(X_0, Y_j) 的初始解
6   endfor                    // 初始化结束
7   for i←1 to m
8       for j←1 to n
9           if X[i]=Y[j]
10              then C(i, j)←C(i-1,j-1)+1
11                   D(i, j)← "↖"
12              else if    C(i-1,j)≥C(i,j-1)
13                   then  C(i,j) ← C(i-1,j)
14                         D(i,j) ← "↑"
15                   else  C(i,j) ← C(i,j-1)
16                         D(i,j) ← "←"
17                   endif
18          endif
19      endfor
20  endfor
21  return C and D
22  End
```

算法 LCS-Length 的复杂度为 $O(mn)$，因为表 C 和 D 各含有 $(m+1)(n+1)$ 项而每一项的计算只需要 $O(1)$ 的时间。

【例 6-2】假定 $X=$<A B C B D A B>，$m=7$，$Y=$<B D C A B A>，$n=6$。用算法 LCS-Length 计算表 C 和 D。

解：图 6-4 显示了计算表 C 和 D 的步骤和结果（两表合在一起）。

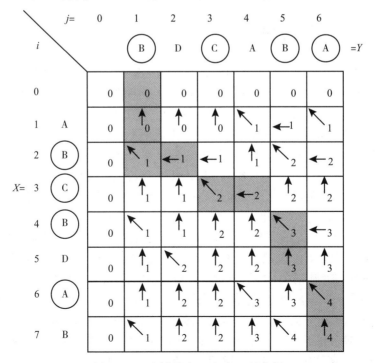

图 6-4　一个计算表 C 和表 D 的实例

有了表 C 和表 D 之后,可以从 D(m, n) 开始,顺着箭头回溯,找到一条通向边界的路径。在路径上,遇到 D(i, j) = "↖" 时,说明 X[i] = Y[j],则将这个字符标为公共子序列里的字符。这样找到的字符序列就是解。在图 6-4 中,这条路径由有阴影的格子标出,这个最长公共子序列为 BCBA,这些字符在图中被圈出。下面一小段伪码 Print-LCS(D, X, i, j) 输出从 D(i, j) 开始回溯所找到的最长公共子序列。如果我们调用 Print-LCS(D, X, m, n),则可将 X 和 Y 的最长公共子序列输出。

```
Print-LCS(D,X,i,j)                // 从 D(i,j) 开始回溯
1  if i=0 or j=0
2      then return                // 在这种情况下,公共子序列为空
3  endif
4  if D(i, j)= "↖"
5      then        Print-LCS(D, X,i-1,j-1)          // 递归调用
6          print X[i]
7      else if D(i,j)= "↑"
8              then Print-LCS(D,X,i-1,j)
9              else Print-LCS(D,X,i,j-1)
10             endif
11 endif
12 End
```

有了算法 LCS-Length 和 Print-LCS,完整的计算最长公共子序列的算法如下。

```
LCS(X[1..m],Y[1..n],C,D,l)        // 输出最长公共子序列及其长度 l
1  LCS-Length(X[1..m],Y[1..n],C,D)
2  l←C(m,n)
3  Print-LCS(D,X,m,n)
4  End
```

6.4 最佳二元搜索树问题

我们在 2.1.1 节讨论过二元搜索的问题并在例 2-1 中给出了相应的最佳算法。那么我们为什么还要讨论二元搜索的问题呢? 原因是例 2-1 中的算法在最坏情况下是最佳的,但它在平均情况下最佳是有条件的。这个条件就是,要找的数 x 等于序列 $A[1] \leqslant A[2] \leqslant \cdots \leqslant A[n]$ 中任一个数 (关键字) 的概率相等。如果概率不相等,那么例 2-1 中的算法的平均情况不一定是最佳的。在这一节我们讨论在这些概率不同时,如何找到一个最佳的搜索策略,使它的平均情况复杂度最小。容易看出,任一个基于比较的搜索可以用一棵决策树来描述。与排序的决策树类似,这棵决策树是一棵二叉树并称为二元搜索树。

定义 6.1   给定一个排好序的 n 个数字的序列 $A[1] \leqslant A[2] \leqslant \cdots \leqslant A[n]$,它的一棵二元搜索树是一棵有 n 个内结点的完全二叉树。这 n 个内结点中分别存有这 n 个数字 (关键字),并且每一个内结点中存有的关键字大于等于其左子树中任一内结点中的关键字而小于等于其右子树中任一内结点中的关键字。这棵二元搜索树的 (n+1) 个叶结点代表搜索失败。

图 6-5 给出了一棵有 8 个内结点的二元搜索树的例子,它对应于例 2-1 的算法。

一棵二元搜索树 T 对应一个搜索算法。搜索从根开始,每次将要找的数 x 和该结点中的关键字比较。如果相等,搜索结束。如果 x 小于这个关键字,则只需搜索其左子树中的关键字,否则只需搜索右子树中的关键字。如果最后一次比较的关键字是 A[i],而下一步

需要搜索的子树是叶子，那么搜索失败。这时，如果 $x<A[i]$，那么一定有 $A[i-1]<x<A[i]$，否则 $A[i]<x<A[i+1]$。为讨论方便起见，我们假定 $A[0]=-\infty$，$A[n+1]=\infty$，用 $x=d_i$ 代表搜索失败并且有 $A[i]<x<A[i+1]$。

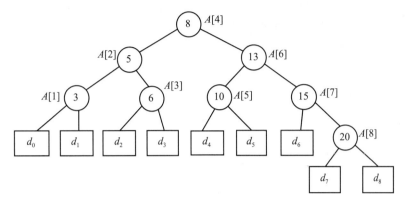

图 6-5　一棵二元搜索树的例子

给定一棵有 n 个关键字的二元搜索树 T，如何评价它的平均复杂度呢？我们假定 $x=A[i]$ 的概率为 p_i（$1\leqslant i\leqslant n$），而 $x=d_i$ 的概率是 q_i（$0\leqslant i\leqslant n$）。因为从根到某结点的路径上的结点数（＝路径长度 +1）就是当搜索在这点终止时所需比较的次数，所以这棵二元搜索树的平均复杂度应该是根到所有结点的路径长度加 1 的加权平均。这里，我们假定在叶结点处也需要做一次比较以判定它是一个叶结点。这样，在计算复杂度时，不需要区别内结点或叶结点。我们有以下的平均复杂度的评价公式。

$$E(T)=\sum_{i=1}^{n}p_i\times\big(A[i]\text{的深度}+1\big)+\sum_{i=0}^{n}q_i\times\big(d_i\text{的深度}+1\big) \tag{6.5}$$

我们可以把概率推广为任意的正数权值。因为概率要求 $\sum_{i=1}^{n}p_i+\sum_{i=0}^{n}q_i=1$，而权值可以是任意一组正数。这个推广并不改变问题本质，因为把每个权值除以所有权值总和即可变为概率，而概率可视为权值的一种特殊情况。另外，如果我们对任意一棵含 $A[1..n]$ 的二元搜索树做中序遍历，会得到一个结点的序列。这个结点序列是：

$$d_0,\ A[1],\ d_1,\ A[2],\ d_2,\ A[3],\ d_3,\ \cdots,\ A[n],\ d_n$$

这个结点序列所对应的权值形成下面的序列，称为权值序列：

$$q_0,\ p_1,\ q_1,\ p_2,\ q_2,\ p_3,\ q_3,\ \cdots,\ p_n,\ q_n \tag{6.6}$$

定义 6.2　给定一棵有 n 个关键字的递增序列 $A[1]\leqslant A[2]\leqslant\cdots\leqslant A[n]$，以及对应的权值序列，$q_0,\ p_1,\ q_1,\ p_2,\ q_2,\ p_3,\ q_3,\ \cdots,\ p_n,\ q_n$，如果该序列的一棵二元搜索树使式（6.5）定义的平均复杂度最小，则称它为最佳二元搜索树（optimal binary search tree）。

下面讨论如何用动态规划的办法构造一棵最佳二元搜索树。

6.4.1　定义子问题和归纳公式

我们考虑最佳二元搜索树的所有子问题。显然，为子序列 $A[i..j]$（$1\leqslant i\leqslant j\leqslant n$）构造一棵最佳二元搜索树是一个子问题。我们需要为每一个子序列 $A[i..j]$ 构造一棵最佳二元搜索树。怎么构造呢？我们必须找出它与它的子问题之间的关系。

我们用 $T[i, j]$ 表示任一棵只含关键字序列 $A[i..j]$ 的二元搜索树（不一定最佳）。假设 $A[k]$ $(i \leqslant k \leqslant j)$ 在它的树根上。我们分析一下这样一棵树的平均复杂度与它左右两棵子树的平均复杂度的关系。

从图 6-6 可知，左子树包含关键字序列 $A[i..k-1]$ 以及叶结点 d_{i-1} 到 d_{k-1}，而右子树包含关键字序列 $A[k+1..j]$ 以及叶结点 d_k 到 d_j。我们用 $T[i, k-1]$ 和 $T[k+1, j]$ 分别表示这两棵子树，并设它们的根分别是 $A[l]$ 和 $A[r]$。由式（6.5）可知，树 $T[i, j]$ 的平均复杂度可计算如下。

$$
\begin{aligned}
E(T[i, j]) &= \sum_{t=i}^{j} p_t \times \left(A[k]\text{到}A[t]\text{的路径长度}+1\right) + \sum_{t=i-1}^{j} q_t \times \left(A[k]\text{到}d_t\text{的路径长度}+1\right) \\
&= \sum_{t=i}^{j} p_t \times \left(A[k]\text{到}A[t]\text{的路径长度}\right) + \sum_{t=i}^{j} p_t + \sum_{t=i-1}^{j} q_t \times \left(A[k]\text{到}d_t\text{的路径长度}\right) + \sum_{t=i-1}^{j} q_t \\
&= \sum_{t=i}^{j} p_t \times \left(A[k]\text{到}A[t]\text{的路径长度}\right) + \sum_{t=i-1}^{j} q_t \times \left(A[k]\text{到}d_t\text{的路径长度}\right) + W(i, j) \qquad (6.7)
\end{aligned}
$$

这里，$W(i, j) = \sum_{t=i}^{j} p_t + \sum_{t=i-1}^{j} q_t$ 是权值序列中从 q_{i-1} 到 q_j 的所有权值总和。

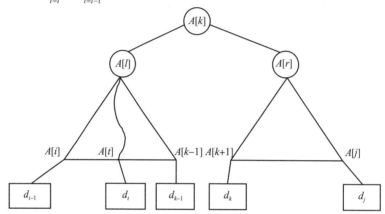

图 6-6 序列 $A[i..j]$ 的一棵二元搜索树 $T[i..j]$ 与它的子树的关系

我们把式（6.7）中的前两个求和公式按左子树、根和右子树分成三段求和。我们有如下推导：

$$
\begin{aligned}
&\sum_{t=i}^{j} p_t \times \left(A[k]\text{到}A[t]\text{的路径长度}\right) \\
&= \sum_{t=i}^{k-1} p_t \times \left(A[k]\text{到}A[t]\text{的路径长度}\right) + p_k \times 0 + \sum_{t=k+1}^{j} p_t \times \left(A[k]\text{到}A[t]\text{的路径长度}\right) \\
&= \sum_{t=i}^{k-1} p_t \times \left(A[l]\text{到}A[t]\text{的路径长度}+1\right) + \sum_{t=k+1}^{j} p_t \times \left(A[r]\text{到}A[t]\text{的路径长度}+1\right) \qquad (6.8)
\end{aligned}
$$

$$
\begin{aligned}
&\sum_{t=i-1}^{j} q_t \times \left(A[k]\text{到}d_t\text{的路径长度}\right) \\
&= \sum_{t=i-1}^{k-1} q_t \times \left(A[k]\text{到}d_t\text{的路径长度}\right) + \sum_{t=k}^{j} q_t \times \left(A[k]\text{到}d_t\text{的路径长度}\right) \\
&= \sum_{t=i-1}^{k-1} q_t \times \left(A[l]\text{到}d_t\text{的路径长度}+1\right) + \sum_{t=k}^{j} q_t \times \left(A[r]\text{到}d_t\text{的路径长度}+1\right) \qquad (6.9)
\end{aligned}
$$

所以，从式（6.7）、式（6.8）、式（6.9）可得：

$$E(T[i,j]) = \sum_{t=i}^{j} p_t \times \big(A[k]到A[t]的路径长度\big) + \sum_{t=i-1}^{j} q_t \times \big(A[k]到d_t的路径长度\big) + W(i,j)$$

$$= \sum_{t=i}^{k-1} p_t \times \big(A[l]到A[t]的路径长度+1\big) + \sum_{t=k+1}^{j} p_t \times \big(A[r]到A[t]的路径长度+1\big) +$$

$$\sum_{t=i-1}^{k-1} q_t \times \big(A[l]到d_t的路径长度+1\big) + \sum_{t=k}^{j} q_t \times \big(A[r]到d_t的路径长度+1\big) + W(i,j)$$

$$= E(T[i,k-1]) + E(T[k+1,j]) + W(i,j)$$

因为 $W(i,j)$ 是个固定的数，所以，要想 $T[i,j]$ 最佳，$T[i,k-1]$ 和 $T[k+1,j]$ 必须最佳，而且必须选择好 k 的值使得 $E(T[i,k-1])+E(T[k+1,j])$ 最小。让我们把 $E(T[i,j])$ 的最小值记为 $E(i,j)$。这就是子问题 $A[i..j]$ 的目标值，最小为最佳。我们有以下归纳公式：

$$E(i,j) = \min_{i \leqslant k \leqslant j} \big\{ E(i,k-1) + E(k+1,j) \big\} + W(i,j) \tag{6.10}$$

这里有两个极端情况要说明一下，就是当 $k=i$ 和 $k=j$ 时的情形。如图 6-7 所示，当 $k=i$ 时，左子树 $T[i,i-1]$ 不含关键字，而只含一个叶子 d_{i-1}。当 $k=j$ 时，右子树 $T[j+1,j]$ 不含关键字，而只含一个叶子 d_j。这时式（6.10）的关系仍正确，这是因为，在计算复杂度时，内结点和叶结点是不需区分的。叶结点本身也是含一个结点的二叉树，只不过它们的记号 $T[i,i-1]$ 和 $T[j+1,j]$ 看上去有点怪，实际上，这两个符号（实际是一个符号）恰恰表明它们的关键字集合是空集。叶结点 $T[i,i-1]$ 表示，当搜索到这一点时，搜索失败，x 不在关键字里，并且有 $A[i-1]<x<A[i]$。叶结点 $T[j+1,j]$ 表示搜索失败，x 不在关键字里，并且有 $A[j]<x<A[j+1]$。这两个极端情况告诉我们，初始解应该从叶子开始。

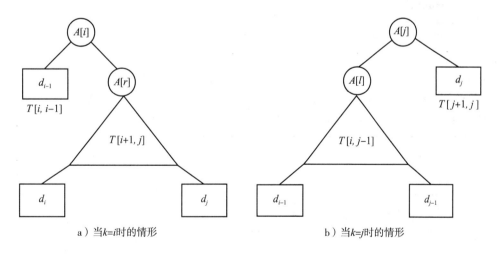

a）当 $k=i$ 时的情形　　　　　　　　b）当 $k=j$ 时的情形

图 6-7　两个极端情形

6.4.2　算法伪码和例子

由上面的讨论得出动态规划的算法如下。

我们先用下面的公式构造 $W(i,j)$ 表。

$$W(i,i-1) = q_{i-1} \qquad (1 \leqslant i \leqslant n+1,\ j=i-1,\ 叶结点\ d_{i-1}\ 的权值)$$

$$W(i,j) = W(i,j-1) + p_j + q_j \quad (当\ j \geqslant i\ 时) \tag{6.11}$$

然后，再用下面的归纳公式构造 $E(i,j)$ 表。

$$E(i, i-1) = W(i, i-1) = q_{i-1} \qquad (1 \leqslant i \leqslant n+1,\ j = i-1,\ 初始解)$$

$$E(i, j) = \min_{i \leqslant k \leqslant j} \{ E(i, k-1) + E(k+1, j) \} + W(i, j) \qquad (当\ j \geqslant i\ 时) \qquad (6.12)$$

在造表时，与矩阵连乘问题一样，先造权值序列短的，再造长的。对 $E(i,j)$ 来讲，其权值序列长为 $2l+1$，这里 $l = j-i+1$。下面的伪码同时计算 $W(i,j)$ 和 $E(i,j)$。另外，用表 $root(i,j)$ 记下 $T[i,j]$ 的根的位置。下面是伪码。

```
Optimal-BST(p,q,n)                    // 输入是权值序列
1   for i←1 to n+1
2       E(i,i-1)←W(i,i-1)←q_{i-1}    // 初始解，长度 l=0
3   endfor
4   for l←1 to n
5       for i←1 to n-l+1
6           j←i+l-1
7           E(i,j)←∞
8           W(i,j)←W(i, j-1)+p_j+q_j
9       for k←i to j
10                  t←E(i,k-1)+E(k+1,j)
11                  if t<E(i,j)
12              then E(i,j)←t
13                  root(i,j)←k
14          endif
15          E(i,j)←E(i,j)+W(i,j)
16      endfor
17      endfor
18  endfor
19  return E and root
20  End
```

这个算法的复杂度显然是 $O(n^3)$。下面看一个例子。

【例 6-3】假设我们有如下的权值序列，这里，权值代表各种搜索情况出现的次数。构造一棵最佳二元搜索树，使得完成所有搜索任务需要最少的比较次数。

i	0	1	2	3	4	5
p_i		3	8	2	6	5
q_i	2	1	4	3	1	2

产生的 W 表如下：

W	$j=0$	1	2	3	4	5
$i=1$	2	6	18	23	30	37
2		1	13	18	25	32
3			4	9	16	23
4				3	10	17
5					1	8
6						2

产生的 E 表和 $root$ 表如下：

E	j =0	1	2	3	4	5
i=1	2	9	31	48	72	96
2		1	18	35	57	78
3			4	16	33	50
4				3	14	31
5					1	11
6						2

root	j=1	2	3	4	5
i=1	1	2	2	2	2
2		2	2	3	4
3			3	4	4
4				4	4
5					5

E 表中 $E(1, 5)=96$ 说明完成所有搜索任务一共需要 96 次比较，没有更好的二元搜索树了。这里，搜索任务包括有 3 次 $x=A[1]$，8 次 $x=A[2]$，2 次 $x=A[3]$，6 次 $x=A[4]$，5 次 $x=A[5]$，2 次 $-\infty<x<A[1]$，1 次 $A[1]<x<A[2]$，4 次 $A[2]<x<A[3]$，3 次 $A[3]<x<A[4]$，1 次 $A[4]<x<A[5]$，2 次 $A[5]<x<\infty$。根据 root 表，构造的最佳二元搜索树如图 6-8 所示。

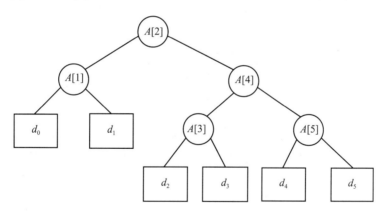

图 6-8　例 6-3 中构造的最佳二元搜索树

6.5　多级图及其应用

多级图 (multi-stage graph) 是一种特殊的有向图 $G(V, E)$。一个 k 级图的顶点集合 V 由 k 个互不相交的子集顺序组成，$V=V_1\cup V_2\cup\cdots\cup V_k$ $(k>1)$，而边集合 E 中，任一边 (u, v) 满足 $u\in V_i, v\in V_{i+1}(1\leqslant i\leqslant k-1)$，即指向下一个相邻子集中的点。通常 V_1 和 V_k 分别只含一个顶点，记为 s 和 t。多级图可以是加权的，边 (u, v) 的权值记为 $w(u, v)$。图 6-9 给出一个多级图的例子。

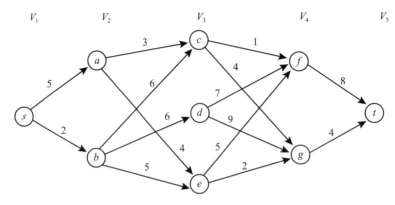

图 6-9 一个多级图的例子

给定一个 k 级图 $G(V, E)$ $(k>1)$，常见的一个问题就是找一条从 s 到 t 的最短或最长路径。我们将会在后面讨论如何在一般的有向图中寻找一条最短路径，而在一般的有向图中寻找一条最长路径却是一个非常困难的 NP 完全问题。但是，对多级图而言，找最短路径和最长路径都可以在 $O(n+m)$ 时间里完成，并且允许权值可正可负，这里 $n=|V|$，而 $m=|E|$。下面我们讨论如何用动态规划找一条从 s 到 t 的最长路径。

定义子问题：

我们为每一个顶点 $v \in V$ 定义一个子问题，就是找出一条从 s 到 v 的最长路径 $P(s, v)$，其长记为 $D(v)$。每一级 V_i $(1 \leqslant i \leqslant k)$ 中所有顶点的子问题组成子问题集合 $S_i = \{$ 找最长路径 $P(s, v) \mid v \in V_i \}$。初始集合是 $S_1 = \{$ 找最长路径 $P(s, s) \}$，初始解是 $D(s) = 0$，而 $S_n = \{$ 找最长路径 $P(s, t) \}$ 的子问题就是原问题。

归纳公式：

设 $v \in V_i$ $(i>1)$。因为每一条从 s 到 v 的路径都必须经过 V_{i-1} 中的某个点，也就是说，S_i 中的子问题，找 $P(s, v)$，要利用 S_{i-1} 中的子问题来求解。所以，有归纳公式：

$$D(s) = 0$$

如果 $v \in V_i$ $(2 \leqslant i \leqslant k)$，那么 $D(v) = \max\{D(u) + w(u, v) \mid u \in V_{i-1}, (u, v) \in E\}$。

使 $D(v)$ 最大的点 u 记为 $\pi(v)$，称为 v 的父亲。路径 $P(s, v)$ 可以通过父指针逐级找到。

算法伪码：

下面的伪码可计算从 s 到 t 的最长路径。找最短路径的方法与之类似。

```
Longest-path(G(V, E), k)           // G(V, E) 是个 k 级图
1  for each vertex v ∈ V                      // 为每个点 v, 初始化距离 D(v) = - ∞
2      D(v) ← - ∞
3      π(v) ← nil
4  endfor
5  D(s) ← 0                         // 初始解
6  for i ← 1 to k-1
7      for each vertex u ∈ Vi
8          for each edge (u,v) ∈ E         // 顶点 u 的每一个邻居 v
9              if D(u)+w(u,v)>D(v)
10                 then D(v) ← D(u)+w(u, v)        // 更新 D[v]
11                     π(v) ← u               // 更新 v 的父亲为 u
12             endif
13         endfor
```

```
14      endfor
15   endfor
16 End
```

当算法 Longest-path 结束时，这条最长路径可以从终点 t 开始，顺着父指针往回找到。如果 $D(t) = -\infty$，则表明从 s 到 t 没有路径。算法很简单，正确性一目了然。因为循环中对每个点逐级逐个处理一次，而在处理一个点 u 时，与其关联的每条边会检查使用一次以更新 u 的每一个邻居 v 的距离。所以，算法在每个顶点和每条边上用的时间都是 $O(1)$，算法的复杂度为 $O(n+m)$。

给定一个多级图后，计算最长（最短）路径并不难，难的是如何把应用问题转换为一个多级图问题。下面举一个例子。

【例 6-4】多米诺骨牌最佳序列问题。

我们在第 2 章的习题 21 中曾经用分治法做过这个题。读者会发现，用多级图来做可达到线性复杂度。我们把问题再正式陈述一下。假设我们把 n 个多米诺骨牌 S_1, S_2, $\cdots$, S_n 顺序排成一行，其中每个骨牌 S_i $(1 \leq i \leq n)$ 有两个正整数，a_i 和 b_i，并假定 $a_i \leq b_i$。图 6-10 显示的例子是一个有 6 个骨牌的序列。

图 6-10　多米诺骨牌问题示意

假设我们在摆放这些骨牌时，它们必须遵守从 S_1 到 S_n 的顺序，但每个骨牌可以有两个状态。如果 a_i 出现在 b_i 左侧，则骨牌 S_i $(1 \leq i \leq n)$ 在状态 0，记为 $W[i]=0$，否则 S_i 在状态 1，记为 $W[i]=1$。在图 6-10 中，$W[1]=0$，$W[2]=1$，$W[3]=1$，$W[4]=0$，$W[5]=0$，$W[6]=1$。

现在的问题是要设计一个算法来决定骨牌的最佳状态序列 $W[1..n]$，使得 $T(n) = \sum_{i=1}^{n-1} R[i] \times L[i+1]$ 取得最大值。这里 $L[i]$ 和 $R[i]$ 分别表示骨牌 S_i $(1 \leq i \leq n)$ 中放在左边的那个整数和放在右边的那个整数。显然，当 $L[i]=a_i$ 时，$W[i]=0$，否则，$W[i]=1$。

解：我们用 $S[1..n]$ 表示这 n 个骨牌的序列，也表示这个原问题。$T(n)$ 是我们要最大化的目标值。按一般做法，很容易想到把子序列 $S[i, j]$ $(1 \leq i \leq j \leq n)$ 定义为子问题。这样一来，每个子问题有两个参数，所有子问题的集合是一个二维空间。

一个更好的解是构造一个有 $(n+2)$ 级的多级图，其中第一级和最后一级分别含顶点 s 和 t。中间的 n 级顺次对应这 n 个骨牌。第 i 级 $(1 \leq i \leq n)$ 中有两个顶点，分别对应于 S_i 的两个状态。从第 i 级 $(1 \leq i \leq n-1)$ 的每个顶点到第 $(i+1)$ 级的每个顶点之间有一条有向边，其权值为 S_i 和 S_{i+1} 在对应状态下 $R[i] \times L[i+1]$ 的值。从顶点 s 到第一级的两个顶点各有权值为 0 的一条边，而从第 n 级的两个顶点到顶点 t 也各有权值为 0 的一条边。图 6-11 是对应于图 6-10 构造的多级图。其中，除点 s 和 t 外，上面一排 6 个顶点顺序对应 6 个处于状态 0 的骨牌，下面一排 6 个顶点顺序对应 6 个处于状态 1 的骨牌。不难看出，任何一个骨牌的状态序列对应着图 6-11 中从 s 到 t 的一条路径。反之，任何一条这样的路径也对应着骨牌的一个状态序列。并且，这条路径上权值的总和就是在对应的状态序列下 $\sum_{i=1}^{n-1} R[i] \times L[i+1]$ 的值。所以，这个多级图的最长路径对应最佳解。显然，我们可以在 $O(n)$ 时间内完成。

图 6-10 所示的多米诺骨牌序列问题的解对应图 6-11 的一条最长路径。图 6-11 的最长路径的解在图 6-12 中给出。图中标出了从点 s 到图中每个点的最大距离，也就是多米诺骨牌序列问题的每个子问题的解。例如，图中在点 [7, 9]（表示 S_3，状态 $W[3]=0$）标注的是 (40, 0)，这表示从点 s 到点 [7, 9] 的最大距离是 40，路径是经过前一级的 S_2 的状态 $W[2]=0$，也就是点 [2,4]，到达点 [7, 9] 的。从点 s 到 t 的最长路径对应了这个多米诺骨牌序列的最佳解。图中，这条路径用粗箭头标出，它是 s，[5,6]，[2,4]，[7,9]，[7,5]，[3,9]，[11,10]，t。对应的多米诺骨牌的状态序列是 $W[1]=0$，$W[2]=0$，$W[3]=0$。$W[4]=1$，$W[5]=0$，$W[6]=1$。它的目标值是 $T(n)=\sum_{i=1}^{5}R[i]\times L[i+1]=6\times 2+4\times 7+9\times 7+5\times 3+9\times 11=217$。

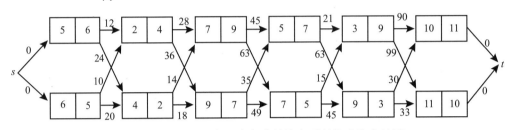

图 6-11   从例 6-10 中的多米诺骨牌序列所构造的多级图

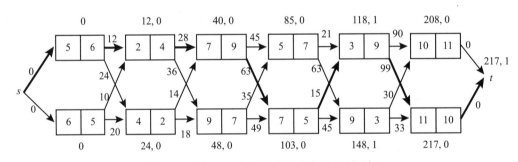

图 6-12   例 6-10 中多米诺骨牌序列问题的解

这个例子告诉我们，在设计动态规划的子问题时，要尽量用一维的子问题，不得已时才用二维和高维的，而多级图往往是个好方法。

6.6　最长递增子序列问题

假设 $A[1]$，$A[2]$，$\cdots$，$A[n]$ 是 n 个数的一个序列，我们希望设计一个算法从序列中找出一个最长的递增的子序列（Longest Increasing Subsequence, LIS）。这里，递增意味着不减少，即递增序列中允许有相等的数字。例如，在序列 3，5，9，5，12，8，11 中，3，5，5，8，11 是一个递增的子序列且最长。如果我们要求严格递增的子序列，算法稍加修改即可。找最长递增子序列的问题也是人们熟知的一个问题，我们在这里讨论这个问题是因为解题中用的技巧可以用在许多其他问题上，有普遍意义。

我们注意到，这里有一个简便的方法，那就是直接利用 6.3 节中求两个序列的最长公共子序列的算法来解。下面是这个算法的伪码。

```
Simple-Longest-Increasing-Subsequence(A[1..n],l)
1  for i←1 to n
2      B[i]←A[i]
```

```
3  endfor
4  Stable sort array B such that B[1]≤B[2]≤…≤ B[n]        // 将数组 B 稳定排序
5  LCS(A[1..n],B[1..n],C,D,l)
6  End
```

这个算法显然是正确的，因为任何一个数组 A 的递增子序列一定也是数组 B 的子序列，反之，A 和 B 的公共子序列一定也是 A 的递增子序列。这是个 $O(n^2)$ 的算法。这个方法虽然简便，但比较有局限性，不便用在其他问题求解上，而且难以改进其时间复杂度。下面我们将动态规划的思路直接用在这个问题上，给出另一个 $O(n^2)$ 的算法，然后把它改进为一个 $O(n\lg n)$ 的算法。这里用的方法有较广泛的应用。

6.6.1　定义子问题

为了找到 $A[1..n]$ 的最长递增子序列，我们考虑如何定义子问题的集合。一不小心，我们很自然地会把计算子序列 $A[i..j]$ 的 LIS 定义为子问题。这又是一个二维的子问题空间。我们希望定义一维的子问题，思路如下。

我们先找出以 $A[1]$ 结尾的 LIS，以 $A[2]$ 结尾的 LIS，以 $A[3]$ 结尾的 LIS，以此类推，直到找到以 $A[n]$ 结尾的 LIS。那么原问题的 LIS 必定等于其中最长的一个解。所以，我们定义的子问题是：找出以 $A[i]$ 结尾的 LIS，记为 LIS[i] $(1 \le i \le n)$。

注意，LIS[i] 不是从 $A[1]$ 到 $A[i]$ 的 LIS，而是以 $A[i]$ 结尾的 LIS，因为这样做便于我们从 LIS[1]，LIS[2]，…，LIS[i-1]，去找到下一个解 LIS[i]。

6.6.2　归纳公式

让我们定义 $L(i)$ 为 LIS[i] 的长度 $(1 \le i \le n)$。现在要考虑如何从 $L(1)$，$L(2)$，…，$L(i-1)$ 去计算 $L(i)$。如果 $A[i]$ 小于它前面的所有数，即 $A[k]>A[i]$ $(1 \le k<i)$，那么 $L(i)=1$ 而 LIS[i] 就是 $A[i]$ 一个数。如果 $A[i]$ 大于等于前面某个 $A[k]$ $(k<i)$，那么我们可以把 $A[i]$ 接在 LIS[k] 后面而得到长为 $L(k)+1$ 的子序列。所以，$L(i)$ 等于所有这些可能解中最长的一个。在找到最优解后，我们用一个指针 $\pi(i)=k$ 记录下这个 k 值以便将来输出这个序列。如果 $A[i]$ 小于它前面的所有数，即 $L(i)=1$，那么指针为空 $(\pi(i)=nil)$。根据以上讨论我们有下面的计算 $L(i)$ 的归纳公式。

当 $i=1$ 时，$L(i)=L(1)=1$，$\pi(i)=nil$（初始解）。

当 $i \ge 2$ 时，如果 $\{L(k) \mid A[k] \le A[i]$ 并且 $1 \le k < i\} = \varnothing$，那么 $L(i)=1$，$\pi(i)=nil$。

否则，$L(i)=1+\max\{L(k) \mid A[k] \le A[i]$ 并且 $1 \le k<i\}$，$\pi(i)=k$。

6.6.3　算法伪码和例子

图 6-13 以序列 3，5，9，4，12，10，11 为例显示 $L(i)$ 的计算过程，其中 $\pi(i)$ 为指针，指向 LIS[i] 中 $A[i]$ 前一个数的位置。

i	1	2	3	4	5	6	7
$A[i]$	3	5	9	4	12	10	11
$L(i)$	1	2	3	2	4	4	5
$\pi(i)$	nil	1	2	1	3	3	6

图 6-13　求最长递增子序列的例子

图 6-13 显示 $L(7)=5$ 最大，上述序列的最长递增子序列是 LIS[7]=\{A[1]，A[2]，A[3]，A[6]，A[7]\}，即 \{3，5，9，10，11\}。该算法的伪码如下。找到的 LIS 放在数组 B[1..length] 中，其长度为 length。

```
Longest-Increasing-Subsequence(A[1..n],L,B,length)
1   L(1)←1
2   π(1)←nil                              // 初始解
3   for i←2 to n
4       L(i)←1
5       π(i)←nil
6       for k=1 to i−1
7           if A[k]≤A[i] and L(i)<L(k)+1
8               then L(i)←L(k)+1
9                    π(i)←k
10          endif
11      endfor
12  endfor
13  index←1                              // 下面找出最大的 L(i)(1≤i≤n)
14  for i←2 to n
15      if L(index)<L(i)
16          then index←i
17      endif
18  endfor
19  length←L(index)                      //L(index) 最大
20  for j←length downto 1                // 下面把找到的 LIS 输出到 B[1..length]
21      B[j]←A[index]
22      index←π(index)
23  endfor
24  return B[1..length]
25 End
```

因为每次算 $L(i)$，算法需要检查 $L(1)$ 到 $L(i-1)$ 以找到最大的 $L(k)$，而每次检查需 $O(1)$ 时间，所以，上述算法的复杂度是 $O(n^2)$。下面讨论如何把复杂度改进到 $O(n\lg n)$。

把复杂度改进到 $O(n\lg n)$ 的关键是，在每次算 $L(i)$ 时，把检查 $L(1)$ 到 $L(i-1)$ 的时间缩短为 $O(\lg n)$。我们马上想到用二元搜索去找最佳的 k。这就要求被检查的 $L(1)$ 到 $L(i-1)$ 是排好序的，这可能做不到。但是，我们发现，我们不需要检查所有 $L(1)$ 到 $L(i-1)$ 的值。比如，在算 $L(9)$ 时，如果 $L(4)$ 和 $L(7)$ 都等于 4，而 $A[4]<A[7]$，那我们不需要检查 $A[7]$ 是否小于或等于 $A[9]$。这是因为如果 $A[9]$ 可以接在 $A[7]$ 后面，就一定可以接在 $A[4]$ 后面。所以，对 $L(1)$ 到 $L(i-1)$ 中出现的每一个值，我们只需要保留一个值就可以了。如果某个值在 $L(1)$ 到 $L(i-1)$ 中出现几次，我们应保留它们当中在数组 A 中值最小的一个。具体做法是，对每一个在 $L(1)$ 到 $L(i-1)$ 中出现过的长度 l，在所有 $L(k)=l$ 的 $A[k]$ 中找出 $A[k]$ 值最小的一个。比如，在图 6-13 中，$L(2)=L(4)=2$，我们应保留 $A[4]$，因为 $A[4]=4<A[2]=5$。如果有多个最小值，则可任取一个。在计算 $L(i)$ 时，我们定义以下记号：

$$S(l)=\min\{A[k]\mid L(k)=l, 1\le k\le i-1\}.$$

如果 $S(l)=A[k]$，则记下序号 $T(l)=k$。（在所有长度为 l 的 LIS 中，$A[k]$ 最小。）以图 6-13 为例，我们有，$S(1)=A[1]=3$，$S(2)=A[4]=4$，$S(3)=A[3]=9$，$S(4)=A[6]=10$，$S(5)=A(7)=11$。对应的序号是 $T(1)=1$，$T(2)=4$，$T(3)=3$，$T(4)=6$，$T(5)=7$。

当然，$S(l)$ 和 $T(l)$ 需要动态地更新。这样一来，假如 L 是 $L(1)$ 到 $L(i-1)$ 中出现过的最大长度，也就是不同长度的个数。$L(i)$ 可以用以下归纳公式计算：

$L(i) = 1$ 如果 $\{l \mid S(l) \leqslant A[i], 1 \leqslant l \leqslant L\} = \varnothing$

$L(i) = 1 + \max\{l \mid S(l) \leqslant A[i], 1 \leqslant l \leqslant L\}$ 如果 $\{l \mid S(l) \leqslant A[i], 1 \leqslant l \leqslant L\} \neq \varnothing$

现在，我们要证明数组 S 是单调递增的，也就是要证明对任何 l 和 l'，$1 \leqslant l < l' \leqslant L$，必有 $S(l) \leqslant S(l')$。我们用反证法证明。假设 $l < l'$，但 $S(l) > S(l')$。这就是说，有一个长度为 l' 的递增子序列以 $S(l')$ 为终点。假设这个序列的前 l 个数在 $A[k]$ 终止，那么我们有 $A[k] \leqslant S(l')$ 和 $L(k) = l$。另一方面，由定义，$S(l)$ 是所有长为 l 的递增子序列中终点值最小的一个，所以有 $S(l) \leqslant A[k]$，因而有 $S(l) \leqslant S(l')$。这与 $S(l) > S(l')$ 矛盾。所以数组 S 是单调递增的。

注意，数组 S 是单调递增的，但它不一定是 $A[1..n]$ 的子序列。例如，在图 6-13 的例子中，$S(2) = A[4] = 4$，而 $S(3) = A[3] = 9$，虽然有 $S(2) < S(3)$，但是 $A[4]$，$A[3]$ 不是一个子序列。

因为数组 S 是单调递增的，所以用二元搜索法可在 $O(\lg n)$ 时间内算出 $L(i)$。至此，我们完整地介绍了用一个 $O(n\lg n)$ 算法求解 $A[1..n]$ 的 LIS 的过程。我们把伪码的设计作为练习留给读者。最后，要指出一个细节，每次算出一个 $L(i)$，假设 $L(i) = l$，我们需要更新 $S(l)$、$T(l)$ 和变量 L。

习题

1. 假设矩阵 A、B、C、D、E 的维数序列如下，找出其最佳连乘顺序。

   （a）5, 10, 3, 12, 5, 50

   （b）8, 10, 6, 11, 3, 35

2. 找出下面两个序列的最长公共子序列：

   <1, 0, 0, 1, 0, 1, 0, 1> 和 <0, 1, 0, 1, 1, 0, 1, 1, 0>

3. 下表中列出了搜索 7 个关键字的各种情况的概率。请为它们找出一棵最佳二元搜索树并求出其平均复杂度。

i	0	1	2	3	4	5	6	7
p_i		0.04	0.06	0.08	0.02	0.10	0.12	0.14
q_i	0.06	0.06	0.06	0.06	0.05	0.05	0.05	0.05

4. 给出一个在序列 $A[1..n]$ 中找最长递增子序列的 $O(n\lg n)$ 算法的伪码。

5. 假设我们要将一根大型长钢管锯成若干段。我们在要锯的地方打上标记，一共是 n 个标记。这些标记距离钢管左端的距离，从左到右，分别是 a_1，a_2，$\cdots$，a_n 厘米。这根钢管的总长度是 l 厘米，$l > a_n$（参见下图）。当我们将钢管锯为两截时，需要的代价与当时被锯钢管的长度成正比，比例是每一厘米 p 元。

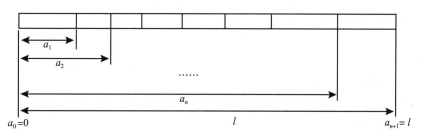

（a）请用动态规划的方法设计一个算法找出最优的顺序来完成这 n 处的切割，使总的代价最小。分析你的算法的复杂度。（提示：用 $a_0=0$ 和 $a_{n+1}=l$ 表示钢管左端和右端位置。用 $[a_i, a_j]$ 表示从标记 a_i 到标记 a_j 这段钢管。用 $C(i, j)$ 表示完成对 $[a_i, a_j]$ 这段钢管的切割任务所需的最小代价，也就是完成所有 a_k $(i<k<j)$ 处的切割所需的代价。 找出 $C(i, j)$ 的归纳公式。）

（b）以下面的数据为例，用你在（a）中的算法找出最优的切割顺序和总代价。请显示你的计算过程。

$$a_1=2，a_2=5，a_3=9，a_4=14，l=15，p=1。$$

6. 如下图所示，顺序放好的 n 根钢管的重量顺序为 $W[i]$ $(1 \leqslant i \leqslant n)$。

$W[1]$ $W[2]$ ...... $W[n]$

    我们需要把它们依照顺序焊成一根钢管，但每次焊接可任意选两根相邻的钢管来焊接。每次焊接的代价与被焊两段钢管的总重量成正比。为简单起见，把代价定为被焊两段钢管的总重量。例如，$W[1]=5$，$W[2]=1$，$W[3]=2$，如果先把 $W[1]$ 和 $W[2]$ 焊好，代价是 $5+1=6$，焊好的这块有重量 6。再把 $W[3]$ 焊上，又要代价 $6+2=8$，总代价是 14。但如果先焊 $W[2]$ 和 $W[3]$，再焊 $W[1]$，则总代价为 11。

（a）用动态规划的方法设计一个算法，计算出最优的焊接顺序使总代价最小。

（b）应用你上面的算法求出以下 5 根钢管的最优焊接顺序和总代价：$W[1]=8$，$W[2]=1$，$W[3]=7$，$W[4]=2$，$W[5]=9$。

7. 如下图所示，顺序放好的 n 根钢管的重量分别为 $W[i]$ $(1 \leqslant i \leqslant n)$。

$W[1]$ $W[2]$ ...... $W[n]$

    我们需要把它们依照顺序焊成一根钢管，但每次焊接可任意选两根相邻的钢管来焊接。每次焊接的代价与被焊两段钢管中的较重的一根的重量成正比。为简单起见，把代价定为被焊两段钢管中较重的一根钢管的重量。例如，$W[1]=5$，$W[2]=1$，$W[3]=2$，如果先把 $W[1]$ 和 $W[2]$ 焊好，代价为 5，再把 $W[3]$ 焊上，又要代价 6，总代价是 11。但如果先焊 $W[2]$ 和 $W[3]$，再焊 $W[1]$，则总代价为 $2+5=7$。

（a）用动态规划的方法设计一个算法，计算出最优的焊接顺序使总代价最小。

（b）应用你上面的算法求出以下 5 根钢管的最优焊接顺序和总代价：$W[1]=6$，$W[2]=2$，$W[3]=7$，$W[4]=5$，$W[5]=8$。

8. 假设一通信公司要设计一个 n 路的复用器。它把 n 条平行的输入线路并入一条输出线路。这个复用的过程是逐步实现的。它每次把相邻的两条线路并为一条输出线路。如果这两条线路的带宽分别是 a 和 b，那么合并后的输出线路有带宽 $a+b$。经过一系列两两合并后，我们得到一条输出线路，它的带宽是所有输入带宽之和。下面的图给出 $n=5$ 的一个例子。我们假定在合并两条带宽分别是 a 和 b 的线路时的硬件代价为 $a+b$。下图中的设计需要的硬件总代价是 $25+27+37+64=153$。

（a）假设这 n 条输入线路的带宽依次为 W_1，W_2，$\cdots$，W_n，用动态规划的方法设计一个算法来确定最优的合并顺序以使总代价最小。

（b）应用你的算法为下列带宽序列确定合并的最佳顺序并给出总代价：$W[1]=13$，$W[2]=21$，$W[3]=17$，$W[4]=12$，$W[5]=25$。

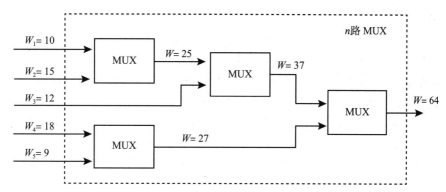

9. 假设我们有三个字母或数字的序列，$X[1..m]=x_1x_2 \dots x_m$，$Y[1..n]=y_1y_2\dots y_n$，$Z[1..m+n]=z_1z_2\dots z_{m+n}$。如果序列 Z 是由 X 和 Y 中的元素按顺序交汇而成，那么 Z 被称为 X 和 Y 的一个洗牌。例如，下图中的序列 $Z=$cchocohilaptes 是 $X=$chocolate 和 $Y=$chips 的一个洗牌。

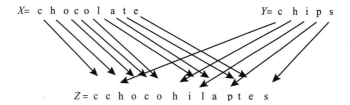

（a）用动态规划的方法设计一个算法来确定序列 Z 是不是 X 和 Y 的一个洗牌。（提示：用 $M[i, j]-1$ 表示 $Z[1..i+j]$ 是 $X[1..i]$ 和 $Y[1..j]$ 的一个洗牌。然后找出归纳公式。）

（b）用你的算法确定以下三序列中，Z 是不是 X 和 Y 的一个洗牌。

$X=$FEAST，$Y=$LOVE，$Z=$FLOEVASET

10. 一块长方形电路板的上下两边各有 n 个端口并用数字顺序标为 1，2，3，$\cdots$，n。根据电路设计的要求，我们需要把上边的 n 个端口和下边的 n 个端口一一配对后用导线连接。假设与上边第 i 个端口号连接的下边的端口号是 $\pi(i)$，那么要连接的 n 个对子为 $(i, \pi(i))$ $(1\leqslant i\leqslant n)$。下面的图给出了一个 $n=8$ 的例子。在这个例子中，我们有 $\pi(1)=3$，$\pi(2)=1$，$\pi(3)=6$，$\pi(4)=8$，$\pi(5)=2$，$\pi(6)=5$，$\pi(7)=4$，$\pi(8)=7$。现在需要把这些对子分组使得在同一组里的导线不相交从而可以分布在同一个绝缘层上。比如，在下图中，连接对子 (1, 3), (3, 6), (4, 8) 的导线是不相交的。如何用最少的组数把它们分开是个有趣的问题但不在此讨论。现在的问题是，我们只找一组导线不相交的对子集合，使得它含有的对子最多。比如在下图中，{(2 1), (5, 2), (6, 5), (8, 7)} 就是最大的一组导线不相交的对子集合，它含有 4 个不相交的对子。请用最长递增子序列算法里的方法设计一个 $O(n^2)$ 算法来找出一组最大的导线不相交的对子集合。

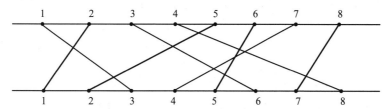

11. 假定 $A[1..n]$ 是一个含 n 个英文字母的序列。我们希望找一个最长的子序列使得它的字母是按字母顺序递增或不降。比如，$A=$pacubbkdffa，它的子序列 abbdff 就是一个按字母顺序不降的子序列。并且，它的长度是 6，是一个最长的不降子序列。为方便起见，我们假定所有字母都是小写

字母。

（a）请设计一个 $O(n)$ 算法来找出 $A[1..n]$ 中的最长不降子序列。

（b）以 A=pacubbkdffa 为例，用上述算法计算其最长不降子序列。

12. （**最长公共子串问题**）一个字符串中的连续的一段字符序列称为该字符串的一个子串。例如 school 中 cho 就是一个子串。子串和子序列的区别是，子序列在原序列中的位置不一定连续，而子串必须连续。两个字符串都含有的子串称为它们的公共子串。例如，university 和 anniversary 就含有许多公共子串，例如 ni、niv、y、ers 等，但最长的一个是 nivers。假设有字符串 $X=x_1 x_2 \cdots x_n$ 和 $Y=y_1 y_2 \cdots y_m$，请设计一个基于动态规划的 $O(mn)$ 算法来找出 X 和 Y 的最长公共子串。

13. 如下图 a 的例子所示，有 n 个多米诺骨牌，$s_1, s_2, \cdots, s_n$，按顺序竖放排成一排。

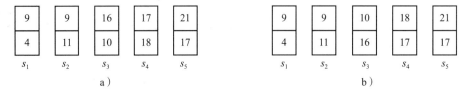

a）   b）

让我们用 $U[k]$ 和 $L[k]$ 分别表示骨牌 s_k $(1 \leqslant k \leqslant n)$ 竖放后的上半部分数字和下半部分数字。例如，在上图 a 中，$U[3]=16$，$L[3]=10$。我们假定，在开始给定的序列里，$U[k]=a_k$，$L[k]=b_k$。这样，n 个上半部的数字形成一个序列 $a_1, a_2, \cdots, a_n$，而 n 个下半部的数字也形成一个序列 $b_1, b_2, \cdots, b_n$。这两个给定的序列不一定是排好序的。我们希望翻转一些骨牌后使得这两个序列都是递增序列。我们假定 $\min\{a_k, b_k\} \leqslant \min\{a_{k+1}, b_{k+1}\}$ 且 $\max\{a_k, b_k\} \leqslant \max\{a_{k+1}, b_{k+1}\}$ $(1 \leqslant k \leqslant n-1)$，使得这种排序是可能的。例如，上图 b 显示，把图 a 中 s_3 和 s_4 翻转后可使得上下两个序列都是递增序列。为简单起见，设 $a_k \neq b_k$。

请用多级图的方法设计一个 $O(n)$ 的算法以确定最少需要翻转哪几个骨牌使得：$U[1] \leqslant U[2] \leqslant \cdots \leqslant U[n]$ 且 $L[1] \leqslant L[2] \leqslant \cdots \leqslant L[n]$。只要求解释图的构造，不要求伪码。

14. 汽车的装配需要顺序完成 n 步工作。假设工厂里有两条汽车装配线，A 线和 B 线，分别都有 n 个车间顺序完成这 n 步工作。但是，A 线和 B 线的第 i 个车间需要的装配时间不同，分别为 $A[i]$ 和 $B[i]$ $(1 \leqslant i \leqslant n)$。为方便起见，$A[i]$ 和 $B[i]$ 也用来作为各车间的名字。虽然我们可以选择 $A[i]$ 或 $B[i]$ 来完成第 i 步装配工作，但是切换到另一条线需要运输时间，而在同一条线上则不需要运输时间。假设从车间 $A[i]$ 转到车间 $B[i+1]$ 的时间是 $TA[i]$，而从车间 $B[i]$ 转到车间 $A[i+1]$ 的时间是 $TB[i]$。另外，从入口到 $A[1]$ 车间需要时间 $A[0]$，从入口到 $B[1]$ 车间需要时间 $B[0]$，从车间 $A[n]$ 到出口需要时间 $A[n+1]$，从车间 $B[n]$ 到出口需要时间 $B[n+1]$。现在我们希望找到一条最优的装配流程使一部汽车从入口开始到出口为止的时间最短。这里，装配流程是指完成这 n 步装配工作的车间序列。请用动态规划的方法设计一个 $O(n)$ 算法来找到这个最优流程。

15. 假设有一个 n 个数的序列，$A[1], A[2], \cdots, A[n]$，通过 $n-1$ 次对两个相邻的数做减法后，序列变成一个数。例如，序列 4, 5, 3, 9 中有 4 个数字。如果我们在 5 和 3 之间做减法，因为 $5-3=2$，序列变为 4, 2, 9。如果再取 4 和 2 做减法，得到序列 2, 9。最后，在 2 和 9 之间做减法，得到一个数 -7。与矩阵连乘问题类似，这个过程可以用一棵二叉树表示，树中每个内结点代表一个减法操作。例如，上面的例子可以用下图 a 中的二叉树表示。让我们把这样一棵树称为减法归约树，而每一次减法操作称为一次减法归约。显然，可以有许多减法归约树，但我们希望找到一棵最佳减法归约树使最后的数字最大。不难看出下图 b 中的二叉树就是上面例子的最佳减法归约树，它最后的数字是 11，是最大可能的结果。

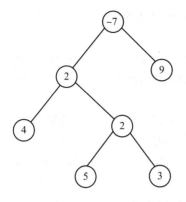 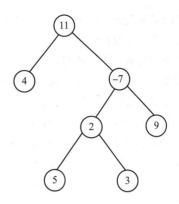

a）序列4, 5, 3, 9的一棵减法归约树　　b）序列4, 5, 3, 9的一棵最佳减法归约树

（a）请设计一个动态规划的算法为序列 $A[1..n]$ 找出一棵最佳减法归约树，并分析算法的复杂度。

（b）应用你的算法算出序列 5, -3, 7, 2, -1 的一棵最佳减法归约树。你需要显示每一步的细节。

*16. 假设我们有 n 个活动要申请使用大礼堂：$S=\{a_1, a_2, \cdots, a_n\}$。礼堂从时间 $t=0$ 起可以安排。活动 a_i $(1 \leqslant i \leqslant n)$ 需要连续使用的时间是 t_i 并且在时刻 d_i 前结束，这里有 $0<t_i \leqslant d_i< \infty$。也就是说，它必须被安排在时刻 d_i-t_i 前开始，否则不可能按时完成。因为在任何时刻，两个活动不能同时使用礼堂，所以只能满足一部分活动，但我们希望能满足尽量多的活动。

（a）请用动态规划的方法设计一个 $O(n^2)$ 算法找出集合 S 中最大的一个活动子集并做出它们可以不冲突地使用大礼堂的调度，也就是给出每一个被选中活动井始的时刻。

（提示：先把集合 S 中的活动按它们的结束时间 d_i $(1 \leqslant i \leqslant n)$ 排序。可假定 $d_1 \leqslant d_2 \leqslant \cdots \leqslant d_n$。然后，定义子集 $S_i=\{a_1, a_2, \cdots, a_i\}$ $(1 \leqslant i \leqslant n)$。按照动态规划的原理，先考虑 S_1，再考虑 S_2，$\cdots$，最后考虑 S_n。为子集 S_i 定义以下子问题：能否找出 j $(1 \leqslant j \leqslant n)$ 个不冲突的活动？如果能，最早什么时刻可完成？

我们定义 $M(i, j)$ 为安排集合 S_i 中 j $(1 \leqslant j \leqslant n)$ 个不冲突活动所需的最短时间。如果集合 S_i 中不可能找出这 j 个活动，则置 $M(i, j)=\infty$。假设已算出 $M(i, j)$ $(1 \leqslant i \leqslant k-1, 1 \leqslant j \leqslant n)$，我们该怎样算 $M(k, j)$ $(1 \leqslant j \leqslant n)$？

（b）请用上面的算法找出下面 7 个活动的最优解。

$A[i]$	1	2	3	4	5	6	7
$T[i]$	4	4	2.5	4.5	6	3	5
$D[i]$	5	8	7.5	11.5	14	12	15

17. 假设有 n 米的一卷布要卖。你可以整卷卖，也可以裁为几段卖，但每段必须是整数米。假定从 1 米长到 n 米长的各种长度的价格都已定为 $p[i]$ $(1 \leqslant i \leqslant n)$。现在希望找到一个裁剪方案使总的卖价最高。例如，下表显示从 1 米到 6 米的价格 $(n=6)$，那么，如果把这 6 米布裁为 2 米和 4 米两段，则可卖出 $4+7=11$ 元。如果裁为 3 段，每段 2 米，则可卖出 $3 \times 4=12$ 元，而不裁整卖却只值 9 元。

长 i（米）	1	2	3	4	5	6
价格 p_i（元）	1	4	4	7	8	9

请用动态规划的方法设计一个算法来计算如何裁开（或不裁开）这 n 尺布使得总的卖价最高。请给出伪码和算法的复杂度。

18. 假设有 n 个硬币排成一个序列 $V[1..n]$，其币值依次为 $V[1]$，$V[2]$，$\cdots$，$V[n]$。两个玩游戏的人轮流从序列中取走一个硬币，但每次只能取序列头尾两端的硬币之一，而不能从序列中间取。假设你和对手玩这个游戏，而且你走第一步。

（a）用动态规划的方法设计一个 $O(n^2)$ 算法使你在最坏情况下能取走硬币的总币值最大。这里，最坏情况是指对手和你一样聪明。请给出归纳公式和初始解，不要求伪码。

（b）用你上面（a）部分的算法对序列 $V[1..5]$= <5, 2, 8, 3, 6> 进行运算，显示每步结果。

19. 重新做 18 题，但不同的是，这次我们考虑最好情况，即假设对手很笨，每次都走错，而且你仍然走第一步。

20. 有 n 个硬币排成一列，分别有币值 c_1, c_2, ..., c_n。这些币值也许有相同的，但都是正数。

（a）设计一个 $O(n)$ 的算法选取出一组不相邻的硬币使得总币值最大。不相邻的意思是，选出的硬币在原序列中不相邻。你只需要定义子问题的集合和设计归纳公式。不要求伪码。

（b）用上面（a）部分的算法为币值序列 $<c_1, c_2, c_3, c_4, c_5, c_6, c_7, c_8>$ =<4, 14, 7, 3, 13, 5, 9, 7> 选取一组不相邻的硬币使得总币值最大。要求显示每一步的结果。

21. 两个人的游戏中有两摞硬币。其中一摞有 n 个，从下向上分别有币值 $A[1]$, $A[2]$, $\cdots$, $A[n]$，存于数组 $A[1..n]$ 中。另一摞有 m 个，从下向上分别有币值 $B[1]$, $B[2]$, $\cdots$, $B[m]$，存于数组 $B[1..m]$ 中。假设币值都是正数。两个游戏者轮流从这两摞硬币中每次取走一枚硬币直到取完。规定每次只能取两摞中其中一摞的最上面的一枚硬币，不允许不取或从中间取。游戏前，所有币值都已知。

（a）用动态规划的方法设计一个 $O(mn)$ 算法以求出第一个取硬币的人在最坏情况时能得到的最大总币值。最坏情况是指对方和你一样聪明，每次都能正确地取走硬币使他的总币值最大化。你需要给出归纳公式和初始条件。伪码可略去。

（b）用（a）中的算法对两个币值序列 $A[1..6]$=< 4, 12, 6, 10, 3, 8> 和 $B[1..5]$=< 13, 9, 1, 5, 7> 求出第一个玩游戏的人在最坏情况时能得到的最大总币值。

22. 一块宽为 L 的长方形电路板的上边有 m 个端口，它们与电路板左端的距离分别为 $U[1]$, $U[2]$, $\cdots$, $U[m]$。电路板的下边有 n 个端口，它们与电路板左端的距离分别为 $L[1]$, $L[2]$, $\cdots$, $L[n]$, $n<m$。现在需要在上面的 m 个端口中选出 n 个端口，分别与下边的 n 个端口用导线连接，并要求这 n 条导线的总长最短。下图给出了一个 $m=8$, $n=4$ 的示意图。

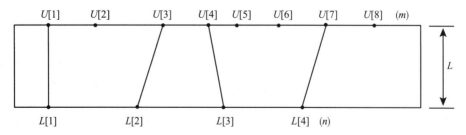

（a）证明在一个最佳解中，任意两条连线不会相交。

（b）为上述问题设计一个 $O(mn)$ 的动态规划的算法。

23. 假设在一个 $n×m$ 的棋盘的第 i 行第 j 列的单元 $A[i,j]$ 中（$1 \le i \le n$, $1 \le j \le m$）放上一枚价值为 $V[i, j]>0$ 的硬币。假设行的编号是从上向下，列的编号是从左向右。我们从 $A[1,1]$ 出发向 $A[n, m]$ 运动，但每步只可向下或向右走一步，并且可把经过的单元中的硬币收入囊中。请设计一个

$O(mn)$ 的动态规划的算法找出一条最佳路径使得到的硬币的总价值最大。

24. 考虑以下活动选择问题。假设有 n 个活动申请使用礼堂。活动 a_i ($1 \leq i \leq n$) 的开始时刻和完成时刻分别是 $S[i]$ 和 $F[i]$ ($0 < S[i] < F[i]$)。礼堂从时刻 $t=0$ 可以安排活动。两个活动 a_i 和 a_j ($1 \leq i$, $j \leq n$) 的区间 $[S[i], F[i])$ 和 $[S[j], F[j])$ 如果不相交，则称为兼容，否则为不兼容。另外，每个活动 a_i ($1 \leq i \leq n$) 附有一个价值 $V[i] > 0$。我们希望选出一组两两兼容的活动使得它们的价值总和最大。为方便起见，我们假定活动已按完成时刻排序，即 $F[1] \leq F[2] \leq \cdots \leq F[n]$。

（a）用动态规划的方法设计一个 $O(n^2)$ 算法来选出一组两两兼容的活动使得它们的价值总和最大。

（b）用（a）中的算法对下面的活动求解。

i	1	2	3	4	5	6	7	8	9	10	11
$S[i]$	2	3	4	6	9	5	10	17	11	18	16
$F[i]$	4	5	5	8	10	13	17	18	22	25	27
$V[i]$	7	4	2	13	6	8	12	9	5	11	15

25. （a）改进上题中动态规划的算法使得它的复杂度为 $O(n \lg n)$。

（b）用（a）中的算法对下面的活动求解。

i	0	1	2	3	4	5	6	7	8	9	10	11
$S[i]$		2	3	0	1	5	4	6	8	7	9	8
$F[i]$	0	4	5	6	7	8	9	10	11	12	13	14
$V[i]$		7	4	2	13	6	8	12	9	5	11	15

26. 如果一个字母或符号序列顺读和逆读都是一样的，则称其为回文 (palindrome)，例如 abcdcba。如果一个字母或符号序列不是回文，它的一个子序列可以是回文。例如，abbccdcba 不是回文，但其子序列 abcdcba 是回文。设 $A[1..n]$ 是一个有 n 个字母或符号的序列。

（a）请用动态规划的方法设计一个 $O(n^2)$ 的算法找出序列 A 的一条最长回文子序列。你需要定义子问题，建立归纳公式并设计伪码。

（b）请用（a）部分的算法找出序列 abbccdcba 的一条最长回文子序列。

*27. 假设在一条公路两边顺序布有 n 个传感器，$s_1, s_2, \cdots, s_n$，以监视车辆的活动。假设在一个传输周期中，它们收集的数据量分别为 $D_1, D_2, \cdots, D_n$。我们需要把这些数据合并到其中一个传感器上以便被车载基站收取。合并这些数据是通过传感器之间的传输来实现的。任何一个传感器都可以作为最后的数据收集者。我们希望找到最佳的传输计划，使数据合并在最短时间内完成，但必须遵守以下规则：

- 每个传感器可以接收多次，但不能同时接收多个传感器的数据，必须一个一个来。
- 每个传感器最多只能发送一次。发送时不能同时接收数据。发送后停止一切收发。
- 传感器发送时，只能发给前面最近的一个可接收传感器或后面最近的一个可接收传感器。如果没有，则停止一切收发，它一定是收到了所有的数据。
- 每个传感器在发送时，一定要把它自己的以及收到的所有数据一次性发出。
- 传感器发送所需时间与发送的数据量成正比。为简单起见，取比例为每秒 1 个 MB。
- 任意两个传感器都在对方传输距离内。
- 两个传感器可以同时传输给不同的传感器，即不同对的传输可并行进行。

（a）设计一个动态规划的算法找出一个最佳传输计划使得数据合并可以在最短时间内完成并分

析其复杂度。(提示：因为每次传输都是在相邻两个传感器之间，而在传输后，发送方停止工作，所以可以用一棵树来表示一个传输计划。每个内结点表示它的两个儿子间传输了数据，并且该结点将代表接收数据的儿子继续下一步传输计划。另外，在这个内结点处，记录收集以它为根的子树里包含的所有传感器的原始数据需要的最短时间。当然，动态规划产生的是二维表格，由表格可得到这棵树。)

（b）用（a）中的算法为下面 5 个传感器找出一个最佳传输计划：$D_1 = 5\text{MB}$, $D_2 = 9\text{MB}$, $D_3 = 20\text{MB}$, $D_4 = 6\text{MB}$, $D_5 = 15\text{MB}$。

第 7 章   贪心算法

贪心算法，简称贪心法，是又一个从解决小规模问题开始，逐步解决大规模问题的方法。与动态规划不同的是，贪心算法通常只发展一个解，而不是一组解。一开始，这个解也许是一个小规模问题的最优解，也可能是一个大规模问题的最原始的、粗略的、不完整的、非最优的解。贪心算法每前进一步，就把当前的解变为一个稍大规模问题的最优解，或把一个较差的、不完整的、非最优的解变为一个更好、更完整、更优的解。当算法结束时，我们会得到原始问题的一个最优解，或者一个相当好的近似解。这一章中讨论的例子都产生最优的结果。在第 15 章中，我们会看到贪心算法求近似解的例子。其实在前面几章中，我们已经看到了贪心算法解题的例子。比如，插入排序法，它先把序列中前两个数字排好序，然后把前三个数字排好序，再把前四个数字排好序，以此类推，直到整个序列排好序。在用动态规划的方法解题时，也往往运用了贪心算法的思路，比如，在 6.6 节求最长递增子序列的算法中，我们先求出一个数的最长递增子序列，然后求出两个数的最长递增子序列，以此类推，直到求出 n 个数的最长递增了序列。这就是贪心算法的思路，但是因为我们每前进一步，需要保留所有前面得到的子问题的解并动态地决定用哪一个解来支持下一个解，所以我们把这一算法归入动态规划法。

贪心算法是非常重要和有用的方法。因为它只需要保留和发展一个解，贪心算法容易实现，并且时间复杂度往往比较小（虽然不包括所有情况）。在有些情况下，用分治法或动态规划法会非常困难，而用贪心算法却有拍手称妙的效果，下面我们会看到这样的例子。我们用贪心算法求最优解时，一定要证明算法的正确性。直观的感觉往往会帮助我们找到方向和窍门，但也时常会欺骗我们，所以我们必须证明直观的感觉导致的算法是正确的才可使用。设计一个好的贪心算法往往需要大胆设想和小心求证的研究方法。下面通过一些例子来学习和掌握贪心算法的设计和分析方法。在后面的章节中，还会专门讨论贪心算法的一些重要应用，例如最小支撑树的算法和最短路径的算法等。

7.1 最佳邮局设置问题

最佳邮局设置问题是个简单的问题。我们用它来解释贪心算法的思想。

最佳邮局设置问题：有 n 户人家坐落在从西向东的一条街上。从街西头向东数，第 i 户的房子与街西头的距离是 $H[i]$（米）$(1 \leqslant i \leqslant n)$，并且有 $H[1] < H[2] < H[3] < \cdots < H[n]$。假设街上没有邮局。现在，我们要在街上建一些邮局使得任一户人家到最近一个邮局的距离不超过 100 米。请设计一个 $O(n)$ 时间的算法以确定最少需要建几个邮局，以及它们的位置，即到街西头的距离。

解：这个题用分治法和动态规划法都不太方便求解。如果我们把序列 $H[1..n]$ 分为两段，那么，合并时，两个子问题的解是不能改动的，分治法和动态规划法都不允许改动子问题的解。但是，不改动子问题的解，很难保证合并后的解是最佳的。这使得递归地分解问题和归纳地定义子问题都产生困难。贪心算法的思路如下。

假设最少需要建造的邮局数为 m，并设从西向东第 j 个邮局到街西头的距离为 $P[j]$ ($1 \leq j \leq m$)。贪心算法考虑第一步该怎么走，即第一个邮局应该建在那里？为了使邮局数最少，直观上应尽量使第一个邮局距街西头远一些，但因为要使得第一户人家到它的距离不超过 100 米，因此 $P[1]$ 不可以大于 $H[1]+100$。那么 $P[1]=H[1]+100$ 是不是正确的决定呢？贪心算法通常需要证明第一步是正确的，然后证明每一步都正确 (常用归纳法证)，而证明中往往使用反证法。所以，让我们用反证法证明 $P[1]=H[1]+100$ 是最优的，即存在一个最优的方案，它把第一个邮局建在 $H[1]+100$ 处。为了用反证法，假设没有最优的方案把第一个邮局建在 $H[1]+100$ 米处，下面我们证明这会导致矛盾。

让我们取一个最优的方案，它的第一个邮局建在距街西头 x 米处，显然必有 $x < P[1]+100$。因此，这个邮局可以服务的范围是，从 $H[1]$ 到 $x+100$ 以内的所有住户，比 $H[1]$ 到 $P[1]+100$ 范围小。也就是说，如果我们把这个最优方案中的第一个邮局改在 $P[1]=H[1]+100$ 处，那么所有能在 x 处得到服务的住户都可以在 $P[1]$ 处的邮局得到服务。这就证明了，把第一个邮局建在 $P[1]$ 处会更好，或至少一样地好。所以，存在一个最优的方案，它把第一个邮局建在 $H[1]+100$ 处。这与假设矛盾，算法的第一步得证。图 7-1 解释了这个道理。

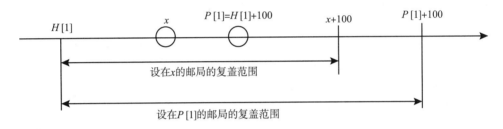

图 7-1　第一个邮局选址正确性的证明

贪心算法的第一步得到证明后，那么在 $P[1]$ 向东 100 米之内的人家都可以到 $P[1]$ 来寄信。我们现在只需要考虑如何为 $P[1]+100=H[1]+200$ 米之外的人家建邮局的问题。显然，我们可以用同样的方法考虑建第二个邮局、第三个邮局等。这样，下面的算法就正确地解决了最佳邮局设置问题。因为我们不知道街东头距 $H[n]$ 有多远，所以，如果算法算出最后一个邮局 $P[m]$ 建在 $H[n]$ 东边，那么算法把它改在 $H[n]$ 处。

```
Post-Office(P,H,m,n)                    //m 是邮局个数
1   P[1] ← H[1]+100
2   m ← 1                               //目前为止，建了第 m(=1) 个邮局
3   for i ← 2 to n                      //贪心算法逐个查看住户位置
4       if H[i]>P[m]+100                //H[i] 不在第 m 个邮局服务区间内
5           then m ← m+1                //必须再建一个新邮局，第 m+1 个邮局
6               P[m] ← H[i]+100
7       endif
8   endfor
9   if P[m]>H[n]
10      then P[m] ← H[n]                //可认为 P[m] 建在 H[n] 的街对面
11  endif
12  return P,m
13 End
```

显然这个算法的复杂度为 $O(n)$。

7.2　一个简单的最佳活动安排问题

假设我们有 n 个活动，a_1, a_2, $\cdots$, a_n，申请使用大礼堂。每个活动 a_i $(1 \leqslant i \leqslant n)$ 有一个固定的开始时间 s_i 和一个固定的完成时间 f_i $(0 \leqslant s_i < f_i < \infty)$。我们假定，大礼堂可以从时间 $t=0$ 开始安排活动，但任何时候只能允许最多进行一个活动。因此，一旦 a_i 被选中，那么 a_i 这个活动必须在时间区间 $[s_i, f_i)$ 里独占大礼堂。所以，这 n 个活动中，有一些会被选上而其余会被拒绝。选中的活动必须是两两兼容的。这里，两个活动 a_i 和 a_j 称为兼容，如果它们对应的时间区间，$[s_i, f_i)$ 和 $[s_j, f_j)$ 不相交，即要么 $f_i \leqslant s_j$，要么 $f_j \leqslant s_i$。显然，一组活动可以互不干扰地安排在大礼堂进行当且仅当它们是两两兼容的活动。最佳活动安排问题就是要从这 n 个活动中选出一个两两兼容的最大子集。这样，我们可以让尽可能多的活动在大礼堂进行。下面看一个例子。

【例 7-1】假定我们有以下 10 个活动申请使用大礼堂。

i	1	2	3	4	5	6	7	8	9	10
s_i	0	1	0	3	1	3	7	6	9	10
f_i	2	4	5	7	8	10	10	11	13	14

如果我们选出 $\{a_1, a_6, a_9\}$，它们是互相兼容的（见图 7-2），但不是最优的。图 7-3 给出了一个最优解，它可以安排 4 个活动，比图 7-2 中的解多一个活动。

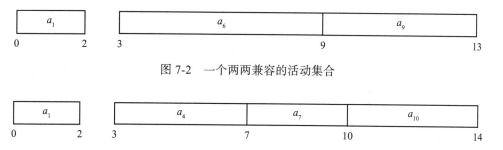

图 7-2　一个两两兼容的活动集合

图 7-3　一个最优的两两兼容的活动集合

我们在第 6 章习题 24 中见到过类似的问题。那道题的优化目标是一组两两兼容的活动的总价值。我们这道题也可以用动态规划的方法来求解，我们把它留给读者。这里，我们介绍一个更为直接简便的方法，就是贪心算法。

与上一节的邮局问题相似，贪心算法考虑如何走出第一步，即如何正确地选出第一个活动。我们注意到，在一个两两兼容的活动集合中，所有活动都是按它们开始和完成的时间顺序来安排的，一个活动完成之后下一个活动才可以开始。因此，我们想能否选开始时间最早的活动呢？这个大胆设想可以立即被否定，很容易找到反例。那么，能否选完成时间最早的活动呢？完全正确！怎么证明呢？用反证法。

定理 7.1　假设有 n 个活动 a_1, a_2, $\cdots$, a_n 需要使用同一个大礼堂。每个活动 a_i $(1 \leqslant i \leqslant n)$ 有一个固定的开始时间 s_i 和一个固定的完成时间 f_i $(0 \leqslant s_i < f_i < \infty)$。那么，完成时间最早的活动一定包含在上面定义的活动安排问题的某个最优解中。

证明：假设活动 a_m 的完成时间 f_m 最早 $(1 \leqslant m \leqslant n)$。假定某一个最大的两两兼容的活动的子集 S 中包含 a_m，则证明完成。为使用反证法，让我们假定任何一个最大的两两兼容的活动的子集都不包含 a_m。取一个这样的最大子集 S。

假设 S 中完成时间最早的活动是 a_k。因为 S 不包含 a_m，所以 $k \neq m$。又因为 a_m 的完成时间最早，我们有 $f_m \leqslant f_k$。因为 S 中其他活动必须与 a_k 兼容，所以它们的开始时间必须大于等于 f_k，因而也大于等于 f_m。这也就是说，S 中其他活动与 a_m 也兼容。那么，如果我们把 S 中的 a_k 换成 a_m 的话，改动后的集合中的活动仍保持两两兼容的性质。因此，集合 $S'= S \cup \{a_m\} - \{a_k\}$ 也是一个两两兼容的最大子集并且包含 a_m。但是，这与我们的假定矛盾，定理得证。∎

根据定理 7.1，用贪心算法找最佳活动安排的第一步就是把 n 个活动按完成时间排序。下面是贪心算法的伪码。其中，我们用数组 $S[1..n]$ 表示这 n 个活动的开始时间，$S[i]=s_i$ $(1 \leqslant i \leqslant n)$，数组 $F[1..n]$ 表示它们的完成时间，$F[i]=f_i (1 \leqslant i \leqslant n)$。我们还假定这 n 个活动，a_1，a_2，$\cdots$，a_n，已经排好序了，使得 $F[1] \leqslant F[2] \leqslant \cdots \leqslant F[n]$。

```
Greedy-Activity-Selection(S[1..n],F[1..n],A)    // 集合 A 是被选中活动的集合
1  A ← {a₁}                                       // 第一个选中的活动是 a₁, A={a₁}
2  i ← 1                                          //aᵢ 是当前为止，最后选中的一个活动
3  for k ← 2 to n
4      if S[k] ≥ F[i]         // 如果 S[k]<F[i]，则 aₖ 与前面已选中的 aᵢ 不兼容而不予理睬
5          then   A ← A ∪ {aₖ}
6                 i ← k                           //aₖ 成为最后选中的一个活动
7      endif
8  endfor
9  return A
10 End
```

算法 Greedy-Activity-Selection 显然是正确的。这是因为，如果选取 a_1 是正确的，那么，与 a_1 不兼容的活动必定不取。所以，接下来的问题就是在余下的活动中，找一个最大的两两兼容的活动的子集。对此我们可以继续使用贪心算法，直至完成。算法的时间复杂度是 $O(n)$，加上预先的排序部分，贪心算法找最佳活动安排需要 $O(n\lg n)$ 时间。

图 7-4 逐步演示了以上贪心算法对例 7-1 中 10 个活动找出最大两两兼容子集的计算过程。例 7-1 中 10 个活动已按完成时间排序。

7.3 其他最佳活动安排问题

我们在上一节讨论的是一个简单的最佳活动安排问题。实践中有很多最佳活动安排问题，例如，第 6 章的习题 16 和习题 24 就是两个例子，还有很多处理器的调度问题都和活动安排问题有相同的本质。因此，这一节再讨论两个活动安排问题。这两个问题在证明技巧上用了相同的方法，希望读者能掌握这个方法。

7.3.1 两个大礼堂的最佳活动安排问题

这个问题和 7.2 节的活动安排问题的唯一区别是，我们有两个礼堂。我们把问题重新定义一下：

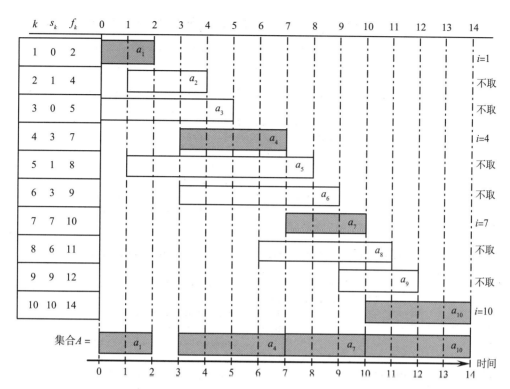

图 7-4　贪心算法对例 7-1 中的 10 个活动逐个检查和选取的演示，选中的活动用阴影标记

两个大礼堂的最佳活动安排问题：

假设我们有 n 个活动，a_1，a_2，$\cdots$，a_n，申请使用大礼堂。每个活动 $a_i (1 \leqslant i \leqslant n)$ 有一个固定的开始时间 s_i 和一个固定的完成时间 $f_i (0 \leqslant s_i < f_i < \infty)$。我们有两个礼堂，H-1 和 H-2，都从 $t = 0$ 开始可供使用。安排在同一礼堂的活动必须两两兼容。请设计一个 $O(n \lg n)$ 的贪心算法来找出最佳的活动调度计划使得被安排的活动数最多。（类似地，可定义 k 个礼堂问题。）

贪心算法思路：

解题的思路和解一个礼堂的问题相同。我们先把 n 个活动按它们的完成时间排序，使 $f_1 \leqslant f_2 \leqslant \cdots \leqslant f_n$。然后从第一个活动开始，逐个检查，并决定是否选取。如果选取，算法还要决定安排在哪个礼堂。我们用变量 Available-Time-1 记录礼堂 H-1 目前的可用时刻。也就是说，下一个活动可以，也必须安排在时刻 Available-Time-1 之后。同理，我们用变量 Available-Time-2 记录礼堂 H-2 目前的可用时刻。开始时，Available-Time-1 = Available-Time-2 = 0。从第一个活动开始，对每个活动 $a_i (1 \leqslant i \leqslant n)$，逐个做出决定的规则如下：（假设 Available-Time-1 $\geqslant$ Available-Time-2，否则对称处理。）

1）如果 Available-Time-1 $\leqslant s_i$，那么把 a_i 安排在 H-1，并更新 Available-Time-1 为 f_i。

2）如果 Available-Time-2 $\leqslant s_i <$ Available-Time-1，那么把 a_i 安排在 H-2，并更新 Available-Time-2 为 f_i。

3）如果 $s_i <$ Available-Time-2，则丢弃不安排。

贪心算法伪码：

我们用数组 $S[1..n]$ 表示活动的开始时刻，$S[i] = s_i (1 \leqslant i \leqslant n)$，数组 $F[1..n]$ 表示活动

完成时刻，$F[i]=f_i$ $(1 \leqslant i \leqslant n)$。下面是伪码。随后的定理 7.2 将证明算法的正确性。

```
Two-hall-schedule(S[1..n],F[1..n],A₁,A₂)      //A₁和A₂是安排在H-1和H-2中活动的集合
1   Available-Time-1←Available-Time-2←0
2   A₁←A₂←∅                                  //初始为空
3   Sort aᵢ(1≤i≤n) such that F[1]≤F[2]≤⋯≤F[n]        // 按完成时间排序
4   for i←1 to n
5           if Available-Time-1≥Available-Time-2
6               then     if Available-Time-1≤S[i]
7                   then A₁←A₁∪{aᵢ}
8                        Available-Time-1←F[i]
9                   else if Available-Time-2≤S[i]
10                      then A₂←A₂∪{aᵢ}
11                           Available-Time-2 ← F[i]
12                      endif
13                  endif
14              else if Available-Time-2≤S[i]    //Available-Time-1<Available-Time-2
15                      then    A₂ ← A₂ ∪{aᵢ}
16                           Available-Time-2 ← F[i]
17                          else    if Available-Time-1≤S[i]
18                          then    A₁←A₁∪{aᵢ}
19                               Available-Time-1 ← F[i]
20                              endif
21              endif
22       endif
23   endfor
24   End
```

算法 Two-hall-schedule 中第 3 行的排序需要 $O(n\lg n)$ 时间。因为后面用贪心算法逐个处理活动时，每次只需要 $O(1)$ 时间，所以 Two-hall-schedule 的复杂度是 $O(n\lg n)$。为证明算法 Two-hall-schedule 正确，我们只需要证明它得到的解最优。

定理 7.2 对任何一个序号 i $(i=1, 2, \cdots, n)$，总存在一个最优解，它对前面 i 个活动，a_1，a_2,$\cdots$, a_i，的取舍及安排与算法 Two-hall-schedule 对这 i 个活动的取舍及安排完全一样。因此，存在一个和算法 Two-hall-schedule 得到的解完全相同的最优解。

证明： 我们对序号 i $(i=1, 2, \cdots, n)$ 进行归纳证明。

归纳基础：

当 $i=1$ 时，因为 Available-Time-1=Available-Time-2=0，上面的算法把 a_1 安排在 H-1 中。我们证明 a_1 一定会被某个最优解选中并且安排在 H-1 中。我们分析两种情况：

（A）如果 a_1 不被某个最优解 M 选中，那么假定 a_k $(k>1)$ 是最优解 M 中在 H-1 中有最小完成时间的活动。我们可以用 a_1 换走 a_k，所得的解仍然最优。

（B）如果最优解 M 选中了 a_1 但安排在 H-2 中，那我们可以把在 H-1 中的所有活动与 H-2 中的所有活动交换，这样得到的解仍然最优且 a_1 在 H-1 中。

因此，当 $i=1$ 时，定理 7.2 正确。

归纳步骤：

假设到第 i 步为止 $(i \geqslant 1)$，即算法处理完 a_i 以后，有一个最优解 M，它对 a_1 到 a_i 的取舍及安排与算法 Two-hall-schedule 的处理完全一样。下面证明，存在一个最优解，它对 a_1 到 a_{i+1} 的取舍及安排与算法 Two-hall-schedule 的取舍及安排完全一样。我们分析三种情况。

1）$S[i+1]<\min\{Available\text{-}Time\text{-}1, Available\text{-}Time\text{-}2\}$

这种情况下，最优解 M 不可能选取 a_{i+1}，所以它与算法处理结果一样，即拒绝 a_{i+1}。

2）$Available\text{-}Time\text{-}2 \leqslant S[i+1]<Available\text{-}Time\text{-}1$（对称情况为 $Available\text{-}Time\text{-}1 \leqslant S[i+1]<$ $Available\text{-}Time\text{-}2$）

这种情况下，最优解 M 不可能安排 a_{i+1} 给 H-1。如果最优解 M 拒绝 a_{i+1}，而在 H-2 中安排的下一个完成最早的活动是 a_k，$k>i+1$，那么，我们可以在 M 的基础上用 a_{i+1} 换走 a_k。因为 $F[i+1] \leqslant F[k]$，这个交换可行，并且所得的解含有与 M 一样多的活动。所以，存在一个最优解，它对 a_1 到 a_{i+1} 的处理与算法完全一样。

3）$S[i+1] \geqslant Available\text{-}Time\text{-}1 \geqslant Available\text{-}Time\text{-}2$（对称情况为 $S[i+1] \geqslant Available\text{-}Time\text{-}2>Available\text{-}Time\text{-}1$）

这种情况下，如果最优解 M 根本不取 a_{i+1}，而它在 H-1 中安排的下一个完成最早的活动是 a_k，那么，我们用 a_{i+1} 换走 a_k 所得的解仍然最优。如果最优解取 a_{i+1}，但是安排 a_{i+1} 在 H-2，那么因为 $S[i+1] \geqslant Available\text{-}Time\text{-}1 \geqslant Available\text{-}Time\text{-}2$，如图 7-5a 所示，最优解在每个礼堂中的活动都可以用 $Available\text{-}Time\text{-}1$ 为界分为不相交的两个集合。所以，我们可以把 $Available\text{-}Time\text{-}1$ 之后在两个礼堂安排的所有活动互相交换。这样得到的解仍然最优且 a_{i+1} 在 H-1 中。图 7-5b 显示了交换后的情况。所以，在这种情况下，也有一个最优解，它对 a_1 到 a_{i+1} 的处理与算法完全一样。对称情况同理可证。归纳成功，定理 7.2 得证。　∎

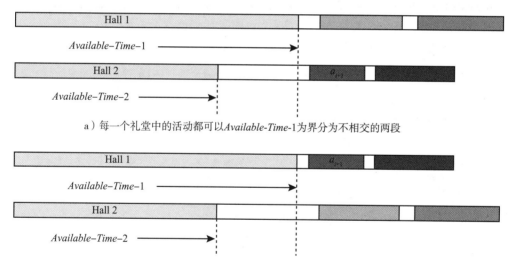

a）每一个礼堂中的活动都可以 $Available\text{-}Time\text{-}1$ 为界分为不相交的两段

b）交换最优解在时刻 $Available\text{-}Time\text{-}1$ 后安排在两礼堂的活动可得一最优解使 a_{i+1} 被安排在 H-1

图 7-5　贪心算法 Two-hall-schedule 在 $s_{i+1} \geqslant Available\text{-}Time\text{-}1 \geqslant Available\text{-}Time\text{-}2$ 时安排 a_{i+1} 在 H-1 的正确性图示

定理 7.2 证明了算法的正确性。不难证明，两个大礼堂的最优活动安排的方法可以推广到 k 个大礼堂的情况。我们留给读者去思考。

7.3.2　等长时间的活动的最佳安排问题

假设我们有 n 个活动，a_1，a_2，…，a_n，申请使用同一个大礼堂。假设时间划分为等长的间隔 Δt，称为时隙（time slot）。为方便叙述，就假设 Δt 为一小时。我们规定，每小时只能安排一个活动或不安排活动。我们用 $slot[t]$, $t=1, 2, 3, \cdots$ 表示这个时隙序列。我们假设每个活动都是申请使用一个小时。另外，活动 a_i $(1 \leq i \leq n)$ 有一个时隙区间 $[s_i, f_i]$ $(1 \leq s_i \leq f_i)$，区间中的任何一个时隙 $slot(t)$, $t \in [s_i, f_i]$，都可以安排 a_i。这里，s_i 和 f_i 都是正整数，称为开始时隙和终止时隙。大礼堂从 $slot[1]$ 就可以使用。我们希望设计一个 $O(n^2)$ 的贪心算法以安排最多的活动。我们用数组 $S[1..n]$ 表示这 n 个活动的开始时隙，$S[i]=s_i$ $(1 \leq i \leq n)$，用 $F[1..n]$ 表示它们的终止时隙，$F[i]=f_i$。为简单起见，我们假定这 n 个活动已经按终止时隙排序，$F[1] \leq F[2] \leq \cdots \leq F[n]$。

贪心算法思路：

我们的思路基于一个朴素的想法。因为 $F[1] \leq F[2] \leq \cdots \leq F[n]$，序列中后面的活动有较大的终止时间，所以当我们顺序处理活动，a_1, a_2, $\cdots$, a_n 时，尽量把活动往前面的时隙安排。具体做法是，在处理 a_i $(1 \leq i \leq n)$ 时，我们从 s_i 到 f_i，逐个检查每个时隙，一旦发现有某个时隙还没有人用，则马上把 a_i 安排到这个小时。幸运的是，我们可以证明这个思路是正确的。

这里，有一个复杂度的问题。如果某个活动 a_i $(1 \leq i \leq n)$ 有很大的选择范围，$(f_i - s_i) \gg n$，那么为 a_i 搜索时隙的时间是否会大于 n，导致算法的复杂度超过 $O(n^2)$ 呢？其实，因为我们一旦发现有空闲时隙可用就停止搜索，那么搜索时隙的次数就不会大于 n。这是因为，前面一共处理了 $(i-1)$ 个活动，它们最多占用 $(i-1)$ 个时隙，不可能占有 n 个时隙，所以我们最多需要检查 n 个时隙就一定可以成功地为 a_i 申请到一个时隙，或报告没有可用的空闲时隙。这就保证了算法复杂度为 $O(n^2)$。

下面是伪码，随后的定理 7.3 将证明算法的正确性。

```
Max-Activities-Fixed-Length(S[1..n], F[1..n], A, T[1..n], k)
// 输入 F[1]≤F[2]≤…≤F[n]，A 是选中的活动集合, T 是为活动安排的时隙序号，k=|A|
1  A←∅
2  for i←1 to n
3      T[i]←nil                    // 初始化，无时隙分配给 a_i，记为 nil
4      for t←S[i] to (S[i]+n)             // 避免 F[i] 过大
5          slot[t]←nil            // 所有可能被检查的时隙 t 都初始化为空（未占用）
6      endfor
7  endfor                          // 初始化完成
8  k←0                             // 选中的活动数初始为 0
9  for i←1 to n                    // 顺序处理活动 a_i
10     t←S[i]                      // 从 S[i] 开始检查
11     while slot[t] ≠ nil and t ≤ F[i]  // 这里，不用担心 F[i] 过大
12         t←t + 1
13 endwhile
14 if t≤F[i]                       //t 是第一个在范围 [s_i,f_i] 内空闲的时隙
15         then A←A ∪{a_i}         //a_i 被选中
16             slot[t]←i           // 时隙 t 被 a_i 占用了
17             T[i]←t              // 把时隙 t 分配给 a_i
18             k←k+1               // 选中的活动数加 1
19     endif
20 endfor
21 return A, T, k
22 End
```

上面的算法 Max-Activities-Fixed-Length 的复杂度是 $O(n^2)$，这是因为，根据前面的解释，第 2 行开始的 for 循环和第 9 行开始的 for 循环都有复杂度 $O(n^2)$。为证明其正确性，

我们只需证明得到的集合 A 是最大的。

定理 7.3   对任何一个序号 i ($i=1, 2, \cdots, n$)，总存在一个最优解，它对前面 i 个活动，a_1, a_2, $\cdots$, a_i, 的取舍及安排和我们的算法 (Max-Activities-Fixed-Length) 对这 i 个活动的取舍及安排完全一样。因此，存在一个最优解，它和我们的算法得到的解完全相同。

证明： 我们对序号 i ($i=1, 2, \cdots, n$) 进行归纳证明。

归纳基础：

当 $i=1$ 时，我们的算法把 a_1 安排在时隙 $t=S[1]$。取一个最优解 M。如果最优解 M 也把 a_1 安排在时隙 $t=S[1]$，定理就证明了。否则，我们分析以下 4 种情况：

1）最优解 M 拒绝 a_1 的申请，并且没有活动被安排在时隙 $t=S[1]$。

如果是这种情况，我们可以在最优解 M 的基础上，把 a_1 安排在时隙 $t=S[1]$。这样会得到一个更优的结果，与解 M 最优矛盾。

2）最优解 M 拒绝 a_1 的申请，并且把活动 a_k ($k>1$) 安排在时隙 $t=S[1]$。

如果是这种情况，我们在 M 的基础上，把 a_k 换成 a_1。这样得到的解与最优解 M 选取的活动数相等，所以也是一个最优解。而且，这个最优解把 a_1 安排在时隙 $t=S[1]$，与我们的算法一致，定理得证。

3）最优解 M 接收 a_1 的申请，但是没有把活动 a_1 安排在时隙 $t=S[1]$，而是安排在时隙 $u>S[1]$。并且，没有活动被安排在时隙 $t=S[1]$。

如果是这种情况，我们在 M 的基础上，把 a_1 重新安排到时隙 $t=S[1]$。这样的变化不会影响其他活动的安排，并且得到的解与 M 的解有完全相同的活动集合，所以也是一个最优解。而且，这个最优解把 a_1 安排在时隙 $t=S[1]$，与我们的算法一致，定理得证。

4）最优解 M 接收 a_1 的申请，但是没有把活动 a_1 安排在时隙 $t=S[1]$，而是安排在时隙 $u>S[1]$。并且，有活动 a_k ($k>1$) 被安排在时隙 $t=S[1]$。

如果是这种情况，必有 $u \leqslant F[1]$，否则 a_1 不在允许范围内。同理，必有 $S[k] \leqslant S[1]$，否则 a_k 不在允许范围内。所以，我们可在 M 的基础上，把 a_1 和 a_k 对调。这样，a_1 被重新安排到时隙 $S[1]$，而 a_k ($k>1$) 被安排在时隙 u。因为 $S[k] \leqslant S[1]<u \leqslant F[1] \leqslant F[k]$，对调是合理的，时隙 u 在 a_k 允许的范围内。对调使我们得到另一个最优解，它与最优解 M 选取完全相同的活动集合。而且，这个最优解把 a_1 安排在时隙 $t=S[1]$，与我们的算法一致，定理得证。

通过对以上 4 种情况的讨论可知，在任何情况下，存在一个最优解，它把 a_1 安排在时隙 $t=S[1]$，与我们的算法 (Max-Activities-Fixed-Length) 一致。

归纳步骤：

假设当 $i=1, 2, 3, \cdots, k$ ($k \geqslant 1$) 时，存在一个最优解 M，它对前面 i 个活动的处理和我们的算法对这 i 个活动的处理完全一样。现在证明，当 $i=k+1$ 时，也存在一个最优解，它对前面 $i=k+1$ 个活动的处理和我们的算法对这 i 个活动的处理完全一样。设 M 是在 $i=k$ 时与我们算法一致的最优解。

如果在我们的算法处理活动 a_{k+1} 时，从 $t=S[i+1]$ 到 $t=F[i+1]$ 的每一个时隙都已经被前面的活动占用，没有空闲的，那么，最优解 M 和我们的算法都必须拒绝 a_{k+1} 的申请，定理得证。所以我们假设，从 $t=S[i+1]$ 到 $t=F[i+1]$ 之间有空闲的时隙。设时隙 w 是从 $t=S[i+1]$ 到 $t=F[i+1]$ 之间第一个空闲的时隙。那么，我们的算法会把 a_{k+1} 安排在时隙 w。如果最优解 M 也把 a_{k+1} 安排在 w，那证明就完成了。所以，我们假定 M 没有把 a_{k+1} 安排在

时隙 w。我们分析以下 4 种情况。

1）最优解 M 拒绝 a_{k+1} 的申请，并且没有活动被安排在时隙 w。

如果是这种情况，我们可以在最优解 M 的基础上，把 a_{k+1} 安排在时隙 w。这样会得到一个更优的结果，与解 M 最优矛盾。

2）最优解 M 拒绝 a_{k+1} 的申请，并且把活动 a_p（$p>k+1$）安排在时隙 w。

如果是这种情况，我们在 M 的基础上，把 a_p 换成 a_{k+1}。这样得到的解与最优解 M 选取的活动数相等，所以也是一个最优解。而且，这个最优解把 a_{k+1} 安排在时隙 w，与我们的算法一致，定理得证。

3）最优解 M 接收 a_{k+1} 的申请，但是没有把活动 a_{k+1} 安排在时隙 w，而是安排在时隙 $u>w$。并且，没有活动被安排在时隙 w。

如果是这种情况，我们在 M 的基础上，把 a_{k+1} 重新安排到时隙 w。这样的变化不会影响其他活动的安排，并且得到的解与 M 有完全相同的活动集合，所以也是一个最优解。而且，这个最优解把 a_{k+1} 安排在时隙 w，与我们的算法一致，定理得证。

4）最优解 M 接收 a_{k+1} 的申请，但是没有把活动 a_{k+1} 安排在时隙 w，而是安排在时隙 $u>w$。并且，有活动 a_p（$p>k+1$）被安排在时隙 w。

如果是这种情况，必有 $u\leqslant F[k+1]$，否则 a_{k+1} 不在允许范围内。同理 $S[p]\leqslant w$，否则 a_p 不在允许范围内。所以，我们可在 M 的基础上，把 a_{k+1} 和 a_p 对调。这样，a_{k+1} 被重新安排到 w，而 a_p 被安排在时隙 u。因为 $S[p]\leqslant w<u\leqslant F[k+1]\leqslant F[p]$，所以对调是合理的，时隙 u 在 a_p 允许的范围内。对调使我们得到另一个最优解，它与最优解 M 选取完全相同的活动集合。而且，这个最优解把 a_{k+1} 安排在时隙 w，与我们的算法一致。

通过对以上 4 种情况的讨论可知，在任何情况下，存在一个最优解，它对前面 $k+1$ 个活动，a_1，a_2，…，a_k，a_{k+1}，的取舍和安排与我们的算法 Max-Activities-Fixed-Length 一致。归纳成功，定理得证。∎

由定理 7.3 知，上面的算法 Max-Activities-Fixed-Length 正确地解决了等长时间的活动的最佳安排问题。

7.4 哈夫曼编码问题

哈夫曼编码（Huffman Code）问题是一个有着广泛用途的知名问题。哈夫曼编码是一个产生最佳前缀码的编码方法。我们先介绍前缀码。

7.4.1 前缀码

大家知道，任何信息都是以二进制编码形式存放在计算机里和传输于网络之中的。例如，ASCII 码把大、小写英文字母，标点符号及其他控制符号一共 96 个字符中的每一个字符对应为一个 7 比特的二进制数。这种编码是定长的编码，因为每个字符的编码都有相同的长度，即比特数。定长码使用方便但存储空间和通信量较大，即存储需要的比特数和传输需要的比特数较多。这是因为，不同的符号在文件或报文中出现的频率不一样。比如字母 e 在报文中出现频率很高而字母 z 则很少出现。如果我们用较少比特数为字母 e 编码而用较多的比特数为 z 编码，则可大大减少存储或传输文件的比特数。可是，如果我们使用变长的编码，解码时怎么把一个连续的二进制序列正确地断开为一个个字符呢？例如，我们把字母 A 编为 0，B 编为 1，C 编为 01，那么序列 0101 应解码为 $ABAB$ 呢，还是 ABC 呢，还是 CAB 呢？为了避免二义性，我们要求任一字符的编码都必须不是任一其他字符编码的前缀。这样，解码后得到的文件（即字符序列）是唯一的，而满足这一要求的编码称为前缀码。需要指出的是，定长码也是一种前缀码。

设计一组前缀码并不难。假设我们需要为 n 个字符设计前缀码，我们可以用任何一棵有 n 个树叶的完全二叉树来实现。首先，我们让每个叶子对应一个字符。然后，从根开始，在联结任一内结点与其左右儿子的两条边上分别标上 0 和 1。那么，从根到某一叶子的路径上，边的标号，沿路径形成的序列就可以作为这个叶子对应的字符的编码。因为任一条这样的路径不可能是另外一条的一部分，所得的编码必定是前缀码。图 7-6 给出了一棵有 7 个叶子的二叉树及对应的 7 个字符的前缀码。我们把这样一棵二叉树称为前缀码树。在前缀码树中，一个内结点代表着以它为根的子树中所有叶子对应的前缀码的集合。

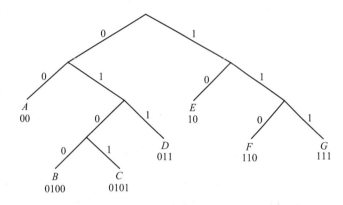

图 7-6　一棵有 7 个叶结点的前缀码树

反之，给定一个含 n 个字符的前缀码，我们也可以找到对应的有 n 个叶子的前缀码树。这棵前缀码树可以构造如下。首先，我们把这 n 个前缀码分为二组。从左边数，第一个比特为 0 的前缀码组成第一组，第一个比特为 1 的前缀码组成第二组。然后，我们从根（树的第 0 层）画出两条连结其左右儿子的边。它的左儿子 L 代表第一组前缀码，而右儿子 R 代表第二组前缀码。并且，把连接左儿子的边标以 0，把连接右儿子的边标以 1。这时，代表这两组前缀码的左右儿子 L 和 R 是两片树叶，在树的第 1 层。

接下来，我们分别以 L 和 R 为根，递归地画出它们的左子树和右子树。在这个过程中，如果有一个叶子结点 w 在第 k 层 ($k \geq 1$)，它代表两个或两个以上前缀码时，我们用码字的第 $(k+1)$ 个比特把它们分为两组。第 $(k+1)$ 个比特为 0 的前缀码组成第一组，对应 w 的左儿子，第 $(k+1)$ 个比特为 1 的前缀码组成第二组，对应 w 的右儿子。然后，在点 w 和它的左儿子间画一条边并标以 0，在点 w 和它的右儿子间画一条边并标以 1。这样，点 w 成为一个内结点，而它的左右儿子成为叶子。这个递归过程一直进行到每个叶结点只代表一个前缀码为止。显然，这样得到的二叉树就是这 n 个字符的前缀码树。下面我们举一例子说明。

【例 7-2】假设我们有如下 6 个字符的前缀码：$A=01$，$B=001$，$C=000$，$D=110$，$E=10$，$F=111$。试构造对应的前缀码树。

解：图 7-7 说明了这棵前缀码树的构造步骤。

要注意的一点是，如果在构造中，从第 k 层某个内结点分出的两组中有一个为空集，那么对应的子树为空子树，即这个内结点只有一个儿子。这棵构造出来的二叉树不是完全二叉树。这说明这个结点代表的所有前缀码的第 $(k+1)$ 个比特都相同，都等于 0 或都等于

1。那么，这个比特在这些前缀码中是多余的，不起作用。这样的前缀码不会是最优的，我们可以把这个比特从这些前缀码中删去。

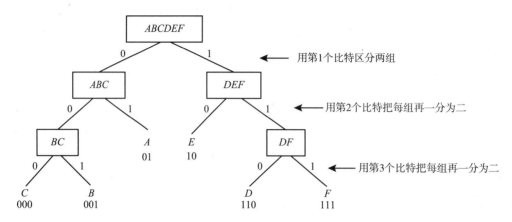

图 7-7　一棵对应于 6 个字符的前缀码树的构造示例

7.4.2　最佳前缀码——哈夫曼编码

我们在这里考虑的问题是，如何为一组字符设计一组前缀码，使得用它来对一个文件编码时所需要的总的比特数最少。这样，在我们存储和传输这个文件时既省空间又省时间。比如，一个文件有 n 个字符要编码，如果用 7 位的定长码，我们需要 $7n$ 个比特。如果用变长的编码，是否可以用少一些比特数呢？这要看情况，有些情况下，变长码优于定长码，而有些情况则不一定。比如在某个变长码中，我们用 01 表示 A，用 10 表示 B，但也许要用 20 个比特表示 X 和 Y。那么，如果一个文件含有 n 个 A 和 B，我们只需要用 $2n$ 个比特存储或传输，当然很好。但是，如果一个文件含有 n 个 X 和 Y，那就需要 $20n$ 个比特了。所以，我们要考虑的是平均效果。那么，如何来评价一个前缀码的好坏呢？

从图 7-6 可见，在前缀码中，一个字符需要的比特数就等于在前缀码树中代表该字符的叶子的深度。所以，如果一个字符 c 在文件中平均出现 $p(c)$ 次，而它对应的叶子在前缀码树中的深度为 $d(c)$，那么这个字符在一个文件中平均需要 $p(c)d(c)$ 比特。因此，一个文件平均需要的比特数就是所有字符所需平均比特数的总和。

假设 T 是为字符集 S 构造的一棵前缀码树，那么该前缀码可以用下面的公式来评价：

$$B(T) = \sum_{c \in S} f(c)d(c) \qquad (7.1)$$

在这个公式中，$f(c)$ 是字符 c 在文件中出现的频率，可视为每 100 个字符中出现的（平均）次数，而 $B(T)$ 则是平均每 100 个字符的编码所需要的比特数。现在我们定义最佳前缀码如下。

定义 7.1　假设 S 是一个字符集。其中任一字符 $c \in S$ 在文件中出现的频率为 $f(c)$。S 的一个前缀码称为最佳前缀码，如果其前缀码树对应的式（7.1）的值是它的所有前缀码树中最小的。

下面讨论如何构造最佳前缀码或前缀码树。由例 7-2 的讨论可知，最佳前缀码树必须是一棵完全二叉树，因为只有一个儿子的内结点可以被删除而减少 $B(T)$ 值。显然，等长码也是一个前缀码。如果它的前缀码树 T 是一棵完全二叉树，而且每个字符出现的频率相同，那么它还是一个最佳前缀码。这是因为，此时的式（7.1）可写为 $B(T)=f(c)\sum_{c\in S}d(c)$，而 $\sum_{c\in S}d(c)$ 恰恰等于 T 的外路径总长。又因为 T 的所有叶子在底层，由第 4 章引理 4.4 可知，此时的外路径总长最小，所以 T 是一棵最佳前缀码树。可是，当不同字符有不同频率时，等长码则不一定是最优的。这时，式（7.1）是一个加权的外路径总长。注意，这个公式看上去很像第 6 章中最佳二元搜索树的评价公式（6.5），但有本质的不同。在那里，关键字的顺序不能变，而这里，我们可以把字符以任意顺序对应到叶结点上，只要式（7.1）的值最小就行。直观上看，频率大的字符应该对应到深度小的叶子上去，而频率小的字符应该对应到深度大的叶子上去。这个观察由下面的引理得到证明。

引理 7.4　假设 a 和 b 是字符集 S 中所有字符中频率最小的两个字符，那么存在一棵 S 的最佳前缀码树使得它们对应的叶结点在最底层，并且有共同的父结点。

证明：为使用反证法，让我们假定 T 是字符集 S 的一棵最佳前缀码树，其高度为 h。其中，字符 a 对应的叶结点在第 k 层，$k<h$。如图 7-8 所示，因为 T 是完全二叉树，必定有字符 x（$x\neq b$）对应于一个最底层的叶子。我们有 $d(x)=h$。如果我们把 a 和 x 在 T 中交换一下，会得到一棵新的前缀码树 T'。根据式（7.1），我们有：

$$B(T')=B(T)-(k\,f(a)+h\,f(x))+(k\,f(x)+h\,f(a))$$
$$=B(T)-h(f(x)-f(a))+k(f(x)-f(a))$$
$$=B(T)-(h-k)(f(x)-f(a))$$

因为 $k<h$，$f(a)\leqslant f(x)$，所以有 $(h-k)(f(x)-f(a))\geqslant 0$，$B(T')\leqslant B(T)$。如果 $B(T')<B(T)$，则产生矛盾，而 $B(T')=B(T)$ 则说明 T' 也是最佳前缀码树，而且 a 对应的叶结点在底层。同理可证存在最佳前缀码树使 b 对应的叶结点也在底层。

现在，可假定最佳前缀码树 T 中 a 和 b 对应的叶子在最底层。这时，假设与 a 具有相同父结点的字符是 y。如果 $b=y$，那么引理得证。否则把 b 和 y 的位置交换以使 a 和 b 具有相同父结点。因为 b 和 y 都在底层，这个交换不改变 $B(T)$ 值。所以，存在一棵最佳前缀码树使得 a 和 b 对应的叶结点在最底层，并且有共同的父结点。

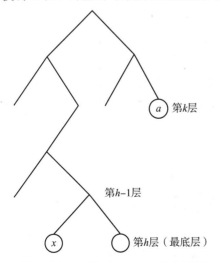
a）前缀码树 T 中 a 在第 k 层，$k<h$，而 x 在最底层

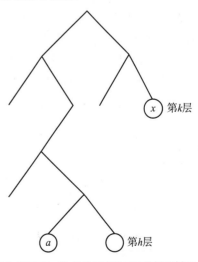
b）将树 T 中 a 和 x 的位置交换后的前缀码树 T'

图 7-8　将频率最小的字符 a 换到最底层

从引理 7.4 可知，在构造字符集 S 的最佳前缀码树时，可以找出频率最小的两个字符 a 和 b 并构造一棵有三个结点的小二叉树，其中的两个叶子代表 a 和 b。那么，下一步该如何做呢？显然单靠引理 7.4 是不够的。让我们研究一下 a 和 b 在最佳前缀码树 T 中对应的叶子与它们父结点 p 的关系。由式（7.1），我们有如下推导：

$$
\begin{aligned}
B(T) &= \sum_{c\in S} f(c)d(c) \\
&= \sum_{c\in S-\{a,b\}} f(c)d(c) + f(a)d(a)+f(b)d(b) \\
&= \sum_{c\in S-\{a,b\}} f(c)d(c) + (f(a)+f(b))d(a) \qquad (\text{因为 } d(a)=d(b)=\text{树高 } h) \\
&= \sum_{c\in S-\{a,b\}} f(c)d(c) + (f(a)+f(b))(d(p)+1) \qquad (p \text{ 是 } a \text{ 和 } b \text{ 的父亲}) \\
&= \sum_{c\in S-\{a,b\}} f(c)d(c) + (f(a)+f(b))d(p)+(f(a)+f(b)) \qquad (7.2)
\end{aligned}
$$

从式（7.2）看出，如果把 a 和 b 从 S 中除去而加上一个新字符 p，那么修改后的字符集是 $S'=S\cup\{p\}-\{a,b\}$。如果定义 $f(p)=f(a)+f(b)$，那么我们有：

$$
\begin{aligned}
B(T) &= \sum_{c\in S-\{a,b\}} f(c)d(c) + (f(a)+f(b))d(p)+(f(a)+f(b)) \\
&= \sum_{c\in S'} f(c)d(c) + (f(a)+f(b)) \\
&= B(T')+(f(a)+f(b)) \qquad (7.3)
\end{aligned}
$$

这里的树 T' 是把 T 中代表 a 和 b 的叶子删去后的二叉树，其中原来 a 和 b 的父结点 p 变成一个叶子。树 T' 正好是 S' 的前缀码树。从式（7.3）我们有如下引理。

引理 7.5 假设树 T 是关于集合 S 的最佳前缀码树，其中频率最小的两个字符 a 和 b 所对应的叶子在最底层并共有一父结点 p。那么，删去 a 和 b 所对应的叶子后的二叉树 T' 是关于集合 S' 的一棵最佳前缀码树，这里 $S'=S\cup\{p\}-\{a,b\}$，$f(p)=f(a)+f(b)$。反之，如果 T' 是关于集合 S' 的最佳前缀码树，那么在结点 p 上加上两个叶结点得到的二叉树 T 必定是关于集合 S 的一棵最佳前缀码树。这里，新加的两个叶结点代表 a 和 b。

证明： 因为 $(f(a)+f(b))$ 是常数，式（7.3）表明树 T 是关于集合 S 的一棵最佳前缀码树当且仅当 T' 是关于集合 S' 的一棵最佳前缀码树。所以引理 7.5 正确。∎

从引理 7.5 可知，我们可以设计下面的贪心算法来构造最佳前缀码树，称为哈夫曼编码算法，其对应的编码称为哈夫曼编码（Huffman Code）。我们假定集合 S 至少含有两个字符。

```
Huffman(S,f)        // 输入是字符集 S 以及字符的频率
1  n ← |S|
2  Q ← S  // 优先队列 Q 中每个元素指向一棵树。Q 可用最小堆实现
3          // 初始有 n 棵树，每棵只含一个结点，没有儿子，定义为叶子，对应一个字符
4  //Q 中每个元素的关键字是它所指向的那棵树的权值 ( 对应字符的频率 )
5  for i ← 1 to n-1
6      a ← Extract-Min(Q)        // 取出有最小权值 ( 频率 ) 的树 a
7      b ← Extract-Min(Q)        // 取出第二小权值 ( 频率 ) 的树 b
8      Construct root p          // 先构造根结点 p，含一个结点的树
9      left(p) ← tree a          // 树 a 成为 p 的左儿子
10     righ(p) ← tree b          // 树 b 成为 p 的右儿子
```

```
11      f(p) ← f(a)+f(b)              // 以 p 为根的树的权值是树 a 和树 b 的权值之和
12      insert(Q, p)                 // 以 f(p) 为关键字，把指向 p 为根的树的指针加到 Q 中
13  endfor
14  T ← Extract-Min(Q)               // 现在 Q 中只含一棵树，取走后成空集
15  End
```

定理 7.6　哈夫曼算法 Huffman(S, f) 为集合 S 输出一棵最佳前缀码树。

证明： 我们对集合 S 的规模 $n = |S|$ 进行归纳证明。

归纳基础：

当 $n = |S| = 2$ 时，S 只有两个字符 a 和 b，该算法显然正确。

归纳步骤：

假设当 S 有 $n-1$ 个字符时 ($n \geqslant 3$)，该算法正确。我们证明，当 S 有 n 个字符时，算法仍然正确。我们注意到，初始化后，算法只做一件事，就是执行第 5 行起的 for 循环。该循环的第一轮产生一个以 p 为根、以两个有最小频率的字符 a 和 b 为子树的二叉树。这时，优先队列 Q 指向 $n-1$ 棵树。其中，$n-2$ 棵树的权值未变，它们对应原 S 中 $n-2$ 个字符的频率。原来指向树 a 和树 b 的指针已从 Q 中删去，但是增加了一个指针，指向以 p 为根的树，其权值为 $f(p) = f(a) + f(b)$。我们可认为 p 为根的树对应一个字符 p，其频率是 $f(p)$。

所以，for 循环第二轮开始时，优先队列 Q 指向 $n-1$ 棵树。这些树的权值正好是集合 $S' = S \cup \{p\} - \{a, b\}$ 中 $n-1$ 个字符的频率。因 S' 含有 $n-1$ 个字符，由归纳假设，从循环的第 2 轮开始到循环完成，算法将为 S' 输出一棵最佳前缀码树 T'。由引理 7.5 可知，如果在第 2 轮前把结点 a 和 b 从点 p 切下，循环完成后再把结点 a 和 b 连接到点 p 就可以得到一棵字符集 S 的最佳前缀码树 T。显然，我们不需要把 a 和 b 与点 p 切断。哈夫曼算法确定了字符 a 和 b 之后，把整个 p 为根的树对应到一个字符 p，效果一样。这就省去了切断和再连接的操作。引入切断和再连接的操作是为了证明的方便而已。所以，算法结束时，优先队列 Q 中只含一棵集合 S 的前缀码树 T。由引理 7.5，这棵前缀码树 T 必定最佳。归纳成功。　∎

如果我们用最小堆来实现优先队列 Q，那么以上 Huffman(S, f) 算法的复杂度为 $O(n \lg n)$。下面来看一个例子。

【例 7-3】 假设 $S = \{A, B, C, D, E, F\}$。S 中字符使用的频率为 $f(A) = 5$，$f(B) = 8$，$f(C) = 2$，$f(D) = 4$，$f(E) = 9$，$f(F) = 12$。找出它们的一组哈夫曼码。

解： 我们注意到，符号的频率可以用一组其和为 1 的百分比表示，但也可以用一组正数，称为权值，表示出来，因为把它们除以总和即可换算为前者，不论换算与否，哈夫曼算法都正确。图 7-9 逐步演示了哈夫曼算法为本例中字符集构造最佳前缀码树的过程。图中最后一步同时给出由前缀码树得到的前缀码。

当然，如图 7-9f 所示，从前缀码树得到前缀码只需要按我们前面讨论的，为每条边标以 0 或 1 即可。

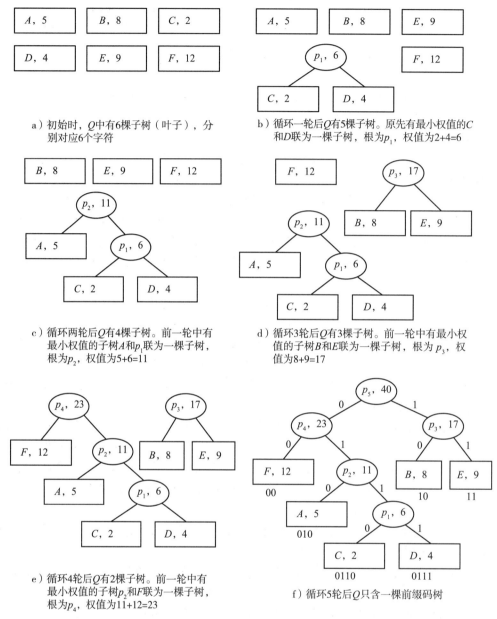

a）初始时，Q中有6棵子树（叶子），分
别对应6个字符

b）循环一轮后Q有5棵子树。原先有最小权值的C
和D联为一棵子树，根为p_1，权值为2+4=6

c）循环两轮后Q有4棵子树。前一轮中有
最小权值的子树A和p_1联为一棵子树，
根为p_2，权值为5+6=11

d）循环3轮后Q有3棵子树。前一轮中有最小权
值的子树B和E联为一棵子树，根为p_3，权
值为8+9=17

e）循环4轮后Q有2棵子树。前一轮中有
最小权值的子树p_2和F联为一棵子树，
根为p_4，权值为11+12=23

f）循环5轮后Q只含一棵前缀码树

图 7-9　用哈夫曼算法对例 7-3 中的字符逐步操作的图示

7.5　最佳加油计划问题

这一节，让我们考虑一个有趣但需要稍加思考的问题，即最佳加油计划问题。

7.5.1　最佳加油计划问题的描述

假设我们计划开车从城市 A 到城市 B，中间经过 n 个加油站，顺序标为 1，2，…，
n。汽车油箱一开始为空并在城市 A 的加油站（标为 0 号站）加油后出发。汽车终点是城

市 B 的加油站（标为 $n+1$ 号站）。假设从加油站 $(i-1)$ 到加油站 i 之间的距离已知为 $D[i]$ 公里 $(1 \leqslant i \leqslant n+1)$。为方便起见，定义 $D[0]=0$。另外，每个加油站的油价已知，加油站 i 的价格为 $P[i]$ $(0 \leqslant i \leqslant n)$。因为同一部汽车每升汽油可开的公里数是常数，所以这里的价格已转换为元/公里。因为到达加油站 $n+1$ 时加的油不计入本问题，为方便起见，定义 $P[n+1]=0$。图 7-10 给出了一个 $n=5$ 的例子。

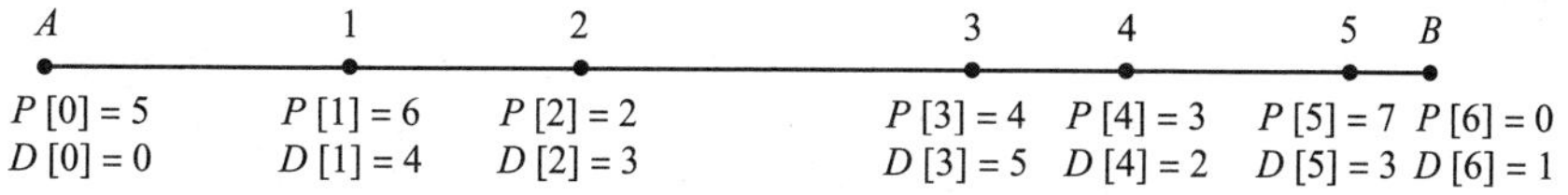

图 7-10　一个最佳加油计划问题的例子

我们假设汽车装满油之后可跑 L 公里，而这个距离大于任何两个相邻加油站的距离。所以，只要油箱有足够的油，汽车就不会断油。现在要设计一个算法来确定一个加油计划。从 0 号加油站开始，一路上我们应该在哪些加油站停下加油和加多少油使得汽车可以到达城市 B，并且总共用以加油的钱最少。

7.5.2　贪心算法的基本思路

用贪心算法解这个问题的基本思路是，从 0 号加油站开始，每到一站，我们需要回答两个问题：

1）下一站应该停在几号加油站？

2）在当前停下的加油站应加多少钱的油？

在我们回答这两个问题时，我们要考虑在到达当前这个加油站时，油箱里的油还能跑多少公里。我们用 $R[i]$ 表示到达 i 号加油站时油箱里的油还可跑的公里数 $(0 \leqslant i \leqslant n)$。一开始，油箱为空，$R[0]=0$。另外，我们用 $M[i]$ 表示在加油站 i 时需要加的钱。如果不在加油站 i 停，那么 $M[i]=0$。我们可以把它初始化为 0。

现在，让我们回答上述两个问题。这两个问题是有联系的，因为加多少油要看下一站在哪里停。因为汽车最能跑 L 公里，我们必须在 L 公里内选择下一个停靠的加油站。直观的感觉告诉我们，应该在 L 公里内价格最便宜的加油站停下。这个猜测基本上是对的，但不完全对。试想，如果当前的加油站价格最贵而下去第 3 站最便宜并且在 L 公里内。这时，我们不应该加足油后直奔第 3 站，因为我们可以在下去第 1 站或第 2 站加上些中档价格的油。正确的做法如下。

假设当前加油站是加油站 i，我们顺序观察 L 公里内各加油站的价格。我们分两种情况处理：

1）在 L 公里内，加油站 k 是第一个满足 $P[k]<P[i]$ $(i<k)$ 的加油站。

这种情况下，我们在当前加油站 i 加入正好能跑到加油站 k 的油。

2）在 L 公里内任一加油站价格都大于等于 $P[i]$。

这种情况下，找出价格最低的加油站 k。如果有好几个加油站与加油站 k 的价格相同，则取距离最远的一个。因为加油站 i 的价格是最便宜的，所以我们应当在加油站 i 把油箱加满，并且下一站应停靠在加油站 k。

我们来证明这个策略是正确的。

正确性证明:

首先证明，对第一种情况，上述策略是正确的。这是因为：

1）如果在加油站 i 加少了，则必须在加油站 k 前面某站 h 停下加入价格大于等于 $P[i]$ 的油。那么，从站 h 跑到站 k 这部分油完全可以在加油站 i 以低价或平价买入。

2）如果在加油站 i 加多了，则多出部分是以加油站 i 的价格买的。这部分油可以在加油站 k 以低价买入。

所以，上述策略对第一种情况是正确的。这里要注意的一点是，在到达加油站 i 时，算法必须保证汽车中所剩的油一定不够开到加油站 k，或刚好开到加油站 k，否则算法就不正确了。下面会看到，我们的算法会保证这一点。

现在证明，对第二种情况，上面的策略也是正确的。这是因为，在这种情况下，第 i 号加油站的价格是最便宜的，在 L 公里内任何地方油价都大于等于 $P[i]$，在加油站 i 处加满油总是正确的。但是，我们必须在 L 公里内停靠在某加油站。停在哪里呢？假设站 i 到站 k 的距离是 d 公里，我们证明停在站 k 最好。我们分 3 种情况讨论：

1）如果在加油站 k 之后的站 h 停下加油。那么，我们有 $P[k]<P[h]$。汽车在经过站 k 时，油箱已消耗了 d 公里的油。这时，如果在站 h 停下，并加入小于 d 公里的油，那么，在经过站 k 时，油箱已消耗了 d 公里的油，这些油完全可以在站 k 停下后以低价买到并加到油箱中。

2）如果在加油站 k 之后的站 h 停下加油，并且加的油大于等于 d 公里，那么其中的 d 公里的油完全可以在站 k 停下后以低价买到并加到油箱中。

3）如果在加油站 k 之前的站 w 停下加油，那么，我们有 $P[k]\leq P[w]$。所以这部分油也完全可以等汽车开到加油站 k 停下后以低价买到并加到油箱中。

所以，对第二种情况，上面的策略也是正确的。这里要注意的一点是，我们不要加入可以开到加油站 $n+1$ 以外的油。但这个不用担心，因为 $P[n+1]=0$，小于任何其他油站价格，这种情形不会发生在这里。它属于第一种情况。

7.5.3 贪心算法的伪码

根据以上分析，贪心算法的伪码如下。

```
Min-Cost-Trip(P,D,M,n,cost)        //M[i]是在加油站i花的钱，总数是cost
1  for k←0 to n
2      M[k]←0                      //初始化
3  endfor
4  R[0]←0                          //开始时，油箱为空
5  cost←0                          //开始时，还没有花钱
6  i←0                             //开始时，停在0号加油站
7  while i≤n                       //停在i号加油站做决定
8      d←0                         //d是从站i到下一个要查看的油站的距离
9      k←j ←i+1                    //从j=i+1开始检查L内各站油价，站k是当前最便宜的
10     while d+D[j]≤L              //只查看与站i距离小于等于L的油站
11         d ←d+D[j]               //d是从站i到加油站j的距离
12         if P[j]≤P[k]
13             then  k←j           //更新最便宜的站点k
14             if P[k]<P[i]         //第一种情况发生
15                 then exit the while loop      //跳出while循环
16             endif
```

```
17              endif
18              j ← j+1                    // 目前为止，P[i] 最小
19          endwhile                       // 循环 while 结束，第二种情况
20          if P[k]<P[i]                   // 如果为第一种情况
21              then M[i] ← (d − R[i])×P[i]  // d − R[i] 是开到站 k 要买的里程数
22                   R[k] ← 0               // 在站 k 将不会有油剩余
23              else M[i] ← (L − R[i])×P[i]  // 如果为第二种情况，加满油
24                   R[k] ← L − Σ(j=i+1 到 k) D[j]   // 在站 k 会有油剩余，油量为 R[k]
25          // 如果在站 k 是第一种情况，下一站是 h，那么 R[k] 是不够从站 k 开到站 h 的
26          // 这是因为 P[h]<P[k]，在站 i 没有看到更低油价 P[h]，站 h 距离站 i 必定大于 L
27          endif
28          cost ← cost+M[i]
29          i ← k                          // 下一停靠站
30      endwhile
31  End
```

$$R[k] ← L − \sum_{j=i+1}^{k} D[j]$$

算法 Min-Cost-Trip 的正确性在前面已解释清楚。要注意的一点是，算法第 24 行是唯一的一步使下一站 k 会有油剩余。因为站 k 的油价是在 L 公里内最便宜的，所以，如果在站 k 时发生第一种情况，那么站 k 后面的下一个停靠站 h 一定会在 L 公里之外。因此，当汽车到达站 k 时，剩余油不够开到站 h。这就保证了算法的正确性。

图 7-11 显示了，假设 $L=8$，用上面的贪心策略对图 7-10 中的例子进行计算的结果。其中 $G[i]$ 和 $M[i]$ 分别表示在停靠的加油站 i 所需买的公里数和价钱，总共是 60 元。

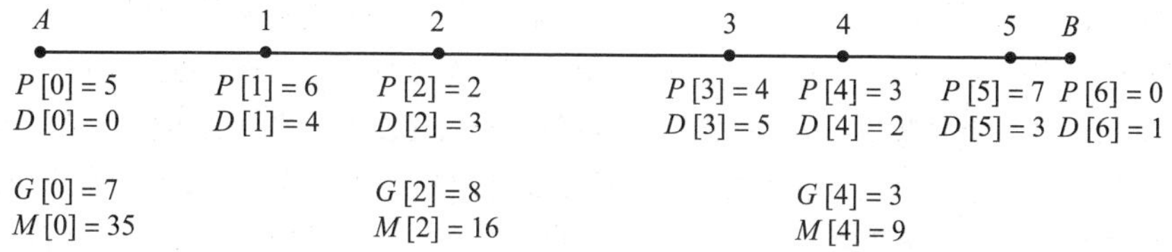

图 7-11　在 $L=8$ 时，用贪心策略对图 7-10 中的例子进行计算得到的最佳加油计划

上面这个算法的复杂度取决于 L。如果在 L 公里内最多有 k 个加油站，那么这个复杂度为 $O(kn)$。这是因为在每个停靠站要检查最多 k 个油站的价格和距离，处理时间为 $O(k)$。所以总的时间为 $O(kn)$。如果 k 是个常数，则复杂度为 $O(n)$。这个算法不难改进为，在 k 为任意变量时，复杂度仍为 $O(n)$。关键的思路是，每个油站的价格和距离只检查一次以省去重复计算的时间。这里不做深入讨论，可参考有关习题。

习题

1. 假设数组 $A[1..n]$ 和 $B[1..m]$ 已经排好序，$A[1] \leqslant A[2] \leqslant \cdots \leqslant A[n]$，$B[1] \leqslant B[2] \leqslant \cdots \leqslant B[m]$。请设计一个复杂度为 $O(n+m)$ 的贪心算法在数组 $A[1..n]$ 和 $B[1..m]$ 中各找一个数 $A[u]$ 和 $B[v]$ 使得它们的差别 $|A[u] − B[v]|$ 最小。

2. 请设计一个复杂度为 $\Theta(n\lg n)$ 的算法来确定有 n 个数的集合 $A[1..n]$ 中是否有两个数字之和正好等于一个给定的数 x。

3. 给定数组 $A[1..n]$，请设计一个复杂度为 $O(n\lg n)$ 的算法来确定数组 A 中是否有两个数 $A[i]$ 和 $A[j]$ $(1 \leqslant i, j \leqslant n)$，使得 $A[i]=A[j]+1$。如果有，则报告 (i, j)，否则报告 $(0, 0)$。注意，数组 A 中的数

可以是实数，不一定是整数。另外，$i<j$ 或 $i>j$ 都可以。

4. 某公司在过去的 n 个月中生产的汽车数分别是 $A[1], A[2], \cdots, A[n]$。我们希望知道其中是否有一段时间，该公司生产的汽车总数正好等于 M。也就是说，能否找到 i 和 j $(1 \leqslant i \leqslant j \leqslant n)$，使得 $\sum_{k=i}^{j} A[k] = M$。请设计一个 $O(n)$ 的贪心算法找出 i 和 j，或者报告不存在。

5. 假设一长途汽车线路上有 n 个站点并顺序编号为 $1, 2, \cdots, n$，其中起始站为 1，终点站为 n。旅客可以从任一站 i 上车 $(1 \leqslant i \leqslant n-1)$，到下面任一站 j 下车 $(i<j \leqslant n)$。假设已知 $p(i, j)$ 为需要在站 i 上车，在站 j 下车的旅客人数 $(1 \leqslant i<j \leqslant n)$。又假设每部公共汽车停靠每一个站并可载客 30 人。请设计一个 $O(n^2)$ 算法来确定至少需要多少部汽车可以满足所有旅客的需求。

6. （a）请为下表中的 8 个字符构造哈夫曼编码。它们在每 100 个字中出现的频率在表中给出。

字符	频率	字符	频率
A	5.0	E	13.5
B	7.0	F	10.5
C	19.0	G	25.0
D	6.0	H	14.0

（b）在这个哈夫曼编码中，平均每个字符需要多少比特？

7. 假设我们有 n 张照片和 n 个相框。为方便起见，假定它们的宽度都一样但长度不等。这 n 张照片的长度由数组 $P[1..n]$ 给出，而这 n 个相框的长度由数组 $F[1..n]$ 给出。如果 $P[i] \leqslant F[j]$ $(1 \leqslant i, j \leqslant n)$，那么第 i 张照片可以装在第 j 个相框里。请设计一个 $O(n\lg n)$ 的算法将尽可能多的照片配上相框并证明算法的正确性。注意，一张照片只许配一个相框，一个相框也只许配一张照片。

8. 用贪心算法设计一个复杂度为 $O(n)$ 的算法解决第 2 章习题 3 的问题。为方便起见，问题重述如下。假设某公司在过去 n 天中的股票价格记录在数组 $A[1..n]$ 中。我们希望从中找出两天的价格，其价格的增幅最大。也就是说，我们希望找到 $A[i]$ 和 $A[j]$ $(i<j)$ 使得 $M = A[j] - A[i]$ 的值最大，即 $M = \max\{A[j] - A[i] \mid 1 \leqslant i<j \leqslant n\}$。

9. 有 n 个活动 $a_1, a_2, \cdots, a_n$，需要使用同一个礼堂。礼堂从时刻 $t=0$ 可以使用，但是任何时刻只能安排最多一个活动。这些活动没有规定的开始或终止时刻，但都希望从 $t=0$ 开始。假设第 i 个活动 $(1 \leqslant i \leqslant n)$ 需要连续使用 t_i 时间。如果在时刻 $t>0$ 开始，那么必须要付出额外的开销。这个开销与开始时刻 t 成正比。为简单起见，就把开始时刻 t 作为开销。请设计一算法来找到一个最佳调度使总的开销最小。也就是说，如果活动 a_i 开始时刻是 s_i，算法要找到一个两两兼容的调度使 $\sum_{i=1}^{n} s_i$ 最小。请证明算法的正确性并分析其复杂度。

10. 某剧场举办一个电影节。剧场内有两个电影院，X 和 Y。在从 $t=0$ 开始的某一段时间内，电影院 X 会顺序放映 n 个长短不一的电影 $x_1, x_2, \cdots, x_n$，其每场开始和结束时间顺序为 $(a_1, b_1), (a_2, b_2), \cdots, (a_n, b_n)$。从 $t=0$ 开始，在同一期间，电影院 Y 会连续放映 m 个电影，$y_1, y_2, \cdots, y_m$，其每场开始和结束时间顺序为 $(c_1, d_1), (c_2, d_2), \cdots, (c_m, d_m)$。我们规定每位观众必须准时入场并不得中途退场。假定两个电影院之间的距离极近，观众从一个影院走到另一个所需时间为零。请设计一个时间为 $O(m+n)$ 的贪心算法以决定同一个观众最多可以看完几场电影，并为他选出这些电影。你必须解释为什么你的算法可给出最佳的解，即保证看到最多的电影。

11. 考虑一个加权的完全图 $G(V, E)$，其中顶点集合是 $V = \{v_1, v_2, \cdots, v_n\}$。每个顶点 $v_i (1 \leqslant i \leqslant n)$ 含有一个整数 a_i。边 (v_i, v_j) 的权值是 $|a_i - a_j|$。下图给出了一个 5 个顶点的例子。我们希望找到一条正

好经过每个点一次的路径 (哈密尔顿路径) 使得路径的总的权值最小。这里，一条路径的权值是路径上所有边的权值总和。顶点内的数字不计入权值。(其实，把顶点数字计入权值不会改变解。)

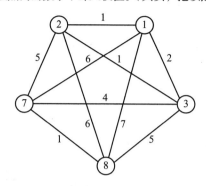

（a）请设计一个贪心算法来找到这条最佳路径。你可以选择任一点开始和任一点结束。

（b）重复（a），但是你必须从点 v_i 开始到 v_j 结束 $(i \neq j)$。

12. 假设我们有 n 个活动 a_1，a_2，$\cdots$，a_n，要租用学校的教室。每个活动 a_i $(1 \leq i \leq n)$ 有一个固定的开始时间 s_i 和一个固定的完成时间 f_i $(0 \leq s_i < f_i < \infty)$。安排在同一教室的活动必须两两兼容。假设学校有足够的教室可以从 $t=0$ 开始使用。请设计一个复杂度为 $O(n \lg n)$ 的贪心算法找到一个调度使我们能租用最少的教室以满足所有 n 个活动的要求。这里，一个调度是指，租多少教室，以及每个教室安排哪几个两两兼容的活动。[这个问题也被称为区间图着色问题。假如把每对 s_i 和 f_i $(1 \leq i \leq n)$ 看作实数轴上的区间 $[s_i, f_i)$，那么我们可以构造一个有 n 个顶点的**区间图**。其中 n 个顶点对应这 n 个区间（也代表了这 n 个活动）。如果两个顶点代表的区间有重叠部分，则它们之间有一条边。对一个图着色就是给图中每个点一个颜色使得相邻两点的颜色不同。显然，同一种颜色的点所代表的区间两两不重叠。也就是说，它们对应的活动两两兼容，可以安排在同一教室。所以，用最少的颜色给区间图着色就对应了用最少的教室安排这 n 个活动。]

13. 在第 6 章习题 6 中，我们考虑过焊接 n 根钢管的问题。这里，我们再次考虑这个焊接问题。不同的是，我们不限制焊接时钢管之间的顺序。每一次焊接，你可以任选两根钢管来焊接。现在，我们把问题再描述一下。假设我们需要把 n 根钢管 a_1, a_2, $\cdots$, a_n, 焊成一根钢管。这些钢管的重量分别是 $W[i]$ $(1 \leq i \leq n)$。每次焊接你可以从被焊钢管中任选二根来焊，但每次焊接的代价等于被焊两根钢管重量之和。比如我们有 5 根钢管，重量为 3、8、5、10 和 13。显然，任何一个焊接计划可以用一棵有 n 个叶子的完全二叉树表示。如果我们按下图所示的二叉树的顺序焊接，那么总的代价为 $(5+8)+(13+13)+(3+10)+(26+13)=91$。

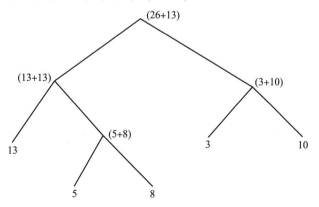

（a）假设有一棵 n 个叶子的完全二叉树 T 表示一个焊接计划，证明这个焊接计划的总代价为 $\mathrm{Cost}(T) = \sum_{k=1}^{n} W[k] depth(k)$，其中 $depth(k)$ 是代表钢管 a_k 的叶子在树中的深度。

（b）如果一个焊接计划有最小的总代价，则称为最佳焊接计划。证明在一棵代表最佳焊接计划的二叉树 T 中，代表最轻两根钢管的叶子在最底层。

（c）证明有一个最佳焊接计划，它的第一步是把最轻的两根钢管焊在一起。

（d）设计一个 $O(n \lg n)$ 的算法为这 n 根钢管产生一个最佳焊接计划。

14. 考虑一个与上题不同的焊接问题。假设我们需要把 n 根钢管 $a_1, a_2, \cdots, a_n$，焊成一根钢管。这些钢管的直径不同，分别是 $D[i]$ $(1 \le i \le n)$。假设焊接点的强度与被焊两根钢管直径的乘积成正比。为简单起见，假定焊接点强度等于被焊两根钢管直径的乘积。显然，焊接完成后的钢管有 $(n-1)$ 个焊点，而它的强度就等于这 $(n-1)$ 个焊点中最薄弱的焊点强度。我们注意到，把钢管排成不同的顺序来焊会得到不同的强度。比如，4 根钢管的直径分别是 2、4、5 和 8。如果按这个顺序焊的话，三个焊点强度分别是 2×4、4×5 和 5×8。所以，焊好后的钢管强度是 8。但如果钢管顺序是 2、8、5 和 4，那么焊好后的钢管强度是 $\min\{2 \times 8, 8 \times 5, 5 \times 4\} = 16$。请设计一个复杂度为 $O(n \lg n)$ 的贪心算法来确定一个最优的焊接顺序使焊好后的钢管强度最大。你需要证明算法的正确性。

15. 假设我们开一辆卡车从城市 A 到城市 B，沿路径过一些苹果市场。城市 A 和城 B 也有苹果市场。为方便起见，假定一共有 n 个市场，顺序编号为 1 到 n，其中城市 A 的市场为第 1 号，城市 B 的市场为第 n 号。在每个市场 i $(1 \le i \le n)$，我们可以买苹果，买入价已知为 $B[i]$（元/斤），也可以卖苹果，卖出价为 $S[i]$。我们希望在某个市场 i 买苹果，然后在某市场 j 卖掉，$j \ge i$，使得赚的钱最多，即 $M = S[j] - B[i]$ 最大。请设计一个复杂度为 $O(n)$ 的贪心算法找出这市场 i 和 j 并报告最大差价 $M(= S[j] - B[i])$。我们规定，车子只能向前开，不可以往回开。你可以在同一市场买和卖，但只能买一次且只能卖一次。如果这个最大差价是负数也给予报告，说明最少会亏多少。

*16. 重新考虑上一题。假设我们做两次买卖，即在某个市场 i_1 买苹果，然后在某市场 $j_1 \ge i_1$ 卖掉，这是第一次买卖。然后，我们再在某市场 $i_2 \ge j_1$ 买苹果和在市场 $j_2 \ge i_2$ 卖掉。我们希望两次买卖的总收入最大，即 $M = (S[j_1] - B[i_1]) + (S[j_2] - B[i_2])$ 最大。我们规定，车子只能向前开，不可以往回开。你可以在同一市场买和卖，但最多只能买两次且只能卖两次。如果这个最大差价是负数也给予报告。请设计一个复杂度为 $O(n)$ 的贪心算法解决这个问题。

17. 考虑一个与第 6 章习题 10 有关的问题。如图所示，两条平行线 A 和 B 上各有 n 个点，并且从左到右依次编号为 1，2，3，$\cdots$，n。另外，直线 A 上每个点和直线 B 上唯一的一个点有线段相连，反之亦然。设直线 A 上点 i 与直线 B 上点 $\pi(i)$ 相连，那么这 n 个线段为 $(i, \pi(i))$ $(1 \le i \le n)$。下图的例子中，我们有 $\pi(1) = 3$，$\pi(2) = 1$，$\pi(3) = 6$，$\pi(4) = 8$，$\pi(5) = 2$，$\pi(6) = 5$，$\pi(7) = 4$，$\pi(8) = 7$。如果 $i < j$ 但是 $\pi(i) > \pi(j)$，那么线段 $(i, \pi(i))$ 和 $(j, \pi(j))$ 会相交，否则不相交。第 6 章习题 10 要求找出最大的一组互不相交的线段。本题的问题是要把这些线段分组使得在同一组里的线段互不相交。例如，在下图中，这 8 个线段可分为三组：$\{(1, 3), (3, 6), (4, 8)\}$、$\{(2, 1), (5, 2), (6, 5), (8, 7)\}$ 和 $\{(7, 4)\}$。请设计一个复杂度为 $O(n^2)$ 的贪心算法用最少的组数把这 n 个线段分组使得在同一组里的线段互不相交。（可改进为复杂度为 $O(n \lg n)$ 的算法。）

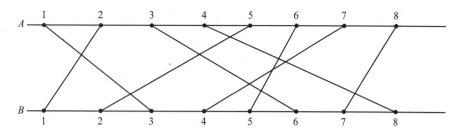

18. 假设 $A[1]$，$A[2]$，$\cdots$，$A[n]$ 是 n 个数的一个序列，请设计一个复杂度为 $O(n^2)$ 的贪心算法把它分成最少的几个递增的子序列。这里，递增意味着不减少，即递增序列中允许相等数字。例如，序列 4，8，2，3，6，9，7 可以分为两个序列：<4，8，9>，<2，3，6，7>。显然这是最好的了。（可改进为复杂度为 $O(n \lg n)$ 的算法。）

*19. 重新考虑第 3 章习题 13 中构造最小优先树的问题。给定一个 n 个数的序列，$A[1]$，$A[2]$，$\cdots$，$A[n]$，用贪心算法设计一个最坏情况复杂度为 $O(n)$ 的算法为这个序列构造出最小优先树。

20. 设计一个复杂度为 $O(n)$ 的算法来求解第 2 章习题 20。问题叙述如下。在序列 $A[1]$，$A[2]$，$\cdots$，$A[n]$ 中，如果一个数出现的次数 k 超过一半，即 $k > n/2$，那么这个数被称为垄断数 (dominating number)。如果序列有垄断数，则报告这个数及其出现次数 k，否则报告 $k=0$。规定，算法只能用比较序列中两数字是否相同来判断，比较不告诉谁大谁小，只告诉相同或不相同。其他数字间的比较无此限制。

*21. 改进 7.5 节中最佳加油计划问题的贪心算法使其复杂度为 $O(n)$。

*22. 一个 $n \times n$ 的实数矩阵 A 中每一行已排好为一递增序列，即 $a_{i1} \leqslant a_{i2} \leqslant \cdots \leqslant a_{in}\,(1 \leqslant i \leqslant n)$。它的每一列也已排好为一递增序列，$a_{1j} \leqslant a_{2j} \leqslant \cdots \leqslant a_{nj}\,(1 \leqslant j \leqslant n)$。现在，假设我们要搜索一个给定数字 x。

（a）请设计一个贪心算法用最多 $2n-1$ 次比较判断矩阵 A 中是否有 x。

（b）证明任何搜索给定数字 x 的算法，在最坏情况时，需要至少 $(2n-1)$ 次比较。

23. 第 2 章习题 16 曾用分治法求解过下面的问题。在一条东西方向的大街上有 n 户人家，它们与西头的距离顺序为 $H[1] < H[2] < \cdots < H[n]$。另外，街上有 m 个学校，$m < n$，它们与西头的距离顺序为 $S[1] < S[2] < \cdots < S[m]$。假设每家都有学生，并且步行到最近的学校上学。我们要确定哪家学生步行的距离最远有多远。请设计一个复杂度为 $O(n)$ 的贪心算法来解决这个问题。

24. 请用贪心算法解决一个与上一题有关的问题。在一条东西方向的大街上有 n 户人家，它们与西头的距离顺序为 $H[1] < H[2] < \cdots < H[n]$。另外，街上有 m 个学校，$m < n$，它们与西头的距离顺序为 $S[1] < S[2] < \cdots < S[m]$。假设每家都有学生，并且步行到最近的学校上学。为确定起见，如果某家到东西两边的学校等距离，我们选西边的学校。请设计一个复杂度为 $O(n)$ 的算法来确定哪个学校的学生来自最多的不同家庭。

25. 我们继续讨论一条街上的问题。在一条东西方向的大街上有 n 户人家，它们与西头的距离顺序为 $H[1] < H[2] < \cdots < H[n]$。另外，街上有 m 个学校，$m < n$，它们与西头的距离顺序为 $S[1] < S[2] < \cdots < S[m]$。假设每家都有学生，并且步行最多 300 米就至少有一个或几个学校可上学。现在，因为经费短缺，街道上计划关闭一些学校但仍然保证每家在 300 米内至少有一个学校可上学。请设计一个复杂度为 $O(n)$ 的贪心算法来确定关闭哪些学校使得关闭的学校最多而又可以保证每家在 300 米内至少有一个学校可上。

26. 这是一个与上一题略有不同的问题。这次，我们只关闭一个学校。我们把问题再叙述一遍。在一条东西方向的大街上有 n 户人家,它们与西头的距离顺序为 $H[1]<H[2]<\cdots<H[n]$。另外,街上有 m 个学校,$m<n$,它们与西头的距离顺序为 $S[1]<S[2]<\cdots<S[m]$。假设每家都有学生,并且步行到最近的学校上学。现在,因为经费短缺,街道上计划关闭一个学校。这样,有些学生会走得远些。请设计一个复杂度为 $O(n)$ 的算法来确定关闭哪一个学校,使得走最远路的距离是所有方案中最短的。

27. 在一条东西方向的大街上有 n 个楼房,它们与西头的距离顺序为 $H[i]$ $(1\leqslant i\leqslant n)$,并且分别有 $P[i]>0$ 个需要上学的学生。另外,街上有 m 个学校,$m<n$,它们与西头的距离顺序为 $S[j]$ $(1\leqslant j\leqslant m)$ 并且分别可以接收最多 $Q[j]$ 个学生上学。假设这些学生只能步行到这 m 个学校上学,并假设这些学生总人数等于这 m 个学校可以接收的总数,即 $\sum_{i=1}^{n}P[i]=\sum_{j=1}^{m}Q[j]$。现在,我们需要将每个楼的 $P[i]$ 个学生 $(1\leqslant i\leqslant n)$ 分配到这 m 个学校去上学。假设分配到 $S[j]$ $(1\leqslant j\leqslant m)$ 的人数是 $P[i,j]$,那么,必须有 $\sum_{j=1}^{m}P[i,j]=P[i]$。另外,因为 $\sum_{i=1}^{n}P[i]=\sum_{j=1}^{m}Q[j]$,我们还必须有 $\sum_{i=1}^{n}P[i,j]=Q[j]$。请设计一个复杂度为 $O(m+n)$ 的贪心算法来确定一个最佳分配方案使得学生步行的总距离最短。你的算法只需要输出非零的 $P[i,j]$,不需输出那些等于 0 的 $P[i,j]$。

28. 设图 $G(V,E)$ 是一个有 n 个顶点的完全图,$V=\{1,2,\cdots,n\}$。假设顶点 i 含有一个正整数 $a_i>0$ $(1\leqslant i\leqslant n)$。边 (i,j) $(1\leqslant i,j\leqslant n,\ i\neq j)$ 有权值 $w(i,j)=a_i\times a_j$,即顶点 i 和 j 中的整数之积。下图为一个 $n=5$ 的例子。请设计一个复杂度为 $O(n\lg n)$ 的算法为这样的完全图找出一条哈密尔顿回路使得边的总权值最大。

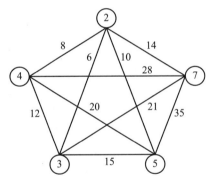

29. 找出给定数字序列 $A[1]$,$A[2]$,$\cdots$,$A[n]$ 中的两个序号 $i<j$,使得 $A[i]\leqslant A[j]$,并使它们的和 $(A[i]+A[j])$,最小。如果没有这样两个数,则输出 $+\infty$。这一次,请设计一个复杂度为 $O(n)$ 的贪心算法来解决这个问题。

30. 给定一个包含 n $(n>2)$ 个数的序列,$A[1]$,$A[2]$,$\cdots$,$A[n]$,设计一个复杂度为 $O(n\lg n)$ 的算法找出两个数,$A[i]$ 和 $A[j]$,满足 $i<j$,$A[i]\leqslant A[j]$,并且使得两者距离最大,即 $j-i$ 最大。如果不存在这样的两个数,则报告 $-\infty$。

*31. 考虑用贪心算法设计一个复杂度为 $O(n^2)$ 的算法求解第 6 章习题 16。我们把问题重述一下,假设有 n 个活动 $\{a_1,a_2,\cdots,a_n\}$ 要申请使用大礼堂。礼堂从时间 $t=0$ 起可以安排。活动 a_i $(1\leqslant i\leqslant n)$ 需要连续使用的时间是 t_i 并且在时刻 d_i 前结束,这里有 $0<t_i\leqslant d_i<\infty$。也就是说它必须被安排在时刻 $s_i=d_i-t_i$ 前开始,否则不可能按时完成。因为在任何时刻,两个活动不能同时使用礼堂,所以我们只能满足一部分活动,但我们希望能满足尽量多的活动。

(a)请设计一个复杂度为 $O(n^2)$ 的贪心算法找出最大的一个两两兼容的活动子集并做出它们可以不冲突地使用大礼堂的调度。

（b）请用上面的算法找出下面 7 个活动的最优解。

$A[i]$	1	2	3	4	5	6	7
$T[i]$	4	4	2.5	4.5	6	3	5
$D[i]$	5	8	7.5	11.5	14	12	15

（c）把算法的复杂度改进为 $O(n\lg n)$。

第8章 图的周游算法

我们知道，很多应用问题可以用图来描述，因此与图有关的算法占了相当大的比重。例如，最小支撑树的算法，最短路径的算法，网络流的算法等，在后面的章节中会讨论它们。但是，最重要的也是最基本的图的算法是图的周游算法。当一个应用问题建模为一个无向图或有向图时，我们往往需要对这个图中的每个点及每条边按某种顺序进行逐一访问。这种有序的访问称为图的周游 (graph traversal)。周游本身不是目的，而是为解决应用问题提供快速有效的访问框架和顺序。在解决具体问题时，我们需要在周游一个图时加入其他的操作从而得到结果。显然，周游算法的好坏会影响整个算法的好坏。人们在长期的实践中，总结了两个最优的周游算法，一个是广度优先搜索 (Breadth-First Search，BFS)，另一个是深度优先搜索 (Depth-First Search，DFS)。周游算法的重要性在于它可以用来解决许许多多的应用问题。有些问题可以直接用这两个周游算法解出并且往往是最优的算法，有些问题虽不能直接用周游算法解出，但周游算法往往被用作整个算法的必要步骤。至于用哪一个周游算法最好要根据具体问题而定。

8.1 图的表示

在讨论图的周游算法之前，有必要讨论一下图在计算机里的表示方法，也就是支持图的算法所必要的数据结构。一个无向图 $G(V, E)$ 由两个集合组成，一个是顶点的集合 V，另一个是边的集合 E。集合 E 里的一条边 (u, v) 就是集合 V 里一对无序的顶点，$u, v \in V$，它表示这两点间存在某种关系。一个有向图可以类似地定义，其差别在于，有向图中的每条边都是有方向的，即对应于有序的一对顶点。本节只讨论简单图（simple graph）的表示，即图中没有平行边和自回路。图 8-1a 和图 8-1b 分别给出了无向图和有向图的例子。

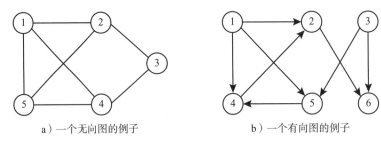

a）一个无向图的例子　　　　　b）一个有向图的例子

图 8-1　无向图和有向图的例子

图 8-1 中的两个图可以分别定义如下：
- 如图 8-1a 所示的无向图 $G(V, E)$，其中，$V = \{1, 2, 3, 4, 5\}$，$E = \{(1, 2), (1, 4), (1, 5), (2, 3), (2, 5), (3, 4), (4, 5)\}$。
- 如图 8-1b 所示的有向图 $G(V, E)$，其中，$V = \{1, 2, 3, 4, 5, 6\}$，$E = \{(1, 2), (1, 4), (1,$

5), (2, 6), (3, 5), (3, 6), (4, 2), (5, 4)}。

如果不说明是无向图还是有向图，则认为是无向图。在计算机里，我们通常用邻接表或邻接矩阵来表示一个无向图或有向图。

8.1.1　邻接表

图 8-2 给出了用邻接表来表示图 8-1 中无向图和有向图的例子。在邻接表中，对每一个顶点 u，我们用一个链表把所有与 u 相邻的顶点串起来。与 u 相邻的顶点的集合记为 $Adj(u)$。如果这个图 $G(V, E)$ 是有向图，那么 $Adj(u)$ 中的每个元素是从 u 开始的一条有向边的另一端的顶点，即 $Adj(u)=\{v \mid (u, v) \in E\}$。例如，在图 8-1b 中，$Adj(2) = \{6\}$。我们称 $Adj(u)$ 中的顶点为 u 的邻居或前向邻居。有时，我们想知道谁是 u 的后向邻居，即有边指向 u 的那些点。我们把它们记为集合 $Adj^-(u)$，即 $Adj^-(u)=\{w \mid (w, u) \in E\}$。显然，从顶点 u 的链表中，我们可以找到所有 $Adj(u)$ 中的顶点，但找不到 $Adj^-(u)$ 中的点。如果要方便地找出 $Adj^-(u)$ 中的点，有一个办法是构造一个辅助图，G^T，称为图 G 的转置图 (transpose graph)。G^T 是把图 G 中的每一条边的方向取反而得到的。显然，图 G^T 中的 $Adj(u)$ 就是图 G 中的 $Adj^-(u)$，反之亦然。对于无向图来讲，前向邻居和后向邻居是同一个集合。$Adj(u)$ 中的顶点在 u 的链表中的顺序可任意，或根据应用问题的需要而定。造好每个顶点的链表后，把这些链表的头用一个数组或链表组织起来就是这个图的邻接表。邻接表需要的空间复杂度是 $O(n+m)$。这里，$n-|V|$ 是顶点的个数，$m=|E|$ 是边的个数。除声明外，本书中讨论的算法均采用邻接表来表示图，并习惯用字母 n 和 m 分别表示顶点个数和边的个数。

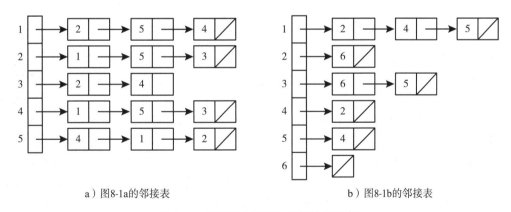

a）图8-1a的邻接表　　　　　　　　　b）图8-1b的邻接表

图 8-2　无向图和有向图的邻接表示例

8.1.2　邻接矩阵

邻接矩阵是另一种常用的图的表示法。图 8-3a 和图 8-3b 分别给出了表示图 8-1 中的无向图和有向图的邻接矩阵。用邻接矩阵表示一个图时，矩阵的每一行代表一个顶点，其顺序可任意。矩阵的每一列也代表一个顶点，其顺序通常与行顺序相同。如果从顶点 u 到顶点 v 有一条边，那么在对应于 u 的行和对应于 v 的列的交叉位置上赋值为 1，否则为 0。邻接矩阵还可以用来表示一个带权值的图。这时，如果从顶点 u 到顶点 v 有一条权值为 w 的边，那么在对应于 u 的行和对应于 v 的列的交叉位置上赋值为 w。要注意的是，有时权值为 0 的边可能不代表图中没有这条边，而用权值无穷大表示这条边不存在，所以，当矩阵的值有不同含义时应加以定义。邻接矩阵需要的空间复杂度是 $O(n^2)$。在某些情况下，用邻接矩阵会方便一些，例如，把表示图 G 的邻接矩阵转置即可得到表示图 G^T 的邻接矩阵。

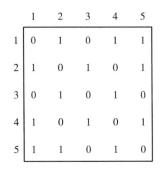
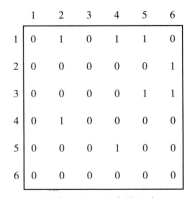

a）表示图8-1a的邻接矩阵　　　　　　　　　b）表示图8-1b的邻接矩阵

图 8-3　表示图 8-1 中两图的邻接矩阵

8.2　广度优先搜索及应用

我们先介绍广度优先搜索的周游算法，它的操作对无向图和有向图都是一样的。我们先介绍它的周游策略，然后给出算法细节，最后以一个知名例子讨论它的应用。

8.2.1　广度优先搜索策略

广度优先搜索（BFS）取图中一点 s 开始，这一点的选择通常视所解问题而定并称为起始点或根。访问过点 s 之后，BFS 算法的第一步将从点 s 出发逐一访问点 s 的所有邻居，也就是 $Adj(s)$ 中所有的点，无一遗漏。这意味着，BFS 也访问了边 (s, v)，$v \in Adj(s)$。按照什么顺序访问这些点并无规定，可根据所解问题而定或任意访问。假设被访问的 $Adj(s)$ 中的点依次为 v_1，v_2，$\cdots$，v_k，这之后，BFS 算法的第二步将依次访问这些点的前向邻居，即依次访问 $Adj(v_1)$，$Adj(v_2)$，$\cdots$，$Adj(v_k)$ 中的点。第二步之后，BFS 算法的第三步将逐一访问在第二步中新的被访问到的点的前向邻居。这里，在某一步，新的被访问到的点是指该顶点之前从未被 BFS 访问过，直到在这一步被访问到。如果第三步中有新的点被访问到，BFS 算法将继续进行第四步、第五步、……直到没有新的点被访问到为止。BFS 算法每前进一步，都是依次访问在上一步中新被访问到的所有点的前向邻居，无一遗漏。

当 BFS 从顶点 u 去访问它的前向邻居 v 时，如果顶点 v 还从未被访问过，是个新访问到的点，则称这次访问是对 v 的首次访问并建立它们之间的父子关系。我们称顶点 u 是顶点 v 的父亲，顶点 v 是顶点 u 的儿子。如果顶点 v 先前已经被访问过了，它已经是另外某个顶点的儿子了，那么我们称这次访问为一次后续访问。

在 BFS 算法结束时，图里可能仍然有未被访问到的点。那么，如果是无向图，则说明这个图是不连通的；如果是有向图，则说明从起始点 s，有不可到达的点。这时，根据应用问题的需要，可选取一个未被访问的点作为新的起始点，再进行一次 BFS 搜索。有时，需要做好几次 BFS 搜索才能把所有的顶点都访问到。

显然，*Adj(s)* 中的任一顶点 *u* 与点 *s* 的距离都为 1，即只需一条边相连，而顶点 *u* 的儿子与点 *s* 的距离都为 2。所以，BFS 搜索的第一步访问了所有与点 *s* 的距离为 1 的点而第二步访问了所有与点 *s* 的距离为 2 的点。容易看出，BFS 搜索的第 *i* 步 (*i* ⩾ 1) 访问了所有与点 *s* 距离为 *i* 的顶点。通常，点 *u* 到点 *v* 的距离是指从点 *u* 到点 *v* 的不加权的最短路径的长度，即任一条从点 *u* 到点 *v* 的路径需要的最少边数。BFS 算法在访问了所有与点 *s* 的距离小于等于 *i* 的顶点后才去访问距离大于 *i* 的点，因而得名广度优先。

在上面的解释中，我们着重谈了 BFS 对顶点的访问。其实，从顶点 *u* 去访问它的前向邻居时，实际上也在访问所有与 *u* 关联的边。在周游一个加权的图时，BFS 在访问每条边时，往往还需要对边上的权值进行某种操作。这些操作由解决具体问题的人去设计而不属于周游算法本身。为方便叙述，BFS 从点 *u* 去访问点 *v* 时，*v* ∈ *Adj(u)*，这次访问也称为点 *u* 访问点 *v*。

8.2.2　广度优先搜索算法及距离树

在讨论 BFS 算法前，先对其中一些细节加以解释。在算法中，我们用白、灰、黑三种颜色来表示每个顶点被访问的三个阶段。当一个顶点还未被访问时，我们赋给它白色 (white)；从它被首次访问开始到它的前向邻居全部被访问完为止，我们赋给它灰色 (gray)；当它的所有前向邻居被访问后，我们赋给它黑色 (black)。使用三种颜色不是必需的，例如也可以用两种颜色表示访问前和访问后两种状态，但三种颜色可帮助读者清晰地理解 BFS 算法的本质。除了颜色外，我们还给每个顶点 *v* 附上两个变量，一个是点 *s* 到 *v* 的距离 *d(v)*，另一个是 *v* 的父亲指针 *π(v)*。我们定义 *d(s)* = 0，而其他各顶点的距离初始化为无穷大。假设顶点 *v* 是顶点 *u* 的一个前向邻居，即 *v* ∈ *Adj(u)*，而在我们逐一访问 *Adj(u)* 中的点时，如果发现 *v* 仍是白色，即还未被访问过，那么这次从 *u* 到 *v* 的访问是首次访问。首次访问后，*v* 是 *u* 的儿子，*u* 是 *v* 的父亲，记为 *π(v)* = *u*，并且，显然有 *d(v)* = *d(u)* + 1。因此，BFS 可以极容易地顺便算出每个点 *v* 与 *s* 的距离 *d(v)*。如果变量 *d(v)* 在解某个应用问题中不需要，可以省略。BFS 本身在后续访问一个点时不做任何附加操作，但在解具体应用问题时，可能需要在后续访问时做些必要的操作来帮助我们解决面对的应用问题。

值得注意的是，如果把点 *s* 开始的 BFS 搜索中，有父子关系的那些边从图中取出，那么这些边形成一棵以 *s* 为根的树，称为广度优先搜索树 (BFS 树)，它包含了所有这一轮 BFS 访问到的顶点。因为 BFS 树中从顶点 *s* 到任一点 *v* 的 (不加权) 路径的长度为 *d(v)* 并且是图中最短的，所以这棵树也称为一棵以 *s* 为根的距离树。为避免与加权的最短路径混淆，我们不称其为最短路径树，而称其为距离树。因为距离本身意味着最短，所以最短两字可省去。显然，如果图 *G* 是个连通的无向图，那么以 *s* 为根的 BFS 树必然包含所有图 *G* 的顶点，它就是图 *G* 的一棵支撑树 (spanning tree)。

如果图 *G* 是个不连通的无向图，那么，如我们前面讨论的，对每一个连通分支都需要进行一次 BFS 搜索才可以把所有顶点访问到。这时，我们会得到几棵树，称为 BFS 森林 (forest)。如果图 *G* 是个有向图，那么从顶点 *s* 开始的 BFS 搜索同样会产生一棵以点 *s* 为根的 BFS 树 (距离树)，它只包含这一轮 BFS 访问到的点。我们也许需要好几轮 BFS 搜索才能完成对图 *G* 的周游，从而得到一个 BFS 森林。对有向图而言，不同点开始的周游会产生完全不同的 BFS 树或森林。这里，"完全不同"指的是，森林中树的个数可能会不同，每一轮 BFS 所访问到的点以及个数也会不同。有趣的是，许多问题的解并不因此受影响，以后我们会看到此例子。

在算法中，我们还需要用一个数据结构来保存和管理那些灰色的顶点，也就是当前已经被 BFS 首次访问过的点，但是它们的前向邻居还没有被 BFS 访问到，正在等待 BFS 的访问。因为广度优先按照与点 s 的距离从小到大顺序访问，所以最合适的数据结构就是队列。一开始，队列为空。当一个顶点被首次访问时，该点颜色由白变灰，并被排在队列的尾部。因为起始点 s 第一个被访问，我们先把它进队。然后，算法会从队列首项开始，依次访问队列中顶点的前向邻居。做法是，BFS 算法每次取出队首的顶点 u，访问它的所有邻居后，把 u 变为黑色并且从队列中删去。这样，队列中点 u 后面的顶点 v 就成为队首了，所以接下来就是访问 v 的所有邻居。所有被首次访问到的顶点由白色变为灰色，并依次入队。等到它们移动到队首时，便可访问它们的邻居。这个过程一直持续到队列为空。

一旦顶点 u 变为黑色，它不可能再进队列了，因此，每个点只能进队一次。显然，一个顶点存在于队列里当且仅当它的颜色是灰色。我们在上节中讲到，BFS 的第 i 步 ($i \geqslant 1$) 访问所有与点 s 的距离为 i 的顶点。其实，我们没有必要在算法中明确标明第 i 步何时开始，只要顶点的访问顺序正确就可以了。队列的使用保证了这个顺序是，所有距离为 1 的点首先进队。然后，所有距离为 2 的点进队，再就是所有距离为 3 的点进队，依次类推。同时，算法计算出的各点与起始点 s 的距离，也指明了这个点是第几步被访问的。下面是 BFS 算法的伪码。

```
BFS(G(V,E),s)                       //s 是起始顶点
1  for each vertex u ∈ V−{s}        // 初始化开始
2      color(u) ← White
3      d(u) ← ∞
4      π(u) ← nil                    // 表示父亲指针为空
5  endfor
6  color(s) ← Gray                  // 初始化根 s
7  d(s) ← 0
8  π(s) ← nil
9  Q ← ∅                            // 先把队列清空
10 Enqueue(Q, s)                    // 将起始点 s 进队，初始化完成
11 while Q ≠ ∅
12     u ← Dequeue(Q)               // 取出队列首项
13     for each v ∈ Adj(u)
14         if color(v) = White      // 如果不是白色，则是后续访问，无操作
15             then color(v) ← Gray
16                  d(v) ← d(u)+1
17                  π(v) ← u
18                  Enqueue(Q,v)
19         endif
20     endfor
21     color(u) ← Black
22 endwhile
23 End
```

BFS 算法的复杂度是 $O(n+m)$，这是因为算法的 1~10 行是初始化部分，只需要 $O(n)$ 时间。在这之后的循环部分中，每个顶点被进队列和出队列各一次，需要 $O(n)$ 时间。另外，对每个点 u 的前向邻居 Adj(u) 逐一访问的时间与 Adj(u) 的大小即 |Adj(u)| 成正比，而

$|Adj(u)|$ 就是无向图中 u 的度，或有向图中 u 的出度。因为在无向图中，所有点的度数之和等于边数的两倍，即 $\sum_{v \in V}|Adj(v)|=\sum_{v \in V}\deg(v)=2m$，而有向图中所有点的出度之和就等于 m，所以，访问所有点的邻居总共需要的时间是 $O(\sum_{v \in V}|Adj(v)|)=O(m)$。因为任何周游算法，一般情况下，都必须访问每个顶点和边，因此 BFS 算法是一个最佳算法。如果我们在访问每一个图中元素（点或边）时，因解决具体应用问题而附加的操作只需要 $O(1)$ 的时间，那么解决这个问题的算法也就是最优的。在上面的伪码中，我们没有明显地构造 BFS 树或距离树，它隐含在所有有父子关系的边中，即 BFS 树 $=\{(\pi(v), v) \mid v \in V\}$。

图 8-4 给出一个具体例子，逐步显示 BFS 的操作过程，其中每一个顶点到根的距离在对应的小圆圈中标出。我们用粗黑的小圆圈表示对应的顶点已变为黑色。当一个顶点被首次访问后，该点与它父亲之间的边用粗线表示。图 8-4a 表示的是初始化以后的情况，这时，队列中只有一个点 s。以后的每一个分图表示每次在取出队列首项后，对它的所有前向邻居进行访问后的情况。这时，对应于这个首项的小圆圈变为黑色，在队列中的顶点用灰色表示。各分图下方显示队列 Q 中的顶点并标出它们的距离。当队列为空时，算法停止。图中最后一个分图显示的是 BFS 树，也就是一棵距离树。

8.2.3　无向图的二着色问题

BFS 算法可以用来解决许多计算问题。例如，要找出从图中点 u 到点 v 的距离，我们只需要做一次以 u 为起始点的 BFS 搜索即可。又例如，在分解一个不连通的无向图为几个连通分支的问题中，我们可以取任一点 s 为起始点做一次 BFS 搜索。当算法停止时，所有被访问的点都与 s 相连并属于同一个连通分支，我们可以把这些点从图中取走并赋以连通分支号 1。如果剩下图中还有未被访问到的点，我们可以再进行一次 BFS 搜索找到第二个连通分支，并继续这个过程直到所有点都被访问为止。上述这些应用都非常直观和容易。这一节我们介绍一个知名而有趣的问题，即无向图的二着色问题。

把一个无向图着色就是给图中每个顶点一个颜色（也就是一个号码），使得每两个相邻点的颜色不同。如果我们允许用任意多的颜色，那么图的着色就太容易了，我们只要给每个顶点一个不同的颜色即可。可是，我们总是希望用最少的颜色去着色。一个图如果可以用 k 个颜色来着色，则称它可 k–着色。显然，一个图的最小着色数是这个图的固有特征。图的 k–着色问题就是判断任一给定图是否可以 k–着色。图 8-5 给出了一个图着色的例子。在这个例子中我们用了三种颜色，即红色、蓝色和绿色，分别用 R、B 和 G 表示。

很多应用问题，尤其是任务调度、资源分配等问题，可以归约到一个图的着色问题。例如，假设需要给每门课分配一个教室，但两门课不能在同一时间共用一个教室。我们可以构造一个图，其中的每个点对应一门课。如果两门课不能共用教室，则在它们所对应的点之间画上一条边。另外，我们给每个教室一个颜色（编号），不同的教室有不同的颜色。那么对某个点着色就相当于分配给这门课一间对应的教室。因为相邻的两个点着色不同，所以保证了不能共用教室的两门课使用不同的教室。因此，对整个图的一个着色就代表了一个合理的教室分配，而所用不同的颜色的个数代表了我们所需教室的个数。当然我们希望用最少的教室来满足所有课程要求，也就是用最少的不同颜色来给一个图着色。当 $k \geqslant 3$ 时，判断一个图是否可 k–着色是个 NP 完全问题（见第 14 章），目前还没有多项式的算法。但是，对 $k=2$，用 BFS 算法可解决。

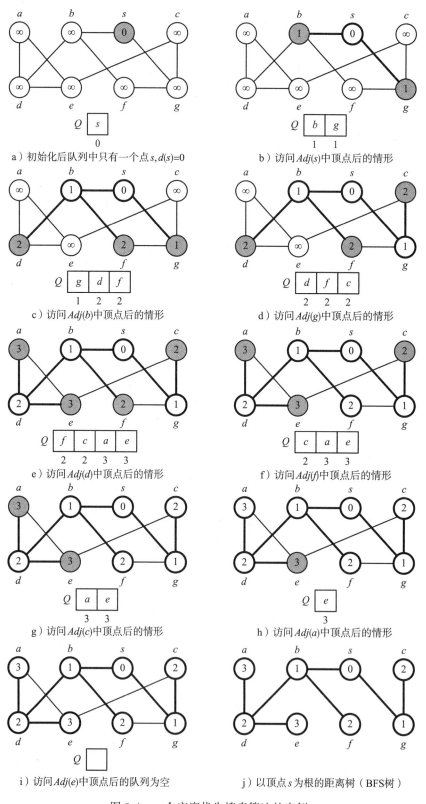

a）初始化后队列中只有一个点 s, d(s)=0

b）访问 Adj(s) 中顶点后的情形

c）访问 Adj(b) 中顶点后的情形

d）访问 Adj(g) 中顶点后的情形

e）访问 Adj(d) 中顶点后的情形

f）访问 Adj(f) 中顶点后的情形

g）访问 Adj(c) 中顶点后的情形

h）访问 Adj(a) 中顶点后的情形

i）访问 Adj(e) 中顶点后的队列为空

j）以顶点 s 为根的距离树（BFS树）

图 8-4　一个广度优先搜索算法的实例

我们先对这个二着色算法做一个简单说明。不失一般性，假定被着色的图是个连通图。否则，可对每一个连通分支实行一轮二着色算法。我们用红（Red）与蓝（Blue）两种颜色去着色。因为在 BFS 本身的算法中我们已用了白、灰、黑三种颜色，为清晰起见，在我们把图的着色融入 BFS 算法时，省去灰、黑两色。其实当我们给某顶点着以红或蓝色时，就表明该点已不再是白色了。着色后进入队列的点必定为红色或蓝色，不必再标以灰色。另外，当一个顶点离开队列时，也不必特意标上黑色，因为它是不可能再入队的，故亦省去。再有，我们还可以省去 $d(v)$ 的计算，因为本题不需要知道任何距离。

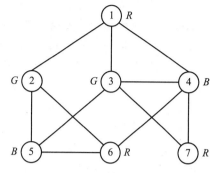

图 8-5　一个图被三着色的例子

该算法的主要做法是，当 BFS 访问第一个顶点 s 时，着 s 为红色。以后，每次从顶点 u 去访问顶点 v 时，如果是首次访问，那么用与 u 的颜色相反的颜色给 v 着色，也就是，如果 $color(u)=$ Red，那么着 v 为 Blue，否则着 v 为 Red。我们用 **not**$(color(u))$ 表示这个操作。如果对 v 的访问不是首次，那么 u 和 v 都已着色，这时我们要检查他们是否有不同颜色。这个检查操作不是 BFS 本身需要的，而是我们的着色问题需要的。如果 $color(u) \neq color(v)$，那么算法继续 BFS 搜索，否则，中断算法并报告该图不可能二着色。下面是伪码。

```
Two-Color(G(V,E),s)               //s是起始点
1  for each u ∈ V
2      color(u) ← White            // 每个顶点初始化为白色
3  endfor
4  Q ← ∅                           // 清空队列Q
5  color(s) ← Red
6  Enqueue(Q,s)                    // 初始化完成，s是队列中唯一元素并已着红色
7  while Q ≠ ∅
8      u ← Dequeue(Q)
9      for each v ∈ Adj(u)
10         if color(v)=White                        // 是首次访问
11             then color(v) ← not(color(u))         // 赋给v与u不同的颜色
12                  Enqueue(Q,v)
13             else if color(v)=color(u)             // 是后续访问，检查颜色
14                      then return (not 2-colorable)
15                      endif
16         endif
17     endfor
18 endwhile
19 return (2-colorable)
20 End
```

正确性证明：

显然，算法 Two-Color 基本上就是 BFS 算法。它在访问一个点或边时，只需要 $O(1)$ 时间做简单的检查或着色，所以是个最佳算法，其复杂度为 $O(m+n)$。现在，我们来证明算法 Two-Color 的正确性。我们分两种情况：

1）算法顺利完成，并报告可二着色 (2-colorable)。

这种情况下，因为图 G 是连通的，所以每个顶点必定会被算法访问到，并且进出队列各一次。因为我们只用了红蓝两色并且对每一个访问到的点都着了色，所以，我们只

要检查任一条边 (u, v) 的两端，u 和 v，是否着了不同的颜色即可。因为 $v \in Adj(u)$，在点 u 成为队列首项时，算法开始访问 $Adj(u)$ 中点。当算法访问 $Adj(u)$ 中的点 v 时，如果 $color(v)$=White，那么点 v 被首次访问，算法第 11 行保证赋给 u 和 v 不同的颜色，$color(v) \neq color(u)$。如果 $color(v) \neq$ White，那么这次访问是后续访问，点 v 已有颜色。这时，算法必定检查过 v 的颜色。因为算法没有中断，所以必有 $color(v) \neq color(u)$。因此，如果算法顺利完成，那么，图 G 被算法正确地二着色。

2）算法报告不可二着色 (not 2-colorable)。

这种情况发生在算法检测出一条边 (u, v) 的两端着了相同的颜色，比如红色。我们要证明，如果这样，那么这个图一定含有一个奇回路，即有奇数边的回路，如三角形、五条边的回路、七条边的回路等，而一个奇回路显然是不可二着色的。那么，如何证明呢？假设 u 和 v 都着了红色，那么从根 s 开始一定有一条到 u 的路径，$s, u_1, u_2, \cdots, n_k, u$，其中，$s$ 是 u_1 的父亲，u_1 是 u_2 的父亲，$\cdots$，u_k 是 u 的父亲，并且它们的颜色是红蓝相间。因为 s 和 u 是红色，这条路径有偶数条边。同理，图中有一条从 s 到 v 的偶数条边的路径。那么，这两条路径加上边 (u, v) 便形成了一个奇回路。如果 u 和 v 都着了蓝色，那么，从 s 到 u 和从 s 到 v 必定各有一条有奇数条边的路径，加上边 (u, v) 后也形成一个奇回路。这就证明了算法的正确性。∎

8.3　深度优先搜索及应用

这一节我们讨论图的另一个周游算法，即深度优先搜索 (DFS)。这是一个比 BFS 有更广泛应用的周游算法。著名的拓扑排序问题，有向图的强连通分支问题，无向图的双连通分支问题等都可以直接用 DFS 来解决。并且，因为 DFS 的复杂度是 $O(m+n)$，这些问题解的复杂度也是 $O(m+n)$，所以是渐近最佳解。下面我们先介绍 DFS 的基本策略，然后给出递归形式和非递归形式的伪码，最后讨论它的几个重要应用，包括拓扑排序问题、强连通分支问题和双连通分支问题。

8.3.1　深度优先搜索的策略

DFS 也是从访问某一起始顶点 s 开始，然后访问它的邻居。当 DFS 从某顶点 u 去访问它的邻居 $Adj(u)$ 的时候，与 BFS 一样，也称为点 u 访问邻居 $Adj(u)$。它顺序找到一个还未被访问过的邻居 v 后，对 v 做首次访问，并收 v 为自己（点 u)的儿子，$\pi(v)=u$。同样，对点 v 的访问也隐含了对边 (u, v) 的访问。与 BFS 不同的是，在访问过 u 的新儿子 v 之后，DFS 暂时置 u 的其他邻居于不顾，而从新儿子 v 出发去访问 v 的邻居。当然，从 v 出发的访问也遵循一样的策略，它也是顺序找到一个还未被访问过的邻居。如果顶点 v 没有邻居，或者它的所有邻居都已在先前被访问过了，它收不到新儿子，那么 DFS 又回到 u。这个从儿子 v 回到父亲 u 的动作称为回溯 (backup)。这时，点 u 又有机会去访问下一个还未被访问过的邻居 w，将其收为又一个儿子，$\pi(w)=u$，并从 w 开始重复与 v 相同的过程。

值得注意的是，在从儿子 v 开始的访问过程中，先前父亲 u 的一些暂时被搁置的还未被 u 访问过的邻居可能被 v 或 v 的子孙先访问到。这样，当 DFS 从 v 回溯到 u 时，这些邻居已是别人的儿子而 u 对它们的访问只能是后续访问，不构成父子关系。与 BFS 一样，后续访问时，DFS 本身不做任何事。但是，在解决具体问题时，往往要做与问题有关的一些操作。当 u 完成了对所有邻居的访问后，DFS 回溯到 u 的父亲 $\pi(u)$ 那里。如果 u 是起始点 s，则 DFS 结束。

由上面的描述可见，DFS 是一个递归的算法，当 DFS 从顶点 u 的儿子 v 出发开始做 DFS 搜索直到它完成后回溯到点 u 的这一过程对任何顶点都遵循同样的规则。这相当于算法 DFS 在点 u 的位置对儿子 v 进行算法的递归调用。如果被周游的图 G 中存在一些点是顶点 s 不能到达的，那么，在一轮 DFS 之后，图中还可能有未被访问过的顶点。这时，我们可以取一个未被访问过的顶点 z 为起始点，再做一轮 DFS 直至所有点都被访问到。与 BFS 一样，DFS 只提供一个周游的框架。在解决具体问题时，我们需要融入为解决该问题所设计的其他操作。

8.3.2　深度优先搜索算法和深度优先搜索树

在 DFS 算法中，我们也用白、灰、黑三种颜色来表示每个顶点被访问的三个阶段。当一个顶点 u 还未被访问时，我们赋给它白色；当点 u 已被访问但是 u 的某个前向邻居 $v \in Adj(u)$ 还未被 u 访问（包括首次和后续），我们赋给它灰色；当点 u 的所有前向邻居被访问后，我们赋给它黑色。

除了颜色外，我们给每个顶点 v 附上它的父亲指针 $\pi(v)$。另外，我们记下每个顶点 u 被首次访问的时刻以及它的所有邻居都被访问完毕的时刻，也就是点 u 被赋以灰色和被赋以黑色的时刻，分别称为**发现时刻**和**完成时刻**，并记为 $d(u)$ 和 $f(u)$。假设一个图有 n 个顶点，那么一共有 $2n$ 个这样的时刻。我们把这 $2n$ 个时刻按其发生的时间顺序从 1 到 $2n$ 编号，称为时间戳。注意，莫把 $d(u)$ 误认为距离，两者的意义从上下文可清楚区别。

因为一个图也许需要做好几轮 DFS 才能完成，下面给出的算法分为主程序 DFS(G) 和子程序 DFS-Visit(s)。主程序在初始化时把每个点置为白色，其父亲指针为空。然后，主程序取图中一个白色顶点 u 并调用子程序 DFS-Visit(u)。这个子程序以顶点 u 为起始点，对图 G 进行一轮 DFS 搜索。所以，子程序才真正体现 DFS 的本质。当子程序完成一轮 DFS 回到主程序时，如果还有未被访问的白点，则再从下一个白点开始，再调用子程序进行新一轮的 DFS 直到完成对所有点的访问。读者也许会问，为什么在 BFS 的算法中没有用主程序和子程序的结构呢？其实，如果一个无向图是不连通的，或一个有向图中有起始点不可到达的点，那么 BFS 也需要好几轮才能完成。但是，BFS 算法中，各轮之间相对独立，附加给顶点 u 的距离变量 $d(u)$ 只对于本轮产生的距离树有意义而与其他轮无关。因此，为 BFS 设置主程序非常简单，使用者可自行设计。但是，在 DFS 搜索中，我们对 $2n$ 个发现和完成时刻需要统一编号，下一轮的 DFS 必须接着上一轮的时间戳编下去，因此有设置主程序的必要。在后面的例子中会看到这样连续编号的妙用。

显然，在一轮以顶点 u 开始的 DFS 结束时，所有从点 u 可以到达的点都会被访问到。同时，我们会得到一棵以 u 为根的深度优先搜索树 (DFS 树)。与 BFS 树一样，把每个被访问到的点与它的父亲相连则构成一棵以 u 为根的 DFS 树。如果进行了 k 轮 DFS 才完成对所有点的访问，那么我们会得到一个由 k 棵树组成的森林。下面，我们先给出一个递归形式的 DFS 算法。如前所述，DFS 具有递归性质是因为当我们开始访问某顶点 u 以后，也就是时刻 $d(u)$ 以后，我们必须先完成对 u 的所有邻居的访问之后才可以完成对 u 的访问。而要完成对 u 的某个邻居 v 的访问又需要先完成对 v 的所有邻居的访问。因此，这实际上是一层层递归的过程。

```
DFS(G(V,E))                        // 主程序
1  for each u ∈ V
2      color(u) ← White            // 初始化每个点为白色，父亲为空
3      π(u) ← nil
4  endfor
5  time ← 0                        // 时间戳初始化为 0
6  for each u ∈ V
7      if color(u) = White         // 图中如果还有白色顶点 u，从 u 开始新一轮 DFS
8          then DFS-Visit(u)
9      endif
10 endfor
11 End
```

下面是子程序 DFS-Visit 的伪码。

```
DFS-Visit(s)
1  color(s) ← Gray                 // 顶点 s 由白变灰
2  time ← time + 1
3  d(s) ← time                     // 为顶点 s 打上发现时刻的时间戳
4  for each v ∈ Adj(s)             // 逐个顺序检查每个邻居
5      if color(v) = White         // 如果未被访问过
6          then π(v) ← s           // 这是首次访问，建立父子关系
7               DFS-Visit(v)       // 递归地从新儿子 v 开始进行 DFS
8      endif
9  endfor
10 color(s) ← Black                // 所有邻居都访问完成后，对 s 的访问完成
11 f(s) ← time ← time + 1          // 点 s 的完成时刻
12 End
```

从以上算法我们观察到，如果 u 是 v 的父亲，那么必然有 $d(u) < d(v) < f(v) < f(u)$。这是因为递归算法必定先完成对儿子 v 的访问后才可以完成对父亲 u 的访问。由此推知，如果 u 是 v 的任一个祖先，也必有 $d(u) < d(v) < f(v) < f(u)$。如果我们定义一个顶点 u 的访问区间为 $[d(u), f(u)]$，那么它的访问区间一定包含它的任一个后代的访问区间。反之，如果 u 的访问区间包含了顶点 v 的访问区间，即 $[d(u), f(u)] \supset [d(v), f(v)]$，那说明在完成对 u 的访问前，DFS 访问了 v，所以 v 必然是 u 的后代。我们把这一观察表述在下面定理中。该定理被称为**区间套定理**（或括号定理，Parenthesis Theorem）。

定理 8.1 （**区间套定理**）在算法 DFS($G(V, E)$) 结束时，顶点 u 的访问区间 $[d(u), f(u)]$ 包含顶点 v 的访问区间 $[d(v), f(v)]$ 当且仅当 u 是 v 的祖先。如果 u 和 v 没有直系关系，它们的访问区间必不相交。

证明： 我们在上面已经解释了，顶点 u 的访问区间 $[d(u), f(u)]$ 包含顶点 v 的访问区间 $[d(v), f(v)]$ 当且仅当 u 是 v 的祖先。那么，如果 u 和 v 没有直系关系，会怎样呢？不妨假设 u 在 v 之前被访问，即 $d(u) < d(v)$，因为它们没有直系关系，所以在 u 完成 DFS 前，顶点 v 不会被访问到。这样就有 $d(u) < f(u) < d(v)$，所以它们的访问区间必不相交。反之，如果它们的访问区间不相交，不妨设 $d(u) < f(u) < d(v)$，那么在点 u 完成的时刻，v 还未被访问，所以 v 不可能成为 u 的后代，定理得证。∎

如果顶点 v 是 u 的后代，那么一定有一条从 u 开始的路径 u, u_1, u_2, $\cdots$, u_k，其中 $u_k = v$。路径上，u 是 u_1 的父亲，u_1 是 u_2 的父亲，$\cdots$，u_{k-1} 是 u_k 的父亲。所以，由定理 8.1，我们有

$d(u) < d(u_1) < d(u_2) < \cdots < d(u_{k-1}) < d(u_k)$。这说明在时刻 $d(u)$ 时，路径上所有点（除 u 本身外）都还没有被访问，因而是白色的。反之，如果在时刻 $d(u)$ 时，有一条从 u 到 v 的由白色顶点构成的路径，那么这条路径上所有点都必然会成为 u 的后代。我们把这一关于白色路径的观察总结在定理 8.2 中，称之为**白路径定理**。

定理 8.2　（**白路径定理**）在算法 DFS($G(V, E)$) 执行过程中，顶点 v 成为顶点 u 的后代，当且仅当在顶点 u 的发现时刻 $d(u)$，图中存在一条从 u 到 v 的由白色顶点构成的路径。

证明：上面的讨论已证明了，如果顶点 v 成为顶点 u 的后代，那么在时刻 $d(u)$，图中存在一条从 u 到 v 的由白色顶点构成的路径。现在证明，如果在时刻 $d(u)$，一条从 u 到 v 的由白色顶点构成的路径，那么这条路径上所有点必然成为 u 的后代。我们假设这条路径是 u, u_1, u_2, $\cdots$, u_k，其中 $u_k = v$。我们用归纳法证明，这条路径上所有点都必然成为 u 的后代。作为归纳基础，先证明 u_1 必然是 u 的后代。由子程序 DFS-Visit(u) 知，u 必须在所有白色邻居都完成访问后才可以完成。因为在时刻 $d(u)$ 时，u_1 这个邻居是白色的，因此 u_1 必然是 u 的后代。

现在证明归纳步骤。假设路径上 u_1, u_2, $\cdots$, u_p ($1 \leqslant p \leqslant k-1$) 都是 u 的后代，那么路径上的下一个顶点 u_{p+1} 也必须是 u 的后代。否则，由定理 8.1，顶点 u_{p+1} 的访问区间在 u 的访问区间之后。所以，在 u_p 完成时，顶点 u_{p+1} 必定仍然是白色的点。这表明，在 u_p 完成时，它还有个白色的邻居 u_{p+1} 未访问，这与算法矛盾。因此，顶点 u_{p+1} 也必须是 u 的后代，归纳成功。　∎

下面我们给出一个用堆栈来实现的非递归形式的 DFS-Visit(s) 以便于解决具体问题时使用。堆栈是用来存储那些灰色的顶点。虽然这些点已经被访问到，但是它们的邻居还没有全部完成 DFS 搜索，我们需要这个数据结构来保存和管理它们。一个顶点在堆栈中当且仅当它是灰色的。

一开始，起始点 s 先被访问、压入堆栈并改为灰色。在 DFS 的执行过程中，每一次访问顶点，都是从栈顶的顶点 u 去访问 u 的下一个邻居。每次访问有以下 3 种情况：

1）顶点 u 的所有邻居都已访问过了。这时把顶点 u 从栈顶弹出，变为黑色，并打上完成时刻的时间戳 $f(u)$。当栈底的顶点 s 从堆栈中弹出，堆栈为空，则表示一轮 DFS 完成。

2）顶点 u 的下一个邻居 v 是白色。这说明点 v 被首次访问，它被压入堆栈、改白色为灰色，并记下发现时刻 $d(v)$ 和它的父亲 $\pi(v) = u$。可见，堆栈中任何两个相邻元素构成父子关系，而堆栈中从栈底到栈顶的元素序列则对应于 DFS 树中由根开始的，由这些元素所对应的顶点序列所形成的一条路径。DFS 的下一步访问应该从点 v 出发，也就是从栈顶的点出发，去访问它的下一个邻居。

3）顶点 u 的下一个邻居 v 不是白色。这是一次对顶点 v 的后续访问，DFS 本身并不做任何操作，但是在解决具体应用问题时，需要结合具体问题而设计相应的操作。对这种情况，堆栈无变化，下一步访问应是 u 的再下一个邻居。

显然，这个非递归形式的算法是递归形式的一种具体实现。下面是详细伪码。

```
DFS-Visit(s)
1   color(s) ← Gray
2   time ← time+1
3   d(s) ← time            // 发现时刻的时间戳
4   S ← ∅                  // 清空堆栈
5   Push(S,s)              // 点 s 压入堆栈
6   while S ≠ ∅
```

```
7          u ← Top(S)                    // 不是弹出，而是建立指针
8          v ← u's next neighbor in Adj(u)    //u 的邻接表中下一个邻居 v
9          if v = nil                    //u 的邻居已全部访问完毕
10             then color(u) ← Black //u 由灰变黑
11                  Pop(S)                 //u 由栈顶弹出
12                  time ← time + 1
13                  f(u) ← time            // 给 u 打上完成时刻的时间戳
14             else if color(v) = White   //u 的下一个邻居是白色
15                     then color(v) ← Gray       //v 由白变灰
16                          time ← time + 1
17                          d(v) ← time    // 给 v 打上发现时刻的时间戳
18                          π(v) ← u       //u 是 v 的父亲，建立父子关系
19                          Push(S, v)     // 将 v 压栈，下一步访问 v 的邻居
20                     endif
21      endif
22  endwhile
23  End
```

因为每个顶点 u 只在被首次访问时被压入堆栈一次，而从 u 进行的对其邻居的访问次数等于 $|Adj(u)|$，所以 DFS 的复杂度为 $O(n) + O(\sum_{u \in V} |Adj(u)|) = O(n+m)$。

8.3.3 深度优先搜索算法举例和图中边的分类

显而易见，当算法 DFS($G(V, E)$) 结束时，所有表示父子关系的边组成 DFS 树或森林 T，即 $T = \{(u, v) \mid (u, v) \in E$ 并且 $u = \pi(v)\}$。这些边称为树中边，而图中其他的边往往被忽略。因为其他这些边在某些应用中有用，我们对这些边进行分类。在一个有向图中，DFS 树以外的边可分成 3 类：

1）反向边（back edge）：从某顶点出去指向该顶点的一个祖先的一条边称为一条反向边。

2）前向边（forward edge）：从某顶点出去指向该顶点的一个后代的一条边称为一条前向边。

3）交叉边（cross edge）：从某顶点出去指向一个无直系亲属关系的顶点的一条边称为一条交叉边。

上面这 3 类边在 DFS 进行中就可以加以识别。当 DFS 访问顶点 u 的邻居 v 时，如果 v 已不是白色，那么边 (u, v) 必定是 DFS 树外的一条边，它属于哪一类可判断如下：

1）如果 $color(v) = $ Gray，那么 (u, v) 必定是一条反向边。

2）如果 $color(v) = $ Black 而且 $d(u) < d(v)$，那么 (u, v) 必定是一条前向边。

3）如果 $color(v) = $ Black 而且 $d(u) > d(v)$，那么 (u, v) 必定是一条交叉边。

因为证明很简单，我们留给读者自己思考上述判断方法的正确性。对一个无向图来说，只可能有反向边。它没有前向边是因为，当 DFS 发现边 (u, v) 是从点 u 指向它的后代点 v 时，DFS 必定已完成对顶点 v 的访问。那么，在 DFS 从顶点 v 回溯前，边 (v, u)，也就是边 (u, v)，必定已被发现为反向边。另外，无向图中也不存在交叉边，这是因为由白路径定理可知，任何一条边的两端点中，先被访问的端点一定成为另一端点的父亲或祖先。

【例 8-1】对图 8-6 中的有向图进行从顶点 a 开始的 DFS 搜索，并标出各点的发现时刻和完成时刻。当搜索中有多个选择时，用字母顺序确定。当 DFS 搜索完成后，画出 DFS 树或 DFS 森林。同时，标出 DFS 树以外的边的类别。

解：图 8-7 演示 DFS 对图 8-6 逐步操作后的情况。当 DFS 在时刻 $d(u)$ 发现顶点 u 时，我们在顶点 u 的旁边标以 $d(u)$ 并且用粗线表示从它的父亲 $\pi(u)$ 到 u 的这条边，而在 u 的完成时刻，我们在点 u 的旁边标以 $d(u)/f(u)$。

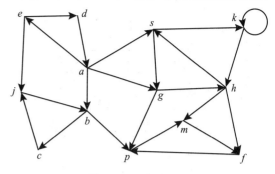

图 8-6　一个有向图

8.3.4　拓扑排序

DFS 搜索的一个应用是对一偏序集合 (partial order set) 的元素进行拓扑排序 (topological sort)。一个偏序集合 $(S, \prec)$ 是指对集合 S 中元素定义了一个二元关系，用符号 $\prec$ 表示。S 中任意两个元素 a 和 b 之间，要么没有关系，要么有关系 $a \prec b$，并且满足以下 3 条性质：

1）自反性：对集合 S 中任意元素 a 都有 $a \prec a$。

2）反对称性：如果 $a \prec b$，则绝不会有 $b \prec a$，除非 $a = b$。

3）传递性：如果有 $a \prec b$ 和 $b \prec c$，则必有 $a \prec c$。

偏序集合的例子很多。例如，在所有正整数的集合 Z^+ 中，我们可以定义整除关系。如果整数 a 是整数 b 的因子，即 b 被 a 整除，则记为 $a \prec b$。显然 $(Z^+, \prec)$ 是个偏序集合。又例如，在一群高矮不等的人所组成的集合中，我们可以定义 $a \prec b$，如果 a 代表的这个人比 b 代表的这个人的身高矮。给定一个偏序集合 $(S, \prec)$，对其进行拓扑排序就是把 S 中元素排为一个线性序列，使得任一对关系 $a \prec b$ 中的元素 a 都排在元素 b 的前面。

一个偏序集合 $(S, \prec)$ 可以用一个有向图 $G(V, E)$ 来表示，其中 V 中每个点代表 S 中一个元素而 E 中一条边 (a, b) 则表示 $a \prec b$。为简洁起见，表示 $a \prec a$ 的自回路边可去掉。另外，如果已有边 (a, b) 和 (b, c)，则边 (a, c) 可省去。当然，加上这条边并不影响问题的解，但会增加复杂度。显然，S 中有关系 $a \prec b$ 当且仅当构造的图 G 中有一条从顶点 a 到顶点 b 的路径。因为传递性和反对称性，这个有向图不含任何回路。这样一来，对一个偏序集合的拓扑排序就变成了对一个无回路的有向图中的顶点排序，使得该序列的顺序和图中每一条边的方向都一致。也就是说，只要 (a, b) 是图中的一条边，序列中顶点 a 就一定出现在顶点 b 的前面。

图 8-8 给出了一个无回路有向图（Directed Acyclic Graph，DAG）的例子。这个例子描述了计算机系一个研究生应修的 10 门课之间的关系，其中每条有向边 (a, b) 表明了选课必须要遵守的顺序，即必须先完成前序课程 a 才可以选课程 b。现假设一个在职研究生每学期只能上一门课，他应该按照什么顺序来选这 10 门课程使得他能在 10 个学期内完成所有课程并且在每学期上课时，所有要求的前序课程都已完成？很显然，这是一个典型的拓扑排序问题。

给定一个无回路的有向图 $G(V, E)$，用 DFS 可以很容易地对它进行拓扑排序。算法的伪码如下。

Topological-Sort$(G(V, E))$

```
1   建一个空的链表 L。
2   调用 DFS(G(V, E)) 对图 G 进行深度优先搜索。
3   DFS 进行过程中需要的附加操作是，在每一个顶点的完成时刻，将该顶点插入到链表 L 的头部。
4   顺序输出链表中各顶点。
5   End
```

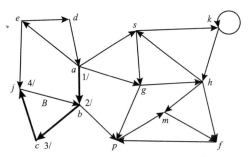

a) DFS 访问顶点 a、b、c、j 并顺序赋以发现时刻 1、2、3、4 后，从顶点 j 发现一条反向边 (j, b)，标以字母 B

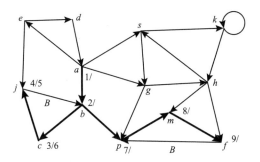

b) DFS 完成对顶点 j、c 的访问并分别赋以完成时刻 5 和 6 后，回溯到顶点 b。然后，再访问顶点 p、m、f，并分别赋以发现时刻 7、8、9。从顶点 f 发现一条反向边 (f, p)

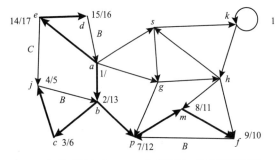

c) DFS 完成对顶点 f、m、p、b 的访问，并分别赋以完成时刻 10、11、12、13。回溯到顶点 a 后，再访问顶点 e、d，并赋以发现时刻 14、15。从顶点 d 发现一条反向边 (d, a)。然后，完成对 d 的访问，赋以完成时刻 16 后回溯到 e。从顶点 e 发现一条交叉边 (e, j) 并完成对 e 的访问后回溯到 a

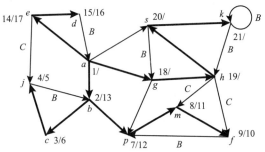

d) 从点 a，DFS 继续访问顶点 g、h 并赋以发现时刻 18、19 后，发现交叉边 (h, f) 和 (h, m)。从顶点 h 访问顶点 s 并赋以发现时刻 20 后发现反向边 (s, g)。然后，DFS 访问顶点 k 并赋以发现时刻 21 后发现反向边 (k, h)。这时，发现一条回路边 (k, k)。我们把它归为反向边，因为它指向一个灰色点 k，这与其他反向边的判定条件一样。

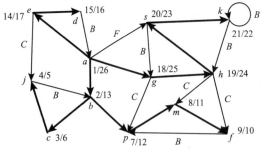

e) 完成对点 k 的访问并赋以完成时刻 22 后，DFS 回溯到点 s，然后到 h，并顺序赋以它们完成时刻 23、24 后回到 g。在点 g 发现交叉边 (g, p) 后完成对 g 的访问。赋以 g 完成时刻 25 后回到点 a。在点 a，DFS 发现一条前向边 (a, s) 并标以 F 后完成对 a 的访问。赋以 a 完成时刻 26 后，DFS 对图的周游结束

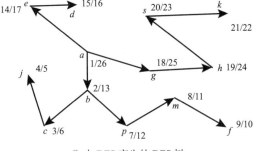

f) 由 DFS 产生的 DFS 树

图 8-7　DFS 对例 8-1 中有向图进行周游的逐步操作演示

显然，这个算法实际上是把顶点按它们的完成时刻，从大到小排序。有时，我们希望从某一给定点 s 开始进行拓扑排序，并且只对从 s 可以有路径到达的点排序，也就是只对与偏序集合中 s 有关系的元素 a $(s\prec a)$ 排序。那么，我们只需要做一轮从 s 开始的深度优先搜索 (DFS-Visit(s)) 即可。我们用 Topological-Sort($G(V, E), s$) 表示这样一种拓扑排序。

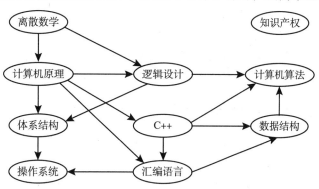

图 8-8　一个无回路有向图（DAG）的例了

【例 8-2】用算法 Topological-Sort($G(V, E)$) 对图 8-8 中的有向图进行拓扑排序。

解： 图 8-9 标出对图 8-8 中有向图进行 DFS 搜索后各顶点的发现时刻和完成时刻。注意，因为 DFS 可以从任一点开始，拓扑排序的结果不一定唯一。图 8-9 中，DFS 从顶点"逻辑设计"开始。图 8-9 的下半部分给出拓扑排序后各顶点的序列，也就是该研究生选课的顺序。

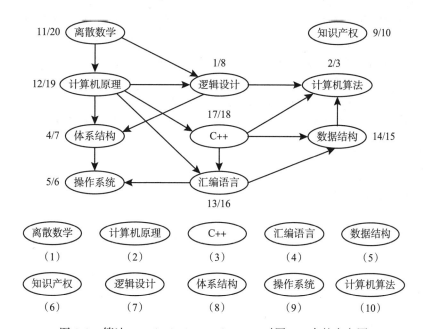

图 8-9　算法 Topological-Sort($G(V, E)$) 对图 8-8 中的有向图
进行拓扑排序的结果

因为算法 Topological-Sort($G(V, E)$) 基本上就是一个 DFS 搜索，所以它的复杂度和 DFS 一样，即 $O(|V|+|E|)=O(n+m)$。现在讨论它的正确性。我们只需证明，算法对图中任何一条边 (u, v) 中的两顶点 u 和 v，都一定会先输出 v，后输出 u。也就是要证明 $f(v)<f(u)$。我们分两种情况讨论：

1）DFS 先发现 u，$d(u)<d(v)$。在这种情况下，当发现 u 时，v 是 u 的一个白色的邻居。

由白路径定理，顶点 v 必定要成为点 u 的后代，所以有 $f(v)<f(u)$。

2）DFS 先发现 v，$d(v)<d(u)$。在这种情况下，当发现 v 时，u 是一个白色的顶点。由于图 $G(V, E)$ 无回路，不存在一条从 v 到 u 的路径，更不要说白路径了。所以，在 DFS 完成对 v 的访问之后，也就是时刻 $f(v)$ 之后，才有可能去发现 u。所以有 $f(v)<d(u)<f(u)$。

因此，算法 Topological-Sort($G(V, E)$) 是正确的。

8.3.5 无回路有向图中最长路径问题及应用

许多应用问题需要找出一个有向图 $G(V, E)$ 中两点间的最短或最长的简单路径（即不含回路的路径）。寻找最短路径是个比较容易的问题。如果这个图是个不加权的图，那么一次 BFS 搜索就可以找到最短路径。如果这个图是边上或顶点上加权的图，在后面第 10 章中，我们会讨论找最短路径的两个知名算法，即 Dijkstra 和 Bellman-Ford 算法。但是，在一个图中找一条最长路径却是一个 NP 完全问题，即使这个图是个不加权的图。然而，如果这个图是个无回路的图，那么无论是有向图还是无向图，加权还是不加权，权值为正还是为负，找最长或最短路径的问题都可以在线性时间 $O(|V|+|E|)=O(n+m)$ 里解决。因为无回路的无向图是一棵树或一个森林，两点间要么不连通要么只有一条唯一的路径，问题显然可在 $O(n+m)$ 时间里解决，所以我们假定图 G 是一个加权的无回路有向图。因为找最短路径的算法可类似得到，所以我们只讨论找最长路径的问题。下面的算法计算从顶点 s 到图 G 中其他各点的最长简单路径。

算法的思路是，先给图中每个顶点 u（$\neq s$）赋一个初始距离 $d(u)=-\infty$，而给点 s 赋以距离 $d(s)=0$。然后，把从顶点 s 可以到达的所有顶点做一个拓扑排序。最后，从 s 开始，按拓扑排序的顺序逐点为后面的点更新距离。算法结束时，从 s 到每个顶点 u 的最大距离是 $d(u)$。显然，不在序列中的点有距离 $-\infty$，表明没有路径。下面是伪码，正确性可以用归纳法很容易地证明，我们留给读者。

```
Longest-Path-for-DAG(G(V, E), s)
1  for each v ∈ V
2      d(v) ← -∞
3      π(v) ← nil            // 父亲指针初始为空
4  endfor
5  Topological-Sort(G(V,E),s)     // 从点 s 开始的拓扑排序，也就是只做一轮 DFS
6  Let v₁(=s),v₂,v₃,....,vₖ be the sequence from the topological sort // 拓扑排序后的序列
7  d(s) ← 0
8  for i ← 1 to k-1
9      for each u ∈ Adj(vᵢ)
10         if (d(vᵢ)+w(vᵢ, u))>d(u)
11             then d(u) ← d(vᵢ)+w(vᵢ, u)
12                 π(u) ← vᵢ
13         endif
14     endfor
15 endfor
16 End
```

算法结束后，顶点 s 到顶点 u 的最长路径的长度为 $d(u)$，而路径本身可以通过父亲指针，从顶点 u 回溯到起点 s 而得到，这里略去细节。显然，算法复杂度为 $O(n+m)$。很多应用问题可以用一个无回路的有向图来描述并用找最长或最短路径来解决。下面看一个例子。

【例 8-3】（重新考虑第 7 章习题 10）某剧场举办一个电影节。剧场内有两个电影院，X 和 Y。假设在从 $t=0$ 开始的一周时间内，电影院 X 会顺序放映 n 个长短不一的电影 x_1，x_2，$\cdots$，x_n，其每场开始和结束时间顺序为 (a_1, b_1)，(a_2, b_2)，$\cdots$，(a_n, b_n)。在同一周内，电影院 Y 会顺序放映 m 个电影，y_1，y_2，$\cdots$，y_m，其每场开始和结束时间顺序为 (c_1, d_1)，(c_2, d_2)，$\cdots$，(c_m, d_m)。每位观众必须准时入场并不得中途退场。又假定两电影院之间距离极近，观众从一个影院走到另一个影院所需时间为零。现在，我们希望从两个电影院中选出一组放映时间互不冲突的电影，使得一个观众可以一个接一个地看完这些电影，并且使得这些电影总的放映时间最长，也就是一个观众能看电影的总时间最长。请把这个问题转化为一个无回路的有向图的路径问题，并设计一个时间复杂度为 $O(m+n)$ 的算法。

解： 从给定的问题，我们构造一个有向图 $G(V, E)$，其中 $V=\{x_1, x_2, \cdots, x_n, y_1, y_2, \cdots, y_m, s, t\}$。其中，顶点 x_i 代表电影 x_i $(1 \leqslant i \leqslant n)$，而顶点 y_j 代表电影 y_j $(1 \leqslant j \leqslant m)$。顶点 s 和 t 分别代表起点和终点。图中边的集合 E 由下面几部分组成：

1）从顶点 x_i 有一条到 x_{i+1} 的边 (x_i, x_{i+1}) $(1 \leqslant i \leqslant n-1)$，其权值为 $w(x_i, x_{i+1})=b_i-a_i$。这表示在电影 x_i 后，x_{i+1} 是选择之一。权值表示电影 x_i 放映的时间为 b_i-a_i。

2）从顶点 y_j 有一条到 y_{j+1} 的边 (y_j, y_{j+1}) $(1 \leqslant j \leqslant m-1)$，其权值为 $w(y_j, y_{j+1})=d_j-c_j$。这表示在电影 y_j 后，y_{j+1} 是选择之一。权值表示电影 y_j 放映的时间为 d_j-c_j。

3）从顶点 x_i 有一条到 y_j 的边 (x_i, y_j) $(1 \leqslant i \leqslant n-1)$，其权值为 $w(x_i, y_j)=b_i-a_i$，如果 y_j 是第一个满足 $b_i \leqslant c_j$ 的电影。这表示在电影 x_i 后，y_j 是电影院 Y 的电影中第一个可接着看的电影。权值表示电影 x_i 放映的时间为 b_i-a_i。

4）从顶点 y_j 有一条到 x_i 的边 (y_j, x_i) $(1 \leqslant j \leqslant m-1)$，其权值为 $w(y_j, x_i)=d_j-c_j$，如果 x_i 是第一个满足 $d_j \leqslant a_i$ 的电影。这表示在电影 y_j 后，x_i 是电影院 X 的电影中第一个可接着看的电影。权值表示电影 y_j 放映的时间为 d_j-c_j。

5）从顶点 s 分别有一条到 x_1 和 y_1 的边，并有权值 0。

6）从顶点 x_n 有一条到 t 的边 (x_n, t)，并有权值 $w(x_n, t)=b_n-a_n$。权值表示电影 x_n 放映的时间为 b_n-a_n。

7）从顶点 y_m 有一条到 t 的边 (y_m, t) 并有权值 $w(y_m, t)=d_m-c_m$。权值表示电影 y_m 放映的时间为 d_m-c_m。

下面的算法在 $O(m+n)$ 时间内把这个图构造出来。

```
Construction-G(X,Y,A,B,C,D,m,n)   //A[1..n]={a₁,a₂,…,aₙ}，其余类似
1   V←{x₁,x₂,…,xₙ,y₁,y₂,…,yₘ,s,t}
2   E←∅
3   for i←1 to n-1
4       E←E∪{(xᵢ,xᵢ₊₁) with w(xᵢ,xᵢ₊₁)=(bᵢ-aᵢ)}
5   endfor
6   for j←1 to m-1
7       E←E∪{(yⱼ,yⱼ₊₁) with w(yⱼ,yⱼ₊₁)=(dⱼ-cⱼ)}
8   endfor
9   E←E∪{(s,x₁) with w(s,x₁)=0,(s,y₁) with w(s,y₁)=0}
10  E←E∪{(xₙ,t) with w(xₙ,t)=bₙ-aₙ,(yₘ,t) with w(yₘ,t)=dₘ-cₘ}
11  i←j←1          // 开始构造从影院 X 到影院 Y 的边
12  while i≤n and j≤m
13      if bᵢ≤cⱼ
14          then E←E∪{(xᵢ,yⱼ) with w(xᵢ,yⱼ)=(bᵢ-aᵢ)}
15              i←i+1
```

```
16            else j ← j+1
17        endif
18    endwhile
19 j ← i ← 1                        // 开始构造从影院 Y 到影院 X 的边
20 while j ≤ m and i ≤ n
21     if d_j ≤ a_i
22        then E ← E∪{(y_j,x_i) with w(y_j,x_i) = (d_j−c_j)}
23              j ← j+1
24        else i ← i+1
25     endif
26 endwhile
27 return G(V,E)
28 End
```

让我们来分析一下上述算法 Construction-G 的复杂度。第 3 行和第 6 行的两个 for 循环分别有复杂度 $O(n)$ 和 $O(m)$。第 12 行的 while 循环有复杂度 $O(n+m)$，这是因为每循环一次，指针 i 或 j 就要加 1，因此总共最多有 $m+n$ 次循环。同理，第 20 行的 while 循环有复杂度 $O(n+m)$。所以，算法 Construction-G 的复杂度是 $O(n+m)$。

图 $G(V, E)$ 构造好之后，任何一个合理的解对应着一条从起点 s 到终点 t 的路径，反之亦然。而且，路径上所有边的权值总和就等于所选电影的放映时间总和。这里，"合理"意味着不故意跳过一个可看电影，因为这样做显然不会最优。所以，只要找出图中一条最长路径就找到了最佳解。因为这个图显然没有回路并且顶点和边的个数的规模分别都是 $O(n+m)$，我们可以用 Longest-Path-for-DAG$(G(V, E), s)$ 算法在 $O(n+m)$ 时间内找到最佳解。

8.3.6　有向图的强连通分支的分解

有向图的强连通分支（strongly connected component）的分解问题是另一个著名的 DFS 的应用范例。早年的算法是对要分解的图只做一遍 DFS 搜索，但搜索中要为每个顶点引入一些新的变量并进行烦琐的判断和更新工作，导致证明烦琐而不易理解。这一节我们介绍做两遍 DFS 搜索来解这个问题，思路清晰，证明巧妙而易懂。同时，这个例子还说明了为什么在一个图需要做多轮 DFS 时，我们需要对 $2n$ 个发现时刻和完成时刻连续编号，希望读者能欣赏其巧妙之处。

定义 8.1　如果一个有向图中任一顶点都有一条通向其他任一顶点的路径，那么这个有向图称为一个强连通图 (strongly connected graph)。

定义 8.2　给定一个有向图 G，其隐含的无向图 (underlying graph)G' 是指把 G 中每条边的方向去掉后所得到的无向图。

定义 8.3　如果一个有向图 G 所隐含的无向图 G' 是个连通图，那么有向图 G 称为一个弱连通图 (weakly connected graph)。

图 8-10a 和图 8-10b 分别给出一个强连通图和一个弱连通图的例子。当然，一个强连通图肯定也是一个弱连通图，但反过来不一定。例如，图 8-10b 是一个弱连通图，但不是一个强连通图，因为从顶点 g 没有通路到顶点 a。在不是强连通的有向图中，它的子图可以是强连通的。

定义 8.4　如果一个有向图的子图是个强连通图，则称为强连通子图（strongly connected subgraph）。

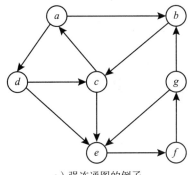 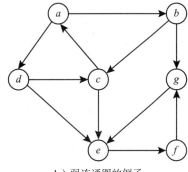

　a）强连通图的例子　　　　　　　　b）弱连通图的例子

图 8-10　强连通图和弱连通图的例子

定义 8.5　如果一个有向图的强连通子图已最大化，即不能再加入其他任何一个顶点而仍然保持强连通，那么这个子图称为强连通分支 (strongly connected component)。

图 8-10b 中顶点 a、b、c 形成的子图是个强连通子图，但不是强连通分支。但是，加上顶点 d 以后，顶点 a、b、c、d 形成的子图就是个强连通分支。如果一个有向图本身是个强连通图，那么它只有一个强连通分支，就是这个图自己。我们说，图 $G(V, E)$ 的顶点子集 $V' \subseteq V$ 形成的子图 (或称为由 V' 导出的子图)，是指图 $G'(V', E')$，其中 E' 是由 V' 中顶点之间的所有边组成，即 $E' = \{(u, v) \mid u, v \in V'$ 并且 $(u, v) \in E\}$。

定义 8.6　有向图的强连通分支的分解问题就是把一个有向图的顶点划分为若干个不相交的集合，使得每一个集合中的顶点形成的子图是一个强连通分支。为叙述方便，我们把这些顶点的集合也称为强连通分支。

显然，图 8-10b 可以分出两个强连通分支，$\{a, b, c, d\}$ 和 $\{e, f, g\}$。下面是强连通分支的分解算法的伪码。

Strongly-Connected-Component$(G(V, E))$
1　对图 G 进行 DFS 搜索并按完成时刻，从大到小，排序为 $f(v_1) > f(v_2) > \cdots > f(v_n)$。
2　构造图 G 的转置图 $G^T(V, E')$，其中顶点集合 V 不变，边的集合 E' 是把 E 中每条边反向后得到，即 $E' = \{(u, v) \mid (v, u) \in E\}$。
3　把所有 G^T 中顶点着以白色。
4　顺序检查序列 v_1, v_2, $\cdots$, v_n。如果被查顶点 v_k $(1 \leqslant k \leqslant n)$ 仍是白色，则从 v_k 开始，对图 G^T 进行一轮 DFS 搜索。所有在这一轮被访问到的顶点，也就是在这一轮结束时变成黑色的顶点，形成一个强连通分支，将其输出。
5　继续第 4 步直到所有点都被输出。
6　**End**

显然，这个算法的复杂度为 $O(n+m)$。下面我们先看一个例子，然后证明其正确性。

【例 8-4】用强连通分支算法对例 8-1 中图 8-6 的顶点进行强连通分支的分解。

解：图 8-11a 显示了对该图从顶点 a 开始进行 DFS 搜索后各顶点 u 的发现时刻 $d(u)$ 和完成时刻 $f(u)$。（强连通分支算法只需要用到完成时刻，DFS 从任何一点开始都可以。）这是算法第 1 步。按完成时刻，从大到小排序的顶点序列是：a, g, h, s, k, e, d, b, p, m, f, c, j。

图 8-11b 显示强连通分支算法第 2 步和第 3 步的结果，也就是构造的转置图 G^T，并假设每个点的颜色已着以白色。强连通分支算法第 4 步对 G^T 做 DFS。

图 8-11c 显示算法第 4 步的第 1 轮 DFS 所访问的强连通分支 $\{a, d, e\}$。第 1 轮从第一个白色的顶点 a 开始，它的完成时刻 $f(a)$ 最大。我们用粗线条表示这一分支中边的集合。

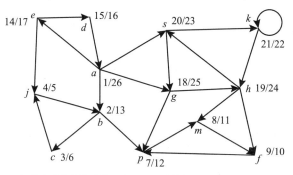

a）强连通分支算法第1步：DFS计算每个顶点访问完成时刻

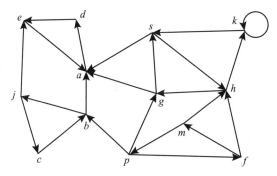

b）强连通分支算法第2步所计算的转置图 G^T 和第3步置各点为白色

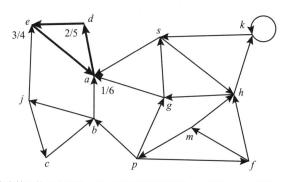

c）强连通分支算法第4步的第一轮。因为顶点序列中，a 是第一个白色的点，完成时刻 $f(a)=26$ 最大，第一轮从 a 开始对 G^T 做 DFS，分离出第一个分支 $\{a, d, e\}$

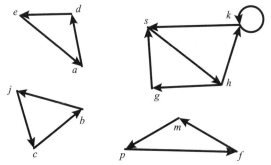

d）算法第4步的第2、3、4轮 DFS 分别从 g、b、p 开始，分离出强连通分支 $\{g, s, h, k\}$、$\{b, j, c\}$ 和 $\{p, f, m\}$

图 8-11　强连通分支分解算法示例

图 8-1d 显示其后 3 轮 DFS 分离出来的另外三个分支。第 2 轮从顶点 g 开始，因为顶点 g 是第一轮后，顶点序列中，第一个仍是白色的顶点。此时，顶点 a、d、e 已变为黑色。同理，在分离出第 2 个分支后，顶点 g、s、h、k 变为黑色，顶点 b 是点 g 之后的序列中第一个白色顶点。所以，第 3 轮 DFS 从点 b 开始，输出的强连通分支是 {b, j, c}。显然，第 4 轮 DFS 从点 p 开始，输出的强连通分支是 {p, m, f}。

强连通分支分解算法的正确性证明

我们先介绍有向图 $G(V, E)$ 的强连通分支图（简称分支图，component graph）的概念。分支图 $G^c(V^c, E^c)$ 是个有向图，其中的每个顶点 $u \in V^c$ 代表图 $G(V, E)$ 中一个强连通分支 u。从顶点 $u \in V^c$ 到另一顶点 $v \in V^c$ 有一条有向边 $(u, v) \in E^c$ 当且仅当在原图 $G(V, E)$ 中有一条从分支 u 中的顶点到分支 v 中的顶点的边。要注意的一点是，在图 $G(V, E)$ 中，可能有多条从分支 u 中顶点到分支 v 中顶点的边。例如在图 8-11a 中，从分支 {a, d, e} 到分支 {b, j, c} 有两条边 (a, b) 和 (e, j)。但是，它们的方向都是一致的，也就是说，绝不会有从分支 v 中顶点到分支 u 中顶点的边。否则，这两个分支都没有最大化，它们的并集仍然是强连通的，这与定义矛盾。所以，在分支图中我们只需要画一条边即可。同理，在分支图中不可能有回路，否则回路上的顶点对应的所有分支都属于同一连通分支。图 8-12 给出例 8-4 中讨论的图 8-6 的强连通分支图。

现在，我们证明如果在分支图 $G^c(V^c, E^c)$ 中有一条从顶点 u 到顶点 v 的边，那么，在对原图 $G(V, E)$ 进行 DFS 搜索时，无论从哪个点开始，在分支 u 和分支 v 的所有顶点中，有最大完成时刻的点必定落在分支 u 中。我们分两种情况来证明这件事。

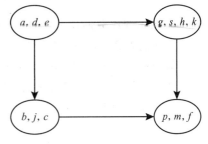

图 8-12　例 8-4 中图 8-6 的有向图的强连通分支图

1）在分支 u 和分支 v 的所有顶点中，最先被 DFS 发现的顶点 x 在分支 u 中。

如果是这种情况，那么，因为有从分支 u 到分支 v 的边，点 x 有路径到达分支 u 和分支 v 中任何一个点。又因为顶点 x 是最先被发现的，在时刻 $d(x)$ 时，两分支中其他任何一个点都还是白色。根据白路径定理（定理 8.2），两分支中任何顶点都是 x 的后代，因而 DFS 对 x 的访问最后完成。所以，有最大完成时刻的点 x 落在分支 u 中。

2）在分支 u 和分支 v 的所有顶点中，最先被 DFS 发现的顶点 x 在分支 v 中。

如果是这种情况，那么，因为在分支图中没有回路，所以在原图 $G(V, E)$ 中没有从点 x 到分支 u 中任何点的路径，否则分支 u 和 v 必属同一分支，与定义矛盾。所以，当 DFS 从点 x 开始，完成对分支 v 中所有点的访问时，分支 u 中的点还都是白色的。当然，最后完成访问的点必定落在分支 u 中。

根据上述结果，如果 $G(V, E)$ 中 DFS 最后完成访问的顶点 x 所在的分支是 u，那么，在分支图中，顶点 u 只有出去的边，没有进来的边。我们还注意到，因为图 G^T 是把原图 G 里所有边反向后得到的，所以在原图 G 中有一条从顶点 a 到 b 的路径当且仅当在图 G^T 中有一条从顶点 b 到 a 的路径。同理，在原图 G 中没有从 a 到 b 的路径当且仅当在图 G^T 中没有从 b 到 a 的路径。所以，顶点 a 和 b 在图 G 中属于同一个强连通分支当且仅当它们在图 G^T 中属于同一个强连通分支。因此，原图 G 的强连通分支的分解和图 G^T 的强连通分支的分解是一样的,只不过在它们的分支图中每条边的方向相反。也就是说,在图 G 的分支图中有边 (u, v) 当且仅当在 G^T 的分支图中有边 (v, u)。

这样一来,如果在算法第一步中,对原图 G 的 DFS 搜索最后完成的顶点 x 所在的分支是 u,那么分支 u 在 G^T 的分支图中只有进来的边而没有出去的边。这样,当我们从顶点 x 开始对 G^T 做第一轮 DFS 搜索时,分支 u 中所有点会在这一轮被访问到,但是 DFS 跑不出分支 u。所以,第一轮 DFS 搜索正好把分支 u 分离出来。

在接下来的对 G^T 做第二轮 DFS 搜索时,我们从分支 u 以外的点中有最大完成时刻的顶点 y 开始。这个顶点 y 就是,强连通分支分解算法的第一步产生的序列 $f(v_1) > f(v_2) > \cdots > f(v_n)$ 中,第一个仍然还是白色的顶点。那么,除去第一个分支 u 以外,顶点 y 所在的分支在 G^T 的分支图中只有进来的边而没有出去的边。因为这一轮 DFS 不会再访问第一分支 u 里的点(因为它们都已经是黑色点了),所以第二轮 DFS 只能访问点 y 所在的分支。这样,这一轮搜索便正确地分离了第 2 个分支,即点 y 所在的分支。

以此类推,每一轮 DFS 搜索都会从还未访问过的顶点里有最大完成时刻的点 z 开始,从而正确地分离出点 z 所在的强连通分支。这个过程直到所有强连通分支被找到为止,所以算法的正确性得证。∎

8.3.7 无向图的双连通分支的分解

对无向图作双连通分支 (bi-connected component) 的分解是又一个知名的 DFS 的应用例子。我们先介绍双连通分支的概念。

如果把一个连通图 $G(V, E)$ 中的一个顶点 u 以及与它关联的边从图中删去以后,图 $G(V, E)$ 变成了一个不连通的图,那么顶点 u 被称为图 $G(V, E)$ 的一个断点 (cut point)。图 8-13 给出了一个断点的例子。

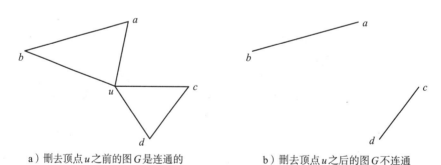

a)删去顶点 u 之前的图 G 是连通的　　　　b)删去顶点 u 之后的图 G 不连通

图 8-13　一个断点的例子

定义 8.7　没有断点的连通图 $G(V, E)$ 称为一个双连通图 (bi-connected graph)。

只含一个顶点的图或者只含一条边的图都是双连通的,因为它们没有断点。一个连通图也许不是双连通的,但它的某个子图可以是双连通的。

定义 8.8　图 $G(V, E)$ 的一个最大化的双连通子图称为一个双连通分支。最大化是指不可能添加任何顶点到这个子图中而仍保持双连通性质。

定义 8.9　无向图的双连通分支问题就是把一个给定的无向图 $G(V, E)$ 分解为一组边不相交的双连通分支。

图 8-14 显示图 8-13a 可分解为两个双连通分支。注意,一个断点可以出现在多个分支

中，但每条边只属于一个分支。因此，无向图双连通分支问题是对图中边的集合的一个划分，而前一节讲的有向图的强连通分支问题是对图中点的集合的一个划分。

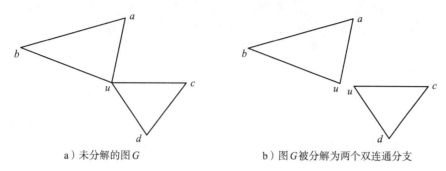

a）未分解的图 G　　　　　　　　b）图 G 被分解为两个双连通分支

图 8-14　图 8-13a 被分解为两个双连通分支

无向图 G 的双连通分支问题可以用 DFS 搜索解决。假设我们已经得到了一个连通图的 DFS 树，下面的观察可帮助我们把断点识别出来。

1）DFS 树中任一个叶子顶点不可能是断点。

2）DFS 树的根是一个断点，当且仅当它有两个或更多的儿子。

3）DFS 树中根以外的内结点 u 是一个断点，当且仅当它的某棵子树中的点没有反向边指向 u 的祖先（u 本身不算）。

前两条观察很明显。第三条也很容易理解，因为如果 u 的每棵子树都有反向边指向高于 u 的祖先的话，删去顶点 u 并不能割断其余点的连通。图 8-15 帮助读者理解第三条的含义。

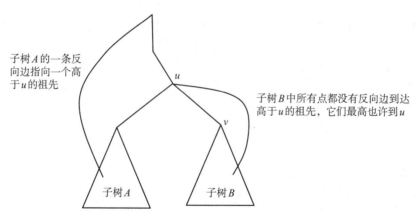

图 8-15　根以外的内结点 u 是一个断点，当且仅当它的某棵子树中的点没有
反向边指向 u 的祖先

读者需要注意的一点是，在无向图中，除了 DFS 树中的边以外，只能有反向边。因此，子树之间没有边连接。一旦发现顶点 u 的一棵子树中没有反向边超越 u，我们就可以把这棵子树从 u 这点断开。因为 DFS 搜索是个递归算法，当断点 u 的一个儿子 v 回溯到 u 时，以 v 为根的子树就已经确定。让我们用 $T(v)$ 表示以顶点 v 为根的子树。子树 $T(v)$ 本身可能也含有断点，由于 DFS 搜索是个递归算法，与这些断点关联的双连通分支在顶点 v 回溯到 u 之前就已经做了切割，这里的 $T(v)$ 不包含已切除的顶点。所以，断点 u 加上 $T(v)$ 对应的子图组成一个双连通分支，可以从断点 u 处切下。注意，这个分支除了包含 u 以及 $T(v)$ 中

的顶点以外，还应该包含这些顶点之间的所有边。

下面我们介绍一个算法，它在进行 DFS 搜索的同时就识别断点并进行切割分解。因为反向边能到达的祖先的高度是最重要的判断依据，所以，我们赋给每个顶点 u 一个变量 $back(u)$ 以记录从 u 出发的一条反向边，或者从 u 的任一个后代出发的一条反向边能达到的最高祖先的高度。从 DFS 树的根到顶点 u 的路径上每一个点都是 u 的祖先，较高的祖先 a 有较小的发现时刻 $d(a)$。因此，我们定义 $back(u)$ 如下：

$$back(u) = \min\{d(w) \mid w = u \text{ 或者 } u \text{ 的后代 } x \text{ 有反向边 } (x, w)\}.$$

这里，u 本身也算它自己的后代，所以有 $back(u) \leqslant d(u)$。在进行 DFS 搜索的同时计算 $back(u)$ 并不困难。如果我们知道 u 的各个儿子 v 的 $back(v)$ 值，那么 $back(u) = \min\{back(v) \mid v \text{ 是 } u \text{ 的儿子，包括 } u\}$。

因为 DFS 搜索的递归性，我们可以这样计算 $back(u)$：

1）当 u 被发现时，置 $back(u) \leftarrow d(u)$。

2）当发现一条反向边 (u, a) 时，更新 $back(u)$，$back(u) \leftarrow \min\{d(a), back(u)\}$

3）当 u 的儿子 v 回溯到 u 时，如果 $back(v) < d(u)$，那么 $back(u) \leftarrow \min\{back(v), back(u)\}$。

在第 3 条中，只有 $back(v) < d(u)$ 时才需更新。而当 $back(v) \geqslant d(u)$ 时，恰恰是发现 u 是断点的情况。所以断点识别并进行切割的做法是：

当点 u 的一个儿子 v 回溯到 u 时，如果 $back(v) \geqslant d(u)$，那么，把 u 从当前的 DFS 树中割开（一分为二）。顶点 u 加上以 v 为根的子树 $T(v)$，以及它们的顶点之间的所有边形成一个双连通分支。

由于 DFS 搜索的递归性，在我们把子树 $T(v)$ 从 u 割开时，这棵子树中可能有的其他断点都已在早先被识别，而在这些断点处与 $T(v)$ 相连的其他双连通分支也相应地已被切割。也就是说，当前我们切下的双连通分支所包含的边正好是从访问边 (u, v) 开始，到由 v 回溯到 u 为止，DFS 所访问过的所有边（除去已被切割的分支）。当 u 是 DFS 树的根时这个做法也正确，它会把 DFS 树根的每一棵子树从根割开并形成一个双连通分支。有可能 $T(v)$ 只含一个顶点 v，那么，这个双连通分支就只含一条边 (u, v) 了。

下面是这个算法的伪码。该算法把双连通分支的分割融合到 DFS 搜索中去。为了保存 DFS 搜索中各分支的边的集合，该算法在原 DFS 中再增加一个堆栈 S'，专门用来存储所有已被访问但还未被割去的边的集合。当从顶点 v 回溯到父亲 u 时，如果需要从点 u 割开，那么边 (u, v) 及其后被访问的边都要从图中割去以形成一个分支。具体做法是把堆栈 S' 中的边逐个弹出直到边 (u, v) 被弹出为止。这时，堆栈中已不包含早先割去的其他分支的边。

注意，在双连通分支的分解算法中，我们不需要各点的完成时刻，因而略去，而各点的发现时刻按顺序从 1 到 n 编号。我们假定图 G 是一个连通图。

```
Bi-Connected-Component(G(V,E),s) // 设图 G 为一连通图，起始点 s 可任取，|V| > 1
1  for each u ∈ V                //DFS 初始化开始
2      color(u) ← White
3      π(u) ← nil
4  endfor
5  color(s) ← Gray
6  time ← 1                      // 时间戳从 1 开始
```

```
7    back(s) ← d(s) ← time              // d(s) 是起始点 s 的发现时刻
8    k ← 0                              // 双连通分支编号，将从 1 开始
9    S ← ∅                             //DFS 所用堆栈 S 清空
10   S' ← ∅                            // 边所用的堆栈 S' 清空
11   Push(S,s)                         // 初始化完成，点 s 入栈
12   while S ≠ ∅
13       u ← Top(S)                    // 不是弹出，而是建立指针
14       v ← u's next neighbor in Adj(u)   //u 的邻接表中下一个邻居 v
15       if v ≠ nil                    //u 还有邻居未被访问
16           then    if color(v) = White   // 首次访问 v，v 是白色的
17                   then time ← time + 1
18                        d(v) ← time      // 给 v 打上发现时刻的时间戳
19                        back(v) ← d(v)   // 初始化 back(v)
20                        π(v) ← u    //u 是 v 的父亲
21                        color(v) = Gray
22                        Push(S,v)
23                        Push(S',(u,v))
24                   else back(u) ← min{back(u),d(v)}    //(u,v) 是反向边
25                        Push (S',(u,v))
26                   endif
27           else    color(u) ← Black        //u 由灰变黑
28                   Pop(S)                   //u 由栈顶弹出
29                   if S ≠ ∅                // 表示 u 有父亲
30                       then    w ← Top (S)         //u 是 w 的儿子，回溯
31                               if back(u)<d(w)
32                               then back(w) ← min{back(u),back(w)}
33                               else k ← k+1    //w 是断点
34                                    C[k] ← Pop(S') until (w,u) popped
35                               endif    //C[k] 是第 k 个分支
36                   endif        // 如果 S=∅，则必有 S'=∅。
37       endif
38   endwhile
39 End
```

【例 8-5】用双连通分支的分解算法对下面的无向图进行双连通分支的分解。

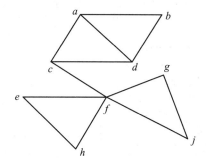

解： 图 8-16a 到图 8-16g 显示双连通分支的分解算法对上图逐步操作的情况。图中每个点 u 边上的数字是 d(u)/back(u)。注意，这里是 back(u)，不是 f(u)。DFS 从点 a 开始。

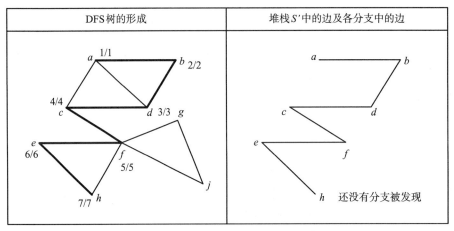

a）DFS刚刚发现顶点h时的情形，这时d(h)=back(h)=7，DFS还没有从点h去访问h的邻居

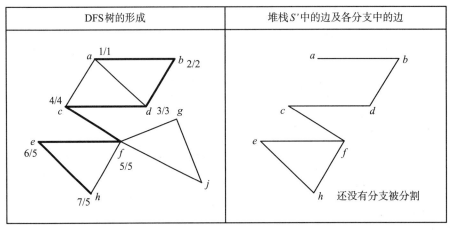

b）DFS在顶点h发现反向边(h, f)，把它放入堆栈S'，修改back(h)=5，回溯到点e，更新
   back(e)=back(h)=5

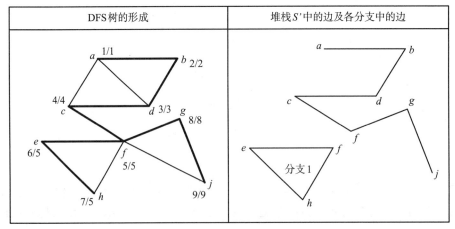

c）DFS从顶点e回溯到f时，因back(e)=5≥d(f)，f是断点。从堆栈S'弹出分支1的边(h, f)，
   (e, h)，(f, e)。然后，继续DFS，从点f访问点g，然后从点g访问点j，还没有开始访问点
   j的邻居

图 8-16　用双连通分支的分解算法对例 8-5 中的图分解的逐步演示

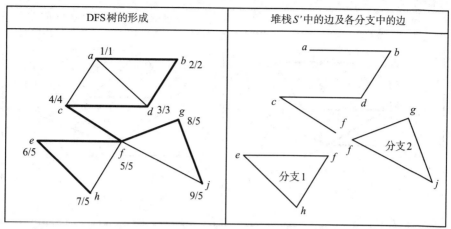

d）DFS从顶点j发现反向边(j, f)，把它压入堆栈S'后，更新back(j)=5。回溯到点g时，更新back(g)=5。DFS从点g回溯到f时发现back(g)=5≥d(f)，f是断点。从堆栈S'弹出分支2的边(j, f)，(g, j)，(f, g)

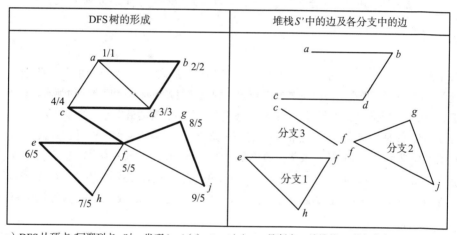

e）DFS从顶点f回溯到点c时，发现back(f)=5>d(c)，c是断点。从堆栈S'弹出分支3的边(c, f)

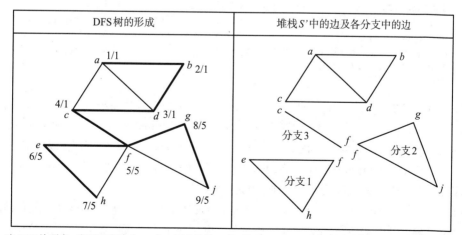

f）DFS从顶点c发现反向边(c, a)，压入堆栈S'并更新back(c)=1。回溯到d时，更新back(d)=1。从点d发现反向边(d, a)，压入堆栈S'。回溯到b时，更新back(b)=1

图 8-16　用双连通分支的分解算法对例 8-5 中的图分解的逐步演示（续）

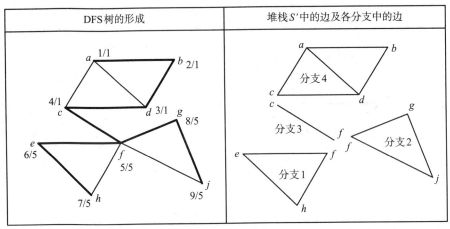

g）DFS 从顶点 b 回溯到 a 时，发现 $back(b)=1 \geq d(a)$。弹出分支 4 的边 (d, a)，(c, a)，(d, c)，(b, d)，(a, b)。DFS 结束，双连通分支算法也同时结束

图 8-16 用双连通分支的分解算法对例 8-5 中的图分解的逐步演示（续）

习题

1. 假设 T 是一棵边上加了权的有 n 个顶点的树，而顶点 x 是其中一个指定的顶点。请设计一个复杂度为 $O(n)$ 的算法，取名 Distance(T, x)，算出从顶点 x 到其他每一个顶点 v 的距离 $\delta(x, v)$。这里，边是无向的，两点间的距离是指这两点间一条简单路径可能有的最小的边的总权值。

2. 假定 $T=(V, E)$ 是一棵有 n 个顶点的树，它的每条边 (u, v) 是无向的，并有正数权值 $w(u, v)>0$。它的直径定义为 T 中最长的一条路径的长度，即 $Diameter(T)=\max\limits_{u, v \in V} \delta(u, v)$，这里 $\delta(u, v)$ 表示点 u 和点 v 之间距离，也就是点 u 和点 v 之间一条简单路径可能有的最小的边的总权值。证明下面的算法在 $O(n)$ 时间里正确算出 $Diameter(T)$。算法中所用函数 Distance(T, x) 是调用上一题的算法。

```
Diameter(T)
1    Select a node x in T              // 任选一点 x
2    Distance(T,x)                     // 调用第 1 题的算法为 T 中每一点 v 计算 δ(x,v)
3    Find node v such that δ(x,v) is the largest   // 找出与点 x 距离最大的点 v
4    Distance(T,v)                     // 再次调用第 1 题的算法为 T 中每一点 u 计算 δ(v,u)
5    Find node u such that δ(v,u) is the largest   // 找出与点 v 距离最大的点 u
6    Return Diameter(T)=δ(v,u)         // δ(v,u) 就是直径
7    End
```

3. 当我们用邻接矩阵来表示有 n 个顶点的图时，大多数图的算法需要 $\Omega(n^2)$ 时间，但是也有特例。请考虑下面的问题。一个简单有向图的一个顶点称为总汇点 (universal sink)，如果每一个其他顶点都有一条边指向这个顶点，而它却没有出去的边。也就是说，如果一个顶点的入度是 $n-1$ 而出度为 0，那么这个点称为总汇点。假设我们用邻接矩阵来表示一个简单有向图。请设计一个 $O(n)$ 的算法来判断这个图是否有总汇点，如果有则输出这个点。

4. 用 DFS 设计一个 $O(m+n)$ 算法来判定一个无向图是否含有一个奇回路，即有奇数条边的回路。

*5. 重做第 2 题，但是这次我们允许 $T=(V, E)$ 的每条边 (u, v) 的权值可以是任何实数。它的直径仍然定义为图中最长的一条简单路径的加权长度，即 $Diameter(T)=\max\limits_{u, v \in V} \delta(u, v)$（可能是负数）。请设计一个 $O(n)$ 时间的算法算出 $Diameter(T)$。为方便起见，我们假定 T 是一个根树，顶点 s 是根。另外，每个内结点 u 有个儿子的集合 $Son(u)$，类似于 $Adj(u)$。如果 $Son(u)=\varnothing$，则表明顶点 u 是个叶子。

6. 假设一个连通的无向图 $G(V, E)$ 的边只有两种权值，w (>0) 或者 $2w$。请设计一个 $O(m+n)$ 的算法计算从顶点 u 到顶点 v 的最短路径。

7. 假设我们用一个有向图 $G(V, E)$ 表示主要城市间的铁路网。有向边 (u, v) 表示从城市 u 到城市 v 之间有火车直达。又假设，不论从城市 u 到城市 v 距离多远，从 u 到 v，火车只有两种票价，一种是慢车票，价格为 c_1；另一种是快车票，价格为 c_2 ($>c_1$)。再假设，不论从城市 u 到城市 v 距离多远，坐慢车者需要 d_1 旅行时间而坐快车者则需 d_2 ($<d_1$) 旅行时间。请设计一个 $O(m+n)$ 算法找出一条从起点 s 到终点 t 的最佳路径使得在总的票价不超过 M 的条件下总的旅行时间最少。你的算法在给出路径时需要同时标明路径上哪一条边坐慢车，哪一条边坐快车。

8. （a）对下面的有向图从顶点 a 开始做 DFS 搜索并标出每个顶点 u 的发现时刻和完成时刻 $d(u)/f(u)$。如遇有多种选择，用字母顺序决定。

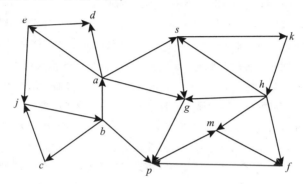

（b）分别列出反向边集合、前向边集合和交叉边集合中所有边。

（c）列出图中每个强连通分支中的顶点并画出分支图。

9. 假设我们有 n 个盒子，B_1，B_2，...，B_n。盒子 B_i ($1 \leq i \leq n$) 的长、宽、高分别是 L_i，W_i 和 D_i。盒子 B_i 和盒子 B_j 如果有 $L_i < L_j$，$W_i < W_j$ 和 $D_i < D_j$，那么称盒子 B_i 兼容于盒子 B_j。我们希望从这 n 个盒子里选出一组两两兼容的盒子使得它们总的容积最大。也就是说，使得 $\sum_{B_i \in S} L_i \times W_i \times D_i$ 最大，这里 S 是选出的盒子的集合。请把这个问题建模为一个图的问题并设计一个 $O(n^2)$ 算法解出。

10. 重新考虑贪心算法一章中的活动选择问题。假设我们有 n 个活动，a_1，a_2，...，a_n，申请使用大礼堂。每个活动 a_i ($1 \leq i \leq n$) 有一个固定的开始时间 s_i 和一个完成时间 f_i ($0 \leq s_i < f_i < \infty$)。我们假定任何时候大礼堂只能允许一个活动在进行。两个活动 a_i 和 a_j 称为兼容，如果它们对应的时间区间，$[s_i, f_i)$ 和 $[s_j, f_j)$ 不相交。现在我们希望从这 n 个活动中选出一个两两兼容的子集 A 使得大礼堂被使用的时间最长。注意，与贪心算法一章中的活动选择问题不同的是，我们不追求集合中活动的个数最多，而是总时间最长，也就是使 $\sum_{a_i \in A} (f_i - s_i)$ 最大。请设计一个 $O(n^2)$ 的算法把这个问题转换为一个图的问题后解出。

11. （**可达性问题**）假设一个有向图 $G = (V, E)$ 的每个顶点 $u \in V$ 都赋以一个取自集合 $\{1, 2, \cdots, |V|\}$ 的整数标号 $L(u)$。各顶点的标号都不同。对每个顶点 u，我们定义 $R(u) = \{v \in V \mid$ 从 u 到 v 有路径 $\}$，也就是 u 可以到达的所有点的集合。我们再定义 $\min(u)$ 为 $R(u)$ 中标号最小的顶点，即 $\min(u) = v$ 使得 $L(v) = \min\{L(w) \mid w \in R(u)\}$。请设计一个 $O(n+m)$ 算法为每一个 $u \in V$ 算出 $\min(u)$。这里，$|V| = n$，$|E| = m$。

12. 重新考虑第 6 章习题 10。一块长方形电路板的上下两边各有 n 个端口并用数字从左到右顺序标为 1，2，3，$\cdots$，n。根据电路设计的要求，我们需要把上边的 n 个端口和下边的 n 个端口配对用导线连接。假设与上边第 i 个端口号连接的下边的端口号是 $\pi(i)$，那么要连接的 n 个对子为 $(i,$

$\pi(i))$ $(1 \le i \le n)$。下面的图给出了一个 $n=8$ 的例子。现在的问题是，找一组导线不相交的对子，使它含有的对子最多。比如在下图中，{(2, 1), (5, 2), (6, 5), (8, 7)} 就是最大的一组，它含有 4 个不相交的对子。

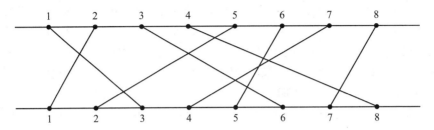

请设计一个 $O(n^2)$ 算法把这个问题转化为一个图的问题后解出。

13. （a）有向图 $G=(V, E)$ 有 n 个顶点，$V=\{v_1, v_2, ..., v_n\}$。经过 DFS 搜索后，每个顶点 v_i 的发现时刻和完成时刻 $d(v_i)/f(v_i)$ 都已标出 $(1 \le i \le n)$，并分别存在数组 $D[1..n]$ 和 $F[1..n]$) 中。现在，请设计一个 $O(n)$ 时间的算法，它根据这 n 个区间把相应的 DFS 树或森林构造出来。

（b）假设某有向图有 8 个顶点 a, b, c, d, e, f, g, h。经过 DFS 搜索后，它们的发现时刻和完成时刻如下。请用问题（a）中的算法把 DFS 树（或森林）画出来。

   $a(8/9)$, $b(13/16)$, $c(2/3)$, $d(1/12)$, $e(4/11)$, $f(5/6)$, $g(7/10)$, $h(14/15)$

（c）假定 (e, g), (b, a), (h, c), (a, d), (f, c) 是问题（b）中有向图的边。请指出它们分别是 DFS 树（或森林）里的边，还是反向边，还是前向边，还是交叉边。

14. 假设有一个 $n \times m$ 的棋盘。棋盘中每一格中有一个数字并各不相同。用数组 $A[i, j]$ $(1 \le i \le n, 1 \le j \le m)$ 存放这 mn 个不同的数字。你可以从某一格运动到相邻的一个格子中去，如果你所在的格子中数字小于这个相邻的格子中的数字。比如，在下面 3×5 的棋盘中，你可以从格子 (1, 1) 走到格子 (2, 1)。连续的从一个格子到另一格子的运动形成一条路径。请设计一个 $O(mn)$ 的算法找出一条最长的路径。例如，在下面 3×5 的棋盘中，最长的路径是 (2, 2), (2, 3), (1, 3), (1, 4), (2, 4), (2, 5), (3, 5), (3, 4), (3, 3)}。

	1	2	3	4	5
1	6	4	3	5	10
2	10	0	1	7	9
3	7	13	16	12	11

15. 给定一个无回路的有向图 $G(V, E)$ 和其中两个顶点 s 和 t，我们希望算出一共有多少条不同的从 s 到 t 的路径。假定任何两条路径，只要有一条边不同，就是两条不同的路径。请为此设计一个 $O(m+n)$ 的算法。算法只要统计出数字即可，不需要给出具体路径。

16. 另一个对有向图 $G=(V, E)$ 进行拓扑排序的方法是，先找一个入度为 0 的顶点，把它输出并把这个顶点连同从它出去的边全部从图中删去。然后，再找一个入度为 0 的顶点，把它输出后，也把它连同从它出去的边全部从图中删去。不断地这样做下去直到每个点都被输出。请给出一个 $O(n+m)$ 的算法来实现这个做法。当图 G 中有回路时，会有什么问题？

17. 如果一个有向图 $G=(V, E)$ 中任两个顶点，$u, v \in V$，之间有路径从 u 到 v 或从 v 到 u，那么 G 称为半连通的图 (semi-connected graph)。请给出一个 $O(m+n)$ 的算法来判断图 G 是不是半连通的图。你需要证明其正确性并分析时间复杂度。

18. 一个有向图 $G(V, E)$ 的子图 T 称为有向支撑树，如果它满足以下条件：

    1）它包括所有 V 中顶点。

    2）图 T 不含回路。

    3）图 T 中存在一个顶点 r，称为 T 的根，使得从 r 到任何一个顶点有唯一的一条简单路径。

    　　请设计一个 $O(n+m)$ 算法来判断一个给定有向图 $G(V, E)$ 是否有一棵有向支撑树。如果有，则找出一棵有向支撑树。

19. 一个图 $G=(V, E)$ 的顶点子集 $V' \subseteq V$ 称为一个独立集（independent set），如果 E 中任何一条边只与 V' 中最多一个点有关联。也就是说，如果 V' 中任意两点之间没有边，那么它就是一个独立集。最大独立集问题就是要找出图 G 的一个含顶点最多的独立集。如果 G 可以是任意一个图，那么这是一个 NP 难问题。但是，如果 G 是一棵树 T，那么这个问题可以在 $O(n)$ 时间内解决。请设计一个这样的算法。

20. 一个图 $G=(V, E)$ 的顶点子集 $V' \subseteq V$ 称为顶点覆盖（vertex cover），如果 E 中任何一条边都与 V' 中一个或两个点有关联。最小顶点覆盖问题就是要找出图 G 的一个有最少顶点的顶点覆盖。如果 G 可以是任意一个图，那么这是一个 NP 难问题。但是，如果 G 是一棵树 T，那么这个问题可以在 $O(n)$ 时间内解决。请设计一个这样的算法。

21. 下面图中的树是对某个图 $G=(V, E)$ 采用双连通分支算法后得到的 DFS 树。每个顶点 u 的发现时刻 $d(u)$ 和变量 $back(u)$ 的值都标在图上。请根据这个图回答下面的问题。

    （a）指出所有的断点。

    （b）列出所有双连通分支及各分支中的顶点。

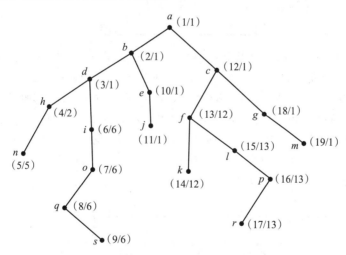

22. 如果删去连通图 $G(V, E)$ 中的一条边 (u, v) 后图不连通，那么这条边称为一个桥 (bridge)。例如下面图中的边 (u, v) 就是一个桥。请设计一个 $O(n+m)$ 的算法找出图中所有桥。

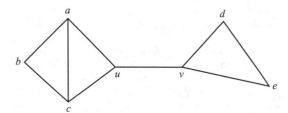

23. 假设 S 是有向图 $G(V, E)$ 中边的一个子集，$S \subset E$，并且 S 中的边不形成任何回路。图 $G(V, E)$ 称

为 "相对于集合 S 的无回路图"，如果图 $G(V, E)$ 中任何一个回路都不经过 S 中的边。请设计一个 $O(n+m)$ 的算法以判断图 $G(V, E)$ 是不是相对集合 S 的无回路图。

24. 在一个 $n \times n$ 的棋盘上，有些方格标记为已占用，其余为可用。下面给出了一个 8×8 的棋盘例子。我们用 (i, j) 表示位于第 i 行第 j 列的方格 $(1 \leqslant i, j \leqslant n)$。我们用 $B[i, j]=0$ 表示方格 (i, j) 已占用，$B[i, j]=1$ 表示方格 (i, j) 可以用。我们还假设方格 $(1, 1)$ 和 $(1, n)$ 可以用。请设计一个 $O(n^2)$ 的算法找出从方格 $(1, 1)$ 到 $(1, n)$ 的一条最短路径。我们假设路径中每一步必须从当前的方格进入到相邻的一个可用的方格，而不可以进入到已占用的方格。路径的长度是该路径所经过的方格的个数，包括 $(1, 1)$ 和 $(1, n)$。如果不存在从 $(1, 1)$ 到 $(1, n)$ 的路径，输出 $d=\infty$。下图显示了所给 8×8 棋盘中从 $(1, 1)$ 到 $(1, 8)$ 的一条最短路径，其长度是 22。

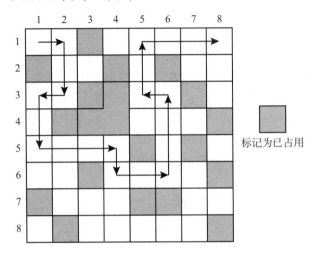

标记为已占用

25. 如下图所示，在一个 $m \times n$ 的棋盘上，有些方格标记为已占用，其余为可用。我们用 (i, j) 表示位于第 i 行第 j 列的方格 $(1 \leqslant i \leqslant m,\ 1 \leqslant j \leqslant n)$。我们用 $B[i, j]=0$ 表示方格 (i, j) 已占用，$B[i, j]=1$ 表示方格 (i, j) 可以用。从一个可用方格可以走到同一行或同一列的相邻的可用方格，但任何时候不可以进入到已占用的方格。如果从一个可用方格可连续地走到另一个可用方格，则称这两个可用方格是连通的。请设计一个 $O(mn)$ 的算法找出最大的一个互相连通的可用方格的集合。例如，在下图中，集合 $S=\{(2, 4), (3, 3), (3, 4), (4, 2), (4, 3), (4, 4)\}$ 就是该图中最大的一个互相连通的可用方格的集合。

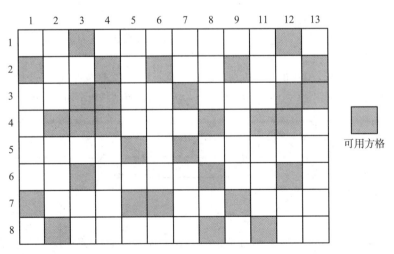

可用方格

26. 假设将一个新兴城市划分为 $n \times n$ 个正方形的小区。下图是一个 $n=8$ 的例子。我们用 (i, j) 表示位于第 i 行第 j 列的小区 $(1 \leqslant i, j \leqslant n)$。用 $B[i, j]=0$ 表示小区 (i, j) 里没有学校，$B[i, j]=1$ 表示小区 (i, j) 有学校。从一个小区到同一行或同一列的相邻的小区有路相连。请设计一个 $O(n^2)$ 的算法，为每一个小区 (i, j) $(1 \leqslant i, j \leqslant n)$，计算出到最近的有学校的小区的距离 $d(i, j)$。这里，距离 $d(i, j)$ 定义为需要经过的小区个数。如果 $B[i, j]=1$，那么小区 (i, j) 本身有学校，所以 $d(i, j)=0$。请参考下图中的更多例子。

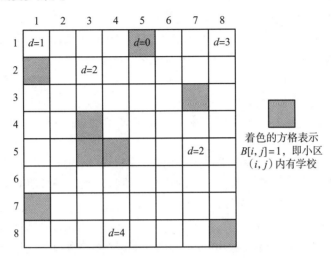

着色的方格表示
$B[i, j]=1$，即小区
(i, j) 内有学校

27. 在第 18 题中我们介绍了有向支撑树。如果有向图 $G(V, E)$ 没有有向支撑树，那我们可以把它的顶点分解为若干棵有向根树的集合，称为它的一个有向支撑森林。让我们正式定义如下。一个有向根树的集合 F 称为图 $G(V, E)$ 的一个有向支撑森林，如果满足：

1）F 中每棵有向根树都是图 $G(V, E)$ 的一个子图。

2）顶点 V 中每个点属于 F 中某棵有向根树并且只属于这棵有向根树。

下图给出了一个简单例子。

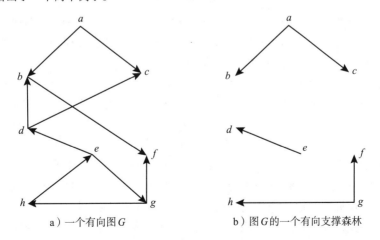

a）一个有向图 G b）图 G 的一个有向支撑森林

请设计一个 $O(n+m)$ 算法为有向图 $G(V, E)$ 找出一个有最少有向根树的支撑森林，并证明算法的正确性。

第9章 图的最小支撑树

一个加权的连通图的最小支撑树是图的一个子图。这个子图是一棵能把所有点都连接上的树，称为支撑树，并且它的所有边的权值之和是所有支撑树中最小的。下面我们先明确定义最小支撑树的问题，在随后的章节中讨论它的算法及复杂度。

定义 9.1 给定一个 (无向) 图 G，它的一个子图如果包含 G 中所有顶点，则称为图 G 的一个支撑子图 (spanning subgraph)。

定义 9.2 图 G 的一个支撑子图如果是一棵树，则称为图 G 的一棵支撑树 (spanning tree)。

显然，无向图必须连通才会有支撑树。所以，除非特别声明，我们约定在这一章讨论的图都是连通的无向图。另外，当一个图的边有权值时，我们感兴趣的是有最小权值的支撑树。(支撑树在一些文献里也称为生成树。)

定义 9.3 如果加权图 G 的一棵支撑树 T 中所有边的权值之和是所有支撑树中最小的，则称 T 为图 G 的一棵最小支撑树 (Minimum Spanning Tree，MST)。

假设 T 是加权图 G 的一个子图，我们用 $W(T)$ 表示 T 中所有边的权值之和，即 $W(T) = \sum_{(u,v) \in T} w(u,v)$，并称为这个子图的权值。当 T 是一棵支撑树时，$W(T)$ 就是这棵支撑树的权值。图 G 可以有许多不同的支撑树，有最小 $W(T)$ 的支撑树 T 就是它的最小支撑树，记为 $T = \text{MST}(G)$。图的最小支撑树问题就是要设计一个算法，为任一给定加权连通图 $G(V, E)$ 构造它的最小支撑树。

我们知道，要想把 n 个孤立顶点用边连成一个连通图，至少要 $n-1$ 条边。所以，有 $n-1$ 条边和 n 个顶点的连通图必定是一棵树。如果一个连通图 G 中边的权值都是正数，那么，找一个最小的连通的支撑子图就等价于找 G 的一棵最小支撑树，但是，如果图中边的权值有负数，则两者可能不同（参考本章习题 16）。

找一个图的最小支撑树问题是算法的重要课题之一，因为很多应用问题可归结为这个问题。例如，如果我们为某些城市构建一个光缆连接的通信网络，但希望所用光缆的总长最小，那么我们可先为这个问题构造一个加权的完全图 G，其中每个顶点代表一个城市，而一条边 (u, v) 的权 $w(u, v)$ 则表示连接 u 和 v 两城市所需要的光缆长度。然后，我们找出它的一棵最小支撑树 T。那么，这棵最小支撑树中的边 (u, v) 表明我们应该在城市 u 和 v 之间铺设光缆，而整个通信网络所需的光缆总长度就等于 $W(T)$。这棵最小支撑树保证，这样铺设的光缆的总长最小。通常我们讨论的是无向图的最小支撑树。文献中对有向图的最小支撑树的讨论不多，并且往往可借鉴无向图的结果，因此，我们这里只讨论无向图的最小支撑树问题。图 9-1 给出了一个最小支撑树的例子。

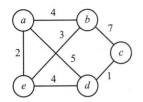
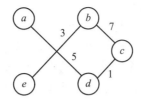
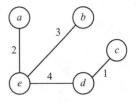

a）一个连通的加权无向图 G　　　　b）一棵非最小的支撑树，权值为 16　　　c）一棵最小支撑树，权值为 10

图 9-1　支撑树和最小支撑树的例子

9.1　计算最小支撑树的一个通用的贪心算法策略

到目前为止，计算最小支撑树的算法主要有两个：Kruskal 算法和 Prim 算法。两者都遵循同一个贪心算法的策略，只是在具体做法上不同。这一节，我们介绍这个通用的贪心算法策略。对这个策略的学习不仅帮助我们理解和掌握后面要讨论的 Kruskal 算法和 Prim 算法，而且为读者探索新方法和研究有关问题提供必要的理论基础。

这个通用的贪心算法策略其实很简单，它每次从图 $G(V, E)$ 中选出一条边放在集合 A 中。集合 A 一开始为空集，也可以认为 A 是只有 $n=|V|$ 个顶点，不含任何边的一个子图。贪心算法保证每次选出的边加到集合 A 之后，一定会存在一棵最小支撑树，它包含集合 A 中的所有边。这样，经过了 $n-1$ 次选择，集合 A 有 $n-1$ 条边。那么，包含这 $n-1$ 条边的最小支撑树只能包含这 $n-1$ 条边，不能包含其他的任何一条边。换句话说，这集合 A 里的 $n-1$ 条边就组成了一棵最小支撑树。

因为贪心算法的一个原则是不更改它前面每一步的决定，所以每一次选中的边必须是"安全"的，也就是说，这条边连同集合 A 中已有的边一起必须包含在某个 MST 中，而不会由于这条边的加入使得集合 A 不能发展成一个 MST。显然，在算法运行的任何时刻，集合 A 中所有边组成了图 $G(V, E)$ 的一个子图 $T(V, A)$，称为由集合 A 导出的子图。它的顶点集合是 V，边的集合是 A。算法结束时，这个由集合 A 导出的子图就是一棵 MST。下面是这个通用的贪心算法的伪码。

```
Generic-MST(G(V,E))            //G 是一个加权的连通图
1  A←∅
2  Construct graph T(V,A)      // 子图 T 含 n 个顶点，没有边
3  for k←1 to |V|-1            //|V|=n
4     find a safe edge (u,v) in E for A    // 从 E 中，为集合 A 找一条安全的边 (u,v)
5     A←A∪{(u,v)}              // 把边 (u,v) 加到集合 A 中
6  endfor
7  return T(V,A)
8  End
```

现在的问题是如何去找一条安全的边。我们需要引入顶点分割的概念。

定义 9.4　图 $G(V, E)$ 的一个顶点分割 (cut，简称为割)，记为 $C= (P, V-P)$，就是把顶点集合 V 划分成两个非空子集，P 和 $V-P$。这里，划分指的是任一个顶点必须属于 P 或者 $V-P$，但不能同属于两者。

定义 9.5　给定图 $G(V, E)$ 的一个割，$C=(P, V-P)$，如果一条边 (u, v) 的两端点 u 和 v 分属于这两个顶点集合，即 $u \in P$ 和 $v \in V-P$，那么，我们说这个割与边 (u, v) 相交，而

边 (u, v) 称为一条交叉边 (cross edge)。

定义 9.6 如果图 $G(V, E)$ 的一个割，$C=(P, V-P)$，与一个边的集合 $A \subseteq E$ 中每一条边都不相交，那么，我们说这个割与集合 A 不相交，或者说这个割尊重 (respect) 集合 A。

定义 9.7 给定图 $G(V, E)$ 的一个割，$C=(P, V-P)$，所有交叉边组成的集合称为边与这个割的交集，记为 $B(C)$。交集 $B(C)$ 中权值最小的边称为最小交叉边。

图 9-2 给出了一个割的例子，其中，$P=\{a, b, d, f, h\}$，$V-P=\{c, e, g, i\}$。图中的粗线条表示集合 A 中的边，$A=\{(a, b), (b, f), (c, e), (g, i)\}$，并与这个割不相交。交集 $B(C)=\{(a, c), (b, g), (d, c), (d, e), (d, g), (h, g), (h, i)\}$。最小交叉边是 (b, g)，其权值为 $w(b, g)=2$。显然，如果集合 A 不含回路并与一个割不相交，那么集合 A 加上一条交叉边后也不会含有回路。

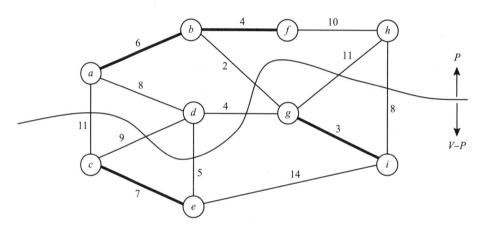

图 9-2　一个割的例子

定理 9.1 告诉我们，这个通用的贪心算法的每一步是怎样找出下一条安全边的。

定理 9.1 假设 $G(V, E)$ 是一个加权的连通图，集合 $A \subseteq E$ 是 E 的一个子集且包含在某个 MST 中。如果有一个割 $C=(P, V-P)$ 与集合 A 不相交，那么它的最小交叉边是一条安全边。

证明： 假设 T^* 是一个包含集合 A 的 MST，而边 (u, v) 是割 $C=(P, V-P)$ 的最小交叉边。如果边 (u, v) 也属于 T^*，那么定理得证。所以我们考虑边 (u, v) 不属于 T^* 的情况，即 $(u, v) \notin T^*$。因为边 (u, v) 是一条交叉边，所以顶点 u 和 v 分属割的两边。又因为 T^* 是一棵支撑树，它含有一条从顶点 u 到顶点 v 的路径。所以，如果沿着这条路径从顶点 u 走到顶点 v，一定会碰到另一条交叉边 (x, y)。因为割 $C=(P, V-P)$ 与集合 A 不相交，$(x, y) \notin A$。

图 9-3 显示了这种情况。图中实线勾画出最小支撑树 T^*，其中粗线条表示集合 A 里的边。显然，把边 (x, y) 从 T^* 中删去会把 T^* 断开为两棵子树，分别含有顶点 u 和 v。这时如果把边 (u, v) 加进去，则会把这两棵子树又连成一棵支撑树 T'，$T'=(T^* - \{(x, y)\}) \cup \{(u, v)\}$。

因为边 (u, v) 是一条最小交叉边，$w(u, v) \leqslant w(x, y)$，所以有：

$$W(T') = W(T^*) - w(x, y) + w(u, v) \leqslant W(T^*)$$

因为 T^* 是一棵 MST，$W(T^*)$ 是所有支撑树中最小的，所以必有 $w(u, v)=w(x, y)$ 和 $W(T')=W(T^*)$，否则矛盾。这也就是说，T' 也是一个 MST 且包含了边 (u, v) 和集合 A 中所有边。所以，边 (u, v) 是条安全边。

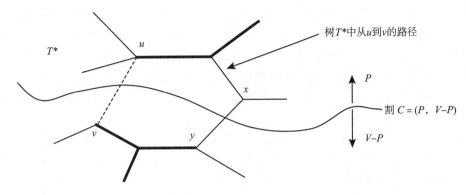

图 9-3   如果边 (u, v) 不属于 $T*$，那么一定有另一条交叉边 (x, y) 属于 $T*$ ∎

定理 9.1 意味着最小支撑树的通用算法 Generic-MST 是正确的。这是因为，一开始，集合 A 是空集，由它导出的图 $T(V, A)$ 必定包含在每一棵支撑树中。从第 3 行开始的循环中，只要集合 A 里边的条数小于 $n-1$，由 A 导出的子图 $T(V, A)$ 就一定不连通，集合 V 就必定有与 A 不相交的割，也就是尊重 A 的割 $C=(P, V-P)$。因为连通的图 G 必有连接割的两边（P 和 $V-P$）的边，也就是交叉边，由定理 9.1 就一定可以找到安全边。所以，循环的每一步都保证，由 A 导出的图 $T(V, A)$ 始终都包含在某个 MST 中。当 $|A|=n-1$ 时，因为子图 $T(V, A)$ 有 $n-1$ 条边，又包含在某个 MST 中，那么它必定就是一个 MST。

9.2   Kruskal 算法

简单来说，Kruskal 算法可以用下面的伪码描述。

```
MST-Kruskal-Abstract(G(V,E))            //G 是一个加权的连通图
1   A←∅                                  // 集合 A 初始化为空集
2   Construct graph T(V,A)              // 图 T 有顶点集合 V, 边的集合 A
3   Sort edges by weight such that e₁≤e₂≤…≤eₘ  //eᵢ(1≤i≤m) 表示第 i 条边的权值
4   for i←1 to m                         // 按序逐条边检查并做选择，m=|E|
5       if adding eᵢ to A does not create a cycle  // 如果把 eᵢ 加到集合 A 中不产生回路
6           then A←A∪{eᵢ}                 // 那么就把 eᵢ 选上并加到 A 中去
7       endif                            // 否则，跳过 eᵢ, 也就是丢弃 eᵢ
8   endfor
9   return T(V,A)                        // 由顶点集合 V 和集合 A 中边组成的图就是 MST
10  End
```

正确性证明：

Kruskal 算法显然是个贪心算法。一开始，集合 A 为空集，图 $T(V, A)$ 不含边，只含 n 个顶点，它显然包含在任何一个 MST 之中。然后，对所有边按权值排序后，算法第 4 行开始的 for 循环对每一条边 e_i $(1 \le i \le m)$ 做出选择。我们用归纳法来证明，算法每一次的选择都是正确的，也就是证明，每一次集合 A 更新后的图 $T(V, A)$ 都包含在某个 MST 之中。

归纳基础：

当 $i=0$ 时，集合 A 为空集，$T(V, A)$ 显然包含在任一个 MST 中。

归纳步骤：

假设我们已经检查了前面 $i-1$ 条边并做了正确选择（$i \ge 1$），也就是说，这时的 $T(V, A)$

包含在某个 MST 中。我们证明算法对边 e_i 的决定也是正确的。我们分两种情况讨论。

1）算法不选取边 e_i。这说明，把 e_i 加到集合 A 中后产生回路。因为任何树不含回路，既然算法对前面 $i-1$ 条边做了正确选择，那么边 e_i 断不可取。顺便指出一点，e_i 不可能与任何尊重 A 的割相交。这是因为，这时的 $T(V, A)$ 不含回路，也不含交叉边，所以加入任何交叉边不可能形成回路。因为把 e_i 加到集合 A 中后产生回路，所以 e_i 不可能是任何尊重 A 的割的一条交叉边。

2）算法选取边 e_i。这说明，把 e_i 加到集合 A 中后不产生回路。假设 e_i 的两个端点为 u 和 v，$e_i = (u, v)$。因为无回路，所以在把 (u, v) 加到集合 A 之前，$T(V, A)$ 中没有从 u 到 v 的路径，也就是说 u 和 v 在 $T(V, A)$ 中属于不同的连通分支。那么我们可以有这样一个割 $C = (P, V-P)$，其中 P 是图 $T(V, A)$ 中所有与顶点 u 连通的点的集合，$V-P$ 是所有其他点的集合。显然，这个割与集合 A 不相交。因为 $v \in V-P$，所以 $e_i = (u, v)$ 是一条交叉边。

我们进一步证明，e_i 是一条最小交叉边。这是因为所有权值比 e_i 小的边都已检查过，要么被选在集合 A 中，不可能是交叉边，要么不被选中而丢弃。如情况一所讨论的，被丢弃的边不可能是交叉边。所以，e_i 是一条最小交叉边。

根据定理 9.1，$e_i = (u, v)$ 是一条安全边。因此，算法选取边 e_i 的决定也是正确的。图 9-4 显示了在这种情况下割的构造，以及 $e_i = (u, v)$ 成为一个交叉边的情况。归纳成功。

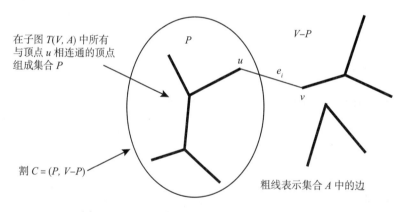

图 9-4　Kruskal 算法证明中第二种情况的图示

这就证明了，Kruskal 算法结束时，$T(V, A)$ 属于一个 MST。这时的 $T(V, A)$ 必定是一个连通图。否则，$T(V, A)$ 有至少两个不同的连通分支。由于图 G 是连通的，运算中一定丢弃了一条连接这两个不同连通分支的边 e。显然，把边 e 加到 $T(V, A)$ 中不会形成回路。那么，把边 e 加到在丢弃 e 时的图 $T(V, A)$ 中就更不会形成回路，这与算法矛盾。所以 $T(V, A)$ 是含所有 n 个点的一个连通图。因为它属于一个 MST，它必须就等于这个 MST。 ■

复杂度分析：

上面的 Kruskal 算法比较抽象，我们还需要讨论如何具体实现这个算法。其中第 3 行的排序不用讨论，我们已知这一步需要 $O(m \lg m) = O(m \lg n)$ 时间。关键是，第 4 行的 for 循环在检查每一条边时，如何检测出有回路？有一个方法就是把子图 $T(V, A)$ 中每一个连通分支中的点组织为一个集合，并分配一个分支号码。一开始，每一个顶点 u 自己形成一个分支。我们用 Make-Set(u) 表示这个初始化操作。然后，每当我们检查下一条边 (u, v) 时，需要做两件事：

1）找出 u 和 v 的分支号。用 Find(u) 和 Find(v) 表示找分支号的操作，也表示找到的分支号。

2）如果 u 和 v 的分支号相同，那么边 (u, v) 的加入会形成回路，否则无回路。有回路时，我们不需做任何事，不选这条边即可。当无回路时，我们把这条边加到集合 A 中。这时，u 和 v 分属的两个连通分支就合成一个分支了。我们需要把它们对应的顶点集合并为一个集会并保留一个分支号。我们用 Union(u, v) 表示这个操作。

显然，对有 n 个顶点和 m 条边的图，我们需要有 $2m$ 个 Find() 操作和 $(n-1)$ 次 Union() 操作。如果我们给每个顶点标上它的分支号，那么 Find() 操作只需要 $O(1)$ 时间，但是在做 Union() 时却需要对其中一个分支中的顶点逐个更改其分支号。用什么数据结构最好呢？这是算法中著名的问题之一，称为合并 – 寻找 (Union-Find) 问题。这里只做简单介绍。详细讨论见附录 B。

如果我们用链表把每个分支中的点组织起来，我们可以把分支号放在链表头部而其他每个点有指针指向头部。这样 Find() 操作只需要 $O(1)$ 时间，$2m$ 个 Find() 操作总共需要 $O(m)$ 时间。当我们需要做 Union() 时，我们总是把短的那个链表接在长的后面，并更改短链表中每个点的指针使其指向长链表的头。这样做，每个顶点的指针最多被更新 $\lg n$ 次，这是因为每更新一次，该顶点所在的链表长度至少加倍，但不会超过 n。因此，$(n-1)$ 次 Union() 操作总共需要 $O(n\lg n)$ 时间。

比用链表更快的办法是用一棵根树把每个分支中的点组织起来，称为分支树，其分支号放在根结点里。这样当我们需要做 Find(u) 时，就需要从顶点 u 开始，顺着父亲指针走到根结点才能找到分支号。所以，所需时间取决于从 u 到根的路径长度。但是，做 Union() 操作就简单了。我们只要把两棵树中的一个根变为另一个根的儿子即可。

注意，这里讨论的根树是为了帮助 Kruskal 算法而额外构造的数据结构，不要与 MST 本身混淆。为了使 Find() 的操作加快，我们采取了两个办法：

1）在做 Union() 时，把一棵较矮的树的根变为一棵较高的树的儿子。这样做使合并后的树的高度尽量不增加，使它与合并前较高的一棵树等高。这个原则称为"按秩合并" (union by rank)。当然，当两者一样高时，可任意选择其中一个树根为儿子。这时，合并后的树的高度会增加 1。

2）在做 Find(u) 时，顺便把从 u 到根的路径上每一个点连同其子树从这个分支断开，然后让它们各自指向根结点。这个办法称为"路径压缩" (path compression)。图 9-5 用例子解释了这个办法。这样做使得这些点及其子树中点到根的路径都大大缩短。在下次做 Find() 时可以很快。

上面这个基于分支树的 Union-Find（合并 – 寻找）算法的时间复杂度为 $O(m\alpha(n))$，其中 $\alpha(n)$ 是随 n 增长极为缓慢的函数，因为它是随 n 增长极为迅速的 Ackermann 函数的反函数。对任何可以想象到的应用问题的规模 n，$\alpha(n)$ 可认为是一个很小的常数。详细讨论见附录 B。

利用 Union-Find 算法后，Kruskal 算法可以写得更具体些，伪码如下。

```
MST-Kruskal(G(V,E))                    //G 是一个加权的连通图
1  A ← ∅                               // 集合 A 初始化为空集
2  Construct graph T(V,A)                        // 图 T 有顶点集合 V, 边的集合 A
3  Sort edges by weight such that e₁≤e₂≤…≤eₘ  // 边按权值排序
4  for each v ∈ V
5     Make-Set(v)          // 为每个顶点，初始化一个含该点的分支
```

```
6   endfor
7   for i←1 to m
8       Let eᵢ=(u,v)
9       if Find(u) ≠ Find(v)
10          then A←A∪{eᵢ}          //eᵢ是一条安全边
11               Union(u,v)         // 把 u 和 v 所在子树合并
12      endif
13  endfor
14  return T(V,A)
15  End
```

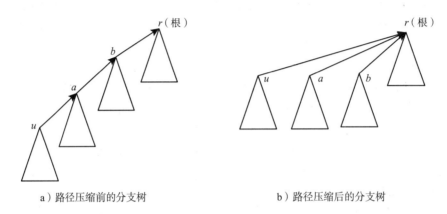

a）路径压缩前的分支树   b）路径压缩后的分支树

图 9-5　路径压缩技术示例

显然，Kruskal 算法的复杂度主要取决于排序，所以其时间复杂度是 $O(m\lg n)$。下面用一个例子结束对 Kruskal 算法的讨论。

【例 9-1】用图形显示 Kruskal 算法逐步找出下面无向图的一棵最小支撑树的过程。

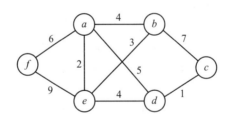

解： 我们按图中边的权值从小到大逐条边地检查，并用 Kruskal 算法决定取舍。图 9-6a 至图 9-6i 逐步显示了这个过程，图中箭头指向每一步所检查的边。我们用粗线条表示该条边被选入集合 A，否则表示丢弃。最后，图 9-6j 显示所有粗线条的边组成一个 MST。这个 MST 的总权值是 16。

9.3　Prim 算法

Prim 算法是另一个知名的最小支撑树的算法，并且它也遵循通用的贪心法的步骤。假设 A 是一个边的集合，让我们定义 $V(A)$ 为 A 中的边所关联的顶点集合，即 $V(A)=\{v \mid \exists (u,v) \in A\}\}$。初始时，Prim 算法选一个顶点 s 作为树根，集合 A 是空集，定义 $V(A)=\{s\}$。Prim 算法与 Kruskal 算法不同的是，它每次找的安全边必须与当前的 $V(A)$ 中的顶点相关联。

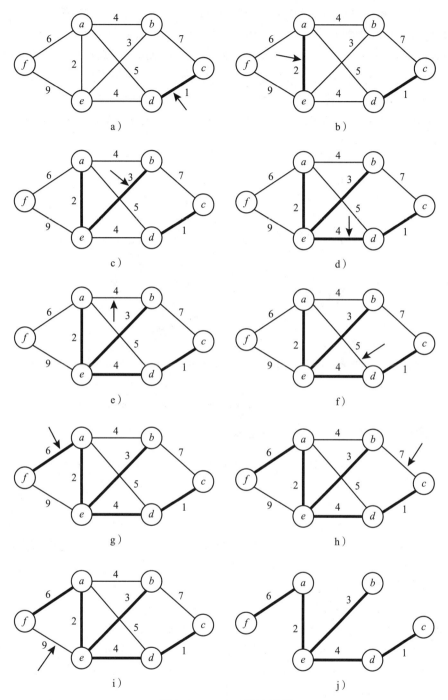

图 9-6　Kruskal 算法示例

所以，集合 A 的边只形成一个连通分支，即一棵正在逐步发展的树。我们用 $T(V(A)，A)$ 表示这棵正在逐步发展的树，简称为树 A。那么 Prim 算法是如何去找下一条安全边的呢？

　　Prim 算法每次使用的割是把 $V(A)$ 中的点放在割的一边，而其余顶点则放在割的另一边，即 $C=(V(A)，V-V(A))$。那么，交叉边就是连接树 A 中的点和树 A 以外的点的边。一条安全边就是这些交叉边中权值最小的一条边。Prim 算法每次都这样去找安全边，所以，根据定理 9.1，Prim 算法正确。初始时，树 A 只有一个点 s。其余点都在树 A 外面。

现在讨论如何能很快找到最小交叉边。我们为每一个树 A 以外的点 v，$v \in V - V(A)$，定义它与树 A 的距离为 $d(v) = \min\limits_{u \in V(A)} \{w(u, v)\}$。如果顶点 v 与树 A 中点没有边，则有 $d(v) = \infty$。如果 $d(v) = w(u, v)$，那么 (u, v) 必定是与点 v 关联的那些交叉边中有最小权值的边。让我们称 (u, v) 为点 v 的距离边，称点 u 为 v 的父亲，记 $u = \pi(v)$。显然，找一条安全边就是要在树 A 以外的点中找出与树 A 距离最近的点，也就是找出点 v，使 $d(v)$ 最小，$d(v) = \min\limits_{v \in V - V(A)} \{d(v)\}$。那么，$(\pi(v), v)$ 就是一条安全边了。图 9-7 解释了这个做法。

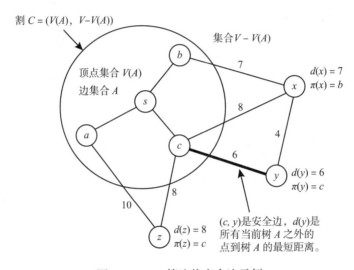

图 9-7　Prim 算法找安全边示例

图 9-7 中，集合 A 之外的点有 3 个，分别是 x，y，z。它们的距离边分别是 (b, x)，(c, y) 和 (c, z)，并分别有权值 $d(x) = 7$，$d(y) = 6$ 和 $d(z) = 8$。因为 $d(y) = 6$ 最小，所以 (c, y) 是一条安全边，图 9-7 中用粗线条标出。

当 Prim 算法把这一条安全边 $(\pi(v), v)$ 加到树 A 上去之后，树 A 就变大了，多了一条边和一个点 v。这时，再要找下一条安全边，现在的割就不能用了。下一步用的割要包含这个新加的点 v 在 $V(A)$ 里边。这样做会使得树 A 之外的某些点的距离边受到影响。哪些点的距离边可能会受影响呢？正好是那些和点 v 相邻的，并且仍在树外的那些点，即 $Adj(v)$ 中的那些仍在树外的点。这是因为，这些点与 v 之间的边成为新的交叉边，并有可能比当前它们的距离边有更小的权值。例如，在图 9-7 中，点 y 加入树 A 以后，它的邻居 x 受到影响，因为边 (y, x) 变成了一条交叉边而且它的权值 $w(y, x) = 4$ 比当前 $d(x) = 7$ 更小。所以每次把一条安全边 $(\pi(v), v)$ 加到树 A 中后，必须对点 v 的邻居逐一检查。如果这个邻居还没有加入树 A，需要更新它的距离边，也就是更新它到树 A 的距离。

为了使算法更简洁，在初始化时，所有点（包括起点 s）都放在树 A 之外，A 是一个空集，$V(A)$ 也是一个空集。我们用一个优先队列 Q 把所有 A 以外的点组织起来使我们能很快找到最小的 $d(v)$（$v \in V - V(A)$）以及更新 $Adj(v)$ 中每个点 x 的 $d(x)$ 值。我们稍后讨论什么数据结构用作 Q 比较好。初始化时，我们置每个点 v 的 $d(v) = \infty$ 和 $\pi(v) = nil$（$v \in V$），但置 $d(s) = 0$。这样，在后面循环中，第一个被选中的点一定是 s，因它的 $d(s) = 0$ 是最小的。循环的第一步把点 s 选入树 A 中，并更新 $Adj(s)$ 中每个点 x 的 $d(x) = w(s, x)$ 和 $\pi(x) = s$。这时的 MST 只含一

个点 s。以后的每一步都可以根据上面讨论的方法找出一条安全边。下面是 Prim 算法的伪码。

```
MST-Prim(G(V,E),s)                    // 图 G 是个加权的连通图，点 s 可任选
1  for each v ∈ V                     // 初始化
2      d(v) ← ∞
3π(v) ← nil
4  endfor
5  d(s) ← 0                           // 继续初始化
6  V(A) ← ∅                           // 树中点的集合为空
7  A ← ∅                              // 边的集合为空，初始化结束
8  Q ← V                              // 用 Q 把每个点 v 组织起来，d(v) 是关键字
9  while Q ≠ ∅
10     u ← Extract-Min(Q)             //d(u) 值最小并从 Q 中剥离并修复 Q
11     A ← A ∪ {(π(u),u)}             // 如果 π(u)=nil 集合 A 不变，否则 A 加了一条边
12     V(A) ← V(A) ∪ {u}              // 第一次循环只加一个点 s，没有边
13     for each v ∈ Adj(u)            // 更新 u 的邻居 v 的 d(v) 和 π(v)
14         if v ∈ Q and w(u,v) < d(v) // 检查新的交叉边 (u,v) 并更新 d(v)
15             then d(v) ← w(u,v)     // 包括对数据结构 Q 的修复
16                 π(v) ← u
17         endif
18     endfor
19 endwhile
20 return T(V(A),A)                   // 以 V(A) 为顶点集合，A 为边集合的树 T 就是 MST
21 End
```

在我们讨论用什么数据结构 Q 比较好之前，先来看一个例子。我们仍用例 9-1 中的图来解释 Prim 算法是如何得到一个 MST 的。图 9-8a 至图 9-8g 逐步演绎了 Prim 算法的计算过程，图 9-8h 显示的是算法结束时得到的 MST。其中，起始点是 a，子树 A 中顶点和边用粗线表示。

下面我们讨论哪种数据结构用于 Q 比较好。

1）用数组存储 $d(v)$，$v \in V$。

显然，算法中第 9 行开始的循环部分占用主要时间。循环要进行 n 次，而每一步循环做两件事：一是找出最小 $d(u)$ 值后把边 $(\pi(u), u)$ 加入集合 A 中，二是检查和更新点 u 的邻居。因为是数组，找出最小 $d(u)$ 值需要 $O(n)$ 时间，所以完成第一件事所需的总时间为 n 次循环 $\times$ $O(n) = O(n^2)$。现在看第二件事。因为检查和更新点 u 的一个邻居只需 $O(1)$ 时间，并且整个算法中对点 u 的每个邻居只检查和更新一次，所以 n 次循环中，第二件事所需总时间与图中边的个数成正比。因为边的个数不会超过 n^2，所以用数组作为 Q 的 Prim 算法的复杂度是 $O(n^2)$。与 Kruskal 算法相比，各有千秋。当图中边的个数稀少时 $(m < \dfrac{n^2}{\lg n})$，Kruskal 算法占优，否则，Prim 算法为好。

2）用最小堆存储 $d(v)$，$v \in V$。

我们把顶点 v 按它们的 $d(v)$ $(v \in V)$ 大小组织成一个最小堆。算法仍然需要循环 n 次，每次仍然做两件事。对第一件事，最小 $d(u)$ 可以立即在根结点那里得到。当然，把边 $(\pi(u), u)$ 加到子树 A 中后，需要把 $d(u)$ 从堆中删除并对堆进行修复。我们知道，这需要 $O(\lg n)$ 时间。所以完成第一件事所要的总时间为 n 次循环 $\times O(\lg n) = O(n \lg n)$。现在看第二件事。更新点 u 的一个邻居 v，实际上是把 $d(v)$ 的值变小。因为在堆里把一个数字减小后是需要把堆修复的，所以，最坏情况下，每一次更新需要时间 $O(\lg n)$。因为检查和更新邻居的次数与边的个数 m 成正比，所以，在最坏情况下，这第二件事所需总时间为 $O(m \lg n)$。那么，用最小堆作为 Q 的 Prim 算法的复杂度就是 $O(m \lg n)$，与 Kruskal 算法打成平手。

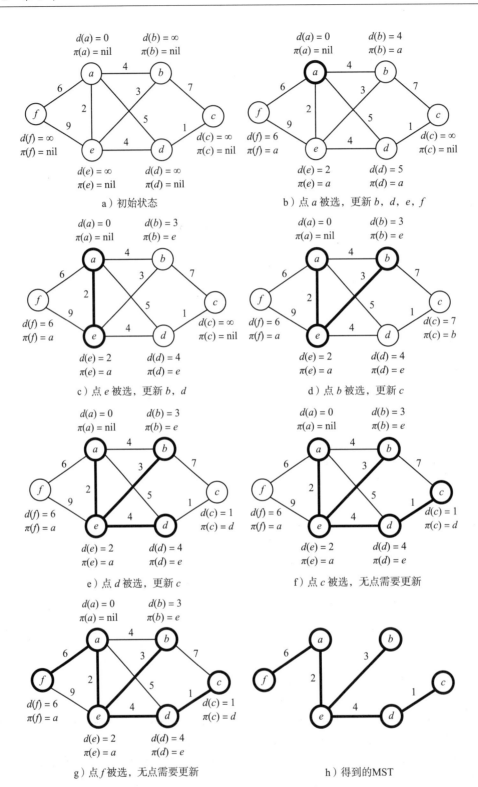

a）初始状态

b）点 a 被选，更新 b, d, e, f

c）点 e 被选，更新 b, d

d）点 b 被选，更新 c

e）点 d 被选，更新 c

f）点 c 被选，无点需要更新

g）点 f 被选，无点需要更新

h）得到的MST

图 9-8　Prim 算法示例

3）用斐波那契堆存储 $d(v)$，$v \in V$。

对上面两个数据结构的分析可知，用数组做第二件事效率高，达到最优，但是做第一件事很慢。用堆做第一件事有优势，但做第二件事时很费时。那么，能否把堆进行改进使它做第二件事时也很快呢？这就是发明斐波那契堆 (Fibonacci Heap) 的最初想法。它的主要思路是，在我们需要更新点 u 的一个邻居 v 时，我们不对堆进行修复，而只是在这个点 v 上打上记号。这样一来，只要 $O(1)$ 时间就可以了。那么，什么时候修复呢？等到下一个循环做第一件事的时候。这时，我们必须要找到最小 $d(u)$ 并从堆里删除。所以，在这时，我们进行大的修复工作，不仅找出和删除最小 $d(u)$，而且完成前面未完成的更新工作。可是，要想实现这样的堆，用二叉树很困难，我们用斐波那契堆。用平摊分析的方法可以证明，用斐波那契堆做这第二件事所需总时间为 $O(m)$，而做第一件事所需总时间仍为 $O(n\lg n)$。因此，用斐波那契堆作为 Q 的 Prim 算法的复杂度是 $O(n\lg n + m)$。这个复杂度当然比 Kruskal 算法好。我们在第 17 章讨论平摊分析和斐波那契堆，这里略去对它们的详细讨论。

习题

1. 以图 9-6 为例，图示用 Kruskal 算法逐步计算下面各图的最小支撑树。

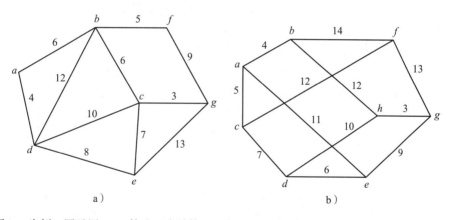

a）　　b）

2. 以图 9-8 为例，图示用 Prim 算法逐步计算下面各图的最小支撑树。我们假设起始点为 a。

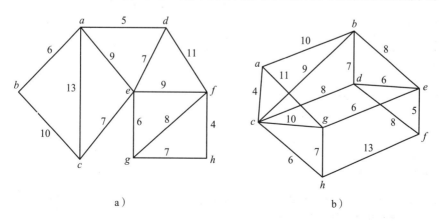

a）　　b）

3. 我们知道，如果一图中所有边的权值都一样，那么任何一棵支撑树都是一棵最小支撑树，并且可以用广度优先或者深度优先算法求得。现在，假设图 $G(V, E)$ 中边的权值不完全一样，但是只有两种，要么是 $w\ (> 0)$ 要么是 $2w$。有个教授提出下面的算法：

Smart-MST$(G(V, E))$

1）在每一条有权 $2w$ 的边 (u, v) 中间插入一新点 p，把边 (u, v) 变成两条边 (u, p) 和 (p, v)，并给每条边以权值 w，即 $w(u, p) = w(p, v) = w$。我们把这个改变后的图记为 G'。

2）用 BFS 算出 G' 的支撑树 T'。

3）把 T' 中所有在第一步插入的点去掉，即再把 (u, p) 和 (p, v) 并为一条边 (u, v)。

4）剩下的图为 G 的 MST。

请证明这个算法正确或证明不正确。

4. 假设边 (u, v) 是加权的连通图 $G(V, E)$ 中权值最小的一条边。证明边 (u, v) 一定会出现在某棵最小支撑树中。进一步，如果这条边的权比任何其他的边都绝对地小，即没有另一与之权值相等的边，那么，任何一棵最小支撑树都含有这条边。

5. 假设 C 是加权的连通图 $G(V, E)$ 中的一个回路，边 (u, v) 是回路中权值最大的一条边，那么一定会有某棵最小支撑树不含有边 (u, v)。

6.（a）设计一个计算加权连通图 $G(V, E)$ 的最小支撑树 T 的算法，使它含有图中某一条指定的边 (a, b)。也就是说，T 是所有含边 (a, b) 的支撑树中权值最小的一个。你需要证明其正确性。

（b）设计一个计算加权连通图 $G(V, E)$ 的最小支撑树 T 的算法，使它含有图中一个边的子集 A。其中，子集 A 不包含回路。也就是说，T 是所有含子集 A 的支撑树中权值最小的一个。你需要证明其正确性。

7.（a）T 和 T' 是同一个连通图 G 的两棵不同支撑树。假设边 x 是 T 的一条边但不是 T' 里的边。证明在 T' 中存在一条边 y 不属于 T，并且 $(T - \{x\}) \cup \{y\}$ 和 $(T' - \{y\}) \cup \{x\}$ 都是 G 的支撑树。

（b）假设一个图 G 的所有边的权值都两两不等，证明它只能有唯一的一棵最小支撑树。

8. 假设图 $G(V, E)$ 的最小支撑树是 T。我们把图中不在 T 中的某条边 $(u, v)\ (\notin T)$ 的权值减少。请设计一个复杂度为 $O(n)$ 的算法，对 T 进行适当修改，从而得到对应于上述修改后图的最小支撑树。你需要证明你的算法的正确性。

9. 与最小支撑树对称的一个概念是最大支撑树。一个加权连通图的最大支撑树就是具有最大权值的支撑树。请设计一个时间复杂度好的，计算一个加权连通图 $G(V, E)$ 的最大支撑树的算法。

10. 下面是两个计算最小支撑树的算法的伪码。对每一个算法，请或者证明其正确或者用反例证明其不正确。如果正确，则讨论如何有效地实现它们。我们假定图 $G(V, E)$ 是个加权连通图。

```
(a) MST-A(G(V, E))
    1   Sort edges such that e₁≥e₂≥…≥eₘ
    2   T←E
    3   for i←1 to m            // 按排好的顺序依次检查每条边
    4       if T-{eᵢ} 仍是一个连通图
    5           then T←T-{eᵢ}
    6       endif
    7   endfor
    8   return T
    9   End
(b) MST-B(G(V, E))
    1   T←∅
    2   for each edge e, taken in arbitrary order      // 以任意顺序逐条边检查
    3       if T∪{e}has no cycles
    4               then T←T∪{e}
```

```
5        endif
6    endfor
7    return T
8    End
```

11. 假设 $G(V, E)$ 是一个加权的连通图并有 $|V|=n$, $|E|=m$。又设每条边 e 上的权为 1 到 W 之间的某个整数，$1 \leqslant w(e) \leqslant W$，这里 W 是一个正整数的常数。请设计一个复杂度为 $O(m)$ 的算法计算图 G 的最小支撑树。

12. （最宽路径问题）在加权连通图 $G(V, E)$ 的一条路径上权值最小的一条边称为这条路径的瓶颈，而这条路径的宽度定义为它的一条瓶颈边的权值。例如，下图中路径 $<a, b, e, g>$ 的瓶颈是边 (b, e)，这条路径的宽度为 $w(b, e)=7$。图 $G(V, E)$ 中从顶点 u 到顶点 v 的所有路径中宽度最大的一条路径称为从 u 到 v 的最宽路径。例如，下图中从 a 到 g 的最宽路径是 $<a, b, c, d, f, g>$，其宽度是 8。假设 T 是 $G(V, E)$ 的最大支撑树（定义见第 9 题），证明 T 中任意两点之间的路径都是 $G(V, E)$ 中这两点间的最宽路径。

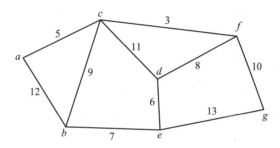

13. 重新考虑第 11 题，不同的是，题中 W 不再是常数，而是一个任意的正整数。我们把题目重述如下。假设 $G=(V, E)$ 是一个加权的连通图并有 $|V|=n$, $|E|=m$。又设每条边 e 上的权为 1 到 W 之间的某个正整数，$1 \leqslant w(e) \leqslant W$，这里 W 是一个任意的正整数。

（a）修改 Prim 算法使得最小支撑树可以在 $O(nW + m)$ 时间内算出。

*（b）解释如何设计一个 $O(m\lg W)$ 算法找到这个图的最小支撑树（不需详细伪码）。（提示：用红黑树。）

14. 如果加权连通图 $G(V, E)$ 的一个支撑子图由 k 棵树组成，则称为 k- 树支撑森林。一棵支撑树则是 $k=1$ 时支撑森林的一个特殊情况。最小 k- 树支撑森林是具有最小权值的一个 k- 树支撑森林。

（a）证明下面计算最小 2- 树支撑森林的算法正确。

```
Minimum-2-Tree-Spanning-Forest(G(V,E))
1    用 Kruskal 或 Prim 算法计算 G(V,E) 的一棵最小支撑树 T
2    找出 T 中有最大权值的边 e
3    F ← T−{e}
4    return F
5    End
```

（b）请设计一个高时效的计算图 $G(V, E)$ 的最小 k- 树支撑森林 $(k \geqslant 2)$ 的算法，证明其正确性并分析其复杂度。

15. 加权连通图 $G(V, E)$ 的一棵支撑树的瓶颈边是这棵树中有最大权值的一条边，其权值称为这棵树的瓶颈值。如果一棵支撑树的瓶颈值是 G 的所有支撑树中最小的，那么这棵支撑树称为瓶颈支撑树。

（a）证明最小支撑树也是一棵瓶颈支撑树。

（b）设计一个线性时间的算法，以决定给定的加权连通图 $G(V, E)$ 是否有瓶颈值不大于 b 的支撑树。

*（c）解释如何设计一个线性时间的算法找出加权连通图 $G(V, E)$ 的瓶颈支撑树。不要求伪码。

16. 假设连通图 G 的边可以是任意的权值，即可正可负。请设计一个找最小支撑连通子图的算法，使其复杂度与最小支撑树算法的复杂度一样。请证明算法的正确性。注意，最小连通支撑子图可能比最小支撑树的边多却有更小的总权值。下图给出了一个例子。

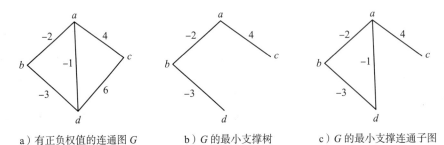

a）有正负权值的连通图 G b）G 的最小支撑树   c）G 的最小支撑连通子图

17. 无向连通图的一棵支撑树再加上一条边称为一棵 1- 树。下图显示了一棵 1- 树的例子。

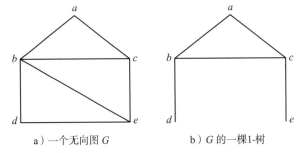

a）一个无向图 G b）G 的一棵1-树

一个加权的无向连通图 $G(V, E)$ 的一棵 1- 树称为最小 1- 树，如果它有最小的总权值。请设计一个复杂度好的计算最小 1- 树的算法。你需要证明其正确性和分析复杂度。

18. 假设 T 是图 $G(V, E)$ 的一棵以顶点 s 为根的最小支撑树。如果我们把图 $G(V, E)$ 中的一条边 (u, v) 的权值增加到 $w(u, v)$，而这条边也是 T 中的一条边，$(u, v) \in T$，那么 T 就不一定是这个变化后的图 $G(V, E)$ 的一棵最小支撑树了。请设计一个复杂度为 $O(m)$ 的算法把 T 修改为变化后的图 $G(V, E)$ 的一棵最小支撑树并证明其正确性。

19. 假设 T 是图 $G(V, E)$ 的一棵最小支撑树。它的边是 $e_1, e_2, \cdots, e_{n-1}$，并有权值顺序为 $w_1 \leqslant w_2 \leqslant \cdots \leqslant w_{n-1}$，这里，$n = |V|$。我们定义 T 的一个子图 $T_i (V, E_i)$ 如下。子图 $T_i (V, E_i)$ 有与 T 相同的顶点集合 V，但它的边是 $E_i = \{e_1\} \cup \{e_2\} \cup \cdots \cup \{e_i\}$，即它的边是由 T 中权值最小的 i 条边组成（$0 \leqslant i < n-1$）。当 $i = 0$ 时，T_0 不含边，只含 n 个顶点。显然，T_i 由 $n-i$ 个连通分支组成，C_1，$C_2, \cdots, C_{n-i}$，而每个连通分支是 T 的一棵子树。证明图 $G(V, E)$ 里，除 E_i 以外的任一条边 e，$e \in E - E_i$，如果它连接分属两个不同分支的两个点，那么，它的权值 $w(e)$ 大于等于 w_{i+1}，即 $w(e) \geqslant w_{i+1}$。

*20. 假设 T 是图 $G(V, E)$ 的一棵最小支撑树。它的边是 $e_1, e_2, \cdots, e_{n-1}$，并有权值顺序为 $w_1 \leqslant w_2 \leqslant \cdots \leqslant w_{n-1}$，这里，$n = |V|$。假设 T' 是图 G 的另一棵支撑树，它的边是 $e'_1, e'_2, \cdots, e'_{n-1}$，并有权值顺序为 $w'_1 \leqslant w'_2 \leqslant \cdots \leqslant w'_{n-1}$。证明 $w_i \leqslant w'_i$（$1 \leqslant i \leqslant n-1$）。（提示：先做第 19 题。）

21. 假设 T 是图 $G(V, E)$ 的一棵最小支撑树。设图中的一条边 $(u, v) \in E$ 不属于 T，$(u, v) \notin T$。请设计一个 $O(n)$ 的算法去修改一下 T 使得修改后的支撑树含边 (u, v) 并且有最小权值。你需要证明它的正确性。

22. 假设 T 是图 $G(V, E)$ 的一棵最小支撑树。我们考虑如何能在 $O(n^2)$ 时间里找到第二小的支撑树。第二小的支撑树指的是所有与 T 不同的支撑树中权值最小的一棵。我们假设 $G(V, E) \neq T$，否则不存在。我们分三个小问题来解决。

（a）假设我们的算法需要对一个堆栈 S 做一系列的 Push(S, x) 和 Pop(S) 的操作，其中 Push(S, x) 表示把数字 x 压入堆栈 S，Pop(S) 表示把栈顶的元素弹出。此外，我们的算法需要能够知道当前堆栈 S 中哪个元素最大，它的数字是多少。请设计一个简单算法，任凭堆栈 S 如何动态变化，都能在 $O(1)$ 时间里帮我们找到当前堆栈中这个最大元素。

（b）假设 $T(V, E, r)$ 是一棵以顶点 r 为根的树，树中的每条边有实数权值。我们用 $M(r, v)$ 表示在从根 r 到顶点 v 的路径上的边的最大权值。下图给出了一个例子。

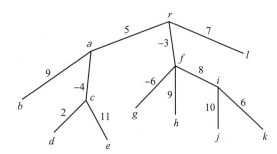

$M(r, a) = 5, M(r, b) = 9, M(r, c) = 5, M(r, d) = 5, M(r, e) = 11, M(r, f) = -3,$
$M(r, g) = -3, M(r, h) = 9, M(r, i) = 8, M(r, j) = 10, M(r, k) = 8, M(r, l) = 7$

请设计一个 $O(n)$ 的算法为树中每一个根以外的顶点 $v \in V$，$v \neq r$，计算 $M(r, v)$，这里 $n = |V|$。我们假定，每个顶点 u 的父亲已知，是 $\pi(u)$，根的父亲是 $\pi(r) = nil$。另外，每个顶点 u 的儿子们由一个链表组织起来，用 "$v \leftarrow u's$ next son" 语句就可以访问顶点 u 的下一个儿子或第一个儿子。如果 $u's$ next son $= nil$，则表明顶点 u 的所有儿子们都已被算法访问过了，或者顶点 u 是个树叶。

（c）请设计一个 $O(n^2)$ 算法为加权连通图 $G(V, E)$ 找出第二小的支撑树。为简单起见，我们假定图 G 的所有边的权值都不同，并已知 T 是图 $G(V, E)$ 的 MST。

23. Prim 算法初始化后，每次从数据结构 Q 里选取有最小 $d(u)$ 值的顶点 u。然后，把边 $(\pi(u), u)$ 加到集合 A 中，并为每一个还在 Q 里的邻居 v，$v \in Q$，也就是还在树 A 之外的邻居 v，更新 $d(v)$。如果 $d(v) > w(u, v)$，那么把 $d(v)$ 更新为 $w(u, v)$，$d(v) \leftarrow w(u, v)$。证明，如果顶点 u 的邻居 v 不在 Q，$v \notin Q$，也就是 v 已在树 A 之中，那么，除非 v 是点 u 的祖先，否则不可能有 $d(v) > w(u, v)$。

第 10 章 单源最短路径

许多应用问题，例如网络的路由问题和最佳运输路线问题，都归结为在一个图中找一条从一个顶点到另一个顶点的最短路径问题。因为在不加权的图中，不论是有向图还是无向图，找一条最短路径，也就是找一条有最少边的路径，可以用 BFS 很容易地解决，所以，本章只讨论边上有权值的图，而且只讨论有权值的有向图。对于无向图，如果它的权值都是正数，那么我们只要把它的每条无向边换为一对权值相同、方向相反的有向边，即可把它转化为一个有向图来解决。如果一个无向图有负权值的边，那么这样的变换可能会出错。有负权值的无向图的最短路径算法需要用到其他的方法，但这些方法超出本书的范围，故不做讨论。

给定一个加权的有向图 $G(V, E)$ 和顶点 $u, v \in V$，我们用 $p(u, v)$ 表示一条从顶点 u 到顶点 v 的简单路径。这条路径的长度记为 $w(p(u, v))$，是这条路径上所有边的权值总和，即 $w(p(u, v)) = \sum_{e \in p(u,v)} w(e)$。我们用 $\delta(u, v)$ 表示从顶点 u 到顶点 v 的所有简单路径中最短的那条路径的长度，即 $\delta(u, v) = \min\{w(p(u, v)) \mid p(u, v)$ 是一条从 u 到 v 的简单路径 $\}$。

相应地，长度为 $\delta(u, v)$ 的简单路径 $p(u, v)$ 称为最短路径，$\delta(u, v)$ 称为从顶点 u 到顶点 v 的（加权）最短距离。有时，我们也需要讨论从顶点 u 到顶点 v 的不加权（或把权值都置为 1）的最短路径，也就是边的个数最少的路径。为避免混淆，我们分别称它们为加权的最短路径和不加权的最短路径，加权的最短距离和不加权的最短距离。路径 $p(u, v)$ 的不加权的距离，也就是它所含有的边的个数，记为 $|p(u, v)|$。在这一章中，如不加说明，路径和距离都是指加权的路径和距离。另外，习惯上用 $n = |V|$ 和 $m = |E|$ 分别表示顶点和边的个数。

本章讨论单源最短路径（Single Source Shortest Path，SSSP）问题。这个问题要求我们计算出从有向图 $G(V, E)$ 中一个指定的顶点 s 到其他每一个点 $v \in V$ 的最短路径 $p(s, v)$。这个指定的顶点 s 称为源点。在第 8 章中我们已解决了不含回路的有向图（DAG）的单源最短路径问题，本章讨论的是任意的加权有向图。我们不单独讨论从一个指定的源点 u 到一个指定的终点 v 的"单对"最短路径问题，是因为以点 u 为源点的单源最短路径的解包含从 u 到 v 的最短路径。另一原因是，人们还没有找到复杂度比单源最短路径的算法的复杂度更小的算法来专门解决"单对"最短路径问题。

下面我们将介绍两个算法，Dijkstra 算法和 Bellman-Ford 算法。这两个算法的共同点是，它们都采用贪心算法。一开始，算法赋以源点 s 以外的每个顶点 v（$\neq s$）一个从 s 到 v 的距离的初始值 $d(v) = \infty$，称为暂时距离。对源点 s，赋以 $d(s) = 0$。暂时距离 $d(v)$ 的含义是，到目前为止，我们能找到的从源点 s 到顶点 v 的路径中最短的一条的长度。在以后的每一轮操作中，都会有至少一个新的顶点的最短路径被确定下来，并且与该顶点相邻的顶点的暂时距离得到更新。这样，在 n 轮之后，从源点 s 到每个顶点的最短路径就产生了。它们的主要不同之处是，Dijkstra 算法要求图中的权为非负实数，而 Bellman-Ford 算法允许有负数的权值但图中不能有源点可以到达的负回路。图中一个回路称为负回路，如果该回路中所有边的权值总和是一个负数。因为没有源点可达的负回路，所以初始化后，$d(s)=0$ 就是源点 s 到它本身的最短距离。Bellman-Ford 算法可以检测出图中有没有源点可以到达的负回路。如果有，它报告有负回路，并使前面的运算作废。否则，每个顶点 v 的暂时距离 $d(v)$ 在 $n-1$ 轮操作之后就是从源点 s 到顶点 v 的最短距离，$d(v)=\delta(s, v)$，而对应的最短路径则可以通过父亲指针找到。有些算法工作者把 Bellman-Ford 算法归为动态规划一类，但本书作者认为，它的子问题的结构不明显，父问题和子问题之间的关系难以用归纳公式表达，所以归为贪心算法更合适。

10.1 Dijkstra 算法

Dijkstra 算法的思路和最小支撑树的 Prim 算法极为相似。它也是从一个顶点（源点），s 出发去发展一棵树 T。在每一轮的操作中，它也是从当前树 T 以外的顶点中找一个顶点，把它连到当前的树上去。它与 Prim 算法不同的是，当前这棵树不是一棵最小支撑树的一部分，而是**最短路径树** (shortest path tree) 的一部分。这就是说，树中从源点 s 到顶点 v 的路径就是最短路径，而该路径的长度就等于 $d(v)$，也就是距离 $\delta(s, v)$。简而言之，在每一轮的操作中，Prim 算法找的是当前树 T 外面的点中，距离 T 最近的一个顶点，而 Dijkstra 算法找的是距离源点 s 最近的一个顶点。Dijkstra 算法要求每条边的权值是一个非负的实数。

Dijkstra 算法的具体做法与 Prim 算法几乎完全一样。这个算法既适用于有向图又适用于无向图。当一个图是无向图时，其实我们不需要显式地把它转化为一个有向图之后来解，我们只需要允许算法把任一条无向边 (u, v) 当作有向边 (u, v) 或 (v, u) 来用即可。Dijkstra 算法由两部分组成，我们讨论如下，并与 Prim 算法做比较：

（1）初始化

Dijkstra 算法和 Prim 算法在这一部分完全一样。伪码如下：

```
for each v ∈ V
    d(v) ← ∞
    π(v) ← nil
endfor
d(s) ← 0
```

虽然它们的伪码完全一样，但 $d(v)$ 的含义不同。下面分别解释它在两个算法中的不同含义。

1）在 Prim 算法中，如果顶点 v 在当前正在发展的支撑树 T 以外，$v \notin T$，那么，$d(v)$ 表达的是树 T 和 v 之间的（加权）距离，即 $d(v)=\min\{w(u, v) \mid u \in T, (u, v) \in E\}$。如果权值等于 $d(v)$ 的边是 (u, v)，$d(v)=w(u, v)$，那么，顶点 u 则称为 v 的父亲，记为 $u=\pi(v)$。这个距离是个暂时距离，父亲也是暂时的，会在算法执行过程中不断地被更新，直至点 v 被选中后成为支撑树 T 的一个点。一旦顶点 v 连接到树 T 上，那么它的 $d(v)$ 值和父亲不再更新，它等于树 T 中连接点 v 和它父亲 $\pi(v)$ 这条边的权值，$d(v)=w(\pi(v), v)$。

2）在 Dijkstra 算法中，如果顶点 v 在当前正在发展的最短路径树 T 以外，$v \notin T$，那么 $d(v)$ 表达的是从源点 s 开始，经过树 T 中一条路径 $p(s, u)$ 后再到 v 的最短路径的长度，即 $d(v)=\min\{w(p(s, u))+w(u, v) \mid u \in T, (u, v) \in E\}$。这里，顶点 u 称为 v 的父亲，记为 $u=\pi(v)$。这个距离也是个暂时距离，会在算法执行过程中不断地被更新，直至点 v 被选中后成为最短路径树中的一个点。一旦顶点 v 连接到树 T 上，$v \in T$，那么它的 $d(v)$ 值不再更新，它就等于树 T 中从源点 s 到 v 这条路径的长度，并且可证明是图中从源点 s 到 v 的最短路径的长度，即 $d(v) = \delta(s, v)$。

因为 $w(p(s, u)) = d(u)$，所以有 $d(v) = d(u) + w(u, v)$。这个等式反映了 Dijkstra 算法和 Prim 算法的主要不同之处。这个等式表达的是从源点 s 到点 v 的路径全长，而 Prim 算法中 $d(v) = w(u, v)$ 表达的仅仅是一条边的权值。

初始时，两个算法都置 $d(s) = 0$，$\pi(s) = nil$，$d(v) = \infty$（$v \neq s$），$\pi(v) = nil$。然后，以 $d(v)$ 为关键字，用一个优先队列 Q 把所有树外的顶点组织起来。一开始，所有点都在 Q 中。一旦顶点 v 在某轮循环中被连接到树中，则从 Q 中删除并修复 Q。

（2）循环部分

循环前，这棵最短路径树是空集。一共循环 n 次，每一次循环做两件事：

1）第一件事是找出当前的最短路径树 T 以外的顶点中有最小 $d(u)$ 的顶点 u。

这部分和 Prim 算法完全一样，其伪码为：$u \leftarrow$ Extract-Min(Q)。如果 $\pi(u) = h$，那么，Dijkstra 算法把边 (h, u) 加到树 T 中。在后面我们将证明路径 $p(s, h)$ 加上 (h, u) 就是从 s 到 u 的最短路径，也就是，$w(p(s, h) \cup (h, u)) = d(h) + w(h, u) = d(u) = \delta(s, u)$。

因为 $d(s) = 0$，循环的第一步必定选取源点 s。又因为 $\pi(s) = nil$，这一步只把点 s 加到树 T 里，没有边加入 T。

2）第二件事是为第一件事选中的顶点 u 的每个还在树 T 之外的邻居 v（$v \in Q$）更新 $d(v)$ 值。

因为顶点 u 成了树的一部分，它有可能向还在树 T 之外的邻居 v 提供一条更短路径。从源点 s 经由顶点 u 到 v 的路径长度是 $d(u) + w(u, v)$。如果邻居 v 仍在树外并且 $d(u) + w(u, v) < d(v)$，我们就需要更新 $d(v)$。这部分伪码是：

```
for each v ∈ Adj(u)
  if v ∈ Q and d(u)+w(u, v)<d(v)
    then d(v) ← d(u)+w(u, v)
              π(v) ← u
  endif
endfor
```

这一部分的伪码也几乎和 Prim 算法相同。只要做如下改动就变成 Prim 算法了。

（a）把 $d(u) + w(u, v) < d(v)$　　　　　改为　　　　　$w(u, v) < d(v)$

（b）把 $d(v) \leftarrow d(u) + w(u, v)$　　　改为　　　　　$d(v) \leftarrow w(u, v)$　　　　（10.1）

也就是说，在这两行中把 "$d(u) +$" 去掉，就是 Prim 算法。这一点很好理解。Dijkstra 算法要更新的是一条路径的长度，而 Prim 算法要更新的是一条边的长度。

要注意的一点是，Prim 算法需要检查是否 $v \in Q$。如果 $v \notin Q$，有可能也会有 $w(u, v) < d(v)$，但因为点 v 已在支撑树里了，$v \notin Q$，即使 $w(u, v) < d(v)$，也千万不要更新，以免出错（参考第 9 章习题 23）。Dijkstra 算法可以不检查是否 $v \in Q$。这是因为，如果 $v \notin Q$，则显然不可能有 $d(u) + w(u, v) < d(v)$（参考本章习题 12）。为尽量使之与 Prim 算法一致，我们的 Dijkstra 算法仍检查是否 $v \in Q$。

当循环结束时，算法结束。这时，所有的顶点与其父亲之间的边的集合，即 $\bigcup_{v \in V} \{(\pi(v), v)\}$，形成一棵以源点 s 为根的最短路径树 T。我们假定，图 $G(V, E)$ 中，存在从源点 s 到任一顶点的路径。否则，算法仍然正确，不过，输出的图 $T(V(A), A)$ 中以源点 s 为根的最短路径树 T

只含那些从源点 s 有路径可以到达的顶点，其余顶点 v ($v \notin T$) 在输出的图 $T(V(A), A)$ 中以孤立顶点出现，并有 $d(v) = \infty$。

下面是完整的 Dijkstra 算法的伪码。显然，它与 Prim 算法形式上几乎全等，唯一的差别就是式（10.1）中指出的改动（对应下面 Dijkstra 算法中的第 14 行和第 15 行）。

```
SSSP-Dijkstra(G(V,E),s)
1   for each v ∈ V
2       d(v) ← ∞
3π(v) ← nil
4   endfor
5   d(s) ← 0
6   V(A) ← ∅              // 当前树 T 的顶点集合，也是与 A 中的边关联的顶点集合，初始为空
7   A ← ∅                 // 树 T 的边集合 A 为空
8   Q ← V                 // 一开始，所有顶点 v ∈ V 在树外，以 d(v) 为关键字组织在 Q 中
9   while Q ≠ ∅
10      u ← Extract-Min(Q)           // d(u) 值最小，把 u 从 Q 中剥离并修复 Q
11      A ← A ∪ {(π(u),u)}           // 如果 π(u) = nil，集合 A 不变，否则，A 多了一条边
12      V(A) ← V(A) ∪ {u}            // 树 T 的顶点集合多了一个点
13      for each v ∈ Adj(u)
14          if v ∈ Q and d(u)+w(u,v) < d(v)      // 不省略 v ∈ Q 以与 Prim 算法一致
15              then d(v) ← d(u)+w(u,v)
16                  π(v) ← u
17          endif
18      endfor
19  endwhile
20  return T(V(A),A)              // 以 V(A) 为顶点集合，A 为边集合的树 T 就是最短路径树
21 End
```

下面我们先看一个例子，然后再证明上述算法的正确性。

【例 10-1】用 Dijkstra 算法找出下面有向图中以顶点 s 为源点的最短路径树。

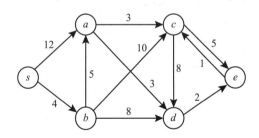

解：图 10-1a 显示各点 v 的 $d(v)$ 和 $\pi(v)$ 初始值。图 10-1b 至图 10-1g 逐步显示每次循环后，更新的 $d(v)$ 和 $\pi(v)$ 值，树中的点和边用粗线标出。图 10-1h 显示算法结束后的最短路径树，以及从源点 s 到各点 v 的最短路径长度。

Dijkstra 算法的正确性证明：

在算法完成初始化，进入第 9 行 while 循环后，因为 $d(s) = 0 < \infty$，所以第一轮循环必定选出源点 s 并把它放入集合 $V(A)$。因 $\pi(u) = nil$，树中边的集合仍为空。这以后的每一轮循环中，如果树 T 的外面还有 s 可以到达的点，则必定有树外的某点，它是当前树 T 中某点的邻居。那么，树 T 之外最小的 $d(u)$ 值必定小于无穷大。所以，这一轮一定可以找到有最小 $d(u)$ 的点 u 和它的父亲 $h = \pi(u)$，并把边 (h, u) 加到树上。因此，算法一定会输出以 s 为根，包含所有从 s 可以到达的点的一棵树。当然，从 s 不能到达的点是不可能连到树上的。

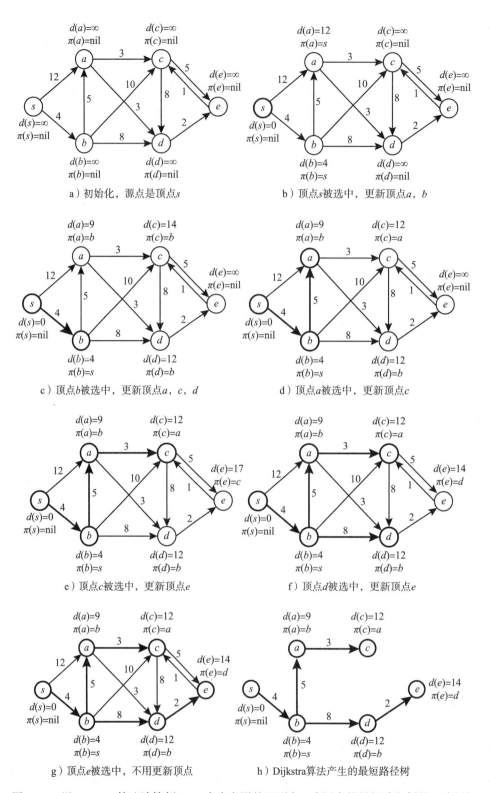

a）初始化，源点是顶点s

b）顶点s被选中，更新顶点a，b

c）顶点b被选中，更新顶点a，c，d

d）顶点a被选中，更新顶点c

e）顶点c被选中，更新顶点e

f）顶点d被选中，更新顶点e

g）顶点e被选中，不用更新顶点

h）Dijkstra算法产生的最短路径树

图 10-1   用 Dijkstra 算法计算例 10-1 中有向图的以顶点 s 为源点的最短路径树的逐步图解

所以，我们只需要证明以下命题：当顶点 u ($u \in Q$) 被选中并连接到树 T 上时，$d(u)$ 值就是从源点 s 到顶点 u 的最短路径的长度，即 $d(u) = \delta(s, u)$。对应的最短路径是 T 中从源点 s 到 u 的这条路径。我们用归纳法证明这个命题。

归纳基础：

从算法可知，因为 $d(s) = 0 < \infty$，所以第一个被选中的点必定是源点 s。因为图中所有权值都大于等于零，显然这是个正确的距离，$d(s) = \delta(s, s) = 0$。注意，如果图中有负回路通过点 s 时，$d(s) = 0$ 就不正确了。Dijkstra 算法要求所有权值大于等于 0，就保证了没有负回路。

归纳步骤：

假设算法已经正确地选取了 k 个顶点在树中 ($1 \leq k \leq n - 1$)，即树中从源点 s 到这 k 个顶点的任一个点 z 的路径都是图 $G(V, E)$ 中从源点 s 到点 z 的一条最短路径，长度为 $d(z) = \delta(s, z)$。现在证明算法选取的第 $k+1$ 个顶点 u 也是正确的选择。设 $h = \pi(u)$，因为 $d(u) = d(h) + w(h, u)$，由归纳假设，$d(h)$ 是树中从源点 s 到点 h 的路径长度，所以 $d(u)$ 就是沿着树中从源点 s 到点 h，再到点 u 的路径的长度。当我们把边 (h, u) 加到树中，$d(u)$ 就是树中从源点 s 到点 u 的路径的长度。我们只需要证明，这条路径是图 $G(V, E)$ 中从源点 s 到点 u 的最短路径。

我们用反证法来证明，并为此假设图中有一条比 $d(u)$ 还短的路径 $p(s, u)$，$w(p(s, u)) < d(u)$。我们将由此导出矛盾。让我们为顶点集合 V 定义一个割，$C = \{S, V-S\}$，其中 S 是当前已选入树 T 中的 k 个点，而 $V-S$ 是树外的 $n-k$ 个点，包括点 u。因为源点 s 和顶点 u 分属割的两边，路径 $p(s, u)$ 至少含有一条交叉边。设 (x, y) 是路径 $p(s, u)$ 上第一条交叉边，$x \in S$，$y \in V-S$。如图 10-2 所示，我们可以把路径 $p(s, u)$ 分为三段：

第 1 段是树 T 中从源点 s 到顶点 x 的路径，p_1，根据归纳假设，它的长度为 $w(p_1) = d(x)$。

第 2 段是边 (x, y)，$p_2 = (x, y)$，其长度为 $w(x, y)$。

第 3 段是从顶点 y 到顶点 u 的路径，p_3，它的长度为非负实数，$w(p_3) \geq 0$。

由反证法假设，$w(p(s, u)) < d(u)$，所以有 $w(p_1) + w(x, y) + w(p_3) < d(u)$。

因为 $w(p_1) = d(x)$，$w(p_3) \geq 0$，我们有 $d(x) + w(x, y) < d(u)$。

因为顶点 x 是早先被选入树中的 k 个点之一，而 $d(x) + w(x, y)$ 恰恰是在顶点 x 被选中时，用来更新邻居 y 的距离。那么，这个时刻之后，必有 $d(y) \leq d(x) + w(x, y)$。否则，$d(y)$ 在那个时刻应该更新而没有更新，违反了算法。所以，我们必有如下关系：

$$d(y) \leq d(x) + w(x, y) < d(u), \quad 即 \quad d(y) < d(u) \tag{10.2}$$

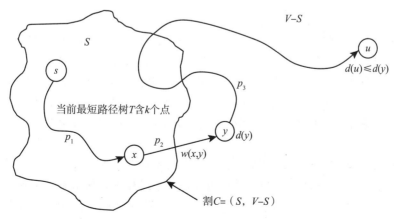

图 10-2 组成反证法中所假设的路径 $p(s, u)$ 的三段子路径

因为算法选取的第 $k+1$ 个点是 u，根据算法，$d(u)$ 值必须是所有树以外的顶点中最小的，包括顶点 y 在内，所以必有 $d(u) \leqslant d(y)$，从而与式（10.2）矛盾。这个矛盾说明不存在比 $d(u)$ 还短的路径，归纳成功。∎

显然，Dijkstra 算法的复杂度与 Prim 算法的复杂度相同，总结如下：

1）如果用数组作为优先队列 Q 来存储 $d(v)$，$v \in V$，那么复杂度为 $O(n^2)$。

2）如果用最小堆作为优先队列 Q 来存储 $d(v)$，$v \in V$，那么复杂度为 $O(m\lg n)$。

3）如果用斐波那契堆作为优先队列 Q 来存储 $d(v)$，$v \in V$，那么复杂度为 $O(n\lg n + m)$。

10.2 Bellman-Ford 算法

Bellman-Ford 算法由三部分组成，分述如下。

（1）初始化

这部分与 Dijkstra 算法的初始化完全相同，其中 $d(v)$ 的含义也相同。我们把这部分组织为如下子程序：

```
Initialize-Single-Source(G(V, E), s)
1  for each v ∈ V
2      d(v) ← ∞
3      π(v) ← nil
4  endfor
5  d(s) ← 0
6  End
```

（2）循环部分

Bellman-Ford 算法做 $n-1$ 次循环。每次循环只做一件事，即在上一轮循环的基础上对图中每条边 (u, v) 进行一次松弛 (relax) 操作。这是个非常简单的操作，它检查是否有 $d(u) + w(u, v) < d(v)$。如果是，那么从源点 s 到点 u，再到点 v 的路径会比目前的 $d(v)$ 更短，所以进行更新，否则不做更新。我们把这个松弛操作也组织为一个子程序，如下所示：

```
Relax(u,v)
1  if d(u)+w(u,v)<d(v)
2      then d(v) ← d(u)+w(u,v)
3          π(v) ← u
4  endif
5  End
```

其实，这个松弛操作就是 Dijkstra 算法的每一轮循环中的更新操作。不同的是，Dijkstra 算法只对与被选中顶点 u 关联的边进行松弛操作，而 Bellman-Ford 算法对每条边都进行松弛操作，称为对边的松弛遍历。遍历时，边的顺序可以任意，只要每条边都被松弛一次即可。

显然，Bellman-Ford 算法的每一轮松弛遍历比 Dijkstra 算法每一轮的更新操作需要更长的时间。但是，它不需要额外的数据结构 Q，并省去了寻找最小 $d(u)$ ($u \in Q$) 的步骤和时间。

（3）检查部分

Bellman-Ford 算法在循环部分完成后，需要检测有没有源点可达的负回路。这个检测其实很简单，就是再做一次对边的松弛遍历。在这个过程中，如果有某个顶点 v 的暂时距离 $d(v)$ 可以变得更小，则说明图中有源点可达的负回路。这时，算法会报告有负回路，并取消所有计算。反之，如果没有任何松弛操作使得某个顶点的暂时距离变得更短，则算法成功结束。这时，每个顶点 v 的暂时距离 $d(v)$ 即是从源点 s 到顶点 v 的最短路径的距离，其对应的最短路径则可以通过父亲指针找到。

把以上三部分合起来的完整的伪码如下。与 Dijkstra 算法一样，我们假设图 $G(V, E)$ 中存在一条从源点 s 到其他任一顶点的路径。否则，算法仍然正确，但是，以源点 s 为根的最短路径树只含那些从源点可以到达的顶点。其他的顶点 v $(v \notin T)$ 会以孤立顶点出现在输出的图 $T(V, A)$ 中，并有 $d(v) = \infty$。

```
Bellman-Ford(G(V,E),s)
1  Initialize-Single-Source(G(V,E),s)
2  for i←1 to n-1                        //n=|V|，做 n-1 次松弛遍历
3      for each edge (u,v) ∈ E
4          Relax(u,v)
5      endfor
6  endfor
7  for each edge (u,v) ∈ E               // 开始检测负回路
8      if  d(u)+w(u, v)<d(v)             // 相当于对 (u, v) 的松弛操作
9          then return false             // 表示从源点有负回路可达，计算取消
10     endif
11 endfor
12 A←{(π(v),v) │ v≠s, v∈V}               //最短路径树中的边的集合
13 construct T(V,A)                       // 构造最短路径树
14 return T(V,A)
15 End
```

我们先看一个例子，然后再证明 Bellman-Ford 算法的正确性。

【例 10-2】用 Bellman-Ford 算法找出下面有向图中以顶点 s 为源点的最短路径树。

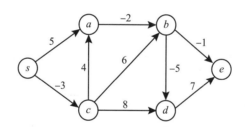

解：图 10-3a 显示的是 Bellman-Ford 算法初始化后图中各顶点的初始值。图 10-3b 至图 10-3f 显示了逐轮松弛遍历的结果以及所用的边的顺序。图中粗线的边表示父子关系。图 10-3g 显示了算法结束时得到的最短路径树。

在这个例子中，第 4 轮就得到结果了。第 5 轮和第 6 轮（检测负回路）不产生任何变化。在算法运算中，如果发现某一轮不产生任何变化，那么可以停止运算，最后一轮的结果就是最短路径树。

Bellman-Ford 算法正确性证明：

正确性证明包括两部分。第一部分是证明在图 $G(V, E)$ 不含源点可达负回路的情况下，Bellman-Ford 算法正确地算出从源点 s 到各顶点的最短路径。第二部分是证明在图 $G(V, E)$ 含有源点可达负回路的情况下，Bellman-Ford 算法正确地检测出负回路并报告。我们通过两个定理来证明。要注意的是，只有在所有边的权值都非负的情况下，Bellman-Ford 算法才能用于无向图。这是因为，如果把无向图中一条权值为负的边 (u, v) 变换为一对有向边 (u, v) 和 (v, u)，这一对有向边正好形成一个有两条边的负回路 $<u, v, u>$。

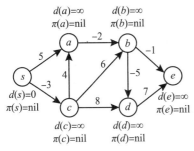

a）初始状态，源点是顶点 s

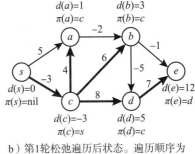

b）第1轮松弛遍历后状态。遍历顺序为
(a,b)，(b,e)，(b,d)，(s,a)，(s,c)，
(c,a)，(c,b)，(c,d)，(d,e)

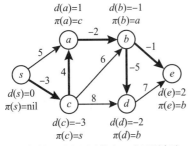

c）第2轮松弛遍历后状态。遍历顺序为
(s,a)，(s,c)，(c,b)，(c,d)，(d,e)，
(c,a)，(b,d)，(b,e)，(a,b)

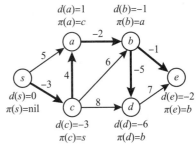

d）第3轮松弛遍历后状态。遍历顺序为
(s,a)，(s,c)，(c,b)，(c,d)，(d,e)，
(c,a)，(b,d)，(b,e)，(a,b)

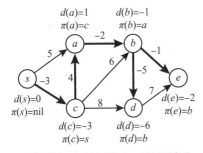

e）第4轮松弛遍历后状态。遍历顺序为
(s,a)，(s,c)，(c,b)，(c,d)，(d,e)，
(c,a)，(b,d)，(b,e)，(a,b)

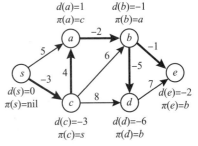

f）第5轮松弛遍历后状态。遍历顺序为
(s,a)，(s,c)，(c,b)，(c,d)，(d,e)，
(c,a)，(b,d)，(b,e)，(a,b)

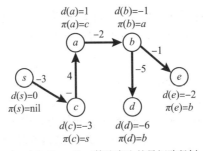

g）Bellman-Ford算法产生的最短路径树

图 10-3　用 Bellman-Ford 算法计算例 10-2 中有向图的以顶点 s 为源点的最短路径树的逐步图解

我们注意到，从源点 s 到任一顶点 v 的最短路径，即有距离 $\delta(s, v)$ 的路径，可能不止一条，其中必有一条路径 $p(s, v)$，它不仅有最短的加权距离，$w(p(s, v))=\delta(s, v)$，而且，它的不加权距离，即它含有的边的条数，$|p(s, v)|$，在所有最短路径中也最小。

定义 10.1　设 $v \in V$ 是有向图 $G(V, E)$ 中的一个顶点，从源点 s 到顶点 v 的**最小最短距离**定义如下：

$D(s, v)=\min\{|p(s, v)| \mid$ 满足 $w(p(s, v))=\delta(s, v)$ 的路径 $p(s, v)\}$

满足 $|p(s, v)|=D(s, v)$ 和 $w(p(s, v))=\delta(s, v)$ 的路径 $p(s, v)$ 称为从 s 到 v 的**最小最短路径**。

由定义 10.1 可知，最小最短路径 $p(s, v)$ 是一条有最小（不加权）距离的（加权）最短路径，$D(s, v)$ 是一条最小最短路径 $p(s, v)$ 的（不加权）距离，故称为最小最短距离。如果 $D(s, v)=k$，那么，从源点 s 到顶点 v 的所有加权的最短路径中，有一条含有 k 条边，而其余的加权的最短路径至少含有 k 条边或者更多。显然，最小最短距离不会超过 $n-1$，$D(s, v) \leqslant n-1$。

注意，$D(s, u)<D(s, v)$ 不一定意味着 $\delta(s, u)<\delta(s, v)$。例如，在例 10-2 中，$\delta(s, d)=d(d)=-6$，而 $\delta(s, a)=d(a)=1$，显然有 $\delta(s, d)<\delta(s, a)$。但是，$\delta(s, d)$ 的路径有 4 条边，$D(s, d)=4$，而 $D(s, a)=2$，所以 $D(s, d)>D(s, a)$。

定理 10.1　如果加权有向图 $G(V, E)$ 不含源点 s 可达的负回路，那么在算法 Bellman-Ford$(G(V, E), s)$ 进行了 $n-1$ 轮松弛遍历后，图中从源点 s 到顶点 v 的最短路径的加权距离是 $d(v)$，即 $\delta(s, v)=d(v)$。（我们假定从源点 s 到顶点 v 有通路，否则 $d(v)=\infty$。）

证明：首先，我们观察到两点。第一，因为没有源点可达负回路，所以源点到任一顶点 v 的所有最短路径中必定有一条简单路径，即不含回路的一条路径。这是因为，含非负回路的路径在删除回路后只会更短或等长。第二，因为松弛操作只会减少某个点 v 的 $d(v)$ 值，不会增加，所以，一旦有 $d(v)=\delta(s, v)$，这个值便不会再变。

其次，关键的一点是，在 Dijkstra 算法中，权值 $\delta(s, v)$ 较小的最短路径 $p(s, v)$ 先被确定，而在 Bellman-Ford 算法中，有较小 $D(s, v)$ 的最短路径 $p(s, v)$ 先被确定。具体来说，我们证明下面的命题：

命题：如果 $D(s, v)=k$，那么，在第 k 轮松弛遍历后，$d(v)=\delta(s, v)$。

我们对变量 k 进行归纳证明。

归纳基础：

当 $k=0$ 时，因为没有负回路，从源点 s 到它本身的路径不需要经过任何边而有最小权值 $\delta(s, s)=0$，所以有 $D(s, s)=0$ 和 $d(s)=\delta(s, s)=0$。因此命题正确。

归纳步骤：

假设在第 $k-1$ 轮（$k \geqslant 1$）松弛遍历后，任何一个 $D(s, v) \leqslant k-1$ 的最短加权距离 $\delta(s, v)$（$v \in V$）都有 $d(v)=\delta(s, v)$。我们证明，在第 k 轮松弛遍历后，任何一个 $D(s, v)=k$ 的最短加权距离 $\delta(s, v)$（$v \in V$）都有 $d(v)=\delta(s, v)$。

假设 $D(s, v)=k$。设其对应的最短加权路径是 $p(s, v)=<s, v_1, v_2, \cdots, v_{k-1}, v>$。路径 $p(s, v)$ 有 k 条边，并有 $w(p(s, v))=\delta(s, v)$。那么，可以断言，它前面的 $k-1$ 条边形成的子路径 $p(s, v_{k-1})=<s, v_1, v_2, \cdots, v_{k-1}>$ 一定是从源点 s 到顶点 v_{k-1} 的加权的最短路径，即 $\delta(s, v_{k-1})=w(p(s, v_{k-1}))$。否则，必有权值比 $w(p(s, v_{k-1}))$ 更小的从 s 到 v_{k-1} 的路径 p^*，即 $w(p^*)<w(p(s, v_{k-1}))$。这样一来，因为 $w(p^*)+w(v_{k-1}, v)<w(p(s, v_{k-1}))+w(v_{k-1}, v)=w(p(s, v))=\delta(s, v)$，那么，沿着路径 p^* 从源点 s 到顶点 v_{k-1} 后，再到 v 就是一条比路径 $p(s, v)$ 权值更小的从源点 s 到顶点 v

的路径。这与 $w(p(s, v)) = \delta(s, v)$ 矛盾，所以子路径 $p(s, v_{k-1})$ 是一条最短路径。

因为子路径 $p(s, v_{k-1})$ 有 $k-1$ 条边，又是最短路径，所以 $D(s, v_{k-1}) \leqslant k-1$。因为不可能有 $D(s, v_{k-1}) < k-1$，否则会导致 $D(s, v) < k$ 而矛盾，所以必有 $D(s, v_{k-1}) = k-1$。那么，根据归纳假设，第 $k-1$ 轮松弛遍历完成时，必有 $d(v_{k-1}) = \delta(s, v_{k-1}) = w(p(s, v_{k-1}))$。从而有：

$$d(v_{k-1}) + w(v_{k-1}, v) = w(p(s, v_{k-1})) + w(v_{k-1}, v) = w(p(s, v)) = \delta(s, v)。$$

当第 k 轮松弛遍历对边 (v_{k-1}, v) 进行松弛操作时，可能有两种情况：

第一种情况：$d(v) > d(v_{k-1}) + w(v_{k-1}, v) = \delta(s, v)$。

对这种情况，$d(v)$ 和 $\pi(v)$ 被更新为 $d(v) = d(v_{k-1}) + w(v_{k-1}, v) = \delta(s, v)$，$\pi(v) = v_{k-1}$，归纳成功。

第二种情况：$d(v) = d(v_{k-1}) + w(v_{k-1}, v) = \delta(s, v)$。

这种情况说明，本次松弛操作之前已经得到 $d(v) = \delta(s, v)$，但 $\pi(v)$ 也许不同。归纳成功。因为 $d(v) < d(v_{k-1}) + w(v_{k-1}, v) = \delta(s, v)$ 的情况不可能出现，所以命题正确。

因为图 G 中任一点 v 有 $D(s, v) \leqslant n-1$，所以当 $n-1$ 轮松弛遍历完成后，从源点 s 到其他各点 $v(v \in V)$ 的最短距离 $\delta(s, v)$ 都已计算好，$\delta(s, v) = d(v)$。它对应的最短路径显然可以由连接父亲指针得到。如果在第 k 轮松弛遍历中（$k \leqslant n-1$）没有 $D(s, v) = k$ 的最短路径，那说明从源点 s 到所有点的最短路径已计算完毕，或者剩下一些源点达不到的顶点。显然，那些源点达不到的顶点 v 在每一轮松弛遍历中都保持 $d(v) = \infty$ 不变。定理得证。∎

定理 10.1 表明，如果图 $G(V, E)$ 不含有源点可达负回路，那么，Bellman-Ford 算法会输出一棵以源点 s 为根的最短路径树。更准确地讲，是一棵以源点 s 为根的**最小最短路径树**，因为树中从源点到树中任一顶点的路径都是最小最短路径。下面我们证明，如果图 $G(V, E)$ 含有一个源点可达的负回路，那么 Bellman-Ford 算法会正确地检测出来。

定理 10.2 如果加权有向图 $G(V, E)$ 中含有一个源点 s 可达的负回路，那么它在算法 Bellman-Ford($G(V, E), s$) 进行了 $n-1$ 轮松弛遍历以后的检测中会被正确地检测出来。

证明：我们知道，如果 $G(V, E)$ 中不含有源点 s 可达的负回路，那么根据定理 10.1，进行了 $n-1$ 轮松弛遍历以后，从源点 s 到各点 v 的最小最短路径的长度 $\delta(s, v)$ 和距离 $D(s, v)$ 都已算出。因此，再做一轮或多轮松弛遍历都不会（也不应该）有新的更新。Bellman-Ford 算法的检测实际上是再做一次松弛遍历。如果有任何新的更新，显然表明有一条源点 s 可达的负回路。因此，我们只需证明如下命题：

命题：如果图 $G(V, E)$ 中含有一个源点 s 可达的负回路，那么在检测的这次松弛遍历中，一定会有一个点 v 的 $d(v)$ 值被更新为更小的值，从而一定会被检测出来。

我们用反证法证明这个命题，并为此假设：图 $G(V, E)$ 中含有一个源点 s 可达的负回路 C，但是在检测完成后，却没有一个点 v 的 $d(v)$ 值被更新。我们证明这个假设会导致矛盾。

首先，因为从源点可以有路径到达这个负回路 C，那么从源点一定有一条简单路径到达回路 C 上的任一顶点。由于一条简单路径的边的个数不会超过 $n-1$，那么，在 $n-1$ 轮松弛遍历以后，回路 C 上的任一顶点 v 的 $d(v)$ 值不再是无穷大。

其次，我们假设回路 C 含有 k 个点，其顺序为 $<v_1, v_2, \cdots, v_k>$。根据反证假设，在检测时进行的松弛遍历中没有任何 $d(v)$ 值被更新为更小值，所以对回路的 k 条边做松弛操作时，一定会有以下 k 个不等式：

$$d(v_1) + w(v_1, v_2) \geqslant d(v_2)$$

$$d(v_2)+w(v_2,v_3) \geqslant d(v_3)$$
$$\vdots$$
$$d(v_{k-1})+w(v_{k-1},v_k) \geqslant d(v_k)$$
$$d(v_k)+w(v_k,v_1) \geqslant d(v_1)$$

把这 k 个不等式两边分别相加并简化后得到：

$$w(v_1,v_2)+w(v_2,v_3)+\cdots+w(v_{k-1},v_k)+w(v_k,v_1) \geqslant 0。$$

这个结果表明回路 C 不是一个负回路，这显然与假设矛盾，命题得证，定理得证。 ■

Bellman-Ford 算法的复杂度是 $O(mn)$，这是因为每一轮松弛遍历需要 $O(m)$ 时间而包括检测在内一共需要 n 轮松弛遍历。

习题

1. 以图 10-1 为例，用 Dijkstra 算法找出下面无向图中以顶点 s 为源点的最短路径树。

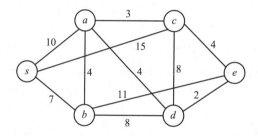

2. 以图 10-3 为例，用 Bellman-Ford 算法找出下面有向图中以顶点 s 为源点的最小最短路径树。每轮松弛遍历所用的边的顺序请按字母顺序确定，即 (a,b), (a,c), (a,e), (b,c), (b,d), (c,d), (c,e), (d,e), (s,a), (s,b), (s,d)。

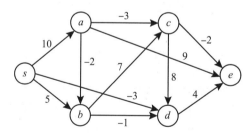

3. 假设 $G=(V,E)$ 是一个加权有向图。图中的每个顶点代表一个通信网络的结点，而边 $(u,v) \in E$ 的权值 $r(u,v)$ 则表示 u 和 v 两点间信道的可靠性，其范围是区间 $[0,1]$ 中的实数，$0 \leqslant r(u,v) \leqslant 1$。我们把 $r(u,v)$ 理解为 u 和 v 两点间信道正常工作（不出故障）的概率，并假定每条边的可靠性概率与其他边的可靠性概率是独立无关的。请设计一个复杂度好的算法找到一条从顶点 s 到顶点 t 的最可靠路径。

4. （**最宽路径问题**）让我们重温一下在第 9 章习题 12 中介绍的最宽路径问题。在加权连通图 $G(V,E)$ 的一条路径上权值最小的一条边称为这条路径的瓶颈，而这条路径的宽度定义为它的一条瓶颈边的权值。图 G 中从顶点 u 到顶点 v 的所有路径中宽度最大的一条路径称为从 u 到 v 的最宽路径。当然，这个定义也适用于有向图。在第 9 章习题 12 中我们证明了 G 的最大支撑树 T 中任意两点

之间的路径都是 $G=(V, E)$ 中这两点间的最宽路径。可是，用最大支撑树 T 来找最宽路径的方法不能直接应用到有向图。请把 Dijkstra 算法修改为一个可以为有向图计算从源点 s 到其他各点的最宽路径树，称为单源最宽路径树。你需要证明算法的正确性，特别要证明，即使图中有源点可达负回路，算法也是正确的。

5. 一个传感器网络 (sensor network) 可以用一个加权有向图 $G(V, E)$ 来建模。图中的每个顶点代表一个传感器 (sensor)，而每条边 (u, v) 表示从传感器 u 可以用无线电频道送信息给传感器 v。我们假定每个传感器 u 都是用电池来工作的。每当边 (u, v) 使用一次，即传感器 u 向传感器 v 传输一个单位信息，传感器 u 需要消耗能量 $w(u, v)$。如果传输前传感器 u 的能量是 $P(u)$，那么传输后它的剩余能量就是 $P(u) - w(u, v)$。接收信息的传感器 v 消耗的能量可忽略不计。当传感器 u 的能量少于某个值时就不能工作而使整个网络瘫痪。现在，我们希望在网络中找一条从顶点 s 到顶点 t 的路径来传输一个单位信息。传输前每个传感器 u 的能量已知为 $P(u)$，传输后，路径上各点的能量会得到不同程度的减少。其中剩余能量最少的点威胁着网络的安全。这个有最少剩余能量的顶点称为这条路径的瓶颈点。请设计一个复杂度好的算法找到一条从顶点 s 到顶点 t 的路径，使得传输后这条路径的瓶颈点的剩余能量最大。（提示：用第 4 题的结果。）

6. 假设 $G=(V, E)$ 是一个加权有向图，并且以源点 s 为出发点的边中可能有负数的权值，但其他边的权值没有负数，并且图中没有负回路。证明 Dijkstra 算法仍可以正确解决单源最短路径问题。

7. 假设 $G(V, E)$ 是一个加权有向图并且边的权值函数是 $w: E \rightarrow \{0, 1, \cdots, W\}$，这里 W 是一个正整数。请修改 Dijkstra 算法使之能在 $O(Wn+m)$ 时间内算出以顶点 s 为源点的最短路径树。

8. 假设我们需要沿一条长为 l 千米的公路两侧布置一些炮兵阵地，使得整条公路都在炮火控制之下。假设有 n 个可供选择的炮兵阵地，顺序标以 $1, 2, \cdots, n$。因地形的差异，每个阵地可配备的火炮数量不同，而且只能控制一小段公路。假设阵地 i $(1 \leqslant i \leqslant n)$ 可以控制从 $S[i]$ 到 $E[i]$ 的一段。这里 $S[i]$ 和 $E[i]$ 分别是这一小段公路两端与公路起点的距离，$0 \leqslant S[i] < E[i] \leqslant l$。另外，假定构筑阵地 i 需要费用 $C[i] > 0$。下图是一个 $n=7$ 的例子。

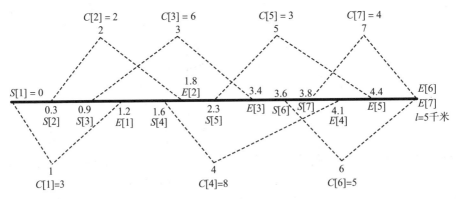

假定在所有阵地上都布置炮位，整条公路都可以覆盖，但代价太大。我们希望从中找出一部分阵地使得整条公路可以覆盖，而且总的费用最小。例如，在上面的例子中，我们可选阵地 1，3，5，7，总代价是 $C=C[1]+C[3]+C[5]+C[7]=3+6+3+4=16$，可以证明是最好的。请用上例解释怎样把这个优化问题建模为一个图的最短路径问题解出（不要求伪码）。

9. 假设有向图 $G(V, E)$ 中边的权值都是正数，$|V|=n$，$|E|=m$。$P(s, t)$ 是图 $G(V, E)$ 中从点 s 到点 t 的一条最短路径。我们希望找一条从点 s 到点 t 的第二短路径，也就是说，在所有与 $P(s, t)$ 不同的简单路径中，找一条最短的路径。这条路径只要有任何一条边与 $P(s, t)$ 不同即可，这条路径也许

和 $P(s, t)$ 一样长，也许不存在。请设计一个复杂度为 $O(n^3)$ 的或更好的算法找到这条第二短路径，或报告不存在，并证明正确性。

10. 假设有向图 $G(V, E)$ 中边的权值都是正数，$|V|=n$，$|E|=m$。虽然我们可以用 Dijkstra 算法得到一棵以源点 s 为根的最短路径树 T，但树 T 只提供一条从源点 s 到其他每一个顶点 v 的最短路径。有时我们希望知道是否还有一条不同的最短路径。请设计一个复杂度为 $O(n^2)$ 的算法，为每个顶点 v 判断有几条不同的从源点 s 到顶点 v 的最短路径。并且，如果不止一条，它要为顶点 v 找出两条不同的最短路径，否则报告不存在。请证明算法的正确性。

11. 假设有向图 $G(V, E)$ 中每条边 (u, v) 的权值是正数，$w(u, v) > 0$。另外，每个顶点 v 也有一个正数的权值 $w(v) > 0$。图中从点 s 到点 u 的一条路径 $p(s, u)$ 的长度定义为路径上所有顶点和边的权值总和，包括点 s 和点 u，即 $w(p(s, u)) = \sum_{v \in p(s,u)} w(v) + \sum_{(a,b) \in p(s,u)} w(a,b)$。对于这样定义的路径长度，请设计一个与 Dijkstra 算法有相同复杂度的算法，为有向图 $G(V, E)$ 计算以顶点 s 为源点的最短路径树 T。

12. Dijkstra 算法每次确定一个顶点 u 的最短路径，其长度为 $d(u)$。把边 $(\pi(u), u)$ 加到树 A 后，算法第 13 行对 u 的每一个邻居 v 进行检查。如果 $v \in Q$，即顶点 v 还在树外，并且有 $d(u) + w(u, v) < d(v)$，则更新 $d(v)$ 为 $d(u) + w(u, v)$。证明，如果 u 的一个邻居 v 已经在树里了，即 $v \notin Q$，那么不可能有 $d(u) + w(u, v) < d(v)$。

13. 举例说明，Dijkstra 算法产生的以源点为根的最短路径树不一定是最小最短路径树。

第 11 章　网络流

网络流问题是一个有着极其广泛应用的图的算法问题。它不仅可以直接用来解决许多应用问题，并且还常常用来解决其他的图的算法问题，例如，二分图的匹配问题，图的连通度问题，找多条（点或边）不相交的路径问题等。所以，网络流问题一直都是一个热门的研究课题并被广泛应用。这一章的主要目的是使读者理解这个问题的定义和掌握基本的算法，能应用网络流的模型解决应用问题，并为对理论上感兴趣的读者提供必需的基础。这一章主要介绍传统的 Ford-Fulkerson 方法。对于复杂度较好的推进 – 重标号 (push-relabel) 算法只做初步的介绍。读者可以从有关参考书和网络上找到有关资料以及最近的研究结果。

11.1　网络模型和最大网络流问题

简单来说，网络流问题就是在一个给定的网络中找出从源点到汇点的最大流。我们通过下面的一系列定义和例子把这个问题讲清楚。

定义 11.1　一个流网络 (flow network)，简称网络，是一个加权的简单有向图 $G(V, E)$，其中，每条边 $(u, v) \in E$ 的权值 $c(u, v) > 0$ 是个正数，称为这条边的容量。我们规定，集合 $V \times V$ 中每一个有序对 (u, v) $(u, v \in V, u \neq v)$ 都是一条边，$(u, v) \notin E$ 当且仅当 $c(u, v) = 0$。另外，图中有两个指定的顶点，分别称为源点和汇点，并通常标记为 s 和 t。

【例 11-1】图 11-1 给出了一个流网络的例子。

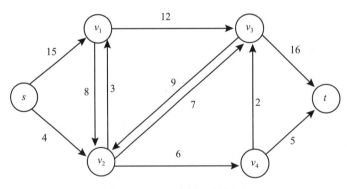

图 11-1　一个流网络的例子

网络可以用来描述很多应用问题。例如，它可以用来描述一个铁路运输网络。图中顶点代表运输网络中停靠的站点，而边 (u, v) 代表从站点 u 到站点 v 有（单向）铁路连接，而这一路段一年的运输能力为 $c(u, v) > 0$。如果在站点 s 的地方出煤而在站点 t 的地方需要用煤，那么 s 就是网络中的源点，而 t 就是网络中的汇点。我们要考虑的就是如何充分发挥网络的运输能力，使尽可能多的煤从站点 s 运到站点 t。下面定义网络上的流，并讨论它和运输计划的关系。

定义 11.2 网络 $G(V, E)$ 上的一个流 f 就是给集合 $V \times V$ 中每条边 (u, v) 赋以一个非负实数 $f(u, v)$ 并满足：

1）$0 \leqslant f(u, v) \leqslant c(u, v)$；

2）除源点 s 和汇点 t 之外的任一顶点 $u \in V - \{s, t\}$，有 $\sum\limits_{v \in V} f(v, u) = \sum\limits_{v \in V} f(u, v)$。

定义中的 $f(u, v)$ 称为边 (u, v) 上的一个流或流量，可理解为这条边上的一年的运输量，它的值不能是负数，但也不能超过其一年的运输能力，即容量 $c(u, v)$。如果 $(u, v) \notin E$，$f(u, v)$ 则默认是零。定义中的第 2 个条件称为流量守恒，它要求除源点和汇点外，流入任何一个点 u 的总流量，即 $\sum\limits_{v \in V} f(v, u)$，必须等于流出该点的总流量 $\sum\limits_{v \in V} f(u, v)$。我们分别称这两个量为点 u 的**入流和**与**出流和**。从运输网络的观点看，流量守恒意味着任何一个中转站不应该截留任何物资，也没有能力生产物资，它的作用只是转运所有物资。

从运输网络的观点看，网络 $G(V, E)$ 上的一个流 f 就是一个运输计划。它为每条边，也就是为每个站点到另一个站点之间的运输做出规划，在不超过容量的限制下，决定每条边在一年里应该运输多少物资，使得每个中转站不会有物资囤积，也不会使收到的物资少于计划运出的量。

定义 11.3 网络 $G(V, E)$ 上的一个流 f 的值（或称流量），记作 $|f|$，定义为源点 s 的净出流和，即 $|f| = \sum\limits_{v \in V} f(s, v) - \sum\limits_{v \in V} f(v, s)$。

不同的流会有不同的值，找网络最大流的问题就是要找出一个有最大值的流。从运输网络的观点看，一个流的值就是从源点运走的物资的总量。因为中转站不会截留，所以，一个流的值也就是运到汇点的物资的总量。最大流对应的运输计划保证有最多的物资从源点运送到汇点。

通常，在我们寻找一个最大流时，不允许有物资回流到源点，即强制规定 $c(v, s) = 0$ $(v \in V, v \neq s)$，那么就有 $|f| = \sum\limits_{v \in V} f(s, v)$。但是，从数学角度看，没有必要做这一限制。物资回流的情况也可能在两点间的一对边上发生。如果边 (u, v) 和 (v, u) 上都有非零的流，比如 $f(u, v) > f(v, u) > 0$，那么从点 u 运送到点 v 的物资中有一部分又从 v 流回到 u。显然，这是个浪费。这样的流称为非规范流。在这种情况下，我们总可以把一对边上的流等量减少，使得有一个方向上的流为零。我们把这个操作称为**规范化**。如果 f 是网络 G 上的一个流，并且在任一对边 (u, v) 和 (v, u) 上都有 $f(u, v) = 0$ 或者 $f(v, u) = 0$，那么 f 称为一个**规范流**。

【**例 11-2**】以例 11-1 中网络为例，图 11-2a 给出了一个非规范流的例子。图中每条边上的第一个数字是这条边上的流，而斜杠后的数字是这条边的容量，图上没出现的边上的流和容量均为零。这个流的值是 $10 + 4 = 14$。图 11-2a 中的流是个非规范流，因为顶点 v_1 和 v_2 之间互有非零的流，顶点 v_2 和 v_3 之间也互有非零的流。图 11-2b 给出了规范化之后的流。

如图 11-3a 所示，有些应用问题对应的网络可能不止有一个源点和一个汇点。这时，我们只需要在图中加上一个总源点 s 和一个总汇点 t 就可以把它转化为符合上述定义的网络。图 11-3b 显示了把图 11-3a 中的网络转化后的网络。该方法一目了然，不需解释。

定义 11.4 假设 f 是网络 $G(V, E)$ 上的一个流，对应于流 $f(u, v)$ 的**相对流**为 $\varphi(u, v) = f(u, v) - f(v, u)$。集合 $V \times V$ 中所有边的相对流组成网络 $G(V, E)$ 上的一个对应于 f 的相对流 φ。

有些教科书曾用相对流的定义取代传统的流的定义，但导致一些问题后又改回传统的定义。本书作者认为，不要改变传统的流的定义，而是独立地定义相对流的概念比较好。流与相对流是对同一件事的不同的表达形式，有一一对应的紧密关系，但不要把两者混淆。

引入相对流的概念是为了数学推导的方便。实际上，相对流 $\varphi(u, v)$ 就是从 u 到 v 的净流量。它的物理含义是，如果从点 u 到点 v 有一个运输量 $f(u, v)$，而从点 v 到点 u 也有一个运输量 $f(v, u)$，那么我们可认为从点 u 到点 v 的净运输量，即相对流为 $\varphi(u, v) = f(u, v) - f(v, u)$。引入相对流的概念就相当于代数中引入正负数一样，便于我们对流进行加减运算。在这一章中我们用字母 f 和 φ 分别表示流和相对流。

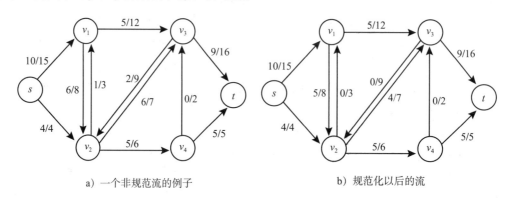

a) 一个非规范流的例子　　　　　　b) 规范化以后的流

图 11-2　网络流的规范化例子

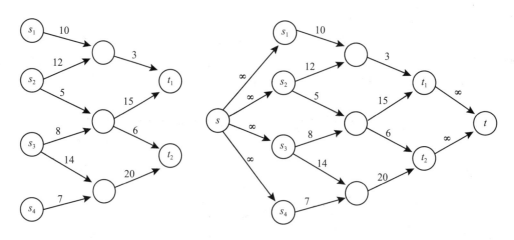

a) 一个有多源多汇的网络　　　　b) 转化为单源单汇的网络

图 11-3　把多源多汇的网络转化为单源单汇的网络示意

引理 11.1　假设 f 是网络 $G(V, E)$ 上的一个流，对应于 f 的相对流 φ 满足以下 3 个条件：

1）$\varphi(u, v) \leqslant c(u, v)$；

2）$\varphi(u, v) = -\varphi(v, u)$；

3）流量守恒，即任何一个顶点 u，$u \in V - \{s, t\}$，必有 $\sum\limits_{v \in V} \varphi(u, v) = 0$。

证明： 1）因为 $\varphi(u, v) = f(u, v) - f(v, u) \leqslant f(u, v) \leqslant c(u, v)$，所以条件 1）成立。

2）因为 $\varphi(u, v) = f(u, v) - f(v, u) = -[f(v, v) - f(u, v)] = -\varphi(v, u)$，所以条件 2）成立。

3）因为任何一个顶点 u，$u \in V - \{s, t\}$ 有 $\sum\limits_{v \in V} f(u, v) = \sum\limits_{v \in V} f(v, u)$，所以有：

$$\sum\limits_{v \in V} f(u, v) - \sum\limits_{v \in V} f(v, u) = \sum\limits_{v \in V} \left[f(u, v) - f(v, u) \right] = 0。 因此有：$$

$$\sum\limits_{v \in V} \varphi(u, v) = \sum\limits_{v \in V} \left[f(u, v) - f(v, u) \right] = 0，所以条件 3）成立。　∎$$

下面，我们把相对流定义为一个不依赖于流的独立的概念。

定义 11.5 网络 $G(V, E)$ 上的一个相对流 φ 就是给集合 $V \times V$ 中每条边 (u, v) 赋予一个实数 $\varphi(u, v)$ 并满足引理 11.1 中的 3 个条件。另外，它的值定义为 $|\varphi| = \sum_{v \in V} \varphi(s, v)$，也就是等于源点 s 的相对出流和。

引理 11.2 假设 φ 是网络 $G(V, E)$ 上的一个相对流。如果给集合 $V \times V$ 中每条边 (u, v) 赋予一个流 f，使 $f(u, v) = \max\{0, \varphi(u, v)\}$，那么 f 是 $G(V, E)$ 上的一个合法的流，称为对应于 φ 的流。另外，它是个规范流，对应于 f 的相对流就是 φ，并且有 $|f| = |\varphi|$。这里，合法的含义是，f 符合流的定义。

证明： 让我们检查定义 11.2 中合法流的两个条件。

1）对每条边 $(u, v) \in V \times V$，我们有 $f(u, v) = \max\{0, \varphi(u, v)\} \geqslant 0$。

又因为 $\varphi(u, v) \leqslant c(u, v)$，我们有 $f(u, v) = \max\{0, \varphi(u, v)\} \leqslant \max\{0, c(u, v)\} \leqslant c(u, v)$。所以 f 满足流的第一个条件，即 $0 \leqslant f(u, v) \leqslant c(u, v)$。

2）假设 $u \in V - \{s, t\}$。由第 3 个条件，$\sum_{v \in V} \varphi(u, v) = 0$，我们有：

$$\sum_{v \in V} \varphi(u, v) = \sum_{\substack{v \in V \\ \varphi(u,v)>0}} \varphi(u, v) + \sum_{\substack{v \in V \\ \varphi(u,v)<0}} \varphi(u, v) = 0，\text{也就是：}$$

$$\sum_{\substack{v \in V \\ \varphi(u,v)>0}} \varphi(u, v) - \sum_{\substack{v \in V \\ \varphi(v,u)>0}} \varphi(v, u) = 0。\quad \text{因此有：}$$

$$\sum_{v \in V} f(u, v) - \sum_{v \in V} f(v, u) = 0。$$

因此 f 满足流的第二个条件。所以，f 是网络 G 上的一个流。

另外，由直接验证可知以下结果：

（a）f 是个规范流。

这是因为，如果 $f(u, v) > 0$，那么有 $\max\{0, \varphi(u, v)\} = f(u, v) > 0$，因而有 $\varphi(u, v) > 0$。由 $\varphi(v, u) = -\varphi(u, v) < 0$。从而有 $f(v, u) = \max\{0, \varphi(v, u)\} = 0$。所以 f 是一个规范流。

（b）f 的相对流就是 φ。

这是因为，如果 $f(u, v) > 0$，$f(v, u) = 0$，那么有 $f(u, v) = \max\{0, \varphi(u, v)\} = \varphi(u, v) > 0$。所以有 $f(u, v) - f(v, u) = \varphi(u, v) - 0 = \phi(u, v)$。反之，如果 $f(u, v) = 0$，$f(v, u) > 0$，则有 $f(v, u) = \max\{0, \varphi(v, u)\} = \varphi(v, u)$。所以有 $f(u, v) - f(v, u) = 0 - \varphi(v, u) = -\varphi(v, u) = \varphi(u, v)$。当然，如果 $f(u, v) = f(v, u) = 0$，则必有 $\varphi(u, v) = \varphi(v, u) = 0$，$f(u, v) - f(v, u) = \varphi(u, v)$。所以流 f 的相对流就是 φ。

（c）$|f| = |\varphi|$。

这是因为 $|\varphi| = \sum_{v \in V} \varphi(s, v) = \sum_{\substack{v \in V \\ \varphi(s,v)>0}} \varphi(s, v) + \sum_{\substack{v \in V \\ \varphi(s,v)<0}} \varphi(s, v)$

$$= \sum_{\substack{v \in V \\ \varphi(s,v)>0}} f(s, v) + \sum_{\substack{v \in V \\ \varphi(v,s)>0}} -\varphi(v, s)$$

$$= \sum_{v \in V} f(s, v) - \sum_{v \in V} f(v, s)$$

$$= |f|$$

引理 11.2 得证。∎

由引理 11.1 和引理 11.2 可知，一个规范流 f 和一个相对流 φ 之间有如下的一一对应关系：

1）从 f 计算对应于 f 的 φ：$\varphi(u, v)=f(u, v)-f(v, u)$。

2）从 φ 计算对应于 φ 的 f：$f(u, v)=\max\{0, \varphi(u, v)\}$。

实际上，把相对流 φ 中所有 $\varphi(u, v)<0$ 的相对流改为 0 就得到相应的规范流 f。反之，把规范流 f 中所有 $f(u, v)=0$ 的流改为 $-f(v, u)$ 就得相对流 φ。另外，我们始终有关系：$\varphi(u, v)\leqslant f(u, v)\leqslant c(u, v)$。因为规范化不影响流的值，为方便起见，除特别声明外，本章讨论的流都是规范流。定义了流网络模型以及它上面的流以后，最大流问题定义如下。

定义 11.6 网络的最大流问题就是在给定的一个流网络 $G(V, E)$ 上找出一个有最大值的流 f。这个流称为网络 G 的一个最大流。

显然，我们可类似地定义最大相对流问题，并且等价于最大流问题。

11.2 网络中的流与割的关系

容易看出图 11-2 中的流不是最大的。在这一节，我们讨论一个重要定理，即最大流最小割定理，然后在随后章节中讨论找最大流的算法。我们先做些准备工作。

定义 11.7 假设 X 和 Y 分别是网络 $G(V, E)$ 中顶点的两个集合，f 是 G 上的一个流，φ 是对应于 f 的相对流。我们定义从集合 X 到集合 Y 的流量为 $f(X, Y)=\sum_{x\in X}\sum_{y\in Y}f(x,y)$，其相对流量为 $\varphi(X, Y)=\sum_{x\in X}\sum_{y\in Y}\varphi(x,y)$。

为方便起见，一个顶点 u 的集合 $\{u\}$ 就用 u 来表示。例如 $f(\{u\}, V)$ 写为 $f(u, V)$。根据定义，对于源点和汇点外任一顶点 $u\in V-\{s, t\}$，显然有 $\varphi(u, V)=0$。

引理 11.3 设 f 是网络 $G(V, E)$ 上的一个流，而 φ 是对应的相对流。又假设 X，Y，Z 分别是网络 $G(V, E)$ 中顶点的三个集合。那么，下面等式成立：

1）$\varphi(X, X)=0$。

2）$\varphi(X, Y)=-\varphi(Y, X)$。

3）如果 $X\cap Y=\varnothing$，那么 $\varphi(X\cup Y, Z)=\varphi(X, Z)+\varphi(Y, Z)$ 且 $\varphi(Z, X\cup Y)=\varphi(Z, X)+\varphi(Z, Y)$。

证明：可直接从定义得到，略去细节。∎

【例 11-3】 以图 11-2a 中的流为例。设 $X=\{s, v_1, v_2\}$，$Y=\{v_3, v_4\}$，$Z=\{v_3, t\}$。验证引理 11.3。

解：图 11-2a 中的流如下。

1）$\varphi(X, X)=\varphi(s, v_1)+\varphi(v_1, s)+\varphi(v_1, v_2)+\varphi(v_2, v_1)+\varphi(s, v_2)+\varphi(v_2, s)$
$=10+(-10)+5+(-5)+4+(-4)=0$。

2）$\varphi(X, Y)=\varphi(s, v_3)+\varphi(s, v_4)+\varphi(v_1, v_3)+\varphi(v_1, v_4)+\varphi(v_2, v_3)+\varphi(v_2, v_4)$
$=0+0+5+0+4+5=14$。

$\varphi(Y, X)=\varphi(v_3, s)+\varphi(v_3, v_1)+\varphi(v_3, v_2)+\varphi(v_4, s)+\varphi(v_4, v_1)+\varphi(v_4, v_2)$
$=0-5-4+0+0-5=-14$。

显然有 $\varphi(X, Y)=-\varphi(Y, X)$。

3）$\varphi(X, Z)=\varphi(s, v_3)+\varphi(s, t)+\varphi(v_1, v_3)+\varphi(v_1, t)+\varphi(v_2, v_3)+\varphi(v_2, t)$
$=0+0+5+0+4+0=9$。

$\varphi(Y, Z)=\varphi(v_3, v_3)+\varphi(v_3, t)+\varphi(v_4, v_3)+\varphi(v_4, t)$
$=0+9+0+5=14$。

$$\varphi(X \cup Y, Z) = \varphi(s, v_3) + \varphi(s, t) + \varphi(v_1, v_3) + \varphi(v_1, t) + \varphi(v_2, v_3) + \varphi(v_2, t) +$$
$$\varphi(v_3, v_3) + \varphi(v_3, t) + \varphi(v_4, v_3) + \varphi(v_4, t)$$
$$= 0 + 0 + 5 + 0 + 4 + 0 + 0 + 9 + 0 + 5 = 23。$$

所以有 $\varphi(X \cup Y, Z) = \varphi(X, Z) + \varphi(Y, Z)$。类似可验证 $\varphi(Z, X \cup Y) = \varphi(Z, X) + \varphi(Z, Y)$。

11.2.1 网络中的割及其容量

前面我们介绍了网络流的概念，这一节介绍网络中割 (cut) 的概念。这是一个与流对偶的概念，在求网络最大流时起着极为重要的作用。

定义 11.8 网络 $G(V, E)$ 中的一个割 (S, T) 就是把顶点集合 V 划分为两个不相交的子集，S 和 T，使得每个顶点属于且只属于其中一个子集，并且有 $s \in S$，$t \in T$。另外，所有从 S 里的点到 T 里的点的边称为割的**穿越边**，并且定义割 (S, T) 的容量 $c(S, T)$ 为所有穿越边上容量之和，即 $c(S, T) = \sum\limits_{u \in S, v \in T} c(u, v)$。

【例 11-4】 图 11-4 给出了一个割的例子，其容量为 $c(S, T) = c(s, v_1) + c(v_2, v_1) + c(v_2, v_3) + c(v_4, v_3) + c(v_4, t) = 15 + 3 + 7 + 2 + 5 = 32$。

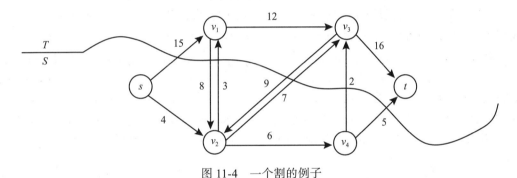

图 11-4 一个割的例子

注意，一个割的容量大小与流量无关。网络 $G(V, E)$ 中有最小容量的割 (S, T) 称为它的一个**最小割**。

引理 11.4 设 f 是网络 $G(V, E)$ 上的一个流，φ 是对应的相对流，而 (S, T) 是 G 的任意一个割。那么，流 f 的值等于穿过这个割的相对流量，即 $|f| = \varphi(S, T)$。

证明： 我们可以从穿过这个割的相对流量直接推导而得：

$$\varphi(S, T) = \varphi(S, V) - \varphi(S, S) \quad （因为 T = V - S）$$
$$= \varphi(S, V) \quad （因为 \varphi(S, S) = 0）$$
$$= \varphi(s, V) + \varphi(S - s, V)$$
$$= \varphi(s, V) + \sum_{u \in (S-s)} \varphi(u, V)$$
$$= \varphi(s, V) \quad （因为 u \neq s，u \neq t，故有 \varphi(u, V) = 0）$$
$$= |f|$$ ∎

推论 11.5 设 f 是网络 $G(V, E)$ 上的一个流，φ 是对应的相对流，则有 $|f| = \sum\limits_{v \in V} \varphi(s, v) = \sum\limits_{v \in V} \varphi(v, t)$，即这个流的值既等于源点的相对外流和，又等于汇点的相对入流和。

证明： 由定义，$|f| = \sum\limits_{v \in V} \varphi(s, v)$。现在考虑一个特殊的割 (S, T)，其中 $S = V - \{t\}$，$T = \{t\}$。

由引理 11.4，我们有 $|f| = \varphi(S, T) = \varphi(V-t, t) = \varphi(V, t) - \varphi(t, t) = \varphi(V, t) = \sum_{v \in V} \varphi(v, t)$。

推论 11.5 的意思是说，从源点运出去的物资的（净）总和等于汇点收到的物资的（净）总和。从直观上看，这显然是对的。因为网络中除了汇点外的任一点不会截取任何流量，那么所有从源点发出的总的（净）流量必定会全部到达汇点。又因为网络中除了源点外的任一点不会产生流量，那么到达汇点的净入流和必定等于源点的净外流和。

推论 11.6 设 f 是网络 $G(V, E)$ 上的任意一个流，而 (S, T) 是 G 的任意一个割。那么，必有 $|f| \leqslant c(S, T)$。

证明： 设 φ 是对应的相对流。因为网络中任一条边 $(u, v) \in E$，都有 $\varphi(u, v) = f(u, v) - f(v, u) \leqslant f(u, v)$，由引理 11.4，我们有 $|f| = \varphi(S, T) = \sum_{u \in S} \sum_{v \in T} \varphi(u,v) \leqslant \sum_{u \in S} \sum_{v \in T} f(u,v) \leqslant \sum_{u \in S} \sum_{v \in T} c(u,v) = c(S, T)$。

推论 11.6 常通俗地表述为"**任何流小于等于任何割**"。

11.2.2 剩余网络和增广路径

推论 11.6 告诉我们，网络上任一个流的值，即使是一个最大流的值，都小于等于任何一个割的容量。我们将要证明，网络的一个最小割的容量就等于一个最大流的流量。为此，我们还需要引入**剩余网络** (residual network，或称剩余图) 的概念。

定义 11.9 假设 f 是网络 $G(V, E)$ 上的一个流，φ 是 f 对应的相对流。对应于 f 的剩余网络，$G_f(V, E_f)$ 定义为如下的一个流网络：它有与原网络 G 相同的顶点集合 V，以及相同的源点 s 和汇点 t；对任意一条边 $(u, v) \in V \times V$，它的容量为 $c_f(u, v) = c(u, v) - \varphi(u, v)$，称为对应于 f 的剩余容量；E_f 包括且仅包括所有容量大于零的边，即 $E_f = \{(u, v) | c_f(u, v) > 0\}$。

【**例 11-5**】图 11-5b 显示的是对应于图 11-2b 中的网络流的剩余网络。

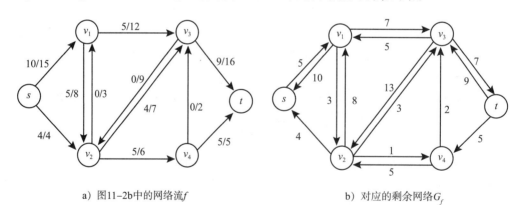

a) 图11-2b中的网络流 f b) 对应的剩余网络 G_f

图 11-5 一个剩余网络的例子

因为 $c_f(u, v) = c(u, v) - \varphi(u, v) = c(u, v) - [f(u, v) - f(v, u)] = c(u, v) - f(u, v) + f(v, u)$，所以一条边 (u, v) 的剩余容量是原先的容量减去从点 u 到点 v 实际用去的流量 $f(u, v)$，再加上从点 v 到点 u 的流量 $f(v, u)$。它表明，在当前流 f 的情况下，还可以允许有多少流经过边 (u, v)。我们显然有 $c_f(u, v) = c(u, v) - f(u, v) + f(v, u) \geqslant 0$。

我们很容易理解为什么容量 $c_f(u, v)$ 要从 $c(u, v)$ 减去 $f(u, v)$，因为流 f 要用去这么多容量，但为什么要加上 $f(v, u)$ 呢？从运输网络的观点看很好理解。因为从点 v 到点 u 的流量

增加了站点 u 的物资，我们可以让站点 v 减少运到点 u 的物资，或让站点 u 退回一部分物资给站点 v，这就相当于增加了从点 u 流到点 v 的物资。这部分的流最大可以是 $f(v, u)$ 而不需要占用边 (u, v) 本身的容量。因此，在剩余网络中，我们不仅有边 (u, v) 本身的剩余容量 $c(u, v) - f(u, v)$，而且还可以有把流 $f(v, u)$ 退回给点 v 而产生的（相对）容量。显然，在计算剩余网络时，流 f 是否规范不影响结果，因为不论 f 规范与否，$\varphi(u, v)$ 是一样的。

从定义 11.9 知道，剩余网络 $G_f(V, E_f)$ 也是一个以顶点 s 为源，以 t 为汇的流网络。如果 $(u, v) \in E_f$，那么 $c_f(u, v) = c(u, v) - \varphi(u, v) > 0$，必有 $c(u, v) > 0$ 或者 $\varphi(u, v) < 0$。这也就是 $c(u, v) > 0$ 或者 $f(v, u) > 0$。所以，如果 $(u, v) \in E_f$，必有 $(u, v) \in E$ 或者 $(v, u) \in E$。可见 $|E_f| \leqslant 2|E|$，这意味着构造剩余网络的时间是 $O(|V| + |E|)$。

定理 11.7 设 f 是网络 $G(V, E)$ 上的一个流，而 f' 是剩余网络 $G_f(V, E_f)$ 上的一个流。再假设 φ 和 φ' 分别是对应于 f 和 f' 的相对流。那么，网络 G 中存在一个规范流 f^*，它的相对流是 $\varphi^* = \varphi + \varphi'$，即每条边 $(u, v) \in V \times V$ 上的相对流是 $\varphi^*(u, v) = \varphi(u, v) + \varphi'(u, v)$，并且有 $|f^*| = |f| + |f'|$。流 f^* 称为 f 的一个增广流，并记为 $f^* = f + f'$。

证明：首先证明 $\varphi^* = \varphi + \varphi'$ 是 $G(V, E)$ 上的一个相对流。我们检查引理 11.1 中的 3 个条件。

1）因为 φ' 是对应于 f' 的相对流，所以每条边 $(u, v) \in V \times V$ 满足 $\varphi'(u, v) \leqslant c_f(u, v) = c(u, v) - \varphi(u, v)$，所以有 $\varphi^*(u, v) = \varphi(u, v) + \varphi'(u, v) \leqslant \varphi(u, v) + [c(u, v) - \varphi(u, v)] = c(u, v)$。

2）因为 $\varphi(u, v) = -\varphi(v, u)$ 和 $\varphi'(u, v) = -\varphi'(v, u)$，所以有 $\varphi^*(u, v) = \varphi(u, v) + \varphi'(u, v) = -\varphi(v, u) - \varphi'(v, u) = -[\varphi(v, u) + \varphi'(v, u)] = -\varphi^*(v, u)$。

3）因为每个点 $u \in V - \{s, t\}$ 满足 $\sum_{v \in V} \varphi(u, v) = 0$ 和 $\sum_{v \in V} \varphi'(u, v) = 0$，所以有 $\sum_{v \in V} \varphi^*(u, v) = \sum_{v \in V} \left[\varphi(u, v) + \varphi'(u, v)\right] = \sum_{v \in V} \varphi(u, v) + \sum_{v \in V} \varphi'(u, v) = 0 + 0 = 0$。

所以，φ^* 是 $G(V, E)$ 上的一个相对流。

由引理 11.2，φ^* 对应的规范流是 f^*，$f^*(u, v) = \max\{0, \varphi^*(u, v)\}$，而 f^* 对应的相对流是 φ^*，并且有 $|f^*| = |\varphi^*|$。因为 $|\varphi^*| = \sum_{v \in V} \varphi^*(s, v) = \sum_{v \in V} [\varphi(s, v) + \varphi'(s, v)] = \sum_{v \in V} \varphi(s, v) + \sum_{v \in V} \varphi'(s, v) = |\varphi| + |\varphi'|$，所以有 $|f^*| = |\varphi| + |\varphi'| = |f| + |f'|$。定理 11.7 得证。∎

由定理 11.7 知，如果 f 和 f' 分别是网络 $G(V, E)$ 和剩余网络 $G_f(V, E_f)$ 上的一个流，那么，增广流 $f^* = f + f'$ 可以通过 $\varphi^* = \varphi + \varphi'$ 来计算。但是，f^* 也可以从 f 和 f' 直接计算，规则如下，时间都是 $O(m)$。规则容易理解，无须解释。假设 f 和 f' 都是规范流，f^* 也将是规范流。

网络 G 中每条边 (u, v) 的增广流 $f^*(u, v)$ 的计算规则：

(A) 如果 $f(u, v) > 0$，$f(v, u) = 0$

(A.1) 如果 $f'(u, v) > 0$，$f'(v, u) = 0$，那么置 $f^*(u, v) = f(u, v) + f'(u, v)$，$f^*(v, u) = 0$。

(A.2) 如果 $f'(u, v) = 0$ 并有 $f(u, v) \geqslant f'(v, u)$，那么置 $f^*(u, v) = f(u, v) - f'(v, u)$，$f^*(v, u) = 0$。

(A.3) 如果 $f'(u, v) = 0$ 并有 $f(u, v) < f'(v, u)$，那么置 $f^*(u, v) = 0$，$f^*(v, u) = f(v, u) - f'(u, v)$。

(B) 如果 $f(u, v) = 0$，$f(v, u) > 0$

与 (A) 对称的情况，省略。

定义 11.10 假设 f 是网络 $G(V, E)$ 上的一个流。对应于 f 的剩余网络 $G_f(V, E_f)$ 中一条从源点 s 到汇点 t 的简单路径 p 称为一条增广路径 (augmenting path)。我们把这条路径上剩余容量最小的边称为关键边 (critical edge)，并把关键边上的剩余容量定义为这条路径的剩余容量 $c_f(p)$，即 $c_f(p) = \min\{c_f(u, v) \mid (u, v) \in p\}$。

假设 f 是网络 $G(V, E)$ 上的一个流，因为只有剩余容量大于零的边才出现在 E_f 中，所以剩余网络 G_f 中任一条路径都可以选为增广路径，并且都有大于零的剩余容量。下面的引理证明，找到一条增广路径 p 后，就可以找到剩余网络 $G_f(V, E_f)$ 中一个基于路径 p 的流 f_p，并有 $|f_p| = c_f(p)$，从而由定理 11.7 得到原网络 G 上一个比 f 大的流 $f^* = f + f_p$。

引理 11.8 设 f 是网络 $G(V, E)$ 上的一个流，而 p 是其剩余网络 $G_f(V, E_f)$ 上的从源点 s 到汇点 t 的一条增广路径，其容量为 $c_f(p)$。我们给集合 $V \times V$ 中的边 (u, v) 赋以函数值 $f_p(u, v)$ 如下：如果边 $(u, v) \in p$，则赋以 $f_p(u, v) = c_f(p)$，否则赋以 $f_p(u, v) = 0$。那么，函数 f_p 是剩余网络 $G_f(V, E_f)$ 上的一个流，其值为 $|f_p| = c_f(p)$。我们称 f_p 为基于增广路径 p 的增广路径流。

证明：假设这条增广路径是 $p = <v_0, v_1, v_2, \cdots, v_k>$，其中，$v_0 = s$，$v_k = t$。我们来检查 f_p 是否满足流的两个条件。设 (u, v) 是集合 $V \times V$ 中的一条边。

1）如果 $(u, v) \in p$，则有 $f_p(u, v) = c_f(p)$，所以有 $0 \leqslant f_p(u, v) = c_f(p) \leqslant c_p(u, v)$。如果 $(u, v) \notin p$，则有 $f_p(u, v) = 0$，所以有 $0 \leqslant f_p(u, v) = 0 \leqslant c_p(u, v)$，所以 f_p 满足流的第一个条件。

2）假设 $u \in V - \{s, t\}$。如果路径 p 不经过 u，那么点 u 的所有入流和出流都是 0，满足流量守恒。如果 p 经过 u，即 $u = v_i$（$1 \leqslant i \leqslant k - 1$），那么点 u 只有一个入流 $f_p(v_{i-1}, u) = c_f(p)$ 和一个等量的出流 $f_p(u, v_{i+1}) = c_f(p)$，也满足流量守恒。所以 f_p 满足流的第二个条件。

因为 f_p 满足流的两个条件，所以 f_p 是剩余网络 G_f 上的一个流。因为 $\sum_{v \in V} f_p(s, v) - \sum_{v \in V} f_p(v, s) = f_p(s, v_1) - 0 = c_f(p)$，所以有 $|f_p| = c_f(p)$。■

【例 11-6】 图 11-6a 显示的是图 11-5b 中网络流的剩余网络，以及该剩余网络的一条增广路径，$p = <s, v_1, v_2, v_4, v_3, t>$（粗线表示）。其中，$(v_2, v_4)$ 是一条关键边，并有容量 $c(v_2, v_4) = 1$。图 11-6b 显示的是，在该剩余网络中构造的基于这条路径的一个增广路径流。

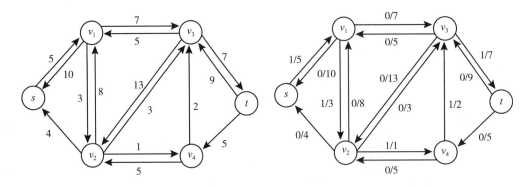

a）图11-5b中流的剩余网络和它的一条增广路径　　　b）基于增广路径构造的流

图 11-6　一个剩余网络中增广路径流的例子

假设 f 是网络 G 上的一个流，f_p 是剩余网络 G_f 上的基于路径 p 的增广路径流，那么 $f^* = f + f_p$ 是 G 上的一个增广流（注意与增广路径流的关系和区别）。因为只有在路径 p 上的边才有非零的流，所以在计算 f^* 时，只需要更新 G 中对应于路径 p 上的边 (u, v) 的流量 $f(u, v)$ 以及反向边 (v, u) 的流量 $f(v, u)$ 即可。另外，定理 11.7 告诉我们，$f^*(u, v) = \max\{0, \varphi^*(u, v)\} = \max\{0, (\varphi(u, v) + \varphi_p(u, v))\}$。这里，$\varphi_p(u, v)$ 是 $f_p(u, v)$ 的相对流。在定理 11.7 之后，我们介绍过从 f 和 f_p 直接计算增广流 f^* 的规则。为方便对后面伪码的理解，针对增广路径流，我们给出从 f 和 $c_f(p)$ 直接计算增广流 f^* 的规则如下。假定网络 G 上的流 f 是规范流。

基于路径 p 的增广流 $f^*(u, v)$ 的计算规则：

(I) 如果边 $(u, v) \in p$，规则如下。

(I.1) 如果 $f(u, v) > 0$，那么置 $f^*(u, v) = f(u, v) + c_f(p)$，$f^*(v, u) = 0$。

(I.2) 如果 $f(u, v) = 0$ 但是 $f(v, u) \geq c_f(p)$，那么置 $f^*(v, u) = f(v, u) - c_f(p)$，$f^*(u, v) = 0$。

(I.3) 如果 $f(u, v) = 0$ 但是 $f(v, u) < c_f(p)$，那么置 $f^*(v, u) = 0$，$f^*(u, v) = c_f(p) - f(v, u)$。

(II) 如果边 $(u, v) \notin p$，那么它的流不变，$f^*(u, v) = f(u, v)$。

这些规则的正确性很容易证明，我们留给读者思考。显然，如上计算的增广流 f^* 仍然是个规范流，计算时间是 $O(n)$。

11.2.3　最大流最小割定理

现在我们证明网络的一个最小割的容量就等于一个最大流的值。

定理 11.9　（最大流最小割定理） 设 f 是网络 $G(V, E)$ 上的一个最大流，那么一定存在一个割 (S, T) 使得 $|f| = c(S, T)$，并且这个割的容量是最小的。

证明： 假定 $G_f(V, E_f)$ 是对应于最大流 f 的剩余网络。那么，根据定理 11.7 和引理 11.8，G_f 中必定不存在一条从源点到汇点的路径，否则，f 可以增广为值更大的流。我们定义一个割 (S, T) 如下：S 是在剩余网络 G_f 中所有从源点 s 可以有路径到达的顶点，即 $S = \{v \mid v \in V$ 并且在 G_f 中有从源点 s 到 v 的路径 $\}$，$T = V - S$。因为不存在一条从源点 s 到汇点 t 的路径，所以 $s \in S$ 而 $t \in T$。

显然，在网络 G_f 中没有从 S 中点到 T 中点的边。这说明在原网络 G 中，任何一条从 S 到 T 的边 (u, v)，$u \in S$，$v \in T$，都有 $c_f(u, v) = c(u, v) - \varphi(u, v) = 0$，即 $c(u, v) = \varphi(u, v)$。不然的话，有 $c_f(u, v) > 0$，那么边 (u, v) 必定出现在 E_f 中，从而就有一条从源点 s 到点 u，再到 v 的路径。这与 $v \in T$ 矛盾，所以有 $c_f(u, v) = 0$，即 $c(u, v) = \varphi(u, v)$。

所以，根据引理 11.4，$|f| = \varphi(S, T) = \sum_{u \in S, v \in T} \varphi(u, v) = \sum_{u \in S, v \in T} c(u, v) = c(S, T)$。这也就是说，这个最大流的值 $|f|$ 等于割 (S, T) 的容量 $c(S, T)$。根据推论 11.6，最大流 f 的值 $|f|$ 小于等于任何一个割的容量，因此，割 (S, T) 的容量 $c(S, T)$ 也小于等于任何一个割的容量。所以，割 (S, T) 的容量 $c(S, T)$ 是所有割中最小的。注意，割 (S, T) 的构造借助于 G_f，但其容量是在网络 G 中计算的。　∎

推论 11.10　假设 f 是网络 $G(V, E)$ 上的一个流，而 $G_f(V, E_f)$ 是对应于 f 的剩余网络。假设 G 和 G_f 的最大流的值分别是 M 和 M_f。那么我们有等式 $M = M_f + |f|$。

证明： 设 (S, T) 是 G 的任一个割，$c(S, T)$ 是割 (S, T) 的容量。因 (S, T) 也是剩余网络 G_f 的一个割，设 $c_f(S, T)$ 是 G_f 中割 (S, T) 的容量。我们有以下推导：

$$
\begin{aligned}
c(S, T) &= \sum_{u \in S, v \in T} c(u, v) = \sum_{u \in S, v \in T} (c(u, v) - \varphi(u, v) + \varphi(u, v)) \quad (\varphi \text{ 是相对流}) \\
&= \sum_{u \in S, v \in T} (c(u, v) - \varphi(u, v)) + \sum_{u \in S, v \in T} \varphi(u, v) \\
&= \sum_{u \in S, v \in T} c_f(u, v) + \varphi(S, T) \\
&= c_f(S, T) + |f|。
\end{aligned}
$$

因此有 $c(S, T) = c_f(S, T) + |f|$。这说明，割 (S, T) 在 G 中是最小割，当且仅当割 (S, T) 在 G_f 中是最小割。由定理 11.9 知 $M = M_f + |f|$。　∎

11.3　Ford-Fulkerson 算法

这一节我们介绍传统的但仍然被广泛应用的求网络最大流的算法，即 Ford-Fulkerson 算法。

11.3.1　Ford-Fulkerson 的通用算法

给定一个流网络 $G(V, E)$，Ford-Fulkerson 的通用算法是先给出 G 的一个初始流 f，然后不断地重复下面的操作直到找不到增广路径为止：

1）在当前的流 f 的剩余网络 G_f 中找一条增广路径 p。

2）构造基于 p 的增广路径流 f_p，并用来把当前 G 上的这个流 f 增广，$f \leftarrow f + f_p$。

通常，这个初始的流就是置每条边的流为零。下面是这个算法的伪码。

```
Ford-Fulkerson(G(V,E),s,t)
1   for each edge (u,v) ∈ E
2       f(u,v) ← 0              // 不在 E 中的边的流约定为 0
3   endfor
4   G_f ← G                     // 流量为 0 的剩余网络就是 G 本身
5   while there exists a path p from s to t in G_f      //G_f 中有一条从 s 到 t 的路径 p
6       c_f(p) ← min{c_f(u,v)|(u,v) ∈ p}                // 路径 p 的容量
7       for each edge (u,v) in p ∈ G(V,E)              // 在图 G 中增加流量
8           if f(u,v)>0                                 // 必有 φ(u,v)>0
9               then f(u,v) ← f(u,v)+c_f(p)            // 增广流计算规则 (I.1)
10              else if f(v,u) ≥ c_f(p)
11                  then    f(v,u) ← f(v,u)-c_f(p)      // 计算规则 (I.2)
12                  else    f(u,v) ← c_f(p)-f(v,u)      // 计算规则 (I.3)
13                          f(v,u) ← 0
14                  endif
15          endif
16      endfor
17      compute G_f    // 更新剩余网络，只需要更新路径 p 上的边及其反向边的剩余容量
18  endwhile
19 End
```

算法中，compute G_f 这一步只需要在剩余网络 G_f 中更新在路径 p 上的边及其反向边的容量即可。具体操作可用以下伪码取代这一行：

```
for each (u,v) ∈ p in graph G_f        // 在图 G_f 中操作
    c_f(u,v) ← c_f(u,v)-c_f(p)
    if c_f(u,v)=0
        then E_f ← E_f-{(u,v)}          // 容量为零的边不出现在剩余网络中
    endif
    c_f(v,u) ← c_f(v,u)+c_f(p)
    E_f ← E_f∪{(v,u)}                   // 也许边 (v,u) 已在 E_f 中
endfor
```

我们称上面的算法为通用算法，是因为它没有指定用什么方法去找增广路径 p，只要找到一条路径就行。让我们看一个例子。

【例 11-7】请用 Ford-Fulkerson 算法找出下图网络的一个最大流。请图示每轮中的剩余网络、所用增广路径，以及对应的增广流。

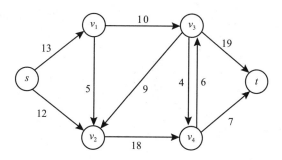

解: 图 11-7 中每一对小图对应一轮计算。第一对中左边的小图显示的是初始流的剩余网络及它的一条增广路径（粗线标出），而右边小图则是基于这条增广路径的增广流。后面的每一对小图中，左边一个显示的是对应于上一轮增广流的剩余网络及它的一条增广路径，而右边一个显示的是基于这条路径的增广流。最后一轮中，因为剩余网络中没有增广路径，因而只有一个小图，计算结束。这时，前一轮中（图 11-7h) 的增广流就是最大流，流量是 $|f|=23$。另外，它对应的最小割是 (S, T)，其中 $S=\{s, v_1, v_2, v_4\}$，$T=\{v_3, t\}$。

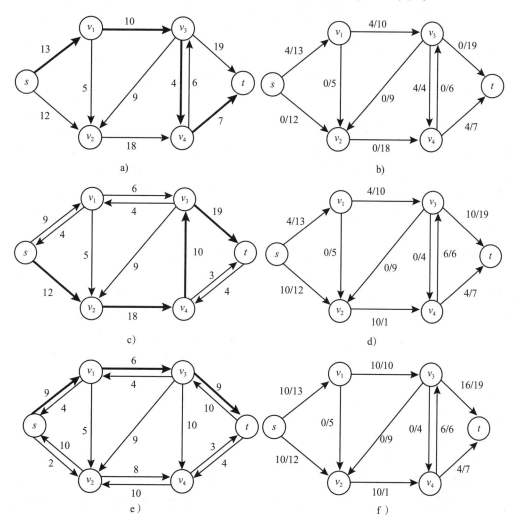

图 11-7 用 Ford-Fulkerson 方法求例 11-7 中网络最大流图解

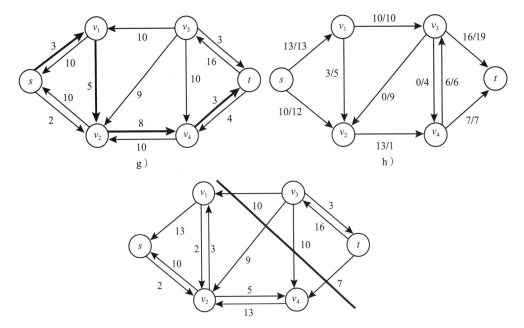

i）这轮无增广路径，最大流见图11-7h，$|f| = 23$。最小割是$S = \{s, v_1, v_2, v_4\}$，$T = \{v_3, t\}$

图 11-7　用 Ford-Fulkerson 方法求例 11-7 中网络最大流图解（续）

11.3.2　Edmonds-Karp 算法

虽然用上一节中介绍的 Ford-Fulkerson 的通用算法可以求网络的最大流，但是如果增广路径选择不当，算法会收敛得很慢，甚至不收敛。如果每条边的容量都是整数，那么最坏情况下需要增广的次数可能是$|f|$，这里$|f|$是最大流的值。这样，即使网络中有很少的点和边，算法也需要算很多次增广路径才能完成。这个通用算法在$|f|$比较大时，时间复杂度会很高。图 11-8 给出了这样一个例子。在这个例子中，如果交替地取$<s, u, v, t>$和$<s, v, u, t>$为增广路径，那么尽管图中只有 4 个点和 5 条边，却需要增广 200 万次。

Edmonds-Karp 算法克服了上述 Ford-Fulkerson 通用算法的缺点。Edmonds-Karp 算法仍然遵循 Ford-Fulkerson 的通用算法。唯一不同的是，在剩余网络中选增广路径时，Edmonds-Karp 算法始终是找一条最短的路径。因为流网络里一条边的容量$c(u, v)$不代表两点距离，所以最短路径指的是有最少边的路径。显然，这是件很容易办到的事，只要以源点s为起点，做一次广度优先搜索 (BFS) 即可。因为 Edmonds-Karp 算法与 Ford-Fulkerson 通用算法几乎一样，我们略去其伪码和例子。那么，为什么这个小小的修改可以解决收敛问题呢？让我们用$\delta_f(u, v)$表示剩余网络G_f中从顶点u到顶点v的最短路径的长度。下面的引理是关键。

引理 11.11　假设f是网络$G(V, E)$上的一个流，其对应的剩余网络是G_f。又假设f^*是由剩余网络G_f中一条最短路径增广而得的G上的增广流。那么，在对应于f^*的剩余网络G_{f^*}中，从源点s到任一顶点v的最短距离$\delta_{f^*}(s, v)$，以及v到汇点t的最短距离$\delta_{f^*}(v, t)$，分别等于或大于它们在剩余网络G_f中的最短距离$\delta_f(s, v)$和$\delta_f(v, t)$，即$\delta_{f^*}(s, v) \geqslant \delta_f(s, v)$和$\delta_{f^*}(v, t) \geqslant \delta_f(v, t)$。

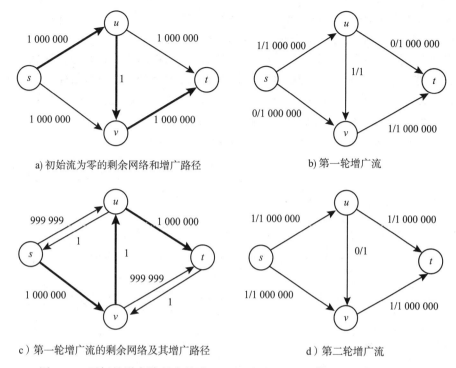

a) 初始流为零的剩余网络和增广路径

b) 第一轮增广流

c）第一轮增广流的剩余网络及其增广路径

d）第二轮增广流

图 11-8　不好的增广路径会导致 Ford-Fulkerson 通用算法有极高的复杂度

证明： 因为 $\delta_{f^*}(v, t) \geqslant \delta_f(v, t)$ 的证明类似，我们只证明 $\delta_{f^*}(s, v) \geqslant \delta_f(s, v)$。我们对 $\delta_{f^*}(s, v)$ 的长度 k 进行归纳证明。

归纳基础：

当 $\delta_{f^*}(s, v) = k = 0$ 时，必有 $v = s$ 并且有 $\delta_{f^*}(s, s) = \delta_f(s, s) = 0$，因此 $\delta_{f^*}(s, v) \geqslant \delta_f(s, v)$ 正确。

归纳步骤：

假设对任一顶点 v，只要 $\delta_{f^*}(s, v) \leqslant k$，就有 $\delta_{f^*}(s, v) \geqslant \delta_f(s, v)$，这里 k 是一个非负整数。我们证明，当 $\delta_{f^*}(s, v) = k+1$ 时，也必定有 $\delta_{f^*}(s, v) \geqslant \delta_f(s, v)$。图 11-9 显示了一条在剩余网络 G_{f^*} 中从源点 s 到顶点 v 的一条最短路径 p，其长度为 $k+1$。

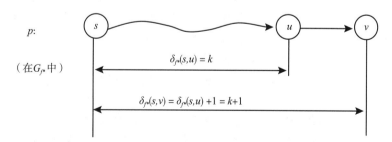

图 11-9　在剩余网络 G_{f^*} 中从 s 到 v 的一条最短路径

如图所示，设该路径的最后一条边是 (u, v)。显然，路径 p 中从源点 s 到顶点 u 的子路径必定也是一条最短路径，长度为 $\delta_{f^*}(s, u)$。因此有 $\delta_{f^*}(s, v) = \delta_{f^*}(s, u) + 1 = k+1$。

我们分两种情况讨论。

1）如果边 (u, v) 也出现在上一轮的剩余图 G_f 中，因为 $\delta_{f^*}(s, u) = k$，由归纳假设，$\delta_{f^*}(s, u) \geqslant \delta_f(s, u)$，那么在 G_f 中也有一条从 s 经过 u 到 v 的路径。因此有 $\delta_f(s, v) \leqslant \delta_f(s, u) + 1$。

所以有 $\delta_{f*}(s, v) = \delta_{f*}(s, u) + 1 \geqslant \delta_f(s, u) + 1 \geqslant \delta_f(s, v)$，归纳成功。

2）如果边 (u, v) 不出现在上一轮的剩余图 G_f 中，那么 (u, v) 出现在剩余图 G_{f*} 中的唯一原因是增广流 $f*$ 所用的增广路径 $p'(\in G_f)$ 中含有边 (v, u)。也就是说，这条 G_f 中的增广路径 p'，即一条从 s 到 t 的最短路径，也提供了一条从 s 到 v 的最短路径，以及从 s 到 v 再到 u 的最短路径，所以有 $\delta_f(s, u) = \delta_f(s, v) + 1$。图 11-10 显示了这样一条路径，并同时显示了在 G_{f*} 中从 s 到 v 的一条最短路径以便比较。由归纳假设，$\delta_{f*}(s, u) \geqslant \delta_f(s, u)$，所以有 $\delta_{f*}(s, v) = \delta_{f*}(s, u) + 1 \geqslant \delta_f(s, u) + 1 = \delta_f(s, v) + 2 > \delta_f(s, v)$，归纳成功。∎

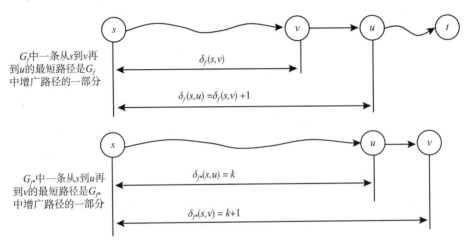

图 11-10　不出现在 G_f 中的边 (u, v) 出现在 G_{f*} 中是因为在 G_f 中的增广路径经过边 (v, u)

定理 11.12 可帮助我们证明 Edmonds-Karp 算法找增广路径的次数有一个与边的容量无关的上界，从而有一个与边的容量无关的复杂度。为清楚起见，照惯例，我们用 $n = |V|$，$m = |E|$ 分别表示网络 $G(V, E)$ 中顶点和边的个数。

定理 11.12　Edmonds-Karp 算法最多需要 $\lfloor mn/2 \rfloor$ 次增广流的计算就可以找到网络 $G(V, E)$ 的最大流。

证明： 我们知道，一条增广路径的容量是由路径上有最小容量的关键边所决定的。在对应的增广流中，所有关键边上的流等于它的容量。因此，所有关键边将不出现在对应于增广流的剩余网络中，即更新后的剩余网络中，这是显而易见的。一个不易察觉的事实是，如果一条关键边 (u, v) 再次出现在一条增广路径上，那么这次的增广路径的长度比上一次的路径至少长出两条边。让我们来证明这个事实。

假设边 (u, v) 是某个剩余网络 G_f 中一条从 s 到 t 的增广路径 p 上的一条关键边。因为增广路径是一条最短路径，那么必有 $\delta_f(s, v) = \delta_f(s, u) + 1$，而 p 的长度是 $|p| = \delta_f(s, u) + \delta_f(u, t)$。如果边 (u, v) 又出现在以后的某个剩余网络 G_{f*} 的增广路径 $p*$ 中，那么，在从流 f 增广到流 $f*$ 的过程中，必定有一个增广流 f'，$|f| < |f'| < |f*|$，使得它在剩余网络 $G_{f'}$ 中使用的增广路径 p' 包含边 (v, u)。所以必有 $\delta_f(s, u) = \delta_f(s, v) + 1$。根据引理 11.11，我们有：

$$\delta_{f*}(s, u) \geqslant \delta_{f'}(s, u) = \delta_{f'}(s, v) + 1 \geqslant \delta_f(s, v) + 1 = \delta_f(s, u) + 2$$
$$\delta_{f*}(u, t) \geqslant \delta_{f'}(u, t) \geqslant \delta_f(u, t)$$

所以有

$$|p*| = \delta_{f*}(s, u) + \delta_{f*}(u, t) \geqslant \delta_f(s, u) + 2 + \delta_f(u, t) = |p| + 2$$

这个事实说明，任一条边 (u, v) 成为关键边的次数 k 不会超过 $\lfloor n/2 \rfloor$。这是因为它每一次成为关键边时都使从 s 到 t 经过 (u, v) 的最短路径长度增加至少 2，又因为边 (u, v) 第一次成为关键边时其增广路径长度至少为 1，而任一条简单路径最多有 $n-1$ 条边，所以我们有 $2(k-1)+1 \leqslant n-1$，也就是 $k \leqslant \lfloor n/2 \rfloor$。因此，边 (u, v) 成为关键边的次数 k 不会超过 $\lfloor n/2 \rfloor$。因为图中有 m 条边，一共可以提供最多 $\lfloor mn/2 \rfloor$ 次关键边，而每一轮增广路径都至少有一条关键边，因此最多需要增广 $\lfloor mn/2 \rfloor$ 次。 ■

推论 11.13   Edmonds-Karp 算法找到网络 $G(V, E)$ 的最大流所需时间为 $O(nm^2)$。

证明：如果我们用广度优先搜索在一个剩余网络中找一条从 s 到 t 的最短路径，并计算增广流，那么需要最多 $O(m)$ 时间。由定理 11.12，我们最多需要找 $\lfloor mn/2 \rfloor$ 次增广路径，因此 Edmonds-Karp 算法的复杂度为 $O(nm^2)$。 ■

11.3.3　Dinic 算法

Dinic 算法在 Edmonds-Karp 算法的基础上做了改进。它与 Edmon-Karp 算法主要不同之处是，当它用剩余网络 G_f 中一条最短路径把流增广后，不立即更新剩余网络，而是继续在当前的 G_f 中找一条同样短的增广路径直到不存在为止。这时，Dinic 算法才构造下一轮的剩余网络。为了能找到所有的最短路径，我们引入层次图 (level graph) 的概念。

定义 11.11   假设 s 是有向图 $G(V, E)$ 的一个顶点。从点 s 到任一顶点 $v \in V$ 的（不加权）最短距离记为 $\delta(s, v)$。图 G 的一个子图，记为 $LG(V, E', s)$，其中顶点集合是 V，边的集合是 $E' = \{(u, v) \in E \,|\, \delta(s, v) = \delta(s, u) + 1\}$，定义为以 s 为起点的层次图。

构造层次图的算法

首先，对原图 $G(V, E)$ 做一次以 s 为起点的广度优先搜索，得到 BFS 树。树中，从 s 到任一点 v 的路径就是不加权的最短路径，其所含边的条数就是距离 $\delta(s, v)$。并且，图 G 中的每条有向边 (u, v)，如果在 BFS 树里，则有 $\delta(s, v) = \delta(s, u) + 1$，否则有 $\delta(s, v) \leqslant \delta(s, u) + 1$。

有了 BFS 树后，层次图 $LG(V, E', s)$ 可以在 BFS 树的基础上，加上一些边而得到。做法是，检查每一条边 $(u, v) \in E$，如果 $\delta(s, v) = \delta(s, u) + 1$，则把 (u, v) 加入到 $LG(V, E', s)$ 中，否则弃之。因此，这样构造的层次图 $LG(V, E', s)$ 中，从 s 出发的任何一条路径都是最短路径，而从 s 到任一点 v 的所有的最短路径也必定包含在图 $LG(V, E', s)$ 中。当然，它也包含了以 s 为起点（也就是根）的所有可能的 BFS 树。构造层次图的时间复杂度是 $O(m)$，$m = |E|$。如果原图 G 是一个加权的图，那么其层次图中的边保留原来的权值。

图 11-11 给出了一个有向图以及它的一个以顶点 a 为起点的层次图和它的一个 BFS 树，其中 BFS 树用粗线条标出。显然，一个流网络的层次图也是一个流网络。

定义 11.12   假设 f 是网络 $G(V, E)$ 上的一个流。如果边 $(u, v) \in E$ 上的流量等于它的容量，即 $f(u, v) = c(u, v)$，那么边 (u, v) 称为一条饱和边。如果从源点 s 到汇点 t 的任何一条路径上都含有一条饱和边，那么流 f 称为是一个阻塞流。

阻塞流不一定是最大流，图 11-12 给出了一个阻塞流的例子。为清晰起见，图 11-12b 中有非零流的边用粗线标出。Dinic 算法每一轮的做法是，先构造当前剩余网络的层次图，然后找到层次图的一个阻塞流并用它来增广原网络中当前的流。那么如何找到层次图的一个阻塞流呢？

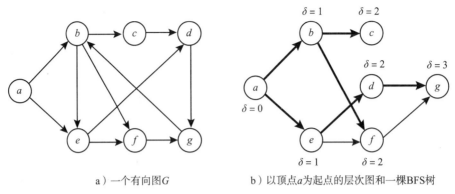

a）一个有向图G　　　　　　　b）以顶点a为起点的层次图和一棵BFS树

图 11-11　一个有向图以及它的层次图的例子

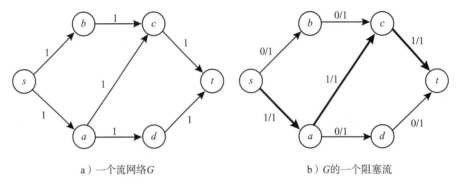

a）一个流网络G　　　　　　　b）G的一个阻塞流

图 11-12　一个阻塞流的例子

寻找层次图的阻塞流的算法

假设 f 是网络 $G(V, E)$ 上的一个流，$G_f(V, E_f)$ 是它的剩余网络，并设 $LG_f(V, E', s)$ 是 G_f 的层次图并以零为初始流。Dinic 算法在图 $LG_f(V, E', s)$ 中不断地做以源点 s 为起点的深度优先 (DFS) 搜索以找出一条到汇点 t 的路径。每次搜索过程一定会碰到下面两种情况之一。这时，搜索停止并做相应处理：

1）汇点 t 被访问到。这时在 DFS 的堆栈中的元素（顶点），从底到顶，形成一条从 s 到 t 的增广路径 p。算法做以下操作：

（a）检查这条路径上每条边的剩余容量以确定关键边和增广路径流的值 f_p。

（b）沿这条路径把原网络 $G(V, E)$ 中流增广。

（c）在图 $LG_f(V, E', s)$ 中，把路径中的饱和边标以"阻塞"。这些被"阻塞"的边在以后的深度优先搜索中不可以使用。

（d）路径中的非饱和边的容量减少 f_p。

（e）做完这些事后，重新开始一次以 s 为起点的 DFS 搜索。

2）从当前 DFS 访问的顶点 v 没有出去的边或者所有出去的边都已阻塞，即没有任何一条路径可以通过 v 而到达 t。这时，把边 (u, v) 标以"阻塞"，这里 u 是 v 的父亲结点，$u = \pi(v)$。这条被"阻塞"的边在以后的深度优先搜索中不可以使用。做完这件事后，继续当前的深度优先搜索。下一步应该是把点 v 从堆栈弹出，并回溯到父亲结点 u。

因为 $LG_f(V, E', s)$ 是一个层次图，在碰到上面两种情况之前，每次访问的点都是白色的，故不会有顶点从堆栈弹出。当碰到上面两种情况时，堆栈中的点（从底到顶）形成一条从 s 出发的简单路径。因为任一条简单路径的长度不超过 $n-1$，所以最多在 $O(n)$ 时间内会再次碰到上面两种情况之一并且至少把一条边标为"阻塞"。当从 s 出去的边都被阻塞时，算法停止。因为最多可以有 $2m$ 条边被阻塞，寻找 $LG_f(V, E', s)$ 的阻塞流的时间是 $O(mn)$。

注评： Dinic 算法实际是把 $LG_f(V, E', s)$ 作为当前原网络 $G(V, E)$ 中流的剩余网络在用。因为每次的流增广后，剩余网络 $LG_f(V, E', s)$ 的更新很容易，只需要 $O(n)$ 时间（见上面第一种情况），不需要 DFS 搜索，所以节省了时间。当从 s 出去的边都被阻塞时，算法才需要重新计算剩余图 G_f。不难看出，由 $LG_f(V, E', s)$ 增广而得的流必定是网络 $LG_f(V, E', s)$ 本身的阻塞流。

Dinic 算法伪码

根据以上的讨论，Dinic 算法可以用下面的伪码表达。

```
Dinic(G(V,E),s,t)
1   for each edge (u,v) ∈ E
2       f(u,v) ← 0                          // 初始流为零
3   endfor
4   G_f ← G                                 //G 本身就是流量为零的剩余图
5   construct LG_f(V, E', s) for G_f        // 构造 G_f 的层次图
6   while sink t is in LG_f(V, E',s)        // 只要汇点 t 出现在层次图中就可增广
7       find a blocking flow f' in LG_f(V,E',s)   // 找一个阻塞流，同时做下一行操作
8       f ← f+f'                            // 将 f 增广为 f+f'，需要 O(m) 时间
9       construct G_f for flow f            // 为下一轮构造剩余图
10      construct LG_f(V,E',s) for G_f      // 构造 G_f 的层次图
11  endwhile
12  End
```

需要指出的是，$LG(V, E', s)$ 是某个剩余网络 G_f 的子图。它的一个阻塞流不一定是 G_f 的阻塞流，但是 G_f 中任一条从 s 到 t 的最短路径都被阻塞（至少包含一条饱和边）。

Dinic 算法的复杂度分析

现在考虑 Dinic 算法的复杂度。它的主要部分是第 6 行开始的循环。因为每一次循环（称为一轮）的主要工作是为层次图找一个阻塞流，时间已知为 $O(mn)$，所以我们需要对循环次数做出分析。

引理 11.14 Dinic 算法中每一轮循环后的层次图中，s 到 t 的路径长度比前一轮层次图中的 s 到 t 的路径长度至少多一条边。

证明： 假设 f 是某次循环前网络 $G(V, E)$ 中的流，其对应的层次图是 $LG_f(V, E', s)$。循环后得到 $LG_f(V, E', s)$ 的阻塞流 f'，并由此把 G 中流增广为 $f^*=f+f'$。假设对应于 f^* 的层次图是 $LG_{f^*}(V, E^*, s)$。我们用 $\delta_{f^*}(s, t)$ 和 $\delta_f(s, t)$ 分别表示层次图 LG_{f^*} 和 LG_f 中从 s 到 t 的距离，它们也分别是 G_{f^*} 和 G_f 中从 s 到 t 的距离。我们证明 $\delta_{f^*}(s, t) \geqslant \delta_f(s, t)+1$。

假设 p 是 LG_{f^*} 中一条从 s 到 t 的路径。因为 LG_f 中饱和边不会出现在 LG_{f^*} 中，只有 LG_f 中非饱和边才会出现在 LG_{f^*} 中，所以 p 中必有一条边 (u, v) 不出现在 LG_f 中，否则 p 的每条边都是 LG_f 中一条非饱和边而成为 LG_f 中一条 s 到 t 的增广路径，这与流 f' 是阻塞流矛盾。那么，边 (u, v) 不出现在 LG_f 中，却出现在 LG_{f^*} 中的原因只有两种，分别讨论如下：

1）边 (v, u) 出现在 LG_f 中并有大于零的流，$f'(v, u) > 0$。如果是这种情况，在 LG_f 中必有一条从 s 到 t 的路径经过 (v, u)。因此有 $\delta_f(s, t) = \delta_f(s, v) + 1 + \delta_f(u, t)$。因为阻塞流 f' 是由一系列等长的最短路径增广而得，由引理 11.11，我们又有 $\delta_{f*}(s, u) \geqslant \delta_f(s, u) = \delta_f(s, v) + 1$，以及 $\delta_{f*}(v, t) \geqslant \delta_f(v, t)$。所以有 $\delta_{f*}(s, t) = \delta_{f*}(s, u) + 1 + \delta_{f*}(v, t) \geqslant [\delta_f(s, v) + 1] + 1 + \delta_f(v, t) = \delta_f(s, t) + 2$。

2）边 (u, v) 不出现在 LG_f 中但出现在 G_f 中，它在计算 LG_f 时被删去，但在计算 LG_{f*} 时被用上。如果是这种情况，因为 LG_f 是由 BFS 得到的，所以必有 $\delta_f(s, v) \leqslant \delta_f(s, u) + 1$，但是因为边 (u, v) 不出现在 LG_f 上，所以 $\delta_f(s, v) \neq \delta_f(s, u) + 1$，那么一定有 $\delta_f(s, v) < \delta_f(s, u) + 1$，即 $\delta_f(s, u) \geqslant \delta_f(s, v)$。由引理 11.11，我们有 $\delta_{f*}(s, u) \geqslant \delta_f(s, u) \geqslant \delta_f(s, v)$ 和 $\delta_{f*}(v, t) \geqslant \delta_f(v, t)$，因此有 $\delta_{f*}(s, t) = \delta_{f*}(s, u) + 1 + \delta_{f*}(v, t) \geqslant \delta_f(s, v) + 1 + \delta_f(v, t) = \delta_f(s, t) + 1$。 ∎

推论 11.15 Dinic 算法最多需要计算 $n - 2$ 轮阻塞流。

证明： 计算第一次阻塞流时，层次图中从 s 到 t 的距离至少为 1。假设一共进行了 k 轮阻塞流的计算。由引理 11.14，在做完最后一轮阻塞流的计算时，剩余网络中从 s 到 t 的距离则至少为 $1 + k$。因为从 s 到 t 的简单路径的长度 $\delta(s, t)$ 最多是 $n - 1$，所以有 $k + 1 \leqslant n - 1$。因而有 $k \leqslant n - 2$。 ∎

定理 11.16 Dinic 算法的复杂度是 $O(mn^2)$。

证明： 由推论 11.15，Dinic 算法最多需要计算 $n - 2$ 轮阻塞流，而每一轮的复杂度是 $O(mn)$，所以 Dinic 算法的复杂度是 $O(mn^2)$。 ∎

Dinic 算法的复杂度可改进为 $O(mn\lg n)$，但这超出了本书范围，故不做讨论。

11.4 二部图的匹配问题

这一节讨论网络流的一个重要应用，即二部图 (bipartite graph) 的匹配问题。我们先定义任意一个图的匹配问题。

定义 11.13 如果 $M \subseteq E$ 是图 $G(V, E)$ 的一个边的集合，并且 M 中任意两条边都不共享（即不关联）同一个顶点，则称为一个匹配 (matching)。另外，如果边 $(u, v) \in M$，则称顶点 u 和 v 相匹配。如果一个匹配 M 包含的边的个数 $|M|$ 是所有匹配中最多的，则称 M 为一个最大匹配 (maximum matching)。

这一节我们只讨论二部图的匹配问题。一个图是二部图，如果它的顶点可分为不相交的两个集合，而任何一条边的两个端点分属于这两个集合。大量的实际问题可归约为找一个二部图的最大匹配问题。例如，考虑以下的工作分配问题：集合 $T = \{t_1, t_2, \cdots, t_n\}$ 代表 n 个工作需要分配，而集合 $P = \{p_1, p_2, \cdots, p_m\}$ 代表 m 个人要申请工作。假设任一个工作最多只能录取一个人干，而每个申请工作的人也最多只能得到一个工作，怎样才能让最多的申请者得到工作呢？我们可以把这个问题建模为一个二部图 $G(U, W, E)$ 的最大匹配问题如下。

我们用 n 个顶点的集合 $U = \{u_1, u_2, \cdots, u_n\}$ 代表 n 个工作，其中 u_i 代表工作 t_i $(1 \leqslant i \leqslant n)$。我们再用 m 个顶点的集合 $W = \{w_1, w_2, \cdots, w_m\}$ 代表 m 个申请人，其中 w_j 代表 p_j $(1 \leqslant j \leqslant m)$。集合 U 和 W 组成这个二部图的顶点集合。现在，如果申请工作 t_i 的人中有 p_j，则构造一条边 (u_i, w_j)。显然，这个图的一个匹配就对应于一个工作分配问题的解，因此一个最大匹配就是一个最佳解。图 11-13a 给出了一个二部图匹配的例子，但不是最大匹配，而 11-13b

给出了它的一个最大匹配。图中，属于匹配的边用粗线条表示。

在讨论二部图匹配的算法前，作为预备知识，我们先讨论 0-1 网络及其最大流问题。

11.4.1　0-1 网络的最大流问题

如果网络的一个流在任一条边上的流都是整数，则称为**整数流**。如果网络中每条边的容量都是整数，则称为**整数网络**。显然，整数网络的最大流是整数流。如果一个整数网络中每条边的容量不是 1 就是 0，并且在任一对顶点 u 和 v 之间至少有一个方向上容量为 0，$c(u, v)=0$ 或 $c(v, u)=0$，则称为一个 0-1 网络。由于许多应用问题可以建模为求解一个 0-1 网络的

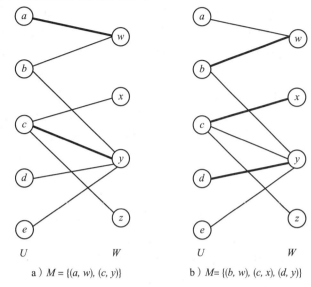

a）$M=\{(a, w), (c, y)\}$　　b）$M=\{(b, w), (c, x), (d, y)\}$

图 11-13　一个二部图的匹配和最大匹配的例子

最大流，例如二部图的匹配问题，我们有必要探讨一下这种网络的特殊性会如何影响算法的复杂度。

假设 $G(V, E)$ 是一个 0-1 网络，那么集合 E 中的每条边都有容量 1，可以不标出来而加以默认。假设 f 是 $G(V, E)$ 上一个整数流，而 $(u, v) \in E$ 是一条边，那么边 (u, v) 上的流 $f(u, v)$ 不是 1 就是 0。如果 $f(u, v)=1$，那么在剩余网络 $G_f(V, E_f)$ 中，$(u, v) \notin E_f$，但 $(v, u) \in E_f$ 且容量为 1。否则，$f(u, v)=0$，$(u, v) \in E_f$，但 $(v, u) \notin E_f$。因此，G_f 也是一个 0-1 网络并且 $|E|=|E_f|$。通过下面的几个引理和定理，我们分析 Dinic 算法找 0-1 网络最大流时的复杂度。

引理 11.17　假设 $G(V, E)$ 是一个 0-1 网络并且它的最大流的值是 F，那么在它的层次图中，从源点 s 到汇点 t 的距离 $\delta(s, t)$ 不大于 m/F，这里 $m=|E|$。注意，这个最大流不一定已知，但存在于网络中。

证明：假设 $G(V, E)$ 的层次图 $LG(V, E', s)$ 中，从源点 s 到汇点 t 的距离是 k。又假设 V_i $(0 \leqslant i \leqslant k)$ 是与源点 s 距离（边的个数）为 i 的顶点集合，即 $V_i=\{v \in V \mid \delta(s, v)=i\}$。让我们定义 E_i $(1 \leqslant i \leqslant k)$ 为所有从 V_{i-1} 中点到 V_i 中点的边的集合，即 $E_i=\{(u, v) \in E' \mid u \in V_{i-1}, v \in V_i\}$。我们注意到，集合 E_i 对应一个容量为 $|E_i|$ 的割 (S, T)，其中 $S=V_0 \cup V_1 \cup \cdots \cup V_{i-1}$，$T=V-S$，并且有 $s \in V_0 \subseteq S$，$t \in V_k \subseteq T$，而 E_i 是它的穿越边集合。我们一共定义了 k 个这样的割。

这些割是层次图 $LG(V, E', s)$ 的割，也是 $G(V, E)$ 的割，并且有相同的容量。这是因为，任何不在 E' 中的边 (x, y)，$(x, y) \notin E'$，因为有 $\delta(s, y) < \delta(s, x)+1$ 而不可能成为这 k 个割中任何一个的穿越边，所以我们有 $F \leqslant |E_i|$。因为这 k 个集合，E_i $(1 \leqslant i \leqslant k)$，互不相交，从而有 $kF \leqslant \sum_{i=1}^{k} |E_i| = |E'| \leqslant m$。因此 $k \leqslant m/F$。∎

引理 11.18　假设 $G(V, E)$ 是一个 0-1 网络，那么 Dinic 算法每次计算阻塞流的时间是 $O(m)$。

证明：假设 $LG(V, E', s)$ 是 $G(V, E)$ 的层次图。当 Dinic 算法用 DFS 搜索去找一条增广路径时，在以下两种情况下停止搜索并做相应的处理。

1）汇点 t 被访问到。

这时在 DFS 的堆栈中的点，从底到顶，形成一条从 s 到 t 的增广路径。因为层次图 LG 是 0-1 网络，算法把流增广后，路径上所有边都是饱和边而全部成为"阻塞"边。然后，再从点 s 开始一次 DFS 搜索。

2）当前 DFS 访问的顶点 v 没有出去的边或者所有出去的边都已阻塞。

这时算法把 v 弹出堆栈，回溯到 v 的父亲 u，把边 (u, v) 标以"阻塞"，继续 DFS 搜索。

从上面解释可看到，层次图中每条边（指箭头端点）被 Dinic 算法压入堆栈最多一次。当一条边被弹出时，一定被标以"阻塞"，因此最多需要 $O(m)$ 次堆栈操作就可找到阻塞流。因为堆栈操作是寻找阻塞流的主要操作，Dinic 算法每次计算阻塞流的时间是 $O(m)$。 ∎

注意，在情形 (a) 中，如果不是 0-1 网络，那些非饱和的边会再次被访问和压入堆栈而导致较高复杂度。

定理 11.19　假设 $G(V, E)$ 是一个 0-1 网络，那么 Dinic 算法的时间复杂度是 $O(m^{3/2})$。

证明： 如果 $G(V, E)$ 中的最大流 $F \leqslant m^{1/2} = \sqrt{m}$，那么，因为每次阻塞流的值至少是 1，Dinic 算法最多需要计算 $\lceil \sqrt{m} \rceil$ 次阻塞流。由引理 11.18，每次阻塞流的计算只要 $O(m)$ 时间，所以 Dinic 算法的时间复杂度是 $O(m^{3/2})$。现在考虑 $F > m^{1/2}$ 的情况。假设在经过 $\lceil \sqrt{m} \rceil$ 轮阻塞流计算后，Dinic 算法得到流 f，但还不是 G 的最大流。由引理 11.14 知，这时，G 的剩余网络 G_f 中 s 到 t 的最短距离有不等式 $\delta(s, t) > \lceil \sqrt{m} \rceil$。再由引理 11.17 知，$\delta(s, t) \leqslant \dfrac{m}{M_f}$，即 $M_f \leqslant \dfrac{m}{\delta(s, t)} < \dfrac{m}{\sqrt{m}} = \sqrt{m}$，这里 M_f 是剩余网络 G_f 中最大流的值。所以，即使在 $\lceil \sqrt{m} \rceil$ 轮阻塞流计算后，最大流还没有产生，再经过最多 $\lceil \sqrt{m} \rceil$ 次阻塞流的计算，最大流一定可以找到。因为总共需要计算阻塞流的次数不超过 $2\lceil \sqrt{m} \rceil$，而每一轮的时间是 $O(m)$，所以，Dinic 算法计算一个 0-1 网络的最大流的时间复杂度是 $O(m^{3/2})$。 ∎

在许多实际问题中，我们还会碰到一类特殊的 0-1 网络，称为单分支 0-1 网络。

定义 11.14　如果一个 0-1 网络中除了源点 s 和汇点 t 以外的任一顶点都只有一条出去的边或者只有一条进来的边，则称为单分支 0-1 网络 (single branch 0-1 network)。

图 11-14 给出了一个单分支 0-1 网络的例子。因为图中每条边的容量都为 1，所以略去不标。

定理 11.20　假设 $G(V, E)$ 是一个单分支 0-1 网络，那么用 Dinic 算法计算它的最大流的时间复杂度是 $O(m\sqrt{n})$。

证明： 可以比照定理 11.19 的证明，留为练习。 ∎

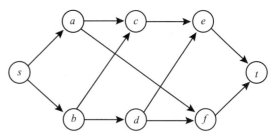

图 11-14　一个单分支 0-1 网络的例子

11.4.2　用网络流求二部图的最大匹配的算法

假设 $G(U, W, E)$ 是一个二部图，其中 U 和 W 是不相交的两个顶点集合，E 是边的集合，并且任何一条边关联 U 中一个点和 W 中一个点。寻找 $G(U, W, E)$ 的最大匹配问题可以转化为一个单分支 0-1 网络的最大流问题。从二部图 $G(U, W, E)$ 构造一个单分支 0-1 网络 $G'(V, E')$ 的算法如下：

```
Bipartite-to-Single-Branch(G(U, W, E))
1    V←U∪W∪{s,t}                         // 二部图的顶点加上源点 s 和汇点 t
2    E'←{(u,w)|(u,w)∈E, u∈U,w∈W}          // 赋以边 (u, w) 一个从 U 到 W 的方向
3    E'←E'∪{(s,u)|u∈U}                    // 加上从 s 到 U 中每个点 u 的一条有向边
4    E'←E'∪{(w,t)|v∈W}                    // 加上从 W 中每个点 w 到 t 的一条有向边
5    for each edge(x,y)∈E'
6        c(x, y)←1                        //E' 中每条边赋以容量 1
7    endfor
8    return G'(U,W,E',s,t)
9    End
```

显然，我们得到的图 $G'(U, W, E', s, t)$ 是一个单分支 0-1 网络，并且只需要 $O(n+m)$ 时间就能构造好 G'，这里 $n=|U|+|W|$，$m=|E|$。图 11-15 显示的是由图 11-13 中二部图所转化的单分支 0-1 网络。因为图中所有边的容量都是 1，略去不标。为方便讨论对应关系，我们用 $G'(U, W, E', s, t)$ 表示由二部图 $G(U, W, E)$ 经过算法 Bipartite-to-Single-Branch 得到的这个单分支 0-1 网络。图 G 和 G' 中的顶点除 s 和 t 外用相同的字母标记。另外，G' 中的

边有方向，从 U 到 W。现在，我们要回答的是，二部图 $G(U, W, E)$ 中的最大匹配和 $G'(U, W, E', s, t)$ 的最大流之间有什么关系。

定理 11.21　假设 $G'(U, W, E', s, t)$ 是由二部图 $G(U, W, E)$ 经过算法 Bipartite-to-Single-Branch 得到的一个单分支 0-1 网络，那么 $G(U, W, E)$ 中存在一个有 k 条边的匹配 M，当且仅当 $G'(U, W, E', s, t)$ 有一个整数流 f 使得 $|f|=k$。

证明：假设 M 是 $G(U, W, E)$ 中一个匹配，$|M|=k$。如图 11-16 所示，我们在网络 $G'(U, W, E', s, t)$ 中构造一个整数流 f 如下：对每一条属于 M 的边 (u, w)，$(u, w)∈M$，我们则分别赋以 $f(s, u)=1$，$f(u, w)=1$ 和 $f(w, t)=1$，而其他的边的流则赋以零。

因为匹配中的边不共享顶点，这显然是一个合法的整数流，而且有 $|f|=|M|=k$。图 11-16 显示的是，由图 11-13a 中的匹配所构造的图 11-15 中网络的一个整数流。其中，有流经过的边用粗线标出。

反之，如果网络 $G'(U, W, E', s, t)$ 有一个整数流 f，$|f|=k$。那么我们可以构造二部图中的匹配 M 如下：

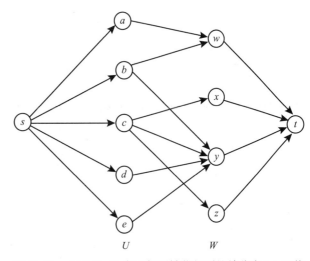

图 11-15　由图 11-13 中二部图转化得到的单分支 0-1 网络

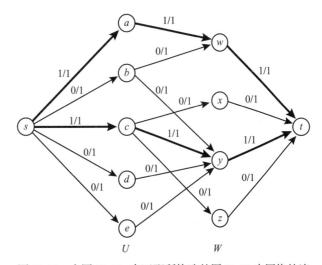

图 11-16　由图 11-13a 中匹配所构造的图 11-15 中网络的流

如果边 (s, u) 上有流 $f(s, u)=1$，那么因为单分支 0-1 网络和整数流的特点，必定存在顶点 $w \in W$ 使得 $f(u, w)=1$ 和 $f(w, t)=1$。我们把边 (u, w) 选入匹配 M。因为任何其他的从 u 出去的边和任何指向 w 的边上的流量必须是零以满足流量守恒要求，这使得选进 M 的边都不共享顶点。所以，这样选出的边的集合 M 是二部图 $G(U, W, E)$ 的一个匹配，并且 M 含有的边的个数显然等于从 s 流出的总流量，所以有 $|M|=|f|=k$。■

推论 11.22 用网络流来计算二部图 $G(U, W, E)$ 的最大匹配的复杂度是 $O(m\sqrt{n})=O(n^{2.5})$，这里 $n=|U|+|W|$，$m=|E|$。

证明： 我们先用 Bipartite-to-Single-Branch 算法将 G 转化为一个单分支 0-1 网络 $G'(U, W, E, s, t)$，这需要 $O(m+n)$ 时间。然后，用 Dinic 算法找出这个单分支网络的最大流 f，并由此得到最大匹配。由定理 11.20，这个算法的复杂度是 $O(m\sqrt{n})=O(n^{2.5})$。■

11.4.3 Philip Hall 婚配定理

如果二部图 $G(U, W, E)$ 的最大匹配 M 满足 $|M|=|U|$，则称为**完全匹配** (complete matching)。另外，如果 $|U|=|W|$，一个完全匹配也称为一个**完美匹配** (perfect matching)。Philip Hall 婚配定理 (marriage theorem) 告诉我们在什么条件下，一个二部图 $G(U, W, E)$ 有完全匹配。这个定理称为婚配定理是因为它所解决的这个完全匹配问题可用形象和有趣的方式表达出来。

假设有 n 个未婚小伙子的集合 U 和 m 个未婚姑娘的集合 W。每个小伙子希望在几个中意的姑娘里选一个为妻，但每个姑娘只能嫁给最多一个小伙子，我们是否能找到一个婚配的方案使每个小伙子都能娶到他中意的姑娘之一？

和前面谈到的工作分配问题相似，我们可以建一个二部图 $G(U, W, E)$，其中 U 含有 n 个顶点，分别代表 n 个小伙子，W 含有 m 个顶点，分别代表 m 个姑娘。另外，如果小伙子 u 中意姑娘 w，那么 E 中就有边 (u, w)。显然，一个能使每个小伙子都能娶到他中意的姑娘的婚配方案等价于 $G(U, W, E)$ 的一个完全匹配。

当然，我们可以用找最大流的办法来判断一个给定二部图是否有完全匹配，但是这种办法只能对一个具体的二部图做判断，而我们希望找到刻画有完全匹配的二部图的共同特征。Philip Hall 婚配定理 (简称 Hall 氏定理) 给出了有完全匹配的二部图的充要条件。

定理 11.23 （Hall 氏婚配定理）二部图 $G(U, W, E)$ 有完全匹配的充要条件是：对于 U 的任一子集 $B \subseteq U$，均有 $|B| \leqslant |R(B)|$。这里，$R(B) \subseteq W$ 是 B 的映像集合，即 W 中所有与集合 B 中至少一个点相邻的点的集合。

证明： 如果 $G(U, W, E)$ 有完全匹配 M，那么 B 中不同的点匹配于 W 中不同的点，因此，W 中至少有 $|B|$ 个不同的点与 B 中点相邻，也就是 $|B| \leqslant |R(B)|$，所以 $|B| \leqslant |R(B)|$ 是必要条件。反之，如果对任一子集 B 都有 $|B| \leqslant |R(B)|$，我们证明 $G(U, W, E)$ 有完全匹配。为此，根据定理 11.21，我们只需要证明，在其对应的单分支 0-1 网络 $G'(U, W, E', s, t)$ 中的最大流等于 $|U|$。假设 $|U|=n$，由最大流最小割定理，我们只需要证明，单分支 0-1 网络 G' 的任何一个割的容量大于等于 n 即可。

假设 (S, T) 是 G' 的任何一个割，$s \in S$，$t \in T$，我们证明，其容量 $c(S, T) \geqslant n$。因为 U 中的点可分为两部分，一部分属于 T，而另一部分属于 S，分别记作 $A=T \cap U$ 和 $B = S \cap U$，并假设 $|A|=k$，$|B|=n-k$。图 11-17 显示了这种情况下，集合 A、B，以及 B 的映像集合 $R(B)$ 与割 (S, T) 的关系。

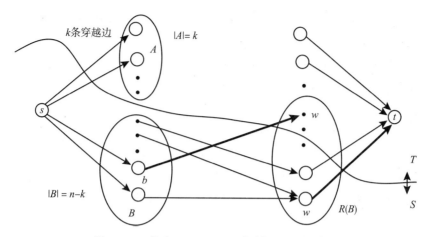

图 11-17　集合 A、B、$R(B)$ 与割 (S, T) 的关系

　　显然，每条从源点 s 到集合 A 中任一顶点 a 的边 (s, a) 都是穿越边，假设一共有 k 条。如果 $k=n$，那么至少有 n 条穿越边，$c(S, T) \geqslant n$ 得证。因此，我们只须考虑 $0 \leqslant k < n$ 的情况，这时，$|B|=n-k>0$。

　　现在，我们逐个检查映像集合 $R(B)$ 中的顶点。因为 $B=S \cap U$，并且有 $|B| \leqslant |R(B)|$，所以，如果任取 $R(B)$ 中一顶点 w，则至少有一个点 $b \in B$ 与 w 相邻，使得边 $(b, w) \in E'$。这时，如果 $w \in T$，则 (b, w) 是一条穿越边，否则，$w \in S$，则 (w, t) 是一条穿越边。因此，$R(B)$ 中每个顶点都关联至少一条穿越边，而且 $R(B)$ 中不同的顶点关联不同的穿越边。所以这部分穿越边的总容量大于或等于 $|R(B)| \geqslant |B|=n-k$。因为这些穿越边与前面 k 条从点 s 到集合 A 的穿越边不相交，所以这个割的容量 $c(S, T)$ 至少是 $(n-k)+k=n$。因此，由最大流最小割定理，$G'(U, W, E', s, t)$ 的最大流等于 $|U|=n$，这使得二部图 $G(U, W, E)$ 有完全匹配。　■

　　读者也许会问，虽然 Hall 氏定理给出完全匹配的充要条件，但因为它要检查集合 U 的所有非空子集，总数是 2^n-1 个，那么实际应用起来，复杂度是否太高？这要看具体问题。下一节介绍一个著名的应用例子。

11.4.4　Birkhoff-von Neumann 定理

　　这是一个著名的有关矩阵分解的定理。我们先定义一些名词。

　　定义 11.15　如果一个矩阵的任一元素的值不是 0 就是 1，则称为 0-1 矩阵 (0-1 matrix)。如果一个 $n \times n$ 的 0-1 矩阵中每一行和每一列中正好有一个元素为 1，而其余为 0，则称为排列矩阵 (permutation matrix)。

　　给定一个 $n \times n$ 的排列矩阵，如果 a_i $(1 \leqslant i \leqslant n)$ 表示第 i 行中的值为 1 的元素所在的列的位置，那么 $a_1, a_2, \cdots, a_n$，就是 $1, 2, \cdots, n$ 的一个排列。图 11-18 给出了一个 5×5 的排列矩阵的例子。

$$\begin{bmatrix} 0 & 1 & 0 & 0 & 0 \\ 0 & 0 & 0 & 1 & 0 \\ 0 & 0 & 0 & 0 & 1 \\ 0 & 0 & 1 & 0 & 0 \\ 1 & 0 & 0 & 0 & 0 \end{bmatrix}$$

图 11-18　一个 5×5 排列矩阵的例子，$(a_1, a_2, a_3, a_4, a_5)=(2, 4, 5, 3, 1)$

定义 11.16 一个 $n \times n$ 的实数矩阵 $A = \{a_{ij}\}$ $(1 \leqslant i, j \leqslant n)$，如果满足下列三个条件，则称为双随机矩阵 (double stochastic matrix):

1）对任意的 i 和 j $(1 \leqslant i, j \leqslant n)$ 有 $a_{ij} \geqslant 0$。

2）对任意的一个 i $(1 \leqslant i \leqslant n)$ 有 $\sum_{j=1}^{n} a_{ij} = 1$。

3）对任意的一个 j $(1 \leqslant j \leqslant n)$ 有 $\sum_{i=1}^{n} a_{ij} = 1$。

在计算机科学领域，一个 $n \times n$ 的整数矩阵 $A = \{a_{ij}\}$ 也称为双随机矩阵，如果满足:

1）对任意的 i 和 j $(1 \leqslant i, j \leqslant n)$ 有 $a_{ij} \geqslant 0$。

2）对任意的一个 i $(1 \leqslant i \leqslant n)$ 有 $\sum_{j=1}^{n} a_{ij} = k$（$k$ 是一个正整数）。

3）对任意的一个 j $(1 \leqslant j \leqslant n)$ 有 $\sum_{i=1}^{n} a_{ij} = k$。

显然，在上述定义中，如果我们把整数矩阵 A 中每个元素 a_{ij} 替换为除以 k 后的值 $b_{ij} = \dfrac{a_{ij}}{k}$，那么矩阵 $B = \{b_{ij}\}$ 就是一个实数的双随机矩阵。这一节我们只讨论整数的双随机矩阵。实数的双随机矩阵与此类似，留给读者。

定理 11.24（Birkhoff-von Neumann 定理）任一个双随机矩阵等于某些排列矩阵的线性组合。

证明： 假设 $n \times n$ 的整数矩阵 $A = \{a_{ij}\}$ 是满足定义 11.16 中三个条件的双随机矩阵。我们对整数 k 进行归纳证明。

归纳基础：

当 $k = 1$ 时，矩阵 A 本身就是一个排列矩阵，定理正确。

归纳步骤：

假设当 $k = m$ 时（m 是一个正整数，$m \geqslant 1$），定理正确。现在证明当 $k = m + 1$ 时，定理也正确。我们为矩阵 A 构造一个二部图 $G(U, W, E)$，其中 $U = \{u_1, u_2, \cdots, u_n\}$ 的 n 个顶点，分别代表矩阵的 n 行，而 $W = \{v_1, v_2, \cdots, v_n\}$ 的 n 个顶点分别代表矩阵的 n 列。如果 $a_{ij} > 0$ $(1 \leqslant i, j \leqslant n)$，则构造一条边 (u_i, v_j)。我们用 Hall 氏定理证明这样构造的二部图有完美匹配。

考虑 U 中任一子集 B。因为 $a_{ij} \geqslant 1$ 当且仅当有边 $(u_i, v_j) \in E$，所以，对任一顶点 $u_i \in B$，有 $\sum_{(u_i, v_j) \in E} a_{ij} = \sum_{j=1}^{n} a_{ij} = k$。现在把集合 B 中所有点的这个等式两边相加，得到 $\sum_{u_i \in B} \sum_{(u_i, v_j) \in E} a_{ij} = k|B|$。这也就是 $\sum_{u_i \in B} \sum_{v_j \in R(B)} a_{ij} = k|B|$。

因为 B 是集合 U 的子集，$B \subseteq U$，因此有 $|B| \leqslant |U|$。所以我们有以下的推导：

$$
\begin{aligned}
k|B| &= \sum_{u_i \in B} \sum_{v_j \in R(B)} a_{ij} \\
&\leqslant \sum_{u_i \in U} \sum_{v_j \in R(B)} a_{ij} \\
&= \sum_{i=1}^{n} \sum_{v_j \in R(B)} a_{ij} \\
&= \sum_{v_j \in R(B)} \sum_{i=1}^{n} a_{ij} \\
&= \sum_{v_j \in R(B)} k \\
&= k|R(B)|
\end{aligned}
$$

由此得出 $|B| \leqslant |R(B)|$。根据 Hall 氏定理，二部图 $G(U, W, E)$ 有完美匹配 M。

我们可根据 M 构造一个 $n \times n$ 的 0-1 矩阵 $C = \{c_{ij}\}$ $(1 \leqslant i, j \leqslant n)$。做法是，若 M 中有一条边 (u_i, v_j)，则表示第 i 行与第 j 列匹配，那么我们置 $c_{ij} = 1$，否则置为 0。因为 M 是完美匹配，矩阵 A 中每个行号 i 与唯一的一个列号 j 相配，反之亦然，因此矩阵 C 是一个排列矩阵。那么，矩阵 $D = A - C$ 必定也是一个双随机矩阵。我们可以用以下三个条件来验证：

1）因为 $c_{ij} = 1$ 意味着有边 (u_i, v_j)，而有边 (u_i, v_j) 意味着 $a_{ij} \geqslant 1$，所以矩阵 D 中元素 d_{ij} 满足 $d_{ij} = a_{ij} - c_{ij} \geqslant 1 - 1 = 0$。

2）对任意一个 i $(1 \leqslant i \leqslant n)$ 有 $\sum\limits_{j=1}^{n} d_{ij} = \sum\limits_{j=1}^{n} (a_{ij} - c_{ij}) = (m+1) - 1 = m$。

3）对任意一个 j $(1 \leqslant j \leqslant n)$ 有 $\sum\limits_{i=1}^{n} d_{ij} = \sum\limits_{i=1}^{n} (a_{ij} - c_{ij}) = (m+1) - 1 = m$。

所以，根据归纳假设，D 是某些排列矩阵的线性组合。因此矩阵 $A = C + D$ 也必定是某些排列矩阵的线性组合。∎

图 11-19 显示了一个 5×5 的双随机矩阵分解为 $k = 4$ 个排列矩阵之和的例子。

$$
\begin{bmatrix} 1&1&1&0&1 \\ 0&2&1&0&1 \\ 2&1&0&1&0 \\ 1&0&1&1&1 \\ 0&0&1&2&1 \end{bmatrix} = \begin{bmatrix} 0&1&0&0&0 \\ 0&0&1&0&0 \\ 1&0&0&0&0 \\ 0&0&0&0&1 \\ 0&0&0&1&0 \end{bmatrix} + \begin{bmatrix} 1&0&0&0&0 \\ 0&1&0&0&0 \\ 0&0&0&1&0 \\ 0&0&1&0&0 \\ 0&0&0&0&1 \end{bmatrix} + \begin{bmatrix} 0&0&0&0&1 \\ 0&1&0&0&0 \\ 1&0&0&0&0 \\ 0&0&0&1&0 \\ 0&0&1&0&0 \end{bmatrix} + \begin{bmatrix} 0&0&1&0&0 \\ 0&0&0&0&1 \\ 0&1&0&0&0 \\ 1&0&0&0&0 \\ 0&0&0&0&1 \end{bmatrix}
$$

图 11-19 Birkhoff – von Neumann 定理的例子

注评：如果用定理 11.24 的证明方法去找一个双随机矩阵的分解，在 k 值很大时，会需要很长时间。我们可以设计一个与 k 无关的算法。主要思路是，当我们找到一个完美匹配和矩阵 C 时，因为 $c_{ij} = 1$ 意味着 $a_{ij} > 0$，我们可以找出最小的 a_{ij}，其对应的 $c_{ij} = 1$，即找到 $h = \min\{a_{ij} \mid c_{ij} = 1\}$。那么矩阵 $D = A - hC$ 仍然是一个双随机矩阵，但是 D 比 A 至少多了一个为零的元素。因为 A 中最多有 n^2 个元素，经过最多 $n^2 - n$ 次匹配就可完成分解。又因为二部图匹配需时 $O(n^{2.5})$，所以将一个双随机矩阵分解为排列矩阵的线性组合的复杂度为 $O(n^{4.5})$。

11.5 推进 – 重标号算法简介

推进 – 重标号(push-relabel)算法的直观思路如下：如果我们把网络中每条边看成管道，从源点 s 灌水到网络中并把源点抬高，那么水会一直流向汇点 t。我们要求流过管道的流量不超过其对应边的容量，但水可以在除源点 s 外的顶点处溢出 (overflowing)，即流入该点的总流量大于从这点流出的总量。我们假设在各顶点有足够大的蓄水池暂时存留溢出部分。当流入汇点 t 的流量增加到不能再增加时，再把溢出的顶点抬高使其溢出部分流回源点。下面一步步讨论如何用算法来实现这一想法。

11.5.1 预流和高度函数

预流和高度函数是推进 – 重标号算法的两个最重要的概念。这一小节介绍它们的定义以及与它们有关的一些概念。

定义 11.17 网络 $G(V, E)$ 上的一个**预流** f 就是给集合 $V \times V$ 中每条边 (u, v) 赋以一个非负实数 $f(u, v)$，并满足：

1）$0 \leqslant f(u, v) \leqslant c(u, v)$；

2）除源点 s 和汇点 t 之外，任一顶点 $u \in V - \{s, t\}$，有 $f(V, u) \geqslant f(u, V)$。

网络 G 上的一个预流和本章开始时定义的 G 上的流之间的唯一区别是，预流 f 不要求在顶点 $u \in V - \{s, t\}$ 流量守恒，而是要求入流和大于或等于出流和。显然，前面章节讨论的流，即满足流量守恒的流，也可称为预流，是预流的一个特例。为了区别，满足流量守恒的流称为**正常流**。

与正常流类似，给定预流 f，如果任一对边 (u, v) 和 (v, u) 中，有 $f(u, v) = 0$ 或 $f(v, u) = 0$，那么称为**规范预流**。边 (u, v) 上的相对流 φ 的定义仍然是 $\varphi(u, v) = f(u, v) - f(v, u)$。容易看出，它与规范预流 f 之间的关系仍然是：

1）从 f 计算 φ：$\varphi(u, v) = f(u, v) - f(v, u)$。

2）从 φ 计算 f：$f(u, v) = \max\{0, \varphi(u, v)\}$。

另外，剩余网络 $G_f(V, E_f)$ 的定义不变。边 (u, v) 的剩余容量仍然定义为 $c_f(u, v) = c(u, v) - \varphi(u, v)$。如果剩余容量为零，即 $c_f(u, v) = 0$，边 (u, v) 不包含在 E_f 中。

网络中除源点 s 和汇点 t 以外，入流和大于出流和的点 u 称为一个**溢流点**，而两者之差称为**溢流量**，用 $e(u)$ 表示，即 $e(u) = \varphi(V, u) = f(V, u) - f(u, V)$。如果 $e(u) = 0$，则表示该点满足流量守恒。在源点 s 处，入流和小于出流和，$e(s) < 0$，s 称为**亏流点**，也是唯一的一个亏流点。在汇点 t 处，入流和大于出流和。这正是我们希望的，故汇点 t 不算溢流点。

推进 – 重标号算法先为网络 G 构造一个初始的预流 f。然后，通过不断地对剩余网络 G_f 中的溢流点进行一些操作而逐渐消除溢流点。当网络 G 中不再有溢流点时，网络 G 上的预流就变成了一个最大的正常流。该方法不需要找任何路径。可以证明（引理 11.25），初始化后，剩余网络 G_f 中不存在增广路径。

一开始，$G_f = G$。在初始化预流后，算法在 G 的每条边 (u, v) 上记下初始相对流 $\varphi(u, v)$，在 G_f 中记下 $c_f(u, v) = c(u, v) - \varphi(u, v)$。这之后的每次操作会更新某些边的相对流 $\varphi(u, v)$。当相对流 $\varphi(u, v)$ 有变化时，要同时更新 $\varphi(u, v)$ 和 $\varphi(v, u)$，同时要更新 G_f 中 $c_f(u, v)$ 和 $c_f(v, u)$ 的值。如果 $c_f(u, v) = 0$，边 (u, v) 被认为不属于 G_f；如果 $c_f(v, u) = 0$，边 (v, u) 被认为不属于 G_f。为简单起见，在伪码中，我们省略对 $c_f(u, v)$ 和 $c_f(v, u)$ 的更新的表述，而认为它们是包括在对 $\varphi(u, v)$ 和 $\varphi(v, u)$ 的更新操作之中。

另外，为了使流可以从高处流向低处，我们给每个顶点 v 一个高度 $h(v)$，称为高度函数。

定义 11.18 预流 f 的剩余网络 $G_f(V, E_f)$ 上的一个**高度函数** h 就是给 V 中每个点 v 一个非负整数 $h(v)$ 并满足：

1）源点 s 的高度始终是 $h(s) = n$。

2）汇点 t 的高度始终为 $h(t) = 0$。

3）任一条边 $(u, v) \in E_f$ 满足关系 $h(u) \leqslant h(v) + 1$。

要注意的是，如果 $h(u) > h(v) + 1$，则边 (u, v) 必不出现在 G_f 中，也就是必定有 $c_f(u, v) = c(u, v) - \varphi(u, v) = 0$。读者也许会问，如果 $h(u) \leqslant h(v)$，那么如何能让流从有向边 (u, v) 流过呢？答案是，要想这条边有流量通过，必须满足 $h(u) = h(v) + 1$。如果 $h(u) \leqslant h(v)$，而又想用这条边，则可以抬高 u 的高度。下面将介绍如何让流从一条边流过，以及如何修改高度。

11.5.2　在剩余网络中对顶点的两个操作

前面讲到，推进 - 重标号算法是通过不断地对剩余网络中的溢流点进行一些操作而完成的。具体来讲，只有两种操作，即对预流的推进和对高度的重标号。

1. 预流推进操作

假设顶点 u 是溢流点，那么可进行这一操作的条件是 u 在剩余网络 G_f 中有一条边 (u, v) 而且 $h(u)=h(v)+1$。伪码如下：

```
Push(u,v)
前提条件：e(u)>0, c_f(u,v)>0, 以及 h(u)=h(v)+1。
操作：把尽量多的流从 u 推进到 v，具体如下。
1   Δ_f←min(e(u), c_f(u, v))          // 可以从 u 推到 v 的最大流量
2   φ(u,v)←φ(u, v)+Δ_f               // 边 (u,v) 上相对预流增加 Δ_f
3   φ(v,u)←-φ(u, v)                  // 提醒一下，包括更新 c_f(u,v) 和 c_f(v,u)
4   e(u)←e(u)-Δ_f                    // 更新 u 和 v 的溢流量
5   e(v)←e(v)+Δ_f                    // 如果 v≠s 且 v≠t，那么 v 一定成为溢流点
6   End
```

预流推进有两种情况：

1）饱和推进：如果 $\Delta_f=c_f(u, v)$。

2）非饱和推进：如果 $\Delta_f<c_f(u, v)$。

显然，预流推进仍然保证除源点 s 和汇点 t 外的每一个点的入流和大于等于出流和，从而使修改后的流 f 仍然是一个预流。另外，如果是非饱和推进，那么必有 $\Delta_f=e(u)<c_f(u, v)$，因此 u 变成了非溢流点。如果是饱和推进，则有更新后的 $c_f(u, v)=0$，所以边 (u, v) 不出现在剩余网络 G_f 中。另外，不论是饱和推进或非饱和推进，都有 $c_f(v, u)>0$，边 (v, u) 必定出现在剩余网络 G_f 中；如果 $v\neq s$ 和 $v\neq t$，那么 v 一定成为溢流点（也许操作前就是溢流点）。

我们还注意到，预流推进不改变各点的高度。所以，操作前任何一条边 (x, y) 满足高度函数要求，$h(x)\leqslant h(y)+1$，操作后边 (x, y) 仍满足高度函数要求。唯一要考虑的是，如果边 (v, u) 在操作前不存在，操作后会出现，它是否满足高度函数要求呢？显然满足。这是因为操作前有 $h(u)=h(v)+1$，操作后仍有 $h(u)=h(v)+1$，那么就有 $h(v)=h(u)-1<h(u)+1$。因此，预流推进后的剩余网络仍然满足高度函数要求。

另外，不要忘记，流量的推进是在网络 G 中进行的，但前提条件的判断以及剩余容量的更新是在网络 G_f 中进行的。

2. 高度重标号操作

当顶点 u 是一个溢流点，但剩余网络 G_f 中没有边 (u, v) 满足 $h(u)=h(v)+1$ 时，我们可以抬高 u 的高度使得它的溢流可以流走。伪码如下：

```
Relabel(u)
前提条件：e(u)>0 并且剩余图 G_f 中所有边 (u,v)∈E_f 都有 h(u)≤h(v)。
操作：把 u 的高度增加。
1   h(u)←1+min{h(v)|(u,v)∈E_f}          // 邻居中最低高度加 1
2   End
```

对这个高度重标操作，我们要回答两个问题：

a）溢流点 u 会不会在 G_f 中根本没有出去的边？

不会。因为 $e(u)>0$，有流到点 u，必有边 $(v, u) \in E$ 使得 $f(v, u)>0$，因而有 $c_f(u, v)>0$。

b）高度函数在重标号后仍是高度函数吗？

是的。对于从 u 出去的边 (u, v) 而言，因为 $h(u)=1+\min\{h(v) \mid (u, v) \in E_f\}$，所以有 $h(u) \leqslant h(v)+1$，而对进来的边 (w, u) 而言，重标号前满足 $h(w) \leqslant h(u)+1$，现在更加满足。

从上面的分析可知，对任何一个溢流点都可以进行预流推进或高度重标号操作。推进 - 重标号算法正是不断地对溢流点进行这两种操作直到没有溢流点为止。

11.5.3 推进 - 重标号算法的初始化

在开始对溢流点的预流推进或高度重标号操作之前，我们必须给网络 G 一个初始预流，给剩余网络 G_f 中的每条边对应的初始容量，以及给每个点一个初始高度。伪码如下：

```
Initialize-Preflow(G(V,E),s)
1   for each u ∈ V                    // 置每个点的高度为 0，溢流为 0
2       h(u) ← 0
3       e(u) ← 0
4   endfor
5   for each (u,v) ∈ E                // 置每条边的预流为 0
6       φ(u,v) ← φ(v,u) ← 0
7       c_f(u,v) ← c(u,v)             //G_f 中边的初始剩余容量，为清晰未省略这一步
8   endfor
9   h(s) ← n                          // 重置源点高度为 n = |V|
10  for each v ∈ Adj(s)              // 更改 s 出去的边上的预流
11      φ(s,v) ← c(s,v)              //(s,v) 是饱和边，我们约定，包括更新 c_f(s,v)
12      φ(v,s) ← -c(s,v)             // 包括更新 c_f(v,s)
13      e(v) ← c(s,v)               // 点 v 是溢流点
14      e(s) ← e(s)-c(s,v)          // e(s) 是负数，s 是亏流点
15  endfor
16  End
```

因为从源点 s 到它任一邻居 v 的边 (s, v) 在初始化后有 $c_f(s, v)=c(s, v)-\varphi(s, v)=0$，所以边 (s, v) 不出现在剩余网络 G_f 中。边 (v, s) 出现在剩余网络 G_f 中，因为 $h(v)=0$，$h(s)=n$，$h(v) \leqslant h(s)+1$。对于任何一条其他的边 (x, y)，我们有 $h(x)=h(y)=0$。所以，初始化后，预流和高度函数均符合定义。

初始化预流和高度函数后，我们可以开始预流推进或高度重标号的操作。那么，应该按什么顺序进行呢？可以证明，任何顺序都可以得到最大流。我们把这样做的算法称为通用算法。通用算法的复杂度较高，是 $O(mn^2)$。如果我们把溢出点按某种顺序做预流推进或高度重标号的操作，则可将复杂度改进为 $O(n^3)$。我们这里只讨论通用算法。感兴趣的读者可查阅有关资料做深入研究。

11.5.4 推进 - 重标号的通用算法

这个算法的伪码如下：

```
Generic-Push-Relabel(G(V,E),s,t)
1    Initialize-Preflow(G(V,E),s)                    // 构造初始流及初始高度
2    while ∃u such that e(u)>0                        // 只要有溢流点 u
3        if ∃v such that((u,v)∈ G_f and h(u)=h(v)+1)   //u 有邻居 v 并有 h(u)=h(v)+1
4            then Push(u, v)
5            else Relabel(u)
6        endif
7    endwhile
8    End
```

可见通用算法的实现很容易。我们通过以下几个引理和定理证明其正确性。

引理 11.25　假设 f 是算法 Generic-Push-Relabel 的运算过程中，流网络 $G(V, E)$ 的一个预流而 h 是一个高度函数，那么在剩余网络 G_f 中，不存在一条从 s 到 t 的路径。

证明： 我们用反证法证明。假设 G_f 中有一条从 s 到 t 的简单路径，其顶点序列为 $v_0, v_1, \cdots, v_k$，这里 $v_0=s$，$v_k=t$。因为路径上任一条边 (v_i, v_{i+1}) $(i=0, 1, \cdots, k-1)$ 必须满足高度函数的要求，即 $h(v_i) \leq h(v_{i+1})+1$，所以有 $h(s) \leq h(v_1)+1 \leq h(v_2)+2 \leq \cdots \leq h(v_k)+k = h(t)+k$。又因为 $h(s)=n$ 和 $h(t)=0$，我们得到 $n \leq k$。这说明这条路径至少含有 $k+1 \geq n+1$ 个不同顶点，这不可能，所以剩余网络 G_f 中不存在一条从 s 到 t 的路径。　■

由上面讨论知，每次预流推进或高度重标号的操作之后，高度函数仍然是合法的高度函数，所以，一旦在某次操作后网络中没有溢流点，那么预流 f 就变成了流 f，而且是最大流。它是最大流的原因是，由定理 11.25，剩余网络 G_f 中不存在一条从 s 到 t 的路径，也就是说，这个正常流 f 的剩余网络 G_f 中没有增广路径，所以是最大流。因此，只要我们能证明溢流点一定会在某次操作后全部消失，那么算法 Generic-Push-Relabel 就是正确的。因为只要有溢流点，一定可以进行预流推进或高度重标号的操作，所以，我们只需要证明这两种操作的次数有界即可。

引理 11.26　假设 f 是算法 Generic-Push-Relabel 的运算过程中，$G(V, E)$ 的一个预流，而 h 是一个高度函数，那么在剩余网络 G_f 中，从任何一个溢流点 u 有一条到源点 s 的路径。

证明： 我们定义点 u 的一条**流路径** p 是 G 中一条从源点 s 到点 u 的路径使得 p 上任一条边都有大于零的流。不失一般性，我们认为源点 s 有到自己的流路径。如果点 u 有一条流路径，那么，在剩余网络 G_f 中，必有一条从点 u 到源点 s 的路径。所以，我们只需要证明任何一个溢流点 u 有一条流路径。

为此，我们在 G 中加上一个顶点 t'，然后给每一个溢流点 u，加上一条边 (u, t')，并赋以 $f(u, t')=c(u, t')=e(u)$。最后，加上边 (t', t) 并赋以 $f(t', t)=c(t', t)=\sum\limits_{e(u)>0} e(u)$。这样做把所有溢流点的溢流量都导流至点 t'，然后流到 t。因此，在这个修改后的网络 $G'(V', E')$ 上没有溢流点，f 是 G' 上的一个正常流且 $|f|>0$。因为任一个原溢流点 u 在 G' 中都有流量通过，所以 G' 中 u 有一条流路径。如下所示，这一显然的结论可以被严格证明。

我们用反证法，并为此假设点 u 没有流路径。那么，我们把所有的有流路径的点组成一个集合 S，其他点的集合是 $U=V'-S$。显然，我们有 $f(S, U)=0$，$u \in U$。我们说 $t \in S$，否则 (S, U) 是个割，由引理 11.4，$|f|=\varphi(S, U)=f(S, U)-f(U, S)=0-f(U, S) \leq 0$，这与 $|f|>0$ 矛盾。所以有 $s \in S$，$t \in S$，而集合 U 中的每个点 v（包括点 u）都有 $v \neq s$，$v \neq t$。

根据流量守恒，每一个在集合 U 中的点 v 都有 $\varphi(v, V')=0$，所以有 $\varphi(U, V')=0$。因为 $\varphi(U, V')=\varphi(U, U)+\varphi(U, S)$，而 $\varphi(U, U)=0$，所以有 $\varphi(U, S)=0$。因为 $\varphi(U, S)=f(U, S)-f(S,$

U），所以有 $f(U, S) = f(S, U) = 0$。但是 $f(U, S) \neq 0$，这是因为如果 $t' \in U$，那么 $f(t', t) > 0$ 导致 $f(U, S) > 0$；如果 $t' \in S$，那么 $f(u, t') = e(u) > 0$ 也导致 $f(U, S) > 0$。因为 $f(U, S) \neq 0$ 与 $f(U, S) = 0$ 矛盾，所以 G' 中 u 有一条流路径 p。因为 p 不需经过边 (u, t')，所以它也是 u 在 G 中的一条流路径。 ∎

下面分析预流推进或高度重标号的操作次数。

引理 11.27 算法 Generic-Push-Relabel 的运算过程中，剩余网络 $G_f(V, E_f)$ 中任一顶点的高度不超过 $2n - 1$。

证明： 源点 s 和汇点 t 的高度分别为 n 和 0，显然不超过 $2n - 1$。对任何一个其他顶点 u 而言，初始时 $h(u) = 0$。我们只需要证明任何一个点 u 在每次重标号后，高度始终不超过 $2n - 1$。

假设我们对顶点 u 进行高度重标。重标号时，点 u 是一个溢流点，由引理 11.26，在剩余网络 G_f 中，必有一条从 u 到 s 的简单路径，$v_0, v_1, \cdots, v_k$，这里 $v_0 = u$，$v_k = s$。因为 u 被重标号的前提是其高度不大于任一个邻居的高度，所以有 $h(u) \leqslant h(v_1)$。另外，路径上任一条边必须满足高度函数要求，所以有 $h(u) \leqslant h(v_1) \leqslant h(v_2) + 1 \leqslant \cdots \leqslant h(v_k) + k - 1 = n + k - 1$。因为路径上顶点数不超过 n，$k \leqslant n - 1$，从而有 $h(u) \leqslant 2n - 2$，故重标号后高度最多为 $2n - 1$。 ∎

引理 11.28 算法 Generic-Push-Relabel 的运算过程中，饱和推进的总次数不超过 $2mn$。

证明： 假设在边 (u, v) 上进行一次饱和推进，这时必有 $h(u) = h(v) + 1$。那么这条边什么时候可以再进行一次饱和推进呢？因为是饱和推进，边 (u, v) 不出现在随后的剩余网络 G_f 中，我们必须等到边 (v, u) 上有流推进，这要求 v 的新高度至少要等于现在的 $h(u)$ 加 1。因此，在边 (u, v) 上再一次进行饱和推进的必要条件是，u 的新高度至少要等于现在的 $h(u)$ 加 2。因为每个点的高度不超过 $2n - 1$，所以网络 G 中任一条边 (u, v) 的两顶点 u 和 v 之间互相进行饱和推进的次数不超过 $2n - 1$ 次。因为网络 $G(V, E)$ 有 $|E| = m$ 条边，算法 Generic-Push-Relabel 的运算过程中，饱和推进的总次数小于 $2mn$。 ∎

引理 11.29 算法 Generic-Push-Relabel 的运算过程中，非饱和推进的总次数不超过 $4mn^2 + 2n^2$。

证明： 我们定义一个变量 $\Phi = \sum_{e(u) > 0} h(u)$，即所有溢流点的高度之和。初始化时，除源点 s 外，$h(u) = 0$。因为源点 s 和汇点 t 不是溢流点，因而有 $\Phi = 0$。我们追踪这个值在各种操作之后的变化。

1）每次高度重标号操作会增加一个溢流点 u 的高度，但由引理 11.27，所有对 u 的这种操作的总的增加量不超过 $2n - 1$。考虑到所有顶点，这部分的增加不超过 $2n^2$。

2）在边 (u, v) 上进行一次饱和推进后，各点高度不变。因为 v 可能变为溢流点（如果 $v \neq s$，$v \neq t$），这时 Φ 值会增加一个 $h(v)$，但 $h(v) \leqslant 2n - 1$。因为，由引理 11.28，饱和推进的总次数不超过 $2mn$，所以这部分的增加不超过 $4mn^2$。

3）在边 (u, v) 上进行一次非饱和推进后，各点高度不变。这时，u 不再是溢流点，而 v 可能是溢流点（如果 $v \neq s$，$v \neq t$）。如果 v 原先不是溢流点，那么 Φ 值的变化是 $h(v) - h(u) = -1$，否则为 $-h(u)$。总之，一次非饱和推进至少会使 Φ 值减少 1。因为 Φ 值在前两种情形时总的增加的量不超过 $4mn^2 + 2n^2$，所以非饱和推进的次数不超过 $4mn^2 + 2n^2$。 ∎

定理 11.30 算法 Generic-Push-Relabel 正确地计算网络 $G(V, E)$ 的最大流。

证明： 由前面讨论知，一旦在某次操作后网络中没有溢流点，那么预流 f 就成为最大流。因为只要有溢流点，一定可以进行预流推进或高度重标号的操作，所以，我们只需证明这两种操作的次数有界，那么溢流点一定会在某次操作后全部消失，从而证明算法 Generic-Push-Relabel 是正确的。

由引理 11.27 知，每个顶点高度重标号操作的次数不超过 $2n-1$，因此整个运算过程中，总的高度重标号操作的次数不超过 $n(2n-1)$。又由引理 11.28 和引理 11.29 知，饱和推进的总次数不超过 $2mn$，而非饱和推进的总次数不超过 $4mn^2+2n^2$，所以全部操作的总次数有界。因此算法 Generic-Push-Relabel 正确地计算网络 $G(V,E)$ 的最大流。　∎

11.5.5　推进 – 重标号的通用算法的复杂度分析

现在，让我们分析算法 Generic-Push-Relabel 的复杂度。算法的初始化只需要 $O(m+n)$ 时间，可略去不计。我们将解释如何来实现预流推进和高度重标号这两个操作，使得每次高度重标号的复杂度是 $O(n)$，每次预流推进的复杂度是 $O(1)$，从而算法 Generic-Push-Relabel 的复杂度是 $O(mn^2)$。如果直接用 Generic-Push-Relabel 的伪码，那么在第 3 行的循环中，很难保证在 $O(1)$ 时间为溢流点 u 找一个可进行 Push(u, v) 的邻居 v。为了得到 $O(1)$ 的复杂度，我们在如何选择下一个操作和如何操作上做如下考虑。

首先，我们把所有溢流点 u 放在一个集合 M 里。显然，初始化后，$M=\{u \mid (s, u) \in E\}$。当集合 M 成空集后，算法停止。其次，对剩余网络 G_f 中每个点 u 的邻接表做以下改进。不论点 u 是不是溢流点，我们把它的所有邻居分为两部分，$A\text{-}1(u)$ 和 $A\text{-}2(u)$，各自用链表组织。如果点 u 与邻居 v 满足高度关系 $h(u)=h(v)+1$，邻居 v 则属于 $A\text{-}1(u)$，否则邻居 v 属于 $A\text{-}2(u)$。为了便于找后向邻居，我们同时构造后向邻居的集合 $A\text{-}1^-(u)$ 和 $A\text{-}2^-(u)$。这样一来，溢流点 u 的 $A\text{-}1(u)$ 中任何邻居 v 就是一个可进行 Push(u, v) 的邻居。我们仍假设，算法每次在边 (u, v) 上改变相对流 $\varphi(u, v)$ 时，剩余容量 $c_f(u, v)$ 和 $c_f(v, u)$ 也随之改变。需要指出的是，剩余网络 G_f 中有边 (u, v) 当且仅当 $c_f(u, v)>0$。所以在 Push(u, v) 后，点 u 和点 v 之间的邻居关系需要调整，但只要 $O(1)$ 时间，而高度函数无须变动。在对点 u 进行高度重标号后，虽然高度函数仍然是高度函数，但某些 $A\text{-}2(u)$ 中的邻居可能成为 $A\text{-}1(u)$ 中的邻居，某些 $A\text{-}1^-(u)$ 中的反向邻居可能成为 $A\text{-}2^-(u)$ 中的反向邻居，所以需要调整，但只需要 $O(n)$ 时间。

现在，这个通用算法可具体实现如下。

```
Generic-Push-Relabel(G(V,E),s,t)
1   Initialize-Preflow(G(V,E),s)        //初始化预流 f、G_f，及高度函数
2   M←{u|(s, u) ∈ E}                    //初始化后溢流点的集合
3   A-1(s)←A-2(s)←A-1⁻(s)←∅            //初始化源点 s 的前向邻居和后向邻居，G_f 中的邻居
4   A-2⁻(s)←Adj⁻(s)∪M                   //M 中点是 s 的后向邻居，其他的 Adj⁻(s) 由 G 提供
5   for each u ∈ V-{s}                   //初始化其他点 u 的前向邻居和后向邻居
6       A-1(u)←A-1⁻(u)←∅               //第一类邻居是空集，因没有 d(u)=d(v)+1 关系
7       A-2(u)←Adj(u)                   //Adj(u) 由 G 提供
8       A-2⁻(u)←Adj⁻(u)                //Adj⁻(u) 由 G 提供
9   endfor
10  for each u ∈ M                      //修正 M 中点的前向邻居和后向邻居
11      A-2(u)←A-2(u)∪{s}              //源点 s 是 M 中点 u 的第二类前向邻居
12      A-2⁻(u)←A-2⁻(u)-{s}            //源点 s 不再是 M 中点 u 的第二类后向邻居
13  endfor                             //G_f 的初始化完成
```

```
14  while M ≠ ∅                                    // 只要有溢流点
15      u ← head(M)                                 // 取集合 M 中首个顶点
16          v ← head(A-1(u))                        // 取 A-1(u) 中首个顶点
17          if v ≠ nil                              // A-1(u) 非空, h(u) = h(v) +1
18              then    Push(u, v)                  // 包括更新 c_f(u,v) 和 c_f(v,u)
19                  if v ≠ s and v ≠ t
20                      then    M ← M∪{v}           // 点 v 应该是溢流点了
21                  endif
22                  A-2(v) ← A-2(v)∪{u}             // G_f 有边 (v,u), u 是第 2 类邻居
23                  A-2⁻(u) ← A-2⁻(u)∪{v}          // v 成为 u 的第 2 类后向邻居
24                  if e(u) = 0
25                      then M ← M-{u}
26                  endif                           // u 不是溢流点了
27                  if c_f(u, v) = 0                // 饱和推进, 更新后的 c_f(u,v) = 0
28                      then    A-1(u) ← A-1(u)-{v}     // G_f 中删去边 (u,v)
29                          A-1⁻(v) ← A-1⁻(v)-{u}     // u 不再是 v 的后向邻居
30                  endif                           // 否则, e(u) = 0, u 和 v 关系不变
31              else h ← min_{v∈A-2(u)} {h(v)}      // A-1(u) = ∅, 点 u 需要高度重标号
32                  h(u) ← h+1                      // Relabel(u), u 的新高度
33                  for each v ∈ A-2(u)
34                      if h(u) = h(v)+1            // 则把 v 从 A-2(u) 移到 A-1(u)
35                          then    A-1(u) ← A-1(u)∪{v}
36                              A-1⁻(v) ← A-1⁻(v)∪{u}
37                              A-2(u) ← A-2(u)-{v}
38                              A-2⁻(v) ← A-2⁻(v)-{u}
39                      endif                       // 注意, 重标号前没有 v 使得 v ∈ A-1(u)
40                  endfor
41                  for each v ∈ A-1⁻(u)           // 操作前有 h(v) = h(u)+1
42                      A-1(v) ← A-1(v)-{u}         // 把 u 从 A-1(v) 移到 A-2(v)
43                      A-1⁻(u) ← A-1⁻(u)-{v}
44                      A-2(v) ← A-2(v)∪{u}
45                      A-2⁻(u) ← A-2⁻(u)∪{v}
46                  endfor                          // 注意, 重标号后不会有 v 使得 u   A-1(v)
47          endif
48  endwhile
49 End
```

不难看出，以上算法中，每次高度重标号的复杂度是 $O(n)$，每次预流推进的复杂度是 $O(1)$，从而得到算法 Generic-Push-Relabel 的复杂度是 $O(mn^2)$。

习题

1. 在例 11-7 的网络中，如果集合 $S = \{s, v_3, v_4\}$，$T = \{v_1, v_2, t\}$，那么割 (S, T) 的容量是多少？

2. 假设 f 是网络 $G(V, E)$ 的一个流。证明，在剩余网络 $G_f(V, E_f)$ 中，任一对顶点 u 和 v 之间有如下关系：$c_f(u, v) + c_f(v, u) = c(u, v) + c(v, u)$。

3. 证明任一个网络 $G(V, E)$ 的最大流总可以由最多 m 个增广路径增广而得。（等价于证明其最大流可以分解为最多 m 个增广流之和。）

4. 用 Edmonds-Karp 方法找出以下每个网络的一个最大流。请参照图 11-7 的形式，图示每轮中的剩余网络，所用增广路径，以及对应的增广流。另外，请给出一个最小割。

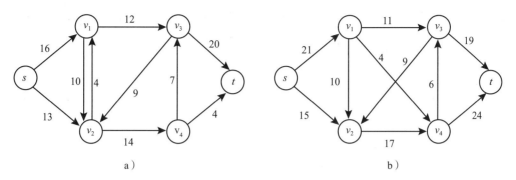

a)　　　　　　　　　　　　　　　b)

5. 如果把一个有向图 $G(V, E)$ 中的一个边的集合 H 删去后，图中没有从顶点 a 到顶点 b 的路径，那么称 H 为 a 到 b 的一个**割**。如果 H 是所有 a 到 b 的割中最小的，也就是它含有的边的条数最少，则称 H 为 a 到 b 的一个**最小割**，并且称 $|H|$ 为 a 到 b 的边连通度。如果 G 本身就没有从 a 到 b 的路径，那么最小割为空集，a 到 b 的边连通度为 0。请把计算有向图 $G(V, E)$ 中的从 a 到 b 的边连通度问题建模为一个网络流问题来解，使得流网络中的点的个数不超过 $O(n)$，而边的条数不超过 $O(m)$。这里，$n=|V|$，$m=|E|$。请严格证明你的方法的正确性。

6. 如果把无向图 $G(V, E)$ 中的一个边的集合 H 删去后，剩余的图是一个不连通图，那么 H 称为一个割。图 G 的最小割所含的边数称为 G 的边连通度。如果 G 是不连通图，那么最小割 H 为空集，G 的边连通度为 0。如果 G 是一棵树，显然连通度为 1，而一个回路的连通度为 2。请设计一个用网络流来决定一个无向图 $G(V, E)$ 的边连通度的算法。你调用网络流算法的次数不应超过 n 次，而且每次构造的流网络中的点的个数不超过 $O(n)$，边的个数不超过 $O(m)$。这里，$n=|V|$，$m=|E|$。

7. 如果一个图 $G(V, E)$ 中的每个点的度数等于 d，$d>0$，则称为 **d-正则图**（**d-regular graph**）。假设 $G(V, E)$ 是一个 d-正则的二部图，其中 $V=L \cup R$，而且 $|L|=|R|$。E 中任一条边连结 L 中一个点和 R 中一个点。证明这个二部图有完美匹配。

8. 证明定理 11.18：假设 $G(V, E)$ 是一个单分支 0-1 网络，那么用 Dinic 算法计算它的最大流的时间复杂度是 $O(m\sqrt{n})$。

9. （**矩阵平分问题**）假设 $A=\{a_{ij}\}$ 是一个 $n \times n$ 的整数矩阵，其中每个元素都是非负整数，$a_{ij} \geq 0$（$1 \leq i, j \leq n$）。我们用 AR_i 和 AC_j 分别表示矩阵 A 的第 i 行元素之和，与第 j 列的元素之和，即 $AR_i = \sum_{j=1}^{n} a_{ij}$（$1 \leq i \leq n$）和 $AC_j = \sum_{i=1}^{n} a_{ij}$（$1 \leq j \leq n$）。为简单起见，假设这些和都是偶数。现在我们希望把 A 分解为两个整数矩阵 B 和 C 之和，即 $A=B+C$，使得 B 的第 i 行元素之和等于 C 的第 i 行元素之和，$BR_i=CR_i$（$1 \leq i \leq n$），而 B 的第 j 列元素之和也等于 C 的第 j 列元素之和，$BC_j = CC_j$（$1 \leq j \leq n$）。下面给出了一个例子。

$$
A = \begin{bmatrix} 5 & 3 & 0 & 4 \\ 0 & 3 & 2 & 1 \\ 1 & 0 & 3 & 0 \\ 4 & 4 & 1 & 1 \end{bmatrix} \begin{matrix} AR_i \\ 12 \\ 6 \\ 4 \\ 10 \end{matrix} = \begin{bmatrix} 1 & 3 & 0 & 2 \\ 0 & 1 & 1 & 1 \\ 0 & 0 & 2 & 0 \\ 4 & 1 & 0 & 0 \end{bmatrix} \begin{matrix} BR_i \\ 6 \\ 3 \\ 2 \\ 5 \end{matrix} + \begin{bmatrix} 4 & 0 & 0 & 2 \\ 0 & 2 & 1 & 0 \\ 1 & 0 & 1 & 0 \\ 0 & 3 & 1 & 1 \end{bmatrix} \begin{matrix} CR_i \\ 6 \\ 3 \\ 2 \\ 5 \end{matrix}
$$

AC_j 10　10　6　6　　BC_j 5　5　3　3　　CC_j 5　5　3　3

请把这个矩阵平分问题建模为一个网络流问题，并证明一定有解。

10. （**推广的 Hall 氏定理**）假设 B 是二部图 $G(U, W, E)$ 中 U 的一个子集，而 $R(B) \subseteq W$ 是 B 的映像集合，即 $R(B)=\{w \in W \mid \exists u \in B$ 使 $(u, w) \in E\}$。Hall 氏定理说，$G(U, W, E)$ 有完全匹配的充要条件是，对任何子集 $B \subseteq U$，都有 $|B| \leq |R(B)|$。现在，让我们来推广这个定理。让我们称差值

$d(B) = |B| - |R(B)|$ 为集合 B 的映像差,而集合 U 的最大映像差则定义为 $max\text{-}d(U) = \max\limits_{B \subseteq U} d(B)$。显然,如果 $max\text{-}d(U) \leqslant 0$,那么 G 有完全匹配。请证明,G 的最大匹配的规模为 $(n - d)$ 当且仅当 $max\text{-}d(U) = d$,这里 $n = |U|$。

11. 假设一个 $n \times n$ 矩阵 $A = \{a_{ij}\}$ 中每个元素是非负整数 $a_{ij} \geqslant 0$ $(1 \leqslant i, j \leqslant n)$,但不是双随机矩阵。我们希望增加某些元素的值(正整数)使其成为一个双随机矩阵 B。我们要求增加的总数最少。在下面的例子中,增加的总数为 $3 + 2 + 1 + (1 + 2) + (1 + 3) = 13$。

$$A = \begin{bmatrix} 0 & 1 & 1 & 0 & 0 \\ 1 & 0 & 1 & 1 & 0 \\ 0 & 0 & 2 & 1 & 1 \\ 0 & 0 & 1 & 0 & 1 \\ 0 & 0 & 0 & 0 & 1 \end{bmatrix} \quad B = \begin{bmatrix} 3 & 1 & 1 & 0 & 0 \\ 1 & 0 & 1 & 1 & 2 \\ 0 & 1 & 2 & 1 & 1 \\ 1 & 2 & 1 & 0 & 1 \\ 0 & 1 & 0 & 3 & 1 \end{bmatrix}$$

请把这个问题建模为一个网络流问题解出。

12. 假设一个 $n \times n$ 矩阵 $A = \{a_{ij}\}$ 中每个元素是非负整数 $a_{ij} \geqslant 0$ $(1 \leqslant i, j \leqslant n)$。它每行元素之和为 $AR_i = \sum\limits_{j=1}^{n} a_{ij}$ $(i = 1, 2, \cdots, n)$,每列元素之和为 $AC_j = \sum\limits_{i=1}^{n} a_{ij}$ $(j = 1, 2, \cdots, n)$,并有 $\max\limits_{\substack{1 \leqslant i \leqslant n \\ 1 \leqslant j \leqslant n}} \{AR_i, AC_j\} = k > 0$。现在希望把某些元素值减少一个整数后得到一个矩阵 $B = \{b_{ij}\}$ 使得 B 的每个元素仍然是非负整数 $b_{ij} \geqslant 0$ $(1 \leqslant i, j \leqslant n)$,但是每行元素之和以及每列元素之和都小于或等于一个比 k 小的非负整数 d $(0 \leqslant d < k)$,也就是使 $BR_i = \sum\limits_{j=1}^{n} b_{ij} \leqslant d$ $(i = 1, 2, \cdots, n)$,和 $BC_j = \sum\limits_{i=1}^{n} a_{ij} \leqslant d$ $(j = 1, 2, \cdots, n)$。另外,我们要求减少的总数最小。例如,如果 $d = 2$,下面的矩阵 A 在 4 个元素的地方做了修改,一共减少的总数是 4。矩阵 C 指明了哪些元素需要减少以及减少的量。显然,$A - C = B$ 是一个满足要求的解,而且可证明 4 是最少要减去的数。

$$A = \begin{bmatrix} 0 & 1 & 2 & 0 & 0 \\ 1 & 0 & 1 & 0 & 0 \\ 1 & 0 & 1 & 1 & 0 \\ 0 & 1 & 1 & 0 & 2 \\ 0 & 0 & 0 & 1 & 0 \end{bmatrix} \quad C = \begin{bmatrix} 0 & 0 & 1 & 0 & 0 \\ 0 & 0 & 0 & 0 & 0 \\ 0 & 0 & 1 & 0 & 0 \\ 0 & 1 & 1 & 0 & 0 \\ 0 & 0 & 0 & 0 & 0 \end{bmatrix} \quad B = A - C = \begin{bmatrix} 0 & 1 & 1 & 0 & 0 \\ 1 & 0 & 1 & 0 & 0 \\ 1 & 0 & 0 & 1 & 0 \\ 0 & 0 & 0 & 0 & 2 \\ 0 & 0 & 0 & 1 & 0 \end{bmatrix}$$

请用网络流的模型来为这个问题设计一个算法。

13. 假设 f 是网络 $G(V, E)$ 的一个预流,而 h 是其高度函数。证明,如果剩余网络 G_f 中的某一顶点 v 有高度 $h(v) \geqslant n$,那么在 G_f 中,v 以及 v 有路径到达的点都没有路径到 t,而且在以后的任何时刻,它们也不会有路径到 t。

14. (a)在一个 $n \times n$ 的棋盘上,我们用 (i, j) 表示在第 i 行第 j 列的格子 $(1 \leqslant i, j \leqslant n)$。这些格子中,有一些格子不可用,其余可用。我们用 $B(i, j) = 0$ 表示格子 (i, j) 不可用,$B(i, j) = 1$ 表示格子 (i, j) 可用。我们的问题是,在可用的格子中找出最大的一组不同行和不同列的格子。也就是说,每一行最多可以选一个可用格子,每一列也最多可以选一个可用格子。请用下图所示的 8×8 棋盘的例子说明如何把这个问题建模为一个二部图的匹配问题。

(b)为下图所示的 8×8 棋盘的例子找出最大的一组不同行和不同列的可用格子。

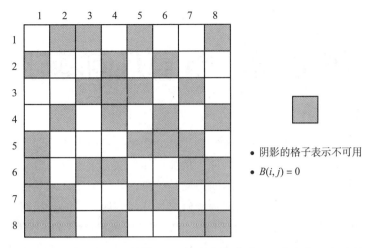

- 阴影的格子表示不可用
- $B(i, j) = 0$

15. 假设图 $G(L, R, E)$ 是一个二部图，其中 $L \cup R$ 是顶点的集合。E 中任何一条边关联 L 中的一个点和 R 中的一个点。另外，集合 L 中的任何一个点 u 有度数 $d(u) \geqslant 5$，而集合 R 中的任何一个点 v 有度数 $d(v) \leqslant 5$。证明图 G 有完全匹配。

16. 假设有 n 个研究生，$g_1, g_2, \cdots, g_n$，参加不同项目的物理实验的竞赛，但每个研究生必须有两个本科生做助手，组成一个小组。又假设有 $2n$ 个本科生可选，他们是 $u_1, u_2, \cdots, u_{2n}$。但是，因为项目的不同，不是每个本科生都合格参加所有项目的竞赛。也就是说，每个本科生只能合格参加某几个项目的物理实验。换句话说，每个研究生只能从合格的本科生中选取两个与之组成一个小组。另外，因为所有项目的竞赛是在同一个时间进行，每个人只能参加一个项目的竞赛。我们的目标是把这 n 个研究生和 $2n$ 个本科生组成正好 n 竞赛小组。请用下面的例子来说明，怎样把这个问题建模为一个网络流的问题以确定是否可能。如果可能，输出这 n 个竞赛小组的组成。

    5 个研究生是：g_1, g_2, g_3, g_4, g_5。

    10 个本科生是：$u_1, u_2, u_3, u_4, u_5, u_6, u_7, u_8, u_9, u_{10}$。

    可以与每个研究生配合的本科生集合如下：

    可与 g_1 配合的本科生集合是：$\{u_1, u_3, u_5, u_9\}$。

    可与 g_2 配合的本科生集合是：$\{u_1, u_7, u_8\}$。

    可与 g_3 配合的本科生集合是：$\{u_2, u_4, u_5, u_6, u_{10}\}$。

    可与 g_4 配合的本科生集合是：$\{u_3, u_6, u_8\}$。

    可与 g_5 配合的本科生集合是：$\{u_2, u_4, u_5, u_{10}\}$。

17. 给定一个图 $G(V, E)$，如果 V 的子集 $V' \subseteq V$ 中任意两点之间没有边，那么 V' 称为独立集。最大独立集问题就是要找出图 G 的一个最大的独立集，即含有最多顶点的独立集。如果 G 是一棵树 T，那么，这个最大独立集问题可以在 $O(n)$ 时间内解决（见第 8 章习题 19）。现在，假设 $G(V, E)$ 是一个二部图，请设计一个 $O(n^{2.5})$ 的算法为 G 找出一个最大独立集并证明其正确性。这里，$n = |V|$。

18. 让我们把第 16 题中的问题称为 **完全 (1, 2)- 匹配问题**。我们把问题再准确定义一下。给定一个二部图 $G(U, W, E)$ 和 E 的一个子集 M，我们先定义 M 中的边所关联的 U 中的点的集合为 $U(M)$，即 $U(M) = \{u \in U | \exists (u, w) \in M\}$。对称地，我们定义 $W(M) = \{w \in W | \exists (u, w) \in M\}$。我们称 M 为一个 (1, 2)- 匹配，如果满足：$W(M)$ 中每一个点 w 只有唯一的一条 M 中的边 (u, w) 与之关联；$U(M)$ 中每一个点 u 正好有 M 的两条边 (u, w) 和 (u, z) 与之关联。因为 $U(M)$ 中每个点 u 与 W 中两个点匹配，故称为 (1, 2)- 匹配。一个 (1, 2)- 匹配 M 称为是一个完全 (1, 2)- 匹配，如果有 $U(M) = U$。请证明，二部图 $G(U, W, E)$ 有一个完全 (1, 2)- 匹配，当且仅当 U 的任一子集 $B \subseteq U$ 满足 $|B| \leqslant 2|R(B)|$。这里，$R(B) \subseteq W$ 是集合 B 在 W 中的映像集。

第 12 章　计算几何基础

　　计算几何（computational geometry）是计算机算法的一个重要分支，它要解决的是如何有效地完成与几何问题有关的算法问题。例如，如何在 X-Y 坐标中分布的 n 个点中找出距离最近的两个点。这里，求两点之间的距离是简单的几何问题，但是在很多的点中如何最快地找到最近的两个点就是个算法问题。研究与几何问题有关的算法问题的学科称为计算几何。计算几何在许多领域有广泛的应用，例如，计算机图形学、机器人、电子游戏、大规模集成电路设计，生物信息科学等。对这一学科的研究需要一些几何知识，但大部分情况下，不需要高深的几何知识。计算几何和作为数学分支的几何是不同的，这一点从上面找最近点对的例子可以看出。但是，这不表明计算几何就不涉及较难的几何问题，要视具体问题而定。我们在这一章中只讨论该学科中最基本的问题，使读者对这一学科有一个基本了解，并打下进一步深造的基础。

12.1　平面线段及相互关系

　　平面线段是最简单的几何图形之一，也是构成其他几何图形最主要和最常用的元素之一。这一节先介绍平面线段及向量在 X-Y 坐标系中的解析定义，然后介绍两个向量的点积运算和叉积运算，最后讨论与线段相互间关系有关的基本算法。

　　定义 12.1　给定二维 X-Y 平面上的两个点，$p_1=(x_1, y_1)$ 和 $p_2=(x_2, y_2)$，任何满足以下关系的点 $p=(x, y)$ 称为这两个点的一个**凸线性组合** (convex combination)：$x=\alpha x_1+(1-\alpha)x_2$ 和 $y=\alpha y_1+(1-\alpha)y_2$，这里 α 是 0 和 1 之间的一个实数 $(0 \leqslant \alpha \leqslant 1)$。这个关系也可以简洁地表示为 $p=\alpha p_1+(1-\alpha)p_2$，或者 $\begin{pmatrix} x \\ y \end{pmatrix}=\alpha \begin{pmatrix} x_1 \\ y_1 \end{pmatrix}+(1-\alpha)\begin{pmatrix} x_2 \\ y_2 \end{pmatrix}$。

　　定义 12.2　给定二维 X-Y 平面上的两个点，$p_1=(x_1, y_1)$ 和 $p_2=(x_2, y_2)$，包含这两点的所有凸线性组合的点的集合定义为这两点之间的线段，并记为 $\overline{p_1p_2}$，这两个点称为该线段的端点。当需要考虑该线段的方向时，我们用 $\overrightarrow{p_1p_2}$ 表示从 p_1 到 p_2 的有向线段，当 $p_1=(0, 0)$ 时，$\overrightarrow{p_1p_2}$ 也称为向量 p_2。也就是说，向量 $p=(x, y)$ 指的是从原点 $(0, 0)$ 到点 p 的有向线段，常记为 $\overrightarrow{Op}$。

　　在这一节，我们要讨论以下三个问题：

　　1）给定 X-Y 平面上的两个向量，p_1 和 p_2，向量 p_1 是在向量 p_2 的逆时针方向上还是在顺时针方向上？这里的逆时针方向是指，向量 p_2 可以以原点 $(0, 0)$ 为轴心，沿逆时针方向旋转一个小于 180 度的角度与向量 p_1 重叠。顺时针方向是指，向量 p_2 可以以原点 $(0, 0)$ 为轴心，沿顺时针方向旋转一个小于 180 度的角度与向量 p_1 重叠。

　　2）如果我们沿着有向线段 $\overrightarrow{p_0p_1}$ 从点 p_0 走到点 p_1 后，再沿着有向线段 $\overrightarrow{p_1p_2}$ 走向点 p_2 时，是向左拐还是向右拐？

　　3）给定的两条线段 $\overline{p_1p_2}$ 和 $\overline{p_3p_4}$ 是否有交点？

12.1.1　向量的点积和叉积

点积（inner product）和叉积（cross product）是定义在两个向量之间的两个基本运算，它们在研究两条线段关系时起着关键作用。向量可以是高维的，但这里只讨论二维向量。

定义 12.3　给定二维 X-Y 平面上两个向量，$p_1=(x_1,y_1)$ 和 $p_2=(x_2,y_2)$，它们的点积（或称点乘）$p_1 \cdot p_2$ 和叉积（或称叉乘）$p_1 \times p_2$ 分别定义如下：

$$p_1 \cdot p_2 = \begin{pmatrix} x_1 \\ y_1 \end{pmatrix} \cdot \begin{pmatrix} x_2 \\ y_2 \end{pmatrix} = x_1 x_2 + y_1 y_2$$

$$p_1 \times p_2 = \begin{pmatrix} x_1 \\ y_1 \end{pmatrix} \times \begin{pmatrix} x_2 \\ y_2 \end{pmatrix} = \det \begin{pmatrix} x_1 & x_2 \\ y_1 & y_2 \end{pmatrix} = \begin{vmatrix} x_1 & x_2 \\ y_1 & y_2 \end{vmatrix} = x_1 y_2 - x_2 y_1$$

显然，我们有 $p_1 \cdot p_2 = p_2 \cdot p_1$，但是 $p_1 \times p_2 = -p_2 \times p_1$。我们用图 12-1a 和图 12-1b 来解释这两个乘积的几何意义。

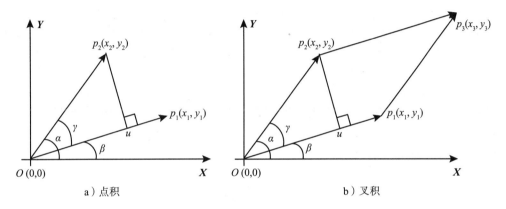

a）点积　　　　　　　　　　　b）叉积

图 12-1　点积和叉积的几何含义

由图 12-1a，我们有

$$\cos\alpha = \frac{x_2}{|Op_2|}, \quad \sin\alpha = \frac{y_2}{|Op_2|}, \quad \cos\beta = \frac{x_1}{|Op_1|}, \quad \sin\beta = \frac{y_1}{|Op_1|}$$

因为 $\cos\gamma = \cos(\alpha - \beta) = \cos\alpha \cos\beta + \sin\alpha \sin\beta = \dfrac{x_1 x_2 + y_1 y_2}{|Op_1||Op_2|} = \dfrac{P_1 \cdot P_2}{|Op_1||Op_2|}$，所以有：

$$p_1 \cdot p_2 = |\overrightarrow{Op_1}||\overrightarrow{Op_2}|\cos\gamma$$

因此，两个向量的点积等于两向量的模（即长度）的乘积再乘以两向量夹角的余弦。这里，$|\overrightarrow{Op_2}|\cos\gamma$ 可视为向量 $\overrightarrow{Op_2}$ 在 $\overrightarrow{Op_1}$ 上的投影 $\overrightarrow{Ou}$ 的长度，但可正可负，取决于角度 γ。

又由图 12-1b 可见，如果以 $\overrightarrow{Op_1}$ 和 $\overrightarrow{Op_2}$ 为两边作一平行四边形，那么其面积是：

$$|\overrightarrow{Op_1}| \times |up_2| = |Op_1||Op_2|\sin\gamma = |Op_1||Op_2|\sin(\alpha - \beta) = |Op_1||Op_2|(\sin\alpha \cos\beta - \sin\beta \cos\alpha)$$

$$= |Op_1||Op_2|\left(\frac{y_2}{|OP_2|}\frac{x_1}{|Op_1|} - \frac{y_1}{|Op_1|}\frac{x_2}{|Op_2|}\right) = x_1 y_2 - x_2 y_1$$

$$= p_1 \times p_2$$

所以，以向量 p_1 和 p_2 为边所构成的平行四边形的面积就等于它们的叉积。这里，$|up_2|$ 表示两点间的距离，也就是从点 p_2 向通过 $\overrightarrow{Op_1}$ 的直线作垂线后，从点 p_2 到垂足 u 的距离，

$|up_2|=|Op_2|\sin\gamma$。该距离可正可负，取决于 $\gamma=\alpha-\beta$ 的正负。当然，面积应是正数，所以这个平行四边形面积应等于两向量叉积的绝对值。一个有趣的观察是，点积 $p_1\cdot p_2$ 和叉积 $p_1\times p_2$ 的不同是，点积用余弦 $\cos\gamma$，而叉积用正弦 $\sin\gamma$，去乘两向量的模之积 $|Op_1||Op_2|$。

12.1.2 平面线段的相互关系

在这一节，我们回答前面所提的三个问题。下面的定理回答了第一个问题。

定理 12.1 给定 X-Y 平面上的两个向量，p_1 和 p_2，如果 $p_1\times p_2>0$ 那么 p_1 是在 p_2 的顺时针方向上；如果 $p_1\times p_2<0$ 那么 p_1 是在 p_2 的逆时针方向上；如果 $p_1\times p_2=0$ 那么两个向量共线。

证明： 由上面对图 12-1b 的分析可知，$p_1\times p_2=|Op_1||Op_2|\sin\gamma$。如果 $p_1\times p_2>0$，那么就有 $\sin\gamma>0$，而 $\sin\gamma>0$ 说明角度 $\gamma=(\alpha-\beta)>0$，所以 p_1 是在 p_2 的顺时针方向上；否则有 $p_1\times p_2<0$，$\sin\gamma<0$，说明角度 $\gamma=(\alpha-\beta)<0$，所以 p_1 是在 p_2 的逆时针方向上。如果 $p_1\times p_2=0$，则有 $\sin\gamma=0$，这时必有 $(\alpha-\beta)=0$ 或 $(\alpha-\beta)=180°$，显然表明两个向量共线。∎

推论 12.2 当我们沿着有向线段 $\overrightarrow{Op_1}$ 从原点 O 走到点 p_1 后再沿着有向线段 $\overrightarrow{p_1p_2}$ 走向 p_2 时，如果叉积 $p_1\times p_2>0$，那么我们在 p_1 点向左拐；如果 $p_1\times p_2<0$，则向右拐；如果 $p_1\times p_2=0$，则方向不变或 180° 逆向。

证明： 当 $p_1\times p_2>0$ 时，由定理 12.1，p_1 是在 p_2 的顺时针方向上。如图 12-2a 所示，这时角度 $\gamma=(\alpha-\beta)>0$，所以我们在 p_1 点向左拐。反之，如果 $p_1\times p_2<0$，如图 12-2b 所示，我们在 p_1 点则向右拐。显然，如果 $p_1\times p_2=0$，则两个向量共线，因此要么不改变方向，要么转 180° 逆向行走。∎

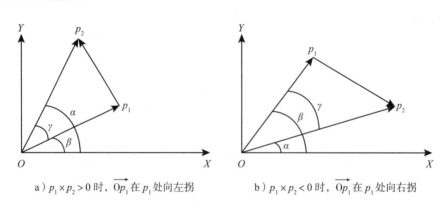

a）$p_1\times p_2>0$ 时，$\overrightarrow{Op_1}$ 在 p_1 处向左拐　　　　b）$p_1\times p_2<0$ 时，$\overrightarrow{Op_1}$ 在 p_1 处向右拐

图 12-2 叉积的正负与线段转向之间的关系

推论 12.2 中，如果起点不是原点 O，而是 p_0，即我们沿着有向线段 $\overrightarrow{p_0p_1}$ 从 p_0 走到 p_1 后再沿着有向线段 $\overrightarrow{p_1p_2}$ 走向 p_2 时，那么我们在 p_1 点应该向左拐，还是向右拐呢？我们可以先把原点 O 平移到 p_0 再考虑这个问题。这等价于考虑向量 (p_1-p_0) 和 (p_2-p_0) 的叉乘。所以，如果 $(p_1-p_0)\times(p_2-p_0)>0$，那么在 p_1 点向左拐；如果 $(p_1-p_0)\times(p_2-p_0)<0$，则是向右拐；如果 $(p_1-p_0)\times(p_2-p_0)=0$，那么在 p_1 点要么不改变方向，要么转 180° 逆向行走。这就回答了第二个问题。现在来考虑第三个问题，即给定的两个线段 $\overline{p_1p_2}$ 和 $\overline{p_3p_4}$ 是否有交点？设 $p_1=(x_1,y_1)$，$p_2=(x_2,y_2)$，$p_3=(x_3,y_3)$ 和 $p_4=(x_4,y_4)$。

一个直接求交点的方法

这个方法是建立一个联立方程组去求解交点。如果有交点 $p=(x, y)$，那么，因为点 p 在线段 $\overline{p_1 p_2}$ 上，所以存在 α $(0 \leq \alpha \leq 1)$ 使得 $\begin{pmatrix} x \\ y \end{pmatrix} = \alpha \begin{pmatrix} x_1 \\ y_1 \end{pmatrix} + (1-\alpha) \begin{pmatrix} x_2 \\ y_2 \end{pmatrix}$。又因为点 p 也在线段 $\overline{p_3 p_4}$ 上，所以存在 β $(0 \leq \beta \leq 1)$ 使得 $\begin{pmatrix} x \\ y \end{pmatrix} = \beta \begin{pmatrix} x_3 \\ y_3 \end{pmatrix} + (1-\beta) \begin{pmatrix} x_4 \\ y_4 \end{pmatrix}$。因此有：

$$\alpha \begin{pmatrix} x_1 \\ y_1 \end{pmatrix} + (1-\alpha) \begin{pmatrix} x_2 \\ y_2 \end{pmatrix} = \beta \begin{pmatrix} x_3 \\ y_3 \end{pmatrix} + (1-\beta) \begin{pmatrix} x_4 \\ y_4 \end{pmatrix}$$

由此得到：

$$\alpha \begin{pmatrix} x_1 - x_2 \\ y_1 - y_2 \end{pmatrix} + \beta \begin{pmatrix} x_4 - x_3 \\ y_4 - y_3 \end{pmatrix} = \begin{pmatrix} x_4 - x_2 \\ y_4 - y_2 \end{pmatrix}$$

由线性代数的克莱姆法则 (Cramer's rule)，这个方程组在下面行列式 A 不等于零时有解：

$$A = \begin{vmatrix} x_1 - x_2 & x_4 - x_3 \\ y_1 - y_2 & y_4 - y_3 \end{vmatrix}$$

解是：

$$\alpha = \frac{\begin{vmatrix} x_4 - x_2 & x_4 - x_3 \\ y_4 - y_2 & y_4 - y_3 \end{vmatrix}}{A}, \quad \beta = \frac{\begin{vmatrix} x_1 - x_2 & x_4 - x_2 \\ y_1 - y_2 & y_4 - y_2 \end{vmatrix}}{A}$$

解出 α 和 β 后再去检查它们是否满足 $0 \leq \alpha \leq 1$ 和 $0 \leq \beta \leq 1$。这个方法的主要缺点是要做除法。当 A 很小时会引起误差，导致误判。下面介绍另一个方法。

一个用叉乘来判断的方法

我们注意到，如果这两条线段相交，那么，点 p_3 和 p_4 必定在通过 $\overline{p_1 p_2}$ 的直线的两侧，所以，沿 $\overline{p_1 p_2}$ 从点 p_1 到 p_2 后，分别从点 p_2 到 p_3 和从点 p_2 到 p_4 的话，一定是一个向左，一个向右。这就是说，下面两个叉积的符号相反：

$$d_1 = (p_2 - p_1) \times (p_3 - p_1), \quad d_2 = (p_2 - p_1) \times (p_4 - p_1)$$

同理，点 p_1 和 p_2 必定在通过 $\overline{p_3 p_4}$ 的直线的两侧，所以下面两个叉积的符号也相反：

$$d_3 = (p_4 - p_3) \times (p_1 - p_3), \quad d_4 = (p_4 - p_3) \times (p_2 - p_3)$$

我们观察到，在计算了以上这 4 个叉积后，两条线段相交与否有以下三种情况：

1）两条线段共线。这种情况发生的充要条件是 $d_1 = d_2 = 0$。$d_1 = 0$ 表明线段 $\overline{p_1 p_2}$ 和 $\overline{p_1 p_3}$ 共线，$d_2 = 0$ 表明线段 $\overline{p_1 p_2}$ 和 $\overline{p_1 p_4}$ 共线，那么 $\overline{p_1 p_2}$ 和 $\overline{p_3 p_4}$ 必定共线，反之亦然。在这种情况下，可如下确定它们相交与否。

如果 $x_1 = x_2$，若 $\max\{y_1, y_2\} < \min\{y_3, y_4\}$ 或者 $\max\{y_3, y_4\} < \min\{y_1, y_2\}$，则这两条线段不相交，否则相交。

如果 $x_1 \neq x_2$，若 $\max\{x_1, x_2\} < \min\{x_3, x_4\}$ 或者 $\max\{x_3, x_4\} < \min\{x_1, x_2\}$，则这两条线段不相交，否则相交。

2）两条线段不共线并且不相交。这时必定有向量 $\overrightarrow{p_1 p_3}$ 和 $\overrightarrow{p_1 p_4}$ 在线段 $\overline{p_1 p_2}$ 的同一侧，或

者向量 $\overrightarrow{p_3p_1}$ 和 $\overrightarrow{p_3p_2}$ 在线段 $\overline{p_3p_4}$ 的同一侧。图 12-3 显示了这一情况。

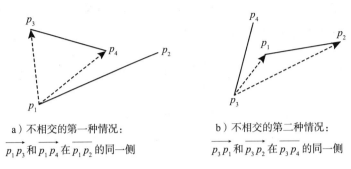

a）不相交的第一种情况：
$\overrightarrow{p_1p_3}$ 和 $\overrightarrow{p_1p_4}$ 在 $\overline{p_1p_2}$ 的同一侧

b）不相交的第二种情况：
$\overrightarrow{p_3p_1}$ 和 $\overrightarrow{p_3p_2}$ 在 $\overline{p_3p_4}$ 的同一侧

图 12-3　两线段不共线且不相交的两种情况

我们可用叉积来判断这一情况。如果 $d_1d_2>0$，说明叉积 d_1 和 d_2 同为正数或同为负数，也就是 $\overrightarrow{p_1p_3}$ 和 $\overrightarrow{p_1p_4}$ 同在 $\overline{p_1p_2}$ 的逆时针方向或同在其顺时针方向上，因此向量 $\overrightarrow{p_1p_3}$ 和 $\overrightarrow{p_1p_4}$ 在 $\overline{p_1p_2}$ 的同一侧。同理，如果 $d_3d_4>0$，说明向量 $\overrightarrow{p_3p_1}$ 和 $\overrightarrow{p_3p_2}$ 在 $\overline{p_3p_4}$ 的同一侧。因此，两条线段不共线并且不相交的充要条件是 $d_1d_2>0$ 或 $d_3d_4>0$。注意，这两个乘积中，最多可有一个为 0。例如，当点 p_4 与 $\overline{p_1p_2}$ 共线时，$d_2=0$，$d_1d_2=0$。但是，这时必有 $d_3d_4>0$。

3）两条线段不共线但是相交。这种情况的充要条件是情况 1）和情况 2）的条件不满足。

根据上面讨论，一个基于叉积的判断程序如下：

设 $p_1=(x_1,y_1)$，$p_2=(x_2,y_2)$，$p_3=(x_3,y_3)$ 和 $p_4=(x_4,y_4)$。
Segment-Intersect(p_1,p_2,p_3,p_4)　　// $\overline{p_1p_2}$ 和 $\overline{p_3p_4}$ 相交判断
```
1  d₁ ← (p₂-p₁)×(p₃-p₁)
2  d₂ ← (p₂-p₁)×(p₄-p₁)
3  d₃ ← (p₄-p₃)×(p₁-p₃)
4  d₄ ← (p₄-p₃)×(p₂-p₃)
5  if d₁=d₂=0                      // 情况 1），p₁p₂ 和 p₃p₄ 共线，此时必有 d₃=d₄=0
6     then if x₁=x₂
7              then    if max{y₁,y₂}<min{y₃,y₄} or max{y₃,y₄}<min{y₁,y₂}
8                         then return false        // 不相交
9                         else return true         // 相交
10                     endif
11              else if max{x₁,x₂}<min{x₃,x₄} or max{x₃,x₄}<min{x₁,x₂}
12                         then return false        // 不相交
13                         else return true         // 相交
14                     endif
15         endif
16     else if (d₁×d₂>0) or (d₃×d₄>0)    // 情况 1）不出现时，情况 2）出现的充要条件
17              then return false          // 不相交
18              else return true           // 相交
19         endif
20 endif
21 End
```

判断程序 Segment-Intersect 回答了前面的第三个问题。要注意的是，当两条线段相交时，这个程序只给出相交的判断，要想求得交点位置仍需解联立方程组。我们称 Segment-Intersect 是一个程序而不称为算法是因为它的输入规模是个常数。

【例 12-1】假设平面上四个点的坐标是 $p_1=(-3,4)$，$p_2=(2,6)$，$p_3=(-1,7)$ 和 $p_4=(4,-5)$。判断线段 $\overline{p_1p_2}$ 和 $\overline{p_3p_4}$ 是否有交点？

解： 先计算以下 4 个叉积：

$$d_1 = (p_2 - p_1) \times (p_3 - p_1) = \begin{vmatrix} x_2 - x_1 & x_3 - x_1 \\ y_2 - y_1 & y_3 - y_1 \end{vmatrix} = \begin{vmatrix} 5 & 2 \\ 2 & 3 \end{vmatrix} = 11$$

$$d_2 = (p_2 - p_1) \times (p_4 - p_1) = \begin{vmatrix} x_2 - x_1 & x_4 - x_1 \\ y_2 - y_1 & y_4 - y_1 \end{vmatrix} = \begin{vmatrix} 5 & 7 \\ 2 & -9 \end{vmatrix} = -59$$

$$d_3 = (p_4 - p_3) \times (p_1 - p_3) = \begin{vmatrix} x_4 - x_3 & x_1 - x_3 \\ y_4 - y_3 & y_1 - y_3 \end{vmatrix} = \begin{vmatrix} 5 & -2 \\ -12 & -3 \end{vmatrix} = -39$$

$$d_4 = (p_4 - p_3) \times (p_2 - p_3) = \begin{vmatrix} x_4 - x_3 & x_2 - x_3 \\ y_4 - y_3 & y_2 - y_3 \end{vmatrix} = \begin{vmatrix} 5 & 3 \\ -12 & -1 \end{vmatrix} = 31$$

因为 $d_1 \neq 0$，显然不共线。又因为 $d_1 \times d_2 < 0$ 和 $d_3 \times d_4 < 0$，如图 12-4 所示，两线段相交。

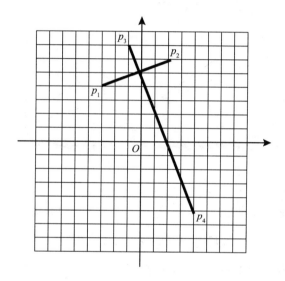

图 12-4　例 12-1 中两线段相交图示

12.2　平扫线技术和线段相交的确定

平扫线技术是解决许多应用问题的一个重要技巧。我们通过下面这一问题来解释这个技术：假设 X-Y 平面上有 n 条线段，如何设计一个快速有效的算法来确定是否有两条线段相交？如果我们用上一节中的程序 Segment-Intersect 来判断每两条线段是否相交，那么，我们需要调用该程序的次数是 $\Omega(n^2)$。如果用平扫线技术，则只需要 $O(n\lg n)$ 时间就可以判断。在这个问题中，我们用一条垂直于 X 轴的直线 l，称为**平扫线**（sweeping line），从左向右扫描。扫描的区域不需要横跨整个平面，而只需要考虑有线段出现的区域。因此，我们先把 n 条线段的 $2n$ 个端点按它们的 X 坐标从小到大排序（也就是从左到右排序）。扫描的区域是从最左边的端点开始到最右边的端点为止。为简单起见，我们假定没有任何垂直于 X 轴的线段，所以，每条线段的左端点和它的右端点都有不同的 X 坐标。另外，我们假定没有三条线段交于一点。

12.2.1　平扫线的状态和事件点

当平扫线 l 在从左到右的扫描过程中停留在横坐标为 x 的位置时，它可能会和某些线段相交。

定义 12.4　当平扫线 l 停留在横坐标为 x 的位置时，所有与 l 相交的线段可以按它们与 l 的交点的纵坐标从大到小，即从上向下，进行排序。这个序列称为平扫线 l 在点 x 时的**状态**（status）或**状态序列**，而点 x 称为平扫线 l 的一个状态点。序列中的任两条线段 u 和 v 称为在点 x **可比较**（comparable），并且，如果 u 在 v 之上，则记为 $u >_x v$。

图 12-5a 给出了一个平扫线与 4 条线段的例子，其中平扫线在点 r，t，u 的状态分别是 $<a, c>$、$<a, b, c>$ 和 $<b, c>$。这 4 条线段互不相交。图 12-5b 给出了一个平扫线与 5 条线段的例子。其中，平扫线在点 w，x，y，z 的状态分别是 $<e, g, f>$、$<e, f>$、$<f, e>$ 和 $<f, i, e>$。这 5 条线段中，e 和 f 有交点。

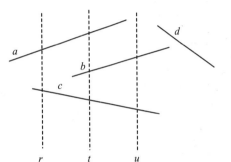 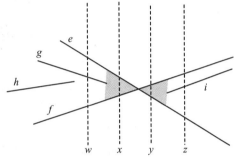

a）互不相交的 4 条线段与平扫线在 3 个点的状态　　　b）有交点的 5 条线段与平扫线在 4 个点的状态

图 12-5　平扫线状态与线段的关系

我们注意到，如果线段 u 和 v 相交于点 p，那么平扫线必有一个在点 p 左边的状态点 x 和一个在 p 右边的状态点 y 使得线段 u 和 v 在这两点的状态序列中都相邻，但它们的顺序相反。例如，在图 12-5b 所示的例子中，线段 e 和 f 相交。状态点 x 和 y 分别在交点的左边和右边。我们看到，线段 e 和 f 在点 x 和点 y 的状态序列中都相邻，但是分别有 $e >_x f$ 和 $f >_y e$。另外，容易看出，平扫线从某个位置出发向右平移时，与之相交的线段的集合在碰到下面两种情况时才会改变：

1）到达一个位置，正好是一个新线段的左端点。

2）到达一个位置，正好是状态中某条线段的右端点。

这是因为在碰到这两种情况之前，与平扫线相交的线段保持相交，又没有新线段被扫描到。第一种情况表明有一条新线段开始与平扫线相交，而第二种情况表明有一条当前与平扫线相交的线段在这个位置之后将不再相交。

因此，我们只需要检查平扫线在 $2n$ 个端点位置上状态的变化来判断是否有线段相交。我们把这 $2n$ 个端点在 X 轴上的坐标称为**事件点**（event-point）。这 $2n$ 个事件点从小到大，即从左到右排序，排序后的序列称为**事件点调度**（event-point schedule）序列。如果有多条线段的端点有共同的 X 坐标，我们把左端点排在右端点前面。如果有多个左端点有共同的 X 坐标，我们按它们的 Y 坐标排序，有较小 Y 坐标的排在前面。如果有多个右端点有共同的 X 坐标，也照此处理。让我们看一个例子。假设有 4 条线段，$\overline{p_1 p_2}$、$\overline{p_3 p_4}$、$\overline{p_5 p_6}$ 和 $\overline{p_7 p_8}$，其中，$p_1=(3, 4)$，$p_2=(5, 7)$，$p_3=(5, 5)$，$p_4=(9, 6)$，$p_5=(1, 1)$，$p_6=(5, 6)$，$p_7=(5, 3)$，$p_8=(9, 8)$。那么，它们的事件点调度是：p_5，p_1，p_7，p_3，p_6，p_2，p_4，p_8。

12.2.2　用平扫线确定线段相交的算法

当我们确定了 $2n$ 个事件点的调度后，就按照它们的顺序，从左到右逐点检查平扫线的状态。要注意的一点是，平扫线在平移到下一个事件点之前，在 X 轴的任一位置上，虽然与之相交的所有线段的集合不变，但它们的顺序可能会变，而且当且仅当有线段相交时顺序有变化。我们讨论的问题只要求找出一对相交的线段即可。我们将会证明，如果有线段相交，一定会在平扫线的某个状态中有相邻的两条线段相交。所以，我们的算法只检查每个状态中每两条相邻线段是否相交即可。所以，在每个事件点上，我们要做以下两件事之一：

1）如果这个点是某线段 s 的左端点，则将该线段插入到这个点的状态序列中。并检查，线段 s 插入后，它是否在序列中有相邻线段。如果有，调用程序 Segment-Intersect 判断它们与 s 是否相交。如果相交，算法结束并报告一对相交的线段。否则，算法进入下一个事件点。

2）如果这个点是某线段 r 的右端点，那么先检查，线段 r 是否同时有上面的相邻线段和下面的相邻线段。如果有，用程序 Segment-Intersect 判断这两个相邻线段之间是否相交。如果相交，算法结束并报告　对相交的线段。否则，这两个相邻线段不相交，或不同时存在，算法将线段 r 从这个点的状态序列中删除。然后，算法进入下一个事件点。

如果在 $2n$ 个事件点都检查之后仍未发现有线段相交，则算法结束并报告没有交点。

因为更新平扫线的状态需要动态地对一个排好序的序列进行插入和删除操作，我们用红黑树 (red-black tree) 为数据结构来支持这些操作。红黑树是二元搜索树的一种，它可保证在 $O(\lg n)$ 时间内完成一个插入或删除操作，这里，n 是红黑树中结点的个数。所以为 $2n$ 个事件点更新状态总共只需要 $O(n\lg n)$ 时间。不熟悉红黑树的读者可参阅书后附录 A 或其他有关资料。这里我们约定几个对红黑树 T 进行操作的记号：

- Insert(T, s)：把线段 s 插入 T；
- Delete(T, s)：把线段 s 从 T 中删除；
- Above(T, s)：找出 T 中紧排在 s 上面的线段；
- Below(T, s)：找出 T 中紧排在 s 下面的线段。

红黑树 T 中的点按二元搜索树的规则排序。下面是用平扫线确定线段相交的算法伪码，其正确性证明随后。

```
Any-Segments-Intersect(S,n)        //S 是 n 条线段的集合
1   T ← ∅                          // 红黑树初始为空
2   sort the 2n endpoints to get event-point schedule L[1..2n]   //排序得到事件点调
    度序列 L[1..2n]
3   for i ← 1 to 2n
4       if L[i] is the left endpoint of segment s      // L[i] 是线段 s 的左端点
5               then Insert(T,s)
6                       if (Above(T,s) exists and intersects s)   //需要调用 Segment-
                                Intersect
7                                       // 如果 s 上面有相邻的线段存在并与 s 相交
8                                       then return true,s,Above(T,s)
```

```
9                           endif
10                      if (Below(T,s) exists and intersects s)
11                                  // 如果 s 下面有相邻的线段存在并与 s 相交
12                              then return true,s,Below(T,s)
13                      endif
14              else L[i] is the right endpoint of segment r     //L[i] 是线段 r 的右端点
15                      if Above(T,r) and Below(T,r) exist and intersect
16                      // 如果 r 的上面和下面都有与 r 相邻的线段存在，并且它们相交
17                              then return true,Above(T,r),Below(T,r)
18                      endif
19                      Delete(T,r)
20          endif
21 endfor
22 return false
23 End
```

图 12-6 给出了一个确定线段相交的例子。图中显示了 7 个事件点上平扫线的状态。在第 1 个事件点上只有一个线段 a；在第 2 个事件点上插入线段 b 在 a 之下但与 a 不相交；在第 3 个事件点上插入线段 c，它与 a 和 b 相邻但与 a 和 b 都不相交；在第 4 个事件点上插入线段 d，它在 a 之上但与 a 不相交；在第 5 个事件点上删去线段 a 后，d 与 c 相邻但不相交；在第 6 个事件点上插入线段 e 在 d 之上，但它们不相交；在第 7 个事件点上删去线段 c 后，d 与 b 相邻，发现它们相交，算法结束。下面证明算法 Any-Segments-Intersect 的正确性。

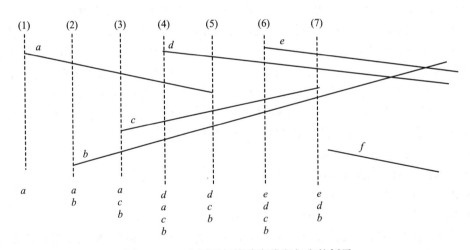

图 12-6　一个用平扫线确定线段相交的例子

定理 12.3　算法 Any-Segments-Intersect 能正确地确定集合 S 中是否有线段相交。

证明：当算法 Any-Segments-Intersect 报告有线段相交时显然是正确的，所以我们只需要证明，只要有线段相交，算法一定会报告 true。为此，让我们假设集合 S 中有线段相交，而点 p 是所有交点中 X 坐标最小的一个，并假设在 p 点相交的线段是 a 和 b。我们证明算法 Any-Segments-Intersect 一定会报告线段相交。如图 12-7 显示，我们分三种情况讨论，并证明任一种情况下，算法都会报告有交点。

1）线段 a 和 b 的左端点均出现在点 p 的左边。

这种情况下，考虑在点 p 左边最后一个事件点 q 的平扫线状态。线段 a 和 b 必定包含在

点 q 的平扫线状态中。如果 a 和 b 在点 q 之前 (包括点 q) 的某个平扫线状态中相邻,那么算法必定会检查到,并报告相交。如果 a 和 b 在点 q 之前 (包括点 q) 的所有平扫线状态中不相邻,那么,如图 12-7a 所示,一定有一条线段 d 在 q 点的平扫线状态中介于 a 和 b 之间。也许还有线段 e 等多条介于 a 和 b 之间,取一条线段 d 即可。

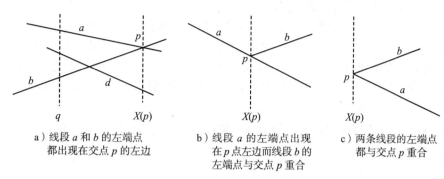

a) 线段 a 和 b 的左端点都出现在交点 p 的左边　　b) 线段 a 的左端点出现在 p 点左边而线段 b 的左端点与交点 p 重合　　c) 两条线段的左端点都与交点 p 重合

图 12-7　线段 a 和 b 相交的三种情况

如果线段 d 的右端点在 q 点的右边,那么因为我们假定没有三条线段交于一点,又因为 q 是点 p 之前最后一个事件点,线段 d 的右端点只能在 p 点右边而必定与 a 或 b 相交。这样一来,点 p 就不是最左边的交点了,这不可能。

如果线段 d 的右端点正好在 q 点的平扫线上,那么因为 q 是点 p 之前最后一个事件点,算法会在这一点上把线段 d 删去而使 a 和 b 相邻并得到相交的结果。所以算法在对 q 点的平扫线状态的操作中,一定会发现 a 与 b 相交。注意,如有另一线段 e 或多条线段的右端点也在 q 点的平扫线上,并介于 a 和 b 之间,那么,算法会在点 q 上把它们全部删除后,发现并报告 a 与 b 相交。

注意,线段 d 的右端点不会在 p 点上,因为我们假设没有 3 条线段交于一点。其实,即使它们交于点 p,算法也会在对 p 点的平扫线状态的操作中发现有线段相交。

2) 线段 a 的左端点出现在点 p 的左边,而 b 的左端点与交点 p 重合。

这种情况下,线段 b 的左端点 p 是一个事件点。如果在这个事件点之前,算法已发现有线段相交,那么证明完成。否则,当算法对 p 这个事件点进行操作时,会把 b 插入到平扫线状态中并且与 a 相邻。显然,算法会报告 a 和 b 相交。同理可证对称情况,即 a 的左端点与交点 p 重合,而 b 的左端点出现在点 p 的左边。

3) 线段 a 和 b 的左端点均与点 p 重合。

这种情况下,a 和 b 的左端点都是事件点,并且会在 p 点的平扫线状态中被先后插入而且相邻,所以算法会报告 a 和 b 相交。

由上面的讨论可知,算法一定会在 p 点或 p 点之前的事件点上报告有相交的线段。　　■

12.3　平面点集的凸包

简单来说,X-Y 平面上的一个点集的凸包就是包含这个点集的一个凸多边形,并且要求其面积最小。让我们先定义几个常识性的几何名词。

定义 12.5　一个多边形就是由平面上一组按顺序首尾相连的线段组成的封闭曲线,曲线中的线段称为多边形的边 (side)，而这条曲线，即边的序列称为这个**多边形的边界**。假设一个多边形有 n 条边，$n \geq 3$，顺序是 (p_0, p_1)，(p_1, p_2)，$\cdots$，(p_{n-2}, p_{n-1})，(p_{n-1}, p_0)，那么这个多边形称为 n 边形并表示为 n 个点的序列 $<p_0, p_1, \cdots, p_{n-1}>$，称为顶点序列。

定义 12.6 一个简单 n 边形就是自身无交点的多边形，即它的 n 条边之间，除相邻两条边的一端点重合外，没有其他交点。

我们在这章中除特别说明外只讨论简单多边形，简称多边形。

定义 12.7 被一个多边形所包围的平面上点的集合（不含边界）称为该多边形的内部，除多边形的边界和内部的点以外的平面上所有其他点的集合称为该多边形的外部。

定义 12.8 如果一个多边形的内部或边界上任意两点间的线段不含外部的点，那么该多边形称为一个凸多边形。

图 12-8 给出了非简单多边形、简单多边形以及凸多边形的例子。下面定义平面点集的凸包。

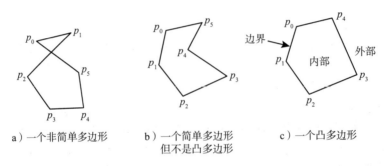

a）一个非简单多边形 　　b）一个简单多边形　　c）一个凸多边形
　　　　　　　　　　　　　但不是凸多边形

图 12-8　非简单多边形、简单多边形以及凸多边形的例子

定义 12.9 假设 Q 是一个平面上 n 个点的集合，它的**凸包** (convex hull) 是包含 Q 的最小凸多边形，记为 $CH(Q)$。这里，最小是指它的面积最小。

图 12-9 显示了一个有 10 个点的凸包的例子。一个对凸包的直观的理解是，在一块平板上有 n 根直立的钉子，用一个橡皮筋把它们紧紧圈住，那么橡皮筋所形成的曲线就是这 n 根钉子在平板上对应点的凸包。

容易看出，一个凸包的顶点必定是集合 Q 中的某些点。另外，为了消除二义性，凸包的顶点必须不在其他任意两个顶点的线段中间，例如，图 12-9 中点 p_9 不算凸包的顶点。也就是说，在凸包顶点处，内部一侧的夹角必定严格小于 180°。

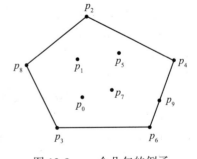

图 12-9　一个凸包的例子

我们将讨论求解凸包的两种算法。感兴趣的读者可从有关资料中找到其他方法。

12.3.1　Graham 扫描法

假设平面上点集 Q 有 $n+1$ 个点（$n+1 \geq 3$），Graham 扫描法 (Graham's scan) 计算凸包 $CH(Q)$ 的思路如下。首先，我们取 Y 坐标最小的点作为出发点。如果这样的点有多个，则取最左边的一个，即 X 坐标最小的一个点。显然，这个点一定是凸包的一个顶点。设这点

为 p_0，其余点为 $p_i\,(1\leqslant i\leqslant n)$。

然后，为每个点 p_i，计算向量 $\overrightarrow{p_0p_i}$ 与 X 轴的夹角，并记为 $\alpha_i\,(1\leqslant i\leqslant n)$。我们把这 n 个夹角从小到大排序。如果发现有多个夹角相等，则只保留离 p_0 最远的一个顶点，因为其他点不可能成为凸包的顶点。不失一般性，设 $\alpha_1<\alpha_2<\cdots<\alpha_n$。因为点 p_0 的 Y 坐标最小，所以有 $0\leqslant\alpha_1<\alpha_2<\cdots<\alpha_n<180°$。

接下来，从 p_0 出发，Graham 扫描法按照这个排序后的夹角序列逐点检查，并用一个堆栈 S 保留可能成为凸包顶点的那些点，而弹出那些被判定为不可能成为凸包顶点的点。等算法结束时，留在堆栈中的点，从底到顶，就是凸包的顶点序列。我们用 Top(S)，Next-to-top(S) 表示堆栈 S 中最顶上两个元素。下面是伪码，例子和证明随后。

```
Graham-Scan(Q)                    //Q 是有 n+1≥3 个点的集合
1  取 Y 坐标最小的点，如果有多个，则取最左边的一个，设这个点为 p₀。
2  设 p₁,p₂,…,pₙ 为其他 n 个点。计算向量 p₀pᵢ 与 X 轴的夹角 αᵢ(1≤i≤n)
3  把 n 个夹角排序。如果多个夹角有相同的角度，只保留对应点中离 p₀ 最远的一个点。不失一般性，假设
   α₁<α₂<…<αₙ，它们对应的点序列是 <p₁,p₂,…,pₙ>
   // 这个序列中，各点的序号是排序后的序号，不是原始序号
4  Push(S,p₀)
5  Push(S,p₁)
6  Push(S,p₂)                     // 初始化完成，堆栈中的三个点显然是这三个点本身的凸包
7  for i←3 to n
8      q←Top(S)
9      p←Next-to-top(S)
10     while (q-p)×(pᵢ-p)≤0       // 从点 p 到点 q 后，再到点 pᵢ 时，不向左拐
11         Pop(S)                 // 点 q 不可能是凸包的顶点
12         q←p
13         p←Next-to-top(S)
14     endwhile
15     Push(S,pᵢ)
16 endfor
17 return S
18 End
```

图 12-10 逐步显示 Graham 扫描法的一个例子，图中实线表示当前堆栈中的点形成的凸多边形。

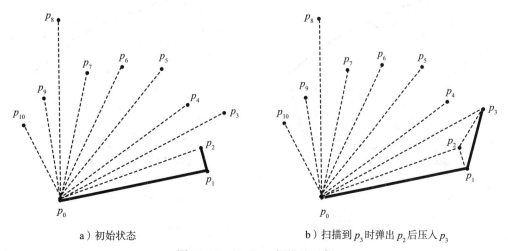

a）初始状态　　　　　　　　　　b）扫描到 p_3 时弹出 p_2 后压入 p_3

图 12-10　Graham 扫描法示例

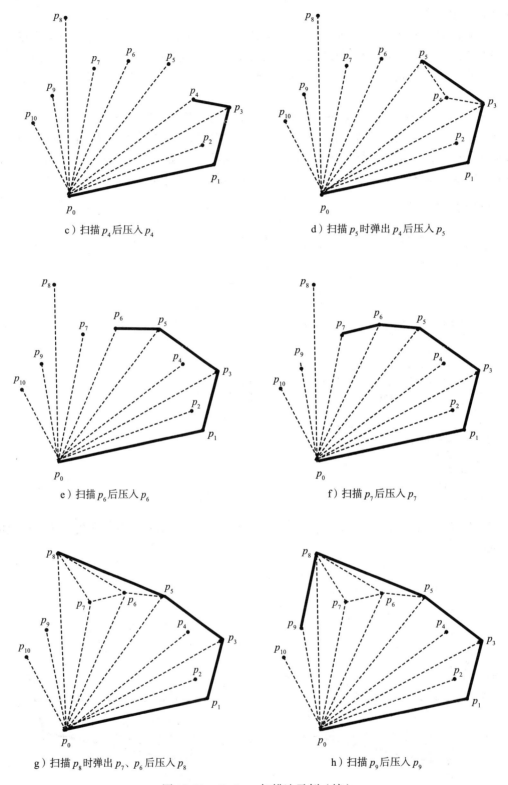

c）扫描 p_4 后压入 p_4

d）扫描 p_5 时弹出 p_4 后压入 p_5

e）扫描 p_6 后压入 p_6

f）扫描 p_7 后压入 p_7

g）扫描 p_8 时弹出 p_7、p_6 后压入 p_8

h）扫描 p_9 后压入 p_9

图 12-10   Graham 扫描法示例（续）

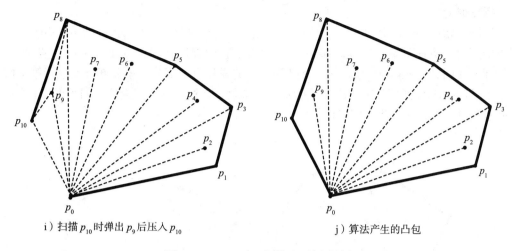

i) 扫描 p_{10} 时弹出 p_9 后压入 p_{10}　　　　　　　　j) 算法产生的凸包

图 12-10　Graham 扫描法示例（续）

Graham 扫描法的主要部分是排序，这需要 $O(n\lg n)$ 时间。排序后的扫描操作由第 7 行的 for 循环完成。这部分工作只需要 $O(n)$ 时间。这是因为，虽然 for 循环中有第 10 行的 while 循环，但是 while 循环每次操作的主要工作是检查三点两线段的走向是向左还是向右。因为这个检查必定是在向堆栈内压入一个点或弹出一个点之后才进行，包括第一次检查也是在初始化压入三点后进行，又因为每个点最多被压入和弹出各一次，所以以检查的总次数小于 $2n$。因为检查一次只需要常数时间，所以排序后的扫描部分只需要 $O(n)$ 时间。因此，Graham 扫描法的复杂度是 $O(n\lg n)$。下面的定理证明 Graham 扫描法的正确性。

定理 12.4　算法 Graham-scan(Q) 结束时，堆栈中从底到顶的点的序列就是集合 Q 的凸包 $CH(Q)$ 的顶点沿逆时针方向的一个序列。

证明：算法 Graham-scan(Q) 在初始化后，对平面中其余各点扫描的顺序是 $p_3, p_4, \cdots,$ p_n。我们定义 Q 的一个子集的序列如下：$Q_i = \{p_0, p_1, p_2, \cdots, p_i\}$，$i = 2, 3, 4, \cdots, n$。显然有 $Q_2 \subset Q_3 \subset \cdots \subset Q_n = Q$。我们将用归纳法证明，算法在对 p_i 扫描后，堆栈中从底到顶的点的序列就是集合 Q_i 的凸包顶点沿逆时针方向的一个序列。这样，在 $i = n$ 时，即算法结束时，因为 $Q_n = Q$，定理得证。当我们用归纳法来证明一个循环算法正确时，可以设计一个与循环变量 i 有关的命题称为不变量 (invariant)，然后证明以下三点：

1）这个命题在循环开始前正确。这一步称为初始化（相当于归纳基础）。

2）每一次循环后，这个与 i 有关的命题都是正确的。这一步称为循环维持（maintenance），相当于归纳步骤。

3）循环一定会停止，并证明，循环停止时，这个命题就是要证明的结果。这一步称为循环终止（termination）。这一步在一般的归纳法证明中不需要，但在程序或算法正确性证明中显然是必需的。循环终止很显然时，我们有时会省略这一步。

下面我们按上述形式来证明。我们的命题是：算法第 7 行的 for 循环对 p_i 扫描后，堆栈中从底到顶的点的序列就是点集合 Q_i 的凸包 $CH(Q_i)$ 的顶点沿逆时针方向的一个序列。

初始化

算法的 for 循环从第 7 行开始。开始前，堆栈中从底到顶的点序列是 $\{p_0, p_1, p_2\}$。显然它是集合 Q_2 的凸包 $CH(Q_2)$ 的顶点沿逆时针方向的一个序列，所以命题正确。

循环维持

假设在循环 $i=k$ $(k \geqslant 3)$ 之前，堆栈中从底到顶的点序列是集合 Q_{k-1} 的凸包 $CH(Q_{k-1})$ 的顶点沿逆时针方向的一个序列。那么，当我们刚进入循环 $i=k$ 时，$\text{Top}(S)=p_{i-1}$。假设刚进入循环 $i=k$ 时，$\text{Next-to-top}(S)=p_a$。对循环 $i=k$ 的操作有两部分。第一部分是执行第 10 行到第 14 行的 while 循环，第二部分是把 p_i 压入堆栈。在第一部分完成后，如图 12-11 所示，这时有两种情况，我们将分别讨论。

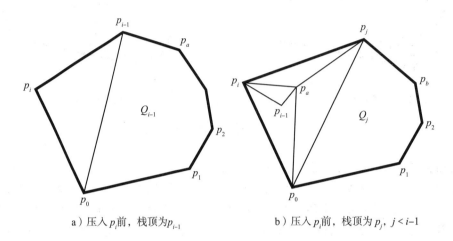

a）压入 p_i 前，栈顶为 p_{i-1} b）压入 p_i 前，栈顶为 p_j，$j < i-1$

图 12-11　在循环 $i=k$ 中，while 循环完成后，压入 p_i 前，堆栈中点序列的两种情况

1）压入 p_i 前 $\text{Top}(S)=p_{i-1}$。这种情况下，因为角度 $\alpha_{i-1} < \alpha_i$，点 p_i 在向量 $\overrightarrow{p_0 p_{i-1}}$ 的左侧，又因为从 $\overrightarrow{p_a p_{i-1}}$ 到 $\overrightarrow{p_{i-1} p_i}$ 是左拐，所以 $CH(Q_{i-1})$ 中顶点加上点 p_i 后的序列形成一个凸多边形。显然，这个凸多边形由 $\triangle p_0 p_{i-1} p_i$ 和凸包 $CH(Q_{i-1})$ 组成，从而包含 Q_i 的所有顶点。因为 Q_i 的凸包必须包含所有 Q_i 中点，那当然必须包含这些点中任两点间的线段，所以凸包 $CH(Q_i)$ 必定包含 $\triangle p_0 p_{i-1} p_i$ 和凸包 $CH(Q_{i-1})$。这就是说，$CH(Q_{i-1})$ 中顶点加上点 p_i 后形成的凸多边形是最小的。因此，在循环 $i=k$ 结束时，堆栈中从底到顶的序列就是点集合 Q_i 的凸包 $CH(Q_i)$ 的顶点沿逆时针方向的一个序列。

2）压入 p_i 前 $\text{Top}(S)=p_j$，$j < i-1$，而 $\text{Next-to-top}(S)=p_b$。这表明，在压入 p_i 前算法从堆栈中弹出了点 p_{i-1}，也许还弹出了 p_a 等（p_a 是堆栈中 p_{i-1} 下面一个点）。我们以图 12-11b 为例说明。点 p_{i-1} 被弹出是因为从 $\overrightarrow{p_a p_{i-1}}$ 到 $\overrightarrow{p_{i-1} p_i}$ 不是左拐，所以点 p_{i-1} 被包含在 $\triangle p_0 p_a p_i$ 中。接下来，点 p_a 被弹出是因为从 $\overrightarrow{p_j p_a}$ 到 $\overrightarrow{p_a p_i}$ 不是左拐，所以点 p_a 被包含在 $\triangle p_0 p_j p_i$ 中。可以看出，所有被弹出的点都被包含在 $\triangle p_0 p_j p_i$ 中。因为从 $\overrightarrow{p_b p_j}$ 到 $\overrightarrow{p_j p_i}$ 是向左拐，因此从对第一种情况的分析，$CH(Q_j)$ 加上点 p_i 后的多边形是集合 $Q_j \cup \{p_i\}$ 的凸包。又因为所有被弹出的点都被包含在 $\triangle p_0 p_j p_i$ 中，所以它也是 $Q_{i-1} \cup \{p_i\} = Q_i$ 的凸包。在循环 $i=k$ 结束时，堆栈中从底到顶的点的序列是 Q_i 的凸包 $CH(Q_i)$ 的顶点沿逆时针方向的一个序列。我们的命题在这种情况下也正确。

循环终止

因为每次循环中，停止弹出时堆栈中至少有三个点，所以每次循环对堆栈的操作是有限次。又因为循环次数为 $n-2$，所以算法一定会终止。另外，当循环终止时，$i=n$，根据上面循环维持的证明，这时堆栈中从底到顶的序列就是点集合 $Q_n=Q$ 的凸包 $CH(Q)$ 的顶点沿逆时针方向的一个序列。这个结果随即被算法输出，故定理正确。　∎

12.3.2　Jarvis 行进法

在这一节我们介绍第二个凸包的算法，即 Jarvis 行进法（Jarvis's march）。假设 $Q=\{p_0, p_1, p_2, \cdots, p_n\}$ $(n \geq 2)$ 是平面上一个点集，Jarvis 行进法的步骤如下：

1）用与 Graham 扫描法相同的方法确定起始点 p_0，并压入堆栈。

2）假设当前堆栈中，从底到顶各点序列是 $<p_0, p_1, \cdots, p_i>$ $(i \geq 0)$，其余顶点是 p_{i+1}，p_{i+2}，$\cdots$，p_n，以 p_i 为中心，找出向量 $\overrightarrow{p_ip_{i+1}}$，$\overrightarrow{p_ip_{i+2}}$，$\cdots$，$\overrightarrow{p_ip_n}$，$\overrightarrow{p_ip_0}$ 中顺时针方向最右边的向量 $\overrightarrow{p_ip_k}$，$k \in \{i+1, i+2, \cdots, n, 0\}$。（当 $i=0$ 时，不考虑 $\overrightarrow{p_ip_0}$。）这使得所有其他向量都在 $\overrightarrow{p_ip_k}$ 的逆时针方向上。如果有与 $\overrightarrow{p_ip_k}$ 共线的向量，则取最长的一个。然后，把 p_k 压入栈顶。

3）重复上一步直到 $p_k=p_0$，即 $\overrightarrow{p_ip_k} = \overrightarrow{p_ip_0}$ 时算法结束。这时，堆栈中从底到顶的顶点序列就是点集合 Q 的凸包 $CH(Q)$ 的顶点沿逆时针方向的一个序列。因为上一步每次都压入堆栈一个点，算法一定会结束。

注评：每次执行第 2 步时，我们都把栈底到顶的各点重新编号为 $<p_0, p_1, \cdots, p_i>$。这些编号不等于它们一开始时的编号，只是方便我们叙述算法。

算法的正确性证明：

我们用归纳法证明以下命题：在算法每次压入一个顶点进栈后，堆栈中从底到顶的顶点序列都是 $CH(Q)$ 的顶点，从 p_0 开始，沿逆时针方向的序列的连续的一部分。

归纳基础：

算法的第 1 步与 Graham 扫描法相同，点 p_0 显然是 $CH(Q)$ 的顶点，命题正确。

归纳步骤：

假设算法执行了 i 次第 2 步后 $(i \geq 0)$，命题正确。假设此时从底到顶的堆栈元素是 $<p_0, p_1, \cdots, p_i>$，它们是 $CH(Q)$ 的顶点，从 p_0 开始，沿逆时针方向的一部分。我们证明，再执行一次第 2 步命题仍然正确。设此时的栈外各点是 $p_{i+1}, p_{i+2}, \cdots, p_n$。

假设在我们执行第 $i+1$ 次第 2 步时，把 p_k 压入堆栈。这表明向量 $\overrightarrow{p_ip_{i+1}}, \overrightarrow{p_ip_{i+2}}, \cdots, \overrightarrow{p_ip_n}$，$\overrightarrow{p_ip_0}$ 都在 $\overrightarrow{p_ip_k}$ 的逆时针方向上，或者就在 $\overrightarrow{p_ip_k}$ 这条边上。因此，栈外各点，p_{i+1}，p_{i+2}，$\cdots$，p_n，以及 p_0，除 p_k 外的任何一点都不可能是在凸包 $CH(Q)$ 的顶点沿逆时针方向的序列中接在 p_i 后面的顶点，否则，如图 12-12 所示，p_k 会落在凸包的外部。因此，凸包中 p_i 后面的顶点必定是 p_k。归纳成功。

由被证明的命题知，每次第 2 步中压入堆栈的点都是凸包的下一个顶点，这样，当 $p_k=p_0$ 时，堆栈中点就必定是 $CH(Q)$ 的顶点序列，所以算法正确。∎

下面是算法的伪码。

```
Jarvis's march(Q)                        //Q 是平面上 n+1 个点的集合，n≥2
1  确定 p0                               // 与 Graham 扫描法同
2  确定点 p1 使得 p0p1 与 X 轴夹角 α1 最小   // 夹角定义与 Graham 扫描法相同
                                         // 如有几个点的夹角都最小，取离 p0 最远的点
3  Push(S,p0)                            // 压入 p0，初始化完成
4  Push(S,p1)                            // 压入 p1
5  Q←Q-{p0, p1}                          // 集合 Q 包含堆栈外的点
6  while Top(S) ≠ p0                      // 循环开始
7      v←p0
8      p←Top(S)                          //p 是栈顶元素
9      for each w∈Q                      // 开始寻找最右边的点 pk
```

```
10              d ← (w−p)×(v−p)              // 用点积判断 wp 是否在 vp 右边
11              if (d>0) or (d=0 and |w−p|>|v−p|)    // |w−p| 是 w 和 p 之间的距离
12                    then v ← w              // 找到比当前点 v 更右边的点 w，更新
13                    endif
14        endfor
15        Push(S,v)                           // v 就是第 2 步里的 pₖ
16        Q ← Q−{v}                           // 栈外点少一个，如 v =p₀, Q 不变
17  endwhile
18  End
```

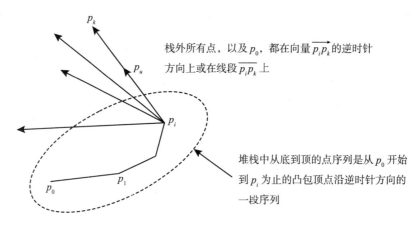

栈外所有点，以及 p_0，都在向量 $\overrightarrow{p_i p_k}$ 的逆时针方向上或在线段 $\overline{p_i p_k}$ 上

堆栈中从底到顶的点序列是从 p_0 开始到 p_i 为止的凸包顶点沿逆时针方向的一段序列

图 12-12 Jarvis 行进法正确性证明图示

图 12-13 给出了一个例子，图中粗线上的点是当前在堆栈中的点。

因为从堆栈中每个点出发去找下一个凸包顶点时，Jarvis 行进法需要在集合 Q 中找出最右边的点，这需要 $O(n)$ 时间，所以 Jarvis 行进法的复杂度是 $O(hn)$，这里 h 是凸包顶点的个数，也是算法结束时堆栈中点的个数。

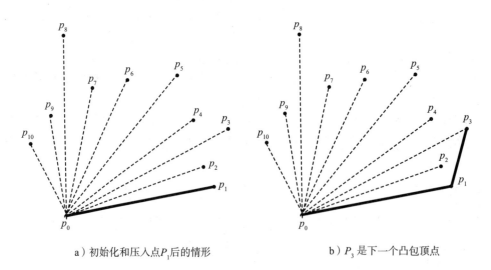

a）初始化和压入点 P_1 后的情形   b）P_3 是下一个凸包顶点

图 12-13 一个用 Jarvis 行进法算凸包的例子

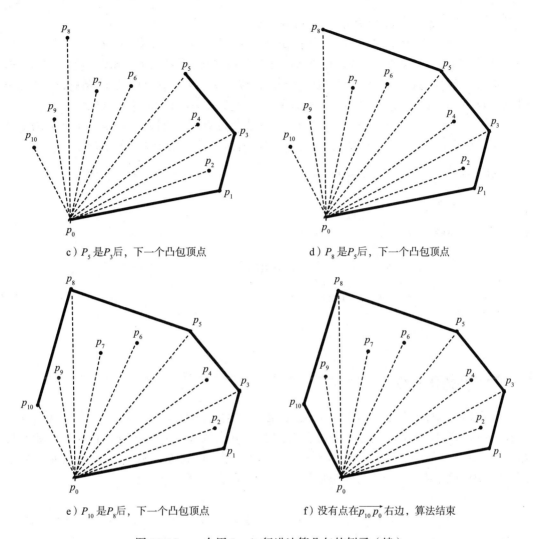

c）P_5 是 P_3 后，下一个凸包顶点　　　　　　d）P_8 是 P_5 后，下一个凸包顶点

e）P_{10} 是 P_8 后，下一个凸包顶点　　　　　f）没有点在 $\overrightarrow{p_{10}\,p_0}$ 右边，算法结束

图 12-13　一个用 Jarvis 行进法算凸包的例子（续）

12.4　最近点对问题

大家知道，平面上两点 $p_1=(x_1,y_1)$ 和 $p_2=(x_2,y_2)$ 之间的距离是 $d(p_1,p_2)=\sqrt{(x_1-x_2)^2+(y_1-y_2)^2}$。给定平面上 n 个点的集合 P，最近点对问题是找出其中的两个点 a 和 b，使得这一对点之间的距离是所有点对间距离最短的，即 $d(a,b)=\min\{d(u,v)\mid u,v\in P,\ u\neq v\}$。如果我们算出所有点对之间的距离，那么因为有 $n(n-1)/2$ 个不同点对，这个方法需要 $\Omega(n^2)$ 时间。下面我们介绍一个只需要 $O(n\lg n)$ 时间的分治算法。

12.4.1　预备工作和分治法的底

在用分治算法前，我们先把集合 P 中这 n 个点，按它们 Y 坐标从小到大排序并存放在数组 Y 中，使得 $Y[1]\leqslant Y[2]\leqslant\cdots\leqslant Y[n]$。让我们用数组 $X[1..n]$ 表示它们对应的 X 坐标，所以, 这 n 点可表示为 $p_k=(X[k], Y[k])$ ($1\leqslant k\leqslant n$)。

现在, 我们把这 n 个点的 X 坐标也从小到大排序并存放在数组 $X*$ 中, 使得 $X*[1]\leqslant X*[2]\leqslant\cdots\leqslant X*[n]$, 并且记下数组 X 与数组 $X*$ 的序号关系。如果 $X[k]=X*[i]$, 那么, 我们用 $I[k]=i$ ($1\leqslant k\leqslant n$) 记下这个关系。所以, 从一个点 p_k 的 X 坐标 $X[k]$ ($1\leqslant k\leqslant n$) 可以在 $O(1)$ 时间内找到它在数组 $X*$ 中的序号 i, 我们有 $i=I[k]$ 和 $X[k]=X*[i]$。

另外, 如果 $n\leqslant 2$, 那么我们可以直接地算出最近点对。所以, 当 $n\leqslant 2$ 时, 分治法见底。对于底的处理, 算法显然很简单。为了完整起见, 下面给出这部分的伪码。

```
Bottom(X*[1..n],Y[1..n],I[1..n],δ,p,q)    //n≤2, p,q 是最近点对, δ=d(p,q)
1  if n=1
2      then    δ←∞
3              p←q←nil                          // 表示不存在点对
4      else    i←I[1]
5              j←I[2]
6              ←√((X*[i]-X*[j])² + (Y[1]-Y[2])²)          //n=2
7              p←(X*[i],Y[1])
8              q←(X*[j],Y[2])
9  endif
10 return δ,p,q
11 End
```

12.4.2 分治法的分

假设需要找出最近点对的平面点集是 $P=\{(X[k], Y[k]) \mid 1\leqslant k\leqslant n\}$, 并且有 $Y[1]\leqslant Y[2]\leqslant\cdots\leqslant Y[n]$。另外, 我们的准备工作已按这些点的 X 坐标从小到大排序并存放在数组 $X*[1..n]$ 中, 使得 $X*[1]\leqslant X*[2]\leqslant\cdots\leqslant X*[n]$, 并且已建立函数 $I[k]$ ($1\leqslant k\leqslant n$)。如果 $n\geqslant 3$, 则需要分治。下面是分治法把集合 P 一分为二的步骤:

1) $mid\leftarrow\lfloor n/2\rfloor$。

2) 以直线 $x=X*[mid]$ 为分界线把 P 分为左右两个集合, P_L 和 P_R。其中, P_L 包含的点有 X 坐标序列 $X*_L[1..mid]=X*[1..mid]$, 而 P_R 包含的点有 X 坐标序列 $X*_R[1..n-mid]=X*[mid+1..n]$。这些点对应的 Y 坐标可相应地得到, 并分别排序于数组 $Y_L[1..mid]$ 和 $Y_R[1..n-mid]$ 中。

3) 在划分集合 P 时, 如果 P_L 中点有 Y 坐标 $Y_L[l]$ ($1\leqslant l\leqslant mid$), 那么, 求该点的 X 坐标在 $X*_L$ 中的序号的函数 $I_L[l]$ 也同时产生。同样地, 对 P_R 中点, 由 $Y_R[r]$ ($1\leqslant r\leqslant n-mid$), 得到该点的 X 坐标在 $X*_R$ 中的序号的函数 $I_R[r]$ 也同时产生。

具体来说, 划分集合 P 可用下面这段程序完成。

```
Distribution(X*[1..n],Y[1..n],I[1..n],mid)      // mid=⌊n/2⌋ 已在调用它的程序中算出
1  l←r←1                                         // 分别是 YL 和 YR 的开始序号
2  for k←1 to n                                  //逐个分配和处理 Y[k]
3    i←I[k]                                       //Y[k] 的 X 坐标是 X*[i]
4    if i≤mid                                     // 对应的点 (X*[i],Y[k]) 属于 PL
5        then    YL[l]←Y[k]                       // 把 Y[k] 按序排入左集合
6                X*L[i]←X*[i]                     // 逐步实现 X*L[1..mid]←X*[1..mid]
7                IL[l]←i                          // 构造函数 IL, YL[l] 的 X 坐标是 X*L[i]
8                l←l+1
9        else    YR[r]←Y[k]                       // 把 Y[k] 按序排入右集合
```

```
10                    j ← i − mid
11                    X*_R[j] ← X*[i]              // 逐步实现 X*_R[1..n−mid] ← X*[mid+1..n]
12                    I_R[r] ← j                   // 构造函数 I_R，Y_R[r] 的 X 坐标是 X*_R[j]
13                    r ← r+1
14         endif
15     endfor
16 End
```

显然，分治法的划分部分总共需要 $O(n)$ 时间。把 P 中点分为 P_L 和 P_R 后，递归地分别找到 P_L 和 P_R 中的最近点对，其距离分别是 δ_L 和 δ_R。它们对应的点对为 (p_L, q_L) 和 (p_R, q_R)。

12.4.3　分治法的合

找出集合 P_L 和 P_R 中的最近点对后，我们先算出 $\delta = \min\{\delta_L, \delta_R\}$，其对应点对为 (p, q)。显然 δ 不一定是集合 P 的最近点对的距离。分治法的合就是要解决子问题的解不能包含的那些情况下的解。在这个问题中，如果有更近的点对 (α, β)，则其中一点必定在集合 P_L 中而另一点必定在集合 P_R 中，而且 α 和 β 与直线 $x = l\,(= X*[mid])$ 的距离都必须小于 δ。如图 12-14a 所示，我们只需要检查以直线 $x = l$ 为中心，以 δ 为左右距离的带状区域中的点即可。我们将检查，是否这个区域中有两点，其距离小于 δ。下面我们解释这一步的具体做法。

1）把带状区域中的点按它们的 Y 坐标从小到大排序于数组 $Y*[1..m]\,(m \leq n)$ 中。并且，我们用 $J[h] = k$ 表示 $Y*[h]$ 在原序列 $Y[1..n]$ 中的位置，即 $Y*[h] = Y[k]\,(1 \leq h \leq m)$。这一步可由下面的程序完成：

```
Delta-Selection(X*[1..n],Y[1..n],I[1..n],Y*[1..m],J[1..m],δ)    // 输出 Y*[1..m]，J[1..m]
1  l ← X*[mid]                              // mid 在划分集合 P 时已算好
2  m ← 0
3  for k ← 1 to n
4      i ← I[k]                             // Y[k] 对应的 X 坐标是 X*[i]
5      if (l−δ<X*[i]) and (X*[i]<l+δ)       // 如果落在带状区域内，则顺序放入 Y*
6          then    m ← m+1
7                  Y*[m] ← Y[k]
8                  J[m] ← k                 // 以便从 Y*[m] 找到 Y[k]
9      endif
10 endfor                                    // 带状区域内有 m 个点
11 End
```

显然 $Y*[1..m]$ 是一个从小到大排好序的序列。

2）逐点检查 $Y*[i]\,(1 \leq i \leq m)$，看是否有 $Y*[j]\,(i < j \leq m)$，使得对应两点间距离小于 δ。假设 $Y*[i]$ 对应的点是 α，它的 Y 坐标是 $Y(\alpha) = Y*[i]$，如图 12-14a 所示，我们只需要检查以直线 $y = Y(\alpha)$，$y = Y(\alpha)+\delta$，$x = l-\delta$ 和 $x = l+\delta$ 所围成的 $\delta \times 2\delta$ 的矩形中的点与点 α 的距离即可。因为在矩形的左半部的 $\delta \times \delta$ 的正方形中，每两点的距离都必定大于等于 δ，所以 $Y*[1..m]$ 中最多可以有 4 个点落在这个正方形中。同理，$Y*[1..m]$ 中最多可以有 4 个点落在右半部的 $\delta \times \delta$ 的正方形中。因此，最多可以有 8 个点落在这个 $\delta \times 2\delta$ 的矩形中，包括点 α。图 12-14b 显示了有 8 个点落在这个 $\delta \times 2\delta$ 的矩形中的情况。这时可能在直线 $x = l$ 上有两点重叠。所以，矩形中，除点 α 本身外，Y 坐标大于或等于 $Y(\alpha) = Y*[i]$ 的点最多有 7 个。因此，我们只需要检查对应于 $Y*[i+1]$，$Y*[i+2]$，…，$Y*[i+7]$ 的 7 个点与点 α 的距离即可。这部分伪码如下：

```
Combine(Y*[1..m],J[1..m],δ,p,q)
1  for k*←1 to m−1
2      k←J[k*]                    // 从 Y*[k*] 找出对应的 Y[k]
3      i←I[k]                     // Y*[k*] 对应的点 α 是 (X*[i],Y[k])
4      for j←1 to 7
5              if k*+j≤m
6                      then  k'←J[k*+j]     // 从 Y*[k*+j] 找 Y[k']
7                            i'←I[k']        //Y*[k*+j] 对应的点是 β=(X*[i'],Y[k'])
8                            d←√((X*[i]−X*[i'])²+(Y[k]−Y[k'])²)     //α 与 β 的距离
9                            if d<δ
10                                   then    δ←d
11                                           p←(X*[i],Y[k])      // 就是点 α
12                                           q←(X*[i'],Y[k'])    // 就是点 β
13                                   endif
14                     endif
15             endfor
16  endfor
17  return δ,p,q
18  End
```

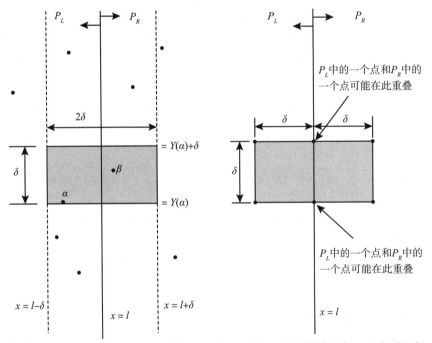

a) 点对 (α, β) 必须出现在 $\delta \times 2\delta$ 矩形中　　b) 最多有 8 个点可能出现在 $\delta \times 2\delta$ 矩形之中

图 12-14　分治法合并部分图示

显然，分治法的合并部分总共需要 $O(n)$ 时间。

12.4.4　分治法的伪码

这一节，我们把上面讨论的各部分综合为一个完整的分治算法如下。这是一个递归算法，所以随后还需要一个主程序。

```
Closest-Pair(X*[1..n],Y[1..n],I[1..n],δ,p,q)
1  if n≤2
2      then    Bottom(X*[1..n],Y[1..n],I[1..n],δ,p,q)
3              return δ,p,q
4  endif
5  mid←⌊n/2⌋
6  Distribution(X*[1..n],Y[1..n],I[1..n],mid)
7  Closest-Pair(X*_L[1..mid],Y_L[1..mid],I_L[1..mid],δ_L,p_L,q_L)      // 递归计算左半部分
8  Closest-Pair(X*_R[1..n-mid],Y_R[1..n-mid],I_R[1..n-mid],δ_R,p_R,q_R) // 递归计算右半部分
9  if δ_L<δ_R
10     then    δ←δ_L
11             p←p_L
12             q←q_L
13     else    δ←δ_R
14             p←p_R
15             q←q_R
16 endif
17 Delta-Selection(X*[1..n],Y[1..n],I[1..n],Y*[1..m],J[1..m],δ)
18 Combine(Y*[1..m],J[1..m],δ,p,q)
19 End
```

有了找最近点对的分治算法后，主程序可设计如下：

```
Main-Closest-Pair(P[1..n],X[1..n],Y[1..n])                //P[k]=(X[k],Y[k])
1  Sort Y[1..n] such that Y[1]≤Y[2]≤…≤Y[n]
2  Sort X[1..n] into array X*[1..n] such that X*[1]≤X*[2]≤…≤X*[n]
3  for k←1 to n
4      if X[k]=X*[i]
5              then I[k]←i
6      endif
7  endfor
8  Closest-Pair(X*[1..n],Y[1..n],I[1..n],δ,p,q)
9  End
```

因为分治法的分与合总共需要 $O(n)$ 时间，我们可以为分治法的复杂度 $T(n)$ 建立如下递推关系：$T(n)=2T(n/2)+O(n)$。解出这个关系后得这个分治算法的复杂度为 $T(n)=2T(n/2)+O(n)=O(n\lg n)$。

习题

1. 给定以下 X-Y 平面上两个向量，求它们的点积和叉积：
   （a）$p_1=(4,-6)$，$p_2=(-2,7)$
   （b）$p_1=(0,8)$，$p_2=(5,-2)$

2. 假设平面上四个点 p_1，p_2，p_3，p_4 的坐标如下，用叉积判断线段 $\overline{p_1p_2}$ 和 $\overline{p_3p_4}$ 是否有交点。
   （a）$p_1=(3,5)$，$p_2=(-4,6)$，$p_3=(-2,-1)$ 和 $p_4=(1,-5)$
   （b）$p_1=(-1,8)$，$p_2=(5,-1)$，$p_3=(1,6)$ 和 $p_4=(-4,-7)$

3. 线段 $\overline{p_1p_2}$ 和 $\overline{p_3p_4}$ 相交但不共线有三种情况，即交点不与任何端点重合，交点与其中一个线段的一个端点重合，以及交点与两个线段各有一个端点重合。书中算法 Segment-Intersect 不给予分类。请修改书上算法使得每种相交类型得以确定，并指明交点与哪一个端点或哪两个端点重合。为简单起见，共线时的相交情况不讨论。

4. 假设平面上有三个点，$p_1 = (x_1, y_1)$，$p_2 = (x_2, y_2)$，$p_3 = (x_3, y_3)$，用叉积表示以这三个点为顶点的三角形的面积。

5. 平面一个点 p_1 相对于以另一点 p_0 为原点的**极角**（极坐标角）就是向量 $p_1 - p_0$ 在通常的极坐标中的角度。例如，点 $(3, 5)$ 相对于点 $(2, 4)$ 的极角就是向量 $(3, 5) - (2, 4) = (1, 1)$ 在极坐标中的角度，即 $45°$ 或 $\pi/4$，而点 $(3, 3)$ 相对于点 $(2, 4)$ 的极角是向量 $(1, -1)$ 在极坐标中的角度，也就是 $315°$ 或 $7\pi/4$。现在，假设有一个 n 个点的序列 $<p_1, p_2, \cdots, p_n>$ 以及另外一点 p_0，请设计一个复杂度为 $O(n\lg n)$ 的算法把这 n 个点按它们相对于点 p_0 的极角从小到大排序，并且要求用叉积的方法比较两个点的极角而不是实际算出它们的极角。我们假定，没有一个点与点 p_0 重合。

6. 设计一个 $O(n^2\lg n)$ 的算法以判定平面上 n 个不同点中是否有三个点共线。

7. 设计一个时间为 $O(n\lg n)$ 的算法来判定一个 n 个顶点的多边形是个简单多边形。为简单起见，假设没有垂直于 X 轴的边。

8. 一个圆盘就是一个圆心和半径定义的圆再加上它的内部，即由该圆所包围的点集。两个圆盘如果有任何公共点，则称为相交。设计一个复杂度为 $O(n\lg n)$ 的算法以确定在 n 个给定的圆盘中是否有两个圆盘相交。

9. 假设线段 a 和 b 在点 x 可比较，a 和 b 都不垂直于 X 轴并且它们也不相交。下面的图给出了一个例子。

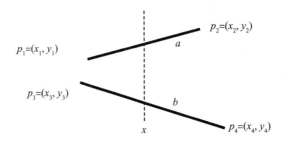

请设计一个程序在 $O(1)$ 时间内确定是 $a >_x b$ 还是 $b >_x a$。

10. 某教授建议用下面的算法决定一个 n 个顶点的序列 $<p_0, p_1, \cdots, p_{n-1}>$ 是不是一个凸多边形的连续顶点：如果集合 $\{ \angle p_i p_{i+1} p_{i+2} \mid i = 0, 1, \cdots, n-1 \}$ 不同时含有左拐和右拐，那么回答是，否则回答不是。这里，对足标的加法是以 n 为模加法，即和数大于等于 n 时，除以 n 后取余数。请证明，这个算法虽然是个线性算法，但不能始终得到正确答案。请修改这个算法使其始终能在线性时间内得到正确答案。

11. 给定平面上一点 $p_0 = (x_0, y_0)$，以这点为起点的**右水平射线** (right horizontal ray)，$R(p_0)$，是从 p_0 开始的与 X 轴平行的半条直线，即 $R(p_0) = \{(x, y) \mid y = y_0, x \geqslant x_0\}$。请用判断线段相交的方法在 $O(1)$ 时间判断一个线段 $\overline{p_1 p_2}$ 是否与 $R(p_0)$ 相交。

12. 假设一多边形的顶点按逆时针方向的顺序是 $\langle p_1, p_2, \cdots, p_n \rangle$，这里 $p_i = (x_i, y_i)$ $(1 \leqslant i \leqslant n)$。

（a）假设这个多边形是一个凸多边形，设计一个 $O(n)$ 算法来判断点 $p_0 = (x_0, y_0)$ 是否在这个多边形内部（在边界上的点不算在内部）。为简单起见，我们假定 $x_0 \neq x_i$ $(1 \leqslant i \leqslant n)$ 和 $y_0 \neq y_i$ $(1 \leqslant i \leqslant n)$。

（b）假设这个多边形是个简单多边形，但不一定是凸多边形，其他同（a），重做（a）中的问题。

*13. 假设一个简单多边形的逆时针方向的顶点序列是 $<p_0, p_1, \cdots, p_{n-1}>$。请设计一个时间复杂度为 $O(n)$ 的算法来计算这个多边形所围的面积。注意，这个多边形不一定是凸多边形。

14. 假设点 q 是一个简单多边形 P 的边界上一点，如果线段 $\overline{qr}$ 上所有点都在 P 的内部或边界上，那么点 r 称为 q 的一个**阴影点**。点 q 的所有阴影点的集合称为 q 的**阴影** (shadow)。如果 P 中存

一个点 p，它是所有 P 的边界上点的阴影点，那么这个点 p 称为是 P 的**核心点**，而 P 被称为一个**星形多边形** (star-shaped)。所有核心点的集合称为**核心** (kernel)。下图给出了星形多边形和非星形多边形例子。假设 P 是一个 n 个顶点的星形多边形，它的逆时针方向的顶点序列是 $<p_0, p_1, \cdots, p_{n-1}>$。请设计一个 $O(n)$ 算法计算它的凸包 CH(P)。

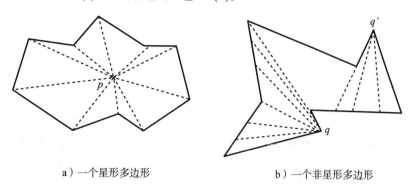

a）一个星形多边形   b）一个非星形多边形

15. 在用分治法计算最近点对的算法中，在分治法合（combine）的过程中，我们为数组 Y^* 中每个点检查 7 个与之相邻的点。请证明实际上只需要检查 5 个与之相邻的点即可。

*16. 假设一个凸多边形 P 的逆时针方向的顶点序列是 $<p_0, p_1, \cdots, p_{n-1}>(n \geqslant 3)$。请设计一个 $O(n)$ 的算法找出 P 的直径，即两顶点间的最大距离。

17. 12.2.2 节用平扫线确定有线段相交的算法 Any-Segments-Intersect 有两个限制要求。一个是没有三条线段相交于一点，另一个是没有垂直于 X 轴的线段。假设没有这两个限制，当线段 $\overline{p_1 p_2}$ 垂直于 X 轴时，设 $p_1=(x_1, y_1)$，$p_2=(x_2, y_2)$，$x_1=x_2$，$y_1 \leqslant y_2$，我们把点 p_1 当作左端点，把点 p_2 当作右端点。另外，在决定平扫线在 $x=x_1$ 的状态时，我们把点 p_1 作为平扫线和线段 $\overline{p_1 p_2}$ 的交点来和其他线段排序。证明，这样处理后，即使没有这两个限制，算法 Any-Segments-Intersect 仍然正确。

18. 重做第 9 题，但是允许线段 a 和 b 垂直于 X 轴。假设有线段 $\overline{p_1 p_2}$ 垂直于 X 轴，其中 $p_1=(x_1, y_1)$，$p_2=(x_2, y_2)$，$x_1=x_2$，$y_1<y_2$。我们把点 p_1 当作左端点，把点 p_2 当作右端点。另外，当平扫线移动到 $x=x_1$ 时，我们把点 p_1 作为平扫线和线段 $\overline{p_1 p_2}$ 的交点来和其他线段排序。假设线段 a 和 b 在点 x 可比较，即它们和平扫线相交于不同的点。下面的图给出了线段 a 和 b 可能垂直于 X 轴的两个例子。

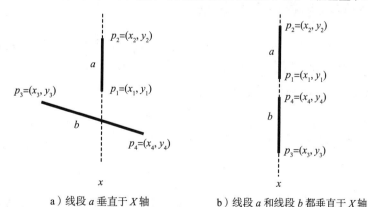

a）线段 a 垂直于 X 轴   b）线段 a 和线段 b 都垂直于 X 轴

请设计一个程序在 $O(1)$ 时间内确定是 $a >_x b$ 还是 $b >_x a$。

19. 假设 X-Y 平面上有三点 $p_1=(x_1, y_1)$，$p_2=(x_2, y_2)$，$p_3=(x_3, y_3)$，不共线。证明平面上任一点 $p=(x, y)$ 位于三角形 $\triangle p_1 p_2 p_3$ 内或在其边界上的充要条件是存在三个非负实数，$\alpha \geqslant 0$，$\beta \geqslant 0$，$\gamma \geqslant 0$，$\alpha+\beta+\gamma=1$，使得 $p=\alpha p_1+\beta p_2+\gamma p_3$，即 $\begin{pmatrix} x \\ y \end{pmatrix}=\alpha \begin{pmatrix} x_1 \\ y_1 \end{pmatrix}+\beta \begin{pmatrix} x_2 \\ y_2 \end{pmatrix}+\gamma \begin{pmatrix} x_3 \\ y_3 \end{pmatrix}$。

第 13 章 字符串匹配

在许多实际问题中，我们往往需要确定一个给定的特殊模式 (pattern) 是否在一个文本 (text) 中出现，并且找出这个模式在文本中所有出现的位置。例如，在编辑文章时，我们希望找出一个单词出现的所有地方；又例如在某个人或动物的 DNA 序列中发现是否有表示异变的一段特殊模式；再例如在反恐斗争中，从截获的电文中去发现有无恐怖活动的字眼等。字符串的匹配问题有两大类，一类是精确匹配，另一类是非精确匹配。精确匹配指的是文本中与模式匹配的部分必须完全一样，而非精确匹配允许两者有不相同的字符，但差别达到最小。我们这里只讨论精确匹配。

我们先介绍一些记号和术语。一个**文本** (text) 就是一个有序的符号序列，并且所有符号都取自一个给定的符号集合 Σ。例如，$\Sigma = \{0, 1\}$，那么一个文本就是一个只含 0 和 1 的字符串。通常我们用数组 $T[1..n]$ 表示一个有 n 个字符的字符串或简称为**串**。为方便起见，我们假定这个字符串的字符是从左到右排列的。一个**模式** (pattern) 是另外一个取自相同符号集的字符串，通常用 $P[1..m]$ 表示一个有 m 个字符的模式 $(m \leqslant n)$。

定义 13.1 给定一个文本 $T[1..n]$ 和一个模式 $P[1..m]$ $(m \leqslant n)$，文本的子串 $T[s+1..s+m]$ 称为有移位 s 的**字符段**，并记为 $T_s = T[s+1 .. s+m]$，这里 s 是非负整数并且满足 $0 \leqslant s \leqslant n - m$。如果有 $T_s = P[1 .. m]$，那么我们称模式 P 与文本 T 从位置 $s+1$ 处开始匹配，或者说，文本左移 s 个位置后与模式 P 匹配，并称 s 是个**合法的移位** (valid shift)。

定义 13.2 给定一个文本 $T[1..n]$ 和一个模式 $P[1..m]$ $(m \leqslant n)$，字符串匹配问题就是找出模式 P 与文本 T 所有匹配开始的位置，也就是找出所有合法的移位。

13.1 一个朴素的字符串匹配算法

我们先学习一个朴素的字符串匹配算法。这个算法是一个简单的贪心算法，它检查所有可能的移位，并从中找出所有合法的移位。这个算法的伪码如下：

```
Naive-String-Matcher(T[1..n], P[1..m])
1  for s ← 0 to n-m
2      if P[1..m] = T[s+1..s+m]
3          then print "a valid shift" s
4      endif
5  endfor
6  End
```

【例 13-1】图 13-1 显示了用 Naive-String-Matcher 算法的例子。当 $s = 3$ 时，找到了一个匹配。这个例子中只有一个合法移位。

这个算法显然是正确的。因为算法第 2 步需要 $O(m)$ 时间，所以它有较高的复杂度 $O(m(n-m))$。这个算法在 m 很小时，或 $(n-m)$ 很小时才适合使用。下面介绍几个快速算法。

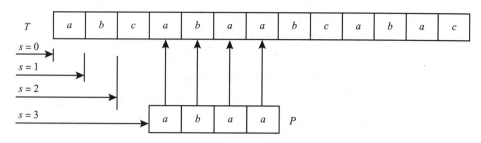

图 13-1　用 Naive-String-Matcher 算法为一个文本 T 找出所有与
模式 P 匹配的合法移位的例子

13.2　Rabin-Karp 算法

为简单起见，我们用 $\Sigma = \{0, 1, ..., 9\}$ 为例来解释。给定一个模式 $P[1..m]$，因为每个字符是 0 到 9 的一个数字，我们可以把 P 看作有 m 位的一个十进制数字，并假设这个数字的数值是 p。同样，给定一个文本字符串 $T[1..n]$，有移位 s 的字符段 $T_s = T[s+1..s+m]$ 也可以视为有 m 位的一个十进制数字，并假设这个数字的数值是 t_s。显然，$P[1..m] = T_s$ 当且仅当 $p = t_s$。这样一来，字符串匹配问题就变为了找出所有的移位 s 使得 $t_s = p$。为方便起见，只要不引起误会，我们就把 $P[1..m]$、$T[s+1..s+m]$ 等字符串当作数字使用。

我们用 Horner 法计算 $P[1..m]$ 的值 p：

$$p = P[1..m] = P[1] \times 10^{m-1} + P[2] \times 10^{m-2} + \cdots + P[m-1] \times 10 + P[m]$$
$$= P[m] + 10P[1..m-1]$$
$$= P[m] + 10(P[m-1] + 10P[1..m-2])$$
$$= \cdots$$
$$= P[m] + 10(P[m-1] + 10(P[m-2] + \cdots + 10(P[2] + 10P[1])\cdots))$$

例如，$P[1..4] = 2463$，那么 $p = 3 + 10(6 + 10(4 + 10(2)))$。

当 Σ 是任意集合时，如果 $|\Sigma| = d$，我们可以把 Σ 中符号与 0 到 $d-1$ 的 d 个整数建立一一对应关系，那么 $P[1..m]$ 则对应一个有 m 位的 d 进制数 p。这时 Horner 公式为：

$$p = P[m] + d(P[m-1] + d(P[m-2] + \cdots + d(P[2] + dP[1])\cdots)) \tag{13.1}$$

【例 13-2】假设 Σ 是 26 个英语字母的集合，我们把字母从 a 到 z 顺序对应到数字 0 到 25，请计算 $P[1..4] = dfaz$ 对应的数值 p。

解：因为 $|\Sigma| = 26$，字母 d 对应于 3，f 对应于 5，a 对应于 0，z 对应于 25，所以有：
$p = 25 + 26(0 + 26(5 + 26 \times 3)) = 56133$。∎

显然，计算 $P[1..m]$ 的值需要 $O(m)$ 时间。同样，计算 t_0 的值也需要 $O(m)$ 时间，但是，得到 t_0 之后，在计算 t_1，t_2，$\cdots$，t_{n-m} 时，每次只需要常数时间即可。这是因为计算 t_1 时用的字符段是 $T[2..m+1]$，它与 t_0 对应的字符段有 $m-1$ 个字符（即 $T[2..m]$）相同，只是各有一个字符独有。显然，t_0 含有字符 $T[1]$，但不含 $T[m+1]$，而 t_1 含有字符 $T[m+1]$，但不含 $T[1]$。因此，从 t_0 可以很方便地算出 t_1。假设 $|\Sigma| = d$，具体公式为：

$$t_1 = T[2..m+1]$$
$$= T[m+1] + dT[2..m]$$
$$= T[m+1] + d(T[1..m] - d^{m-1}T[1])$$
$$= T[m+1] + d(t_0 - d^{m-1}T[1])$$

可见，只要我们把数字 d^{m-1} 预先算好，则计算 t_1 只需要 $O(1)$ 时间，而计算 d^{m-1} 只要 $O(m)$ 时间。同理，我们可以接着算出 t_2，t_3 等。从 t_s $(0 \leqslant s \leqslant n-m-1)$ 计算 t_{s+1} 只需 $O(1)$ 时间，其迭代公式是：

$$t_{s+1} = T[m+s+1] + d(t_s - d^{m-1}T[s+1]) \qquad (13.2)$$

因此，我们用 $O(m)$ 时间算出 $p = P[1..m]$、$t_0 = T[1..m]$ 和 d^{m-1} 之后，只需要 $O(n-m)$ 时间就可以找出所有的匹配的合法移位。但是这个结论有个前提，就是在用公式（13.1）和（13.2）时，每一步的算术操作必须能在常数时间内完成。这个要求在 m 和 n 很大时不可能。为了克服这个困难，我们选一个合适的质数 q 作模数，使得式（13.1）和（13.2）的运算都是在模 q 下进行，其结果分别是 $p = P[1..m] \bmod q$、$t_s = T[s+1..s+m] \bmod q$，都不超过 q。具体做法如下。

假设 $\Sigma = \{0, 1, \cdots, d-1\}$ 是一个含 d 个数字的字符集，我们选质数 q 使得乘积 dq 可以存放在计算机一个单元内。同时，上面的迭代公式（13.1）和（13.2）也相应地修改为：

$$p = (P[m] + d(P[m-1] + \cdots + d(P[2] + (dP[1]) \bmod q) \bmod q) \cdots) \bmod q) \bmod q \qquad (13.3)$$

$$t_{s+1} = (T[m+s+1] + d(t_s - hT[s+1])) \bmod q \qquad (13.4)$$

这里，$h = d^{m-1} \bmod q$ 可以预先在 $O(m)$ 时间内算好。当然，p 和 t_0 也可以用式（13.3）在 $O(m)$ 时间内算好。根据上述讨论，Rabin-Karp 算法的伪码如下：

```
Rabin-Karp-Matcher(T[1..n], P[1..m], d, q)
 1  h ← 1                              // 初始化 h
 2  for i ← 1 to m − 1
 3      h ← d×h mod q
 4  endfor                            // 得到 h=d^{m-1} mod q
 5  p ← P[1]                          // 初始化 p
 6  t_0 ← T[1]                        // 初始化 t_0
 7  for i ← 2 to m                    // 匹配前预处理，计算 p 和 t_0
 8      p ← P[i]+(d×p mod q)          // 公式 (13.3)
 9      t_0 ← T[i]+(d×t_0 mod q)
10  endfor
11  p ← p mod q                       //for 循环得到的是 P[m]+(d×P[1..m−1] mod q)
12  t_0 ← t_0 mod q      // 省略第 11 行和第 12 行，算法仍正确，但第 20 行要修改，t_0 和 p 可能大于 q
13  for s ← 0 to n−m                  // 匹配开始
14      if p=t_s
15          then if P[1..m]=T[s+1..s+m]              // 检查真伪，见下面的解释
16              then print "a valid shift" s
17              endif
18      endif
19      if s<n−m
20          then t_{s+1} ← (T[m+s+1]+d(t_s−hT[s+1])) mod q  // 公式 (13.4)
21      endif
22  endfor
23  End
```

我们注意到，当 $p \neq t_s$ 时，s 肯定不是一个合法移位，而当 $p=t_s$ 时，s 有可能是一个合法移位，但不能肯定。这是因为 $p \bmod q = t_s \bmod q$ 不一定导致 $p=t_s$。这只是一个必要条件，不是充分条件。因此，当算法检测到 $p \bmod q = t_s \bmod q$ 时，还需要检查是否真的有 $P[1..m]=T[s+1..s+m]$。因此，在最坏情况下，Rabin-Karp 算法需要 $\Theta(m)$ 时间做预处理工作，还需要 $\Theta(m(n-m))$ 时间做匹配检查。如果合法移位的个数是常数，那么算法的复杂度为 $O(n)$。

13.3 基于有限状态自动机的匹配算法

与朴素的匹配算法类似，基于有限状态自动机（简称自动机）的匹配算法也是从移位 $s=0$ 开始，检查每一个移位，$s=0$，$s=1$，$\cdots$，$s=n-m$，并报告所有合法移位。但是，一个很大的不同是，这个匹配算法先构造一个自动机，它可以帮助我们跳过那些肯定不可能是合法的移位，而检查下一个有可能合法的移位。而且，在自动机构造好以后，文本字符串 $T[1..n]$ 中的每个字符 $T[i]$ $(1 \leqslant i \leqslant n)$ 只需扫描一次即可完成匹配算法，并报告所有合法移位。下面我们先介绍有限状态自动机。

13.3.1 有限状态自动机简介

一个有限状态自动机 (Finite State Automaton, FSA) M 是一个 5 元组 $(Q, q_0, A, \Sigma, \delta)$，其中：

- Q 是一个有限个状态的集合；
- q_0 是 Q 中的一个状态，$q_0 \in Q$，被指定为初始状态；
- A 是 Q 的一个子集，$A \subseteq Q$，其中的状态被指定为接收状态 (accepting state)；
- Σ 是一个包括有限个输入符号的集合；
- δ 是状态转换函数 $\delta: Q \times \Sigma \to Q$。

一个有限状态自动机 M 可用来对一个输入字符串 w 进行识别。自动机 M 一开始处于初始状态 q_0，然后它按照 w 中的字符顺序，逐个字符扫描。如果下一个字符是 a，扫描 a 之前的状态是 q，那么在扫描 a 之后进入的状态由状态转换函数 $\delta(q, a)$ 决定。如果 $\delta(q, a)=q'$，那么自动机便进入状态 q'。这里，q' 是集合 Q 中的一个状态，也可能 $q'=q$。串 w 中每个字符都被扫描后，自动机 M 进入的状态称**终止状态** (final state)。如果终止状态 q 也是一个接收状态，$q \in A$，那么我们说自动机 M 接收字符串 w，否则拒绝 w。如果在扫描过程中的某一步，自动机 M 进入了一个接收状态，那么我们可以说自动机 M 接收当前已被扫描过的字符形成的字符串。进入接收状态的自动机 M 会继续扫描余下的字符串直到进入终止状态。

【例 13-3】假设我们有如下一个有限状态自动机，$M=(Q, q_0, A, \Sigma, \delta)$，其中，

$Q=\{0, 1\}$；

$q_0=0$；

$A=\{1\}$；

$\Sigma=\{a, b\}$；

$\delta=\{\delta(0, a)=1, \delta(0, b)=0, \delta(1, a)=0, \delta(1, b)=0\}$。

请判断 M 是否接收 $w=abba$。

解：转换函数 δ 可以用一个表格表示，例如对题中的转换函数可用下面的表格表示：

当前状态	输入符号	
	a	b
0	1	0
1	0	0

根据转换函数 δ，从 q_0 开始，题中自动机对 $w=abba$ 中逐个字符扫描后的状态顺序为：$q_0=0$，$\delta(0, a)=1$，$\delta(1, b)=0$，$\delta(0, b)=0$，$\delta(0, a)=1$。因为终止状态 1 是一个接收状态，所以题中自动机 M 接收 $w=abba$。这个字符扫描所对应的状态变化序列还可以简化为下面的等式序列：$\delta(q_0, w)=\delta(0, abba)=\delta(1, bba)=\delta(0, ba)=\delta(0, a)=1$。

给定一个有限字符集合 Σ，包含所有由 Σ 中字符组成的字符串以及空串 λ 在内的集合称为集合 Σ 的全语言，并记为 Σ^*。一个有限状态自动机 M 实际上定义了一个从 Σ^* 到状态集合 Q 的函数 $\varphi: \Sigma^* \rightarrow Q$，称为最终状态函数（final-state function）。具体来说，给定一个字符串 $w \in \Sigma^*$，如果 $w=\lambda$，那么 $\varphi(\lambda)=q_0$，否则 $\varphi(w)=\delta(q_0, w)$。也就是说，一个字符串 w 的最终状态函数值就是自动机 M 扫描 w 后的终止状态。例如，如果 $w=abba$，那么，例 13-3 中自动机定义的最终状态函数值是 $\varphi(w)=\varphi(abba)=1$。

一个有限状态自动机可以用一个加标号的有向图表示。图中每一个顶点对应于唯一的一个状态，并用一个圆圈表示。反之，每一个状态也必有唯一的一个顶点与之对应。其中，每一个接收状态对应的顶点用双层圆圈标出。图中边的构造由转换函数 δ 决定。如果转换函数 δ 中有 $\delta(u, a)=v$，那么图中就有一条标号为 a 的边 (u, v)，反之亦然。另外，用一个箭头（不计入图的边）指向对应于初始状态 q_0 的顶点。图 13-2 所示的有向图表示的是例 13-3 中的有限状态自动机。

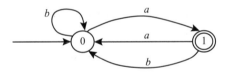

图 13-2　用有向图表示的例 13-3 中的有限状态自动机

13.3.2　字符串匹配用的自动机

这一节讨论如何根据给定的模式 $P[1..m]$ 来构造一个用于字符串匹配的有限状态自动机。

定义 13.3　全语言 Σ^* 中的任一个字符串 $x=A[1..n]$ 的前 k 个字符组成的子串 $A[1..k]$ $(k \leqslant n)$ 称为 x 的（k 个字符的）前缀（prefix），而 x 的最后 k 个字符组成的子串 $A[n-k+1..n]$ 称为 x 的（k 个字符的）后缀（suffix）。特别地，模式 $P[1..m]$ 的 k 个字符的前缀 $P[1..k]$ 记为 P_k。空子串 λ 也认为是模式 P 的前缀，记为 P_0。

定义 13.4　给定模式 $P[1..m]$，设 $x=A[1..n]$ 是 Σ^* 中的任一个字符串，我们定义 x 的后缀函数是 $\sigma(x)=\max\{k \mid P_k \rhd x\}$。这里，记号 $\rhd$ 表示前者是后者的后缀，即 P_k 是 x 的后缀。

后缀函数是把模式的前缀与字符串 x 的后缀相匹配，并找出这种匹配的最长的长度 k。图 13-3 解释了后缀函数的定义。

【例 13-4】给定模式 $P=abc$，另有序列 $x=cbab$，$y=abcbca$，给出 $\sigma(x)$ 和 $\sigma(y)$。

解：因为 $P_2=ab$ 与序列 x 的后缀匹配但 P_3 不能匹配，因此 $\sigma(x)=2$。又因为 y 的后缀只有一个字母与 $P_1=a$ 相匹配，故有 $\sigma(y)=1$。

定义 13.5　给定字符集 Σ 和模式 $P[1..m]$，字符串匹配的自动机 $M=(Q, q_0, A, \Sigma, \delta)$ 定义如下：

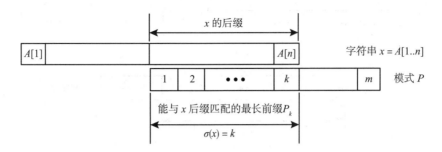

图 13-3　字符串 x 的后缀函数 $\sigma(x)$ 的图示

$Q = \{0, 1, 2, \cdots, m\}$；

$q_0 = 0$；

$A = \{m\}$；

$\delta(q, a) = \sigma(P_q a)$。

我们稍做解释。状态 q 表示文本串 $T[1..n]$ 目前有 q 个字符与模式相匹配。自动机开始扫描前，状态 $q = 0$。然后，每扫描一个文本字符，状态就变一次。假设扫描字符 a 之前的状态是 q，而 $\delta(q, a) = q'$，那么扫描 a 后的状态就是 q'。当 $q' = m$ 时，当前的移位是个合法移位，自动机进入接收状态并报告这个合法移位，然后继续扫描下一个字符。

假设当前状态是 q，模式的前 q 个字符，即前缀 P_q，与文本的 q 个字符匹配。可假设 $T[s+1..i] = P_q$，$T[i]$ 是这 q 个字符中的最后一个，$i = s+q$，移位是 $s = i-q$。如果下一个字符是 $T[i+1] = a$，那么扫描 a 后，应该如何计算 $\delta(q, a)$ 呢？具体分析如下。

如果 $q < m$，而且模式的下一个字符 $P[q+1]$ 与 $T[i+1]$ 相匹配，即 $P[q+1] = T[i+1] = a$，那么现在有 $q+1$ 个字符匹配了，$T[s+1..i+1] = P_{q+1}$，所以显然有 $\delta(q, a) = q+1$。我们注意到，P_{q+1} 是与 $T[1..i+1]$ 的后缀相匹配的最长的模式的前缀。这是因为，如果有更长的前缀 P_k $(q+1 < k \le m)$ 使得 $P_k = T[s'+1..i+1]$，那么对应的移位是 $s' = (i+1) - k < (i+1) - (q+1) = s$。这表明 s' 是先前未完成检查的移位，不可能。因此，$q+1$ 是 $T[s+1..i+1] = P_{q+1}$ 的后缀函数。因为 P_{q+1} 是 P_q 加上字符 a 得到的字符串 $P_q a$，所以 $q+1$ 也是 $P_q a$ 的后缀函数，故有 $\delta(q, a) = \sigma(P_q a)$。

但是，如果 $P[q+1] \ne a$，那么当前的移位 $s = (i-q)$ 必定是非法的，检查要终止，并且可能要跳过一些肯定不合法的移位后，找到下一个可能的合法移位并给以检查。另外，如果 $q = m$，那么报告一个合法移位后，也需要找到下一个可能的合法移位并给以检查。下一个可能的合法移位 s' 必须要大于当前的移位，$s' > (i-q)$，并满足以下两个条件：

1）从 $T[s'+1]$ 到 $T[i+1]$ 的文本串 $T[s'+1..i+1]$ 与模式的某个前缀 P_k $(k \le q)$ 相匹配。

2）这个前缀 P_k 是所有满足第一个条件的前缀中最长的。这是为了不错过任何可能的合法移位。

满足以上两个条件的 P_k 的长度 k 就是自动机的下一个状态，$\delta(q, a) = k$。显然，这个 k 就是 $T[s'+1..i+1]$ 的后缀函数，也就是 $P_q a$ 的后缀函数。因此，所有情况下，都有 $\delta(q, a) = \sigma(P_q a)$。图 13-4a 和图 13-4b 分别图示了状态的含义和状态转换的含义。

由上面解释知，用自动机进行匹配的关键点是，在扫描字符 $T[i]$ $(1 \le i \le n)$ 之后的状态就等于 $T[1..i]$ 的后缀函数 $\sigma(T[1..i])$。所以，匹配算法逐个扫描文本字符 $T[i]$ 便是逐个检查后缀函数 $\sigma(T[1..i])$。每一个 $\sigma(T[1..i]) = m$ 所对应的移位 $(i-m)$ 就是一个合法移位，反之亦然。

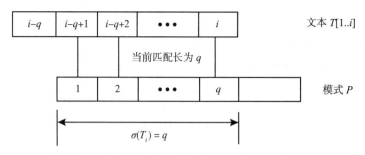

a）状态 q 也等于扫描过的文本序列 $T[1..i]$ 的后缀函数

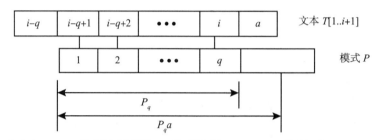

b）文本 $T[1..i+1]$ 的后缀函数就是 $P_q a$ 的后缀函数，$\sigma(P_q a) = q'$ 当且仅当 $\delta(q, a) = q'$

图 13-4　字符串匹配用的自动机中的状态及其转换函数的含义

但是，我们需要先构造这个自动机。对任意一个模式的前缀 P_q $(0 \leqslant q \leqslant m)$ 和集合 Σ 中的任意一个字符 a，字符串 $P_q a$ 的后缀函数，$\sigma(P_q a)$，也就是转换函数 $\delta(q, a)$，都需要预先算出。由上述讨论可知，这个计算不需要知道文本字符串 T。

【例 13-5】假设有字符集 $\Sigma = \{a, b, c\}$ 和模式 $P = abca$，请用有向图描述用于匹配该模式的有限状态自动机。

解：图 13-5 中的有向图表示了这个自动机，它的转换函数是由直接观察得到的。

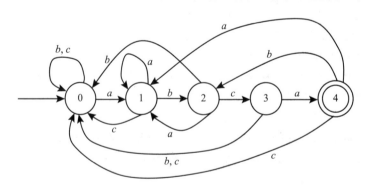

图 13-5　从字符集 $\Sigma = \{a, b, c\}$ 和模式 $P = abca$ 所构造的有限状态
自动机

给定字符集 Σ 和模式 P，构造其对应的自动机的主要工作是计算它的转换函数，这可由下面的算法完成。

```
Transition-Function(P[1..m],Σ)
1  for q ← 0 to m
2      for each character a ∈ Σ
3          k ← min(m+1,q+2)        // 从长到短搜索 P_q a 的后缀函数
```

```
4              repeat  k ← k−1           // 这时 k ≤ q+1 = |P_q a|，k ≤ m
5                until        P_k ▷ P_q a    // 逐个字符删除直到 P_k 是 P_q a 的后缀
6              endrepeat                 // P_k 是 P_q a 的最长后缀
7              δ(q,a) ← k
8        endfor
9    endfor
10   return δ
11 End
```

显然，这是个穷举算法并有复杂度 $O(m^3|\Sigma|)$。这个复杂度可改进为 $O(m|\Sigma|)$，但因为有更好的 KMP 算法，我们在这里不做深入讨论 (参考本章习题 11)。

13.3.3　基于有限状态自动机的匹配算法

从字符集 Σ 和模式 $P[1..m]$ 构造好一个用于匹配的有限状态自动机以后，文本串中的所有合法移位可由下面的算法找到。

```
Finite-Automaton-Matcher(T[1..n],δ,m)
1   q ← 0                    // 初始状态
2   for i ← 1 to n
3       q ← δ(q,T[i])
4       if q = m
5           then print "Pattern occurs with shift" i−m
6       endif
7   endfor
8 End
```

由之前的讨论足以证明上述算法的正确性，故不再赘述。这里要指出的是，当算法发现文本中一个与 P 匹配的子串时，自动机恰好扫描完文本中字符 $T[i]$。因此，对应的合法移位 s 应该从 $T[i]$ 退回 m 个位置得到，即 $s=i-m$，与 P 匹配的子串是 $T[i-m+1..i]$。

【例 13-6】假设有字符集 $\Sigma = \{a, b, c\}$ 和模式 $P=abca$。请解释算法 Finite-Automaton-Matcher 是如何用有限状态自动机找出文本 $T=cabcabcab$ 的所有合法移位的。

解：这个模式对应的自动机已由图 13-5 给出。这题的文本串有 9 个字母。图 13-6 列出了上述算法（第 3 行）用自动机的状态转换函数扫描每个字符 $T[i]$，$i=1, 2, \cdots, 9$，后所得的状态 q。算法在扫描字符 $T[5]$ 和 $T[8]$ 后发现两处成功匹配，其合法移位分别是 1 和 4。

序号 i	0	1	2	3	4	5	6	7	8	9
字符 $T[i]$	Ø	c	a	b	c	a	b	c	a	b
扫描 $T[i]$后的状态 q	0	0	1	2	3	4	2	3	4	2
合法移位	--	--	--	--	--	1	--	--	4	--

图 13-6　算法 Finite-Automaton-Matcher 对文本 $T=cabcabcab$
逐字扫描后状态变化序列

在构造好自动机以后，算法 Finite-Automaton-Matcher 只需要 $O(n)$ 时间即可完成对文本 $T[1..n]$ 的扫描。加上构造自动机的时间，算法总的复杂度是 $O(n+m^3|\Sigma|)$，可改进为 $O(n+m|\Sigma|)$。

13.4　Knuth-Morris-Pratt (KMP) 算法

与基于自动机的匹配算法相似，KMP 算法也是逐字扫描 $T[i]$ ($1 \leqslant i \leqslant n$) 并计算文本 $T[1..i]$ 的后缀函数 $\sigma(T[1..i])$。如果发现 $\sigma(T[1..i]) = m$，则发现一个合法移位。但是，它们的计算方法有所不同。基于自动机的匹配算法预先计算好转换函数 δ，使得为每一个字符 $T[i]$ 计算 $\sigma(T[1..i])$ 只需要 $O(1)$ 时间。KMP 算法不预先计算转换函数，故扫描 $T[i]$ 后，它不能立即得到 $\sigma(T[1..i])$，而是要临时计算。KMP 算法也需要预处理，但不是计算转换函数 δ，而是计算一个称为"前缀函数"的辅助函数 $\pi[1..m]$ 并且只需要 $O(m)$ 时间。这个辅助函数 $\pi[1..m]$ 帮助 KMP 算法，在扫描 $T[i]$ 后，快速实时地计算 $\sigma(T[1..i])$。这使得 KMP 算法每扫描一个字符 $T[i]$ 时，虽然需要多花些时间去临时计算 $\sigma(T[1..i])$，但它需要的总时间与文本的长度成正比。这样一来，KMP 算法省去了费时的预处理时间，并保证总的匹配时间仍是线性时间 $O(n)$。

13.4.1　模式的前缀函数

为了叙述方便，我们先稍微把后缀函数推广一下，定义"小于 h"的后缀函数如下。

定义 13.6　给定模式 $P[1..m]$，设 $x = A[1..n]$ 是 Σ^* 中的任一个字符串，小于 h 的 x 的后缀函数定义为 $\sigma(x, h) = \max\{k \mid k < h \text{ and } P_k \rhd x\}$。这里，$h$ 是一个正整数。

这个"小于 h"的 x 的后缀函数也是找一个与 x 的后缀相匹配的模式 P 的前缀，也是要最大的，但必须小于 P_h。它是在所有小于 P_h 的前缀中找一个最大的，并与 x 的后缀相匹配的前缀 P_k。这样一来，x 的后缀函数便成为这个定义的一个特例，它等价于"小于 $(m+1)$ 的 x 的后缀函数"，即 $\sigma(x) = \sigma(x, m+1)$。

现在讨论，KMP 算法是如何临时计算后缀函数的。要解决的问题是，如果已知文本串 $T[1..i]$ 的后缀函数是 q，$\sigma(T[1..i]) = q$，如何找出文本串 $T[1..i+1]$ 的后缀函数 $\sigma(T[1..i+1])$？换句话说，如果下一个字符是 $T[i+1] = a$，如何找出 $P_q a$ 的后缀函数 $\sigma(P_q a)$？我们观察到，因为 $\sigma(T[1..i]) = q$，所以有 $T[s+1..i] = P_q$，$q = i - s$。那么，如果 $k+1$ 是 $T[1..i+1]$ 的后缀函数，P_{k+1} 是与 $T[1..i+1]$ 的后缀相匹配的最大前缀。那么 k 满足以下两个必要条件：

1）P_k 与 $T[s+1..i]$ 的后缀相匹配，$k \leqslant q$。

2）$P[k+1] = T[i+1]$。

显然，在满足以上两个条件的前缀 P_k 中，最长的一个就是解。所以，KMP 算法的做法是，从 $k = q$ 开始，从大到小，直到 0，检查所有满足第一个条件的前缀 P_k 是否满足第二个条件。那么，检查过程中，第一个满足第二个条件的 P_k 就是最长的满足两个条件的解。为了减少搜索时间，我们要跳过不满足第一个条件的前缀，KMP 算法引入**前缀函数**的概念。

定义 13.7　设 P_q ($1 \leqslant q \leqslant m$) 是模式 $P[1..m]$ 的一个前缀。P_q 的前缀函数 (prefix function) $\pi[q]$ 定义为 $\pi[q] = \sigma(P_q, q)$，也就是小于 q 的 P_q 的后缀函数。

我们解释一下前缀函数。当我们检查一个满足第一个条件的前缀 P_k 时，比如 $P_q (k=q)$，如果 P_k 满足第二个条件，那当然好，问题解决了。但是，如果 P_k 不满足第二个条件，那么如何找下一个满足第一个条件的前缀 $P_{k'}$ 呢？这时，我们需要继续把 P 向右滑动去找下一个与 $T[s+1..i]$ 的后缀相匹配的前缀 $P_{k'}$。因为 P_k（比如 P_q）满足第一个条件，P_k 是 $T[s+1..i]$ 的后缀，$k' < k$，所以 k' 一定是小于 k 的 P_k 的后缀函数。即 $k' = \pi[k] = \sigma(P_k, k)$。找到前缀 $P_{k'}$ 后，算法检查第二个条件。如果有 $P[k'+1] = T[i+1]$，则有 $\sigma(T[1..i+1]) = k'+1$。否则，再

找 $P_{k'}$ 的前缀函数 $k''=\pi[k']$，直至成功。如果直到 $k=0$ 也未成功，那表示 $\sigma(T[1..i+1])=0$。图 13-7 给出了一个用前缀函数的方法找后缀函数 $\sigma(T[1..i+1])$ 的例子。

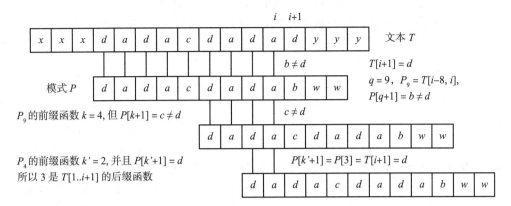

图 13-7　用前缀函数找后缀函数 $\sigma(T[1..i+1])$ 的例子

给定一个模式 $P[1..m]$ 后，它的前缀函数可以用下面的算法计算，例子和解释随后。

```
Prefix-Function(P[1..m])
1   π[1] ← 0              //P₁ 的前缀函数为 0，即与 P₁ 匹配的前缀（除 P₁ 自身外）为空
2   k ← 0                 //k 是 P[1] 的前缀函数
3   for q ← 2 to m        // 计算 π[q]
4       while k>0 and P[k+1] ≠ P[q]   //k 是 P_{q-1} 的前缀函数，下面计算 P_q 的前缀函数
5           k ← π[k]
6       endwhile
7       if P[k+1]=P[q]
8           then  k ← k+1
9       endif
10      π[q] ← k
11  endfor
12 return π
13 End
```

【例 13-7】假设有字符集 $\Sigma=\{a, b, c\}$ 和模式 $P=abcababca$，计算 P 的前缀函数。

解： 图 13-8 列出了 P 的每一个前缀的前缀函数。

i	1	2	3	4	5	6	7	8	9
$P[i]$	a	b	c	a	b	a	b	c	a
$\pi[i]$	0	0	0	1	2	1	2	3	4

图 13-8　一个前缀函数 π 的例子

引理 13.1　算法 Prefix-Function 正确地计算模式 P 的前缀函数。

证明： 算法 Prefix-Function 在初始化 $\pi[1]=0$ 后，用一个 for 循环逐个计算 $\pi[q]$ $(2 \leqslant q \leqslant m)$，这里，$q$ 是循环变量。我们用归纳法证明这个循环算法正确。

我们的断言是：每轮循环前，$\pi[q-1]$ 是前缀 P_{q-1} 的前缀函数；而循环结束时，$\pi[q]$ 是前缀 P_q 的前缀函数。

初始化： 在 for 循环前，算法 Prefix-Function 初始化 $\pi[1]=0$。因为小于 P_1 的前缀只能是 P_0，所以 $\pi[1]=0$ 是正确的，因为第一轮循环的变量 $q=2$，所以满足断言的要求，即

$\pi[q-1]$ 是前缀 P_{q-1} 的前缀函数。

循环维持： 假设在某一轮的循环变量是 q，并假设循环开始前，$\pi[1]$, $\pi[2]$, …, $\pi[q-1]$ 已正确计算。现在证明，这一轮完成时，$\pi[q]$ 的计算也是正确的。

我们注意到，如果 $k+1$ 是 P_q 的前缀函数，$k+1=\pi[q]$，那么，k 必须满足以下两个必要条件：

1）P_k 是 P_{q-1} 的后缀，$k<q-1$。

2）$P[k+1]=P[q]$。

根据定义，在满足上面两个必要条件的所有前缀 P_{k+1} 中，最长的一个的长度 $k+1$ 就是正确的解 $\pi[q]$。设 $\pi[q-1]=k$，根据定义，P_k 是满足第一个条件的最大的前缀。算法 Prefix-Function 的做法是，从 $k=\pi[q-1]$ 开始，从大到小，逐个检查满足第一个条件的前缀 P_k 是否也满足第二个条件。在检查过程中，第一个满足两个条件的前缀，显然就是解。

例如，$k=\pi[q-1]$。这时，如果有 $P[k+1]=P[q]$，满足第二个条件，那么如图 13-9 所示，显然有 $\pi[q]=k+1$。这是因为，P_k 满足 $k<q-1$，并且是能与 P_{q-1} 的后缀匹配的最长的前缀，那么因为 $P[k+1]=P[q]$，P_{k+1} 必定满足 $k+1<q$，并且是能与 P_q 的后缀相匹配的最长前缀，因而有 $\pi[q]=k+1$。

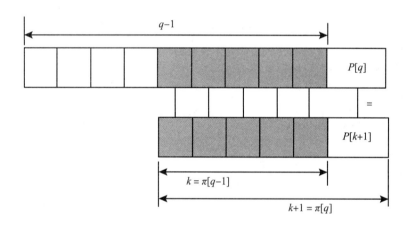

图 13-9　如果 $P[k+1]=P[q]$，那么 $\pi[q]=\pi[q-1]+1=k+1$

为了减少搜索时间，当 $P[q]\neq P[k+1]$ 时，k 不满足第二个条件，我们希望跳过那些肯定不满足第一个条件的 k'。因为 P_k 是 P_{q-1} 的后缀，那么下一个满足第一个条件的 k' 一定是 P_k 的前缀函数 $k'=\pi[k]$。因为 $k<q$，由归纳假设，$\pi(k)$ 已经正确地算好。图 13-10 显示了这个关系。

这时，如果 k' 满足第二个条件，有 $P[q]=P[k'+1]$，那么 $\pi[q]=k'+1$。否则，下一个满足第一个条件的 k'' 一定是 $P_{k'}$ 的前缀函数 $k''=\pi[k']$。这时，如果 $P[q]=P[k''+1]$，那么 $\pi[q]=k''+1$，否则再继续这个过程。

算法 Prefix-Function 的第 4 行的 while 循环做的就是这件事。当 while 循环结束时，要么 $k=0$，要么 $P[k+1]=P[q]$。如果是前者，表示没有前缀能满足第二个条件，显然有 $\pi[q]=k=0$。如果是后者，根据上述分析应该是 $\pi[q]=k+1$。算法第 8 行只改变后者的 k 为 $k+1$，使得第 10 行正确地输出结果。所以，算法 Prefix-Function 正确地计算出这一轮的前缀函数 $\pi(q)$。

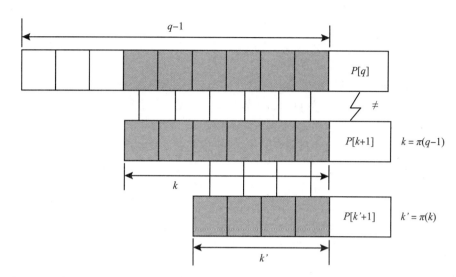

图 13-10　如果 $P[q] \neq P[k+1]$，那么下一个满足第一个条件的前缀 $P_{k'}$ 一定满足 $k'=\pi[k]$

循环终止：因为每次 while 循环的时间复杂度是 $O(m)$，所以每次 for 循环的时间复杂度是 $O(m)$。因为 for 循环一共执行 m 次，所以循环会终止。归纳成功，引理 13.1 得证。　■

算法 Prefix-Function 的时间复杂度是 $O(m)$。这是因为变量 k 在第 8 行被加 1，一共增加了最多 $(m-1)$ 次，总共增加的值最多是 $(m-1)$。因为 k 的值始终是非负整数，所以 k 被减少的次数最多是 $(m-1)$ 次，因此算法第 4 行的 while 循环总共被执行了最多 $(m-1)$ 次。所以算法 Prefix-Function 的时间复杂度是 $O(m)$。

13.4.2　基于前缀函数的 KMP 算法

基于前缀函数的 KMP 的匹配算法如下：

```
KMP-Matcher(T[1..n], P[1..m])
1   π[1..m] ← Prefix-Function(P[1..m])    // 先算前缀函数
2   q ← 0                                  // 已匹配的字符个数为 q
3   for i ← 1 to n                         // 从左到右扫描每个字符
4       while q>0 and P[q+1] ≠ T[i]        // 已知 P_q=T[i-q..i-1]
5           q ← π[q]                        // 滑动 P 到下个与 P_q 后缀相匹配的位置
6       endwhile
7       if P[q+1]=T[i]
8           then q ← q+1                    // 不论 q=0 或 q>0，已匹配的字符个数均为 q+1
9       endif                               // 否则，没有字符与 T[1..i] 的后缀匹配，q=0
10      if q=m                              // 如果整个模式得到匹配，则输出这个合法移位
11          then print "Pattern occurs with shift" i-m
12                  q ← π[q]                // 当 q=m 报告后，更新为下一个前缀函数
13      endif
14  endfor                                  // 对 T[i] 的扫描完成
15  End
```

KMP-Matcher 的复杂度分析如下。算法的第一步计算前缀函数，需要 $O(m)$ 时间。其后，算法的主要部分是在第 3 行的 for 循环。每次循环，算法可能做 3 件事：

1）如果 $P[q+1] \neq T[i]$，向右滑动 P 到下个可能相配位置，变量 q 减小。

2）如果 $P[q+1]=T[i]$，变量 q 加 1。

3）如果 $q=m$，则报告合法移位，并且向右滑动 P 到下一个可能相匹配的位置，变量 q 减小。

因为合法移位的个数不会大于 $n-m+1$，所以做第 3 件事的时间为 $O(n)$。算法做第 2 件事的次数不会大于 n，这是因为每做一次，变量 i 就会加 1，而且，变量 i 最多增加 $n-1$ 次。最后，算法做第 1 件事的次数也不会大于 n，这是因为每做一次，变量 q 至少会减去 1，由于 q 的初值为 0，而且始终不为负值，所以变量 q 被减少的总数不会超过 q 被增加的总数。又因为变量 q 被增加的唯一原因是算法做了第 2 件事，每做一次，q 加 1，因此 q 被增加的总数不大于 n，从而算法做第 1 件事的次数也不会大于 n。由此分析，KMP-Matcher 的复杂度为 $O(m)+O(n)=O(n)$。

【例 13-8】以模式 $P=abaab$ 和文本 $T=ababaababaaabaab$ 为例解释 KMP 算法。

解：KMP 算法先计算 P 的前缀函数如下表所列。

i	1	2	3	4	5
$P[i]$	a	b	a	a	b
$\pi[i]$	0	0	1	1	2

基于这个前缀表，下面的表格计算出到每一字符 $T[i]$ 为止的文本子串 $T[1..i]$，与其后缀匹配的最长的模式前缀 P_q 有多少字符，也就是 KMP 算法中的变量 q 的值。计算一个字符 $T[i]$ 的 q 值可能需要查找前缀表多次，表中列出了这一过程。例如，$i=12$ 时，第一次找到前缀 $k=1$，然后 $k'=0$。

i	初始	1	2	3	4	5	6	7	8	9	10	11	12	13	14	15	16
$T[i]$	--	a	b	a	b	a	a	b	a	b	a	a	a	b	a	a	b
滑动前缀 $q-1$					1			2	1				1,0				
最终前缀 q	0	1	2	3	2	3	4	5	3	2	3	4	1	2	3	4	5
合法移位								2									11
更新后前缀 q	--	-	-	-	-	-	-	2	-	-	-	-	-	-	-	-	2

KMP-Matcher 的正确性在我们介绍前缀函数时已大致做了解释。这里再正式证明一下。

定理 13.2 给定文本串 $T[1..n]$ 和模式 $P[1..m]$，算法 KMP-Matcher 正确地计算出所有合法移位。

证明：这个算法的原理前面已讨论很多了。这里我们证明，它实际上是基于自动机的算法的另一种实现。两个算法都是逐字扫描文本串的字符 $T[i]$（$1 \le i \le n$）并计算文本串 $T[1..i]$ 的后缀函数 $\sigma(T[1..i])$。一旦有 $\sigma(T[1..i])=m$，则发现一个合法移位。KMP 算法的第一步是计算前缀函数，以便扫描字符时使用。前缀函数的算法已由引理 13.1 证明。

初始时，变量 $i=1$ 表示还没有扫描，$q=0$ 表示还没有字符被匹配。假设 P_q 是 $T[1..i-1]$ 的后缀函数，$T[i]=a$。那么，$T[1..i]$ 的后缀函数 $\sigma(T[1..i])$ 也就是 $P_q a$ 的后缀函数。基于自动机的算法中，$P_q a$ 的后缀函数已算好，扫描 $T[i]=a$ 后，q 更新为 $q \leftarrow \delta(q, a)$。我们证明，KMP 算法的第 4 行到第 9 行的操作等价于这一步。

我们注意到，在扫描字符 $T[i]$ 时，P_q 是 $T[1..i-1]$ 的后缀函数。这时，如果 $P[q+1]=T[i]=a$，那么文本 $T[1..i]$ 的后缀函数就是 P_{q+1}。针对这种情况，KMP 算法跳过第 4 行到第 6 行的 while 循环，在第 7 行的 if 语句输出这个结果，等价于基于自动机的算法中 $q \leftarrow \delta(q, a)$。

如果 $P[q+1] \ne T[i]=a$，KMP 算法不能一下子找到 $P_q a$ 的后缀函数。算法通过第 4 行到第 6 行的 while 循环来解决这个问题，解释如下。我们注意到，如果有前缀 P_{k+1} 与 $P_q a$

后缀相匹配，那么 P_k 必定与 P_q 后缀相匹配。最大可能的 k 值就是 P_q 的前缀函数值 $\pi[q]$。所以，算法更新 $q \leftarrow \pi[q]$，也就是 $q \leftarrow k$。

现在，P_q 又是 $T[1..i-1]$ 的后缀了，当然，这是更新后的 q，我们又面对同一个问题了。这时，如果有 $P[q+1]=a$，那么我们就找到了 $T[1..i]$ 的后缀函数 $q+1$。这显然是正确的，因为不可能有更长的 P 的前缀与 $T[1..i]$ 的后缀相匹配。但是，如果 $P[q+1] \neq a$，我们需要滑动 P 去找下一个与 $T[1..i-1]$ 的后缀相配的前缀 $P_{k'}$，$k'<k$。因此，问题又变成了找当前 P_q 的前缀函数 $k'=\pi(q)$。算法更新 $q \leftarrow \pi[q]$ 后，我们需要再检查是否有 $P[q+1]=a$，并重复上述操作。算法中第 4 行到第 6 行的 while 循环就是实现这个搜索过程的。

这个 while 循环结束时，不论 $q>0$ 或 $q=0$，如果 $P[q+1]=T[i]$，表明模式 P 有 $q+1$ 个字符（即 P_{q+1}）与文本串 $T[1..i]$ 的后缀相配，并且显然是最长的。算法第 8 行给出这一结果，它把 $T[1..i]$ 的后缀函数 q 更新为 $q+1$。如果 while 循环结束时，$P[q+1] \neq T[i]$，则必有 $q=0$。这说明没有字符与 $T[1..i]$ 的后缀匹配，下一轮开始时，要从 $P[1]$ 和 $T[i+1]$ 开始匹配，$q=0$ 就是文本串 $T[1..i]$ 的后缀函数。所以，KMP 算法中第 4 行到第 9 行的运算正确地算出文本串 $T[1..i]$ 的后缀函数 $q=\sigma(T[1..i])$，也就是算出转换函数 $\delta(q, a)$。所以，KMP 算法的第 4 行到第 9 行的操作等价于基于自动机的算法中计算转换函数 $q \leftarrow \delta(q, a)$ 这一步。从而算法 KMP-Matcher 正确性得证。　∎

习题

1. 用朴素的匹配算法找出以下模式在文本串中所有合法移位：$P=abba$，$T=abcaabbababba$。

2. 假设模式 P 中没有相同的字符，请把朴素的匹配算法改进为复杂度为 $O(n)$ 的算法。

3. 假设 $P=29$，$T=3294162968$，并选用 $q=13$ 作为模数。

   （a）请用 Rabin-Karp 算法计算 $P \bmod q$，$t_0 \bmod q$，$t_1 \bmod q$，$\cdots$，$t_8 \bmod q$。

   （b）在完成（a）部分工作后，Rabin-Karp 需要做几次模式匹配去检查移位合法性？其中又有几次是非法的呢？

4. （a）假设 $P=aaba$，构造字符串匹配用的有限状态自动机。

   （b）用（a）部分中的自动机对文本 $T=baababbaabab$ 进行匹配操作。

5. （a）假设 $P=acbac$，构造字符串匹配用的有限状态自动机。

   （b）用（a）部分中的自动机对文本 $T=bacbacbacaab$ 进行匹配操作。

6. 假设 $P=acbacacbaac$，计算它的前缀函数。

7. 假设 $P=ababcbababc$，计算它的前缀函数。

8. 设 $P=aaba$ 和 $T=aabaaabaabaabaa$，用 KMP 算法计算所有合法移位。

9. 假设 $A[1..n]$ 和 $B[1..n]$ 是两个等长的文本。设计一个复杂度为 $O(n)$ 的算法来确定是否文本 B 是文本 A 的循环移位并给出所有循环移位的位置。例如 $A=ababab$，$B=bababa$，B 是 A 的循环移位，位置为 $s=1, 3, 5$。

10. 给定模式 $P[1..m]$ 和文本 $T[1..n]$，解释如何通过计算 $Q=PT$ 的前缀函数 π 来确定 P 与 T 匹配的所有合法移位。这里 $Q[1..m+n]=PT$ 是由 P 和 T 连接而成，即 $Q[1..m]=P[1..m]$，$Q[m+1..m+n]=T[1..n]$。例如，$P=abc$，$T=baabca$，那么 $Q=PT=abcbaabca$。你可以假定 Q 的前缀函数 π 已知。你只要设计一个从 Q 的前缀函数 π 来计算 P 与 T 匹配的所有合法移位的算法。

11. 改进 13.3.2 节中计算转换函数 $\delta(q, a)$ 的算法使得其复杂度为 $O(m|\Sigma|)$。

第 14 章 NP 完全问题

在第 1 章中，我们曾指出，如果一个算法的复杂度是一个指数函数，那么这个算法基本上没有用，除非输入规模很小很小。本章之前讨论的问题基本上都有复杂度为多项式函数的算法并且阶数比较低，比如排序算法有复杂度 $O(n\lg n)$，最小支撑树的算法和最短路径的算法最多需要 $O(n\lg n+m)$ 时间等。我们知道，当 n 趋向无穷大时，多项式函数 n^k（k 是一个大于 0 的常数）和指数函数 a^n（a 是一个大于 1 的常数）的增长速度有天壤之别。不论 k 多大，也不论 a 多小，都有 $\lim\limits_{n\to\infty}\dfrac{n^k}{a^n}=0$。

通过长期的研究，人们发现有些看似容易的问题却一直找不到有多项式复杂度的算法，而只能找到指数复杂度的算法。例如，在一个无向图（或有向图）中找一条两点间最长的简单路径。这个问题即使对不加权的图，不论 k 多大，都难以找到复杂度为 $O(n^k)$ 的算法。这引起人们对问题本身固有的难易程度的探讨兴趣，也是这一章讨论的课题。我们把问题根据其难易程度分类。如果一个问题可以有复杂度为多项式的算法（简称多项式算法），则称为**可驾驭的**（tractable）问题，否则称为**不可驾驭的**（intractable）问题。我们把可驾驭的问题简称为**容易问题**，而不可驾驭问题简称为**难问题**。判断一个问题是容易还是难不是一件容易的事。事实上，存在着一大类问题，人们至今也不知道它们是否属于容易问题。找最长路径问题就是其中的一个问题。我们把这类问题称为 NP 完全（NP-complete 或 NPC）问题。

为了理解 NP 完全问题，我们将先介绍另外两类问题，即 P 类和 NP 类问题。简单来说，一个问题如果有多项式算法则属于 P 类，而一个问题如果在非确定的（non-deterministic）图灵机（Turing machine）上有多项式算法则属于 NP 类。这里，非确定的图灵机是一个理论的计算模型，在下面的章节中会介绍。在这个模型上的多项式算法称为 NP 算法（non-deterministic polynomial algorithm）。我们用 P 和 NP 分别代表这两类问题的集合。NP 类包含的问题相当广，除了上面讲的图的最长路径问题外，许多难以判断的问题都属于这一类，例如哈密尔顿（Hamilton）回路问题、货郎担问题、最小顶点覆盖问题、图的着色问题等。相对于非确定的图灵机模型而言，本书前面所用的计算模型与确定的图灵机模型等价。这里，等价的含义是，任何一个问题在其中一个计算模型上有多项式算法，当且仅当这个问题在另一个计算模型上有多项式算法。所以可以认为一个 P 类问题是在一个确定的图灵机上有多项式算法，而一个 NP 类问题是在一个非确定的图灵机上有多项式算法（简称 NP 算法）。为了简化对一个问题属于 NP 类的证明，我们还会介绍多项式检验（polynomial verification）算法的概念。一个问题有 NP 算法，则一定有多项式检验算法，反之亦然。所以，为了方便起见，我们也把多项式检验算法称为 NP 算法。

我们将会看到，一个 P 类问题必定属于 NP 类，即 P⊆NP。但是，一个未解之谜是，有没有一个 NP 类的问题不属于 P 类？如果有，则 P ≠ NP，否则 P=NP。大部分算法理论家都认为上面列举的 NP 类中的难题，例如找图中两点间最长路径问题，不可能在一个确定的图灵机上有多项式算法，但至今不能证明这点。人们已经发现了许多这样的问题并且称它们为 NP 完全问题。我们用 NPC 代表这类问题的集合。称它们 NP 完全是因为它们是 NP 类中最困难的问题。这里，最困难指的是，一旦它们中有一个被发现有多项式算法，那么所有 NP 问题都会有多项式算法。相反，如果它们中有一个被发现没有多项式算法，那么所有 NPC 问题都没有多项式算法。所以，在是否有多项式算法这一点上，NPC 类的所有问题都是等价的，而 $P \neq NP$ 的猜想是计算机科学界至今未被证明的头号难题。

虽然我们还不知道是否有 $NPC \subseteq P$，但是一个不争的事实是至今没有人能为一个 NPC 问题找到一个多项式算法。所以，如果一个问题被证明是 NPC 问题，那么可认为这是一个难题 (除非 $P = NP$)，从而转向寻求近似算法或启发式算法。由于我们在日常工作中经常会遇到 NPC 问题，所以学习 NPC 问题的证明方法和为其设计近似算法成为算法的重要课题。这一章在定义了 NPC 问题后，讲述如何证明一个问题是 NPC 问题并且给出一系列的例子以帮助读者熟悉一些知名的 NPC 问题和学习一些常用的证明技巧。下一章会讨论设计和评价近似算法的方法。

14.1 预备知识

为了准确地定义各类问题，我们必须先熟悉和了解一些与计算模型和算法复杂度有关的基本的约定和知识。这一节就是做这个准备工作。

14.1.1 图灵机

图灵机（Turing machine）通常指确定的图灵机（deterministic Turing machine），是一个简单的计算模型。如图 14-1 所示，一个图灵机 T 由一个有限状态控制器和一条右端无限长的读写带组成。这个读写带从左到右划分为无限多个连续的方格，每个方格可存放一个有限字符集 Σ 中的一个符号。空白的格子由一个特殊符号 B 表示。这个有限状态控制器在任一时刻处于由集合 Q 规定的有限个状态中的一个状态 q 并控制一个读写头进行读写操作。这个读写头在任一时刻指向读写带的一个方格并扫描该方格中的字符 a。然后，有限状态控制器根据其当前的状态和扫描的字符 a 做三件事：

1）确定并更新下一时刻的状态为 q'。

2）把所扫描的字符 a 更新为字符 a'。

3）决定读写头向左（L）移动一个方格，或向右（R）移动一个方格，或停留不动（N）。

给定一个当前状态 q 和一个当前扫描的字符 a，上述三件事都是确定好的，可以表示为 $(q, a) \to (q', a', D)$，或者 $\delta(q, a) = (q', a', D)$。这里，$D$ 可以是 L、R 或者 N，δ 称为状态转换函数，允许 $q' = q$ 和 $a' = a$。因为集合 Q 和 Σ 都是有限集合，所以状态转换函数 $\delta(q, a)$ 可以用一个有限长的表格表示。集合 Q 有一个状态 q_0 称为开始状态和一个子集 $F \subset Q$，子集 F 中的状态称为终止状态。

图灵机可用来计算一个函数值或识别一个字符串。开始时，图灵机处在开始状态 q_0，输入数据或字符串从左边第一个方格开始放在读写带上，而读写头指向第一个方格。然后，图灵机开始根据确定的转换函数不断地变更状态，修改带子上符号和移动读写头。当图灵机进入了一个终止状态 $q_f \in F$ 时，计算停止。这时，在带子上的字符串或其中某些格子上的符号就是输出的函数值。如果图灵机用来识别一个字符串，可以输出一个特定符号（比如 1）表示接收这个字符串或者输出另一特定符号（比如 0）表示拒绝这个字符串。图灵机有可能永远不能进入终止状态，这时我们说函数对输入数据无定义或者说对输入字符串不能判定。我们注意到，第 13 章中定义的有限状态自动机是图灵机的特殊情况，它不允许改变读写带上的字符，因此读写带实际上变成了只读带。当它停机时，没有输出值，停机在接收状态表示接收输入字符串。

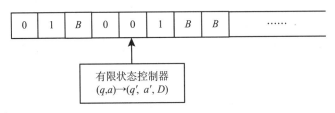

图 14-1　图灵机构造示意图

虽然图灵机模型很简单，但被证明其计算能力与现代计算机的模型等价，这里我们略去对现代计算机的模型的精确描述，可假定前面章节所用模型即是，有兴趣读者可从有关参考书和网上找到进一步的介绍。图灵机的计算复杂度定义为其状态转换的次数 $T(n)$，这里 n 是输入字符串的长度，并且只对停机的情况考虑复杂度。

14.1.2　符号集和编码对计算复杂度的影响

我们注意到不同的计算模型，包括图灵机在内，可能会用不同的符号集合，这会影响到输入规模的大小。比如同样一个整数 98，如果用十进制表示，它是两位数，可用两个符号 9 和 8 表示；如果用八进制表示，那么 $98=142_8$，需要 3 个符号表示；如果用二进制表示，$98=1100010_2$，则需要 7 个符号；而如果用一进制，则需要 98 个 0 表示。因此，用不同的符号集会影响输入规模的大小从而影响计算复杂度。下面探讨一下这个问题。

假设一个计算模型，例如图灵机 T，对一个长度为 n 的输入数据，某算法的计算复杂度为 $\Theta(f(n))$。现在，我们设计另外一个图灵机 T'，它读写一个字符，做一次状态转换，以及移动一格，所需时间与 T 相同，但使用的字符集 Σ' 与 T 使用的字符集 Σ 不同。假设 Σ 中有 $|\Sigma|=d \geqslant 2$ 个字符，而 Σ' 中有 $|\Sigma'|=d' \geqslant 2$ 个字符，那么我们只需要用 Σ' 中的两个字符 a 和 b（可视为 0 和 1）来对 Σ 中的每个字符编码，也就是把 Σ 中的每一个字符对应到一个长为 $k=\lceil \lg d \rceil$ 的 a 和 b 的序列。因为长为 k 的 a 和 b 的序列可表示 $2^k \geqslant d$ 个不同的数字或符号，就好像 ASCII 码用 7 个比特表示 96 个不同字符一样，Σ 中每一个字符可用一个长为 k 的 a 和 b 的序列唯一表示。这样一来，对 Σ 中一个字符的操作变成了对一个长为 k 的序列的操作。因为 d 和 k 都是常数，所以在图灵机 T' 上运行同一算法的复杂度是 $\Theta(kf(n))=\Theta(f(n))$。所以，除了一进制的编码外，用不同的符号集不会影响算法的渐近复杂度。为方便起见，在以下的讨论中，我们就假定 $\Sigma=\{0, 1\}$。

14.1.3　判断型问题和优化型问题及其关系

如果一个问题的答案只有两种，是（yes）和不是（no），则该问题称为一个判断型问题。例如，判断一个图是否有一条哈密尔顿回路就是一个判断型问题。给定一个图 G，它要么有一条哈密尔顿回路，要么没有。一个问题被称为优化型问题，如果这个问题的解对应于一个最佳的数值，例如，在图中找一个简单回路并使它含有的边最多。在其他的优化型问题中，问题的解也许会要求最长、最短、最大、最小、最高、最低、最重或最轻等。在我们讨论 P 类、NP 类以及 NPC 类问题时，我们限定所有被分类的问题都是判断型问题。

这样做的目的首先是简化对 NPC 问题的讨论。因为不同的优化型问题有着不同的优化目标和量纲，有的要最大，有的却要最轻，有的是要一条路径，有的是要一个集合等，这不便于讨论问题之间的关系，而对判断型问题而言，只要两个问题的解都是 yes，可认为它们有同解。这一简化使得我们可以讨论任何两个判断型问题之间的关系，这对 NP 完全问题的研究起着奠基性的关键作用。其次，只讨论判断型问题不会影响 NPC 理论的应用价值，因为一个优化型问题往往可对应于一个判断型问题。如果对应的判断型问题有多项式算法，那么其对应的优化型问题也往往有多项式算法。下面看一个例子。

【例 14-1】一个优化型问题定义如下：给定一个连通的无向图 $G(V, E)$ 以及 V 中两顶点 s 和 t，找出一条从 s 到 t 的最长简单路径，也就是一条含有最多边的简单路径。

（a）为上述优化型问题定义一个对应的判断型问题。

（b）假设（a）中的判断型问题有多项式算法 A，请用算法 A 作为子程序，设计一个多项式算法来解决对应的优化型问题。

解：（a）我们引入一个变量 k 后，这个判断型问题可定义如下：

给定一个正整数 k 和一个连通的无向图 $G(V, E)$，以及 V 中的两个顶点 s 和 t，是否存在一条含有至少 k 条边的从 s 到 t 的简单路径？

（b）这个算法分两步，第一步确定最长的路径含有的边的个数 k。第二步把这条最长路径找出来。做法是，对图中每一条边进行测试。如果把这条边删去后，图中仍有一条长为 k 的路径，则将它删去，否则保留。当每条边都测试后，剩下的边必定形成一条长为 k 的路径。假设（a）中的判断型问题有多项式算法 $A(G, s, t, k)$，其中，G 表示图 $G(V, E)$。解优化型问题的算法可表述为下面的伪码：

```
Longest-path(G(V,E),s,t)
1   k←n-1                           //简单路径最多含 n-1 条边
2   while A(G,s,t,k)=no
3       k←k-1
4   endwhile                        //最长路径有 k 条边
5   G'(V',E')←G(V,E)                //复制一个 G(V,E)，V'=V，E'=E
6   for each e∈E'
7       E'←E'-{e}                   //从 E' 中删去 e
8       if A(G',s,t,k)=no           //如果 G' 中不再存在长为 k 的路径
9           then E'←E'∪{e}          //把 e 放回来
10      endif
11  endfor
12  return G'
13 End
```

因为这个算法调用算法 $A(G, s, t, k)$ 不超过 $n+m$ 次，而 $A(G, s, t, k)$ 是个多项式算法，所以上面的算法是个多项式算法。从这个例子看出，当一个判断型问题有多项式算法时，其对应的优化型问题也往往有多项式算法。反之，当一个判断型问题没有多项式算法时，其对应的优化型问题肯定不会有多项式算法。因此，当一个判断型问题是 NP 完全问题时，其对应的优化型问题也常被人称为 NP 完全问题。严格说来，应当是指对应的判断型问题

是 NP 完全问题。

14.1.4 判断型问题的形式语言表示

因为任何一个问题首先要编码之后才能被一个计算机所识别和运算，而不同的字符集不影响复杂度，所以，我们可以认为任何一个问题的实例对应一个只含 0 和 1 的字符串。这里的"问题"指的是一个抽象的定义，它由许许多多的实例所组成。比如，"图的哈密尔顿回路问题"包含了所有图的哈密尔顿回路问题。对一个给定的具体的图来讲，比如第 8 章中图 8-1a，它是否有哈密尔顿回路的问题只是哈密尔顿回路问题的一个实例。一个问题的实例才可以被编码为一个 0 和 1 的字符串。

定义 14.1 给定一个字符集 Σ，它的所有字符串的集合（包括空串 λ 在内）称为 Σ 的**全语言** (universal language)，记为 Σ^*。

例如，$\Sigma = \{0, 1\}$，$\Sigma^* = \{\lambda, 0, 1, 00, 01, 10, \cdots\}$。全语言的定义在 13.3.1 节介绍过，这里再正式定义一下。

定义 14.2 给定一个字符集 Σ，它的全语言的一个子集 $L \subseteq \Sigma^*$ 称为定义在 Σ 上的一个语言。换句话说，任何一个 Σ 上的字符串的集合称为一个语言。

显然，我们只对有一定意义的语言感兴趣，例如，$L = \{10, 11, 101, 111, 1011, \cdots\}$ 代表所有质数的集合。当然，用枚举法表示集合或语言不是很方便，通常要加以注释才能让人理解。另一个表示语言的方法是用语法来定义，但我们对 NPC 的讨论不需要做这方面的介绍。

我们知道，一个判断型问题 π 的实例可以用一字符串 x 表示。反之，给定一个字符串 x，可以有三种情况：1) x 代表问题 π 的一个实例并且有答案 yes；2) x 代表问题 π 的一个实例并且有答案 no；3) x 不代表问题 π 的一个实例，它只是一个杂乱的字符串而已。对第一种情况，我们用 $\pi(x) = 1$ 表示，而用 $\pi(x) = 0$ 表示另两种情况。现在我们为一个（抽象）问题 π 定义一个对应的语言。

定义 14.3 给定一个判断型问题 π，它对应的语言 $L(\pi)$ 是所有它的实例中有 yes 答案的实例编码后得到的字符串的集合，即 $L(\pi) = \{x \mid x \in \Sigma^*$ 且 $\pi(x) = 1\}$。

例如，哈密尔顿回路问题对应的语言可表示为：

$$\text{Hamilton-Cycle} = \{<G> \mid G \text{ 含有哈密尔顿回路}\}$$

这里，Hamilton-Cycle 是这个语言的名字，而 $<G>$ 表示是对一个实例，即图 G 的编码得到的字符串。至于如何为 G 编码不是我们感兴趣的地方，可能先用邻接表或邻接矩阵表示，再对邻接表或邻接矩阵编码，总之，可以编为一个 0 和 1 的字符串。串的长度会随着顶点和边的个数的增长而增长，但往往是线性的或低阶多项式的关系。

这样一来，解一个判断型问题 π 的算法就等价于一个识别语言 $L(\pi)$ 的算法。我们约定，解一个判断型问题 π 的算法 A 所做的事就是对任何一个输入字符串 $x \in \Sigma^*$ 进行扫描和运算，然后输出答案 $A(x)$。答案的形式有 $A(x) = 1$、$A(x) = 0$ 和不回答三种，分别称为接收 x，拒绝 x 和不能判定 x。我们把这样的算法称为判断型算法。为简便起见，除非特别说明，本章讨论的问题和算法都是指判断型问题和算法。

定义 14.4 给定一个算法 A，所有被 A 所接收的字符串的集合 $L = \{x \in \Sigma^* \mid A(x) = 1\}$，称为被 A 所接收（accepted）的语言。进一步，如果 A 对其他的字符串都拒绝，即 $\forall y \notin L$，

$A(y)=0$，则称语言 L 被 A 所判定 (decided)。

定义 14.5　给定一个问题 π，如果它对应的语言 $L(\pi)$ 正好等于被算法 A 所接收的语言，那么称问题 π 或语言 $L(\pi)$ 被 A 所接收。如果问题 π 对应的语言 $L(\pi)$ 正好等于被算法 A 所判定的语言，那么称问题 π 或语言 $L(\pi)$ 被 A 所判定。

注意，当我们说，语言 L 被算法 A 所接收，那么算法 A 不可以接收 L 以外的字符串。如果串 $x \notin L$，算法 A 可以输出 $A(x)=0$ 或者不输出任何值。显然，给定一个问题 π，如果我们能找到一个算法 A 使得 $L(\pi)$ 被算法 A 所判定，那么我们就解决了这个问题。(请注意"判断"和"判定"的区别和关系。)当我们设计一个算法时，重要的问题是算法的复杂度，即多长时间可完成对一个问题实例的判断，也就是对一个字符串 $x \in \Sigma$ 的判断，输出 yes 或 no (不回答的情况不考虑复杂度)。给定一个问题 π，我们总是希望找到一个复杂度小的算法来判定问题 π，至少是有多项式的复杂度，但往往不容易。下面讨论复杂度问题。

14.1.5　多项式关联和多项式归约

两个计算模型 T_1 和 T_2 称为多项式关联的，如果对任意一个判断型问题，T_1 上存在一个多项式复杂度的判定算法，当且仅当 T_2 上存在一个多项式复杂度的判定算法。显然，如果计算模型 T_1 和 T_2 是多项式关联，那么在我们讨论一个问题是否有多项式算法时，用哪一个计算模型都不影响这个问题的结论。因为图灵机和其他现代计算机的抽象模型被证明都是多项式关联的，所以我们可随意用其中的一个模型来讨论。

下面我们介绍问题的多项式归约。这个归约是指，把问题 π_1 转换到另一个问题 π_2 的多项式归约 (polynomial reduction)。因为一个问题对应于一个语言，所以我们先定义从一个语言 L_1 转换到另一个语言 L_2 的多项式归约。

定义 14.6　给定两个语言 L_1 和 L_2，如果存在一个算法 f，它把 Σ^* 中的每一个字符串 x 转换为另一个字符串 $f(x)$，并且满足：

1）$x \in L_1$ 当且仅当 $f(x) \in L_2$。

2）f 是个多项式算法，即字符串 x 转换为字符串 $f(x)$ 的工作在 $O(|x|^c)$ 的时间内完成，这里 c 是一个常数（$c>0$），$|x|$ 是字符串 x 包含的字符个数。

那么，我们说 L_1 可多项式归约到 L_2，记为 $L_1 \propto_p L_2$，并称 f 为多项式转换函数或算法。

如图 14-2 所示，转换函数 f 把 Σ^* 中每一个字符串 x 映射到另一个字符串。注意，这个映射不要求单射 (one to one)，也不要求满射 (onto)，但一定要把 L_1 内的一个字符串映射到 L_2 内的一个字符串，把 L_1 外的一个字符串映射到 L_2 外的一个字符串。如果用图灵机的模型，字符串 x 转换为 $f(x)$ 在 $O(|x|^c)$ 时间内完成意味着，存在常数 $d>0$，图灵机最多需要 $(d|x|^c)$ 步的状态变化就可以把 x 转换为 $f(x)$。如不加说明，我们用的是图灵机的模型。

定义 14.7　假设问题 π_1 和 π_2 对应的语言是 $L(\pi_1)$ 和 $L(\pi_2)$。如果语言 $L(\pi_1)$ 可多项式归约到语言 $L(\pi_2)$，则称问题 π_1 可多项式归约到问题 π_2，记为 $\pi_1 \propto_p \pi_2$。

从问题的角度看，$\pi_1 \propto_p \pi_2$ 意味着 π_1 的任何实例 x 被一多项式算法 f 变为 π_2 的一个实例 $f(x)$ 并且 $\pi_1(x)=$ yes 当且仅当 $\pi_2(f(x))=$ yes。

定理 14.1　如果语言 L_1 可多项式归约到语言 L_2，而语言 L_2 可被一多项式算法 A_2 所判定，那么必存在一个多项式算法 A_1 使语言 L_1 被算法 A_1 所判定。

证明：如图 14-3 所示，如果语言 L_1 可多项式归约到语言 L_2，而语言 L_2 可被一多项式算法 A_2 所判定，那么我们可这样设计 A_1：

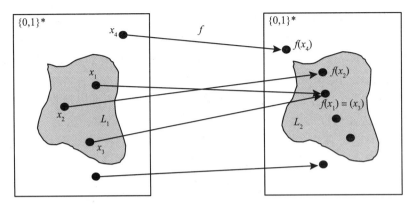

图 14-2　多项式转换函数 f 必须把 L_1 内和 L_1 外的字符串分别映射到 L_2 内和 L_2 外

对任一个字符串 x，A_1 先用多项式转换函数 f 把 x 转换为 $f(x)$，然后让算法 A_2 去判定。如果 $A_2(f(x)) = 1$，则输出 $A_1(x) = 1$。否则，$A_2(f(x)) = 0$，则输出 $A_1(x) = 0$。由于 $f(x) \in L_2$ 当且仅当 $x \in L_1$，所以算法 A_1 可正确地判定语言 L_1。算法 A_1 所用的时间由两部分组成，第一部分是把 x 转换为 $f(x)$ 的时间，设需要 t_1 步操作。第二部分是算法 A_2 判定 $f(x)$ 的时间，设需要 t_2 步操作。

设 $|x| = n$，因为 f 是多项式转换函数，不妨设 $t_1 < n^c$，这里 c 是一个大于 0 的常数，并且有 $|f(x)| \leq n^c$。这是因为在 n^c 步的时间内，算法不可能产生多于 n^c 个字符。又因为算法 A_2 是个多项式算法，所以 $t_2 < |f(x)|^k \leq (n^c)^k = n^{ck}$，这里 k 也是一个正的常数。因此 $t_1 + t_2 = O(n^c + n^{ck})$，算法 A_1 是个多项式算法。

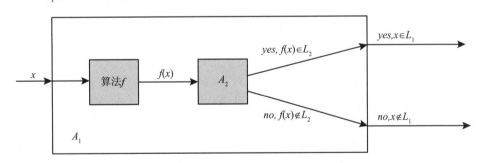

图 14-3　算法 A_1 的设计示意　　　　　■

由上面讨论可知，如果问题 π_1 可多项式归约到问题 π_2，那么从多项式可解的角度看，问题 π_2 可认为比 π_1 更难。因为找到 π_2 的多项式算法就可以有 π_1 的多项式算法，反之，如果 π_1 没有多项式算法，那么 π_2 就更没有多项式算法。如果问题 π_2 也可以多项式归约到问题 π_1，那么我们认为两者在多项式可解上等价。

14.2　P 和 NP 语言类

在上一节中，我们把一个 (判断型) 问题对应于 $\Sigma = \{0, 1\}$ 上的一个语言，因此，对问题的分类也就是对语言的分类。为方便起见，我们只讨论对语言的分类。

定义 14.8　P 语言类 (class P) 是所有可以被一个算法在多项式时间内判定的语言的集合，即 P = $\{L \mid L \subseteq \Sigma^*$ 并且 L 可被一个多项式算法所判定 $\}$。如果语言 L 可以被一个算法 (或

者一个图灵机) 在多项式时间内判定，那么 L 被称为属于 P 类的一个语言。如果问题 π 对应的语言 $L(\pi)$ 属于 P 类，那么问题 π 也称为 P 类问题。

定理 14.2　如果语言 L 可以被一个算法在多项式时间内接收，那么 L 就可以被一个算法在多项式时间内判定。

证明：如果语言 L 可以被一个算法 A 在多项式时间内接收，那么存在一常数 $c>0$，使得对任何一个字符串 $x \in L$，算法 A 会在 $|x|^c$ 步内输出 $A(x)=1$。所以，如果有一个字符串 $x \notin L$，那么算法 A 会在 $|x|^c$ 步内输出 $A(x)=0$ 或者不做判定。如果在 $|x|^c$ 步内输出 $A(x)=0$，那么 x 已被 A 所判定。如果算法 A 在 $|x|^c$ 步内不做判定，则表明 x 必定不属于 L。所以，即使算法 A 在 $|x|^c$ 步内不做判定，也可做出 $x \notin L$ 的结论。由此可见，如果语言 L 可以被一个算法 A 在多项式时间内接收，那么我们可以设计一个算法 B，对任一输入字符串 x，它在 $|x|^c$ 步内和算法 A 的动作完全一样，而在 $|x|^c$ 步之后，如果 A 还没有做出判定，则输出 $B(x)=0$。显然语言 L 可以被算法 B 在多项式时间内判定。　∎

14.2.1　非确定图灵机和 NP 语言类

由于很多判断型问题至今找不到多项式算法来判定，计算机理论家们便设计了一个称为非确定图灵机 (non-deterministic Turing machine) 的看似更强的计算模型来区分问题的难易程度。在构造上，这个非确定的图灵机与确定的图灵机的唯一区别就是状态转换函数 δ。我们知道，在确定的图灵机中，如果当前状态是 q，当前扫描的字符是 a，那么转换函数 $\delta(q, a)=(q', a', D)$ 唯一地确定了下个时刻的状态 q'，更新的字符 a' 以及读写头移动的方向 D，也就是说，δ 把 (q, a) 映射到唯一的三元组 (q', a', D)。而在非确定的图灵机中转换函数 δ 把 (q, a) 映射到有多个三元组的一个集合上，即 $\delta(q, a)=\{(q_1, a_1, D_1), (q_2, a_2, D_2), \cdots, (q_k, a_k, D_k)\}$，这里 k 是个正整数常数。当每个集合 $\delta(q, a)$ 只含一个三元组时，即 $k=1$ 时，非确定的图灵机就等同于一个确定的图灵机。所以我们可以把确定的图灵机看成是一个非确定的图灵机的特例。通常，我们假定非确定的图灵机中，$k \geqslant 2$。

因为状态集合 Q 和字符集 Σ 都是有限的集合，而 D 的选择只有 L、R、N 三种，所以，非确定的图灵机里所有不同的三元组的个数必定也是个有限的常数。与确定的图灵机操作一样，非确定的图灵机从初始状态 q_0 开始，如果当前状态是 q，当前扫描的字符是 a，它要决定三件事，即下一个状态 q'，更新的字符 a' 和读写头的移动 D。因为 $\delta(q, a)$ 是一个集合，它可以任意选择集合 $\delta(q, a)$ 中的一个三元组来变换状态、更新字符和移动读写头。当 T 进入了一个接收状态，它输出 1，并停止运算，表示输入字符串 x 被 T 接收 ($T(x)=1$)。这种情况下，如果我们把非确定的图灵机 T 每步选择的三元组按序记录下来，那么这个三元组的序列称为 x 的一个计算路径。

因为每一步可以有不同的选择，非确定的图灵机 T 可以有多条进入接收状态的计算路径。我们把最短的一条计算路径的长度定义为接收字符串 x 的时间复杂度。因为每一步 $\delta(q, a)$ 都提供多个选择，我们应该怎样选择呢？我们只要证明存在着一条 x 的计算路径使非确定的图灵机 T 进入接收状态即可。如果这样的计算路径存在，我们认为非确定的图灵机 T 每一步都会自己沿着最短的一条计算路径做出正确选择。

定义 14.9　一个语言 L 称为是被非确定的图灵机 T 在多项式时间内接收的语言，如果它满足以下两个条件：

1）每一个字符串 $x \in L$ 都可以被图灵机 T 在多项式时间 $|x|^c$ 内接收，即存在一条计算路径，其长度小于等于 $|x|^c$，这里，$c > 0$ 是一个固定的常数。

2）每一个被图灵机 T 在多项式时间 $|x|^c$ 内接收的字符串 x 都属于语言 L，$x \in L$。

定义 14.10 NP 语言类 (class NP) 是所有可以被一个非确定的图灵机在多项式时间内接收的语言的集合，即 NP = {$L \mid L \subseteq \Sigma^*$ 并且 L 可被一非确定的图灵机在多项式时间内接收 }。如果问题 π 对应的语言 $L(\pi)$ 属于 NP 类，那么问题 π 也称为 NP 类问题。

注意，我们只要求一个 NP 类语言被一个非确定的图灵机在多项式时间内接收，而不是判定，我们的定义不要求判定。

定理 14.3 $P \subseteq NP$。

证明： 因为一个确定的图灵机可看作一个非确定的图灵机的一个特例，只是它的转换函数 $\delta(q, a)$ 只含单个三元组。因为 P 类中任一语言 $L \in P$ 可以被一个图灵机 T 在多项式时间内判定，L 也就被 T 在多项式时间内所接收，所以有 $P \subseteq NP$。 ∎

14.2.2　多项式检验算法和 NP 类语言的关系

如上节所述，当我们要证明一个语言 L 属于 NP 类时，需要设计一个非确定的图灵机来接收这个语言，这往往很不方便。我们先介绍一个与之等价的计算模型，即多项式检验机 (polynomial verifier)。多项式检验机是一个确定的图灵机 T，它与一般的图灵机完全一样，只不过是为证明 L 属于 NP 类而设计的。在它的输入字符串中，除字符串 x 以外，还有一个字符串 y，其长度 $|y|$ 是 $|x| = n$ 的多项式函数。这个字符串 y 是用来证明 $x \in L$ 的。如果 $x \notin L$，当然不可能有这样的字符串。如果 $x \in L$，则一定有这样的字符串存在，我们称这样的 y 为"证书"(certificate)。如果我们把 x 和 y 合起来看作输入字符串，T 就是一个确定的图灵机。与其他图灵机一样，当这个图灵机 T 对输入字符串 x 和 y 进行运算后输出 $T(x, y) = 1$，我们说 T 接收字符串 (x, y)。

定义 14.11 一个语言 L 称为一个多项式时间可检验的语言，如果存在一个（确定的）图灵机 T 使得 $x \in L$ 当且仅当存在一个字符串 y，$|y| \leqslant |x|^c$，使字符串 (x, y) 被 T 在多项式时间内所接收，即 $T(x, y) = 1$。这里，c 是一个正常数，y 称为 x 的证书，而 T 称为 L 的多项式检验机。

由定理 14.2，字符串 (x, y) 被 T 在多项式时间内所接收意味着 (x, y) 可以被某个图灵机 T' 在多项式时间内所判定。所以，这里我们只需要考虑接收就可以了。$T(x, y) = 0$ 表示字符串 y 不能证明 $x \in L$。

显然，如果把 $|y|$ 和 $|x|$ 的总长视为输入规模 n'，那么一个 n' 的多项式函数也必定是 n 的多项式函数 ($n = |x|$)。不难证明多项式检验机的模型与非确定图灵机等价，即一个多项式时间可检验的语言 L 必定可以被一个非确定图灵机在多项式时间内接收，反之亦然。我们在这里略去证明。由于等价，我们不另行定义多项式时间可检验的语言类 VP，而把它也称为 NP 语言类。

因为确定的图灵机与我们现代计算机模型多项式关联，因此，给定一个语言 L，如果存在一个现代计算机的算法 A 使得 $x \in L$ 当且仅当存在一个字符串 y，$|y| \leqslant |x|^c$ (c 为大于 0 的常数)，使字符串 (x, y) 被 A 在多项式时间内所接收，那么就有 $L \in NP$。这样的算法 A 称为 L 的多项式检验算法，或 NP 算法。

所以，在证明一个问题 π 属于 NP 类问题时，我们只要为问题 π 设计一个多项式检验算法（也称 NP 算法）*A* 即可。这个 NP 算法可以检验 π 的每一个实例 *x* 和证书 *y*。这里，证书 *y* 是一个字符串，$|y| \leq |x|^c$（*c* 为大于 0 的常数），它是除 *x* 外的附加的输入。我们需要设计这样的证书 *y* 并证明，在实例 *x* 有 yes 答案时，这样的证书 *y* 存在，并且检验算法 *A* 会输出 $A(x, y) = 1$ 或 yes。算法设计者只要显示这样的证书 *y* 存在当且仅当 π(*x*) = yes，并给出多项式检验步骤即可。当 π(*x*) = no 时，证书 *y* 不存在，对任何附加输入 *y*，检验算法输出 $A(x, y) = 0$ 或 no 或不回答。下面我们看一个例子。

【例 14-2】 判断有向图 *G*(*V*, *E*) 是否有哈密尔顿回路的问题属于 NP 类。

证明： 如果 *G*(*V*, *E*) 有哈密尔顿回路，它通过每个顶点正好一次，那么我们可以把这个回路作为证书来验证。显然，*G*(*V*, *E*) 有哈密尔顿回路当且仅当这个证书存在。我们用 *p* 表示有 *n* 个顶点的序列并作为输入的证书。多项式检验算法的伪码如下：

```
Hamilton-Cycle-Verification(G(V,E),p)    // 这里 x=G(V,E)，证书 y=p
1  检查是否有 |p| = |V|
2  检查 p 中每个顶点是否属于集合 V
3  检查 V 中每个顶点是否在 p 中出现，并且只出现一次
4  检查从 p 中每个顶点到下一个顶点是不是 E 中一条边
5  检查从 p 的最后一个顶点到 p 的第一个顶点是不是 E 中一条边
6  如果第 1 步到第 5 步的答案都是 yes，那么输出 1，否则输出 0
7  End
```

显然上述检验算法是正确的。假设图 *G* 的编码长度为 *n*，算法每一步都可以在 *n* 的多项式时间内完成，而且 *p* 的长度也不超过 *n*，所以判断有向图 *G*(*V*, *E*) 是否有哈密尔顿回路问题属于 NP 类。

从上面的例子看到，在为问题 π 设计一个 NP 算法时，我们先要为每个实例 *x* 设计和定义证书 *y*。然后，算法逐步检验，是否证书 *y* 能证明实例 *x* 的解是 yes。在我们设计证书 *y* 时，当然要保证，如果 *x* 的解是 yes，那么证书 *y* 一定能证明。我们往往用实例 *x* 的解本身，比如用一个哈密尔顿回路作为哈密尔顿回路问题的证书。这样的算法当然要比实际解出问题容易，我们只需检验即可。一个问题 π 的 NP 算法不是 π 本身的多项式算法，而是它的一个多项式检验算法。所以，证明一个问题属于 NP 类，即设计一个 NP 算法，往往是一件容易得多的事。

初学者常常困惑的问题是，如果不把原问题解出，又怎么能得到证书呢？没有证书，检验从何谈起？我们姑且认为证书是"上帝"给的。我们只要证明，在 π(*x*) = 1 时，这样的证书存在即可。这是因为非确定的图灵机本身也是一个假想的模型，是为了区分问题难易程度而设计的。试想，非确定的图灵机每次操作有多个选择，只要有一条路径发现实例 *x* 的解是 yes，就成功了，而且最短的计算路径 *p* 的长度 $|p(n)|$ 才算时间复杂度。那么，谁能在每一步做出正确的选择呢？我们也姑且认为"上帝"可以办到。这里，长度 $|p(n)|$ 是 $|x| = n$ 的多项式函数。

如果我们用确定的图灵机来模拟每一条可能的路径，先模拟每条长为 1 的路径，然后所有长为 2 的路径，直到所有长为 $|p|$ 的路径，那么我们也可以得到答案（也可以扮演上帝），但要很长时间。如果每次有 *d* 个选择，这个模拟需要 $d^{|p(n)|}$ 步。如果 *p*(*n*) 是多项式，这个模拟则要指数时间。目前我们不知道的是，是否有确定的图灵机能在多项式时间内对每一步做出正确的选择。同样不知道的是，是否有一个 NP 类语言 *L*，使任何确定的图灵机都不能

在多项式时间内接收它。下面再举一个设计 NP 算法的例子。

【例 14-3】给定一个有 n 个正整数的集合 S，它的一个平分 $(A, S-A)$ 就是把这 n 个数分为两个子集，A 和 $S-A$，使得子集 A 中数字之和等于子集 $S-A$ 中数字之和，即 $\sum_{x\in A}x = \sum_{x\in S-A}x$。集合平分 (set partition) 问题就是判断一个有 n 个正整数的集合 S 是否有一个平分。请证明集合平分问题属于 NP 类。

证明： 如果集合 S 有一个平分，那么平分对应的子集 A 可以作为证书来证明。我们有以下多项式检验算法：

```
Set-Partition-Verification(S,A)          //A 是证书
1   检查 A 中每个数字是否属于 S
2   计算集合 B ← S−A
3   u ← ∑ x
       x∈A
4   v ← ∑ x
       x∈B
5   检查是否有 u=v
6   如果第 1 步和第 5 步的答案都是 yes，那么输出 1，否则输出 0
7   End
```

14.3 NPC 语言类和 NPC 问题

简单来讲，NP 完全 (NP-compete，NPC) 问题就是 NP 类问题中最难的问题。如果有一个 NPC 问题可以有多项式算法，那么所有 NP 类问题都会有多项式算法。我们先定义 NPC 问题对应的语言类。

定义 14.12 一个语言 L 被称为 NP 完全（NPC）语言，如果它满足以下两个条件：

1) $L \in$ NP；2) NP 类中任何一个语言 L' 可多项式归约到 L，即 $L' \propto_p L$。

如果一个语言 L 只满足定义 14.12 中的第二个条件，那么 L 被称为一个 NP 难 (NP-hard) 语言。如果一个问题 π 所对应的语言 $L(\pi)$ 是 NPC 或 NP 难语言，那么问题 π 被称为是一个 NPC 问题或 NP 难问题。一个 NPC 问题显然也是一个 NP 难问题。

定义 14.13 NPC 语言类是所有 NPC 语言的集合，简称为 NPC。即 NPC $= \{L \mid L$ 是一个 NPC 语言 $\}$。通常，NPC 也用来代表所有 NPC 问题的集合。

定理 14.4 任何一个 NPC 语言有多项式判定算法当且仅当 P=NP。

证明： 如果某个 NPC 语言 L 有多项式算法来判定，那么 $L \in$ P。又因为 $L \in$ NPC，任何一个 NP 语言 L' 可以多项式归约到 L，即 $L' \propto_p L$。由定理 14.1，L' 可以被一个多项式算法所判定，所以有 $L' \in$ P。这就意味着 NP⊆P，但由定理 14.3，P⊆NP，所以得到 P=NP。反之，如果有 P=NP，那么因为 NPC⊆NP=P，所以任何一个 NPC 语言 L 有多项式算法判定。　■

推论 14.5 如果一个 NPC 语言 L 没有多项式判定算法，那么 $P \cap$ NPC$=\varnothing$。

证明： 为了用反证法，让我们假设 $L \in$ NPC 没有多项式判定算法，但是 $P \cap$ NPC $\neq \varnothing$。那么，必有一语言 $L' \in P \cap$ NPC。这表明 L' 有多项式判定算法并且属于 NPC。由定理 14.4 可知，P=NP，所以 $L \in$ NPC⊆NP=P。那么，L 也必定有多项式判定算法，这与"L 没有多项式判定算法"矛盾。　■

到目前为止，人们还不知道是否有一个 NPC 语言 L 可以被一多项式算法所判定，也不能证明任何一个 NPC 语言 L 不可能被一多项式算法所判定。因此，如图 14-4 所示，集合 P、NP 和 NPC 的关系有两种，但大部分人相信第二种 (见图 14-4b)，但有待证明。

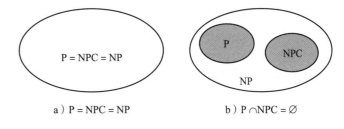

a) P = NPC = NP　　　b) P ∩NPC = ∅

图 14-4　集合 P、NP 和 NPC 的两种可能的关系

14.3.1　第一个 NPC 问题

前面我们介绍了 NPC 问题和 NPC 语言的定义，那么是否存在着这样的问题呢？历史上第一个被证明是 NPC 问题的是布尔表达式的可满足性 (Boolean formula satisfiability) 问题，简称为 SAT 问题。一个布尔表达式就是用一些逻辑运算符把若干个布尔变量连接起来的表达式。这里，一个布尔变量就是一个可以取值为 0 或 1 的变量，而常见的运算符有 ∧（与）、∨（或）、¬（非）、→（如果 .. 则）、↔（当且仅当）等。例如，$\Phi = ((x_1 \vee x_2) \rightarrow ((\neg x_1 \wedge x_3) \leftrightarrow x_4)) \wedge (\neg x_2 \rightarrow x_3)$。在赋以表达式中每个变量值 0 或 1 后，可计算出表达式的值。例如，若赋以 $x_1 = 0$，$x_2 = 0$，$x_3 = 1$，$x_4 = 1$，则上面表达式的值为：

$$\Phi = ((x_1 \vee x_2) \rightarrow ((\neg x_1 \wedge x_3) \leftrightarrow x_4)) \wedge (\neg x_2 \rightarrow x_3)$$
$$= ((0 \vee 0) \rightarrow ((\neg 0 \wedge 1) \leftrightarrow 1)) \wedge (\neg 0 \rightarrow 1)$$
$$= (0 \rightarrow (1 \leftrightarrow 1)) \wedge (1 \rightarrow 1)$$
$$= (0 \rightarrow 1) \wedge 1$$
$$= 1$$

如果有一组变量的赋值使表达式的值为 1，我们称该表达式是可以被满足的，所以上述例子中的表达式是可以被满足的。如果不论怎样给变量赋值，表达式的值总是为 0，那么称该表达式不可被满足，例如 $\Phi = (x_1 \leftrightarrow x_2) \wedge x_1 \wedge \neg x_2$ 就是一个不可被满足的布尔表达式。布尔表达式的可满足性问题 (SAT 问题)，就是要设计一个算法或图灵机，它可以判断任一个布尔表达式是否可被满足。每一个布尔表达式就是这个问题的一个实例。

Stephen Cook 在 1971 年证明了 SAT 问题是个 NPC 问题，称为 Cook 定理。这个定理有着划时代的意义，因为它证明了在 NP 类中确实存在像 SAT 这样的 NPC 问题，而且大大地简化了证明和发现其他的 NPC 问题的工作。现在，当我们需要证明一个新的问题 π 是 NPC 问题时，只需要遵循下面的方法。

新问题 π 是 NPC 问题的证明步骤：

1）证明 $\pi \in$ NP。

2）选一个已知的 NPC 问题 π' 并证明 $\pi' \propto_p \pi$。

容易看出这个方法的正确性，这是因为 $\pi' \in$ NPC，所以 NP 类中任一个问题 π'' 可多项式归约到 π'，即 $\pi'' \propto_p \pi'$。又因为有 $\pi' \propto_p \pi$，所以 π'' 也可多项式归约到 π，$\pi'' \propto_p \pi$，尽管这个归约需要两步。所以，新问题 π 也是 NPC 问题。如果我们只做了第二步的证明，那么，新问题 π 则是一个 NP 难问题。

Cook 定理的证明比较长，我们略去这个证明，但是选用另外一个 NP 类问题作为第一个 NPC 问题来证明。这个问题就是电路的可满足性问题。我们先把这个问题介绍一下。

电路的可满足性问题 (circuit-SAT)

这里的电路指的是一个组合电路 C，它由一些门电路组成，门电路包括与门 (AND gate)、或门 (OR gate) 和非门 (NOT gate)。这个电路有若干个输入信号和一个输出信号。每个输入信号可取 0 或 1，分别由一个低电位和一个高电位表示。当一组输入信号 (可视为输入变量) 经过这个电路后，电路会产生一个输出信号 (可视为输出变量)。如果有一组输入信号使得输出信号的值是 1，那么这个电路被称为可满足的电路，否则称为不可满足的电路。电路的可满足性问题就是对任一给定电路 C，判断它是否可满足。图 14-5a 和图 14-5b 分别给出了一个可满足和不可满足的电路实例。

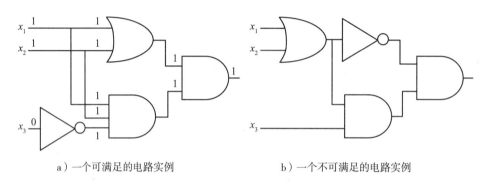

a）一个可满足的电路实例　　　　　　　　b）一个不可满足的电路实例

图 14-5　电路可满足性问题的两个实例

我们用 $<C>$ 表示描述电路 C 的一个字符串编码，那么电路可满足性问题对应的语言可定义为 circuit-SAT = { $<C>$ | 电路 C 可被满足 }，即所有可被满足的电路的编码的集合。

定理 14.6 语言 circuit-SAT 属于 NPC 类。

证明： 根据 NPC 语言的两个要求，我们先证明语言 circuit-SAT 属于 NP 类。为此，我们设计如下 NP 算法。

假设电路 C 的输入变量的个数，逻辑门的个数，逻辑门的输入和输出变量的个数，以及它们之间的连线的个数的总和是 n。如果 $x = <C>$ 是描述电路 C 的可满足性问题的一个字符串，那么显然可见，其长度 $|x|$ 最多是 n 的一个低价多项式。

每个逻辑门的输出只有一个值，而这个输出变量又可能是另一些门的输入变量，因为它们的二进制值（0 或 1）必定相等，我们把它们之间的连接称为一条连线 (wire)。当一组输入变量给定时，每条连线上的二进制值及电路 C 的输出值就定了。所以，在 NP 算法中，我们设计的证书 y 包含的内容是，在电路 C 被满足时，每个逻辑门的输入变量的值，每条连线上的二进制值，以及每个逻辑门的输出变量的值。这证书 y 的长度显然与 x 的长度成正比，所以存在 $c > 0$ 使 $|y| \leqslant |x|^c$。这个 NP 算法可表述如下：

```
Circuit-SAT-Verification(<C>, y)
1  对 x=<C> 中描述的每个门 g 做如下操作：
       1.1 在 y 中找出 g 的所有输入值和它的输出值
       1.2 检查门 g 的输入值和它的输出值之间的关系是否符合门 g 的定义
       1.3 如果 1.2 的检查结果不符合门 g 的定义，则输出 0 后退出算法，否则继续
2  在 y 中找出 C 的输出值并检验是否为 1
3  如果 C 的输出值是 1，则输出 1，否则输出 0
4  End
```

显然，这个算法的每一步都可以在多项式时间内完成。而且，能够使上面的检验算法顺利完成并输出 1 的证书 y 存在，当且仅当电路 C 可被满足。因此，语言 circuit-SAT 属于 NP 类。

下面我们证明任何一个 NP 类语言 L 可以多项式归约到语言 circuit-SAT。我们知道，$L \in$ NP 表明它有一个多项式检验机，即一个确定的图灵机 T，它对任意两个字符串 x, y 进行识别检验 ($|y| \leqslant |x|^c$, $c>0$ 是个常数) 并判断 y 是否可以证明 $x \in L$。我们只需要证明对多项式检验机 T 所检验的任何一个实例，即序列 x 和 y，可以在多项式时间内构造一个 circuit-SAT 的实例 C，使得检验机 T 在多项式时间内输出 1 当且仅当 C 可被满足。

假设语言 $L \in$ NP 有多项式检验机 T。考虑任一实例，$x=x_1x_2\cdots x_n$, $y=y_1y_2\cdots y_m$。如果 $x \in L$，那么 T 在 $M=(n+m)^k$ 步内可输出 1 并停机。这里，n 和 m 分别是字符串 x 和证书 y 的长度，$k \geqslant 1$ 是一个正整数常数，$m \leqslant n^c$ (c 是一个大于 0 的常数)。另外，我们假设检验机 T 的读写带上的格子从 0 开始编号，这 $n+m$ 个输入字符，x_1, x_2, $\cdots$, x_n 和 y_1, y_2, $\cdots$, y_m 顺序放在从编号 0 到 $n+m-1$ 的格子中。其余的格子 (从 $m+n$ 到 M) 中初始放 0。(应该放 B 表示空，为方便起见放 0，但显然是等价的。) 不失一般性，输出符号 t (0 或 1) 将放在编号为 $n+m$ 的格子中。因为 T 在 M 步内停机，不会扫描第 M 号之后的格子。下面说明如何构造电路 C。

（A）构造输入变量如下：

（A.1）构造 $M=(n+m)^k$ 个输入变量，u_0, u_1, u_2, $\cdots$, u_{M-1}，顺序对应 T 上的前 M 个格子上的字符。

（A.2）构造 $r=\lceil \lg M \rceil$ 个额外的输入变量，v_1, v_2, $\cdots$, v_r。这 r 个变量组成的二进制数 $v[1..r]=<v_1, v_2, \cdots, v_r>$ 指出当前读写头的位置，即地址，初始值为 0。

（A.3）假设 T 的有限个状态的集合有 W 个不同状态，q_0, q_1, q_2, $\cdots$, q_{W-1}，则构造 $d=\lceil \lg W \rceil$ 个额外的输入变量，w_1, w_2, $\cdots$, w_d。这 d 个变量组成的二进制数 $W[1..d]=<w_1, w_2, \cdots, w_d>$ 表示当前状态，其初始值为 0，表示初始状态 q_0。因为状态是有限个，d 为常数。这一步和上一步所构造的输入变量 $<v_1, v_2, \cdots, v_r>$ 是电路内部用的，输入值是固定的。

（B）对应检验机 T 的每一步，构造一层电路，使得各变量通过这一层电路后变化如下：

（a）变量 $<u_0, u_1, \cdots, u_{M-1}>$ 的值等于检验机 T 的一步操作后读写带上应该有的值。

（b）变量 $<w_1, w_2, \cdots, w_d>$ 的值等于检验机 T 的一步操作后新的状态。

（c）变量 $<v_1, v_2, \cdots, v_r>$ 的值等于检验机 T 的一步操作后新的地址。

所以，每一层电路的输出变量的个数和含义与输入变量相同，但是数值不同。

这一层的构造是通用的，一共构造 M 层。图 14-6 显示了第一层的构造，下面更具体地解释这一层的逻辑电路。

1）在变量 u_0, u_1, $\cdots$, u_{M-1} 中选取地址为 $k=v[1..r]$ 的变量 u_k ($0 \leqslant k \leqslant M-1$)。设 u_k 的值是 a (0 或 1)。地址 k 对应当前读写头所指的读写带上格子的编号。变量 a 就是这个格子里的字符。如图 14-6 所示，这步操作可用多路复用器 (MUX) 实现，需要的逻辑门和连线的个数是 $O(M)$。变量 a 由 MUX 从地址 $v[1..r]$ 中取出后，输入到图中左边的电路 E。

2）由输入变量 a 以及表示当前状态 q 的变量 $W[1..d]$，电路 E 计算检验机 T 的转换函数 $\delta(q, a)=(q', a', D)$ 中三元组的三个函数值。

（2.1）三元组 (q', a', D) 中的 a'。

因为 q 和 a 的输入变量的个数是常数 $d+1$，输出变量是一个比特 (0 或 1)，所以，从 (q, a) 到 a' 的函数对应一个真值表。这个真值表可用一个门电路来实现，包含在电路 E 中，并且所用逻辑门和连线的个数也是常数。图 14-6 中，变量 β 就是这个门电路的输出信号。$\beta=1$ 表示变量 a 要取反，$a'=\neg a$，而 $\beta=0$ 表示 a 的值不变，$a'=a$。信号 β 通过 DEMUX 电路到达原地址 k 的位置，与输入信号 a 汇于一个 MUX。这个 MUX 根据 $\beta=1$ 或 $\beta=0$，输出 $a'=\neg a$ 或 $a'=a$。这个 MUX 需要的逻辑门和连线的个数是常数。图中 DEMUX 的作用是在 M 个出口中选出一个出口让唯一的输入信号通过，而其余输出信号为 0，它需要的逻辑门和连线的个数是 $O(M)$。

（2.2）三元组 (q', a', D) 中的状态 q'。

这一步有同样的 $d+1$ 个输入变量。设新的状态是 $q'=W[1..d]=<w'_1, w'_2, \cdots, w'_d>$，我们可为每个输出值 $w'_1, w'_2, \cdots, w'_d$ 分别构造一个真值表来计算。这当然可以用门电路来实现，并且所用逻辑门和连线的个数也是常数。下一个状态 $q'=<w'_1, w'_2, \cdots, w'_d>$ 由电路 E 直接输出到下一层电路。

（2.3）三元组 (q', a', D) 中的 D。

这里，D 是检验机 T 的读写头移动的方向。我们只要正确地计算出读写头的新地址即可。这个新地址应该是原来的地址减 1，或加 1，或加 0，分别对应 $D=L, R, N$。我们用 11、01 和 00 分别表示减 1、加 1 和加 0。如图 14-6 所示，这两个比特的信号由电路 E 算出后输出给一个 MUX 来做出选择。计算这两个比特需要的逻辑门和连线个数与 $d+1$ 成正比，是常数，而 MUX 需要的逻辑门和连线个数与 $r=\lceil \lg M \rceil$ 成正比。另外，3 个新地址的计算，也就是原来的地址减 1，或加 1，或加 0 的计算所需要的逻辑门和连线的个数也与 $r=\lceil \lg M \rceil$ 成正比。（参照图 14-6。）新地址的 r 个变量 $<v'_1, v'_2, \cdots, v'_r>$ 由这个 MUX 输出给下一层电路。

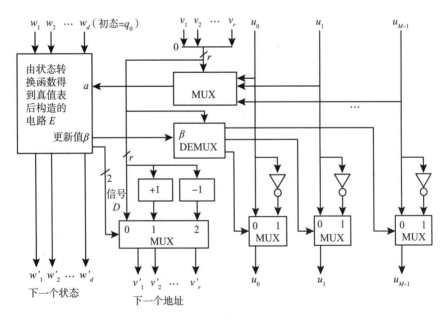

图 14-6　电路的第一层构造示意

其余 $M-1$ 层与第一层的构造相同，但不设初始状态和初始地址。它们的输入状态和输入地址由上一层的输出得到。另外，如当前状态是终止状态 q_f 时，对任何输入变量 a，规定 $\delta(q_f, a) = (q_f, a, N)$，即保持所有变量不变。

（C）最后，在构造了 M 层电路后，再造一层电路用以输出变量 u_{n+m}。这只需要常数个逻辑门和连线。图 14-7 显示了最后一层构造。

从上述讨论可知，所构造的每一层电路忠实地模拟检验机 T 的每一步的操作过程。因为检验机 T 需要最多 M 步操作，所以，所构造的 M 层电路足够模拟检验机 T 的全过程直到它停机并且输出 1。一旦检验机 T 停机，进入接收状态，所构造电路在余下的每一层会保持所有变量的值不变直到最后一层。所以，检验机 T 输出 1 当且仅当所构造电路可被满足。由逻辑电路设计的知识可知，每层中增加的逻辑门的个数和连线个数显然不超过 $O(M)$，所以整个电路所含的逻辑门的个数或导线条数的总和不超过 $O(M^2)$，是 $(n+m)$ 的一个多项式。所以，我们可以在多项式时间内构造一个 circuit-SAT 的实例 C，它的二进制编码 $x' = <C>$ 的长度 $|x'|$ 当然也是 $(n+m)$ 的一个多项式函数，所以有 $L \propto_p$ circuit-SAT。

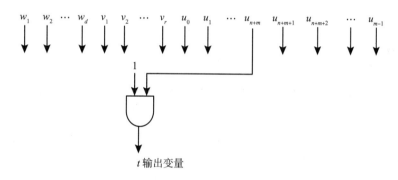

图 14-7　电路的最后一层构造

14.3.2　若干著名 NPC 问题的证明

在 Cook 定理之前，一些著名的问题已被人研究过多年，但一直没有人能找到有效算法，也就是多项式算法。在 Cook 定理之后，这些问题被陆续证明为 NPC 问题。如果我们用一个点代表一个 NPC 问题，而用一条从点 A 到点 B 的有向边代表把问题 A 多项式归约到问题 B，那么可以得到一棵树，这棵树的根就是第一个被证明的 NPC 问题。每次从一已知的 NPC 问题归约到一个新问题就等于在树上加一条边。我们称这棵树为**归约树**。当然，同一个问题可以用不同的已知 NPC 问题来归约，我们假定只取一个归约作为树的一条边。这一节我们介绍若干个早期被证明的最著名的 NPC 问题。图 14-8 标出了我们要讨论的 NPC 问题以及与之关联的归约树。因为我们用了 circuit-SAT 作为第一个 NPC 问题，所以在我们的归约树中，circuit-SAT 在根结点，而不是 Cook 定理证明的 SAT 问题。由于设计一个 NP 算法是很容易的事，在以下的讨论中，我们略去证明这些问题属于 NP 类，而注重讨论多项式归约部分。图中 TSP 是货郎担问题 (traveling salesman's problem) 的缩写。

在以下的证明中，有些方法比较曲折和复杂，比如 Hamilton-Cycle 问题的证明，读者可有选择性地跳过。作者给出这些证明以求完整和供感兴趣读者欣赏。希望这些问题证明的方法可为读者提供有用的思路。

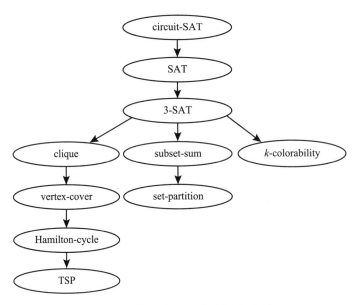

图 14-8　若干个 NPC 问题的归约树

1. circuit-SAT $\propto_p$ SAT

我们把 circuit-SAT 问题多项式归约到 SAT 问题。假设 <C> 是 circuit-SAT 的一个实例，把 <C> 转换为一个表达式 Φ 的多项式转换算法可设计如下：

1）假设 C 有 n 个输入变量，则一一对应地构造 n 个布尔变量 $x_1, x_2, \cdots, x_n$。

2）假设 C 有 m 个逻辑门，则编号为门 1 到门 m，其中，门 m 是 C 的最后一个逻辑门。另外，我们对应地构造 m 个布尔变量，x_{n+i} $(1 \leqslant i \leqslant m)$，分别代表逻辑门 i $(1 \leqslant i \leqslant m)$ 的输出变量。其中，x_{n+m} 对应最后一个门的输出变量，也就是电路 C 的输出变量。

3）为每一个逻辑门 i $(1 \leqslant i \leqslant m)$ 构造一个布尔表达式 f_i，具体做法如下：

（3.1）如果门 i 是个非 (¬) 门，其输入变量是 x_j，那么构造 $f_i = (x_{n+i} \leftrightarrow \neg x_j)$。

（3.2）如果门 i 是个或 (∨) 门，其输入变量是 $x_{i_1}, x_{i_2}, \cdots, x_{i_k}$，那么构造 $f_i = (x_{n+i} \leftrightarrow x_{i_1} \vee x_{i_2} \vee \cdots \vee x_{i_k})$。

（3.3）如果门 i 是个与 (∧) 门，其输入变量是 $x_{i_1}, x_{i_2}, \cdots, x_{i_k}$，那么构造 $f_i = (x_{n+i} \leftrightarrow x_{i_1} \wedge x_{i_2} \wedge \cdots \wedge x_{i_k})$。

4）表达式 Φ 是把 m 个逻辑门的表达式以及输出变量 x_{n+m} 用运算符与 (∧) 串连而成：

$$\Phi = x_{n+m} \wedge f_1 \wedge f_2 \wedge \cdots \wedge f_m$$

图 14-9 给出了一个由电路构造表达式的例子。显然上面的转换算法中每一步都可以在多项式时间内完成，所以上述转换算法是个多项式转换算法。

下面证明电路 C 可被满足当且仅当 Φ 可被满足。

1）如果 C 可被满足，那么存在一组对输入变量的赋值使 C 的输出变量等于 1。所以，我们可给 Φ 中的变量 $x_1, x_2, \cdots, x_n$ 赋以其对应的输入变量的值。另外，对变量 $x_{n+1}, x_{n+2}, \cdots, x_{n+m}$ 赋以电路中其对应的逻辑门的输出变量的值。因为我们为逻辑门 i $(1 \leqslant i \leqslant m)$ 而构造的表达式 f_i 正确地定义了其输出与输入变量之间的关系，所以当我们给 $x_{n+1}, x_{n+2}, \cdots, x_{n+m}$ 赋以电路中其对应的逻辑门的输出变量的值时，每个表达式 f_i 的值必定等于 1。又因为输出变量为 1，我们有 $x_{n+m}=1$，因此 $\Phi=1$，表达式可被满足。

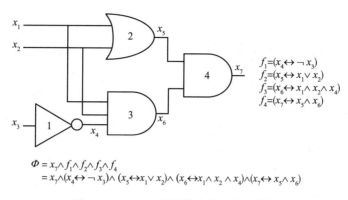

$$\Phi = x_7 \wedge f_1 \wedge f_2 \wedge f_3 \wedge f_4$$
$$= x_7 \wedge (x_4 \leftrightarrow \neg x_3) \wedge (x_5 \leftrightarrow x_1 \vee x_2) \wedge (x_6 \leftrightarrow x_1 \wedge x_2 \wedge x_4) \wedge (x_7 \leftrightarrow x_5 \wedge x_6)$$

图 14-9　一个由电路构造表达式的例子

2）如果 Φ 可被满足，那么有一组变量 x_1, x_2, $\cdots$, x_{n+m} 的赋值使 $\Phi=1$。所以，我们可给 C 的输入变量赋以与 x_1, x_2, $\cdots$, x_n 相同的值。又因为 Φ 中每个表达式 f_i 的值必定为 1，所以电路中经过门 i（$1 \leqslant i \leqslant m$）后的输出变量必等于 x_{n+i} 的值（因为输入输出的关系必须使 $f_i=1$）。因为 $x_{n+m}=1$，所以电路的输出变量为 1，说明 C 可被满足。

由上面证明可知，circuit-SAT $\propto_p$ SAT。

2. SAT $\propto_p$ 3-SAT

3-SAT 是 SAT 的一个子问题。3-SAT 只考虑特殊的一类布尔表达式，即 3-CNF，的可满足性问题。CNF (conjunctive normal form) 称为合取范式，指的是一个表达式由一系列子句 (clause) 用与 (AND) 运算连接而成，而每个子句由若干个文字用或 (OR) 运算连接而成。这里，一个文字 (literal) 是指一个布尔变量或者变量的非。如果每个子句中正好是 3 个文字，则称为 3-CNF。例如，$\Phi = (x_1 \vee \neg x_2 \vee \neg x_3) \wedge (x_2 \vee x_3 \vee x_4) \wedge (\neg x_1 \vee \neg x_3 \vee \neg x_4)$ 就是一个 3-CNF。3-SAT 问题就是要求判断任一个给定的 3-CNF 表达式是否可满足。这个问题是个 NPC 问题并常被用来证明其他问题是 NPC 问题。

我们用一个例子来说明如何将一个 SAT 问题的实例多项式转换为一个 3-SAT 的实例。假设我们有一个布尔表达式 $\Phi = ((x_1 \vee x_2) \rightarrow ((\neg x_1 \wedge x_3) \leftrightarrow x_4)) \wedge (\neg x_2 \rightarrow x_3)$，转换步骤如下：

1）如图 14-10 所示，Φ 可以用一棵二叉树来表示，其中每个内结点代表一个逻辑运算。我们用一个新变量代表每个逻辑运算后的输出变量。显然，这一步的构造可在多项式时间内完成。图中 y_1, y_2, y_3, y_4, y_5, y_6 就是除表达式 Φ 中变量以外增加的变量，分别等于 6 个逻辑运算后的输出变量值。

2）为每个内结点的逻辑运算构造一个短小的布尔表达式来表示该结点的输出变量和它的两个输入变量之间的关系。这一步非常像我们在把 circuit-SAT 归约为 SAT 问题时为每个逻辑门构造的表达式。如果把每个结点的运算看成是一个实现该运算的门，那么这两个做法就完全一样。在完成这一步之后，把所有这些小表达式以及根结点的输出变量用与的运算串连起来便得到表达式 Φ'。以图 14-10 中的二叉树为例，我们得到：

$$\Phi' = y_1 \wedge (y_1 \leftrightarrow (y_2 \wedge y_3))$$
$$\wedge (y_2 \leftrightarrow (y_4 \rightarrow y_5))$$
$$\wedge (y_3 \leftrightarrow (\neg x_2 \rightarrow x_3))$$

$$\wedge (y_4 \leftrightarrow (x_1 \vee x_2))$$
$$\wedge (y_5 \leftrightarrow (y_6 \leftrightarrow x_4))$$
$$\wedge (y_6 \leftrightarrow (\neg x_1 \wedge x_3))$$

显然，这一步的构造也可在多项式时间内完成，并且容易看出，表达式 Φ 可被满足当且仅当表达式 Φ' 可被满足。

3）将表达式 Φ' 中每个小表达式变换为等价的一个 3-CNF 表达式。具体做法是，为每个小表达式构造一真值表 (truth table)，然后找出一个 3-CNF 表达式来实现这个真值表。我们以本例中表达式 $y_1 \leftrightarrow (y_2 \wedge y_3)$ 为例说明。图14-11 是它的真值表。

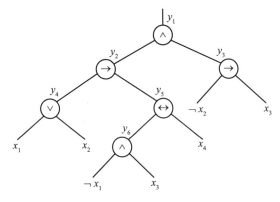

图14-10　用一棵二叉树表示一个表达式的例子

y_1	y_2	y_3	$y_1 \leftrightarrow (y_2 \wedge y_3)$
0	0	0	1
0	0	1	1
0	1	0	1
0	1	1	0
1	0	0	0
1	0	1	0
1	1	0	0
1	1	1	1

图14-11　对应于根结点的表达式 $y_1 \leftrightarrow (y_2 \wedge y_3)$ 的真值表

由这个真值表，可得到一个使该表达式等于 0 的析取范式 (Disjunctive Normal Form，DNF)：

$$(\neg y_1 \wedge y_2 \wedge y_3) \vee (y_1 \wedge \neg y_2 \wedge \neg y_3) \vee (y_1 \wedge \neg y_2 \wedge y_3) \vee (y_1 \wedge y_2 \wedge \neg y_3)$$

再用德摩根 (De Morgan) 定理把这个析取范式变为等于 1 的 3-CNF：

$$(y_1 \vee \neg y_2 \vee \neg y_3) \wedge (\neg y_1 \vee y_2 \vee y_3) \wedge (\neg y_1 \vee y_2 \vee \neg y_3) \wedge (\neg y_1 \vee \neg y_2 \vee y_3)$$

因为真值表中等于 0 的行最多是 8 个，所以这个 3-CNF 中的子句最多有 8 个，因此每个小表达式可以在 $O(1)$ 时间里变换为一个等价的 3-CNF 表达式。所以，第 3 步只需要 $O(m)$ 时间，这里，m 是 Φ' 中小表达式的个数。设 Φ'' 是这一步中得到的 3-CNF 表达式。显然 Φ'' 可被满足当且仅当 Φ 可被满足，所以有 SAT $\propto_p$ 3-SAT。

3. 3-SAT $\propto_p$ clique

简单图 G 的一个 clique（团）是 G 的一个子图并且是个完全图 (complete graph)。给定一个图 G，我们往往希望找到它的一个最大的团。这是个优化型问题，它对应的判断型问题是：给定一个简单图 $G(V, E)$ 和一个正整数 k，G 是否含有一个由 k 个顶点形成的团？注意，这里的 k 不是常数。否则，穷举搜索一个有 k 个顶点的团只需要 $O(n^k)$ 时间。

假设 3-SAT 问题的实例是一个含有 m 个子句的 3-CNF，$\Phi = C_1 \wedge C_2 \wedge \cdots \wedge C_m$，而子句 C_i ($1 \leq i \leq m$) 中的 3 个文字是 $l_{i,1}$，$l_{i,2}$，$l_{i,3}$。我们把这个 3-CNF 的表达式 Φ 转换为一个 clique 问题的实例，也就是要构造一个简单图 $G(V, E)$ 和一个正整数 k。下面是进行这个转换的多项式算法：

1）构造 $3m$ 个顶点的集合 V，对应 $3m$ 个文字，即 $V = \{l_{i,1}, l_{i,2}, l_{i,3} | 1 \leq i \leq m\}$。子句 C_i ($1 \leq i \leq m$) 中 3 个文字对应的 3 个点组成一个小组，$C_i = \{l_{i,1}, l_{i,2}, l_{i,3}\}$，一共 m 组。

2）边的集合 E 的组成如下：同一组中 3 个点之间没有边，而不同组的任何两点，只要它们对应的两个文字（u 和 v）不互补，即 $u \neq \neg v$，则构造一条边。

图 14-12 显示了一个从布尔表达式转换为一个图的例子。

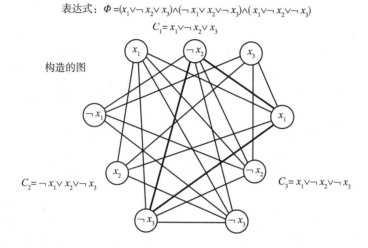

表达式：$\Phi = (x_1 \vee \neg x_2 \vee x_3) \wedge (\neg x_1 \vee x_2 \vee \neg x_3) \wedge (x_1 \vee \neg x_2 \vee \neg x_3)$

$C_1 = x_1 \vee \neg x_2 \vee x_3$

构造的图

$C_2 = \neg x_1 \vee x_2 \vee \neg x_3$

$C_3 = x_1 \vee \neg x_2 \vee \neg x_3$

图 14-12　由一个布尔表达式转换为一个图的例子

3）构造好图 $G(V, E)$ 以后，置 $k = m$，则转换完成。

上面转换算法显然可在多项式时间内完成。现在我们证明表达式 Φ 可被满足当且仅当所构造的图有一个 k-clique，即含有 k 个顶点的 clique（团），也就是一个 m-clique。

1）假设 Φ 可被满足。那么在每一个子句中必有一文字被赋值为 1。从每个子句中选一个赋值为 1 的文字，一共 m 个文字。我们说，这 m 个文字对应在图里的 m 个顶点一定形成一个 m-clique。这是因为这 m 个文字均被赋值为 1，所以它们不可能含有两个互补的文字。又因为它们对应在图里的顶点分属于 m 个不同的小组，所以每两个选中文字所对应的顶点间一定有边。因此，它们形成一个 m-clique。例如，在图 14-12 中，如果我们赋以 $x_1 = 1$，$\neg x_1 = 0$，$x_2 = 0$，$\neg x_2 = 1$，$x_3 = 0$，$\neg x_3 = 1$，那么 $\Phi = 1$。如果取 C_1 中的 $\neg x_2$，C_2 中的 $\neg x_3$ 和 C_3 中的 x_1，那么这三个文字对应的顶点形成一个 3-clique。

2）假设所构造图有一个 k-clique，即有一个 m-clique。那么这 m 个顶点必定分属于 m 个不同的小组，它们对应的 m 个文字必分属于不同的子句。我们可将这 m 个文字赋以 1。因为这 m 个文字中任意两个之间不可能互补，所以这样的赋值不会产生矛盾。然后把已赋值的文字的非赋值 0。这样一来，每个子句中至少有一个文字被赋值为 1，所以表达式 Φ 可被满足。对这 $k = m$ 个所选文字以及它们的非赋值以后，也许还有没被赋值的变量，我们可将这样的变量及它的非分别赋以 1 和 0。

以上证明了表达式 Φ 可被满足当且仅当所构造的图有一个 k-clique。因此 3-SAT $\propto_p$

clique。

4. clique $\propto_p$ vertex-cover

图 $G(V, E)$ 的一个顶点集合 S，$S \subseteq V$，称为一个顶点覆盖 (vertex-cover)，如果 E 中每一条边都与 S 中至少一个点关联。例如图 14-13b 中顶点集合 $\{c, d, g\}$ 就是所示图的一个顶点覆盖。给定一个图，我们希望能找到最小的一个顶点覆盖，即含顶点个数最少的一个覆盖。这个问题称为 (最小) 顶点覆盖问题，显然也是一个优化型问题。它对应的判断型问题是：给定一个图 $G(V, E)$ 和一个正整数 k，$G(V, E)$ 是否含有一个 k- 覆盖 (k-cover)，即由 k 个顶点形成的覆盖？

现在，假设图 $G(V, E)$ 和整数 k 是 clique 问题的一个实例，我们用多项式时间来构造一个 vertex-cover 的实例，也就是要构造一个图 G' 和整数 k'，使得图 $G(V, E)$ 有一个 k-clique 当且仅当图 G' 有一个 k'-cover。

我们的这个构造很简单，我们构造 $G(V, E)$ 的补图 $\overline{G}(V', E')$ 作为 vertex-cover 问题中的图 G' 并置 $k' = n - k$，这里 $n = |V|$。补图 $\overline{G}$ 的定义是，它有着与 G 相同的顶点集合，即 $V' = V$，但它的边的集合 E' 与 E 完全不同。任一对顶点 u 和 v 之间，如果边 (u, v) 属于 E，则必不属于 E'；如果边 (u, v) 不属于 E，则必定属于 E'，即 $E' = \{(u, v) \mid u, v \in V', u \neq v, (u, v) \notin E\}$。因为 G 和 $\overline{G}$ 的边合在一起构成一个完全图，故称它们为互补。上述构造显然可以在多项式时间内完成。图 14-13 给出了一个例子。其中，图 14-13a 显示的是图 G，图 14-13b 显示的是图 $G' = \overline{G}(V', E')$。

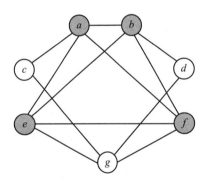
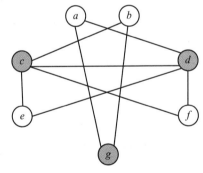

a）顶点 $\{a,b,e,f\}$ 是图 G 的一个团   b）顶点 $\{c,d,g\}$ 是图 G' 的一个覆盖

图 14-13　从 clique 问题的图转换为 vertex-cover 问题的图的示例

下面证明图 $G(V, E)$ 有一个 k-clique 当且仅当 $\overline{G}$ 有一个 k'-cover，这里 $k' = n - k$。

1）假设 $G(V, E)$ 有一个 k 个顶点的 clique 为 C。那么 $V - C$ 一定是 $\overline{G}$ 的一个顶点覆盖。这是因为在补图 $\overline{G}$ 中，clique C 的顶点之间一定不能有边。因此，E' 中任何一条边至少有一个端点不在 C 中，也就是说，E' 中任何一条边至少有一个端点在 $V - C$ 中。所以，$V - C$ 是 $\overline{G}$ 的一个顶点覆盖。因为 $|V - C| = n - k$，所以 $\overline{G}$ 有一个 k'-cover。例如图 14-13a 中，顶点 $\{a, b, e, f\}$ 是图 G 的一个 4-clique，那么图 14-13b 中，$\{c, d, g\}$ 则是 $\overline{G}$ 的一个 3-cover。

2）假设 $\overline{G}$ 有一个 k'-cover 为 S，它有 k' 个顶点，即 $|S| = k' = n - k$。那么 E' 中任何一条边至少与 S 中一个点关联。也就是说，在集合 $V - S$ 中的顶点之间不能有 E' 中的边。这样的话，因为 G 和 $\overline{G}$ 互补，集合 $C = V - S$ 中任何两点间在 G 中则一定有边，所以 C 是 G 的一个 clique。又因为 $|C| = |V - S| = n - (n - k) = k$，所以 C 是一个 k-clique。这就证明了 clique $\propto_p$

vertex-cover。

5. vertex-cover $\propto_p$ Hamilton-cycle

假设 vertex-cover 问题的一个实例是图 $G(V, E)$ 和正整数 k，下面逐步解释一个多项式算法是如何构造另外一个图 G'，使得 G 有一个 k-cover 当且仅当 G' 有一条哈密尔顿回路。

第 1 步，也是最核心的一步是，对应于 G 中每一条边 (u, v)，为 G' 构造一个小图 W_{uv}，称为小器具 (widget)。图 14-14a 显示了这个构造。

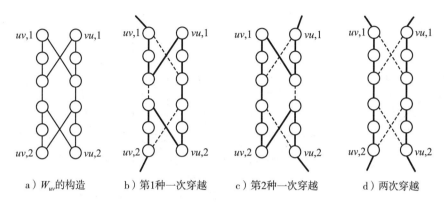

a) W_{uv} 的构造　　　b) 第1种一次穿越　　　c) 第2种一次穿越　　　d) 两次穿越

图 14-14　对应于边 (u, v) 所构造的小图 W_{uv} 以及被回路所穿越的三种可能的情形

从 W_{uv} 的构造可看出，它含有 12 个顶点。图中只给其中 4 个点标了号，因为只有这 4 个点与图 G' 中其他点相连。不难看出，如果它被 G' 的一条哈密尔顿回路穿过，只能有三种可能。如果哈密尔顿回路径过 W_{uv} 一次，那么它只能从点 $(uv, 1)$ 进，$(uv, 2)$ 出，或者 $(vu, 1)$ 进，$(vu, 2)$ 出，否则不可能经过 12 个点。因为我们构造的是无向图，把进出的方向取反后仍是同一个解。图 14-14b 和图 14-14c 分别显示了这两种情形。如果哈密尔顿回路径过 W_{uv} 两次，那么其中一次从 $(uv, 1)$ 进，$(uv, 2)$ 出，而另一次必定从 $(vu, 1)$ 进，$(vu, 2)$ 出。图 14-14d 显示了这种情况。

第 2 步，对应 G 中每一个顶点 u，为 G' 构造一个子图 D_u 如下：假设 G 中与 u 相关联的边是 (u, v_1), (u, v_2), $\cdots$, (u, v_d)，那么子图 D_u 就是把对应于这些边的小器具串连起来。具体做法是把 W_{uv_1} 中点 $(uv_1, 2)$ 与 W_{uv_2} 中点 $(uv_2, 1)$ 相连，把 W_{uv_2} 中点 $(uv_2, 2)$ 与 W_{uv_3} 中点 $(uv_3, 1)$ 相连，以此类推，最后把 $W_{uv_{d-1}}$ 中点 $(uv_{d-1}, 2)$ 与 W_{uv_d} 中点 $(uv_d, 1)$ 相连。图 14-15 给出了图 D_u 的一个例子，其中每个小器具用一个矩形表示以求清晰。

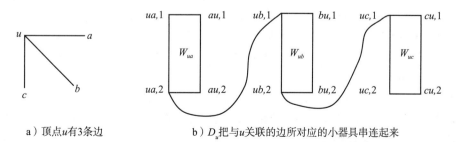

a) 顶点 u 有 3 条边　　　　b) D_u 把与 u 关联的边所对应的小器具串连起来

图 14-15　构造与顶点 u 相关联的子图 D_u 的例子

从 D_u 的构造可见，它提供了一条从 $(u_{uv_1}, 1)$ 进，到 $(u_{uv_d}, 2)$ 出的穿过所有与 u 关联的边

所对应的小器具的路径。在穿过每一个小器具时，可选择穿过所有 12 个点或只穿越 6 个点（见第 1 步中解释）。我们不妨用 D_u 表示这条路径。另外，如果点 u 有多条关联的边，子图 D_u 穿过这些边的小器具时，顺序可任意。

对 G 中一条边 (u, v) 来说，W_{uv} 与 W_{vu} 是同一个小器具，在 G' 中只出现一次。但对 D_u 和 D_v 来说，它们都要分别把 W_{uv} 串连一次，不同的是，D_v 通过的口子是 $(vu, 1)$ 和 $(vu, 2)$，而 D_u 通过的口子是 $(uv, 1)$ 和 $(uv, 2)$。也就是说，u 和 v 各自用 W_{uv} 不同一侧的两个口子。图 14-16 显示了一个有 4 个顶点和 4 条边的图 G，以及为它所构造的 4 个小器具和 4 条路径。

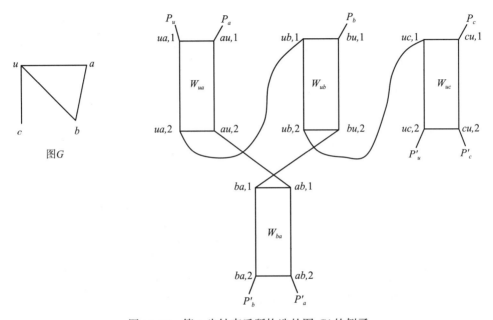

图 14-16　第 2 步结束后所构造的图 G' 的例子

图 14-16 中对应于顶点 u 的路径 D_u 的两端用 P_u 和 P'_u 标注。这条从 P_u 到 P'_u 的路径也许会在哈密尔顿回路中用到，也许不用。如果它是哈密尔顿回路中的一部分，那么在它穿越每个小器具时，是经过 12 个点还是 6 个点要看回路穿过这个小器具是一次还是两次，下文证明中会讨论。要注意的是，不同路径 D_u 和 D_v $(u \neq v)$ 有不同的端点。所以，图 G' 的哈密尔顿回路要么不经过 D_u 的任何一条边，要么必定从 P_u 进，从 P'_u 出，或者从 P'_u 进，从 P_u 出。它不可能从 D_u 的中间进，或从中间出。

第 3 步，在 G' 中加入 k 个点，s_1, s_2, $\cdots$, s_k，这里，k 是 vertex-cover 问题的实例中的正整数 k。然后将点 s_i $(1 \leqslant i \leqslant k)$ 与每一条路径 D_u $(u \in V)$ 的两头（P_u 和 P'_u）相连。图 14-17 显示了当 $k=2$ 时，在图 14-16 基础上完成这一步之后的图。这一步之后，G' 构造完成。

上述构造 G' 的过程显然只需要多项式时间。下面证明图 G 有一个 k-cover 当且仅当图 G' 有哈密尔顿回路。

1）假设 G 有一个 k-cover，$S=\{u_1, u_2, \cdots, u_k\}$。我们可构造 G' 中一条哈密尔顿回路如下：假定 G' 中对应于顶点 u_i $(1 \leqslant i \leqslant k)$ 的路径 D_{u_i} 的起点和终点为 P_i 和 P'_i，我们用 $<P_i, P'_i>$ 表示路径 D_{u_i}。那么这条回路 C 是：

$$s_1, \ <P_1, \ P'_1>, \ s_2, \ <P_2, \ P'_2>, \ \cdots, \ s_k, \ <P_k, \ P'_k>, \ s_1$$

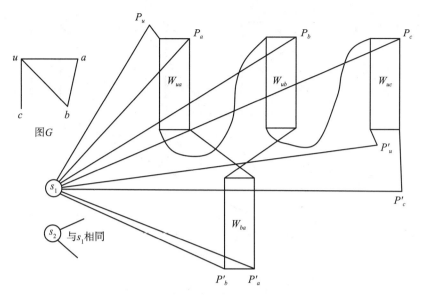

图 14-17　构造完成后的 G'

其中，对路径 $<P_i, P'_i>$ $(1 \leqslant i \leqslant k)$ 的构造原则如下。因为 S 是 G 的一个 k-cover，G 中每条边都关联于 S 中一个点或两个点。如果它只关联 S 中的一个点 u_i $(1 \leqslant i \leqslant k)$，那么这条边对应的小器具在 G' 中就一定会被以上回路 C 中的 $D_{u_i} = <P_i, P'_i>$ 穿越。这时，我们让路径 $<P_i, P'_i>$ 穿越这个小器具的 12 个点。如果 G 中的这条边关联 S 中的两个点，u_i 和 u_j $(1 \leqslant i, j \leqslant k, i \neq j)$，那么，$G$ 中的这条边必定是 (u_i, u_j)，它对应的小器具在 G' 中会被以上回路 C 中的 $<P_i, P'_i>$ 和 $<P_j, P'_j>$ 穿越。这种情况下，我们让 $<P_i, P'_i>$ 和 $<P_j, P'_j>$ 各穿越这个小器具的 6 个点。因此，G' 中每个小器具中的点会被以上回路 C 正好穿越一次，所以 C 显然是 G' 中的一条哈密尔顿回路。

继续图 14-17 中的例子，G 有 2-cover，$\{u, b\}$，图 14-18 用粗线勾画出在对应的图 G' 中的一条哈密尔顿回路。图中回路未用部分被略去。我们注意到，因为图 G 中边 (u, b) 关联 2-cover 中的两个点，所以对应它的小器具 W_{ub} 被 D_u 和 D_b 各穿越一次。因此，在我们设计哈密尔顿回路 C 时，让 D_u 和 D_b 各穿越 6 个点。图 G 中其余的边只关联 2-cover 中的一个点。比如，边 (u, a) 只关联点 u。那么，在 D_u 穿越这些边对应的小器具时，例如 W_{ua}，我们让 D_u 穿越 12 个点。因为点 a 不属于 k-cover，哈密尔顿回路 C 不含 D_a。

2）假设 G' 中有一条哈密尔顿回路，可假设从点 s_1 开始。因为每个顶点正好出现一次，我们可假定顶点 $s_1, s_2, \cdots, s_k, s_1$ 顺序在回路中出现。即使不按这个顺序，由于这些顶点与其他点的连接都相同，因此把它们交换为这个顺序后得到的仍然是一条哈密尔顿回路。我们用 $<P_i, P'_i>$ 表示点 s_i 和 $s_{(i+1) \bmod k}$ $(1 \leqslant i \leqslant k)$ 之间的一段路径。由 G' 的构造知，$<P_i, P'_i>$ 必定是对应于 G 中某个点 u 的路径 D_u。我们把点 u 选为 G 的一个覆盖 S 中的点。这样，一共可以选出 k 个点，形成 k 个点的集合 S。我们说，S 是 G 的一个 k-cover。这是因为 G' 中每个小器具都被回路中某个路径 D_u 穿过，那么这个小器具对应的 G 中的边一定关联于顶点 u。所以 G 中的每条边一定关联于顶点 S 中的某个点。

因此，我们证明了，图 G 有一个 k-cover 当且仅当图 G' 有一条哈密尔顿回路。所以有 vertex-cover $\propto_p$ Hamilton-cycle。

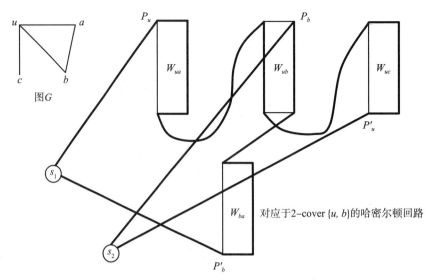

图 14-18　对应于图 G 的 2-cover $\{u, b\}$ 的在 G' 中的哈密尔顿回路

6. Hamilton-cycle $\propto_p$ TSP

给定一个边加权的完全图 G，TSP 问题 (traveling salesman's problem)，称为**货郎担问题**，是找出 G 中一条边长的总权值最小的哈密尔顿回路，这条回路称为货郎担回路 (traveling salesman's tour)。它的含义是，如果顶点代表城市，一条边的权代表两城市间所需的旅费，那么货郎担沿这个回路旅行，他会经过每个城市（图中点）正好一次，且总的旅费会最少。这又是一个优化型问题，它对应的判断型问题是，给定一个边加权的完全图 G 和一个非负实数 k，图 G 中是否存在一条边的总权值不大于 k 的哈密尔顿回路？我们证明 Hamilton-cycle 问题可多项式归约为 TSP 问题。

假设 $G(V, E)$ 是 Hamilton-cycle 问题中的图，我们把它转换为 TSP 问题中的一个实例。转换算法按以下步骤构造一个 TSP 问题中的图 $G'(V', E')$。

```
1  G'(V',E') ← G(V,E)                    // 复制一个 G, 其中, V'=V, E'=E
2  for each (u,v) ∈ E'
3      w(u,v) ← 0                        //E 中的边权值为 0
4  endfor
5  E* ← {(u, v) | (u,v)∉E', u,v ∈ V'}    //E* 包含所有 E 中不出现的边
6      for each (u,v) ∈ E*
7          w(u, v) ← 1                    // E* 中的边权值为 1
8  endfor
9  E' ← E'∪E*                            //G'(V',E') 成为一个加权的完全图
10 End
```

图 14-19 给出了一个构造 G' 的例子。其中 $E*$ 中的边用粗线标出。构造 G' 后，置 $k=0$。

显然，上面的转换算法是个多项式算法。很容易看出，图 G 有一条哈密尔顿回路当且仅当 G' 中有一条总权值为 $k=0$ 的货郎担回路。因此，我们有 Hamilton-cycle $\propto_p$ TSP。

7. 3-SAT $\propto_p$ subset-sum

子集和 (subset-sum) 问题是问，能否从有 n 个正整数的集合 S 中找出一个子集 A，使

得子集 A 中所有整数之和（称为子集 A 之和）恰好等于一个给定的正整数 t，这里 t 称为目标值。

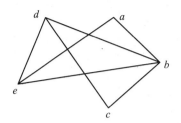 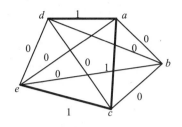

a）Hamilton–cycle 问题中的图 G b）TSP 问题中的图 G'

图 14-19   由 Hamilton-cycle 问题中的图 G 转换为 TSP 问题中的图 G' 的一个例子

我们把 3-SAT 问题多项式归约到子集和问题。假设 3-SAT 的一个实例是表达式 Φ。它是含有 n 个变量和 m 个子句的 3-CNF。设这 n 个变量为 x_1，x_2，$\cdots$，x_n，这 m 个子句为 C_1，C_2，$\cdots$，C_m。我们由表达式 Φ 去构造一个子集和问题的实例，也就是构造集合 S 和目标值 t。下面是构造的步骤：

第 1 步，为每个变量 x_i $(1 \leqslant i \leqslant n)$ 构造两个十进制整数，v_i 和 v'_i，分别对应文字 x_i 和 $\neg x_i$。每个整数有 $n+m$ 位。这 $n+m$ 位，从最高位（最左一位）到最低位依次对应着 x_1，x_2，$\cdots$，x_n 和 C_1，C_2，$\cdots$，C_m。我们以表达式 $\Phi=(x_1 \lor x_2 \lor \neg x_3) \land (\neg x_1 \lor \neg x_2 \lor \neg x_3) \land (x_1 \lor x_2 \lor x_3)$ 为例说明。这个表达式有 3 个变量（x_1、x_2 和 x_3）以及 3 个子句。这一步构造 6 个整数。图 14-20 的上半部分显示了这 6 个整数的构造。

这两个数的每一位是这样决定的：v_i 和 v'_i 在对应于 x_i 的那一位上都是 1，而对应于其他 $x_j$$(1 \leqslant j \leqslant n, \ j \neq i)$ 的位上都是 0。在对应于 C_k $(1 \leqslant k \leqslant m)$ 的那一位上，如果 $x_i \in C_k$，那么 v_i 在这一位上的值为 1，否则为 0。同样，如果 $\neg x_i \in C_k$，那么在对应于 C_k 的那一位上，v'_i 的值为 1，否则为 0。这一步一共构造出 $2n$ 个整数。

第 2 步，为每个子句 C_k $(1 \leqslant k \leqslant m)$ 构造两个整数 u_k 和 u'_k。每个整数也有同样的 $n+m$ 位。它们的值是这样决定的：在对应于 C_k 那一位上，u_k 和 u'_k 的值分别为 1 和 2，而在其他位上全部是 0。这一步构造出 $2m$ 个整数。在图 14-20 的下半部分，除最后一行外，显示了对应于上述例子中 3 个子句所构造的 6 个数字。

第 3 步，构造目标值 t。它也对应同样的 $n+m$ 位。它们的值是这样决定的：在对应于 x_i $(1 \leqslant i \leqslant n)$ 的每一位上的值是 1，而对应于 C_k $(1 \leqslant k \leqslant m)$ 的每一位上的值是 4。图 14-20 的最后一行显示了对 t 的构造。

显然，上面的构造算法只需多项式时间便可完成。算法第一步和第二步一共构造了 $2n+2m$ 个整数，它们组成子集和问题中的整数集合 S。下面证明，整数集合 S 中有一个子集 A 之和是 t 当且仅当表达式 Φ 可被满足。

1）假设表达式 Φ 有一组可满足的赋值，我们则如下选取子集 A。首先，如果变量 x_i $(1 \leqslant i \leqslant n)$ 被赋值为 1，我们则把 v_i 选入集合 A 中，否则把 v'_i 选入集合 A 中。这些被选中的数字一共有 n 个。例如，$x_1=1$，$x_2=1$，$x_3=0$ 是一组使 $\Phi=(x_1 \lor x_2 \lor \neg x_3) \land (\neg x_1 \lor \neg x_2 \lor \neg x_3) \land (x_1 \lor x_2 \lor x_3)$ 满足的解。所以，在图 14-20 构造的集合 S 中，我们选数字 v_1、v_2 和 v'_3 到集合 A 中。

	x_1	x_2	x_3	C_1	C_2	C_3
$v_1 =$	1	0	0	1	0	1
$v'_1 =$	1	0	0	0	1	0
$v_2 =$	0	1	0	1	0	1
$v'_2 =$	0	1	0	0	1	0
$v_3 =$	0	0	1	0	0	1
$v'_3 =$	0	0	1	1	1	0
$u_1 =$	0	0	0	1	0	0
$u'_1 =$	0	0	0	2	0	0
$u_2 =$	0	0	0	0	1	0
$u'_2 =$	0	0	0	0	2	0
$u_3 =$	0	0	0	0	0	1
$u'_3 =$	0	0	0	0	0	2
$t =$	1	1	1	4	4	4

图 14-20　由 $\Phi=(x_1 \vee x_2 \vee \neg x_3) \wedge (\neg x_1 \vee \neg x_2 \vee \neg x_3) \wedge (x_1 \vee x_2 \vee x_3)$ 构造的整数集合和目标值

　　然后，假设当前选入集合 A 中的数字之和为 r，那么 r 左边 n 位的每一位上显然都是 1，但是 r 还不等于目标值 t。因为表达式 Φ 的每个子句中至少有一个文字赋值为 1，但最多有 3 个，所以 r 在右边 m 位上，对应于 C_k 位 $(1 \leqslant k \leqslant m)$ 的值就等于在子句 C_k 中赋值为 1 的文字的个数。例如，在图 14-20 所示的例子中，$C_3 = (x_1 \vee x_2 \vee x_3)$ 中有 $x_1 = 1$，$x_2 = 1$，$x_3 = 0$，所以 r 在对应 C_3 那一位上的值是 2。为了使 $r = t$，我们逐位检查 r 在 C_k $(1 \leqslant k \leqslant m)$ 那位上的值。如果 r 在 C_k 上的值是 1，那么我们为集合 A 再选取 u_k 和 u'_k 两个数字；如果 r 在 C_k 上的值是 2，那么我们为集合 A 再选 u'_k 一个数字；如果 r 在 C_k 上的值是 3，那么我们为集合 A 再选 u_k 一个数字。这样一来，集合 A 中的数字之和 r 在对应于 C_k $(1 \leqslant k \leqslant m)$ 的每一位上都等于 4，也就是说 $r = t$。所以，算法所构造的集合 S 中有一个子集 A 之和是 t。例如，在图 14-20 所示的例子中，我们构造的子集是 $A = \{v_1,\ v_2,\ v'_3,\ u_1,\ u_2,\ u'_2,\ u'_3\}$，也就是 $A = \{100101,,\ 10101,\ 1110,\ 100,\ 10,\ 20,\ 2\}$。子集 A 之和是 $t = 111444$。

　　2）假设构造的 $2n+2m$ 个数中存在一个子集 A，其子集和 r 等于 t，即 $r = t$，那么我们可如下对表达式 Φ 赋值。因为 r 的左边 n 位的值都必须是 1。所以，在 v_i 和 v'_i 两个数中 $(1 \leqslant i \leqslant n)$ 必定正好有一个属于子集 A。我们把属于 A 的那个数字所对应的文字赋值为 1。具体来说，如果 $v_i \in A$，那么在表达式 Φ 中，赋以变量 $x_i = 1$，$\neg x_i = 0$，否则 $x_i = 0$，$\neg x_i = 1$。我们证明，这样的赋值可满足表达式 Φ。因为 $r = t$，在对应于 C_k $(1 \leqslant k \leqslant m)$ 那位上的值一定是 4。因为在 C_k 这位上，只有 C_k 中三个文字对应的数字及 u_k 和 u'_k 有非零值，而且 u_k 和 u'_k 的非零值之和为 $1 + 2 = 3$，所以 C_k 中三个文字对应的数字中至少有一个属于子集 A。这意味着 C_k 中的三个文字中至少有一个被赋以 1，所以 Φ 可被满足。

以上证明了，集合 S 中有一个子集 A 之和等于目标值 t 当且仅当表达式 Φ 可被满足，从而有 3-SAT $\propto_p$ subset-sum。

8. subset-sum $\propto_p$ set-partition

集合平分 (set-partition) 问题在例 14-3 中已经介绍过，它是子集和问题的一个特殊情况。给定一个有 n 个正整数的集合 S，集合平分问题是问能否有一个子集 A，其和正好是这 n 个数之和的一半。如果可以，则称集合 S 是可平分的。我们把子集和问题多项式归约到集合平分问题。

假设一个子集和问题的实例中，$S=\{a_1, a_2, \cdots, a_n\}$ 是一个含 n 个正整数的集合，而 t 是目标值。我们的转换算法将构造集合平分问题的一个实例。这个实例中的正整数的集合 S' 包含 S 中的所有整数，另外再加上两个数 b_1 和 b_2，其中 $b_1=t+1$，$b_2=m-t+1$，这里 $m=\sum\limits_{1\leqslant i\leqslant n} a_i$ 是集合 S 中所有整数之和。所以，用于集合平分问题的正整数集合是 $S'=\{a_1, a_2, \cdots, a_n, b_1, b_2\}$。显然，这个转换算法只需要 $O(n)$ 时间。下面证明集合 S' 可平分，当且仅当 S 有和为 t 的子集 A。

1）假设 S 有和为 t 的子集 A。那么集合 $S-A$ 中所有整数之和为 $m-t$。因此，我们可以把 S' 分为两个子集 A' 和 $S'-A'$ 使 $A'=A\cup\{b_2\}$。显然，子集 A' 中所有整数之和为 $t+b_2=t+(m-t+1)=m+1$，而集合 $S'-A'=(S-A)\cup\{b_1\}$ 中所有整数之和为 $(m-t)+b_1=(m-t)+t+1=m+1$，因此 S' 可平分。

2）假设 S' 可平分为子集 A' 和 $S'-A'$。那么我们有 $\sum\limits_{x\in A'}x=\sum\limits_{y\in(S'-A')}y=\dfrac{m+b_1+b_2}{2}=m+1$。因为 $b_1+b_2=(t+1)+(m-t+1)=m+2>m+1$，所以 b_1 和 b_2 必定分属于 A' 和 $S'-A'$。如果 b_2 属于 A'，那么集合 $A=A'-\{b_2\}$ 必定只含 S 中的整数，并且集合 A 中所有整数之和是 $(m+1)-b_2=(m+1)-(m-t+1)=t$。因此 S 有和为 t 的子集 A。如果 b_1 属于 A'，那么集合 $A=A'-\{b_1\}$ 必定只含 S 中的整数，并且所有整数之和是 $(m+1)-b_1=(m+1)-(t+1)=m-t$。那么 S 的子集 $S-A$ 的所有整数之和为 t。不论哪种情况，总有 S 的一个子集和为 t。

以上证明了，S' 可平分当且仅当 S 有和为 t 的子集 A，从而有 subset-sum $\propto_p$ set-partition。

9. 3-SAT $\propto_p$ k-colorability

我们在第 8 章中介绍过图的着色问题。一个图 G 的颜色数 (chromatic number) 就是能给 G 正确着色所需要的最少颜色的个数。k-colorability (k- 着色) 问题就是判断一个图 G 能否用 k 种颜色来着色。我们把 3-SAT 问题多项式归约到这个问题。假设 3-SAT 的一个实例是一个 3-CNF 的表达式 Φ，它含有 n 个变量，$x_1, x_2, \cdots, x_n$，和 m 个子句，$\Phi=C_1\wedge C_2\wedge\cdots\wedge C_m$。不失一般性，可假定 $n\geqslant 4$，否则，可用穷举法解出。下面，我们解释转换算法由表达式 Φ 来构造一个 k- 着色问题的实例，也就是构造一个图 $G(V,E)$ 的步骤：

1）构造一个有 n 个顶点 $y_1, y_2, \cdots, y_n$ 的完全图。

2）为表达式 Φ 的每个变量 x_i ($1\leqslant i\leqslant n$) 构造两个顶点，分别代表变量 x_i 和 $\neg x_i$。为方便起见，就把它们标记为 x_i 和 $\neg x_i$。

3）再构造 m 个顶点 $C_1, C_2, \cdots, C_m$，分别代表 m 个子句。

4）构造边集合 $\{(y_i, x_j), (y_i, \neg x_j) \mid 1\leqslant i, j\leqslant n, i\neq j\}$。

5）加入边集合 $\{(x_i, \neg x_i) \mid 1\leqslant i\leqslant n\}$。

6）加入边集合 $\{(x_i, C_j) \mid 1 \leqslant i \leqslant n, 1 \leqslant j \leqslant m, x_i \notin C_j\}$。注意，$x_i$ 不属于 C_j。

7）加入边集合 $\{(\neg x_i, C_j) \mid 1 \leqslant i \leqslant n, 1 \quad j \leqslant m, \neg x_i \notin C_j\}$。

以表达式 $\Phi = (x_1 \vee \neg x_2 \vee x_3) \wedge (\neg x_1 \vee x_2 \vee x_4) \wedge (x_2 \vee \neg x_3 \vee \neg x_4)$ 为例，图 14-21 画出了所作的图。当上述算法构造好图之后，置 $k = n+1$。这样，k-着色问题的一个实例便构造好了。显然，这个构造图的算法只需要多项式时间便可完成。

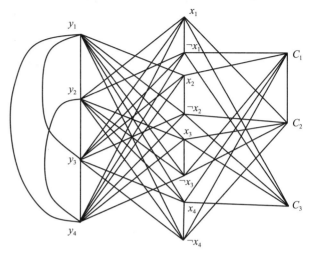

图 14-21　由表达式 $\Phi = (x_1 \vee \neg x_2 \vee x_3) \wedge (\neg x_1 \vee x_2 \vee x_4) \wedge$
$(x_2 \vee \neg x_3 \vee \neg x_4)$ 构造的图

下面证明，这样构造的图 G 可以被 k-着色，当且仅当表达式 Φ 可被满足。

1）假设图 G 可以被 k-着色，这 $k = n+1$ 种颜色为色 1，色 2，…，色 $n+1$，我们证明表达式 Φ 可被满足如下。因为顶点 y_1, y_2, …, y_n 形成一个完全图，它们必须有不同的颜色，所以我们可假定 y_i 着色为色 i ($1 \leqslant i \leqslant n$)。因为顶点 x_i 和 $\neg x_i$ 与所有 y_j 相邻 ($1 \leqslant j \leqslant n$, $j \neq i$)。所以顶点 x_i 和 $\neg x_i$ 之一必着色为色 i 而另一点为色 $n+1$。我们把着色为色 $n+1$ 的点称为"假点"。这样一来，我们可以给表达式 Φ 中变量 x_i 和它的非 $\neg x_i$ 赋值如下：如果 x_i 着色为色 i，则赋值 $x_i = 1$，$\neg x_i = 0$，否则，赋值 $x_i = 0$，$\neg x_i = 1$。显然，这是一个合法的赋值。我们来证明这样的赋值使 $\Phi = 1$。

让我们观察一下顶点 C_h ($1 \leqslant h \leqslant m$) 的着色，因为表达式 Φ 至少有 4 个变量，所以一定有一对文字 x_i 和 $\neg x_i$ 不出现在 C_h 中。所以在图 G 中，对应文字 x_i 和 $\neg x_i$ 的顶点与顶点 C_h 之间有边，那么，顶点 C_h 的颜色一定不会是色 $n+1$。另外，由图的构造知道，它的颜色必须与所有 C_h 以外的文字对应的顶点的颜色不同。那么，它必定与它所含的某个文字对应的顶点有相同颜色 ($\neq$ 色 $n+1$)。这说明 C_h 中的这个文字被赋值为 1，所以子句 C_h 的值为 1，从而 $\Phi = 1$。

2）假设表达式 Φ 可被一组赋值满足，我们证明图 G 可以用 $k = n+1$ 种颜色着色如下：首先给顶点 y_i ($1 \leqslant i \leqslant n$) 着以色 i。然后，如果变量 $x_i = 1$ 而 $\neg x_i = 0$ ($1 \leqslant i \leqslant n$)，那么给顶点 x_i 着以色 i，给顶点 $\neg x_i$ 着以色 $n+1$。反之，如果变量 $x_i = 0$ 而 $\neg x_i = 1$ ($1 \leqslant i \leqslant n$)，那么给顶点 $\neg x_i$ 着以色 i，给顶点 x_i 着以色 $n+1$。最后，取子句 C_h ($1 \leqslant h \leqslant m$) 中一个赋值为 1 的文字 x，把 C_h 对应的顶点着以与顶点 x 相同的颜色。容易看出这是一个合法的着色。

以上证明了，图 G 可以被 k-着色当且仅当表达式 Φ 可被满足，从而有 3-SAT $\propto_p$ k-colorability。

到这里为止，若干个著名的 NP 完全问题的证明就完成了。因为篇幅关系，还有许多著名的 NPC 问题未能讨论，例如图的 3-着色问题 (3-colorability)、图的独立集问题 (independent set)、装箱问题 (bin-packing)、0/1 背包问题 (0/1 knapsack)、集合覆盖问题 (set-cover)、多处理器调度问题等。我们会在练习题中做一些补充介绍。因为有太多的 NPC 问题的证明可以从网上和其他参考书中获得，读者并不需要掌握对它们的全部证明，通过不断地接触和学习可掌握更多的证明技巧。

习题

1. 判断以下各命题对与错。

（a）如果 P $\neq$ NP，那么就不存在多项式算法来判断一个图是否可以 3 着色。

（b）如果 P $\neq$ NP，那么就不存在多项式算法来判断一个图是否含有一个 6-clique。

（c）如果 P $\neq$ NP，那么就不存在多项式算法来判断一个图是否有一个 6-cover。

（d）如果问题 A 有多项式算法在 $\Theta(n^3)$ 时间内被判定，而问题 B 在 $\Theta(n^3)$ 时间内可归约为问题 A，那么问题 B 也就可以在 $\Theta(n^3)$ 时间内被判定，这里的 n 指的都是问题的输入规模。

（e）如果问题 A 有算法在 $\Theta(2^{\sqrt{n}})$ 时间内被判定，而问题 B 在多项式时间内可归约为问题 A，那么问题 B 也就可以在 $\Theta(2^{\sqrt{n}})$ 时间内被判定，这里的 n 指的都是问题的输入规模。

2. 假设给你一个"宝盒子" P，它可以在常数时间内正确判定一个有 n 个正整数的集合 S 是否可以被平分，但它不能给出实际的平分，它只可以被你的程序调用并输出 $P(S)=1$ 或 $P(S)=0$。请设计一个以 P 为子程序的多项式算法为一个可平分的集合 S 做出平分。

3. 集合覆盖 (set-cover) 问题是这样定义的：假设 $F=\{S_1, S_2, \cdots, S_n\}$ 是含 n 个集合的一个家族 (family)，这些集合的并集一共含有 m 个不同的元素，即 $\bigcup_{1 \leqslant i \leqslant n} S_i = \{a_1, a_2, \cdots, a_m\}$。家族中一部分集合的组合称为一个子家族 C。如果这 m 个元素中每个元素都出现在子家族 C 中的某个集合里，那么 C 称为是 F 的一个覆盖，因为 C 覆盖了 F 中所有元素，即 $\bigcup_{S_i \in C} S_i = \{a_1, a_2, \cdots, a_m\}$。如果 C 是 F 的一个覆盖并且所含集合数最少，则称为一个最小覆盖。比如，$F=\{S_1, S_2, S_3\}$，这里 $S_1=\{a, b\}, S_2=\{b, c\}, S_3=\{a, c, d\}, S_1 \cup S_2 \cup S_3 = \{a, b, c, d\}$。因为 $S_1 \cup S_3 = \{a, b, c, d\}$，所以 $C=\{S_1, S_3\}$ 就是一个 F 的集合覆盖。因为在这个家族 F 中没有一个集合能包含全部 4 个元素，所以子家族 $C=\{S_1, S_3\}$ 是个最小覆盖。集合覆盖问题就是找一个家族 F 的最小覆盖。请回答下面问题。

（a）定义集合覆盖问题所对应的一个判断型问题。

（b）证明集合覆盖问题是 NP 难问题。

4. 假设我们要举行一个学术会议。会议有 m 个议题，$T_1, T_2, \cdots, T_m$。对每一个议题 T_i $(1 \leqslant i \leqslant m)$ 有一个可以审这方面稿件的教授的名单 P_i。一个教授可能为几个不同的议题审稿而出现在几个名单中。现在，我们希望从这些名单中选出一些教授来组成一个审稿委员会。我们希望委员会的人数越少越好，但是保证每一个议题都有能审稿的委员。请回答以下问题。

（a）定义与这个优化型问题对应的一个判断型问题。

（b）证明这个判断型问题属于 NP 类。

（c）把图的顶点覆盖问题多项式归约到这个判断型问题以证明其 NP 完全性。

5. 一个图 $G=(V, E)$ 的顶点子集 $S \subseteq V$ 称为一个**独立集** (independent set)，如果 E 中任何一条边只与 S 中最多一个点有关联。也就是说，如果 S 中任意两点之间没有边，那么它就是一个独立集。最大独立集问题就是要找出图 G 的一个最大的独立集。请回答以下问题。

（a）定义与这个优化型问题对应的一个判断型问题。

（b）证明这个判断型问题属于 NP 类。

（c）证明这个判断型问题是 NP 完全问题。

*6. 一个图 $G=(V, E)$ 的顶点子集 $S \subseteq V$ 称为一个**支配集** (dominating set)，如果任何一个顶点 $v \in V$ 都与 S 中一个点相邻。我们称有 k 个顶点的支配集为 k- 支配集。最小支配集问题就是要找出图 G 的一个有最少顶点的支配集。下面图给出了一个例子。

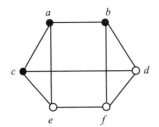
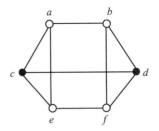

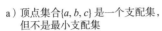

a）顶点集合{a, b, c} 是一个支配集，　　　b）顶点集合{c, d} 是一个最小支配集
但不是最小支配集

请回答以下问题。

（a）定义与这个优化型问题对应的一个判断型问题。

（b）证明这个判断型问题属于 NP 类。

（c）证明支配集问题是 NP 完全问题。

（d）假设有一个多项式算法 A 解决这个判断型问题，请利用这个算法得到多项式算法来解决对应的优化型问题。

7. 如果图 $G=(V, E)$ 的一条路径 P 经过图中每个点恰好一次，那么路径 P 称为一条哈密尔顿路径。判断图 $G=(V, E)$ 是否有一条哈密尔顿路径称为哈密尔顿路径问题。证明哈密尔顿路径问题是个 NP 难问题。

8. 假设在一个城市里有 m 个家庭有小孩要上学，同时有 n 个学校可以保证每个家庭在 150m 之内至少有一个学校。假设这 m 个家庭编号为 H_i $(1 \leqslant i \leqslant m)$，这 n 个学校编号为 S_j $(1 \leqslant j \leqslant n)$。现在由于经费短缺，需要关闭一些学校以节省开支，但仍然保证每个家庭在 200m 之内至少有一个学校可以上学。经过调查，我们为每个学校 S_j $(1 \leqslant j \leqslant n)$ 列出它 200m 内所有家庭的编号，即 $P_j = \{H_i \mid 1 \leqslant i \leqslant m, H_i$ 与 S_j 相距不超过 200m$\}$。一个优化问题是，我们希望在保证每个家庭在 200m 内至少有一个学校的基础上，关闭最多的学校。

（a）请为上述优化问题定义一个对应的判断型问题。

（b）证明该判断型问题属于 NP 类。

（c）证明该判断型问题是 NP 难问题。

9. 前面习题 7 中讨论的哈密尔顿路径问题，以及哈密尔顿回路问题都假定给定的图 $G=(V, E)$ 是个无向图。请解释为什么在有向图中找哈密尔顿路径或回路也是 NP 完全问题。

10. 给定图 $G(V, E)$，最长路径问题就是找一条最长的简单路径，也就是找一条路径 P 使得所含边数最多并且路径上每个顶点最多经过一次。这里，路径的起点和终点可任取。请为这个优化型问题定义一个相应的判断型问题，并证明它是 NP 难问题。

11. 在第 10 章的讨论中，我们知道如果一个加权的有向图中含有一个负回路，那么 Bellman-Ford 算法和 Dijkstra 算法都不能找到两个给定顶点间的最短简单路径。实际上，如果图中边的权值为正整数或负整数，那么找两个给定顶点间的最短（简单）路径问题也是个 NP 难问题。请为这个优化型问题定义一个对应的判断型问题，并证明它是 NP 难问题。

12. 假设一个连通图 $G(V, E)$ 的每一条边有一个非负整数的权，我们希望判断是否可以找到一棵支撑树，使得树中所有边的权之和正好是 k。请证明这个问题是个 NP 难问题。

13. 给定一个连通图 $G(V, E)$，我们希望找到一棵支撑树使得树中的叶结点最少。例如，下面的图 b 和图 c 都是图 a 的支撑树，分别有 4 个叶结点和 3 个叶结点，图 c 的解较好。请回答以下问题：

（a）为本题的优化型问题定义一个对应的判断型问题。

（b）证明这个问题是 NPC 问题。

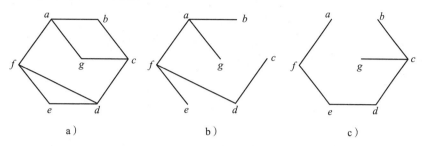

14. 假设我们有 n 个独立的任务 $J_1, J_2, \cdots, J_n$，要从时间 $t=0$ 开始在两个同样的处理器上执行。假设 J_i $(1 \leqslant i \leqslant n)$ 需要 T_i 秒的时间完成，并且一旦开始执行，必须不中断地在同一个处理器上运行直到完成。我们希望找到一个调度，即任务安排，使这 n 个任务可以在最短时间内完成。例如，如果有 3 个任务，其执行时间分别为 $T_1=4$ 秒，$T_2=5$ 秒，$T_3=7$ 秒，那么下图所示的调度用 9 秒可以把它们完成。这个调度显然是最好的。请回答下面的问题。

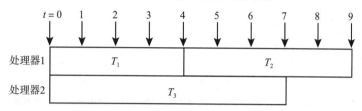

（a）为上述调度问题定义一个对应的判断型问题。

（b）证明该调度问题是个 NP 难问题。

15. 假设计算机中有 n 个文件 $f_1, f_2, \cdots, f_n$，需要存入两张光盘中。这 n 个文件所需的空间分别是 $s_1, s_2, \cdots, s_n$（以千字节 KB 为单位），而每张光盘的容量都是 M (KB)。假设存入一个文件不需要额外的空间开销，并且所有文件所需的空间总和不超过 $2M$，即 $\sum_{i=1}^{n} s_i \leqslant 2M$。我们需要判断这两张光盘是否有足够的空间存入这 n 个文件。请证明这个判断问题是个 NP 难问题。

16. 装箱问题 (bin packing) 是说有 n 个物体 $O_1, O_2, \cdots, O_n$ 需要装箱。这 n 个物体分别有体积 s_i 并且满足 $0 < s_i \leqslant 1$ $(1 \leqslant i \leqslant n)$。假定每个箱子的容积是 1，我们希望用最少的箱子把它们装入。假定任何一组物体，只要它们的总体积不超过 1，都可以装入一个箱子之中。回答下面问题。

（a）为这个优化型问题定义一个对应的判断型问题。

（b）证明这个判断型问题是 NP 难问题。

17. （**两条顶点不相交的路径问题**）证明下面的判断型问题是 NP 难问题：给定一个加权的有向图 $G(V, E)$ 和 V 中两个顶点 s 和 t，以及正数 k，判断图 G 是否有两条顶点不相交的从 s 到 t 的简单路径使得每条长度均不大于 k？这里"不相交"是指除了起点 s 和终点 t 以外，两条路径上所有顶点都不同。这个问题在网络的路由问题中有实际应用的背景。

提示：把集合平分问题多项式归约到这个问题。假设集合平分问题的一个实例中，$S = \{a_1, a_2, \cdots, a_n\}$ 是 n 个正整数，其和为 $\sum_{i=1}^{n} a_i = 2m$。那么可构造一加权的有向图如下：

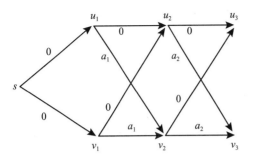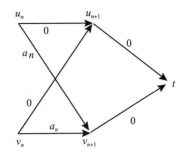

18. 0/1 背包的优化问题 (0/1 knapsack optimization problem) 定义如下：设 $U=\{O_1, O_2, \cdots, O_n\}$ 是 n 个物体的集合。物体 O_i 的体积和它的价值分别为 $w_i>0$ 和 $v_i>0$ $(1 \leqslant i \leqslant n)$。另外，有一个容积为 W 的背包。任意一组物体，只要它们的体积总和不超过 W 就可以装入这个背包。我们希望从集合 U 中选出一个子集 Q，使子集中物体的体积总和不超过 W，但是它的总价值最大。我们称这个问题为 0/1 背包的优化问题是因为它不允许一个物体被切下一部分来放入背包。请回答下面问题。

（a）为 0/1 背包的优化问题定义一个对应的判断型问题。

（b）证明这个 0/1 背包问题是 NP 难问题。

19. **（推广的货郎担问题）** 假定 $G(V, E)$ 是一个加权的连通图，其中每条边的权是一个非负实数。推广的货郎担问题就是在 G 中找一条经过每个顶点至少一次的回路 C，使得它的所有边的总权值最小。如果我们把每个顶点看作一个城市，把一条边看作一条航线，而边上的权视为航线距离，那么这个回路就是一个货郎担周游每个城市后回到原地的路线图，而且该路线图的总路程最小。注意，这个问题与原货郎担问题的不同在于它不要求 G 是个完全图，并允许货郎担经过一个城市多次，只要总路程最小即可。另外要注意的是，一条经过每个点正好一次的回路不一定比经过多次的这条推广的货郎担回路的总路程短。下面的图给出了一个例子。

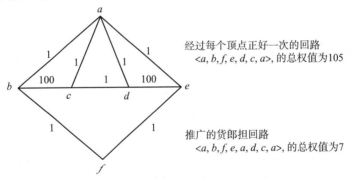

经过每个顶点正好一次的回路 $\langle a, b, f, e, d, c, a\rangle$，的总权值为105

推广的货郎担回路 $\langle a, b, f, e, a, d, c, a\rangle$，的总权值为7

　　显然，一个连通图一定有经过每个点的回路，但不一定是简单回路。请证明判断一个连通图 G 是否有总长小于等于 k 的推广的货郎担回路是个 NP 难问题，这里 k 是一个给定的正数。

20. 我们知道图的 k- 着色问题是个 NPC 问题。其实，图的 3- 着色问题就已经是个 NP 难问题了。下面，我们把 3-SAT 问题多项式归约为这个问题。假设 Φ 是一个 3-CNF 的表达式，它含有 n 个变量 $x_1, x_2, \cdots, x_n$ 和 m 个子句，$\Phi=C_1 \wedge C_2 \wedge \cdots \wedge C_m$。我们构造一个 3- 着色的实例，也就是一个图 $G=(V, E)$ 如下：

1）为表达式中每一个变量 x_i 和它的非 $\neg x_i$ 各构造一个顶点，并标以 x_i 和 $\neg x_i$。

2）构造 3 个特殊的顶点，分别标以真、假、空，并把它们连接为一个三角形。

3）为每一个子句，$C_j (1 \leqslant j \leqslant m)$ 构造 5 个新顶点，并把 C_j 中 3 个文字对应的 3 个顶点，5 个新

顶点，以及顶点"真"，一共 9 个顶点按下图 a 连接成一个子图。图中 x、y、z 表示子句 C_j 中的文字。

4）如图 b 所示，把每一对点 x_i 和 $\neg x_i$（$1 \leq j \leq n$），以及特殊点"空"之间连成一个三角形。为清晰起见，图 b 中只显示了一对点 z 和 $\neg z$。实际构造时应为每一个变量 x_i 构造一个三角形。

现在，图构造好了，请证明这是个多项式归约，所以 3- 着色问题是个 NP 难问题。

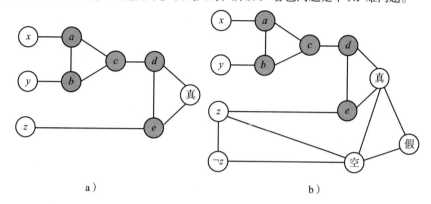

a）　　　　　　　　　　　　　　　b）

21. 假设我们需要把某煤矿的煤用卡车一次性运往两个地方。又假设我们有 n 部卡车，其装载量只有两种，一种是 5 吨的卡车，另一种是 8 吨的卡车。假设我们有 a 部 5 吨的卡车，b 部 8 吨的卡车，$a+b=n$。我们希望把这些卡车分成两组，各组负责送一个地方，并且使得两个地方获得相等重量的煤。我们假定煤矿有足够的煤供运输并且每辆车必须满载。如果不能使两地获得正好相等的煤，那我们希望两者差别越小越好。你认为这问题是 NP 完全问题吗？如果不是，请给出一个多项式算法，否则，请证明这是一个 NP 完全问题。

22. 假设我们需要把某煤矿的煤用卡车一次性运往三个地方。又假设我们有 $n>3$ 部卡车，其装载量分别是 c_1, c_2, $\cdots$, c_n，且都是以整数公斤为单位。我们希望把这些卡车分成三组，各组负责送一个地方，并且使得三个地方获得相等重量的煤。我们假定煤矿有足够的煤供运输并且每辆车必须满载。请证明判断这个分组问题是否有解是个 NP 难问题。

23. 在第 9 章习题 14 中我们讨论过 2- 树支撑森林的问题。这里我们考虑最小 – 最大 (min-max)2- 树支撑森林的问题。给定一个加权的连通图 $G(V, E)$，最小 – 最大 (min-max)2- 树支撑森林的问题是找出一个 2- 树支撑森林（T_1 和 T_2）使得有较大权值的树的权，即 $\max\{W(T_1), W(T_2)\}$，在所有 2- 树支撑森林中是最小的。回答以下问题。

（a）定义与这个优化型问题对应的一个判断型问题。

（b）证明这个判断型问题是个 NP 难问题。

24. 考虑以下活动选择问题。假设礼堂从时刻 $t=0$ 到 $t=T>0$ 这一段可以安排活动。假设时间单位都以分钟计算。现在有 n 个活动 a_1, a_2, $\cdots$, a_n，申请使用礼堂。每个活动 a_i（$1 \leq i \leq n$）需要连续占用礼堂 t_i 分钟，并且必须安排在时刻 s_i（$0 \leq s_i$）或早于时刻 s_i 开始。当然，在任何时刻，我们只能允许一个活动占用礼堂，并且所有被选取的活动要在时刻 T 之前完成。我们希望选出一个活动的集合 A 使得礼堂被使用的时间 $\sum_{a_i \in A} t_i$ 最长。回答以下问题。

（a）定义与这个优化型问题对应的一个判断型问题。

（b）证明这个判断型问题是个 NP 难问题。

25. 考虑以下活动选择问题。假设我们有两个礼堂可以从时刻 $t=0$ 安排活动。假设时间单位都以分钟计算。现在有 n 个活动 a_1, a_2, $\cdots$, a_n，要求使用一个礼堂，两个礼堂中任一个都行。活动 a_i

$(1 \leqslant i \leqslant n)$ 必须安排在时刻 s_i $(0 \leqslant s_i)$ 或早于时刻 s_i 开始，但一旦开始，需要连续占用该礼堂 t_i 分钟。当然，在任何时刻，任一个礼堂只能允许一个活动占用。我们希望选出一个有最多活动的集合 A 使得这些活动可以互相兼容地使用这两个礼堂。回答以下问题。

（a）定义与这个优化型问题对应的一个判断型问题。

（b）证明这个判断型问题是个 NP 难问题。

26. 假设某煤矿需要向两个城市（A 和 B）一次性运煤。现有 n 部卡车可用，$n>2$。这些卡车的载重量分别是 c_1, c_2, $\cdots$, c_n 吨。我们需要把这 n 部卡车分为两组，一组运煤到城市 A，另一组运煤到城市 B，并要求每辆车必须满载以使最多的煤可以运出。此外，因为到城市 A 的距离比到城市 B 的距离远，我们要从城市 A 收取每吨 600 元的运费，而从城市 B 收取每吨 300 元的运费。我们希望能把卡车分组使得从这两个城市分别收取的运费相等。如果这不可能，则使得从这两个城市分别收取的运费之差达到最小。请证明这是一个 NP 难问题。

*27. 假设 F 是集合的一个家族。如果 F 的一个覆盖 C（定义见第 3 题）中任意两个集合的交集是空集，那么覆盖 C 称为一个精准覆盖 (exact cover)。例如，$F=\{S_1, S_2, S_3\}$，这里 $S_1=\{a, b\}$，$S_2=\{c, d\}$，$S_3=\{a, c, d\}$，$S_1 \cup S_2 \cup S_3 = \{a, b, c, d\}$。因为 $S_1 \cup S_2 = \{a, b, c, d\}$，所以 $C=\{S_1, S_2\}$ 是家族 F 的一个覆盖。又因为 $S_1 \cap S_2 = \varnothing$，所以 C 是一个精准覆盖。集合的精准覆盖问题就是判断任一个给定家族 F 是否有一个精准覆盖。请把图的 3- 着色问题多项式归约为集合的精准覆盖问题，以证明集合的精准覆盖问题是个 NP 难问题。

28. 假设 $F=\{S_1, S_2, \cdots, S_n\}$ 是含 n 个集合的一个家族。设这些集合的并集是 U，即 $U= \bigcup\limits_{1 \leqslant i \leqslant n} S_i$。如果有集合 $H \subseteq U$ 使得 $|H \cap S_i|=1$ $(1 \leqslant i \leqslant n)$，那么集合 H 称为一个单击集 (hitting set)。例如，$F=\{S_1, S_2, S_3\}$，这里 $S_1=\{a, b\}$，$S_2=\{b, c\}$，$S_3=\{b, d\}$。$H=\{a, c, d\}$ 就是一个单击集，因为它包含 F 中的每个集合中正好一个元素，即包含 S_1 中的 a，S_2 中的 c，S_3 中的 d。单击集不一定唯一。例如集合 $\{b\}$ 也是一个单击集。单击集问题就是判断一个给定家族是否存在一个单击集。请把集合精准覆盖问题多项式归约为单击集问题。

*29. 这是一个与第 13 题对称的问题。给定一个连通图 $G(V, E)$，我们希望找到一棵支撑树使得树中的叶结点最多。例如，下面图 b 和图 c 都是图 a 的支撑树，分别有 4 个叶结点和 3 个叶结点，图 b 的解较好，并且容易看出是最优解。

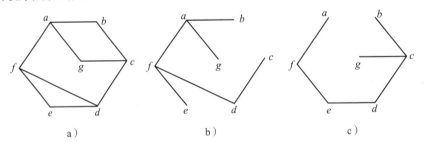

a）   b）   c）

（a）把这个优化型问题表述为一个对应的判断型问题。

（b）请证明这个问题是 NP 难问题。（提示：把集合覆盖问题多项式归约为这个问题。）

30. 考虑一类特殊的集合平分问题。给定一个有偶数个正整数的集合 $S=\{a_1, a_2, \cdots, a_{2k}\}$，并且有 $\sum\limits_{i=1}^{2k} a_i = 2m$，这里 k、m、a_i $(1 \leqslant i \leqslant 2k)$ 都是正整数，判断是否可以把 S 分为各含 k 个整数的两个子集（A 和 B），使得 $\sum\limits_{a_i \in A} a_i = \sum\limits_{a_i \in B} a_i = m$。这是集合平分问题的特殊情况，它不仅要求 A 中数字之和要等于 B 中数字之和，而且要求它们含有的数字个数也相等。让我们称这个问题为集合的绝对平分问题。请证明这是个 NPC 问题。

第 15 章　近似算法

我们知道，如果一个问题是 NPC 问题，那么很可能不存在多项式的算法。但是，在实际工作中，人们经常碰到 NPC 的问题而且必须要解决，怎么办呢？如果问题的规模很小，找一个复杂度为指数函数的算法也许可以解决，但是在问题的规模比较大，指数函数的复杂度不能接受的情况下，我们必须找到其他解决办法。首先应该考虑是否可以简化这个问题，使简化后的问题可以有快速算法。如果这不可能，那么找一个快速的近似算法 (approximation algorithm) 或者一个启发式算法 (heuristic algorithm) 就成为解决问题的最重要手段。这两者的区别在于，前者保证计算结果与最佳解之间的差别不超过一个范围，而后者不能定量地给予保证，它的实际效果往往通过仿真 (simulation) 实验予以证实。本章只讨论近似算法。近似算法不完全限于解决 NPC 问题，对一些虽然有多项式算法但它的阶比较高的问题，也可以考虑使用近似算法。本章通过讨论若干个著名的 NPC 问题的近似算法来介绍设计和分析近似算法的方法。因为人们在实际工作中碰到越来越多的 NPC 问题必须解决，所以掌握设计和分析近似算法的本领变得十分重要，读者应重视这一章的学习。

15.1　近似算法的性能评价

在实际工作和研究中，我们会碰到大量 NP 难的优化型问题，它们的解对应一个目标值 C 并要求这个值最大，或最小，或最长，或最短，等等。我们可以把它们分为两大类，一类是要求目标值 C 最大，另一类是要求目标值 C 最小，分别称为最大化 (maximization) 问题和最小化 (minimization) 问题。我们用 C^* 表示一个优化型问题某实例的最佳目标值，用 C 表示一个近似算法对这个实例计算后得到的目标值。如果这个问题是最大化问题，我们希望比例 $\dfrac{C^*}{C}$ 越接近 1 越好；如果这个问题是最小化问题，我们希望比例 $\dfrac{C}{C^*}$ 越接近 1 越好。为便于使用这个标准，我们要求问题的目标值必须都是正数。否则，应把它转化为一个等价的有正数目标值的问题。

定义 15.1　如果一个优化型问题的一个近似算法 A 对任意一个输入规模为 n 的实例计算后输出的目标值 C 满足 $\max\{\dfrac{C}{C^*}, \dfrac{C^*}{C}\} \leqslant \rho(n)$，那么我们说 A 有**近似度** $\rho(n)$，或者说 A 是一个 $\rho(n)$- 近似算法。这里，$\rho(n)$ 是随 n 变化的函数。如果 $\rho(n)$ 是个常数，那么 A 是一个常数倍的近似算法。

容易看出，定义中不等式对最大化和最小化问题都合适，并且有 $1 \leqslant \max\{\dfrac{C}{C^*}, \dfrac{C^*}{C}\} \leqslant \rho(n)$。当 $\rho(n)=1$ 时，近似解就等于最佳解。当然，对一个 NP 难问题，我们希望找到一个近似度小的近似算法。

可以想象，在设计近似算法时，如果要求近似度好，那么算法的运算时间就会长一些，反之，如果对近似度要求低，那么运算时间就会短一些。如果对一个优化型问题，有一个近似算法能满足其不同的近似度要求，则称为是一个**近似机制**。下面给出其确切定义。

定义 15.2 如果一个优化型问题的一个近似算法 A 对任意一个输入的实例以及给定的正数 $\varepsilon>0$，都可以输出有近似度 $(1+\varepsilon)$ 的解，则称为是一个近似机制 (approximation scheme)。另外，如果在固定 ε 值时，近似算法 A 的复杂度是输入规模 n 的多项式函数，那么算法 A 称为是一个多项式时间的近似机制 (polynomial-time approximation scheme)。

显然，一个近似机制对应了一个算法的集合，其中每个算法因近似度的要求不同而有不同的复杂度。一个多项式时间的近似机制在固定 ε 值时是一个多项式时间的算法，但是这个多项式时间会随着 ε 的变化而变化。因此，一个近似机制的复杂度 T 是 n 和 ε 两者的函数，比如，$T(n, \varepsilon)=O(n^{2/\varepsilon})$。一般来讲，$\dfrac{1}{\varepsilon}$ 越大，多项式的阶就越高，但我们不希望复杂度是 $\dfrac{1}{\varepsilon}$ 的指数函数，例如 $T(n, \varepsilon)=O(n^{2/\varepsilon})$。

定义 15.3 给定任一正数 $\varepsilon>0$，如果一个优化型问题的近似机制输出近似度为 $(1+\varepsilon)$ 的解的时间复杂度是输入规模 n 以及 $\dfrac{1}{\varepsilon}$ 的多项式函数，那么称为是一个完全多项式时间近似机制 (fully polynomial-time approximation scheme)。

例如，如果一个近似机制的时间复杂度是 $O((\dfrac{1}{\varepsilon})^2 n^3)$，那么它就是一个完全多项式时间近似机制。在下面的讨论中，我们介绍若干个 NPC 问题的近似算法的例子。

15.2 顶点覆盖问题

如 14.3.2 节所述，一个图 $G(V, E)$ 的最小顶点覆盖是图 G 中含有最少顶点个数的一个子集 $S \subseteq V$，使得图 G 的每一条边都被 S 中至少一个点覆盖，也就是与该点关联。顶点覆盖问题就是要找一个图 G 的最小顶点覆盖，这是一个著名的 NPC 问题。

对这个问题，一个简单的近似算法如下：先任意取一条边，$(u, v) \in E$，把它的两个端点 u 和 v 加入集合 S 中，然后，把被顶点 u 和 v 覆盖的边从图 G 中删去。如果图 G 中不再有边，那说明所有的边已被 S 中点所覆盖，否则，从剩下的边中再取一条边 $(x, y) \in E$，把它的两个端点 x 和 y 加入集合 S 中，并把被顶点 x 和 y 覆盖的边从图 G 中删去。如果图 G 中仍有边存在，可继续这个过程直到图中不再有边为止。显然，这时图 G 中所有边都被集合 S 中的点所覆盖。这个贪心算法极为简单但却有很好的近似度，下面是它的伪码。

```
Approx-Vertex-Cover(G(V,E))
1   S ← ∅                                      // 集合 S 初始为空
2   while E ≠ ∅                                 // 任选一条边 (u,v)
3       select an edge (u,v) ∈ E
4       S ← S ∪ {u, v}                          // 把 u 和 v 加入集合 S
5       E ← E-{(x, y) | x ∈ {u,v} or y ∈ {u,v}} // 删除与 u 或 v 关联的边
6   endwhile
7   return S
8  End
```

这个算法的复杂度显然是 $O(m+n)$，这里 $m=|E|$，$n=|V|$。下面看一个例子。

【**例 15-1**】图 15-1 给出了近似算法 Approx-Vertex-Cover 为一个图计算顶点覆盖的例子。其中图 15-1f 显示的是最佳解，供比较用。

下面的定理证明近似算法 Approx-Vertex-Cover 虽然简单却有很好的近似度。

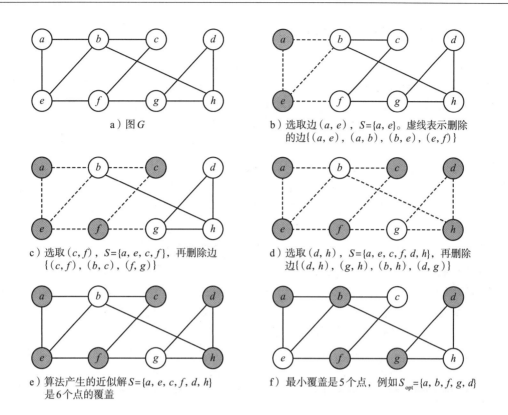

a）图 G

b）选取边 (a, e)，$S=\{a, e\}$。虚线表示删除的边 $\{(a, e), (a, b), (b, e), (e, f)\}$

c）选取 (c, f)，$S=\{a, e, c, f\}$，再删除边 $\{(c, f), (b, c), (f, g)\}$

d）选取 (d, h)，$S=\{a, e, c, f, d, h\}$，再删除边 $\{(d, h), (g, h), (b, h), (d, g)\}$

e）算法产生的近似解 $S=\{a, e, c, f, d, h\}$ 是 6 个点的覆盖

f）最小覆盖是 5 个点，例如 $S_{opt}=\{a, b, f, g, d\}$

图 15-1   近似算法 Approx-Vertex-Cover 计算顶点覆盖的一个例子

定理 15.1   算法 Approx-Vertex-Cover 是一个 2- 近似算法。

证明： 首先，因为算法中每一步被删去的边都因与集合 S 中某个点关联而被删去，而最后算法结束时，图中所有的边都被删去，所以，图中所有的边都与集合 S 中某个点关联，因而 S 是一个顶点覆盖。因为在第 2 行的 while 循环中，近似算法每次选取一条边 (u, v) 后就把与 u 或 v 关联的边删去，所以，所有选取的边都有不同的顶点。假设近似算法一共选取了 k 条边，那么这个解 S 的目标值为 $C=|S|=2k$。再考虑最佳解的目标值 C^*。我们注意到，在近似算法每次选取的一条边 (u, v) 中，任何最佳解必须包含顶点 u 和 v 之一或两者。又因为近似算法所选取的边都有不同的顶点，所以任何最佳解必须包含集合 S 中的至少 k 个顶点。因而有 $C/C^* \leqslant 2k/k=2$。   ■

15.3 货郎担问题

货郎担问题是著名的 NPC 问题，它要求在一个没有负权值的完全图中找一条有最小权值的哈密尔顿回路。我们把图中任一条哈密尔顿回路称为一条货郎担回路，并希望用近似算法找到一条比较短的货郎担回路。下面可以看到，对一般的货郎担问题，不存在有常数倍近似度的近似算法，但对于特殊一类的货郎担问题有很好的近似算法。下面先讨论这特殊一类的货郎担问题，然后再讨论一般的货郎担问题。

15.3.1　满足三角不等式的货郎担问题

一个加权的图 $G(V, E)$ 中，如果任意三个顶点 $u, v, w \in V$ 之间的边 (u, v)，(v, w) 和 (w, u) 的权值满足关系 $w(w, u) \leqslant w(u, v) + w(v, w)$，那么称这个图 (的权值) 满足三角不等式。满足三角不等式这一假设在许多应用问题中是合理的。例如在平面上或高维欧氏空间里两点间的直线距离总要比经过第 3 点的折线距离短。那么，在一个满足三角不等式的图中找最小货郎担回路的问题是否会容易一些呢？很不幸，这个问题仍然是个 NP 难问题。我们先给出这个问题的确切定义，然后证明其是 NP 难问题。

定义 15.4　满足三角不等式的货郎担问题定义如下：给定一个满足三角不等式的加权的完全图 $G(V, E)$ 和一个正数 k，所有权值都是非负实数，判断图 G 是否含有一条总权值小于等于 k 的货郎担回路。

定理 15.2　满足三角不等式的货郎担问题是个 NP 难问题。

证明： 我们把一般的货郎担问题多项式归约为满足三角不等式的货郎担问题。假设一般的货郎担问题的一个实例是一个权值为非负实数的完全图 $G(V, E)$ 和正数 k。现在，我们由此构造满足三角不等式的货郎担问题的一个实例。该实例包括一个满足三角不等式的权值为非负实数的图 $G'(V', E')$ 和正数 k'。设 $|V| = n$，这个构造算法如下：

```
Construct-Triangle-TSP(G(V,E))
1   G'(V',E') ← G(V,E)              // 复制图 G(V,E)
2   M ← max{w(u,v)|(u,v) ∈ E}       // 找出 E 中最大的边的权值 M
3   for each (u,v) ∈ E'
4       w'(u,v) ← w(u,v)+M
5   endfor
6   k' ← k+nM
7   End
```

这样得到的图 G' 满足三角不等式，这是因为 G' 中任意三个顶点 u, v, w 之间的边 (u, v)，(v, w) 和 (w, u) 分别有权值 $w'(u, v) = w(u, v) + M$，$w'(v, w) = w(v, w) + M$，$w'(w, u) = w(w, u) + M$，所以有 $w'(w, u) = w(w, u) + M \leqslant M + M \leqslant (w(u, v) + M) + (w(v, w) + M) = w'(u, v) + w'(v, w)$。

进一步还看到，因为图 G 和 G' 有相同的顶点集合，并且都是完全图，所以 G 的任何一条哈尔密顿回路也就是 G' 的一条哈密尔顿回路，反之亦然。假设 C 是 G 的一条哈尔密顿回路，而 $W(C) = \sum_{e \in C} w(e)$ 是这条货郎担回路的总权值。因为任一条边 $e = (u, v)$ 在图 G 中的权值是 $w(e)$ 当且仅当它在图 G' 中的权值是 $w'(e) = w(e) + M$，所以，这条货郎担回路在图 G' 中的总权值是：

$$W'(C) = \sum_{e \in C} w'(e) = \sum_{e \in C} \big[w(e) + M \big] = \sum_{e \in C} w(e) + nM = W(C) + nM$$

这表明，G 含有一条总权值小于等于 k 的货郎担回路，当且仅当 G' 含有一条总权值小于等于 $k' = k + nM$ 的货郎担回路。因为上面的构造算法显然只需多项式时间，所以一般的货郎担问题可多项式归约为满足三角不等式的货郎担问题。因此，满足三角不等式的货郎担问题也是个 NP 难问题。　∎

有 2- 近似度的货郎担问题的算法

对满足三角不等式的权值为非负实数的完全图 $G(V, E)$，我们先介绍一个简单的 2- 近似算法，其伪码如下。

2-Approx-Triangle-TSP$(G(V,E))$

1　取任一顶点 $r \in V$
2　用 Prim 算法（或其他算法）获得 G 的一棵以 r 为根的最小支撑树 T
3　从 r 开始，对 T 做 DFS（深度优先搜索），并把顶点按被发现时刻的顺序排序
4　假设 $<v_1, v_2, \cdots, v_n>$ 是 DFS 得到的顶点序列，其中 $v_1 = r$
5　输出货郎担回路 :$C = <v_1, v_2, \cdots, v_n, v_1>$
6　**End**

因为图 G 是一个完全图，这个算法有线性的复杂度 $O(|E|) = O(n^2)$。下面我们证明该算法的近似度为 2。

让我们沿着下面的路径走一遍。一开始，DFS 把顶点 r 压入堆栈，所以我们的路径从点 r 开始。假设当前的栈顶是点 u，如果 DFS 下一步操作是向堆栈压入一个点 v，那么我们就沿着边 (u, v)，从 u 走到 v。如果 DFS 下一步操作是弹出当前的栈顶 u，回溯到它的父亲 w，那么我们就沿着边 (u, w)，从 u 走到 w。总之，我们的路径是随着 DFS 的每一步堆栈操作，从当前栈顶走到下一个栈顶，即走到每次堆栈操作后的栈顶。等到 DFS 完成，堆栈为空，我们的路径也就结束了。

考虑树 T 中任一条边 (a, b)，设 a 是 b 的父亲。边 (a, b) 会被 DFS 访问两次，也就是被我们的路径穿越两次。第一次访问时，顶点 a 在栈顶，从 a 发现顶点 b，向堆栈压入 b，我们的路径经过边 (a, b) 一次。DFS 的第二次访问是在弹出点 b 时。这时，栈顶又回到点 a，我们的路径经过边 (b, a) 一次。因此，我们的路径经过最小支撑树 T 中每一条边 (a, b) 和它的逆向边 (b, a) 正好各一次。图 15-2 显示，这样的一条路径正好是沿着 T 的轮廓线的回路 C'。这里，轮廓线指的是经过 T 中每条边的两侧各一次的一条连续的回路。我们把从顶点 r 开始，这条回路经过的顶点序列称为轮廓线序列。

显然，在从根 r 开始的这个轮廓线序列中，各顶点第一次出现的顺序就是各顶点被压入堆栈的顺序，也就是在 DFS 中被发现的顺序。因此，算法 Approx-Triangle-TSP 输出的序列 C 是树 T 的轮廓线序列的一个子序列。由三角不等式可知，这个子序列形成的回路 C 的总长小于等于轮廓线 C' 的总长。又因为轮廓线 C' 的总长正好是树 T 中所有边权值总和的 2 倍，所以有 $W(C) \leqslant W(C') = 2W(T)$。

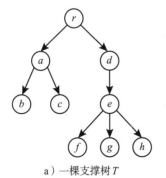
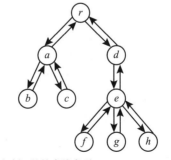

a）一棵支撑树 T　　　b）树 T 的轮廓线序列 $<r, a, b, a, c, a, r, d,$
$e, f, e, g, e, h, e, d, r>$

图 15-2　由 DFS 得到的一棵根树的轮廓线的顶点序列

因为任何一个货郎担回路（包括最小货郎担回路 C^*）是图 G 的一个连通的支撑子图，从而包含图 G 的一棵支撑树，所以它的总权值大于等于最小支撑树的总权值，即 $W(T) \leqslant W(C^*)$。因此有 $W(C) \leqslant 2W(T) \leqslant 2W(C^*)$，即算法 Approx-Triangle-TSP 有 2- 近似度。

*有 1.5- 近似度的货郎担问题算法简介

对满足三角不等式的加权完全图 $G(V, E)$，我们有比 2- 近似度更好的算法，下面介绍一个有 1.5 近似度的算法，其中个别步骤超出本书范围，不做详细分析。下面是算法的伪码。

```
1.5-Approx-Triangle-TSP(G(V, E))
1  取任一顶点 r ∈ V
2  用 Prim 算法获得 G 的一棵以 r 为根的最小支撑树 T          // 是个无向图
3  找出 T 中所有奇顶点 ( 即度数为奇数 ) 的集合 S，设 S={u₁,u₂,⋯,u₂ₖ}
       // 顶点 v 的度数 (degree) 是 v 在 T 中的邻居数，即 deg(v) = |{u | (u, v) ∈ T}|
       // 因为 T 中所有点的度数之和是偶数，所以奇顶点的个数一定是偶数
4  构造图 G 的子图 H，它由 S 的 2k 个顶点及它们之间的所有边组成
       //H 也是一个加权的完全图
5  在 H 中找出一个有最小权值的完美匹配 M，即有最小总权值的 k 条点不相交的边
       // 这一步可在多项式时间内完成。因这里的匹配问题超出本书范围，细节略去
6  把 M 中的边加入 T 中得到图 G'
       // 显然，G' 中每个顶点的度数都是偶数
       // 注意，M 中的一条边也许已出现在 T 中，那么这条边在 G' 中出现两次
7  在图 G' 中找一条欧拉回路 C
       // 图的一条欧拉回路是经过图中每条边正好一次的回路
       // 一个连通的无向图有欧拉回路 (Euler cycle) 的充要条件是，每个顶点的度数是偶数
       // 一条欧拉回路可以在线性时间内找到
8  从点 r 开始，沿欧拉回路 C，依次记录首次出现的各顶点 <v₁,v₂,⋯,vₙ>，其中 v₁=r
9  输出回路 HC=<v₁, v₂, ⋯, vₙ, v₁ >
10 End
```

因为欧拉回路 C 包含所有顶点，$HC = <v_1, v_2, \cdots, v_n, v_1>$ 经过每个顶点正好一次，所以算法输出的是一条货郎担回路。下面讨论它的近似度。

因为欧拉回路 C 中的边由 T 和 M 组成，$W(C) = W(T) + W(M)$，其中 $W(T)$ 和 $W(M)$ 分别是树 T，匹配 M 的权值。又因为图 G 满足三角不等式，$W(HC) \leqslant W(C)$，所以算法的近似度是 $\dfrac{W(HC)}{W(C_{\text{opt}})} \leqslant \dfrac{W(T) + W(M)}{W(C_{\text{opt}})}$，其中 $W(C_{\text{opt}})$ 是最佳货郎担回路 C_{opt} 中边的总权值。下面证明 $\dfrac{W(T) + W(M)}{W(C_{\text{opt}})} \leqslant 1.5$。

因为最佳货郎担回路 C_{opt} 经过 M 中 $2k$ 个顶点，不妨设其顺序为 $<v_1, v_2, \cdots, v_{2k}>$。这 $2k$ 个顶点把 C_{opt} 分割为 $2k$ 段，$c_1, c_2, \cdots, c_{2k}$，其中 $c_i = <v_i, \cdots, v_{i+1}>$ $(1 \leqslant i \leqslant 2k-1)$ 是回路 C_{opt} 中从顶点 v_i 到 v_{i+1} 之间的一段路径，而 $c_{2k} = <v_{2k}, \cdots, v_1>$ 是回路中从顶点 v_{2k} 到 v_1 之间的一段路径。这 $2k$ 段子路径对应于 $2k$ 条边，分别是 $e_i = (v_i, v_{i+1})$ $(1 \leqslant i \leqslant 2k-1)$ 和 $e_{2k} = (v_{2k}, v_1)$。显然，根据三角不等式，$W(c_i) \geqslant w(e_i)$，即路径 c_i 的长度大于等于它头尾两点的直线距离。这意味着 $W(C_{\text{opt}}) \geqslant w(e_1) + w(e_2) + \cdots + w(e_{2k})$。现在，如果我们把这 $2k$ 条边按奇偶顺序分为两组，$G_1 = \{e_1, e_3, \cdots, e_{2k-1}\}$ 和 $G_2 = \{e_2, e_4, \cdots, e_{2k}\}$，那么每一组中的边都构成图 H 中顶点的一个完美匹配，分别记为 M_1 和 M_2。因为 M 是最小权值的完美匹配，因此有：

$$W(C_{\text{opt}}) \geqslant W(M_1) + W(M_2) \geqslant 2W(M)$$

又因为 $W(C_{\text{opt}}) \geqslant W(T)$，所以得到：

$$\frac{W(T) + W(M)}{W(C_{\text{opt}})} = \frac{W(T)}{W(C_{\text{opt}})} + \frac{W(M)}{W(C_{\text{opt}})} \leqslant 1 + \frac{1}{2} = 1.5$$

∎

15.3.2　无三角不等式关系的一般货郎担问题

如果不要求一个加权的完全图 G 满足三角不等式，那么不仅找最佳解是 NP 难问题，而且没有常数倍近似度的近似解，除非 P＝NP。下面我们证明这点。

定理 15.3　如果 P $\neq$ NP，那么货郎担问题不存在有常数倍近似度的算法。

证明：为使用反证法证明，我们假设货郎担问题有一个近似度为常数 $\rho \geqslant 1$ 的多项式近似算法。我们证明这不可能。这是因为，如果有这样的近似算法 A，我们可用 A 来设计一个多项式算法来判断任一给定图 $G(V, E)$ 是否有一个哈密尔顿回路。这个判断算法如下。

Hamilton-Based-on-A$(G(V, E))$　　　　　　// $|V| = n$
1　构造一个完全图 $G'(V', E')$，其中 $V' = V$
2　赋予每条边 $(u, v) \in E'$ 的权值如下：

$$w(u,v) = \begin{cases} 1 & \text{如果} (u,v) \subset E(G) \\ \rho n + 1 & \text{其余情况} \end{cases}$$

3　用近似算法 A 找出图 G' 的一条货郎担回路 C，其权值为 $W(C)$
4　如果 $W(C) = n$，则 C 是图 G 中的一条哈密尔顿回路，否则原图 G 没有哈密尔顿回路
5　**End**

这个算法的正确性很显然。因为 G' 是完全图而且每条边上权值至少为 1，所以当 $W(C) = n$ 时，C 上每条边权值必须等于 1。因为权值等于 1 的边必定是原图 G 中的边，所以 C 也是原图 G 里的一条哈密尔顿回路。

反之，如果 $W(C) > n$，那么，C 必定含有至少一条不在原图 G 中的边，因此它的权值至少是 $W(C) \geqslant (n-1) + (\rho n + 1) = (\rho + 1)n > \rho n$。这时，我们可断定 G' 中不存在一条总权值是 n 的货郎担回路，否则，对这个实例的近似度为 $W(C)/n > \rho$，这与算法 A 的近似度矛盾。也就是说，原图 G 没有哈密尔顿回路。因此上面的算法可正确地解决哈密尔顿回路问题。

因为算法 A 是多项式算法，使得上面的 Hamilton-Based-on-A 算法也是多项式算法。我们知道，因为如果 $P \neq NP$，哈密尔顿回路问题就没有多项式算法，所以算法 A 不可能存在。∎

15.4　集合覆盖问题

在第 14 章的习题 3 中，我们介绍了集合覆盖 (set-cover) 问题。这里再定义一下。

定义 15.5　假设 $F = \{S_1, S_2, \cdots, S_n\}$ 是含 n 个不同集合的一个家族 (family)，这些集合的并集 U 一共含有 m 个不同的元素，即 $U = \bigcup_{1 \leqslant i \leqslant n} S_i = \{a_1, a_2, \cdots, a_m\}$。家族中一部分集合的组合 C 称为一个子家族。如果子家族 C 中集合的并集包含了集合 U 中所有 m 个元素，即 $\bigcup_{S_i \in C} S_i = U$，那么 C 称为是 F 的一个覆盖。如果 C 是 F 的一个覆盖并且所含集合数最少，则称为一个最小覆盖。集合覆盖问题就是找一个家族 F 的最小覆盖。为方便起见，如果 F 的一个覆盖 C 中有集合 S 包含元素 a，我们也说 C 覆盖元素 a。

【例 15-2】一个集合覆盖的例子如下。$F = \{S_1, S_2, S_3\}$，这里 $S_1 = \{a, b\}$，$S_2 = \{b, c\}$，$S_3 = \{a, c, d\}$，$S_1 \cup S_2 \cup S_3 = \{a, b, c, d\}$。因为 $S_1 \cup S_3 = \{a, b, c, d\}$，所以 $C = \{S_1, S_3\}$ 就是一个集合覆盖并且是个最小覆盖。

集合覆盖问题也是一个著名的 NPC 问题，其证明作为上一章的习题。这里我们给出一

个极简单的近似算法。假设 $F=\{S_1,\ S_2,\ \cdots,\ S_n\}$, $U=\bigcup_{1\leqslant i\leqslant n}S_i=\{a_1,\ a_2,\ \cdots,\ a_m\}$, 下面是这个近似算法的伪码。

```
Appr-Set-Cover(F, U)
1  C ← ∅              //覆盖 C 初始化为空
2  while U ≠ ∅              //不断选取集合直至 U 被覆盖
3       从 F 中选一个含当前 U 中元素最多的集合 S, 也就是使 |S ∩ U| 最大
4       C ← C∪{S} //把 S 选入 C 中, 不需要更新 F←F-{S}, 因为 S 不可能再被选上
5       U ← U-S              //被 S 覆盖的元素从 U 中删除
6  endwhile
7  return C
8  End
```

上面这个近似算法的复杂度是 $O(mn \times \min(m, n))$。这是因为每一次选集合时, 需要逐个检查看哪个集合含 U 中元素最多, 而一个集合最多可有 m 个元素, 所以每次选一个集合需要 $O(mn)$ 时间。又因为每次选一个集合, 至少可以覆盖 U 中一个元素, 所以最多只要循环 m 次。当然, 循环次数也不会超过 n 次, 所以有复杂度 $O(mn \times \min(m, n))$。那么, 这个算法的近似度是多少呢? 下面定理给出答案。

定理 15.4 假设有家族 $F=\{S_1,\ S_2,\ \cdots,\ S_n\}$。再假设 F 中最大的一个集合含 k 个元素, 即 $k=\max\{|S| \mid S \in F\}$。那么上述算法 Appr-Set-Cover 的近似度是 $\rho(n)=H(k)$, 这里 $H(k)=\sum_{i=1}^{k}\dfrac{1}{i}$, 称为第 k 个调和数。

证明: 假设 $S_1, S_2, \cdots, S_h$ 是上面算法 Appr-Set-Cover 依次为覆盖 C 选出的集合, $|C|=h$。又假设 C^* 是最小集合覆盖。我们证明 $|C|/|C^*| \leqslant H(k)$。

假设覆盖 C 中每个集合 $S_i(1 \leqslant i \leqslant h)$ 对应一个单位的代价, 记为 $c(S_i)=1$, 那么, 覆盖 C 的总代价则定义为 $c(C)=\sum_{i=1}^{h}c(S_i)=h$。现在, 我们把每个集合 S_i 对应的代价 1 平分到被它第一次覆盖的元素上去, 也就是被 S_i 覆盖但未被 $S_1, S_2, \cdots, S_{i-1}$ 覆盖的元素上去。这样, 每个元素 $x \in U$ 都被赋以一个代价 $c(x)$, 并有 $c(U)=\sum_{x \in U}c(x)=|C|=h$。

让我们看一个例子。假设有 $F=\{S_1, S_2, S_3, S_4, S_5\}$, 其中, $S_1=\{a, b, c\}$, $S_2=\{a, d, e\}$, $S_3=\{b, e, f\}$, $S_4=\{c, d, g\}$, $S_5=\{a, d, f\}$。因此有 $U=\{a, b, c, d, e, f, g\}$。算法 Appr-Set-Cover 依次选取的集合以及各元素被赋以的代价如下:

第 1 次, 选 $S_1=\{a, b, c\}$, 覆盖的元素有代价 $c(a)=c(b)=c(c)=1/3$, U 更新为 $\{d, e, f, g\}$。

第 2 次, 选 $S_2=\{a, d, e\}$, 新覆盖的元素有代价 $c(d)=c(e)=1/2$, U 更新为 $\{f, g\}$。

第 3 次, 选 $S_3=\{b, e, f\}$, 新覆盖的元素有代价 $c(f)=1$, U 更新为 $\{g\}$。

第 4 次, 选 $S_4=\{c, d, g\}$, 新覆盖的元素有代价 $c(g)=1$, U 更新为 $\varnothing$, 算法结束。

算法对这个例子产生的覆盖是 $C=\{S_1, S_2, S_3, S_4\}$, $|C|=h=4$, 所有元素的代价和也是 4。

现在来分析最佳解 C^*。首先, 按上述办法给元素赋以代价后, 我们有如下关系:

$$\sum_{S \in C^*}\sum_{x \in S}c(x) \geqslant \sum_{x \in U}c(x)=c(U)=|C|=h_\circ \tag{15.1}$$

这是因为 C^* 覆盖 U 中每一个元素 x, 而某些元素也许会被 C^* 中一个以上的集合所覆盖。例如, 在上面例子中, 因为一共有 7 个元素, 任何覆盖至少需要 3 个集合。显然, $C^*=\{S_2, S_3, S_4\}$ 是一个最佳解, 其中, 元素 e 就被覆盖 2 次。所以, 这些元素的代价在式 (15.1) 的左边求和中会被计算好几次, 从而使代价和大于等于 h。实际上, 在这个例子中,

我们有：

$$\sum_{S \in C^*} \sum_{x \in S} c(x) = c(S_2) + c(S_3) + c(S_4)$$

$$= [c(a) + c(d) + c(e)] + [c(b) + c(e) + c(f)] + [c(c) + c(d) + c(g)]$$

$$= (1/3 + 1/2 + 1/2) + (1/3 + 1/2 + 1) + (1/3 + 1/2 + 1)$$

$$= 5 > 4$$

现在，我们估计一下，在不等式（15.1）中 $\sum c(x)$ 的值。这里，S 可以是 C^* 中任意一个集合。如果能证明 $\sum_{x \in S} c(x) \leq H(k)$，那么就有 $|C| \leq \sum_{S \in C^*} \sum_{x \in S} c(x) \leq |C^*| \times H(k)$，从而有 $|C|/|C^*| \leq H(k)$。下面证明这个不等式。

我们定义一个集合序列，$P_0 = S$，$P_1 = S - S_1$，$P_2 = S - (S_1 \cup S_2)$，$\cdots$，$P_h = S - (S_1 \cup S_2 \cup \cdots \cup S_h)$。显然，集合 P_i（$1 \leq i \leq h$）中的元素是 S 中还没有被 $S_1 \cup S_2 \cup \cdots \cup S_i$ 所覆盖的元素，$P_i = S - (S_1 \cup S_2 \cup \cdots \cup S_i)$。注意，这里的 S 是最优解 C^* 中的一个集合，而 S_1，S_2，$\cdots$，S_i 是我们的算法所选取的集合。记 $u_i = |P_i|$，即集合 P_i 中的元素个数。我们有 $u_{i-1} \geq u_i$ 和 $u_h = 0$，这是因为算法每选一个集合 S_i 只会减少 S 中未被覆盖的元素。因此有 $u_0 \geq u_1 \geq u_2 \geq \cdots \geq u_h = 0$。

集合 S 中元素也许在 S_h 之前已被全部覆盖，但不失一般性，可假设 u_h 是序列中第一个 0。另外，从算法选取 S_i 的原则看，集合 $Q_i = S_i - (S_1 \cup S_2 \cup \cdots \cup S_{i-1})$ 中元素的个数要比 $P_{i-1} = S - (S_1 \cup S_2 \cup \cdots \cup S_{i-1})$ 多，这是因为选 S_i 时，$U = \{a_1, a_2, \cdots, a_m\} - (S_1 \cup S_2 \cup \cdots \cup S_{i-1})$，$Q_i = U \cap S_i$，而 $P_{i-1} = U \cap S$。也就是说，集合 U 是还未被 $(S_1 \cup S_2 \cup \cdots \cup S_{i-1})$ 覆盖的元素集合，Q_i 是 S_i 能新覆盖的元素集合，P_{i-1} 是 S 能新覆盖的元素集合。算法选取 S_i 是因为 $|Q_i| \geq |P_{i-1}|$。所以我们有关系 $u_{i-1} \leq |Q_i|$。我们进一步看到，$P_{i-1} - P_i$ 是 S 中被 S_i 所覆盖的新的元素（$1 \leq i \leq h$），所以 $P_{i-1} - P_i \subseteq Q_i$，$|P_{i-1} - P_i| = u_{i-1} - u_i$，而且它的每个元素有代价 $1/|Q_i|$。

因为 $S = (P_0 - P_1) \cup (P_1 - P_2) \cup \cdots \cup (P_{h-1} - P_h)$，我们有

$$\sum_{x \in S} c(x) = \sum_{i=1}^{h} \sum_{x \in (P_{i-1} - P_i)} c(x)$$

$$= \sum_{i=1}^{h} \left[(u_{i-1} - u_i) \frac{1}{|Q_i|} \right]$$

$$\leq \sum_{i=1}^{h} \left[(u_{i-1} - u_i) \frac{1}{u_{i-1}} \right] \qquad (\text{因为 } u_{i-1} \leq |Q_i|)$$

$$= \sum_{i=1}^{h-1} \left[(u_{i-1} - u_i) \frac{1}{u_{i-1}} \right] + 1 \qquad (\text{因为最后一项 } u_h = 0)$$

$$= \sum_{i=1}^{h-1} \left[\left(\sum_{j=u_i+1}^{u_{i-1}} 1 \right) \frac{1}{u_{i-1}} \right] + 1$$

$$\leq \sum_{i=1}^{h-1} \left[\sum_{j=u_i+1}^{u_{i-1}} \frac{1}{j} \right] + 1 \qquad (\text{因为 } j \leq u_{i-1})$$

$$= \sum_{i=1}^{h-1} \left(\sum_{j=1}^{u_{i-1}} \frac{1}{j} - \sum_{j=1}^{u_i} \frac{1}{j} \right) + 1$$

$$= \sum_{i=1}^{h-1} \left(H(u_{i-1}) - H(u_i) \right) + 1$$

$$= H(u_0) - H(u_{h-1}) + 1$$

$$\leqslant H(u_0)$$

$$= H(|S|)$$

$$\leqslant H(k)$$

因此，我们得到不等式 $\sum_{x \in S} c(x) \leqslant H(k)$。

从式 (15.1) 可得到 $|C| \leqslant \sum_{S \in C^*} \sum_{x \in S} c(x) \leqslant |C^*| \times H(k)$，从而有 $|C|/|C^*| \leqslant H(k)$。所以，算法 Appr-Set-Cover 有近似度 $\rho(n) = H(k)$。 ■

推论 15.5 假设 F 是一个有 n 个不同集合的家族，U 是所有元素的集合，那么算法 Appr-Set-Cover 的近似度的一个上界是 $\ln|U|+1$。另外，当 $k=1$，即每个集合正好含有一个元素时，算法输出一个最佳解。

证明： 假设 F 中最大集合有 k 个元素，即 $\max\{|S| \mid S \in F\} = k$。因为 $U = \bigcup_{1 \leqslant i \leqslant n} S_i$，显然有 $k \leqslant |U|$。根据定理 15.4，算法 Appr-Set-Cover 有近似度 $\rho(n) = H(k)$。由 2.2.3 节可知，第 k 个调和数满足关系 $H(k) \leqslant \ln k + 1$，故 $\rho(n) = H(k) \leqslant \ln|U| + 1$。另外，当 $k=1$ 时，因为有 $|C|/|C^*| \leqslant H(k) = H(1) = 1$，所以必定有 $|C| \leqslant |C^*|$，算法输出的 C 也是最佳解。 ■

15.5 MAX-3-SAT 问题

这一节我们通过对 MAX-3-SAT 问题的讨论来介绍用随机化方法设计的近似算法。

定义 15.6 如果一个算法的表现 (behavior)，包括输出的结果和计算复杂度，不仅仅取决于问题实例的输入数据，还取决于算法中使用的随机数产生器所产生的随机数的值，那么这个算法称为随机化的算法 (randomized algorithm)，或随机算法。

定义 15.7 一个问题的随机算法被称为有 $\rho(n)$- 随机近似度的算法，如果对任意一个规模为 n 的实例的输入，它输出的解的目标值的期望 C 与最佳解的目标值 C^* 的比满足关系 $\max\left(\dfrac{C}{C^*}, \dfrac{C^*}{C}\right) \leqslant \rho(n)$。

当然，随机算法是一种近似算法，它不保证给出最佳解。这一节讨论的 MAX-3-SAT 问题是对应于 3-SAT 的一个优化型问题。

定义 15.8 MAX-3-SAT 问题是，设计一个算法，它能为任何一个 3-CNF 表达式 Φ，找出表达式中变量的一组赋值，使得最多的子句可得到满足。

显然，当要求变量的一组赋值使得所有子句都得到满足时，MAX-3-SAT 问题就是 3-SAT 问题。所以，MAX-3-SAT 问题可看作对应于 3-SAT 的一个优化型问题。下面我们给出一个非常简单的随机算法来解这个 MAX-3-SAT 问题。我们假定表达式 Φ 含有 n 个变量 $x_1, x_2, \cdots, x_n$。我们还假定每个变量 $x_i(1 \leqslant i \leqslant n)$ 和它的非 $\neg x_i$ 不同时出现在一个子句中，因为这样的子句可被任何一组赋值满足，所以不需要考虑。算法如下：

```
Randomized-MAX-3-SAT(Φ)
1  for i ← 1 to n
2      v ← random number (0 or 1) // 产生 0 或 1 的随机数，各占 50% 概率
3      if v = 1
4          then x_i ← 1
```

```
5                    ¬x_i ← 0
6            else x_i ← 0
7                    ¬x_i ← 1
8        endif
9    endfor
10 End
```

显然，上面的随机算法 Randomized-MAX-3-SAT 是个多项式算法。下面的定理证明，它有很好的随机近似度。

定理 15.6 假设 Φ 是一个有 n 个变量和 m 个子句的 3-CNF 表达式，算法 Randomized-MAX-3-SAT 中随机数 0 和 1 的产生各有 1/2 的概率，那么，该算法的随机近似度是 $\rho(n, m) = 8/7$。

证明： 假设 Φ 的 n 个变量是 x_1, x_2, $\cdots$, x_n, m 个子句是 C_1, C_2, $\cdots$, C_m。我们为每个子句定义一个取值为 0 或 1 的随机变量 $y_j (1 \leqslant j \leqslant m)$ 如下：

$$y_j = \begin{cases} 1 & C_j \text{被满足} \\ 0 & C_j \text{不被满足} \end{cases}$$

我们假定子句 $C_j (1 \leqslant j \leqslant m)$ 中 3 个文字的取值是互相独立的，所以有：

$$\text{Prob}[C_j \text{被满足}] = 1 - \text{Prob}[C_j \text{不被满足}]$$
$$= 1 - \text{Prob}[C_j \text{中 3 个文字都被赋值为 0}]$$
$$= 1 - (1/2)(1/2)(1/2)$$
$$= 7/8$$

所以 y_j 的期望值是 $E[y_j] = 7/8$。

设随机变量 Y 是被满足的子句个数，$Y = y_1 + y_2 + \cdots + y_m$，那么它的期望是：

$$C = E[Y] = E\left[\sum_{j=1}^{m} y_j\right] = \sum_{j=1}^{m} E[y_j] = 7m/8$$

因为最佳解能满足的子句数 C^* 最多是 m，$C^* \leqslant m$，所以有随机近似度 $\rho(n, m) = C^*/C \leqslant 8/7$。∎

15.6 加权的顶点覆盖问题

这一节通过对加权的顶点覆盖问题的讨论来介绍用线性规划的方法找近似解。本书没有讨论线性规划，但它的概念一看就懂。这里不需要知道如何解一个线性规划，只要把它当成一个已知子程序即可。感兴趣的读者可以很容易找到参考资料来学习。

定义 15.9 假设图 $G(V, E)$ 中每个顶点 $v \in V$ 有权值 $w(v)$。图 G 的一个顶点覆盖 C 的权值定义为 C 中所有顶点权值之和，即 $w(C) = \sum_{v \in C} w(v)$。最小权值的顶点覆盖问题就是找出图中一个顶点覆盖 C 使 $w(C)$ 最小。

显然，最小权值的顶点覆盖问题是顶点覆盖问题的一个推广。下面介绍用线性规划的方法找它的近似解。我们给每个顶点 $v \in V$ 赋予一个值 $x(v)$，它等于 0 或 1。$x(v) = 1$ 表示 v 被选入顶点覆盖，而 $x(v) = 0$ 表示 v 没有被选入。为了覆盖每条边 (u, v)，我们必须有 $x(u) = 1$ 或者 $x(v) = 1$，也就是说 $x(u) + x(v) \geqslant 1$。因此，最小权值的顶点覆盖问题等价于解下面的 0-1 整数规划问题。

```
Minimize ∑ w(v)x(v)       // 在满足下面的约束条件下，求得这个和式的最小值
         v∈V
Subject to
         x(u)+x(v)≥1      for each (u,v)∈E
         x(v)∈{0,1}       for each v∈V
```

但是，因为 0-1 整数规划问题是 NPC 问题，所以我们把它变为一个实数型的线性规划问题。这个方法称为**线性规划松弛法** (linear programming relaxation)。例如，上面的整数规划问题就变成了下面的样子。

```
Minimize ∑ w(v)x(v)
         v∈V
Subject to
         x(u)+x(v)≥1      for each (u,v)∈E
         x(v)≤1           for each v∈V
           x(v)≥0         for each v∈V
```

显然，任一个 0-1 整数规划问题的可行解 (包括最佳解) 也是变化后的线性规划的一个可行解。这里，可行解是指满足约束条件的解。所以变化后的实数型的线性规划的最佳解的目标值一定不会大于 0-1 整数规划的最佳解的目标值，因此是 0-1 整数规划的最佳解的一个下界。下面算法显示如何用变化后的线性规划的一个最佳解来得出原问题的一个近似解。

```
Approx-Min-Weight-VC(G)
1  C←∅                               // 顶点覆盖初始为空
2  求出上述线性规划的最佳解 x(v)        // x(v) 表示向量 (x(v₁),x(v₂),⋯,x(vₙ))
3  for each v∈V
4      if x(v)≥1/2
5          then C ← C∪{v}
6      endif
7  endfor
8  return C
9  End
```

因为 $x(v)$ 是线性规划的解，对每条边 $(u, v) \in E$ 我们有 $x(u)+x(v) \geq 1$，所以要么有 $x(u) \geq 1/2$ 要么有 $x(v) \geq 1/2$，从而 u 和 v 中至少有一个会被算法 Approx-Min-Weight-VC 选入 C 中。所以 C 是一个顶点覆盖。下面证明这个近似解有近似度 2。

定理 15.7 算法 Approx-Min-Weight-VC 是一个近似度为 2 的最小权值的顶点覆盖问题的多项式算法。

证明：假设 C^* 是图 G 的一个有最小权值的顶点覆盖，也就是最佳解，其权值为 $w(C^*)$。设 C 是算法 Approx-Min-Weight-VC 产生的顶点覆盖，其权值为 $w(C)$。为了得到 $w(C^*)$ 和 $w(C)$ 之间的关系，我们讨论一下它们和线性规划解之间的关系。假设 $w(V)$ 是线性规划解 $x(v)$ 的目标值，即 $w(V)=\sum_{v\in V}w(v)x(v)$，并且 $x(v)$ 满足线性规划的约束条件。如果我们用 $x(v)=1$ 表示 v 被选入顶点覆盖，用 $x(v)=0$ 表示 v 没有被选入，那么最佳解 C^* 也是线性规划的一个可行解。但是最佳解的权值 $w(C^*)$ 不一定最小，所以有 $w(V) \leq w(C^*)$。下面推导给出 $w(V)$ 与 $w(C)$ 之间关系。

$$w(V)=\sum_{v\in V}w(v)x(v)$$

$$\geqslant \sum_{v\in V,\, x(v)\geqslant \frac{1}{2}} w(v)x(v)$$

$$\geqslant \sum_{v\in C} w(v)\times\frac{1}{2}$$

$$=\frac{1}{2}w(C)$$

所以，我们有 $w(C)\leqslant 2w(V)\leqslant 2w(C^*)$，从而得 $w(C)/w(C^*)\leqslant 2$。因为线性规划有多项式算法，算法 Approx-Min-Weight-VC 是一个近似度为 2 的多项式近似算法。∎

15.7　子集和问题

给定一个有 n 个正整数的集合 $S=\{x_1, x_2, \cdots, x_n\}$ 和另外一个称为目标值 t 的正整数，我们希望找出 S 的一个子集 $A\subseteq S$ 使 A 中的整数之和正好等于 t。这就是著名的子集和（subset-sum）问题。上一章已经证明了，子集和问题是一个 NPC 问题。这一节我们讨论它的近似解，并通过它进一步理解近似机制和完全多项式近似机制的概念和设计方法。子集和问题是判断型问题，我们先定义一个与之关联的优化型问题。

定义 15.10　优化型子集和问题定义如下：给定一个有 n 个正整数的集合 $S=\{x_1, x_2, \cdots, x_n\}$ 和另外一个正整数 t，找出 S 的一个子集 $A\subseteq S$ 使得 A 中的整数之和 $a=\sum_{x\in A}x$ 不超过 t 且与 t 的差最小。也就是说，子集 A 满足 $a\leqslant t$ 而且 $(t-a)$ 最小。

显然，当我们要求 $(t-a)=0$ 时，这个优化型问题变为判断型问题。当然，我们也可以对称地定义一个优化型问题，它要求子集和不小于 t。我们把这种定义留给读者去探讨。

15.7.1　一个保证最优解的指数型算法

我们知道，如果一个算法有指数型复杂度，基本上是没有用的。这里，我们的目的是从一个可产生最优解的指数型算法开始，逐步把它变为一个多项式算法。在变化过程中，算法的复杂度在降低，但相应产生的解也逐渐远离最优解。同时，我们找出解的近似度和它的复杂度之间的关系。设 $S=\{x_1, x_2, \cdots, x_n\}$，这个指数型算法的思路就是穷举法，它遍历所有可能的子集及其子集和。从空子集开始，先检查 $\{x_1\}$ 的子集，然后遍历所有 $\{x_1, x_2\}$ 的子集，再遍历所有 $\{x_1, x_2, x_3\}$ 的子集，等等，直至遍历所有 $\{x_1, x_2, \cdots, x_n\}$ 的子集。

为了简化记号，下述算法中，如果 S 表示一组整数的集合，而 x 是任意的一个正整数，那么我们用 $S+x$ 表示把 S 中每个数字加上 x 后的集合，即 $S+x=\{s+x\mid s\in S\}$。另外，为了突出思路，下面的算法只给出子集和的值，而不记录子集中具体是哪几个数。要想把对应的子集中的具体数字记下来并不难，也不增加复杂度，但不利于算法表述的清晰性。当需要实现算法时，读者可自己插入这一工作。在后面的例子中，我们会介绍如何记录具体数字的方法。算法在遍历子集的过程中，如发现有子集和大于目标值 t，那么该子集被丢弃。下面是这个指数型算法：

```
Exact-Subset-Sum(S, t)          //S={x₁,x₂,⋯,xₙ}
1  n ← |S|
2  L₀ ← {0}                     // 初始时，集合 L₀ 只含一个子集，即空集，其和为 0
3  for i ← 1 to n               // 计算集合 {x₁,x₂,⋯,xᵢ} 的所有子集
```

```
4        L_i ← L_{i-1} ∪ (L_{i-1}+x_i)    //L_i 包含所有不同的子集和，删除重复的子集和
5        剔除 L_i 中所有大于 t 的数字        // 大于 t 的子集和不可能是解
6  endfor
7  return L_n 中最大数
8  End
```

用归纳法很容易证明集合 L_i $(1 \leqslant i \leqslant n)$ 中包含了由 S 中前 i 个数字，即 $\{x_1, x_2, \cdots, x_i\}$，所组成的其和不大于 t 的所有子集和。当 L_n 产生时，所有可能的子集和都已检查过并且不大于 t 的那些子集和都收集在 L_n 中。所以 L_n 中最大的值必定是最优解。因为最坏情况时，集合 L_{i+1} 含的数字的个数可能是 L_i 的两倍，所以这是一个指数型算法。下面看一个例子。

【例 15-3】 设 $S=\{1, 4, 5, 7\}$ 和 $t=14$。演示算法 Exact-Subset-Sum 逐步产生的集合 L_i $(1 \leqslant i \leqslant 4)$，并找出最佳解。

解： 我们在集合 L_i 中每个数字 x 后面加上符号 + 或者 -。$x+$ 表示这个数 x 是由 L_{i-1} 中某个数，也就是某个子集和，加上 x_i 所得到的；而 $x-$ 表示这个数 x 是原 L_{i-1} 中的一个数。这样做便于我们从一个子集和 x 中找出其对应的子集中的元素。下面是算法逐步产生的集合 L_i $(1 \leqslant i \leqslant 4)$。

```
1  L_0 ← {0}
2  L_1 ← {0-, 1+}                          (+ 表示该数字含 x_1=1)
3  L_2 ← {0-, 1-, 4+, 5+}                   (4+ 和 5+ 表示该数字含 x_2=4, )
4  L_3 ← {0-, 1-, 4-, 5-, 6+, 9+, 10+}      (+ 表示该数字含 x_3=5, 另外, 5+ 重复, 删去 )
5  L_4 ← {0-, 1-, 4-, 5-, 6-, 9-, 10-, 7+, 8+, 11+, 12+, 13+}    (16+, 17+ 大于 14, 删去 )
```

因此，13 是最佳子集和。根据 +、- 号，我们可以把对应子集找到：

从 13+ 知该子集含 $x_4=7$。

从 13 中减去 7 后得 6，必是 L_3 中的一个数（算法实现时可用指针）。

因为 6 在 L_3 中是 6+，因此该子集含 $x_3=5$。

从 6 中减去 5 后得 1，必是 L_2 中的一个数。

因为 1 在 L_2 中是 1-，因此该子集不含 x_2。到 L_1 中找 1。

因为 1 在 L_1 中是 1+，因此该子集含 $x_1=1$。

从 1 中减去 1 后得 0，搜索结束，最佳解是子集 $\{1, 5, 7\}$。

15.7.2　子集和问题的一个完全多项式近似机制

从上节指数型算法可见，最坏情况时，集合 L_{i+1} 含的数字的个数可能是 L_i 的两倍，所以 L_n 可能含 2^n 个数。改进算法复杂度的主要思路是简化每次产生的集合 L_i。如果 L_i 中两个数字很接近，我们不妨去掉一个。这可能会影响解的近似度，但可以让它在可控范围内。具体来说，我们用一个参数 δ 来控制，$0<\delta<1$。假设数字序列 L 含排好序的 m 个数字，$y_1 \leqslant y_2 \leqslant \cdots \leqslant y_m$。我们从左到右逐个检查。第一个数保留，从第二个数开始，遵循以下规则：设当前保留的最大数是 x，而下一个要检查的数是 y，那么如果 $y \leqslant (1+\delta)x$，则删除 y，否则保留 y。我们称参数 δ 为**修整参数** (trimming parameter)，并称 y 被 x 所修整。下面看一个例子。

【例 15-4】 用修整参数 $\delta=0.1$ 修整集合 $L=\{10, 11, 12, 15, 20, 21, 22, 23, 24, 29\}$。

解： 保留数字 10 后，逐个检查数字，$(1+\delta)=1.1$。

因为 $11 \leqslant 1.1 \times 10$，删除 11。因为 $12 > 1.1 \times 10$，保留 12。因为 $15 > 1.1 \times 12$，保留 15。

因为 $20 > 1.1 \times 15$，保留 20。因为 $21 < 1.1 \times 20$，删除 21。因为 $22 \leqslant 1.1 \times 20$，删除 22。因为 $23 > 1.1 \times 20$，保留 23。因为 $24 < 1.1 \times 23$，删除 24。因为 $29 > 1.1 \times 23$，保留 29。删除后集合为 $L' = \{10, 12, 15, 20, 23, 29\}$。

给定一个从小到大排好序的数字序列 $L = \{y_1, y_2, \cdots, y_m\}$，用修整参数 δ 对 L 进行修整的过程可用下面的伪码实现。

```
Trim(L, δ)
1  m ← |L|
2  L' ← {y₁}                    // 始终保留 y₁
3  last ← y₁                    // 扫描到目前为止，最后一个被保留的数字
4  for i ← 2 to m
5      if yᵢ > last × (1+δ)
6          then L' ← L' ∪ {yᵢ}      // 把 yᵢ 加到 L' 中，放在最后
7              last ← yᵢ
8      endif
9  endfor
10 return L'
11 End
```

显然，$\text{Trim}(L, \delta)$ 的复杂度与序列的长度 $|L|$ 成正比。下面的算法从指数型算法演变而来，它给出子集和问题的近似解并有近似度 $(1+\varepsilon)$，这里，ε 是一个可变参数，满足 $0 < \varepsilon < 1$。

```
Approx-Subset-Sum(S, t, ε)
1  n ← |S|
2  L₀ ← {0}
3  for i ← 1 to n
4      Lᵢ ← Lᵢ₋₁ ∪ (Lᵢ₋₁ + xᵢ)    // 需要删除重复的子集和
5      把 Lᵢ 中子集和排序              // 第 4 行和第 5 行可用合并算法同时完成
6      Lᵢ ← Trim(Lᵢ, ε/2n)
7      删除 Lᵢ 中大于 t 的子集和
8  endfor
9  return Lₙ 中最大数 z*
10 End
```

下面证明算法 Approx-Subset-Sum 是一个完全多项式近似机制。我们定义 $P_0 = \{0\}$，$P_i = P_{i-1} \cup (P_{i-1} + x)$ $(1 \leqslant i \leqslant n)$。注意，$P_i$ 和 L_i 的区别是前者不做任何修整和精简，即使数字大于 t。$P_i (1 \leqslant i \leqslant n)$ 中包含了由 S 中前 i 个数字，即 $\{x_1, x_2, \cdots, x_i\}$ 所能组成的所有的子集的和。显然 L_i 是 P_i 的子集。先证明一个引理。这个引理说明，任何一个 P_i 中的数，只要不大于 t，都可以在 L_i 中有一个数与它很接近。

引理 15.8　$P_i (1 \leqslant i \leqslant n)$ 中任何一个数 y，只要有 $y \leqslant t$，我们都可以在 L_i 中找到一个数 $z \in L_i$ 使得关系式 $\dfrac{y}{(1+\varepsilon/2n)^i} \leqslant z \leqslant y$ 成立。

证明：我们对 $i (1 \leqslant i \leqslant n)$ 进行归纳证明。

归纳基础：

当 $i = 1$ 时，在修剪前，$L_1 = P_1 = \{0, x_1\}$。显然，如果 $x_1 \in P_1$ 并有 $x_1 \leqslant t$，那么必然也有 $x_1 \in L_1$（不被修剪）。所以，当 $i = 1$ 时，引理正确。

归纳步骤：

假设当 $i=k$ 时 $(1 \leqslant k \leqslant n-1)$，引理正确，即对 P_k 中任何一个数 y，只要有 $y \leqslant t$，我们都可以在 L_k 中找到一个数 $z \in L_k$ 使得 $\dfrac{y}{(1+\varepsilon/2n)^k} \leqslant z \leqslant y$。现在证明这个论断对 $i=k+1$ 也成立。假设 $y \in P_{k+1}$ 并有 $y \leqslant t$，那么，因为 $P_{k+1}=P_k \cup (P_k+x_{k+1})$，必有 $y \in P_k$ 或者 $y \in P_k+x_{k+1}$。我们分别讨论这两种情况。

1）假设 $y \in P_k$。由归纳假设，我们可以找到数 $z \in L_k$ 使得 $\dfrac{y}{(1+\varepsilon/2n)^k} \leqslant z \leqslant y$。如果数 z 被保留在 L_{k+1} 中，则归纳成功，这是因为有 $\dfrac{y}{(1+\varepsilon/2n)^{k+1}} < \dfrac{y}{(1+\varepsilon/2n)^k} \leqslant z \leqslant y$。如果 z 被修整而未保留在 L_{k+1} 中，那么 z 一定被 L_k+x_{k+1} 中一个数 w 所修整，使得 $\dfrac{z}{(1+\varepsilon/2n)} \leqslant w \leqslant z$，并且 w 被保留在 L_{k+1} 中。这样，由归纳假设，$\dfrac{y}{(1+\varepsilon/2n)^k} \leqslant z \leqslant y$，我们有 $\dfrac{y}{(1+\varepsilon/2n)^{k+1}} \leqslant \dfrac{z}{(1+\varepsilon/2n)} \leqslant w \leqslant z \leqslant y$。也就是说，$L_{k+1}$ 中可找到一个数 w 使得 $\dfrac{y}{(1+\varepsilon/2n)^{k+1}} \leqslant w \leqslant y$，归纳成功。

2）假设 $y \in P_k+x_{k+1}$，$y=p_k+x_{k+1}$，其中 $p_k \in P_k$。由归纳假设，存在一个 $z \in L_k$ 使得 $\dfrac{p_k}{(1+\varepsilon/2n)^k} \leqslant z \leqslant p_k$。因此有 $\dfrac{p_k+x_{k+1}}{(1+\varepsilon/2n)^k} < \dfrac{p_k}{(1+\varepsilon/2n)^k}+x_{k+1} \leqslant z+x_{k+1} \leqslant p_k+x_{k+1}$，也就是 $\dfrac{y}{(1+\varepsilon/2n)^k} < u \leqslant y$，这里整数 $u=z+x_{k+1} \in L_k+x_{k+1}$。如果 u 被保留在 L_{k+1} 中，那么显然归纳成功，否则 u 被 L_{k+1} 中的一个数 w 所修整并有 $\dfrac{u}{(1+\varepsilon/2n)} \leqslant w \leqslant u$。这样，我们有 $\dfrac{y}{(1+\varepsilon/2n)^{k+1}} \leqslant \dfrac{u}{(1+\varepsilon/2n)} \leqslant w \leqslant u \leqslant y$。也就是 $\dfrac{y}{(1+\varepsilon/2n)^{k+1}} \leqslant w \leqslant y$，归纳成功。∎

定理 15.9 算法 Approx-Subset-Sum 是一个完全多项式近似机制。

证明： 显然，最佳解在集合 P_n 中。假设 $y^* \in P_n$ 是最佳解，而算法 Approx-Subset-Sum 产生的解是 z^*，$z^* \leqslant y^*$。我们证明 $y^*/z^* \leqslant 1+\varepsilon$，并且时间复杂度是 $1/\varepsilon$ 和 n 的多项式函数。

从引理 15.8 可知，L_n 中存在一个数 z 使得 $\dfrac{y^*}{(1+\varepsilon/2n)^n} \leqslant z \leqslant y^*$。因此有 $\dfrac{y^*}{z} \leqslant \left(1+\dfrac{\varepsilon}{2n}\right)^n$。又因为算法产生的解 z^* 是 L_n 中最大的，我们有以下推导：

$$
\begin{aligned}
\frac{y^*}{z^*} \leqslant \frac{y^*}{z} &\leqslant \left(1+\frac{\varepsilon}{2n}\right)^n \\
&= \sum_{k=0}^{n}\binom{n}{k}\left(\frac{\varepsilon}{2n}\right)^k \quad (\text{二项式展开}) \\
&\leqslant \sum_{k=0}^{n} n^k \left(\frac{\varepsilon}{2n}\right)^k \quad \left(\text{因为}\binom{n}{k} \leqslant n^k\right) \\
&= \sum_{k=0}^{n}\left(\frac{\varepsilon}{2}\right)^k \\
&< \sum_{k=0}^{\infty}\left(\frac{\varepsilon}{2}\right)^k
\end{aligned}
$$

$$= \frac{1}{1 - \varepsilon / 2}$$

$$= \frac{2}{2 - \varepsilon}$$

$$= 1 + \frac{\varepsilon}{2 - \varepsilon}$$

$$\leq 1 + \varepsilon$$

所以，算法近似度为 $1+\varepsilon$。现在看一下它的时间复杂度。我们注意到，在修整之后，序列 $L_i\,(1 \leq i \leq n)$ 中两个相邻数 $z < z'$ 有关系 $z'/z > 1 + \frac{\varepsilon}{2n}$。设序列 L_i 中有 k 个正整数，其中 $M\,(\leq t)$ 是最大的正整数，而 m 是最小的正整数。因为序列中第一个数是 0，那么必有以下关系：

$$M > \left(1 + \frac{\varepsilon}{2n}\right)^{k-2} \times m \geq \left(1 + \frac{\varepsilon}{2n}\right)^{k-2}$$

$$\ln M > (k-2) \ln\left(1 + \frac{\varepsilon}{2n}\right)$$

因为 $M \leq t$，所以有：

$$k \leq \frac{\ln t}{\ln\left(1 + \dfrac{\varepsilon}{2n}\right)} + 2$$

$$\leq \frac{\left(1 + \dfrac{\varepsilon}{2n}\right)\ln t}{\varepsilon / 2n} + 2 \quad (\text{因为 } \ln(1+x) \geq \frac{x}{1+x})$$

$$= (\frac{2n}{\varepsilon} + 1)\ln t + 2 \tag{15.2}$$

因为我们假设任何一个数可以放进一个存储单元，所以当 n 趋向无穷大时，$x_i < n$ $(1 \leq i \leq n)$ 是个合理的假设。对于整数 t 来说，也应该有 $t < n$。但是，即使 t 等于所有 n 个数的总和，当 n 趋向无穷大时，也不会大于 n^2。因此，当 n 趋向无穷大时，我们有 $\ln t < \ln n^2 = 2\ln n = O(\lg n)$。那么，由式（15.2），我们得到 $k = O(\frac{n}{\varepsilon}\lg n)$。

因为算法 Approx-Subset-Sum 循环 n 次，依次产生 L_1，L_2，$\cdots$，L_n，而每次循环的复杂度与 $L_i\,(1 \leq i \leq n)$ 的长度 k 成正比，所以算法 Approx-Subset-Sum 的复杂度是 $O(\frac{n^2}{\varepsilon}\lg n)$，它是输入规模 n 和 $1/\varepsilon$ 的多项式函数。因此，算法 Approx-Subset-Sum 是一个完全多项式近似机制。 ■

*15.8　鸿沟定理和不可近似性

我们从 15.3 节对货郎担问题的讨论发现一个有趣的现象，就是有些 NPC 的优化型问题可以找到有常数倍近似度的多项式算法，例如满足三角不等式的货郎担问题。但是，有些 NPC 的优化型问题却不存在有常数倍近似度的多项式算法，例如不满足三角不等式的货郎担问题。集合覆盖问题也没有常数倍近似度的多项式算法。那么有没有规律可循呢？下面要介绍的鸿沟定理 (gap theory) 可帮助我们做出判断。

15.8.1 鸿沟定理

我们注意到，NPC 的优化型问题有两类，一类是极小 (minimization) 问题，另一类是极大 (maximization) 问题。极小问题是希望目标值达到最小，而极大问题是希望目标值达到最大。例如，顶点覆盖问题是极小问题，而图的团的问题是极大问题。对这两类问题，鸿沟定理的描述不同，但是是对称的。

定理 15.10 （极小问题的鸿沟定理）假设问题 A 是已知的判断型 NP 难问题，而问题 B 是个极小问题。如果问题 A 的任一个实例 α 可在多项式时间内转化为问题 B 的一个实例 β，并且有：1) 实例 α 的解是 yes，记为 $A(\alpha)=1$，当且仅当实例 β 有解并且它的最小目标值 $w \leq W$，这里 W 可以是一个正常数，也可以是一个与 $n=|\beta|$ 有关的正函数；2) 实例 α 的解是 no，记为 $A(\alpha)=0$，当且仅当实例 β 有解并且它的最小目标值 $w \geq kW$，这里 $k>1$ 是一个正的常数；那么，只要 P $\neq$ NP，就不存在有近似度小于 k 的问题 B 的多项式近似算法。我们称这样的多项式转化为多项式鸿沟归约。

证明： 我们注意到，问题 B 的判断型问题可以这样描述：给定问题 B 的实例 β 和期待的目标值 W，判断 β 是否有目标值 $w \leq W$ 的解。如果存在定理中描述的多项式转化，那么这个转化满足的第 1 条已证明了问题 B 的这个判断型问题也是个 NP 难问题。现在，如果这个转化还满足第 2 条，那么，只要 P $\neq$ NP，就不存在有近似度小于 k 的，问题 B 的多项式算法。所以多项式鸿沟归约要比一般 NP 难问题的多项式归约要更强。

我们用反证法证明，只要 P $\neq$ NP，就不存在有近似度小于 k 的问题 B 的多项式算法。我们假设有近似度小于 k 的，问题 B 的多项式近似算法 B^*，它在多项式时间内对问题 B 的任一实例 β 进行运算后得到一个目标值为 Z 的解，并满足 $Z/w<k$，这里，w 是最佳解的目标值，即最小可能的目标值。我们证明这不可能，因为这意味着，我们可以得到问题 A 的多项式判定算法如下：

```
Algorithm-for-A(α)
1   对问题 A 的一个实例 α 进行多项式鸿沟归约，得到问题 B 的实例 β
2   用多项式近似算法 B* 对实例 β 进行运算后得到一个目标值为 Z 的解
3   如果 Z<kW，那么输出 A(α)=1(表示 yes)，否则 A(α)=0(表示 no)
4   End
```

这个判定算法是正确的，因为如果 $Z<kW$，那么实例 β 的最小目标值 w 满足关系 $w \leq Z < kW$，所以不可能有 $w \geq kW$。根据多项式鸿沟归约第 2 条，不可能有 $A(\alpha)=0$，所以必然有 $A(\alpha)=1$。反之，如果 $Z \geq kW$，那么，因为算法 B^* 的近似度小于 k，即实例 β 的最小目标值 w 满足关系 $Z/w<k$，也就是 $wk>Z$。因此有 $wk>Z \geq kW$，即 $w>W$。根据多项式鸿沟归约的第 1 条，不可能有 $A(\alpha)=1$，所以必定有 $A(\alpha)=0$。所以，上面的判定算法是正确的。这样一来，问题 A 便可以在多项式时间内被判定，与 P $\neq$ NP 矛盾，定理得证。∎

显然，如果在定理中把第 2 条中的 $w \geq kW$ 改为 $w>kW$，那么只要 P $\neq$ NP，就不存在有近似度小于或等于 k 的问题 B 的多项式近似算法。我们在 15.3.2 节中正是用的这个鸿沟定理证明了不满足三角不等式的货郎担问题没有常数倍的近似度。对于极大化问题，我们可对称地证明下面的定理。

定理 15.11 （极大问题的鸿沟定理）假设问题 A 是已知的判断型 NP 难问题，而问题 B 是极大问题。如果问题 A 的任一个实例 α 可在多项式时间内转化为问题 B 的一个实例 β，并且有：1）实例 α 的解是 yes 当且仅当实例 β 有解并且它的最大目标值 $w \geq W$，这里，W

可以是一个常数，也可以是一个与 $n=|\beta|$ 有关的正函数；2）实例 α 的解是 no 当且仅当实例 β 有解并且它的最大目标值 $w \leqslant W/k$，这里 $k>1$ 是一个正常数，那么，只要 P $\neq$ NP，就不存在有近似度小于 k 的问题 B 的多项式近似算法。

证明： 留给读者。　　　　　　　　　　　　　　　　　　　　　　　　　　　　■

需要注意的是，鸿沟定理中的 k 可以是一个输入规模 n 的单调递增函数，比如 $k=\ln n$，这时定理仍正确。这样的问题存在，但本书只讨论 k 是常数的情形。下面介绍一个例子。

15.8.2　任务均匀分配问题

设 $S=\{t_1, t_2, \cdots, t_n\}$ 是 n 个任务的集合，这里，t_k $(1 \leqslant k \leqslant n)$ 是个正整数，它既代表第 k 个任务，也代表该任务需要的工作量是 t_k 小时。现在有 m 个工人，而每个工人能够干的工作是这 n 个任务的一个子集，分别用 $S_1, S_2, \cdots, S_m$ 代表，$S_i \subseteq S$ $(1 \leqslant i \leqslant m)$。假设每个任务至少有一个工人会干，而每个工人也至少会干其中一个任务。现在，我们希望把这 n 个任务分配给这 m 个人干并使工作量尽量均匀，使得一个人能分配到的最多工作量越少越好。另外规定，一个任务只能让一个人完成，不可以分摊给多人完成。让我们称这个问题为**任务均匀分配问题**。所以，这个问题对应的判断型问题是，判断是否可以有一种分配使每个人的工作量都不超过给定值 W。

定理 15.12　任务均匀分配问题不存在小于 3/2 近似度的多项式算法，除非 P=NP。

证明： 我们以 $\varPhi=(x \vee \neg y \vee z) \wedge (\neg x \vee y \vee \neg z) \wedge (x \vee \neg y \vee \neg z)$ 为例解释如何把 3-SAT 问题的一个实例多项式鸿沟归约到这个任务均匀分配问题的一个实例。这个归约一共有三步。

第 1 步，为每个变量 x 构造一组任务和一组工人如下。假设 x 在 $\varPhi$ 中出现 k 次而 $\neg x$ 出现 l 次。不失一般性，设 $k \geqslant l$（否则，在以下步骤中，k 和 l 对换）。

（1.1）构造 k 个任务，$x_1, x_2, \cdots, x_k$，每个工作量为 1，分别对应 x 的 k 次出现。

（1.2）再构造 k 个任务，$\neg x_1, \neg x_2, \cdots, \neg x_k$，每个工作量为 2，其中前 l 个任务分别对应 $\neg x$ 的 l 次出现。

（1.3）构造 k 个工人，$a_{x_1}, a_{x_2}, \cdots, a_{x_k}$，其中 a_{x_i} 可以胜任工作 x_i 和 $\neg x_i$ $(1 \leqslant i \leqslant k)$。可认为这 k 个工人分别对应 x 的 k 次出现。

（1.4）再构造 k 个工人，$b_{x_1}, b_{x_2}, \cdots, b_{x_k}$，其中 b_{x_i} 可以胜任工作 $\neg x_i$ 和 x_{i+1} $(1 \leqslant i \leqslant k-1)$，而 b_{x_k} 可以胜任工作 $\neg x_k$ 和 x_1。其中前 l 个工人分别对应 $\neg x$ 的 l 次出现。

图 15-3 用二部图显示了对例子中变量 x, y, z 所分别构造的任务和工人，其中连接工人 u 和任务 v 的边 (u, v) 表示工人 u 可以承担任务 v。另外，图中表示任务 v 的顶点旁边标记了它的工作量。

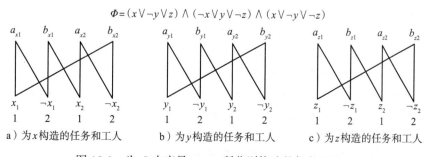

$$\varPhi=(x \vee \neg y \vee z) \wedge (\neg x \vee y \vee \neg z) \wedge (x \vee \neg y \vee \neg z)$$

a）为 x 构造的任务和工人　　b）为 y 构造的任务和工人　　c）为 z 构造的任务和工人

图 15-3　为 $\varPhi$ 中变量 x, y, z 所分别构造的任务和工人

第 2 步，设 $W=2$，也就是说，希望每人的工作量不超过 2。

第 3 步，为每个子句 C 构造一个任务 C，工作量是 1。另外，能完成任务 C 的工人有 3 个，是对应于子句 C 中 3 个文字的工人。如果在图 15-3 所示的二部图中再加入顶点 C 以及连接 C 和表示这三个工人的顶点的边，那么这个二部图就完整地描述了这个任务分配问题。图 15-4 给出了对应于上述例子所构造的二部图。

显然，以上的构造算法只需要多项式时间。

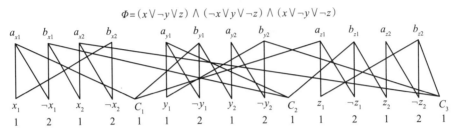

$$\Phi = (x \vee \neg y \vee z) \wedge (\neg x \vee y \vee \neg z) \wedge (x \vee \neg y \vee \neg z)$$

图 15-4　用二部图表示的构造好的任务分配问题

现在我们证明以下命题：

1）这个 3-SAT 的实例 Φ 可被满足当且仅当所构造的任务可分配给这些工人，使每人工作量不超过 2，即最小目标值 $w \leqslant W = 2$。

2）这个 3-SAT 的实例 Φ 不可被满足当且仅当无论怎样分配构造的任务，至少有一人工作量大于等于 3，即最小目标值 $w \geqslant 3 = \frac{3}{2} W$。

我们先证明第一个命题。证明包含两部分。

第一部分　假设这个 3-SAT 的实例可被满足。我们可以这样分配任务：如果变量 $x=1$，那么把任务 x_i 分配给 a_{x_i}，把任务 $\neg x_i$ 分配给 b_{x_i}（$1 \leqslant i \leqslant k$）。每个 a 的工作量是 1，而每个 b 的工作量是 2（$1 \leqslant i \leqslant k$）。反之，如果变量 $x=0$（$\neg x=1$），那么把任务 $\neg x_i$ 分配给 a_{x_i}，把任务 x_{i+1} 分配给 b_{x_i}（$1 \leqslant i \leqslant k-1$），最后把任务 x_1 分配给 b_{x_k}。这时，每个 a_{x_i} 的工作量是 2，而每个 b_{x_i} 的工作量是 1。总之，文字（变量或它的非）在表达式 Φ 中赋值为 1 时，它对应的工人的工作量为 1。另外，因为每一子句 C 中至少有一文字赋值为 1，可把任务 C 分配给对应这一文字的工人，使其总工作量为 2。因此，所有任务可分配完毕使得每人的工作量不超过 2。

第二部分　现在假设构造的任务可分配完毕使得每人的工作量不超过 2，我们证明原 3-SAT 实例 Φ 可满足。因为每人的工作量不超过 2，所以在为变量 x 构造的 $2k$ 个工人中，必须每人正好得到一个任务，这相当于图 15-3 中二部图的一个完美匹配。而且，从图 15-3 看出，只有两种完美匹配，要么每个 a_{x_i} 的工作量是 1（不包括任何子句 C 对应的工作量），而每个 b_{x_i} 的工作量是 2（$1 \leqslant i \leqslant k$），或相反。如果是前一种情况，每个 a_{x_i} 的工作量是 1（不包括任何子句 C 对应的工作量），我们可以赋值 $x=1$，$\neg x=0$。否则，每个 b_{x_i} 的工作量是 1（不包括任何子句 C 对应的工作量），我们可以赋值 $x=0$，$\neg x=1$。这个赋值可满足这个 3-SAT 实例，这是因为每个子句 C 对应的任务一定分配给了一个工人，他对应的文字一定被赋值为 1（不包括任何子句 C 对应的工作量），否则这个工人已有一个工作量为 2 的任务，不可能再接受任务 C。也就是说，子句 C 可被这个赋值所满足。

现在证明第二个命题。如果这个 3-SAT 的实例不可被满足，由上面证明可知，任何一种任务的分配中都会有至少一个工人的工作量超过 2，因为工作量只能是整数，这个工人的工作量至少为 3。反之，如果任何一种任务的分配中都会有至少一个工人的工作量至少为 3，那么由第一个命题的证明可知，这个 3-SAT 的实例不可被满足。

以上证明了，3-SAT 问题可以多项式鸿沟归约到这个任务均匀分配问题。根据定理 15.10，这个任务均匀分配问题不存在小于 3/2 近似度的多项式算法，除非 P=NP。 ∎

习题

1. 找出一类图的例子说明近似算法 Approx-Vertex-Cover 始终得不到它的最佳解。

2. 证明算法 Approx-Vertex-Cover 选出的边的集合是一个局部最大 (maximal) 匹配。局部最大是指不能再加一条边到这个集合中而仍能形成匹配。

3. 在证明图的顶点覆盖问题是 NPC 问题时，我们把 clique 问题归约到图的顶点覆盖问题，并证明图 $G(V, E)$ 有一个 k-clique 当且仅当其补图 $\bar{G}$ 有一个 $(n-k)$ 的顶点覆盖，这里 $n=|V|$。顶点覆盖问题有近似度为 2 的多项式算法，那么，是否可以利用这个关系，使得 clique 问题也有近似度为常数的多项式算法呢？

4. 某教授提出了下面这个求顶点覆盖的启发式算法：找到图中一个有最大度数 (degree) 的顶点，把这个点选入顶点覆盖，然后把这个点以及与该点关联的边从图中删去。然后，不断重复这一过程直到图中不再有边为止。证明这个算法不能保证近似度 2。（提示：构造一个二部图使左边的点在算法执行中不被删去，而右边的点逐步被删去，并使右边的点的个数大于左边点的个数一倍。）

5. 考虑下面这个求货郎担回路的近似算法。我们假定完全图 $G(V, E)$ 中边上的权满足三角不等式。算法从任一点 $r \in V$ 开始。

```
Closest-Point-TSP(G(V,E),r)
1    S←r              //S 中顶点将顺序组成一个回路，开始时含一个点 r
2    while S≠V
3        find edge (u,v) such that w(u,v)=min{w(u,v)|u∈S, v∈V-S}
4            //找出集合 S 和 V-S 之间有最小权值的边 (u,v)，
5        S←S∪{v}，并且把 v 插在 u 后面。
6    endwhile
7    return S
8    End
```

请证明算法 Closest-Point-TSP 是近似度为 2 的算法。

6. 假设货郎担问题中的顶点是二维平面中的点，且每两点之间的边的权值就是这两点之间在二维平面中的直线距离（也称欧几里得距离或欧氏距离）。请证明，任何一条最小货郎担回路不会自身相交。

7. 定理 15.4 的一个弱化形式是 $|C| \leq |C^*| \times \max\{|S| \mid S \in F\}$。给出这一弱化形式的简单证明。

8. 图 $G(V, E)$ 的一个割 (cut) 就是一个顶点的划分 $(S, V-S)$，即把 V 分为两个集合 S 和 $V-S$。所有穿越边的集合称为这个割的边的集合，记为 $C(S, V-S)=\{(u, v) \in E \mid u \in S, v \in V-S\}$。假设图 $G(V, E)$ 的边有正权值，$C(S, V-S)$ 中所有边的总权值称为这个割的权值，记为 $W(S, V-S)$。图 $G(V, E)$ 的最大割 (MAX-CUT) 问题就是找出有最大权值的割。考虑下面随机化的近似算法。

```
Randomized-MAX-CUT(G(V,E))
1    S←∅            //初始化为空集
2    for each v∈V
3        v←random number (0 or 1)  //产生 0 或 1 的随机数，各占 50% 概率
4        if v=1
5            then S←S∪{v}
```

```
6          endif
7     endfor
8     returrn S
9 End
```

请证明算法 Randomized-MAX-CUT 有随机近似度 2。

9. 第 14 章习题 16 中讲到装箱问题 (bin-packing) 如下。假设有 n 个物体 O_1, O_2, $\cdots$, O_n 需要装箱。这 n 个物体分别有体积 s_i，并且满足 $0<s_i\leq 1$ $(1\leq i\leq n)$。假定每个箱子的容积是 1，希望用最少的箱子把它们装入。我们假定任何一组物体，只要它们的总体积不超过 1，都可以装入一个箱子之中。我们已在这个习题中证明这个问题的判断型问题是 NP 难问题。假设 $S=\sum_{i=1}^{n}s_i$，现在考虑原优化型问题的一个近似算法如下：

```
First-Fit(S[1.. n])         //S[i](1≤i≤n) 代表物体 Oᵢ, 也代表其体积 sᵢ
1   m←1                      // 到目前为止已启用的箱子数
2   C[1]←1                   // 箱子 1 所余容积
3   B[1]←∅                   // 箱子 1 已装物体的集合, 开始是空的
4   for i←1 to n             // 逐个检查物体 S[i] , 并决定放入哪个箱子
5       j←1                  // 从箱子 1 顺序检查每个箱子
6       while S[i]>C[j]      // 箱子 j 所余容积不够
7           j←j+1                // 顺序检查下一个箱子
8       endwhile
9       if j>m                   // 已启用的箱子中没有一个可容纳 S[i], j=m+1
10          then   m←m+1 // 开一个新箱子, 现在 m=j 了
11                 C[m]←1
12                 B[m]←∅
13      endif
14      B[j]←B[j]∪{S[i]}         // 把物体 Oᵢ 放入箱子 j 中
15      C[j]←C[j]−S[i]           // 更新箱子 j 的剩余容积
16  endfor
17  return m,B[1..m]             // 用了 m 个箱子, B[1] 到 B[m] 是各箱子中所装物体的集合
18 End
```

（a）证明最佳解至少用 $\lceil S\rceil$ 个箱子。

（b）证明算法 First-Fit 结束时，最多有一个箱子有大于或等于 0.5 的剩余容积，其他箱子所装物体的总容积一定大于 0.5。

（c）证明算法 First-Fit 是一个近似度为 2 的近似算法。

10. 在 14 章习题 14 中曾考虑过两个处理器调度问题。现在考虑 $m\geq 2$ 个处理器的调度问题。我们把这个优化问题再叙述一遍。假设有 n 个独立的任务 J_1, J_2, ..., J_n 要从时间 $t=0$ 开始在 m ($\geq$ 2) 个同样的处理器上执行 $(m\leq n)$。假设 J_i $(1\leq i\leq n)$ 需要 T_i (>0) 秒的时间完成并且一旦开始执行，必须不间断地在同一个处理器上运行直至完成。我们希望找到一个调度，即任务安排，使这 n 个任务可以在最短时间内完成，即从 $t=0$ 开始到任务全部完成的时间跨度 (makespan) 最小。我们用 M_1, M_2, $\cdots$, M_m 表示这 m 个处理器。

（a）假设我们按以下方法顺序安排 J_1, J_2, $\cdots$, J_n：当安排 J_i 时 $(1\leq i\leq n)$，顺序检查处理器 M_1, M_2, $\cdots$, M_m，找到一个最早空闲的处理器 M_k 时，把 J_i 分配给它，并更新它的下一个空闲时刻。一开始，所有处理器的空闲时刻为 0。请给出这个调度的伪码，并使之有复杂度 $O(n\lg m)$。

（b）证明上面的调度算法是近似度为 2 的多项式算法。

11. 假设 $G(V, E)$ 是一个无向图。对每个正整数 k，我们可以定义一个新的图 $G^{(k)}(V^{(k)}, E^{(k)})$，其中顶点集合 $V^{(k)}$ 是所有 V 中顶点的 k-元组，即 $V^{(k)}=\{(v_1, v_2, \cdots, v_k) \mid v_i\in V, 1\leq i\leq k\}$。注意，这里同

一项点可多次出现。集合 $V^{(k)}$ 中两点，$(v_1, v_2, \cdots, v_k)$ 和 $(w_1, w_2, \cdots, w_k)$ 之间有边当且仅当 $v_i = w_i$ 或者 $(v_i, w_i) \in E$ $(1 \leqslant i \leqslant k)$。

（a）证明 $G^{(k)}$ 中最大团所含顶点数是 G 中最大团所含顶点数的 k 次方。

（b）证明，如果有近似度为常数的多项式算法求最大团，那么就有多项式机制求最大团。

*12. 如果在第 10 题中的 m 个处理器和 n 个任务的调度算法执行之前，先把 n 个任务按所需时间递减排序，则可使其近似度更好。请证明如果有 $T_1 \geqslant T_2 \geqslant \cdots \geqslant T_n$，那么这个算法有近似度 $\frac{4}{3} - \frac{1}{3m}$。这个算法称为 LPT(Longest Processing Time) 算法。（提示：假设最佳解总共需要 t^* 时间，而近似算法产生的调度中最后一个完成的任务是 J_k，其处理时间为 T_k。讨论两种情形，$T_k \leqslant t^*/3$ 和 $T_k > t^*/3$。）

*13. 重新考虑 15.8.2 节中任务均匀分配问题。把问题改一下，这次不限定个人最多可分配的工作量，但要求一个人最少分到的工作量最大。这是最大化问题。证明这个问题没有近似度小于 2 的多项式近似算法，除非 P＝NP。

14. 给定一个加权的连通图 $G(V, E)$，最小 - 最大 (min-max)2- 树支撑森林的问题是找出一个 2- 树支撑森林，T_1 和 T_2，使得 $\max\{W(T_1), W(T_2)\}$ 在所有 2- 树支撑森林中是最小的。在第 14 章习题 23 中我们证明了最小 - 最大 2- 树支撑森林的问题是个 NP 难问题。请证明以下简单快捷的多项式算法是这个问题的一个近似度为 2 的算法。

Min-Max-2-Tree-Spanning-Forest$(G(V,E))$
```
1   用 Kruskal 或 Prim 算法计算 G(V,E) 的一棵最小支撑树 T
2   找出 T 中有最大权值的边 e
3   F ← T-{e}
4   return F
5   End
```

（请注意，这个算法也是第 9 章习题 14（a）中的算法。它产生的解不仅是本题的一个近似度为 2 的解，同时也是一个最小 2- 树支撑森林。）

15. 图 $G_1(V_1, E_1)$ 与图 $G_2(V_2, E_2)$ 的复合 (composition) 得到一个新的图 $G(V, E)$，记为 $G = G_1[G_2]$。其中 $V = V_1 \times V_2$，即 $V = \{(u, v) \mid u \in V_1, v \in V_2\}$。另外，$V$ 中两点 (u_1, v_1) 和 (u_2, v_2) 之间有边，当且仅当 $(u_1, u_2) \in E_1$ 或者 $u_1 = u_2$ 并且有 $(v_1, v_2) \in E_2$。注意，图 G 中顶点 (u, v) 是个无序对，$(u, v) = (v, u)$，但是图的复合有顺序，$G_1[G_2] \neq G_2[G_1]$。下面是一个例子的图示。

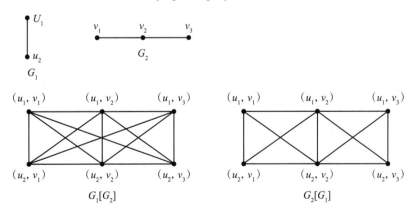

（a）证明，如果图 G_1 是一个有 h 个顶点的完全图，那么图 G_2 可以 k- 着色，当且仅当图 $G_1[G_2]$ 可以 (hk)- 着色。

（b）用（a）部分的结果证明，除非 P＝NP，优化型的图着色问题没有近似度小于 4/3 的多项式近似算法。

第 16 章 穷举搜索

如果我们不满足于某个 NPC 问题的近似解，或者该问题不存在所需近似度的解，那么，除非能证明 P=NP，我们只能用穷举搜索(exhaustive search)来找出其最佳解或精确解。当然，在最坏情况下，这需要指数时间完成。但是，如果算法设计得当，我们往往可以避免最坏情况的发生，使得绝大多数情况下可以很快找到精确解。这一章讨论这种算法设计的技巧。我们先介绍最常用的两个方法，即回溯法 (backtracking) 和分支限界法 (branch-and-bound)，然后，介绍在博弈树中搜索最佳策略时常用的 α-β 剪枝法。这一章中没有很多理论要证明，主要是介绍一些实用的方法。

16.1 问题及方法的描述

当我们用穷举搜索来求一个问题的最佳解时，首先要知道，这个最佳解要满足什么约束条件。回溯法和分支限界法都是用来搜索一个或多个满足规定的约束条件的最佳解。一个满足规定的约束条件的解往往可以用一个 n 元组 $(x_1, x_2, \cdots, x_n)$ 来表示，这里的第 i 项 x_i 可以在预先规定的一个有限集合 S_i 中取值，即 $x_i \in S_i$ $(1 \leqslant i \leqslant n)$。所以，要搜索的解空间是一个 n 维的空间中一个有限的点的集合，而一个 n 元组 $(x_1, x_2, \cdots, x_n)$ 则对应其中的一个点。这个搜索空间的规模显然是等于乘积 $\prod_{i=1}^{n} |S_i|$。这个数字是 n 的一个指数函数。给定约束条件 $x_i \in S_i$ $(1 \leqslant i \leqslant n)$ 以后，一个问题的搜索空间就定了，因此这个约束条件称为**显式约束** (explicit constraint)。

给定一组显式约束后，我们希望在其定义的搜索空间（也称**解空间**）中找到满足特定要求的最佳解。我们往往用一个**评估函数** $P(x_1, x_2, \cdots, x_n)$ 来评估解空间中一个点 $(x_1, x_2, \cdots, x_n)$ 的优劣或者检验它被选为最后的解是否合格。例如，我们可能希望找到一个点 $(x_1, x_2, \cdots, x_n)$ 使得函数 $P(x_1, x_2, \cdots, x_n)$ 的值最大，或最小，或等于 0。这些用评估函数定义的约束条件则称为**隐式约束** (implicit constraint)。因此，一个搜索算法就是在满足显式约束的解空间中找出满足隐式约束的解。在伪码中，我们往往用 $x[i]$ 表示 x_i $(1 \leqslant i \leqslant n)$ 以避免使用下标。

通常，一个解空间可以用一棵搜索树来表示。我们用一个例子来说明。

【例 16-1】8 皇后问题。

8 皇后问题是知名的组合问题，其定义如下。在一个 8×8 的国际象棋的棋盘中放入 8 个皇后的棋子使任意两个皇后之间都不会互相攻击。我们知道，一个皇后可以吃掉对方在同一行、同一列或同一对角线上的任一个棋子，所以，这个问题要求把这 8 个皇后放在一个 8×8 的棋盘中使它们出现在不同行、不同列和不同对角线上。图 16-1 给出了这样一个解的例子。显然，我们可以类似地为 $n \times n$ 的棋盘定义 n 皇后问题，这里 n 可以是任意正整数。因为这 n 个皇后必须放在不同行，我们可以用 x_i $(1 \leqslant i \leqslant n)$ 表示第 i 行中的皇后的位置，也就是其所在的列的序号。这里，我们假定行的序号是从上到下，列的序号是从左到右，顺序编为 $1, 2, \cdots, n$。所以，n 个皇后的任一种摆法对应于一个 n 元组，$(x_1, x_2, \cdots, x_n)$，其中 x_i 必须满足显式约束 $1 \leqslant x_i \leqslant n$ $(1 \leqslant i \leqslant n)$。例如，图 16-1 中的解对应 8 元组 $(4, 6, 8, 2, 7, 1, 3, 5)$。显然，这个显式约束定义的 n 皇后问题的解空间有 n^n 个点。

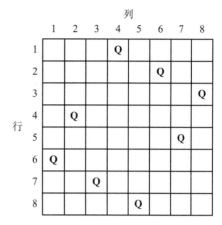

图 16-1　一个 8 皇后问题的解是 $(4, 6, 8, 2, 7, 1, 3, 5)$

我们注意到，因为这 n 个皇后必须在不同的列，所以我们可以加上一个显式约束，即 n 元组 $(x_1, x_2, \cdots, x_n)$ 中的 n 个整数必须不同，也就是说，这 n 个整数是 1 到 n 的一个排列。这样一来，我们可以缩小这个解空间的规模为 $n!$ 而不是 n^n。这个解空间可以用一棵搜索树表示，图 16-2 是一棵 $n=4$ 的搜索树的例子，我们详述如下。

从根向下（根除外），搜索树有 n 层。第 1 层的点分别代表棋盘中第 1 行的皇后所有可能的位置，第 2 层的点代表前 2 行的皇后所有可能的位置，等等，第 n 层的点则代表 n 个皇后所有可能的位置。一个第 i 层（$i<n$）的内结点 x 代表一个部分解，表示为一个 i 元组，$x=(x_1, x_2, \cdots, x_i)$，并存于数组 $x[1..i]$ 中，$x[1..i]=(x_1, x_2, \cdots, x_i)$。它表示前 i 行皇后的位置已定，而余下 $n-i$ 行的位置待定。另外，从根到 x 的路径有 i 条边，顺序标记为 $x_1, x_2, \cdots, x_i$。

显然，树中第 $i+1$ 层的点 $y[1..i+1]$ 是第 i 层的点 $x[1..i]$ 的儿子，当且仅当 $x[1..i]=y[1..i]$（$0 \leqslant i < n$）。一个叶结点 x，即第 n 层的点，就是解空间的一个点，对应一个 n 元组 $x[1..n]=(x_1, x_2, \cdots, x_n)$。从根到叶结点 x 的路径有 n 条边，顺序标记为 $x_1, x_2, \cdots, x_n$。因为这个 n 元组是 n 个数的一个排列，所以这棵搜索树称为一棵**排列树**（permutation tree）。图 16-2 的搜索树中每个结点中的数字是用回溯法搜索时被访问的顺序，细节会在下一节中解释。

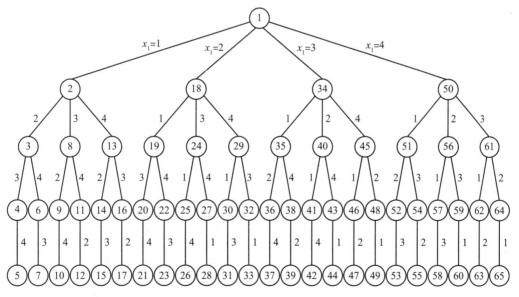

图 16-2　对应于 4 皇后问题的排列树，结点中数字表示回溯法搜索结点的顺序

一个搜索问题的显式约束给定后，搜索树的构造就定了。接下来是如何寻找满足隐式

约束的解。因为搜索树中结点的个数是 n 的指数函数，我们不可能先把树构造好再去搜索。实际上，我们也不需要先构造这棵树，只需要知道其构造的原则，算法即可进行搜索。回溯法搜索按照深度优先搜索的顺序进行，也就是按照树的前序遍历的顺序进行，而分支限界法基本是按照广度优先搜索的顺序进行，一些可能的变化会在下面几节中介绍。

构造了一棵 n 层的搜索树后，我们为树中任一点 $x[1..i]$ $(1 \leqslant i \leqslant n)$ 定义 3 个函数如下。

第 1 个函数是判定函数 $B(x)$。$B(x) = B(x_1, x_2, \cdots, x_i)$ 的取值是**真** (true) 或**假** (false)。判定函数的作用是，当搜索到点 x 时，用来判断以 x 为根的子树中是否存在我们要找的解，即满足隐式约束的结点。满足隐式约束的结点称为**答案点** (answer node)。如果以 x 为根的子树可能含有答案点，则有 $B(x) = $true，点 x 称为一个**活点**。反之，如果该子树被判定不可能含有答案点，则有 $B(x) = $false，点 x 称为是一个**死点**。死点为根的子树不需要搜索，所以，设计一个好的判定函数可以大大减少搜索时间。

我们通常用一个堆栈，或一个队列，或一个堆等数据结构，来保留当前的活点。然后，从这些活点出发去检查它们的下一层的儿子。如果从活点 x 出发，则称点 x 为**扩展点** (E-node)。显然，扩展点往往是堆栈的栈顶，或队列的首项，或堆的根。当我们找到了一个答案点，则输出结果。这时，算法或者结束，或者根据要求再继续找下一个答案点。

第 2 个要定义的函数是活点的儿子函数，也就是儿子集合。设点 $x = (x_1, x_2, \cdots, x_i)$ 是第 i 层的一个活点，它的儿子集合 $T(x)$ 就是 x 的下一维（第 $i+1$ 维）可能的取值，即 $T(x) = \{x_{i+1} \mid $ 点 $(x_1, x_2, \cdots, x_i, x_{i+1})$ 是点 $x = (x_1, x_2, \cdots, x_i)$ 的儿子 $\}$。当然，我们可以把显式约束 $x_{i+1} \in S_{i+1}$ $(1 \leqslant i \leqslant n)$ 中的集合 S_{i+1} 作为点 x 的儿子集合，即 $T(x) = S_{i+1}$。但是，因为受到 x 的前 i 维的取值 $(x_1, x_2, \cdots, x_i)$ 的限定，有许多 S_{i+1} 中的元素用不上，所以，实际要考虑的儿子集合 $T(x)$ 往往是一个比 S_{i+1} 小得多的子集，从而使我们节省许多搜索时间。不同的活点 x 可能会有不同的集合 $T(x)$，例如，图 16-2 中点 8 的儿子集合是 $\{2, 4\}$ 而同层点 13 的儿子集合是 $\{2, 3\}$。为方便起见，我们用 x_0 表示搜索树的根，它的儿子集合记为 $T(x_0) = S_1$。

最后，第 3 个函数是答案函数 Answer(x)。函数 Answer($x_1, x_2, \cdots, x_i$) = yes 表示点 $x = (x_1, x_2, \cdots, x_i)$ 是答案点，否则，Answer($x_1, x_2, \cdots, x_i$) = no。所以，答案函数 Answer(x) 实际上是检查点 x 的隐式约束。因为解空间的一个点有 n 维，当我们说一个部分解 $(x_1, x_2, \cdots, x_i)$ $(i < n)$ 是答案点时，它的其他维的取值必须显而易见而被省略。

16.2 回溯法

下面我们先给出回溯法的通用算法，然后讨论若干实际例子。

16.2.1 回溯法的通用算法

假设一棵 n 层的搜索树的构造已知，树中每个点 x 的 3 个函数，$T(x)$、$B(x)$ 和 Answer(x) 已定义并由相应的程序完成。再假设当前的扩展点 x 是搜索树中 $k-1$ $(k \leqslant n)$ 层的某个点 $x[1..k-1] = (x[1], x[2], \cdots, x[k-1])$。下面的算法 Backtrack($k, x[1..k-1]$) 检查并判断点 x 的每一个儿子结点 y 是不是活点。如果是死点，则回溯到点 x，也就是删除 y 以下子树。如果 y 是活点，则检查 y 是不是答案点。如果 Answer(y) = yes，则将 y 输出。然后，不论 y 是不是答案点，从 y 继续递归搜索。所以，调用 Backtrack($1, x[0]$) 即可实现对整棵搜索树的搜索，并找出所有的答案点。

```
Backtrack(k, x[1..k−1])
//input: x[1..k−1] (如果k=1, x[1..k−1]为空，用x[0]=0表示)
//output: 所有以 x 为根的子树中的答案点
1   for each a ∈ T(x[1..k−1])              // 检查 x[1..k−1] 的每一个儿子 y
2       x[k] ← a                            //y=x[1..k]
3       if B(x[1..k])=true                  // 如果判定函数 B(y) 确定 y 是活点
4           then    if Answer(x[1..k])=yes  // 如果 y 是答案点
5                       then output x[1..k]  // 输出 y=(x[1],x[2],…,x[k−1],x[k])
6               endif
7               if k<n                       // 如果 y 不是叶结点
8                       then Backtrack(k+1, x[1..k])  // 从活点 y 继续搜索
9               endif
10          endif
11  endfor
12  End
```

由算法可见，回溯法是深度优先搜索与3个函数（即 $B(x)$、$T(x)$ 和 Answer(x)）的结合。因为回溯法是个递归算法，我们需要设计一个主程序来调用它。一般情况下，主程序的设计很简单，但不同的问题会有不同的设计，我们略去这部分的讨论。与第8章中的讨论类似，非递归形式的深度优先算法可用堆栈实现，我们把这部分的讨论留给读者。

16.2.2 n 皇后问题

这一节我们用回溯法解一个熟悉的实际例子，n 皇后问题。我们先考虑，如果 x 是搜索树中第 $k−1$ 层的一个活点，$x=(x[1], x[2], \cdots, x[k−1])$，我们该如何设计函数 $B(x)$、$T(x)$ 和 Answer(x)。

因为第 k 个皇后在第 k 行中，根据显式约束，儿子集合 $T(x)$ 包括1到 n 之间任一个与 $x[1], x[2], \cdots, x[k−1]$ 不同的整数，即 $T(x)=\{1, 2, \cdots, n\} − \{x[1], x[2], \cdots, x[k−1]\}$。

另外，要想点 x 的一个儿子 y 成为活点，y 的第 k 个皇后必须不与前面 $k−1$ 个皇后互相攻击。假设两皇后的（行，列）位置分别是 (i, j) 和 (k, l) $(i<k)$，那么它们会相互攻击，当且仅当 $(j=l$ 或 $|i−k|=|j−l|)$。所以，判定函数 $B(x)$ 可由下面的子程序实现。（包含了 $y \in T(x)$ 的检查。）

```
B(k,l,x[1..k−1])                //(k,l) 是要检查和判断的第 k 个皇后的位置
// input: x[1..k−1] (如果k=1, x[1..k−1]为空，用x[0]=0表示)
1   for i ← 1 to k−1
2       j ← x[i]                        // 第 i 行的皇后在第 j 列
3       if (j=l) or (|i−k|=|j−l|)      // 如果j=l, j∉T(x)。如果 |i−k|=|j−l|, (k,l) 是死点
4           then return false
5       endif
6   endfor
7   return true                // 判定 (k,l) 是活点。当 k=1 时，不操作第 1~6 行，默认为 true
8   End
```

这个问题的 Answer 函数很简单。只要 $x[1..n-1]$ 有儿子 l，使得 $B(n, l, x[1..n−1])=$true，那么就有 Answer($x[1..n]$)=yes，这里，$x[n]=l$。设计了函数 $B(x)$、$T(x)$ 和 Answer(x) 后，解 n 皇后问题的回溯法的算法如下。

```
N-Queen(k, n, x[1..k-1])
//input: x[1..k-1](如果k=1,则x[1..k-1]为空,用x[0]=0表示)
1  for l←1 to n
2      if B(k,l,x[1..k-1])=true              //(k,l)是活点
3          then x[k]←l
4              if k=n                         // Answer(x[1..n])=yes
5                  then output x[1..n]
6                  else N-Queen(k+1, n, x[1..k])    //从x[1..k]继续搜索
7              endif
8      endif
9  endfor
10 End
```

n 皇后问题的解可以通过调用 N-Queen(1, n, $x[0]$) 得到。在图 16-2 的搜索树中,我们按深度优先搜索的顺序给每个顶点标上了顺序号。因为判定函数的作用,有些子树被删剪。图 16-3 显示了实际被算法 N-Queen(1, n, $x[0]$) (n=4) 所访问到的 4 皇后问题的搜索树中的点。一共有 33 个点,比原树中 65 个点少了一半,其中,答案点有两个,标以 X。图中还有两个搜索到的叶子结点,但它们不满足判定函数而被丢弃。

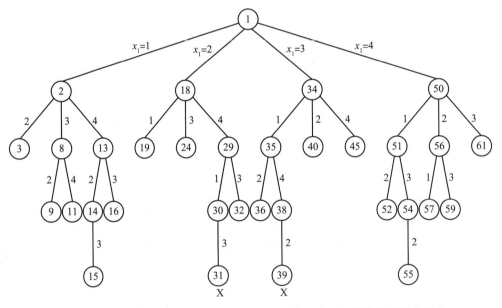

图 16-3　被算法 N-Queen(1, 4, $x[0]$) 所访问到的 4 皇后问题的排列树中的点

16.2.3　子集和问题

在第 14 章中我们已知子集和问题是 NPC 问题,而在第 15 章中我们介绍了它的一个近似算法。现在,如果需要得到精确解,那只好用穷举搜索了。我们用回溯法来设计一个搜索算法。假设集合 $S=\{a_1, a_2, \cdots, a_n\}$ 有 n 个正整数,而子集和的目标值是 t。我们先把这 n 个数排序,因此可假定 $a_1 \leqslant a_2 \leqslant \cdots \leqslant a_n$。下面会看到排序带来的好处。另外,$S$ 的任何一个子集 A 可以用一个 n 元组 $(x_1, x_2, \cdots, x_n)$ 来表示,其中,$x_i=0$ 表示 $a_i \notin A$,而 $x_i=1$ 表示 $a_i \in A$ ($1 \leqslant i \leqslant n$)。因此,这个问题的显式约束是 $x_i \in \{0, 1\}$ ($1 \leqslant i \leqslant n$),其定义的 n 维的解空间中有 2^n 个点。假设当前的扩展点是搜索树中第 $k-1$ 层的一个点 $x=(x_1, x_2, \cdots, x_{k-1})$

（$k \leqslant n$）。它是一个部分解，并且它已对前 $k-1$ 个数字做出取舍决定，放入子集 A 中的数字总和是 $\sum_{i=1}^{k-1} a_i x_i$。怎样从这个部分解出发继续搜索呢？有 3 种情况，分别讨论如下：

1）如果 $\sum_{i=1}^{k-1} a_i x_i = t$，那么点 x 就是一个答案点，我们可以置 $x_i = 0$（$k \leqslant i \leqslant n$）得到完整的解。这时，集合 A 就是所给子集和问题的精确解，输出后算法终止。

2）如果 $\sum_{i=1}^{k-1} a_i x_i > t$，那么点 x 以及它以下的子树都不可能有答案点，点 x 是一个死点。

3）如果 $\sum_{i=1}^{k-1} a_i x_i < t$，那么点 x 不是答案点，但它下面的子树可能含有答案点。

由上面三点可见，$\sum_{i=1}^{k-1} a_i x_i < t$ 可以作为一个判定函数来判断 x 是活点的标准。但为了进一步减少不必要的搜索，我们可把这个判定函数强化一下。我们注意到，如果把余下数字，即 $a_k, a_{k+1}, \cdots, a_n$，全部取到子集 A 中后，总和还比 t 小的话，则以这点为根的子树中无答案点。我们把余下数字之和 $\sum_{i=k}^{n} a_i$ 称为 x 的**余集和**。另外，如果 $\sum_{i=1}^{k-1} a_i x_i + a_k > t$，那么这点以下也不可能有答案点。这是因为余下数字排序为 $a_k \leqslant a_{k+1} \leqslant \cdots \leqslant a_n$，选其中任何一个数加到子集 A 中都会使总和大于 t。因此，使点 x 的判定函数值为真（$B(x) = \text{true}$）的条件改进为：

$$（\text{i}）\sum_{i=1}^{k-1} a_i x_i + \sum_{i=k}^{n} a_i \geqslant t$$

$$（\text{ii}）\sum_{i=1}^{k-1} a_i x_i + a_k \leqslant t$$

显然，如果点 x 满足这个判定函数，则不会出现上述第二种情况，即不会有 $\sum_{i=1}^{k-1} a_i x_i > t$。下面是基于这个判定函数的回溯法算法，其中，$A[1..n]$ 是 n 个排好序的数，t 是目标值。此外，输入数据还包括 $k-1$ 层的扩展点 x 的 $(k-1)$ 元组 $x[1..k-1]$，点 x 对应的部分解的子集和 $sum = \sum_{i=1}^{k-1} a_i x_i$，以及 x 的余集和 $r = \sum_{i=k}^{n} a_i$。这个算法一旦找到一个答案点即中止搜索。在下面的算法里，判定函数没有设计为一个独立的子程序，而是直接融入在回溯法的算法中。另外，儿子函数和答案函数也一目了然地融入在算法中。

```
Subset-Sum(A[1..n],t,k,sum,r)          // 从 x[1..k-1] 开始搜索目标值为 t 的子集, k ≤n
//input: A[1..n],t,x[1..k-1], sum=∑(i=1→k-1)aᵢxᵢ, r=∑(i=k→n)aᵢ(如果k=1, 则x[1..k-1]为空)
1  if sum=t
2      then       for j←k to n
3                     x[j]←0                    // 置 xⱼ=0(k≤i≤n) 得到完整的 n 元组
4             endfor
5             return x[1..n]               // 输出答案后算法结束
6  endif
7  if (sum+r≥t) and (sum+A[k]≤t) and k≤n   // 点 x[1..k-1] 满足判定函数
8      then    x[k]←1                       // x[1..k-1] 的左儿子
9           sum←sum+A[k]                    // 左儿子对应的子集和
10          r←r-A[k]                        // 左儿子对应的余集和
11          Subset-Sum(A[1..n],t,k+1,sum,r)  // 递归搜索 x[k]=1 的左子树
12          sum←sum-A[k]                    // 恢复原来 sum 的值, 不需恢复 r 值
13          x[k]←0                          // x[1..k-1] 的右儿子
14          Subset-Sum(A[1..n], t, k+1, sum, r)  // 再递归搜索 x[k]=0 的右子树
15          r←r+A[k]                        // 恢复原来 r 的值
```

```
16 endif
17 End                      //如果有解，则已报告，否则算法什么也没做
```

主程序可设计为：

```
Subset-Sum-Main(A[1..n], t)
1  r ← 0
2  for i ← 1 to n
3      r ← r+A[i]
4  endfor                   //r = ∑ⁿᵢ₌₁ aᵢ
5  sum ← 0
6  Subset-Sum(A[1..n],t,1,sum,r)
7  End
```

16.2.4 回溯法的效率估计

一个 n 维搜索空间中的点的个数通常是 n 的指数函数。借助于判定函数，一个好的回溯法往往只需搜索其中很少一部分点。那么，如何估计一个给定的回溯法需要搜索的点的个数呢？我们通常用 Monte Carlo 法来估计它的实际搜索空间。其做法是，从搜索树的根出发，找一条从根到达一个答案点或一个死点的路径。在此过程中，每到达一点时，做两件事：

1）计算这个点有几个满足判定函数的儿子。

2）在这些满足判定函数的儿子中随机选择一个儿子结点作为路径的下一个点。

假设这条路径，以根为第 0 层算起，不计最后的终点，有 k 层深。又假设路径上第 j 层的点有 m_j（$0 \le j \le k$）个满足判定函数的儿子。那么我们可认为，根有 m_0 个满足判定函数的儿子在第 1 层，第 1 层的每个活结点有 m_1 个满足判定函数的儿子在第 2 层，故第 2 层总共有 $m_0 m_1$ 个满足判定函数的结点。以此类推，第 $j+1$ 层有 $m_0 m_1 \cdots m_j$ 个满足判定函数的结点。图 16-4 显示了用 Monte Carlo 法找路径及估计回溯法的实际搜索空间的方法。

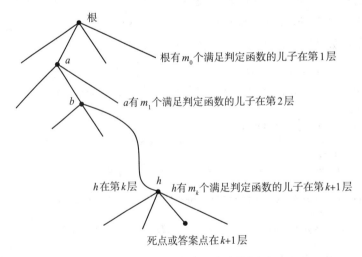

图 16-4　Monte Carlo 方法的图示

因此，我们可认为，搜索树一共有 $1 + m_0 + m_0 m_1 + \cdots + m_0 m_1 \cdots m_k$ 个满足判定函数的结点。这就是对实际搜索空间的规模的一个估计值。我们可以多取几条这样的路径，取平均

值以后作为估计值。这个值与搜索树中所有点的个数之比可作为该回溯法的效率。有人为 8 皇后的回溯法算过，其搜索的点的个数大约是总数的 1.55%，可见回溯法对 *n* 皇后问题的解很有效。

16.3 分支限界法

和回溯法一样，分支限界法的搜索空间 (解空间) 也是一棵由显式约束定义的搜索树。当分支限界法搜索到树中的一个点时，它也是用一个判定函数来确定该点是活点还是死点，也是用一个答案函数来识别一个活点是不是一个答案点。分支限界法与回溯法唯一的不同在于它搜索的顺序不是遵循 DFS 的顺序，而是用 BFS 的顺序或者是略加变化的 BFS 搜索顺序，例如所谓的 D– 搜索。

不同的穷举搜索用的搜索顺序体现在保留活点所用的数据结构以及如何更新数据结构上。例如，回溯法用一个堆栈保留所有当前的活点，并以栈顶的活点 *x* 为扩展点继续搜索。下一个要搜索的点是 *x* 的一个儿子 *y*。如果儿子 *y* 被判定函数 *B* 判为活点，$B(y)=true$，则把 *y* 压入堆栈，然后以这个新栈顶 *y* 为扩展点去搜索 *y* 的儿子，而暂时不顾 *x* 的其他儿子直到 DFS 从点 *y* 回溯到 *x* 后，这时 *x* 又回到栈顶成为扩展点，才去搜索 *x* 的下一个儿子。当 *x* 的每个儿子都已完成 DFS 搜索，或者不满足判定函数被跳过，这个当前在栈顶的 *x* 便成为死点而被弹出。这时，DFS 回溯到 *x* 的父亲结点。

分支限界法则往往用一个队列把所有当前的活点按先后次序入队，而队首是扩展点。下一步要搜索的点是队列首项的所有儿子。分支限界法一次性地把扩展点的所有儿子用判定函数逐个判断是死点还是活点，是死点则跳过，是活点则入队。这样一来，死点以下的子树被有效删除，以后不会被访问到。当首项的所有儿子被这样处理之后，这个首项即成为死点，从队列中删除。队列首项成为死点与被跳过的死点不同，首项成为死点是因为它的作用已完成，它下面的子树不是被删除，而是由它的那些活点的儿子们向前继续搜索。因为队列中元素遵守先进先出 (First In First Out，FIFO) 顺序，所以用队列进行的分支限界法又称为先进先出的分支限界法。

分支限界法还可以有后进先出的顺序。当我们用 D– 搜索时，就是后进先出的分支限界法。D– 搜索把当前确认的活点压入堆栈，然后以栈顶为扩展点。它与回溯法的不同是，它一次性地把扩展点的所有儿子都用判定函数检查一遍，死点跳过，活点入栈。从这点上看，D– 搜索与广度优先相同，因而被认为是分支限界法的一种。它与先进先出的分支限界法不同之处是选取哪一个活点为扩展点来展开搜索。先进先出的分支限界法是取队列的首项为扩展点，也就是当前的活点中最早搜索到的点，而 D– 搜索则是取堆栈的栈顶，也就是当前所保留的活点中最后一个被搜索到的活点为扩展点。因此，用 D– 搜索的顺序进行的分支限界法被称为后进先出的分支限界法。我们将会看到，分支限界法还有别的方法来选取扩展点。它们的共同点是，每当选中一个活点为扩展点，则一次性地检查它的所有儿子，死点跳过，活点保留。当然，如果一个活点有可能是答案点时，应予以检查。

可以看出，分支限界法用的数据结构往往比回溯法用的堆栈需要大得多的空间。这是因为回溯法用的堆栈中相邻两元素有父子关系。一个 *n* 维空间的搜索树的高度是 *n*，因此任何时候，回溯法的堆栈中最多有 *n* 个元素。例如，解 8 皇后问题时，堆栈只需有 8 个单元的空间就够了。但是，在分支限界法的数据结构中，例如队列中，相邻的活点之间没有父子关系，它们可以横向地散布在搜索树中。因为搜索树的每层中点的个数与层的深度成指数函数关系，我们往往需要很大空间来保留当前已发现的大量活点。因此，当我们需要找出所有答案点时，往往用回溯法，而只需要找到一个答案点时，往往考虑用分支限界法。下面用几个例子来说明不同搜索顺序的分支限界法。

16.3.1 分支限界法解 n 皇后问题

让我们回到 n 皇后问题来看一下分支限界法是如何解这个问题的。所用的搜索树与回溯法用的是一样的，但搜索顺序不同。以 $n=4$ 为例，图 16-2 和图 16-3 分别显示回溯法用的顺序和它实际搜索到的点。图 16-5 显示的是先进先出的分支限界法用的顺序，而图 16-6 显示的是这个分支限界法实际搜索到的点，其中答案点标以 X。可见，分支限界法判定的活点与回溯法判定的一样。

另外，图 16-6 中还显示了，当第 5 点被展开后，即它的儿子被搜索后，队列中的活点序列。这个序列在图中用符号 Y 标出。从队首开始，这个队列是结点 7，8，11，12，15，16。这个先进先出的分支限界法其实就是广度优先搜索。不同的是，分支限界法在访问搜索树中每个点 x 时，要做判定函数和答案函数的操作，并且只有活点才可以进队。

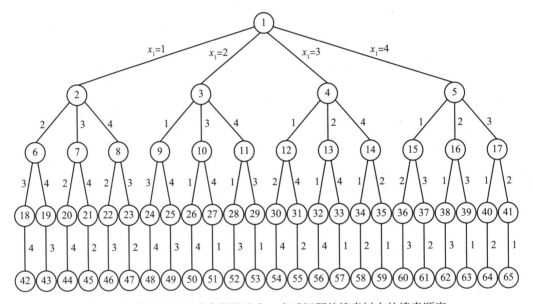

图 16-5　先进先出的分支限界法在 4 皇后问题的搜索树中的搜索顺序

下面是用先进先出的分支限界法解 n 皇后问题的伪码。这个算法只找一个解。当我们从 $(k-1)$ 层的一个扩展点 $x[1..k-1]$ 去检查该点所有儿子时，使用和回溯法相同的判定函数 $B(k, l, x[1..k-1])$ 来判断，是否可把第 k 个皇后放在棋盘位置 (k, l) 上而成为一个活点。因为分支限界法会保留同一层的许多相互无关的活点，所以我们用一个记录来代表一个点 v。点 v 的记录有 $(n+1)$ 个域 (field)，也就是属性 (attribute)，其中 $v.level$ 表示该点在搜索树中的第几层，而 $v.x[1..n]=(v.x[1], v.x[2], \cdots, v.x[n])$ 则表示搜索树中点 v 对应的第 1 行到第 n 行中皇后的位置，并用 $v.x[i]=0$ $(1 \leqslant i \leqslant n)$ 表示第 i 行中还没有放入皇后。

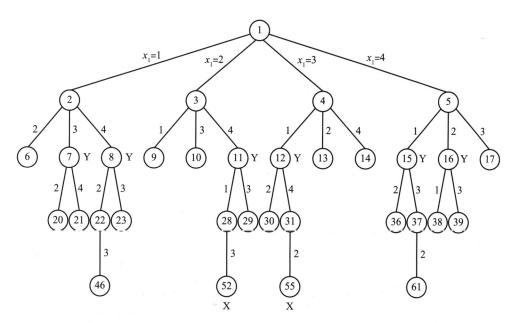

图 16-6　先进先出的分支限界法在 4 皇后问题的搜索树中实际检查过的点

```
FIFO-Branch-and-Bound-N-Queen(n)
1   found ← false                              // 答案点尚未找到
2   root.level ← 0                             //root 表示搜索树的根，层号为 0
3   for i ← 1 to n
4       root.x[i] ← 0                          // 根结点不含皇后
5   endfor
6   Q ← ∅                                      // 队列清空
7   Enqueue(Q, root)                           // 根结点入队，初始化完成
8   while Q ≠ ∅ and found = false              // 搜索开始并一直到队列为空或者答案找到
9       v ← Dequeue(Q)
10      k ← v.level +1
11      if k = 1
12          then x[0] ← 0                      // 表示 v 是根结点
13          endif
14      x[1..k-1] ← v.x[1..k-1]    //x[0..k-1] 是临时工作变量
15      for l ← 1 to n                         // 检查每一个可能的儿子
16          if B(k, l, x[1..k-1]) = true and found = false      // 儿子是活点
17              then  u.level ← k              // 建一个第 k 层活点 u
18                    u.x[1..k-1] ← x[1..k-1]          //k = 1 时不操作
19                    u.x[k] ← l
20                    Enqueue(Q, u)
21                    if k = n                 // 活点 u 是答案点
22                        then   output (u.x[1..n])
23                               found ← true
24                    endif
25          endif
26      endfor
27  endwhile
28  End
```

用后进先出的 D- 搜索解 n 皇后问题的伪码也可以很容易地写出，我们留为练习。为帮助读者理解它搜索的顺序，图 16-7 给出了 n=4 时 D- 搜索使用的顺序。

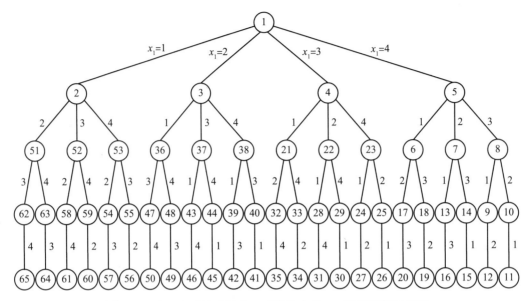

图 16-7　在 4 皇后搜索树中，后进先出的 D– 搜索遵循的顺序

16.3.2　0/1 背包问题

在第 14 章习题 18 中，我们知道 0/1 背包的优化问题 (0/1 knapsack optimization problem) 是个 NPC 问题。它的定义如下：

定义 16.1　设 $S = \{O_1, O_2, \cdots, O_n\}$ 是 n 个物体的集合，物体 O_i 的体积和它的价值分别为正数 w_i 和 v_i $(1 \leqslant i \leqslant n)$。另外，有一个容积为 W 的背包，并约定，任意一组物体，只要它们的体积总和不超过 W 就可以装入这个背包。0/1 背包的优化问题就是从 S 中选出一个子集 A 使子集中物体的体积总和不超过 W，而它的总价值最大。

注意，0/1 背包的优化问题不允许一个物体被切下一部分来放入背包，任一个物体只能整取或不取，故称 0/1 背包问题。在这一节我们介绍一个不同于先进先出，也不同于后进先出的分支限界法来解这个 0/1 背包问题。它的策略是，每次选出最有可能发展为答案点的活点作为扩展点。因此，我们需要给每个活点一个估值，并通过比较估值的大小来决定哪个活点最有希望成为答案点。估值的方法应根据具体问题而设计。我们用 0/1 背包的优化问题为例介绍这个方法。

让我们先为 0/1 背包问题构造一棵搜索树。让我们用 x_i $(1 \leqslant i \leqslant n)$ 表示对物体 O_i 的取舍，$x_i = 1$ 表示把物体 O_i 取入背包，$x_i = 0$ 表示不取物体 O_i。所以，显式约束是 $x_i \in \{0, 1\}$ $(1 \leqslant i \leqslant n)$。一个 n 元组 $(x_1, x_2, \cdots, x_n)$ 是解空间的一个点。搜索树中第 k 层的一个点 $x[1..k] = (x_1, x_2, \cdots, x_k)$ $(k < n)$ 有两个儿子，$x[k+1] = 1$ 和 $x[k+1] = 0$，分别称为左儿子和右儿子。

0/1 背包问题的隐式约束是，在满足 $\sum\limits_{i=1}^{n} w_i x_i \leqslant W$ 的条件下，对应的总价值 $\sum\limits_{i=1}^{n} v_i x_i$ 最大。为了估值的需要，让我们介绍另一个背包的优化问题，它与 0/1 背包问题的不同之处在于它允许切下一个物体的一部分放入背包中，只要放入背包的物体的体积总和不超过 W 即可。让我们称这个优化问题为**可割取的背包问题** (fractional knapsack problem)。让我们用 x_i $(1 \leqslant i \leqslant n)$ 表示对物体 O_i 割取的比例，$0 \leqslant x_i \leqslant 1$，其中 $x_i = 0$ 表示不取，$x_i = 1$ 表示整取，物体 O_i 的割取部分的价值按比例算，即 $v_i x_i$。因此，一个 n 元组 $(x_1, x_2, \cdots, x_n)$ 则表示一种

对这 n 个物体的取法。可割取的背包问题就是要找出一个 n 元组 $x[1..n]=(x_1, x_2, \cdots, x_n)$ 使其满足约束条件 $0 \leq x_i \leq 1$ $(1 \leq i \leq n)$ 和 $\sum_{i=1}^{n} w_i x_i \leq W$，而使所割取的物体总价值 $\sum_{i=1}^{n} v_i x_i$ 最大。

显然，0/1 背包问题的一个解也是对应的可割取背包问题的一个解，所以 0/1 背包问题的最优解不会大于对应的可割取背包问题的最优解。因为可割取背包问题不是 NPC 问题，而且可以很容易地用贪心算法得到最优解，我们用它来为 0/1 背包问题估值。下面是计算可割取背包问题最优解的算法。

可割取背包问题最优解的算法

为叙述方便，假设这 n 个物体已按照单位容积的价值从大到小排序，即 $v_1/w_1 \geq v_2/w_2 \geq \cdots \geq v_n/w_n$。为估值时便于作为子程序用，考虑 0/1 背包问题的搜索树中第 k 层的一个活点 $x[1..k]=(x_1, x_2, \cdots, x_k)$ $(k<n)$ 是扩展点。这时，$x[1..k]$ 已知，$x[i]=1$ 或 $x[i]=0$ $(1 \leq i \leq k)$。另外，已取物体的总价值是 $V^*(x)=\sum_{i=1}^{k} v_i x_i$，总体积是 $W^*(x)=\sum_{i=1}^{k} w_i x_i$，背包的剩余容积是 $R=W-W^*(x)$。我们希望知道，如果从物体 O_{k+1} 开始对余下物体，O_{k+1}, O_{k+2}, $\cdots$, O_n 做割取并使所取物体的总体积不超过 R，那么所取物体的最大总价值 v 可以是多少？下面的可割取背包问题的算法可以解决这个问题。

算出这个最大总价值 v 后，总价值 $V(x)=v+V^*(x)$ 就是我们对点 $x[1..k]$ 的估值，称为**潜在价值**。它表明，从活点 $x[1..k]$ 继续搜索，最好的结果不会大于 $V(x)$。我们相信，潜在价值大的活点走向最优解的可能性要大些，所以有最大潜在价值的活点成为我们的扩展点。显然，当 $k=0$ 时，$R=W$，该算法则给出可割取背包问题自身的解。下面是这个算法的伪码。

```
Fractional-Knapsack(w[1..n], v[1..n], k, R, v)   //v是最优解的总价值, 0≤k≤n-1
1   r←R                              //当前背包可用容积, 初始为R
2   v←0                              //从O_{k+1}起, 已取物体的总价值, 初始为0
3   i←k+1                            //贪心算法从O_i=O_{k+1}开始逐个选取物体
4   while i ≤n and r≥w[i]            //如果当前背包的剩余容积可以容下物体O_i
5       x[i]←1                       //则整取O_i
6       r←r-w[i]                     //更新背包剩余容积
7       v←v+v[i]                     //更新已取物体的总价值
8       i←i +1                       //考虑下一个物体
9   endwhile
10  if i≤n                           //表明r<w[i], 否则必已全取O_{k+1}到O_n的所有物体
11      then    x[i]←r/w[i]          //按背包剩余容积与O_i体积之比切割第i个物体
12              v←v+v[i]×x[i]        //按比例计算物体O_i切下部分的价值并计入总价值
13              for j←i+1 to n
14                  x[j]←0           //所余物体不取, 置x_j=0
15              endfor
16  endif
17  return v,x[k+1..n]
18 End
```

这个算法很容易懂，它从 O_{k+1} 开始，顺序整取放入背包中。如果能全部取上，算法完成且结果最优，否则会在取第 i $(i \leq n)$ 个物体时，发现背包放不下 O_i，这时，把 O_i 切下一块使其正好可填满背包。

定理 16.1　算法 Fractional-Knapsack 所得的解 $x[k+1..n]$ 满足约束条件 $0 \leq x_i \leq 1$ $(k+1 \leq i \leq n)$ 和 $\sum_{i=k+1}^{n} w_i x_i \leq R$，而它的总价值 $v=\sum_{i=k+1}^{n} v_i x_i$ 是所有满足约束条件的解中最大的。

证明： 由算法容易看出，所得解显然满足约束条件。我们只需要证明其所得总价值最大。如果背包可把全部物体装下去，那么，算法 Fractional-Knapsack 也必定可以把全部物体取上，$x[k+1..n]$ 必定最优。所以只需要考虑背包装不下所有物体的情况。让我们假设最优解是 $y[k+1..n]=(y_{k+1}, y_{k+2}, \cdots, y_n)$，其中至少有一个 $y_i < 1$（$k+1 \leq i \leq n$）。这里，y_i（$k+1 \leq i \leq n$）是物体 O_i 被切割的比例。

给定最优解 $y[k+1..n]$，我们定义它的"末项序号"为 $j = \max\{k \mid y_k > 0\}$，而 O_j 称为末项。它的含义是，序号大于 j 的物体都不取。假设在所有最优解中，最优解 $y[k+1..n]$ 有最小的末项序号 j。进一步，我们可认为最优解 $y[k+1..n]$ 中只有末项物体 O_j 被切割，而其他的物体都是整取。这是因为，如果有物体 O_i $(k+1 \leq i < j)$ 没有被整取，而是被切割或者不取，那么它的割取比例 y_i 为 0 或小于 1 $(0 \leq y_i < 1)$。这样一来，我们总可以多取点 O_i 而少取点 O_j 使 O_i 整取或者使 O_j 不取。

具体来讲，如果 $w_i(1-y_i) < w_j y_j$，即 O_i 的未取部分的体积小于 O_j 的已取部分，那么我们可以把 y_i 增加到 1，也就是把 O_i 的未取部分全取上。同时，我们把 O_j 的所取部分减少相同体积 $w_i(1-y_i)$，也就是把 y_j 减少到 $y_j - w_i(1-y_i)/w_j$。这样一来，总体积不变。因为 $v_i/w_i \geq v_j/w_j$，这样做总价值只会升高，不会降低，而且可以整取 O_i。

如果 $w_i(1-y_i) \geq w_j y_j$，即 O_i 的未取部分的体积大于等于 O_j 的已取部分，那么我们把 y_j 减少到零，也就是不取 O_j，这部分减少的体积是 $w_j y_j$。同时，我们把 O_i 的割取部分增加相同体积 $w_j y_j$，也就是把 y_i 增加到 $y_i + w_j y_j/w_i$。这样一来，总体积不变，而总价值只会升高，不会降低，而且 O_j 可以不取。这与 $y[k+1..n]$ 有最小末项序号矛盾。

所以我们可假定最优解 $y[k+1..n]$ 中只有末项物体被切割，而其余物体都是整取。显然，切下的这块物体必须正好充满背包，否则不会最优。那么，这样的最佳解与算法 Fractional-Knapsack 产生的解完全一致，所以定理成立。∎

我们用一个最大堆的数据结构把所有活点组织起来，而活点的潜在价值成为它们的关键字 (key) 用来比较大小。显然，堆的根所对应的活点 x 有最大潜在价值，是扩展点。当我们从这个扩展点 x 出发去检查它在的搜索树中的儿子时，对每一个儿子，计算它的潜在价值。如果它的潜在价值足够大，那么这个儿子就是一个活点，并根据其潜在价值的大小插入堆中。当把所有儿子都处理完之后，点 x 成为一个死点而被删除。这时，对最大堆修复后，下一个有最大潜在价值的活点成为堆的根结点，即扩展点。这个选取扩展点的方法不同于先进先出，也不同于后进先出，我们称之为**最大价值先出**。

现在我们需要考虑如何设计判定函数。假设当前扩展点是第 k 层的活点 $x[1..k]$ $(k < n)$，它有左儿子 $x[k+1]=1$ 和右儿子 $x[k+1]=0$。我们的基本思路如下。

（A）扩展点的左、右儿子所取物体的总体积必须不超过背包容量。右儿子不会，但左儿子可能。如果 $\sum_{i=1}^{k+1} w_i x_i > W$，这个左儿子是个死点。

（B）如果扩展点的一个儿子 $x[1..k+1]$ 满足（A），则计算它的潜在价值 $V(x[1..k+1])$，也称为上界，以便用作关键字。但是，如果把所有满足 (A) 的儿子都插入最大堆，会有太多的活点。所以，我们要求潜在价值 $V(x[1..k+1])$ 必须足够大才可以插入最大堆。

（C）实现（B）的方法是，为每个满足（A）的儿子 $x[1..k+1]$ 计算一个下界 $U(x[1..k+1])$。这个下界很容易算，就是在儿子 $x[1..k+1]$ 已取物体的基础上，从 O_{k+2} 开始到 O_n，顺序整取直到全部收入背包或发现有一个物体放不进背包。这时，背包中物体的总价值称

为点 $x[1..k+1]$ 的下界，记为 $U(x[1..k+1])$，简记为 $U(x)$。这是 0/1 背包问题的一个解，虽然不一定是最佳解，但却是保证可以拿得到的解，它提供了一个最佳解的下界。

这时，如果另外一个活点 y 的潜在价值是 $V(y)$ 并且有 $V(y)<U(x)$，那么继续搜索点 y 的子树已毫无意义，因为从点 y 发展下去的任何解都不可能超过 $U(x)$，所以点 y 可判为死点。注意，$V(y)$ 必须严格小于 $U(x)$。若 $V(y)=U(x)$，则不可判 y 为死点。这是因为点 y 可能在 x 的子树中，是正在实现 $U(x)$ 的路径上的一个点。

（D）我们用一个全局变量 U 记录当前所发现的最大下界，也就是到目前为止搜索到的最好的 0/1 背包问题的解。变量 U 的初始值是，从物体 O_1 开始顺序整取放入背包直到全部收入背包或发现有一个物体放不进背包为止时，背包中物体的总价值。

由上述讨论，我们所设计的判定函数和答案函数如下所示。

判定函数和答案函数的算法

设扩展点为 z，对它的每一个儿子结点 x 操作如下：

1）计算下界 $U(x)$ 和上界 $V(x)$（即潜在价值）。

2）如果 $V(x)<U$，x 是死点，否则 x 是活点。

3）如果 x 是活点，则以 $V(x)$ 值为关键字插入最大堆里。

4）如果 $U(x)>U$，那么更新变量 U 为新的值 $U(x)$。

5）如果 $U(x)=V(z)$，这里 $V(z)$ 是扩展点 z 的上界 $V(z)$，那么 x 就是一个答案点。

这是因为答案点一定是搜索树中某个活点 w 的子孙，所以答案点能得到的物体总价值不会大于 $V(w)$，而 $V(w) \leqslant V(z)$。所以，点 x 必定是答案点。

找到答案点时，算法可以输出这个解后停止，也可以继续到第 n 层后再输出。如果扩展点 z 在搜索树的第 n 层，则必有 $U(z)=V(z)$，它显然就是答案点。我们先看一个例子，然后再给出伪码。

【例 16-2】用最大价值先出的分支限界法解下面的 0/1 背包问题。

$$n=4$$
$$W=8$$
$$(v_1, v_2, v_3, v_4) = (15, 10, 6, 2)$$
$$(w_1, w_2, w_3, w_4) = (5, 4, 3, 2)$$

解：这个例子中，物体的序号已按算法要求排序，我们有：

$$v_1/w_1=3，v_2/w_2=2.5，v_3/w_3=2，v_4/w_4=1$$

图 16-8 显示的是对应的搜索树以便下面计算时参照。一开始只有搜索树的根是扩展点。对应它上界的解是 (1, 3/4, 0, 0)，潜在价值是 $15+10 \times 3/4=22.5$。对应它下界的解是 (1, 0, 0, 0)，下界是 15。

下面的表格逐行解释计算过程，每一行对应一个扩展点。最大堆中的每个点用对于 4 个物体的割取比例 (x_1, x_2, x_3, x_4) 表示，其中尚未决定的比例略去。例如，(1) 表示整取 O_1，(1, 3/4) 表示整取 O_1 和割取 3/4 的 O_2，(1, 0, 1) 表示整取 O_1 和 O_3 等。它们的上界、下界，以及总体积分别用 $V(x_1, x_2, x_3, x_4)$、$U(x_1, x_2, x_3, x_4)$ 以及 $W(x_1, x_2, x_3, x_4)$ 表示。例如，$V(1, 3/4)$ 表示点 (1, 3/4) 的上界 =22.5，$U(1, 0, 1)$ 表示点 (1, 0, 1) 的下界 =21，$W(1, 1)$ 表示点 (1, 1) 的体积 =9，其余类同。在搜索到活点 (1, 0, 1) 时，发现它的上界与下界相等，所以是一个答案点，我们选择搜索到底层时再报告结果。

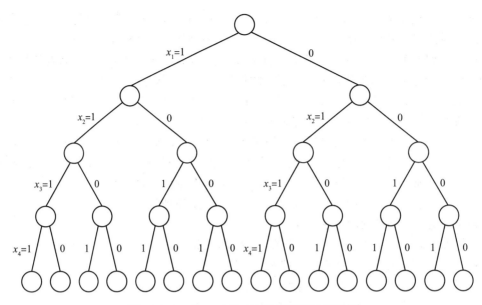

图 16-8　一个 $n=4$ 的 0/1 背包问题的搜索树

扩展点	左儿子		右儿子		U 值	当前活点
	上界	下界	上界	下界		(最大堆的点)
初始					$U(\varnothing)=15$	$V(\varnothing)=22.5$
$\varnothing$（根）	$V(1)=V(1,3/4)$ $=22.5$	$U(1)$ $=15$	$V(0)=V(0,1,1,1/2)$ $=17$	$U(0)=U(0,1,1)$ $=16$	$U(0)$ $=16$	$V(1)=22.5$ $V(0)=17$
(1)	$W(1,1)=9>8$ 死点		$V(1,0)=V(1,0,1)$ $=21$	$U(1,0)=U(1,0,1)$ $=21$	$U(1,0)$ $=21$	$V(1,0)=21$ $V(0)=17$
$(1,0)$	$V(1,0,1)$ $=21$	$U(1,0,1)$ $=21$ （答案点）	$V(1,0,0)=V(1,0,0,1)$ $=17<U=21$ 死点		$U(1,0)$ $=21$	$V(1,0,1)=21$ $V(0)=17$
$(1,0,1)$	$W(1,0,1,1)>8$ 死点		$V(1,0,1,0)=21$	$U(1,0,1,0)=21$ （答案点）	$U(1,0)$ $=21$	$V(1,0,1,0)=21$ $V(0)=17$
$(1,0,1,0)$						输出答案点 它在第 n 层

图 16-9 显示了图 16-8 的搜索树中有 9 个点被最大价值先出的分支限界法搜索到，并标出了它们被搜索的顺序和上界 / 下界的值。

下面我们给出这个用最大价值先出的分支限界法解 0/1 背包问题的算法。我们先设计用来计算上下界的子程序。假设 $x=(x_1, x_2, \cdots, x_k)$ 是搜索树中 k 层的一个活点，我们调用 Fractional-Knapsack($w[1..n]$, $v[1..n]$, k, R, v) 来计算在当前背包剩余容积为 R 的情况下，从物体 O_{k+1} 开始，最多还能取到多少潜在价值 v。那么，从物体 O_1 开始，点 x 能得到的潜在价值为 $V(x)=\sum_{i=1}^{k} v_i x_i +v$。

下面的算法用来计算在当前背包的所剩容积为 R 的情况下，从物体 O_{k+1} 开始，顺序整取所能得到的价值 u。那么，点 x 的下界为 $U(x)=\sum_{i=1}^{k} v_i x_i +u$。

```
Lower-Bound(w[1..n], v[1..n], k, R, u)    //u是剩余容积为R时从O_{k+1}顺序整取可得的价值
1   r ← R
2   u  0
3   i ← k+1
4   while r≥w[i] and i≤n
5          r ← r − w[i]
6          u ← u+v[i]
7          i ← i +1
8   endwhile
9   return u
10  End
```

下面是0/1背包问题算法的伪码，其中最大堆用一个数组$H[1..heapsize]$实现。初始时，$heapsize=1$，而$H[1]$中存的是搜索树的根的信息。堆中每个元素z代表搜索树中的一个活点，它含有以下的信息（域）：

1）$z.level=z$对应的活点所在的层次，根算第0层。

2）$z.upper=z$对应的活点的关键字，即潜在价值$V(z)$。

3）$z.lower=z$对应的活点的下界$U(z)$。

4）$z.value=z$对应的活点中已收入背包的物体总价。

5）$z.weight=z$对应的活点中已收入背包的物体的总体积。

6）$z.x[1..n]=(x_1, x_2, \cdots, x_n)$，是点$z$对应的活点对各物体$\{O_1, O_2, \cdots, O_n\}$的取舍决定。

需要注意的是，实际上该点只对到$level$层的物体，即$\{O_1, O_2, \cdots, O_{level}\}$做了决定。对$i>level$的物体$O_i$，$x_i$的值未定，可置为0或置为1，不影响结果。

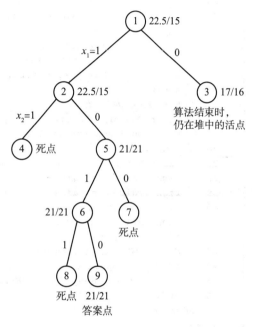

图16-9　用最大价值先出的分支限界法对例子16-2中0/1背包问题的搜索树逐步搜索和计算的显示

```
0/1-Knapsack(w[1..n],v[1..n],W,V,x[1..n])         // 输出 x[1..n] 是一最佳解，总价值是 V
1   R ← W                                          //R是初始背包容量
2   Lower-Bound(w[1..n],v[1..n],0,R,u)             // 计算根（k=0）的下界 u
3   Fractional-Knapsack (w[1..n],v[1..n],0,R,v)    // 计算根的上界 v
4   t.level ← 0                                     // 开始为搜索树根建一个记录 t
5   t.upper ← v
6   t.lower ← u
7   t.value ← 0
8   t.weight ← 0
9   t.x[1..n] ← [0..0]                              // 向量是空集，置 x_i=0（1≤i≤n）
10  H[1] ← t                                        //H是只含一个元素（根）的堆
11  heapsize ← 1                                    // 当前堆的规模是 1
12  U←u                                             // 下界 U 初值为 u
13  Answer ← false                                  // 答案点还未找到
14  while Answer=false
```

```
15    z ← Heap-Extract-Max(H[1..heapsize],max)    // 摘取 H[1]，即扩展点
16    k ← z.level                                 // 扩展点的层号
17    if k=n
18        then   Answer ← true                    // 答案点找到
19               V ← z.value
20               x[1..n] ← z.x[1..n]
21               return V, x[1..n]
22    endif
23    if z.weight+w[k+1] ≤ W                       // 剩余容积允许取 w_{k+1}，左儿子是活点，建点 left
24        then   left.level ← k+1
25               left.upper ← z.upper              // 左儿子上界与父亲相同，显然是活点
26               left.lower ← z.lower              // 下界也相同，故不需更新 U 值
27               left.value ← z.value+v[k+1]
28               left.weight ← z.weight+w[k+1]
29               left.x[1..n] ← z.x[1..n]
30                 left.x[k+1] ← 1
31               Max-Heap-Insert(H[1..heapsize], left)    // 关键字是 left.upper
32    endif
33    R ← W-z.weight                                       // 下面考虑右儿子 right
34    Lower-Bound(w[1..n], v[1..n], k+1, R, u)             // 不取 O_{k+1}，从 O_{k+2} 起算下界
35    Fractional-Knapsack(w[1..n], v[1..n], k+1, R, v)     // 不取 O_{k+1}，从 O_{k+2} 起算上界
36    right.level ← k+1
37    right.upper ← z.value+v                              // 右儿子潜在价值，即上界
38    right.lower ← z.value+u                              // 右儿子下界
39    right.value ← z.value                                // 右儿子目前已取价值与父相同
40    right.weight ← z.weight                              // 右儿子已取物体总体积与父相同
41    right.x[1..n] ← z.x[1..n]                            // 到 O_k 为止，已取物体与父相同
42    right.x[k+1] ← 0
43    U ← max{U, right.lower}                              // 更新 U 值
44    if right.upper ≥ U                                   // 否则，上界小于 U，成死点
45        then Max-Heap-Insert(H[1..heapsize],right)      // right 是活点入堆
46    endif
47 endwhile
48 End
```

16.4   博弈树和 α-β 剪枝

两人博弈游戏（如下棋等）可以用一棵博弈树 (game tree) 来描述博弈过程，分析取胜策略及搜索最佳行棋步骤等。博弈树的方法还可用于计算机下棋程序设计、军事推演以及其他决策问题上。一个著名例子就是 1997 年 IBM 的深蓝 (Deep Blue) 下棋程序以 2 胜 3 和 1 负战绩击败连续多年的世界冠军卡斯帕罗夫 (Garry Kasparov)。再一个例子是 2006 年另一个计算机下棋程序 Deep Fritz 以 4 比 2 击败当时公认的绝对冠军克拉姆尼克 (Vladimir Kramnik)。这一节，我们先介绍评估博弈树的一般方法，然后介绍用于减少评估时间的 α-β 剪枝 (α-β pruning) 技术。

16.4.1   博弈树及其评估的方法

让我们用一个简单例子来说明什么是博弈树以及如何评估。假设有两摞棋子，甲乙两名游戏者轮流从其中一摞中拿走一个或任意多个棋子，并规定不可以不拿或从二摞中都拿。

拿走最后一个棋子者算输。这个游戏在西方称为 nim。我们用一个对子 (a, b) 表示一摞中有 a 个棋子而另一摞有 b 个棋子，并假定甲方先行。这个对子可表示游戏开始时的状态或游戏中某一步时的状态。图 16-10 给出了开始状态为 $(2, 3)$ 时的博弈树，其中，我们用正方形及里面的两个数字表示甲方所面对的状态，而用圆圈中的两个数字表示乙方所面对的状态。根在 0 层，其对应的状态是甲方所面对的状态。树中第 1 层的点则分别表示对应于甲方每一种可能的行动之后，乙方所面对的游戏状态。因为是轮流取棋子，树中第 2 层的点又是甲方所面对的状态。再往下一层，又是乙方所面对的状态。如此交替直到有一方的状态是 $(0, 0)$，这一方就赢了。因为对称性，图中把 (a, b) 和 (b, a) 视为同一个状态。

给定一棵博弈树，我们可对树中每一点的状态做一个胜算的评估。为确定起见，我们做的这个评估是针对第一个行棋人，即甲方而言的。如果胜算的可能性大，则赋以一个较大的正数，否则给一个较小正数或者负数。我们约定，对博弈树任何一点的评估，不论是轮到哪一方行棋，都是为甲方做出的评分，即最坏情况下甲方可得到的评分。数字大小的设计因不同的问题而异。我们假定双方始终走出正确的一步，而我们对这棵博弈树的评估也指出了甲方应走哪一步是正确的。

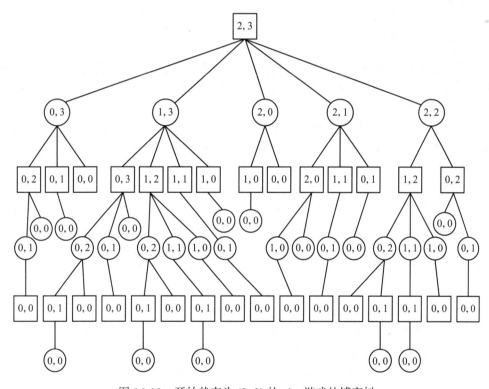

图 16-10   开始状态为 $(2, 3)$ 的 nim 游戏的博弈树

评估从终止状态，即叶子结点开始，逐层向上评估直到根结点。对叶子结点的评估很简单，因为胜负已定，我们可以根据问题设计一个适当的值。当一个结点 x 的所有儿子都已评估好以后，就可以评估该结点 x。评估的方法是：

1）如果该结点 x 是甲方所面对的点，则取儿子点的评估中最大值。这是因为儿子的评估值分别代表甲方在点 x 可能采取的每一步棋后，乙方能够给甲方造成最坏结局时，甲方仍保证可得到的评估值。我们假定乙方从不犯错误，所以是在所有最坏结局中找最好结局，也就是最小值中找最大值的策略 (maxmin policy)。一旦决定了这个儿子点 y 之后，从结点 x 到这个儿子 y 的这条有向边称为 α-**决策边**。

2）如果该结点 x 是乙方要面对的点，则取儿子点的评估中最小值。这是因为儿子的评估值分别代表乙方在结点 x 可能采取的每一步棋后，甲方对 x 的每个儿子状态能够保证得到的最大评估值。显然，乙方会在这些儿子中找一个最坏结局，也就是采取在这些最大值中找最小值的策略 (minmax policy)。一旦决定了这个儿子点 y 之后，从结点 x 到这个儿子 y 的这条有向边称为 β-**决策边**。

图 16-11a 和图 16-11 b 分别给出了如何评估甲方和乙方结点的例子。

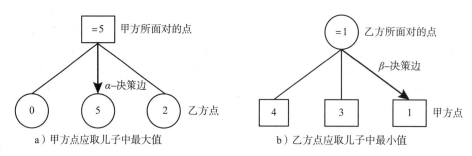

图 16-11 评估甲方和乙方结点时用的不同策略，结点内的数字是该点的评估值

对博弈树中每个点做出评估后，根结点的得分就是甲方能保证得到的评分。图 16-12 显示的是对图 16-10 中的博弈树评估的例子。在这个例子中，我们只用 0 和 1 两个数字，0 代表失败，1 代表胜利。从图中可见，甲方如果按决策边行棋，一定会胜。

现在的问题是，我们应按照什么顺序对树中各点进行评估呢？因为评估是从叶子开始，所以应该按树的后序遍历进行。这实际上可用深度优先搜索实现。当深度优先搜索完成对一个结点 v 的访问时，也就是点 v 从堆栈弹出时，就是对 v 进行评估的时候。

从上面的例子我们看到，从叶子结点开始，向上评估一棵博弈树的方法虽然很好，但实现起来很难，这是因为一棵博弈树往往很大、很深、点很多。即使像上面的小游戏，如果起始状态 (a, b) 的两个数很大，博弈树中的点也会非常多。因此，在实际应用时，我们会把这棵树的高度限制在 k 层之内，这里 k 是一个可以接受的数。这样，在第 k 层的结点就成了叶子了。但是，在第 k 层的一个点 p 只代表走了 k 步棋之后的一个游戏状态，它的估值需要把它下面子树评估完之后才可知。现在，它下面的子树全部删去，如何评价呢？解决的方法是，根据这个第 k 层点 p 的状态中某些特点设计一个启发式的评估函数 $E(p)$ 来做出评估。这样得到的评估值虽然不能绝对准确，但往往可以得到比较好的效果。当然这个评估函数 $E(p)$ 的好坏决定效果的好坏。

我们也用一个例子来说明。小时候我们都玩过五子棋。甲乙双方各执黑子和白子，轮流在一个 $n \times n$ 的棋盘上放一粒子，不许移动和吃子。谁能率先把 5 颗同色棋子在某个方向上，包括横向、纵向和两个对角线方向，联成一条无空隙直线则取胜。因为五个子的例子太大，我们用三个子为例说明。三子棋在 3×3 棋盘上的游戏在西方称为 tic-tac-toe。假设我们用 X 代表甲方的黑子，圆圈 O 代表乙方的白子，图 16-13a 显示的是甲方取胜的一个状态，而图 16-13b 显示的是博弈还在进行中，还没有取胜方时的一个博弈状态。

即使是 3×3 棋盘上的这个小游戏，它的博弈树也有 9 层之深，所以我们决定构造一棵两层的博弈树并做评估。图 16-14 显示的是这棵两层的博弈树，其中对称状态省略。

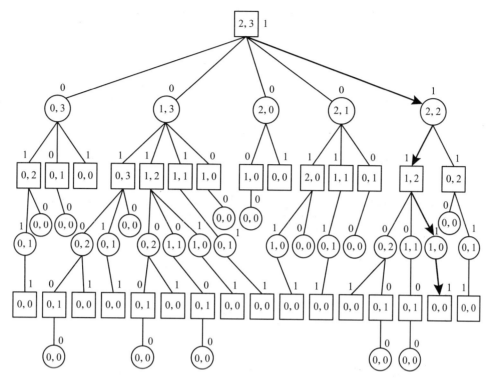

图 16-12　对图 16-10 中博弈树的评估，粗箭头代表甲方取胜的决策路径

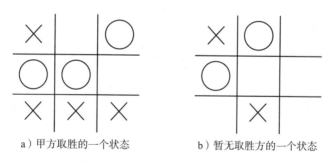

a）甲方取胜的一个状态　　　　　b）暂无取胜方的一个状态

图 16-13　tic-tac-toe 游戏状态举例

现在我们为游戏 tic-tac-toe 的两层博弈树的叶子结点设计一个启发式评估函数 E。我们用 NX 表示在当前状态下，总共有几行、几列和几条对角线上有黑子（标为 ×）存在并有三子连线的可能。没有棋子的空白行不计在内。例如图 16-13b 的状态中，$NX=2$，这是因为黑子有可能实现第 3 行和一条对角线方向的三子连线。类似地，用 NO 表示总共有几行、几列和几条对角线上有白子（标为 O）存在并有三子连线的可能。例如，图 16-13b 的状态中，$NO=1$，因为只有中间一行有可能。从甲方的观点看，NX 越大越好，而 NO 越小越好，因此，我们用 $E(p)=NX-NO$ 作为启发式评估函数有一定的道理。图 16-15 显示的是对图 16-14 中两层博弈树中每个叶子的状态用这个函数进行启发式评估后得到的评估结果。因为根的评估值为 1，说明甲方按决策边走棋取胜的可能性比较大。从根走到一个叶结点后，向下该如何走需要再以这个叶结点为根做博弈树或用其他方法做出决定。

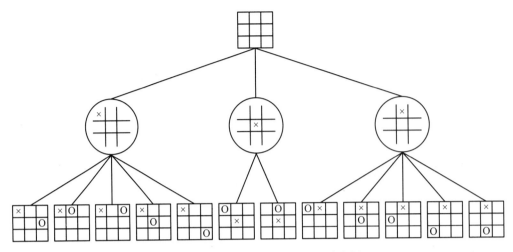

图 16-14　游戏 tic-tac-toe 的两层博弈树

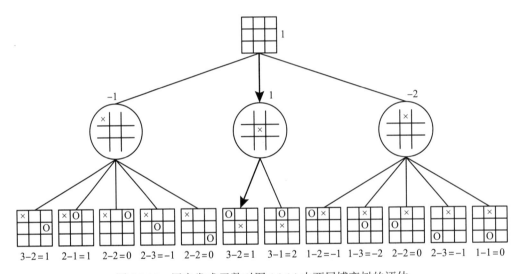

图 16-15　用启发式函数对图 16-14 中两层博弈树的评估

　　即使我们用 k 层博弈树来减少评估时间，要搜索和评估所有的点仍然有很高的复杂度。下一节我们介绍用 α-β 剪枝 (α-β pruning) 技术来进一步减少工作量。

16.4.2　α-β 剪枝法

　　α-β (Alpha-Bata) 剪枝适用于深度优先搜索的评估顺序。它是在我们对博弈树中某一点 x 做了评估之后决定要不要剪去以该点父亲为根的子树，也就是停止对父亲为根的这棵子树余下点的评估而回溯到爷爷结点上再继续。这个方法用例子说明可一清二楚。由于点 x 是甲方点时用的判断原则不同于点 x 是乙方点的判断原则，因此分 α 剪枝和 β 剪枝。

1. α 剪枝法

　　α 剪枝是在对一个甲方点 x 做出评估之后所做的决定。让我们先看一个例子。如图 16-16a 所示，当我们完成了对点 F、G、H、B 的评估后，虽然还没有完成对甲方点 A 的评估，但显然至少是 2，因为点 A 的当前值已经是 2。在接下来的评估中，我们又完成了对点 I 和 J 的评估。这时我们发现点 J 的值是 1，小于 2。这意味着 J 的父亲，乙方点 C 的值不会大于 1，因此不会改变点 A 的值。所以，以点 C 为根的子树可删去。这样一来深度优先的搜索顺序会回溯到 A 点再继续评估下一个 A 点的儿子。A 点的子树有可能再被删去。图 16-16b 显示的是在图 16-16a 的基础上继续评估的情况。点 D 的儿子都有大于 2 的评估值，所以以 D 为根的子树没有被剪枝，并且因为 D 点的评估值是 3，点 A 的当前值更新为 3。因此，在评估点 N 的值为 3 后，即可删去根为 E 的子树，因为该子树不可能改进点 A 的评估值 3。

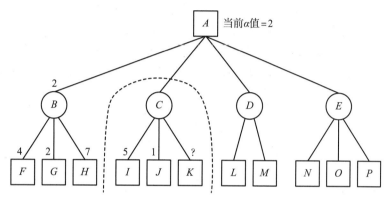

a）发现点 J 的值是 1，小于点 A 当前值 2 时，α 剪枝删去根为 C 的子树

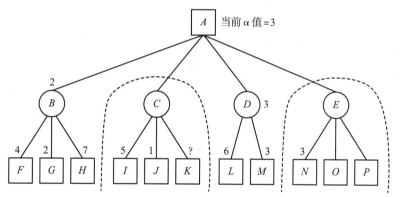

b）评估完子树 D 后，点 A 的估值更新为 3。随后发现点 N 估值为 3 后，α 剪枝删去根为 E 的子树

图 16-16　α 剪枝的例子

从上面的例子可知，α 剪枝的做法如下：

1）在深度优先搜索过程中，当一个甲方点被首次访问时，给它一个初始 α 值 $-\infty$。（叶结点除外，它们直接被赋以最后的评估值。）

2）当完成对一个乙方点的评估时，把这个评估值向它父亲结点，一个甲方点报告。

3）当一个甲方点收到它儿子的报告后，更新它的 α 值为 max{当前 α 值，报告的评估值}。

4）当一个甲方点的评估值小于或等于爷爷结点的 α 值时，把父亲点为根的子树删去。在程序中，就是把堆栈中点弹出直到爷爷结点出现在栈顶。

2. β 剪枝法

β 剪枝是在对一个乙方点 y 做出评估之后所做的决定。它的做法与 α 剪枝对称。我们把它的做法总结如下：

1）在深度优先搜索过程中，当一个乙方点被首次访问时，给它一个初始 β 值 +∞。（叶结点除外，它们直接被赋以最后的评估值。）

2）当完成对一个甲方点的评估时，把这个评估值向它父亲结点，一个乙方点报告。

3）当一个乙方点收到它儿子的报告后，更新它的 β 值为 min{ 当前 β 值，报告的评估值 }。

4）当一个乙方点的评估值大于或等于爷爷结点的 β 值时，把父亲结点为根的子树删去。在程序中，就是把堆栈中点弹出直到爷爷结点出现在栈顶。

图 16-17 给出了一个既有 α 剪枝又有 β 剪枝的例子。其中，假设叶子的评估值已知，甲方的最终评估值在方框内，而乙方的最终评估值在圆圈内。剪枝用的 α 和 β 值标在边上。

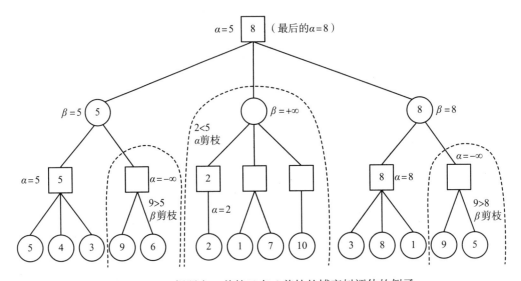

图 16-17　一棵既有 α 剪枝又有 β 剪枝的博弈树评估的例子

当深度优先搜索完成时，根结点（一个甲方点）的 α 值就是对甲方取胜的评估值。被减去的树枝中有很多点没有被评估。我们对这些点不做评估是想快速得到甲方取胜的评估值。实际博弈时，如果我们认为双方都遵循完全相同的评估策略，包括有相等评估值时的取舍策略，那么我们可以认为未评估的这些点的状态在博弈时不会出现，所以不需要考虑。

习题

1. 用回溯法设计一个给图 $G(V, E)$ 着色的算法。假定图是用邻接矩阵表示，而可用颜色的集合是 $C = \{1, 2, \cdots, m\}$，m 可视为常数。我们要求把所有合法的着色全部输出。

2. 我们知道，找出图 $G(V, E)$ 的一个最大团是一个 NPC 问题。请设计一个回溯算法来搜索图 G 的一个最大团。假定图 G 是用邻接矩阵表示的。

3. 给出非递归形式的回溯法的通用算法。

4. 请设计一个回溯算法来搜索一个图 $G(V, E)$ 的所有最大独立集。假定图 G 是用邻接矩阵表示的。

5. 请设计一个回溯算法来搜索一个有向图 $G(V, E)$ 的一条哈密尔顿回路。假定图 G 是用邻接表表示的。

6. 用后进先出的 D- 搜索法找出 n 皇后问题的一个解。

7. 用最大价值先出的分支限界法找出一个图 $G(V, E)$ 的最大团。假定图 G 是用邻接矩阵表示的。

8. 用最大价值先出的分支限界法找出有向图 $G(V, E)$ 中以点 $s \in V$ 为起点的最长的一条简单路径。假定图 G 是用邻接矩阵表示的，路径的长度为边的个数。

9. 以根为甲方，对下面的博弈树中每个点做出甲方取胜的评估。

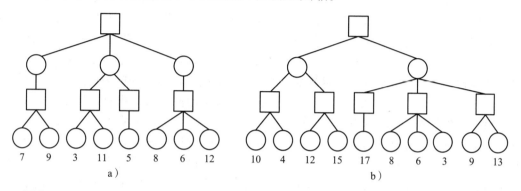

10. 假设 nim 游戏中甲方面对的状态是 (a, b)。如 $a=1$（或 $b=1$），那么甲方只需要拿走另一摞的所有 b 个棋子（或 a 个棋子）即可取胜。设 $a \neq 1$ 且 $b \neq 1$，请问，若甲方必胜，则 a 和 b 需要满足什么条件？

11. 用 α-β 剪枝法对下面的博弈树中的根做出取胜的评估并标出被剪去的子树。

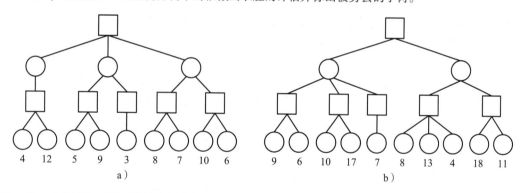

12. 用 α-β 剪枝法对下面的博弈树中的根做出取胜的评估并标出被剪去的子树。

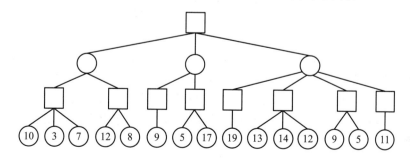

第17章 平摊分析和斐波那契堆

在这一章，我们将介绍斐波那契堆（Fibonacci heap）数据结构。斐波那契堆的发明有重大的理论价值，它巧妙地克服了二叉堆（指二叉树构成的堆，见第3章）的缺点，使得最小支撑树和最短路径的算法可以有 $O(n\lg n+m)$ 的复杂度。因为每次更新有 n 个数据的二叉堆中的一个数，或增大或减少，都需要 $O(\lg n)$ 的时间来修复堆，更新太花时间，所以斐波那契堆的主要思路是不要马上修复堆，而是打上个记号（实际操作是切下这一点为根的子树，插入到一个环中），使得每次更新只需要 $O(1)$ 的时间。等到我们需要把最小值（或最大值）从堆中删除时，再把需要修复的地方一次性全部修复，并保证不论有多少地方要修复，总共只要 $O(\lg n)$ 的时间。因为传统的堆用的是二叉树，很难支持这个做法，斐波那契堆允许一个内结点有多个儿子，但不超过 $O(\lg n)$ 个。因为斐波那契堆的构造和操作比较复杂，当问题的规模不太大时，它的优势并不能显示出来，所以大部分情况下，还是会使用二叉堆。但是，随着大数据时代的到来，问题规模不断增大，斐波那契堆的优势会在应用中显现出来。作为一个里程碑式的成果，我们有必要学习和探讨它的原理和方法。

因为需要用平摊分析（amortized analysis）来证明斐波那契堆的复杂度，而且平摊分析本身也是一种分析算法复杂度的重要方法，所以，我们将先介绍平摊分析。我们注意到，一个算法往往需要对一个数据结构进行一系列的操作。例如，堆排序需要在一个最大堆中进行一系列删除和修复操作，哈夫曼编码需要对一个最小堆进行一系列根中数据的删除和新数据的插入操作。因为这一系列操作是动态的，所以数据结构的大小和状态会随之变化。因此，即使是同一种操作，例如插入一个数据到数据结构里，如果进行许多次的话，每次所需要的时间会因为数据结构的大小和状态变化而非常不同。如果对一个数据结构进行 n 次动态操作，我们该怎样计算这 n 次操作总共需要多少时间？

要想对这 n 次操作的时间复杂度做出精确分析往往很难。为简化分析，我们通常用最坏情况时所需时间来估计每一次操作。例如，修复一个堆有时不需要 $2\lg n$ 次比较，但我们把每次修复都算作 $2\lg n$ 次比较，从而使我们得到 $O(n\lg n)$ 的堆排序的复杂度。这样简单估计得到的结果，有时可以足够好，例如上面为堆修复做的分析。但是，很多时候这个简单的估计会导致很差的结果，在下面的讨论中会看到这样的例子。

为了克服上述简单估计的缺点，平摊分析的方法是对平均一次操作需要的时间做一个估计。因为要得到精确的平均值同样很难，所以我们估计一个上界，使得在最坏情况下，实际需要的平均一次操作的时间不会超过我们估计的上界，但两者又很接近，只差一个常数因子。显然，这样的估计会足够好，因为它可精确地给出，最坏情况下这 n 个操作的时间复杂度的阶。平摊分析就是研究如何能简单容易地得到这个上界的估计。

要注意的是，平摊分析得到的值不是算法平均情况的复杂度。算法平均情况的复杂度是考虑在各种不同的输入数据的情况下，算法被多次运算时，平均一次运算所需的时间。平摊分析只考虑算法的一次运算。它考虑的是，算法在运算中对某个数据结构多次操作时，如何得到平均一次操作所需时间。得到这个平均时间可以帮助我们又快又好地得到算法的复杂度，包括最坏情况、最好情况及平均情况。

17.1 平摊分析的常用方法

平摊分析的常用方法有聚集法，记账法和势能法。我们先用简单的例子介绍这些方法，然后在后面的章节中深入讨论用平摊分析来分析算法复杂度的例子，以及用它来指导算法的设计以改进复杂度的例子。最后，在 17.3 节我们讨论斐波那契堆。

17.1.1 聚集法

简单地说，聚集法 (aggregate analysis) 就是一个算总账的方法。下面看几个例子。

【例 17-1】堆栈操作。

大家知道，堆栈 S 通常提供两种操作——压入和弹出，并且每个操作只需要 $O(1)$ 的时间：

```
Push(S,x)    // 把元素 x 压入堆栈 S
Pop(S)       // 把栈顶元素弹出
```

如果我们做 n 次压入和弹出的操作，那么这 n 次的操作只需要 $O(n)$ 的时间。现在，假设我们为堆栈 S 加一个新的操作：Multi-Pop(S, k)。这个操作连续地把 k 个栈顶元素弹出。如果堆栈 S 中的元素个数少于 k，这个操作会把堆栈 S 中的所有元素弹出。这个操作可用下面的伪码描述：

```
Multi-Pop(S,k)
1  while S ≠ ∅ and k>0
2      Pop(S)
3      k ← k-1
4  endwhile
5  End
```

显然，这个操作每次需要的时间不是常数，它取决于 k 和堆栈 S 中元素的个数。准确地说，是 $O(\min(s, k))$。这里，s 是堆栈 S 中的元素个数。假设堆栈 S 一开始是空的，算法总共要做 n 次 Push，或 Pop，或 Multi-Pop 操作，总共需要多少时间？一个简单的估计是，每一次 Push 或 Pop 操作需要 $O(1)$ 的时间，而 Multi-Pop 最多需要 $O(n)$ 的时间，所以最坏情况下，总共需要 $O(n^2)$ 的时间。这个估计太松了。

平摊分析的聚集法是这样分析的：因为任何一个元素必须先被压入堆栈才可能被弹出，所以 Pop 和 Multi-Pop 操作总共弹出的元素个数小于等于 Push 的操作次数。如果 Push 的操作次数是 p，$p \leqslant n$，那么这 n 个操作总共需要的时间不超过 $O(p) + O(p) = O(n)$。这就是为所有弹出的元素的个数算总账的方法。

【例 17-2】有 k 位的二进制计数器的连续增值。

我们用一个数组 $A[0..k-1]$ 模拟一个有 k 位的二进制计数器。数组 $A[0..k-1]$ 对应一个有 k 个比特的二进制数，其中每个数组单元 $A[i]$ ($0 \leqslant i \leqslant k-1$) 存储一个二进制比特，$A[0]$ 对应最低位，$A[k-1]$ 对应最高位。如果计数器中当前的数是 x，我们要把它加 1，即增值为 $x+1$，那么做法是，从 $A[0]$ 到 $A[k-1]$，逐位检查，如果当前这一位是 0，则把它翻转为 1，操作完成。否则，把该位从 1 翻转为 0 后再检查下一位。如果下一位还是 1，则继续翻转为 0 后，检查再下一位，直到有一位是 0 并翻转为 1 为止。例如，把二进制数 1000111

加 1，我们把右边 3 个 1 翻转为 0 后，再把下一个 0 翻转为 1，从而得到 1001000。如果 $A[0..k-1]$ 中每个比特都是 1，那么再加 1 的话，计数器会归零，即 $A[0..k-1]$ 中每个比特都翻转为 0。这个计数器加 1 的过程可以用下面的算法实现。

```
Increment(A)                    // 输入是数组 A[0..k-1]
1   k ← length[A]              //k = length[A] = 计数器长, 即比特数
2   i ← 0
3   while i < k and A[i] = 1
4       A[i] ← 0
5       i ← i + 1
6   endwhile
7   if i < k                    // 也就是 i ≤ k-1
8       then A[i] ← 1
9   endif
10  End
```

如果我们把计数器从 0 开始连续增值 n 次，$n < 2^k$，那么我们需要花多长时间才可以完成？这就是我们要讨论的有 k 位的二进制计数器的连续增值问题。

因为把一个比特翻转一次需要 $O(1)$ 的时间，那么，这个问题等价于求连续增值 n 次总共需要翻转比特多少次。最简单的方法是，估计一下计数器增值一次，即调用 Increment(A) 一次需要翻转比特多少次。因为计数器长是 k 位，增值一次最多需要翻转 k 个比特，所以连续增值 n 次需要 $O(kn)$ 的时间。这个简单估计太松了。设 $\lfloor \lg n \rfloor = h$，用聚集法我们有如下分析：

每 1 次增值，$A[0]$ 翻转 1 次，所以，$A[0]$ 一共翻转了 n 次；

每 2 次增值，$A[1]$ 翻转 1 次，所以，$A[1]$ 一共翻转了 $\lfloor n/2 \rfloor$ 次；

每 4 次增值，$A[2]$ 翻转 1 次，所以，$A[2]$ 一共翻转了 $\lfloor n/2^2 \rfloor$ 次；

...

每 2^h 次增值，$A[h]$ 翻转 1 次，所以，$A[h]$ 一共翻转了 $\lfloor n/2^h \rfloor$ 次。

所以，总共翻转比特的次数是

$$\sum_{i=0}^{h} \left\lfloor \frac{n}{2^i} \right\rfloor < n \sum_{i=0}^{h} \frac{1}{2^i} < n \sum_{i=0}^{\infty} \frac{1}{2^i} = 2n$$

因此，连续增值 n 次总共需要的时间是 $O(n)$。

其实，聚集法在之前的章节中已有应用。例如，在 13.4.1 节的最后一段，证明 Prefix-Function 的复杂度为 $O(m)$ 时，我们指出，因为变量 k 由 0 开始，每次加 1，最多增加（$m-1$）次，而每一次 while 循环会导致变量 k 减少，所以 while 循环的次数必定小于等于（$m-1$）次。还有，在随后的 13.4.2 节中，我们分析 KMP-Matcher 的复杂度为 $O(n)$ 时，也是用的聚集法证明第 1 种操作的次数不会大于第 2 种操作的次数，而第 2 种操作的次数不会大于 n。

17.1.2 记账法

记账法 (accounting method) 适用于在一系列操作中有几种不同的操作的情况。如果某种操作总共需要的时间始终比其他所有操作总共需要的时间长，那我们可以把账全算在这个主要操作上。做法是，如果这个主要操作执行一次需要一个单位时间，那么根据情况，我们把它算成 2 个单位时间，或 3 个单位时间，或某个常数 c 倍单位时间，称为**平摊时间**（或平摊代价），而其他操作执行一次的平摊时间置为 0。这主要操作每次多算的一个或几

个单位时间用来支付其他所有操作所需要的时间。显然，在最坏情况下，不论在一系列操作中有多少个主要操作和其他操作，平均一次操作的时间不会超过 2 个，或 3 个，或 c 个单位时间。

【例 17-3】用计账法分析堆栈操作。

让我们重考虑例 17-1 中的问题。假设算法要做总共 n 次的 Push，或 Pop，或 Multi-Pop 操作。因为 Pop 和 Multi-Pop 操作需要的总时间不会超过 Push 需要的总时间，所以我们为每个操作设置的平摊时间如下：

Push：平摊时间 =2（单位时间）

Pop：　　　平摊时间 =0

Multi-Pop：平摊时间 =0

这样一来，这 n 次 Push、Pop 和 Multi-Pop 操作需要的总时间可以分析如下：

n 次操作需要的总时间 = Push 操作需要的总时间 +Pop 和 Multi-Pop 操作需要的总时间

　　$\leqslant$ Push 操作需要的总时间 +Push 操作需要的总时间

　　= 2 × Push 操作需要的总时间

　　= 2 ×（1 × Push 操作的次数）

　　= Push 的平摊时间 × Push 操作的次数

　　$\leqslant$ 2n

　　= $O(n)$

【例 17-4】用计账法分析有 k 位的二进制计数器的连续增值。

我们重新考虑例 17-2 中，有 k 位的计数器的连续增值问题。计数器从 0 开始连续增值 n 次，$n<2^k$，我们需要算出总共需要翻转比特多少次。翻转比特的操作有两种，一种是把 0 翻转为 1，另一种是把 1 翻转为 0。我们可假定每次翻转都需要一个单位时间。因为计数器从 0 开始，所以在任何一位上，每次把 1 翻转为 0 之前必须先把 0 翻转为 1。这意味着，把 0 翻转为 1 的操作次数大于等于把 1 翻转为 0 的操作次数。所以我们把 1 翻转为 0 的时间记在把 0 翻转为 1 的操作上。我们为每个操作设置平摊时间如下：

把 0 翻转为 1：平摊时间 =2（单位时间）

把 1 翻转为 0：平摊时间 =0

另外，从算法 Increment(A) 可知，每次计数器增值只需要做一次把 0 翻转为 1 的操作。所以用上面的平摊时间，我们可以得到这 n 次增值的复杂度：

连续增值 n 次需要的总时间 =1× 把 0 翻转为 1 的次数 +1× 把 1 翻转为 0 的次数

　　$\leqslant$ 2 × 把 0 翻转为 1 的次数

　　= 把 0 翻转为 1 的平摊时间 × 把 0 翻转为 1 的次数

　　= 把 0 翻转为 1 的平摊时间 ×n

　　= 2n

　　= $O(n)$

注意：有时为了便于分析，我们也可以把非主要操作的平摊时间不置为 0，而是置为同一个常数 c 或另一个常数。显然，这不改变算法的复杂度。

17.1.3 势能法

我们注意到，当对数据结构进行一次操作时，实际花费的时间越长，数据结构的变化越大。例如，对堆栈 S 做 Multi-Pop(S, k) 操作时，k 越大，实际花费的时间就越长，堆栈弹出的元素也就越多，显然，堆栈的变化就越大。势能法 (potential method) 试图把两者（即花费的实际时间和数据结构的变化）结合起来。具体做法是，我们为数据结构在某个时刻含有的数据的数量定义一个势能，也就是定义一个实数函数 Φ，称为势能函数。例如，我们把堆栈中元素的个数定义为它的势能，也可以把这个数的两倍定义为它的势能等。但是，这个势能函数 Φ 要满足如下两个条件：

1）假设数据结构初始的数据量是 D_0，那么它对应的势能为 0，即 $\Phi(D_0)=0$。

2）在任何时刻 i（即第 i 次操作后，$i>0$），势能函数大于等于 0，即 $\Phi(D_i) \geqslant \Phi(D_0) =0$。

为数据结构定义了势能函数 Φ 之后，我们来定义一次操作的平摊时间。假设第 i 次操作实际花费的时间（也称为代价或实用时间）是 c_i，那么，平摊时间 a_i 是：

$$a_i = c_i + \Phi(D_i) - \Phi(D_{i-1})$$

这也就是说，平摊时间等于实际使用时间加上势能函数的增量（可正可负）。下面的推导证明，对数据结构进行 n 次操作得到的总的平摊时间大于等于这 n 次操作实际花费的总时间：

$$\sum_{i=1}^{n} a_i = \sum_{i=1}^{n} \left(c_i + \Phi\left(D_i\right) - \Phi\left(D_{i-1}\right) \right)$$
$$= \sum_{i=1}^{n} c_i + \Phi(D_n) - \Phi(D_0)$$
$$= \sum_{i=1}^{n} c_i + \Phi(D_n)$$
$$\geqslant \sum_{i=1}^{n} c_i$$

因此，用这个平摊时间计算 n 次操作得到的复杂度是实际复杂度的上界。我们进一步看到，如果 $\Phi(D_n)$（即 n 次操作结束时的势能）为零或接近零，那么用这个平摊时间得到的复杂度就几乎等于实际复杂度。实际上，只要 $\Phi(D_n)$ 不大于实际复杂度 $\sum_{i=1}^{n} c_i$ 或与之等阶，那么平摊分析得到的复杂度就与实际复杂度等阶。

【例 17-5】用势能法分析堆栈操作。

我们把堆栈的势能定义为它含有的元素个数。一开始，堆栈是空的，因而有 $\Phi(D_0)=0$。又因为元素个数是正整数或零，所以 $\Phi(D_i) \geqslant \Phi(D_0)$ 成立。根据势能法，堆栈操作的平摊时间可分析如下：

如果第 i 次操作是 Push，那么实际操作时间是 $c_i=1$（1 个单位时间）。又因为堆栈的元素增加一个，势能也加 1，$\Phi(D_i) - \Phi(D_{i-1})=1$，所以 Push 的平摊时间是 $a_i=c_i+1=2$。

如果第 i 次操作是 Pop，那么 $c_i=1$，势能减少 1，$\Phi(D_i) - \Phi(D_{i-1}) = -1$，所以 Pop 的平摊时间是 $a_i=c_i-1=0$。

如果第 i 次操作是 Multi-Pop(S, k)，那么 $c_i=\min\{s, k\}$。这里，s 是堆栈 S 中的元素个数。因为堆栈的元素减少 c_i 个，$\Phi(D_i) - \Phi(D_{i-1}) = -c_i$，所以平摊时间是 $a_i=c_i-c_i=0$。

所以，用平摊时间得到的 n 次操作的复杂度是 $O(n)$。显然，堆栈中的元素个数不会大于 n，$\Phi(D_n) \leqslant n$，所以实际复杂度也是 $O(n)$。

【例 17-6】用势能法分析有 k 位的二进制计数器的连续增值。

我们定义二进制计数器的势能是它的 k 位中，等于 1 的位数。因为一开始每位都是 0，因而有 $\Phi(D_0)=0$。又因为这个数字不可能是负数，所以 $\Phi(D_i) \geqslant \Phi(D_0)$ 成立，定义合理。

假设第 i 次操作把 h 个最低位的值从 1 翻转为 0，然后把第 $h+1$ 位的值从 0 翻转为 1。那么，因为做了 $h+1$ 次翻转动作，实际操作时间是 $c_i=h+1$。因为数值为 1 的位数减少了 $(h-1)$ 个，$\Phi(D_i)-\Phi(D_{i-1})=-(h-1)$，所以平摊时间是 $a_i=c_i-(h-1)=(h+1)-(h-1)=2$。

显然，我们用平摊时间得到的 n 次操作的复杂度是 $O(n)$。又因为 $\Phi(D_n) \leqslant k<n$，所以实际复杂度也是 $O(n)$。

17.2　动态表格

表格是用来进行动态存储的数据结构，例如，一维数组、高维数组、堆栈等。我们假定，一个表格 T 由一系列存储单元 (slot) 组成，每个存储单元可存储一个数据。表格 T 拥有的存储单元的个数称为容量，记为 $size(T)$，通常是 2 的指数，例如 2^{12}、2^{20} 等。表格 T 含有的数据的个数记为 $number(T)$。动态存储是指算法可随时向表格 T 插入一个数据，或从表格 T 删除一个数据。这里，我们假设每次插入或删除只需要一个单位时间的代价。

动态表格是指表格的大小不是固定的，是随着数据多少而变化的。一开始，因为我们不能预见有多少数据要存储，因此可以先分配一个小的表格。随着表格中数据的增加，表格的容量不够时，则需要扩张 (expansion)。反之，如果表格中很多数据被删除，表格中出现大量闲置未用的存储单元，则需要收缩 (contraction) 以提高存储空间的使用效率。我们规定，每次扩张或收缩必须是加倍或减半，以保持表格容量始终是 2 的指数。

我们假定，当表格扩张时，一个新的、容量加倍的表格会分配给算法使用，而老的表格会删除，但是必须先把数据从老表格一个一个地复制到新表格中。这个扩张操作需要的时间与复制的数据个数成正比。反之，当表格收缩减半时，一个新的、容量减半的表格会分配给算法使用。我们也必须把数据从老表格一个一个地复制到新表格中。

这一节我们要讨论的是，如果从空表格开始，对一个表格进行 n 次插入或删除操作，表格会经历多次扩张或收缩，那么该怎样分析这 n 次插入或删除的复杂度？我们假定，分配一个新表格，不论大小，只需要常数时间，不影响复杂度，可忽略。我们只把数据的复制、插入和删除的次数记入时间复杂度。

17.2.1　只允许扩张的动态表格

这一节，我们讨论动态存储的一个简单情形，即只允许插入数据，不允许删除。表格 T 一开始为空，即 $size(T)=0$，$number(T)=0$。当第一个数据 x 需要插入时，建一个容量为 1 的表格，并把 x 插入。这之后，只要表格还有空间就不扩张。当表格被填满，而又有一个新数据需要插入时才把表格扩张。表格会经历多次扩张，但没有收缩。例如，当第 2 个数据需要插入时表格会扩张到 $size(T)=2$，第 3 个数据要插入时表格会扩张到 $size(T)=4$，第 5 个数据要插入时表格会扩张到 $size(T)=8$，等等。显然，表格在任何时刻都有至少一半的容量被数据填满。下面的伪码描述了插入一个新数据时，算法操作的具体步骤。

```
Table-Insert(T,x)              // 向表格 T 插入数据 x
1   if size(T)=0                // size(T)=0 意味着 T 是空表格
2      then   T←a new table with 1 slot          // 分配容量为 1 的新表格给 T
3             size(T)←1
4   endif                       // 这时，数据 x 还没有被插入，number(T)=0
5   if number(T)=size(T)        // 表明表格已被填满，需要扩张
6      then T'←a new table with 2×size(T) slots    // T' 是容量为 2×size(T) 的新表格
7             table(T')←table(T)              // 把老表格 T 中数据复制到新表格 T' 中
8             T←T'                    // 让 T 的指针指向新表格 T'，T 成为新表格
9             size(T)←2×size(T)
10  endif                       // 扩张完成
11  table(T)←x                  // 把 x 插入到表格 T 中
12  number(T)←number(T)+1
13  End
```

我们来分析一下，如果一开始表格为空，$size(T)=0$，那么 n 次插入操作的复杂度是多少。如果第 i $(1\leqslant i\leqslant n)$ 次插入时，表格不满，那么我们只需要一个单位时间即可，$c_i=1$。如果表格已满，那么，我们需要扩张后再插入。这时必定有 $size(T)=number(T)=2^k$，$i=2^k+1$，这里，k 是某个正整数，2^k 是老表格里的数据个数。因此，扩张需要 2^k 个单位时间来复制数据。所以，当 $i=2^k+1$ 时，第 i 次插入操作实际需要的时间是 $c_i=1+2^k=i$。如果用最坏情况 $c_i=i$ 来估计 n 次插入的复杂度，我们会得到 $1+2+\cdots+n=O(n^2)$ 的结果。这个结果太大了，用平摊分析，可得到 $O(n)$ 的复杂度，分析如下。

1）**聚集法**。我们注意到，表格扩张只在 $i=2^k+1$ 时发生 $(k=0, 1, 2, \cdots)$。因为 $2^k+1\leqslant n$，最大可能的 k 是 $\lfloor \lg(n-1) \rfloor$。这些扩张需要的时间，即复制数据的时间（不计新数据插入的时间）总共是 $1+2+\cdots+2^k<2^{k+1}\leqslant 2(n-1)<2n$。所以，$n$ 次插入操作的复杂度是：扩张需要的总时间 $+n$ 次新数据的插入的时间 $<2n+n=3n$ 单位时间。

2）**计账法**。我们用 3 个单位时间算作每次新数据插入的平摊时间（不包括任何数据复制时间）而每次扩张需要的平摊时间（即数据复制时间）记为零。从上面对聚集法的讨论知，所有扩张需要的总时间不超过 $2n$ 个单位时间。所以我们为每次新数据的插入多算的 2 个单位时间足够支付所有扩张所需的总时间。因此，n 次插入操作的复杂度是 $3n$ 个单位时间，或 $O(n)$ 时间。如果不从聚集法的结果来推理，我们还可以做出如下分析：

因为每个新数据的插入算 3 个单位时间，我们可认为每个未经复制的（即上次扩张以后新插入的）数据上附有 2 个未用的单位时间。当下一次扩张到来时，这些数据会被复制到新的表格中。假设这时表格容量是 2^k，那么其中一半（即 2^{k-1}）的数据是未经复制的数据，而另一半是先前经历过一次或多次复制的数据。这 2^{k-1} 个未经复制的数据共有 $2\times 2^{k-1}=2^k$ 个未用的单位时间，正好用来支付表格中所有 2^k 个数据的复制。当然，被复制过的数据不再具有未用的时间了，在以后的每次扩张中，复制它们所需的时间由那些新数据，即未被复制过的数据所附加的时间来支付。所以，n 次插入操作的平摊复杂度是 $3n$，即 $O(n)$。

3）**势能法**。我们把表格的势能定义为 $\Phi(T)=2\times number(T)-size(T)$。这里，$number(T)$ 是表格含有的数据个数，$size(T)$ 是表格的容量。我们用 T_i 表示第 i 个数据插入后的表格 $(i=0, 1, 2, \cdots)$。初始表格 T_0 为空，我们有 $number(T_0)=size(T_0)=0$，从而有 $\Phi(T_0)=0$。又因为 T_i 中至少一半的容量有数据，$2\times number(T_i)-size(T_i)\geqslant 0$。这个势能函数满足定义要求的两个条件。让我们用这个势能函数来计算平摊时间。

如果第 i 次插入不需要扩张，那么有 $size(T_i)=size(T_{i-1})$。又因为表格中增加了一个数据，所以有 $\Phi(T_i)-\Phi(T_{i-1})=2$。由于每次插入操作实际需要 1 个单位时间，$c_i=1$，我们得到平摊时间 $a_i=c_i+2=3$。这里可见，势能的增量 2 就是我们插入时比实际使用时间多算的那部分时间，它被附加在当前数据结构中的数据上。

如果第 i 次插入需要扩张，那么表格 T_{i-1} 是满的，故有 $number(T_{i-1})=size(T_{i-1})=i-1$。所以，第 i 次插入前，表格有势能 $\Phi(T_{i-1})=2\times number(T_{i-1})-size(T_{i-1})=i-1$。

第 i 次插入后，表格 T_i 有 i 个数据，$number(T_i)=i$，而容量加倍，$size(T_i)=2(i-1)$，因此有 $\Phi(T_i)=2\times number(T_i)-size(T_i)=2i-2(i-1)=2$。

因为扩张需要 $i-1$ 个单位时间来复制表格 T_{i-1} 中的 $(i-1)$ 个数据，加上扩张之后插入第 i 个数据需要的 1 个单位时间，所以第 i 次插入实际需要的时间是 $c_i=i$。所以，平摊时间是：

$$a_i=c_i+\Phi(T_i)-\Phi(T_{i-1})=i+2-(i-1)=3。$$

这里，增量 $(i+2)$ 是第 i 次插入所需实际时间 i 及附加在它上面的 2 个单位时间，而减少的部分 $(i-1)$ 就是附加在从上次扩张之后到这次扩张之前所插入的数据上的时间。一共有 $(i-1)/2$ 个这样的数据，每一个在插入时被附加了 2 个单元的时间，而在这次扩张时被用来抵消复制需要的时间以使平摊时间为常数。

以上说明，不论第 i 次插入需不需要扩张，它的平摊时间都是 $a_i=3$。所以，n 次插入操作的平摊复杂度是 $3n$，即 $O(n)$。从这个例子可见，所谓势能就是我们在某个操作时比实际使用时间多算的时间，它们被附加在当前数据结构中的数据上以用来支付将来其他操作花费的时间。

因为 $\Phi(T_n)=2\times number(T_n)-size(T_n)=number(T_n)+(number(T_n)-size(T_n))\leqslant number(T_n)=n$，所以 n 次插入操作的实际复杂度也是 $O(n)$。

17.2.2　扩张和收缩都有的动态表格

这一节我们讨论既有插入操作又有删除操作的动态表格。当表格填满时需要扩张，当表格因删除太多而有太多的闲置单元时需要收缩。我们规定每次扩张使容量加倍，而每次收缩使容量减半。对扩张和收缩都有的动态表格，插入一个数据的算法与上一节相同。问题是什么情形下，我们认为有太多的闲置单元？通常我们用装填因子 (loading factor) 来衡量。用表格 T 中含有的数据个数 $number(T)$，除以 T 的容量 $size(T)$，得到的比例 $number(T)/size(T)$，作为装填因子。显然，装填因子越大，表格的存储空间的利用率越高。上一节讨论的只有插入操作的表格中，至少一半的容量有数据，所以装填因子始终大于等于 0.5。那么，我们是否可以用装填因子等于 0.5 作为收缩的标准？不行！

看一个简单例子。假设当前表格 T 的容量是 $size(T)=2^k$ 和 $number(T)=2^k-1$。如果下面两个操作是插入，那么，在插入第一个数后，$number(T)=2^k$，我们需要把表格扩张后插入第 2 个数，总共用时 2^k+2 个单位时间。这时，$number(T)=2^k+1$，$size(T)=2^{k+1}$。如果接下来两个操作是删除，那么，因为删除两个数据后的表格有 $number(T)=2^k-1$，导致小于 0.5 的装填因子，我们需要在删除第一个数后收缩表格，总共用时也是 2^k+2 个单位时间。这时，表格恢复到这 4 次操作前的状态，$size(T)=2^k$ 和 $number(T)=2^k-1$。可以想象，如果我们接下去有一系列的插入 2 个和删除 2 个的操作，那么平均一次操作的时间是 $(2^k+2)/2=2^{k-1}+1$。因为 k 不是常数，所以，用 0.5 或接近 0.5 的装填因子作为表格收缩的标准不可能保证一次操作的平均时间是常数。

上面的讨论使我们相信，装填因子的一个合理的选择是 0.25，因为 0.25 倍的容量仍然是 2 的指数，便于计算。另外，我们不希望选太小的装填因子，太小会降低表格的空间利用率。我们希望这个选择可以导致 $O(n)$ 的复杂度，但这需要通过分析和证明来确定。下面是以装填因子 =0.25 作为表格收缩的标准而设计的删除一个数的算法。它与前面一节的插入一个数的算法 Table-Insert 很类似，但有一个小细节值得注意。当删除一个数需要收缩表格时，我们是先删除这个数，然后再收缩，而不是先收缩，再删除。否则，这个要删除的数会在删除前被不必要地复制一次。我们假定任一个数据先有插入后有删除，故任何时候删除操作的次数不会大于插入操作的次数。

```
Table-Delete(T, x)              // 从表格 T 删除一个数据 x, 设表格 T 非空
1  Loading-factor(T) ← number(T)/size(T)
2  table(T) ← table(T) - {x}    // 把 x 从表格 T 中删除, Loading-factor(T) 不变
3  number(T) ← number(T) - 1
4  if Loading-factor(T) ≤ 0.25  // 这是删除 x 之前的 Loading-factor
5      then    T' ← a new table with 0.5×size(T) slots   // T' 是容量为 0.5×size(T) 的新表格
6              table(T') ← table(T)          // 把老表格 T 中的数据复制到新表格 T' 中
7              T ← T'                         // 让老表格 T 的指针指向新表格 T'
8              size(T) ← 0.5×size(T)
9  endif                        // 收缩完成
10 End
```

我们来分析一下，如果一开始表格为空，$size(T)=0$，那么 n 次插入和删除操作的复杂度是多少。因为第 i 次操作 $(1 \leqslant i \leqslant n)$ 的时间不确定，这个复杂度不仅决定于操作的类型是插入还是删除，还决定于表格中数据的个数，而数据的个数又与前面 $i-1$ 次操作有关。因为前面 $i-1$ 次操作可以有不同的插入和删除的序列而导致表格可有不同的数据的个数，所以要找到简单又精确的估计不容易，用平摊分析的聚集法或计账法也难有直观的结果。例如，上一节讨论只有插入操作的动态表格时，我们给每个插入的数据附加 2 个额外的单位时间，那么这次，我们给每个插入的数据再多附加 1 个或多个单位时间行吗？这可能不行，因为当你删除一个数据时，也会删去这些附加的时间。下面我们用平摊分析的势能法来分析 n 次操作的复杂度。我们设计如下的势能函数：

当 $Loading\text{-}factor(T) \geqslant 0.5$ 时，$\Phi(T) = 2 \times number(T) - size(T)$，否则，$\Phi(T) = 0.5 \times size(T) - number(T)$。

我们注意到，一开始，表格为空，$number(T) = size(T) = 0$，$\Phi(T_0) = 0$。又因为当 $Loading\text{-}factor(T) \geqslant 0.5$ 时，$2 \times number(T) - size(T) \geqslant 0$，而当 $Loading\text{-}factor(T) < 0.5$ 时，$\Phi(T) = 0.5 \times size(T) - number(T) > 0$，所以这个势能函数满足定义的 2 个条件。我们来分析一下，一次插入或删除的平摊时间是多少。我们对插入和删除分别进行讨论。

1. 第 i 次操作是插入

这种情况下，表格不会收缩，但可能需要扩张。这里有两种情况，分述如下。

1）在插入时，$Loading\text{-}factor(T_{i-1}) \geqslant 0.5$。

这种情况下，表格也许会扩张，因为插入前和插入后所用势能函数都是 $\Phi(T) = 2 \times number(T) - size(T)$，所以平摊时间的分析与前一节对 Table-Insert 的分析一样，平摊时间是 $a_i = 3$。

2）在插入时，$Loading\text{-}factor(T_{i-1}) < 0.5$。

这种情况下，表格不会扩张，但是，如果插入后 $Loading\text{-}factor(T_i)$ 变成 0.5，势能函数会不一样。我们分别讨论。

如果插入后，仍有 $Loading\text{-}factor(T_i) < 0.5$，那么因为 $size(T_i) = size(T_{i-1})$，我们有：

$$a_i = c_i + \Phi(T_i) - \Phi(T_{i-1})$$
$$= c_i + [0.5 \times size(T_i) - number(T_i)] - [0.5 \times size(T_{i-1}) - number(T_{i-1})]$$
$$= 1 - 1$$
$$= 0$$

如果插入后 $Loading\text{-}factor(T_i) = 0.5$，那么因为 $size(T_i) = size(T_{i-1})$，我们有：

$$a_i = c_i + \Phi(T_i) - \Phi(T_{i-1})$$
$$= c_i + [2 \times number(T_i) - size(T_i)] - [0.5 \times size(T_{i-1}) - number(T_{i-1})]$$
$$= 1 + 2[number(T_{i-1}) + 1] - size(T_i) - 0.5 \times size(T_{i-1}) + number(T_{i-1})$$
$$= 3 + 3number(T_{i-1}) - 1.5size(T_{i-1})$$
$$= 0 \qquad\qquad // \text{ 因为 } number(T_{i-1}) + 1 = 0.5size(T_{i-1})$$

2. 第 *i* 次操作是删除

这种情况下，表格不会扩张，但可能需要收缩。这里也有两种情况，分述如下。

1）在删除时，$Loading\text{-}factor(T_{i-1}) \geqslant 0.5$。

这种情况下，表格不会收缩，$size(T_i) = size(T_{i-1})$，但 $Loading\text{-}factor(T_i)$ 可能小于 0.5，势能函数会不一样。我们分别讨论。

如果 $Loading\text{-}factor(T_i) \geqslant 0.5$，我们有：

$$a_i = c_i + \Phi(T_i) - \Phi(T_{i-1})$$
$$= 1 + [2 \times number(T_i) - size(T_i)] - [2 \times number(T_{i-1}) - size(T_{i-1})]$$
$$= 1 + 2$$
$$= 3$$

如果 $Loading\text{-}factor(T_i) < 0.5$，我们必有 $Loading\text{-}factor(T_{i-1}) = 0.5$ 和 $number(T_{i-1}) = 0.5size(T_{i-1}) = 0.5size(T_i)$。所以有：

$$a_i = c_i + \Phi(T_i) - \Phi(T_{i-1})$$
$$= 1 + [0.5 \times size(T_i) - number(T_i)] - [2 \times number(T_{i-1}) - size(T_{i-1})]$$
$$= 1 + 0.5 \times size(T_i) - [number(T_{i-1}) - 1] - 2 \times number(T_{i-1}) + size(T_{i-1})$$
$$= 2$$

2）在删除时，$Loading\text{-}factor(T_{i-1}) < 0.5$。

这种情况下，表格可能会收缩。

如果表格不收缩，$size(T_i) = size(T_{i-1})$，我们有：

$$a_i = c_i + \Phi(T_i) - \Phi(T_{i-1})$$
$$= 1 + [0.5 \times size(T_i) - number(T_i)] - [0.5 \times size(T_{i-1}) - number(T_{i-1})]$$
$$= 1 + 1$$
$$= 2$$

如果表格收缩，$size(T_i)=0.5size(T_{i-1})$，$number(T_{i-1})=0.25size(T_{i-1})$，我们有：

$a_i=c_i+\Phi(T_i)-\Phi(T_{i-1})$

$\quad=0.25size(T_{i-1})+[0.5\times size(T_i)-number(T_i)]-[0.5\times size(T_{i-1})-number(T_{i-1})]$

$\quad=0.25size(T_{i-1})+0.25size(T_{i-1})-[number(T_{i-1})-1]-0.5\times size(T_{i-1})+number(T_{i-1})$

$\quad=1$

以上说明，不论第 i 次是插入还是删除，是否需要扩张和收缩，它的平摊时间都不超过 3，所以，动态表格的 n 次插入和删除操作的平摊复杂度是 $O(n)$。显然，它的实际复杂度也是 $O(n)$，这是因为：

当 $Loading\text{-}factor(T_n)\geqslant 0.5$ 时，$\Phi(T_n)=2\times number(T_n)-size(T_n)\leqslant number(T_n)\leqslant n$。

当 $Loading\text{-}factor(T_n)<0.5$ 时，$\Phi(T_n)=0.5\times size(T_n)-number(T_n)\leqslant 0.5\times[4\times number(T_n)]-number(T_n)\leqslant 2number(T_n)-number(T_n)=number(T_n)\leqslant n$。

17.3　斐波那契堆

我们注意到，第 3 章讨论过的有 n 个数据的最小堆或最大堆的缺点是，当需要更新（减少或增加）某个数值时，我们需要 $O(\lg n)$ 的时间。因为更新一个数的值是 Prim 算法和 Dijkstra 算法中的主要操作，我们希望能把它改进为 $O(1)$。当然，这是平摊意义下的复杂度。另外，我们还希望改进后的堆（称为斐波那契堆）能方便地插入一个数据、删去一个数据，以及合并两个堆为一个堆。这三个操作不是 Prim 算法和 Dijkstra 算法所要求的，而是在我们对斐波那契堆进行合并调整时需要的。为便于比较，我们把各种可能用到的操作，以及这两种数据结构（通常的二叉堆和斐波那契堆）相应于这些操作的复杂度列在表 17-1 中。以前讨论的二叉堆有最小堆和最大堆两种，同样，斐波那契堆也有最小和最大两种。因为它们是对称的概念，我们只讨论最小斐波那契堆。这就是说，在斐波那契堆里，我们要求存于父亲结点的数字（关键字）小于等于存于儿子结点的数字。

表 17-1　最小二叉堆和最小斐波那契堆对基本操作的复杂度比较

操作	二叉堆最坏情况复杂度	斐波那契堆平摊复杂度
建一空堆 (Make-Heap)	$\Theta(1)$	$\Theta(1)$
插入 (Insert)	$\Theta(\lg n)$	$\Theta(1)$
获取最小值 (Minimum)	$\Theta(1)$	$\Theta(1)$
摘取最小值 (Extract-Min)	$\Theta(\lg n)$	$\Theta(\lg n)$
合并 (Union)	$\Theta(n)$	$\Theta(1)$
减小关键字 (Decrease-Key)	$\Theta(\lg n)$	$\Theta(1)$
删除 (Delete)	$\Theta(\lg n)$	$\Theta(\lg n)$

我们先介绍斐波那契堆的结构，然后再介绍如何进行表 17-1 中所列操作并实现表中所列平摊复杂度。表 17-1 中的前 5 个操作称为**可合并堆的操作**。

17.3.1　斐波那契堆的构造

斐波那契堆 H 不是一棵二叉树，也不是一棵树，而是一个树的集合。这些树的根结点用双向指针链结为一个环，称为树根环或树根表 (root list)。从一个树根可以沿正方向或逆方向走到另一个树根。斐波那契堆 H 中的每一个结点 x 存有一个数据，它的主要属性 (attribute，或称域) 是关键字，记为 $x.key$。斐波那契堆 H 的属性 $H.n$ 表示堆中有几个关键字，也就是几个数据。如果没有关键字，堆为空，$H.n=0$。斐波那契堆 H 的另一个属性 $H.min$ 是一个指针，指向最小根，即树根环中关键字最小的那个根。如果堆为空，$H.min=nil$。显然，最小根里的关键字是堆 H 中所有结点中最小的。

斐波那契堆 H 中的每一个结点 x 除了关键字 $x.key$ 以外，还含有以下属性：

- $x.p$ 为指向父亲的指针。如果 x 是某个树根，$x.p=nil$。
- $x.degree$ 表示点 x 的儿子个数。如果没有儿子，$x.degree=0$。因为每个结点的所有儿子也用双向指针链结为一个环，因此有：
  - $x.left$ 指向点 x 左边的兄弟的指针；
  - $x.right$ 指向点 x 右边的兄弟的指针；
  - $x.child$ 指向点 x 的某个儿子的指针，可任取一个儿子，不妨称为长子。

    如果结点 x 是树根环中的一个树根，它的左右指针 $x.left$ 和 $x.right$ 也用来与它的相邻树根链结。另外，如果结点 x 有儿子在某操作中被切下并接到另一个结点 y 上，要在点 x 上打个标记，表明它失去过一个儿子。这个标记一直保留到结点 x 本身被切下并接到新的父亲结点为止。
- $x.mark$ 是个布尔变量，称作标记。$x.mark=$true 表示自从 x 成为当前父亲的儿子后，x 有儿子被切走；否则，$x.mark=$false。(如果 x 是新建的点，也置 $x.mark=$false。)

斐波那契堆 H 中的数字（关键字）满足最小堆顺序，即任一结点中的数小于等于它的任一个儿子结点中的数。图 17-1 给出了一个斐波那契堆的例子，图中灰色的点是打上标记的点。注意，几乎所有指针都是双向指针，只有 $H.min$ 和指向父亲的指针 (除长子外) 是单向的。因此，为清晰简明，我们用图 17-2 表示图 17-1 中的斐波那契堆。

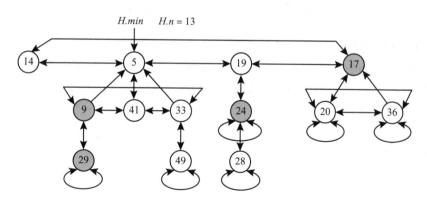

图 17-1　一个斐波那契堆的例子

为了对斐波那契堆做平摊分析，我们定义斐波那契堆的势能函数为：

$$\Phi(H)=t(H)+2m(H)$$

其中，$t(H)=$ 树根表中树的个数，$m(H)=$ 有标记的点的个数。例如，图 17-2 中的斐波那契堆的势能函数是 $\Phi(H)=4+2\times 4=12$。显然，这个定义满足势能函数的两个条件。如果某个算法同时使用几个斐波那契堆，那么，它们的总势能是各个斐波那契堆的势能之和。

在下面的讨论中，我们常需要用到一个结果，就是有 n 个关键字（或结点）的斐波那契堆中，任一个点 x 的度，即 $x.degree$，有个上界。我们用 $D(n)$ 表示有 n 个结点的斐波那契堆中最大的度。那么，如果我们只进行可合并堆的操作，即表 17-1 中的前 5 个操作，那么可证明 $D(n) \leqslant \lfloor \lg n \rfloor$。如果我们允许表 17-1 中的所有操作，那么可证明 $D(n) = O(\lg n)$。让我们在下一节先用上这个上界的结果，等把所有操作讨论完之后，我们证明这个上界。

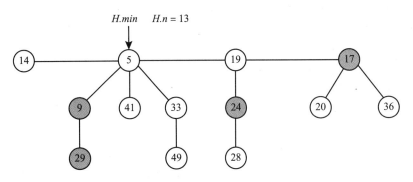

图 17-2　斐波那契堆的简化表示

17.3.2　可合并堆的操作

在这一节，我们只讨论可合并堆的操作，即表 17-1 中的前 5 个操作。为方便起见，我们有时把斐波那契堆简称为堆。

1. Make-Fib-Heap(H)

这个操作建立一个空的堆 H，其中一棵树也没有。我们只要求系统分配一个存储单元后返回一个对象 H。它的属性是 $H.n = 0$，$H.min = nil$，树根表为空。这个堆的势能为 0，$\Phi(H) = 0$。这个操作的实际使用时间及平摊时间均可置为 $O(1)$。

2. Fib-Heap-Insert(H, x)

这个操作是在堆 H 中插入一个新点 x，也就是一个新的数据 x。我们假定，点 x 对应的数据对象 x 已建立，它的属性 $x.key$ 已存在。这个插入操作很简单，我们为点 x 建立一棵只含 x 的树后，把它插入到 H 的树根表中。下面是这个操作的伪码。

```
Fib-Heap-Insert(H, x)
1  x.degree ← 0
2  x.p ← nil
3  x.child ← nil
4  x.mark ← false
5  if H.min=nil                              // 如果树根表为空
6     then    create a root list containing just x    // 建只含 x 的树根表
7             H.min ← x
8     else    insert x into H's root list     // 否则，把 x 插入到 H 的树根表
9             if x.key<H.min.key
10                then H.min ← x             // 更新 H.min
11            endif
12 endif
13 H.n ← H.n+1
14 End
```

显然，这个操作实际需要的时间为 $O(1)$。因为它不增减标记的个数，但是增加了一棵树根表中的树，这个堆的势能函数增加了 1，所以这个操作的平摊时间为 $O(1)+1=O(1)$。

3. Minimum(H)

这个操作获取堆 H 中的最小关键字。因为指针 $H.min$ 直接指向有最小关键字的点，这个操作需要的实际使用时间为 $O(1)$。因为这个操作不改变堆的结构和势能，所以这个操作的平摊时间为 $O(1)+0=O(1)$。

4. Fib-Heap-Union(H, H_1, H_2)

这个操作把两个斐波那契堆（H_1 和 H_2）合并为一个斐波那契堆，也就是把这两个堆中的点不增不减地组成一个堆 H，完成后，删除 H_1 和 H_2。下面是伪码。

```
Fib-Heap-Union(H,H₁,H₂)
1   Make-Fib-Heap(H)                              // 构造一个空堆
2   H ← H₁                                        // 相当于把 H₁ 改名为 H
3   concatenate the root list of H₂ with the root list of H // 把 H₂ 的树根表并入 H 的树根表
4   if H.min=nil
5       then H.min ← H₂.min
6       else     if (H₂.min ≠ nil) and (H₂.min.key<H.min.key)  // 如果 H₂ 的最小关键字更小
7                   then H.min ← H₂.min            // 则更新 H 的最小关键字
8           endif
9   endif
10  H.n ← H₁.n+H₂.n
11  return H
12  End
```

因为合并操作中的每一步（包括第 3 行的两个链表的合并）都只要 $O(1)$ 的时间，所以这个操作的实际使用时间为 $O(1)$。因为 $t(H)=t(H_1)+t(H_2)$，而且 H_1 和 H_2 中带有标记的点在 H 中仍然带有标记，不带标记的点在 H 中仍然不带标记，所以 $\Phi(H)=\Phi(H_1)+\Phi(H_2)$。因为势能的变化为 0，这个合并操作的平摊时间为 $O(1)+0=O(1)$。

5. Fib-Heap-Extract-Min(H)

这个操作摘取斐波那契堆 H 中有最小关键字的点，简称摘取最小点，是最复杂的一个操作，因为把 $H.min$ 指向的点（称为最小点）从树根表中删除以后，我们要对余下的数据结构进行修复。具体来说，修复分三步。第一步把最小点的所有儿子逐一插入到 H 的树根表中，第二步删除最小点，第三步对树根表中的点进行合并调整使得每个树根的度都不同，同时建立新的树根表和指向新的最小点的指针。第三步的工作由一个称为 Consolidate(H) 的子程序完成。我们先给出摘取最小点操作的主程序的伪码，然后给出 Consolidate(H) 的伪码。

```
Fib-Heap-Extract-Min(H)
1   z ← H.min                        //z 指向最小点
2   if z ≠ nil                       // 否则，堆中没有结点，是个空堆
3       then    for each child x of z
4                   add x to the root list of H              // 把 x 插入树根表
5                   x.p ← nil
6               endfor
7               remove z from the root list of H    // 根表中摘除最小点，z 仍指向该数据
```

```
8              if  z=z.right                // 原树根表中只有最小点
9                 then    H.min ← nil
10                else H.min ← z.right      // 暂取原树根表中的下一个，需调整
11                    Consolidate(H)        // 合并调整的子程序
12          endif
13       H.n ← H.n − 1
14       return z
15       else return(error,empty heap)
16 endif
17 End
```

下面讨论子程序 Consolidate(H)。它的主要工作是检查树根表中每个点的度是否都不同。一旦发现树根 x 和树根 y 的度相同，则把它们合并。具体做法是：如果 $x.key \leqslant y.key$，那么，把树根 y 从树根表中摘除并把它作为儿子接到树根 x 上。当然，树根 x 的儿子链表中要插入点 y，树根 x 的度要加 1，即 $x.degree \leftarrow x.degree+1$。此外，如果点 y 有标记，则要改置为 false。这样做的结果是，以 y 为根的子树中的所有点都随着 y 到了以 x 为根的子树中。这个简单的操作把 y 作为儿子接到 x 上，用子程序 Fib-Heap-Link(H, y, x) 来实现。

```
Fib-Heap-Link(H, y, x)
1  remove y from the root list of H
2  make y a child of x              // 把树根 y 插入到树根 x 的儿子环中
3  y.p ← x
4  x.degree ← x.degree+1
5  y.mark ← false
6  End
```

子程序 Consolidate(H) 通过一系列 Fib-Heap-Link 操作使树根表中每个树根的度都不同。为了方便搜寻度数相同的树根，我们先建一个临时数组 $A[0..D]$，其中 $A[k]$ $(0 \leqslant k \leqslant D)$ 是用来指向度为 k 的树根的指针。这里，$D=D(n)$ 是当前斐波那契堆中所有点的最大度数，n 是斐波那契堆中点的个数，后面我们会证明 $D(n)=O(\lg n)$。

一开始，$A[k]=nil$ $(0 \leqslant k \leqslant D)$。然后，我们逐个检查树根表中的树根。当发现一个树根 x 的度是 k 时，我们就去查 $A[k]$。如果 $A[k]=nil$，则置 $A[k] \leftarrow x$，如果 $A[k]=y \neq nil$，则调用 Fib-Heap-Link 合并树根 x 和 y。合并后，需要把 $A[k]$ 置为 nil。另外，合并后的树根有度 $k+1$，我们要去查 $A[k+1]$。如果 $A[k+1]=nil$，那么我们让 $A[k+1]$ 指向这个合并后的树根，否则继续合并。显然，这个合并的次数不会超过 $D=O(\lg n)$ 次。完成对树根的合并调整后，程序 Consolidate(H) 把数组 $A[0..D]$ 中非空指针所指向的树根建立为一个新的树根表，并找出新的最小点。下面是 Consolidate(H) 的伪码。

```
Consolidate(H)
1  for k ← 0 to D          //D=D(n)=D(H.n)
2      A[k] ← nil          // 初始化 A[0..D]
3  endfor
4  for each node w in the root list of H           // 可认为从 H.min 开始
5      x ← w
6      d ← x.degree
7      while    A[d] ≠ nil
8          y ← A[d]
9          if x.key>y.key
10             then x↔y            // 指针 x 和 y 交换使 y.key ≥ x.key
11          endif
```

```
12              Fib-Heap-Link(H,y,x)
13              A[d] ← nil
14              d ← d+1
15          endwhile
16      A[d] ← x
17 endfor
18 H.min ← nil                          // 由 A[0..D] 构造树根表
19 for i ← 0 to D
20      if A[i] ≠ nil
21          then    if H.min=nil                    // 插入第一个树根
22                      then    create a root list for H containing just A[i]
23                              H.min ← A[i]
24                      else    insert A[i] into H's root list
25                              if A[i].key<H.min.key
26                                  then H.min ← A[i]
27                      endif
28          endif
29      endif
30 endfor
31 End
```

下面，我们看一个例子。假设我们要把图 17-1 中的最小点删除。第一步是把最小点的所有儿子并入树根表，第二步是把最小点从树根表中摘除，第三步是调用 Consolidate(H) 进行合并调整。图 17-3 图示了第二步之后、第三步之前的情况。

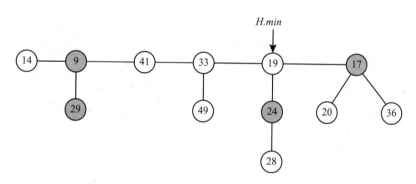

图 17-3　删除图 17-2 中斐波那契堆最小点操作第二步后的堆的结构

第三步先把树根表中的树合并为有不同度数的根，并且用数组 $A[0..D]$ 中 $A[k]$ $(0 \leqslant k \leqslant D)$ 指向度数为 k 的树根。合并完之后，把这些树根连成一个环并找出有最小关键字的根。图 17-4 逐步显示了对每个树根进行合并操作之后的堆的结构。注意，在图 17-4e 中，关键字为 17 的点的标记被去除，因为它的父亲变成另一个点了。图 17-4h 显示的是删除最小点的操作全部完成后的斐波那契堆。

现在让我们来分析摘取最小点需要的平摊时间。先讨论实际使用的时间。在调用子程序 Consolidate(H) 前，主程序 Fib-Heap-Extract-Min 的主要工作是把最小点的儿子逐个插入 H 的树根表，然后摘除最小点。因为任何点的度不超过 $D(n)$，所以，这部分工作后，树根表中的点增加了，但不超过 $t(H)+D(n)$。这里，$t(H)$ 是摘取操作开始时树根表中的点的个数。显然，这部分的实际使用时间是 $O(D(n))$，而摘取最小点的总的实际使用时间还要加上 Consolidate(H) 的实际使用时间。

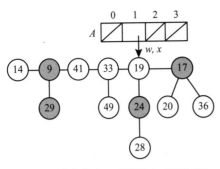

a）H.min 指向的点 19 的度是 1，连到 A[1]

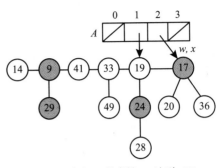

b）下一个点 17 的度是 2，连到 A[2]

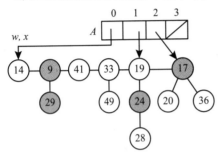

c）下一个点 14 的度是 0，连到 A[0]

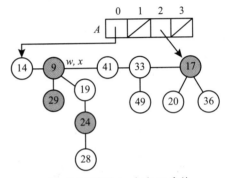

d）点 9 的度是 1，与点 19 合并

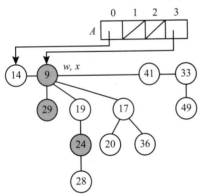

e）点 9 与点 17 合并，清除点 17 标记，连到 A[3]

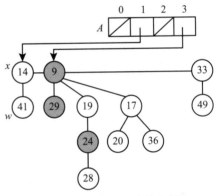

f）点 41 度为 0，与点 14 合并后连到 A[1]

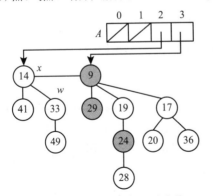

g）点 33 度为 1，并入点 14 后连到 A[2]

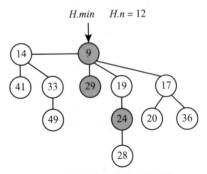

h）合并调整后的斐波那契堆

图 17-4　对图 17-3 的树根表进行合并调整的逐步操作图示

　　Consolidate(H) 的工作是逐个检查树根表里的树根，如果发现两个树根 x 和 y 有相同的度，则用 Fib-Heap-Link 将它们合并。因为 Consolidate(H) 开始时，树根表有最多 $t(H)+D(n)$ 个点，而每调用 Fib-Heap-Link 一次，树根表中的点就减少一个，所以这样的合并不超过 $t(H)+D(n)$ 次。因此，Consolidate(H) 中第 7~15 行的 while 循环总共需要 $O(t(H)+D(n))$ 时间。从而，Consolidate(H) 中第 4~17 行的 for 循环总共需要 $O(t(H)+D(n))$ 时间。因为 Consolidate(H) 中的最后部分，第 19~30 行的 for 循环需要 $O(D(n))$ 时间，所以 Consolidate(H) 的实际使用时间是 $O(t(H)+D(n))$。这也是摘取最小点需要的总的实际使用时间。

　　现在，让我们讨论势能的变化。设 $m(H)$ 为删除最小点之前有标记点的个数，那么删除最小点之前的势能是 $t(H)+2m(H)$。因为删除最小点的过程不增加有标记的点，而删除最小点之后的树根表中的树根个数最多是 $D(n)+1$ 个，所以势能的增量最多是 $[D(n)+1-t(H)]$，摘取最小值的平摊时间是 $O(t(H)+D(n))+D(n)+1-t(H)-O(D(n))=O(\lg n)$。

　　注意，我们可以把括号里的 $t(H)$ 和括号外的 $t(H)$ 对消是因为括号外的 $t(H)$ 是势能部分，我们可以把它乘以一个足够大的常数去抵消括号里的实际使用时间 $t(H)$。也就是说，我们把势能定义为 $C(t(H)+2m(H))$。这里，C 是一个足够大的常数。

17.3.3　减小一个关键字和删除任一结点的操作

　　在这一节，我们讨论表 17-1 中的后两个操作，即减小某个数字（即关键字）的值的操作和删除最小点以外的任一结点的操作。

1. Fib-Heap-Decrease-Key(H, x, k)

假设我们要把点 x 中的关键字 $x.key$ 减小到 k，操作步骤如下：

1）如果 $k>x.key$，报告出错，因为新的值 k 比 $x.key$ 还大。

2）把 $x.key$ 置为新的值 k，即 $x.key \leftarrow k$。

3）如果点 x 是一个树根，或者 $x.key \geqslant y.key$，则跳过 4）。这里，点 y 是点 x 的父亲。

4）如果点 x 不是树根并且 $x.key<y.key$，调用子程序 Cascading-Cut(H, x, y)。

5）如果 $k<H.min.key$，则更新 $H.min$ 为 x，$H.min \leftarrow x$。

6）操作完成。

　　其中，子程序 Cascading-Cut(H, x, y) 是个递归程序，称为**连续切割**。它把点 x 为根的树从 x 的父亲 y 切下后，插入到树根环中。这时，如果父亲 y 不在树根环中并且有标记，说明 y 已有一个儿子曾被切割，所以我们需要把以 y 为根的树也从 y 的父亲 z 切下，并插入到树根环中。子程序 Cascading-Cut 继续这个连续切割的过程，直到切下的点的父亲 w 已经在树根环里，或者 w 没有标记为止。这个子程序的第 1 步切割是为了纠正堆顺序，使儿子的关键字大于等于父亲的关键字；第 2 步及以后每步是保证每个点最多被切去一个儿子，除非它在树根环中。

　　下面我们先给出主程序 Fib-Heap-Decrease-Key 的伪码，随后给出子程序 Cascading-Cut 的伪码。

```
Fib-Heap-Decrease-Key(H, x, k)
1  if k>x.key
2      then return (Error, new key is greater than current key.)
3  endif
4  x.key ← k
```

```
5       y ← x.p
6       if y ≠ nil and x.key < y.key              // x 不是根，并且 x 的关键字比父亲 y 的小
7           then Cascading-Cut(H,x,y)             // 该子程序的伪码在下面
8       endif
9       if x.key < H.min.key                      // x 是一个根，其关键字比最小点还小
10          then H.min ← x                        // 更新最小点指针
11      endif
12  End
```

```
Cascading-Cut(H,x,y)
1   remove x from the child list of y            // 把 x 从 y 的儿子环中移开
2   y.degree ← y.degree − 1
3   if y.child = x                                // 如果 x 是 y 的长子
4       then    if x.right ≠ x                    // 如果 x 不是 y 的唯一的儿子
5                   then y.child ← x.right        // 重设 y 的长子
6                   else y.child ← nil
7               endif
8   endif
9   add x to the root list of H                   // 把 x 加到 H 的树根表中
10  x.p ← nil
11  x.mark ← false                                // 取消标记
12  z ← y.p
13  if z ≠ nil                                    // 注意，如果点 y 是个树根，失去儿子 x 后不改变标记
14      then    if y.mark = false                 // 如果点 y 不是树根且无标记
15                  then y.mark ← true            // 那么失去 x 后打标记，算法完成
16                  else Cascading-Cut(H,y,z)     // 否则，继续切割
17              endif
18  endif
19  End.
```

图 17-5 给出了一个例子。其中，图 17-5a 是操作前的斐波那契堆，假设我们要把关键字 22 减少为 6。图 17-5b 显示关键字 22 减少为 6 以后，因为 6 小于 19 而被切割的情况。这个点减少为 6 后加入到树根表中，并消去标记。图 17-5c 显示，因为关键字 19 已有标记而被切割的情况。点 19 被切割后加入到树根表中并消去标记。另外，因为关键字 15 在失去儿子 19 前没有标记，点 19 是它失去的第一个儿子，所以关键字 15 在图 17-5c 中被打上标记，切割停止。图 17-5d 显示最后一步，即更新最小点指针后，斐波那契堆的结构。

Fib-Heap-Decrease-Key 操作的实际使用时间主要在连续切割，其余只要 $O(1)$ 时间。假设一共切割了 k 次，那么该操作的实际使用时间是 $O(k)$。让我们分析一下势能的变化。这 k 次切割使树根表中的点增加了 k 个，但是去除了至少 $(k-1)$ 个标号，但最后一个切割可能增加一个标号（如果不是根的话），因此，这个操作使势能的增量不大于 $k-2(k-1)+2 = 4-k$。所以，减小一个关键字操作的平摊时间是 $O(k)+4-k = O(1)$。这里，括号内的 k 和括号外的 k 可以抵消的原因已在讨论删除最小点操作时解释过了。这是因为括号外的 k 是势能部分，我们可以把它乘以一个足够大的常数去抵消实际使用时间 $O(k)$。

2. Fib-Heap-Delete(H,x)

利用前面讨论过的操作，删除一个结点 x 的操作可以简单地表述为下面的伪码。

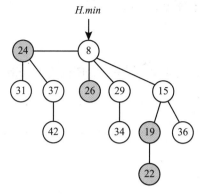
a）操作前的斐波那契堆。下面要把
22 减少为 6

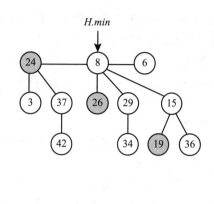
b）改 22 为 6 后从点 19 切下，
加入树根表，并去除标记

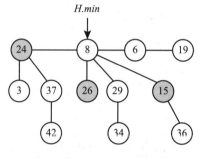
c）把 19 从点 15 切下，加入树根表，去
标记。给点 15 打上标记，切割停止

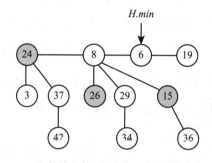
d）把最小点更新为点 6 后，操作完成

图 17-5　减少一个关键字的逐步图示

```
Fib-Heap-Delete(H,x)                    // 把点 x 从堆 H 中删除
  1 Fib-Heap-Decrease-Key(H,x,-∞)
  2 Fib-Heap-Extract-Min(H)
  3 End
```

因为 Fib-Heap-Decrease-Key 的平摊时间是 $O(1)$，而 Fib-Heap-Extract-Min 的平摊时间是 $O(D(n))=O(\lg n)$，删除一个结点的平摊时间是 $O(1)+O(D(n))=O(D(n))=O(\lg n)$。

至此，我们已逐一讨论了斐波那契堆是如何实现表 17-1 里的 7 个基本操作并达到设计的平摊复杂度的。因为它只需要 $O(1)$ 平摊时间把关键字减少，所以它使得最小支撑树的 Prim 算法和最短路径的 Dijkstra 算法有 $O(n\lg n+m)$ 的复杂度。

17.3.4　最大度数的界

在前两节分析斐波那契堆的 7 个操作时，我们用了一个还未证明的结果，就是任一个点的最大度数 $D(n)$ 有上界，$D(n)=O(\lg n)$。这一节我们证明这一结果。更准确地说，我们将证明 $D(n)\leqslant\lfloor\lg_{\varphi}n\rfloor$，这里，$\varphi=\dfrac{\sqrt{5}+1}{2}$ 是方程 $x^2=x+1$ 的根（$\varphi\approx1.61803$），从而有 $D(n)=O(\lg n)$。证明中用到了斐波那契数的特点，这也是斐波那契堆名字的由来。

我们知道，斐波那契数指的是序列 $\{f_i\}$，$i=1,2,\cdots$。其中，$f_1=1,f_2=1$。当 $i\geqslant3$ 时，$f_i=f_{i-1}+f_{i-2}$。我们先证明两条与斐波那契数有关的引理。

引理 17.1 任一斐波那契数 f_{k+2} ($k \geqslant 0$) 满足不等式 $f_{k+2} \geqslant \varphi^k$。

证明： 我们对整数 k 进行归纳证明。

归纳基础：

当 $k=0$ 时，$f_{k+2}=f_2=1 \geqslant \varphi^0$。当 $k=1$ 时，$f_{k+2}=f_3=2 \geqslant \dfrac{\sqrt{5}+1}{2}=\varphi^1$。所以当 $k=0$ 和 $k=1$ 时，f_{k+2} 满足 $f_{k+2} \geqslant \varphi^k$，引理成立。

归纳步骤：

假设当 $k=0, 1, \cdots, i$ 时 ($i \geqslant 1$)，引理成立，即 $f_{k+2} \geqslant \varphi^k$。我们证明，当 $k=i+1$ 时，引理也成立，即 $f_{k+2} \geqslant \varphi^k$。

首先，由归纳假设，我们有 $f_{i+2} \geqslant \varphi^i$ 和 $f_{i+1} \geqslant \varphi^{i-1}$。

再由公式 $f_{k+2}=f_{k+1}+f_k$ 和 $k=i+1$，我们得到：

$$f_{k+2}=f_{k+1}+f_k=f_{i+2}+f_{i+1} \geqslant \varphi^i + \varphi^{i-1} = \varphi^{k-1} + \varphi^{k-2} = \varphi^{k-2}(\varphi+1)$$

因为 φ 满足方程 $x^2=x+1$，我们有 $\varphi^2=\varphi+1$。代入上式后得：

$$f_{k+2} \geqslant \varphi^{k-2}(\varphi+1) = \varphi^{k-2}(\varphi^2) = \varphi^k$$ ∎

引理 17.2 任一斐波那契数 f_{k+2} ($k \geqslant 0$) 满足 $f_{k+2}=1+\sum\limits_{i=1}^{k} f_i$。

证明： 我们对整数 k 进行归纳证明。

归纳基础：

当 $k=0$ 时，$f_{k+2}=f_2=1$ 并有 $\sum\limits_{i=1}^{k} f_i=0$，所以有 $f_{k+2}=1+\sum\limits_{i=1}^{k} f_i$。当 $k=1$ 时，$f_{k+2}=f_3=2$ 并有 $\sum\limits_{i=1}^{k} f_i=1$，所以 $f_{k+2}=1+\sum\limits_{i=1}^{k} f_i$ 也成立。

归纳步骤：

假设当 $k=0, 1, \cdots, j$ 时，引理成立。我们证明，当 $k=j+1$ 时，引理也成立，即 $f_{k+2}=1+\sum\limits_{i=1}^{k} f_i$。

首先，由归纳假设，我们有 $f_{j+2}=1+\sum\limits_{i=1}^{j} f_i$，也就是 $f_{k+1}=1+\sum\limits_{i=1}^{k-1} f_i$。

再由公式 $f_{k+2}=f_{k+1}+f_k$，我们得到：

$$f_{k+2}=f_{k+1}+f_k=(1+\sum\limits_{i=1}^{k-1} f_i)+f_k=1+\sum\limits_{i=1}^{k} f_i$$ ∎

获得最大度数 $D(n)$ 的上界 $\lfloor \lg_\varphi n \rfloor$ 的关键是要证明，以任一点 x 为根的树（或子树）中结点的个数是以点 x 的度数为指数的函数。下面的引理是关键一步。

引理 17.3 假设斐波那契堆的结点 x 的度数是 k，即 $x.degree=k$ ($k \geqslant 1$)。它的 k 个儿子的结点，按照联结到点 x 的先后顺序，依次为 $y_1, y_2, \cdots, y_k$。那么，我们有 $y_1.degree \geqslant 0$。从 $i=2$ 起，有 $y_i.degree \geqslant i-2$ ($2 \leqslant i \leqslant k$)。

证明： 结点 y_1 即使没有儿子，$y_1.degree \geqslant 0$ 显然亦成立。从 $i=2$ 起，结点 y_i 在成为点 x 的儿子的那一时刻，点 x 至少有度数 $i-1$，即 $x.degree \geqslant i-1$。那么，在那一时刻，结点 y_i 必须有与点 x 相同度数才可以由程序 Consolidate 联结到点 x 上去，即 $y_i.degree=x.degree \geqslant i-1$。因为结点 y_i 在成为点 x 的儿子后最多会失去一个儿子，所以有 $y_i.degree \geqslant i-2$ ($2 \leqslant i \leqslant k$)。 ∎

下面的定理给出以点 x 为根的树（或子树）中结点的个数与点 x 的度数的关系。

定理 17.4　我们用 $size(x)$ 表示斐波那契堆中以点 x 为根的树（或子树）中结点的个数，并将其称为这棵树的规模。假设斐波那契堆的结点 x 的度数是 k，即 $x.degree=k$，那么我们有 $size(x) \geqslant f_{k+2} \geqslant \varphi^k$。

证明：让我们用 s_k 表示斐波那契堆中，一个度数为 k 的点为根的树可能有的最小规模。我们将证明 $s_k \geqslant f_{k+2} \geqslant \varphi^k$，那么，因为 $size(x) \geqslant s_k$，就有 $size(x) \geqslant f_{k+2} \geqslant \varphi^k$。

假设点 z 的度是 k，以点 z 为根的树有最小规模 s_k。我们用归纳法证明 $s_k \geqslant f_{k+2}$。

归纳基础：

当 $k=0$ 时，树中只有一个根结点 z，$s_0=1$，显然有 $s_0 \geqslant f_2$。当 $k=1$ 时，点 z 至少有一个儿子，显然有 $s_1 \geqslant 2=f_3$。所以，当 $k=0$ 和 $k=1$ 时，定理正确。

归纳步骤：

假设当 $k=0, 1, \cdots, i\,(i \geqslant 1)$ 时，$s_k \geqslant f_{k+2}$ 成立。我们证明当 $k=i+1$ 时，$s_k \geqslant f_{k+2}$ 也成立。因为 $z.degree=k$，我们假设点 z 的 k 个儿子，按照联结到点 z 的先后顺序，依次为 $y_1, y_2, \cdots, y_k$。由引理 17.3 知，点 y_1 的度至少是 0，y_2 的度至少是 0，y_3 的度至少是 1，$\cdots$，y_k 的度至少是 $k-2$，所以，把点 z 本身算上，我们有 $size(z)=s_k \geqslant 1+1+s_0+s_1+\cdots+s_{k-2}$。

由归纳假设，$s_0 \geqslant f_2$，$s_1 \geqslant f_3$，$s_2 \geqslant f_4$，$\cdots$，$s_{k-2} \geqslant f_k$，有：

$$size(z)=s_k \geqslant 1+1+f_2+f_3+\cdots+f_k$$
$$=1+f_1+f_2+\cdots+f_k。$$

因为，由引理 17.2 可得 $1+f_1+f_2+\cdots+f_k=f_{k+2}$，所以，我们得到 $size(z)=s_k \geqslant f_{k+2}$，归纳成功。

因为点 z 为根的树有最小规模 s_k，如果结点 x 的度数是 k，那么必有 $size(x) \geqslant s_k \geqslant f_{k+2}$。由引理 17.1，$f_{k+2} \geqslant \varphi^k$，故有 $size(x) \geqslant f_{k+2} \geqslant \varphi^k$。　■

推论 17.5　有 n 个结点的斐波那契堆的任一个点可能的最大度数 $D(n)$ 满足关系 $D(n) \leqslant \lfloor \lg_\phi n \rfloor = O(\lg n)$。

证明：设有 n 个结点的斐波那契堆的一个点 x 有最大度数 $D(n)$。设 $D(n)=k$，$x.degree=k$。由定理 17.4 知，$size(x) \geqslant f_{k+2} \geqslant \varphi^k$。因为 $size(x) \leqslant n$，所以有 $k \leqslant \lfloor \lg_\phi n \rfloor \leqslant \left\lfloor \dfrac{\lg n}{\lg \varphi} \right\rfloor \approx 1.44 \times \lg n$。所以，最大度数 $D(n)$ 满足关系 $D(n) \leqslant \lfloor \lg_\varphi n \rfloor = O(\lg n)$。　■

习题

1. 假设对某个数据结构做 n 个操作。第 i 个操作实际需要的时间 $c(i)$ 是：如果 i 正好是 2 的整数 k 次方，即 $i=2^k$，那么 $c(i)=i$，否则 $c(i)=1$。请用聚集法分析其平摊时间 $a(i)$。

2. 用计账法分析第 1 题中 n 次操作的时间复杂度。

3. 重新考虑例 17-2 中，有 k 位的二进制计数器的连续增值问题。假设我们除了给二进制计数器增值（即加 1）的操作外，还允许在任意次连续增值后清零的操作，也就是把每个比特置为 0 的操作。另外，如果某次增值后的数字大于计数器能表达的范围，也要清零。请解释如何在二进制计数器（即一个二进制比特的序列）上实现增值（Increment）和清零（Reset）的操作，使得对初值为 0 的计数器进行 n 次增值和清零的操作总共需要 $O(n)$ 时间。请用计账法分析这 n 个操作的复杂度。（提示：用一个指针指向最高位的 1。）

4. 在第 3 章习题 13 中，我们介绍了**最小优先树**。对应于数组 $A[1..n]$ 的一棵完全二叉树 T 称为最小优先树，如果它满足以下条件：

1）T 的根存有数组 $A[1..n]$ 中最小的数。

2）假设根中的数为 $A[r]$，则根的左子树由数组 $A[1..r-1]$ 中的数递归建立，而根的右子树由数组 $A[r+1..n]$ 中的数递归建立。

3）当数组为空时，对应的子树为叶结点而过程停止。

显然，在最小优先树中，父亲结点里的数要小于等于儿子结点里的数。给定数组 $A[1..n]$，下面的算法是用逐个插入的方法构造其最小优先树。让我们用 T 表示这棵树。它有一个属性 $T.root$，指向这棵树的根。树中每个结点 x 可用子程序 MakeNode(x) 建立。它有 4 个属性，其中 $x.key$ 是存于这个结点的数字，$x.left$、$x.right$ 和 $x.parent$ 是 3 个指针，分别指向左儿子、右儿子和父亲结点。属性为空时，记为 nil。构建最小优先树的算法如下。

```
Min-First(A[1..n], T)                      //n>1
1    MakeNode(x)                           // 建一结点 x，它的 4 个属性初始都是 nil
2    x.key ← A[1]                          // 把 A[1] 存入结点 x
3    T.root ← x                            //x 是树根，树中只插入一个数 A[1]
4    last ← x                              // 指针 last 指向最后插入到树中的结点
5    for i ← 2 to n                        // 从 A[2] 开始，逐个插入到二叉树 T
6        MakeNode(new)
7        new.key ← A[i]                    //new.parent=new.left=new.right=nil
8        while last.parent ≠ nil and last.key>new.key
9            last ← last.parent            // 沿 last 到根的路径，找小于等于 A[i] 的数
10       endwhile
11       if last.parent=nil and last.key>new.key   //last 是根，表示 A[i] 小于树里所有数字
12           then new.left ← last          // 原来的树成了 A[i](=new.key) 的左儿子
13                last.parent ← new        // 保持 new.parent=new.right=nil
14                T.root ← new             // A[i] 是新的树根
15           else new.left ← last.right    // 否则 last 的右子树成为 A[i] 的左子树，
16                last.right ← new         //A[i] 成为 last 的右子树
17                new.parent ← last // 双向联结
18                if new.left≠nil          // 也就是原先的 last.right
19                    then new.left.parent ← new   // 因为要双向联结
20                endif
21       endif
22       last ← new                        // 故有 last.right=new.right=nil
23   endfor
24 End
```

1）证明算法 Min-First 的正确性。

2）用平摊分析的计账法证明算法 Min-First 的复杂度是 $O(n)$。

3）用平摊分析的势能法证明算法 Min-First 的复杂度是 $O(n)$。

5. 在 17.2.2 节，我们用如下一个例子证用用装填因子 0.5 作为收缩的标准不行。假设当前表格 T 的容量是 $size(T)=2^k$ 和 $number(T)=2^k-1$。如果下面两个操作是插入，那么，在插入第一个数后，我们需要把表格扩张后插入第 2 个数，总共用时 2^k+2 个单位时间。如果接下来两个操作是删除，那么，因为删除两个数据后的表格有 $number(T)=2^k-1$，导致小于 0.5 的装填因子，我们需要在删除第一个数后把表格收缩，总共用时也是 2^k+2 个单位时间。这时，表格恢复到这 4 次操作前的状态。可以想象，如果我们接下去有一系列的插入两个数和删除两个数的操作，那么平均一次操作的时间是 $2^{k-1}+1$。因为 k 不是常数，所以，用 0.5 的装填因子作为表格收缩的标准不可能

保证平均一次操作的时间是常数。

　　以上的证明不是很严格，因为上面的反例不是从空表开始。另外，如果我们固定一个正整数 k，然后给出一系列插入两个和删除两个的数操作，那么对一个给定的 k，$2^{k-1}+1$ 是常数。请严格证明，如果用装填因子 0.5 作为收缩的标准，那么存在一个例子使得平均一次操作的时间可以任意大。

6. 证明，对任一给定正整数 n，都可以通过一系列的斐波那契堆的操作得到只含一棵树的斐波那契堆。并且，这棵树上有 n 个结点，它们形成一条链，即除最后一个结点外，每个结点只有一个儿子，最后一个结点的儿子是 nil。

7. 假设有一个斐波那契堆如下图所示，请比照图 17-3 和图 17-4，显示删除最小点的步骤和最后的斐波那契堆。

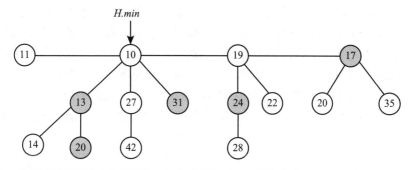

8. 假设有一个斐波那契堆如下图所示，我们希望把点 27 的数值减少到 3。请比照图 17-5，显示这一操作的步骤和最后的斐波那契堆。

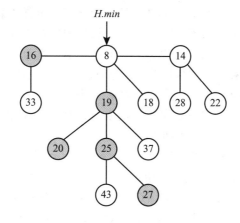

附录 A　红黑树

我们在第 6 章中讨论过二元搜索树。红黑树（red-black tree）是二元搜索树的一种。与一般的二元搜索树不同的是，红黑树不仅支持高效的搜索操作，而且支持动态的数据插入和删除。我们在数据结构课程中学过的 AVL 树就是这样的二元搜索树。与 AVL 树相同，红黑树只需要 $O(\lg n)$ 的时间就可完成各种搜索操作，例如找出最大数、最小数、一个数的前序数（predecessor）、一个数的后序数（successor）、搜寻一个数 x、插入一个数、删除一个数等。这里的 n 是当前树中数据的个数，即内结点的个数，它是个不断动态变化的变量。AVL 树和红黑树采用的方法都是平衡树的高度，使得一条从树根到任一个叶结点的路径长度始终限制在 $O(\lg n)$ 之内。红黑树与 AVL 树的主要不同是，当删除或插入一个数据时，AVL 树往往需要做一系列旋转操作以保证任何一个内结点的两个子树的高度差最多为 1，而红黑树则只需要做最多 3 次简单的旋转操作。下面我们先介绍红黑树的定义和它的特性。

A.1　红黑树的基本特性

一棵红黑树是一棵二元搜索树，因此，任一个内结点里存的数大于等于它的左子树中任一个数，而小于等于它的右子树中任一个数。红黑树的每个叶结点表示一种搜索失败的情况。此外，红黑树的每个结点，包括内结点和叶结点，都有一个颜色，红色或黑色。具体来说，一个内结点 x 可存储一个数据单元，它有以下几个属性：

- $x.color$：结点 x 的颜色，用 1 个比特表示红或黑；
- $x.key$：关键字，存于结点 x 的数字，用来与其他结点的数字比较大小；
- $x.left$：指向结点 x 的左儿子的指针；
- $x.right$：指向结点 x 的右儿子的指针；
- $x.parent$：指向结点 x 的父结点的指针。

因为叶结点不含任何数字，是个空结点，我们用一个特定的符号 nil 代表。如果内结点 x 的左儿子或右儿子指向一个叶结点，我们表示为 $x.left = nil$ 或 $x.right = nil$。另外，如果 x 是根结点，那么它的父亲也是一个空结点，记为 $x.parent = nil$。

定义 A.1　如果一棵二元搜索树的每个结点可以被着色为红色或黑色，并满足以下 4 个约束条件，则将其称为红黑树：

1）根结点着为黑色；

2）叶结点着为黑色；

3）如果一个内结点是红色，那么它的父亲和两个儿子必须是黑色；

4）从同一结点 x 到任何叶结点的路径都含有相同的黑结点的个数。

定义 A.2　假设 x 是红黑树中的一个内结点，那么，从 x 到它下面任一个叶子的路径中除 x 以外的黑结点（包括叶子）的个数定义为 x 的**黑高度**，记为 $bh(x)$。一个叶结点的黑高度定义为 0，$bh(nil) = 0$。

图 A-1a 给出了一棵红黑树的例子，并标出了各结点的黑高度，其中根的父亲也是 nil，未画出。为简洁起见，我们通常省略 nil，所以图 A-1a 被画成图 A-1b 那样。

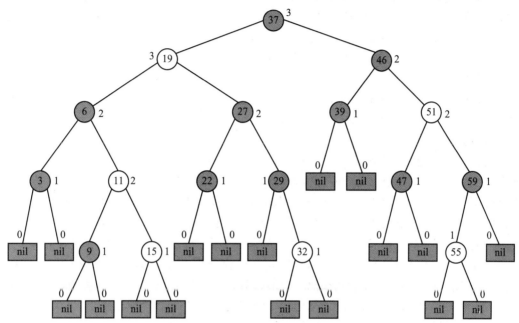

a）一棵红黑树的例子，其中每个结点的黑高度标在该结点边上

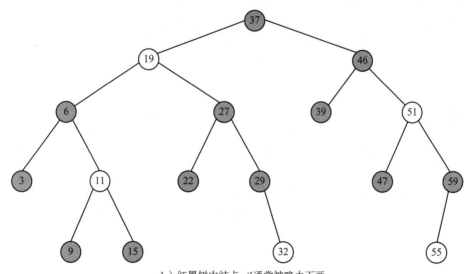

b）红黑树中结点 nil 通常被略去不画

图 A-1   一棵红黑树的例子

我们用 T 表示一棵红黑树，它的一个属性是 $T.root$，这是一个指向 T 的树根的指针。当树根中没有数据时，置 $T.root = nil$。我们知道，在一棵高度为 h 的二元搜索树中进行的各种操作，例如找出最大数、最小数、一个数的前序数、一个数的后序数、插入一个数、删除一个数等，都只要 $O(h)$ 时间。因为任何有 n 个内结点的二元搜索树的高度至少是

$\lceil \lg(n+1) \rceil$，所以我们希望构造的二元搜索树有高度 $h = O(\lg n)$ 从而使它是渐近最优的。下面的定理证明红黑树满足这一要求。

定理 A.1 一棵有 n 个内结点的红黑树的高度 h 不超过 $2\lg(n+1)$。

证明： 我们先指出，红黑树中以一个结点 x 为根的子树的高度 $h(x)$ 和它的黑高度 $bh(x)$ 有关系：$h(x) \leqslant 2bh(x)$。这是因为从结点 x 到任何一个叶子的路径上，如果有一个结点是红色的，那么下一个结点必定是黑色的。下面证明，以红黑树中任何一个结点 x 为根的子树至少含有 $2^{bh(x)} - 1$ 个内结点。我们对结点 x 的高度 $h(x)$（不是 $bh(x)$）进行归纳证明。

归纳基础：

当 $h(x) = 0$ 时，结点 x 必定是个叶结点，其黑高度是 $bh(x) = 0$。显然，以它为根的子树含有 0 个内结点，满足关系 $0 \geqslant 2^0 - 1 = 0$。

归纳步骤：

假设这个结论对所有高度 $h(x) \leqslant k-1 (k \geqslant 1)$ 的结点 x 都正确，我们证明，这个结论对所有高度 $h(x) = k$ 的结点 x 也正确。因为 $h(x) = k > 0$，结点 x 必有左儿子 y 和右儿子 z，其高度分别为 $h(y) \leqslant k-1$ 和 $h(z) \leqslant k-1$。根据归纳假设，以 y 为根的子树至少含有 $2^{bh(y)} - 1$ 个内结点，以 z 为根的子树至少含有 $2^{bh(z)} - 1$ 个内结点。所以，以 x 为根的子树至少含有 $(2^{bh(y)} - 1) + 1 + (2^{bh(z)} - 1) = 2^{bh(y)} + 2^{bh(z)} - 1$ 个内结点。因为每一条从 x 到叶子的路径都有相同的黑路径长度，故有 $bh(y) \geqslant bh(x) - 1$，$bh(z) \geqslant bh(x) - 1$。所以，以 x 为根的子树至少含有 $2^{bh(x)-1} + 2^{bh(x)-1} - 1 = 2^{bh(x)} - 1$ 个内结点。归纳成功。

由于 $h(x) \leqslant 2bh(x)$，那么以 x 为根的子树至少含有 $2^{h(x)/2} - 1$ 个内结点。当 x 是整个红黑树的根时，我们有 $n \geqslant 2^{h/2} - 1$，也就是 $h \leqslant 2\lg(n+1)$。∎

由定理 A.1 可知，在红黑树中，各种搜索、插入和删除操作可在 $O(\lg n)$ 时间内完成。但是，我们需要保证在一个操作完成后，这棵红黑树仍然是一棵二元搜索树，并且满足 4 个约束条件。显然，我们只需讨论如何在红黑树中插入一个数据单元和删除一个数据单元即可，因为其他操作不改变这棵红黑树本身。

A.2 旋转操作

旋转（rotation）操作是在红黑树中插入一个数据和删除一个数据时，对树的结构做局部调整。因为它是插入和删除一个数据时使用的基本操作，即子程序，我们在这一节先做介绍。这里有两种旋转操作，称为左旋（left-rotate）操作和右旋（right-rotate）操作。这两个操作互为逆操作。图 A-2 显示左旋操作和右旋操作后树的结构发生的变化。

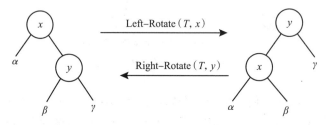

图 A-2 左旋和右旋操作对树的结构产生的变化

因为右旋操作和左旋操作对称，我们只讨论左旋操作。如图 A-2 所示，在对结点 x 进行左旋操作时，结点 x 的右儿子 y 必须是个内结点。假设结点 x 的左儿子是 α，结点 y 的左、右儿子分别是 β 和 γ，那么左旋之后，x 成为结点 y 的左儿子，α 仍为结点 x 的左儿子，γ 仍为结点 y 的右儿子，但 β 变为结点 x 的右儿子。这样一来，原先以 x 为根的子树成为以 y 为根的子树，但所含的数据集合不变，顶点数不变。容易看出，左、右旋前后均有以下关系：

子树 α 中的关键字 $\leqslant x.key \leqslant$ 子树 β 中的关键字 $\leqslant y.key \leqslant$ 子树 γ 中的关键字。

所以，左、右旋之后，红黑树仍然是一棵二元搜索树。如何满足红黑树的其他约束条件在讨论插入和删除操作时做进一步讨论。显然，左、右旋都可在 $O(1)$ 时间内完成。下面是左旋的伪码，因右旋的伪码与之对称，故省略。

```
Left-Rotate(T,x)
1  y ← x.right              //x 的右儿子是 y
2  if y=nil
3     then return error (not able to rotate)        //y 必须是内结点
4  endif
5  β ← y.left               //y 的左儿子是 β
6  x.right ← β              //β 成为 x 的右儿子
7  if β ≠ nil
8     then β.parent ← x     //x 成为 β 的父亲
9  endif
10 y.parent ← x.parent      //x 的父亲成为 y 的父亲，即 y 取代 x 成为原 x 的子树的根
11 if x.parent = nil
12    then      T.root ← y
13    else if x = x.parent.left  // 如果不是根，则须判定是其父的左儿子还是右儿子
14             then x.parent.left ← y
15             else x.parent.right ← y
16       endif
17 endif
18 y.left ← x               //x 成为 y 的左儿子
19 x.parent ← y             //y 成为 x 的父亲
20 End
```

A.3 插入操作

这一节讨论如何在一棵有 n 个内结点的红黑树中插入一个含有新数据单元 z 的结点，使其变为一棵有 $n+1$ 个内结点的红黑树，并且使这个插入操作可在 $O(\lg n)$ 时间内完成。我们的做法分两步，第一步先把这棵红黑树当作一般的二元搜索树把新数据 z 插入并把新建的结点着以红色。如果这棵树违反了 4 个约束条件，那么，第二步的工作把它修正为一棵满足 4 个约束条件的红黑树。下面的伪码 RB-Insert 就是在一棵红黑树中插入一个关键字的算法，它与一般的二元搜索树的插入操作几乎一样，只是在最后一行增加了称为插入调整的子程序 RB-Insert-Fixup 来完成第二步的工作，在下面会解释。我们假定数据单元 z 已建好，其中 $z.key$ 是要插入的关键字，$z.color = red$，$z.left = z.right = z.parent = nil$。这里，$nil$ 的颜色规定为黑色。

```
RB-Insert(T,z)                    // 在红黑树 T 中插入一个数据单元 z
1  y ← nil                        // 为 11 行做一预处理
2  x ← T.root                     // 从根开始搜索
```

```
 3   while x ≠ nil            // 否则，以 x 为根的子树中无数据，y = x = nil
 4    y ← x                   // 从 x 往下搜索时，同时记住它的父亲 y
 5    if z.key < x.key
 6        then x ← x.left
 7        else x ← x.right
 8    endif
 9   endwhile
10   z.parent ← y             // x = nil，z 取代 x 成为 y 的儿子，y 成为 z 的父亲
11   if y = nil                    // 说明 x 一开始就是 nil，x 为根的子树中无数据
12    then  T.root ← z                // z 成为根
13    else if z.key < y.key           // 否则决定 z 是 y 的左儿子还是右儿子
14        then y.left ← z
15        else y.right ← z
16      endif
17   endif   // 目前有 z.left = z.right = nil，z.parent = y 和 z.color = red
18   RB-Insert-Fixup(T,z)      // 插入调整使 T 满足红黑树的 4 个约束条件
19   End
```

下面我们解释 RB-Insert-Fixup (*T,z*) 是如何进行插入调整的。显然，在算法 RB-Insert (*T,z*) 执行了第 17 行之后，当前的树 *T* 仍然是一棵二元搜索树。如果插入的结点 *z* 不是根，并且它的父亲是黑点，那么插入后的树 *T* 就是符合要求的红黑树。否则，调整算法 RB-Insert-Fixup (*T,z*) 需要进行必要的插入调整。显然，可能违反红黑树约束条件的地方只能是以下两个：

1）结点 *z* 是树根；

2）结点 *z* 不是树根，但是它的父亲 *x* 是个红点，*z.parent = x*，*x.color = red*。

如果是第一种情况，我们只需要把点 *z* 的颜色改置为黑色即可。其实，我们可以不考虑第一种情况，这是因为，调整算法 RB-Insert-Fixup (*T,z*) 的最后一步是把根结点的颜色改置为黑色，这就有效地解决了第一种情况。所以只需要考虑第二种情况。

对第二种情况，因为它只违反了约束条件 3，所以有一个方法是，把 *z* 的父亲 *x* 的颜色改置为黑色。因为 *x* 原来是红色，不会是根，所以这个把 *x* 变黑的方法引起的问题是，从根开始，经过点 *x*，再到叶子的一条路径含有的黑点个数会比不经过点 *x* 的一条路径多一个黑点。这违反了第 4 条约束要求，就是从同一个内结点开始，到任何一个叶子的路径都必须含有相同个数的黑结点。所以，调整程序 RB-Insert-Fixup (*T,z*) 不能简单地这样做。

我们注意到，在执行调整程序 RB-Insert-Fixup (*T,z*) 前，算法 RB-Insert (*T,z*) 得到的红黑树基本上是满足所有约束条件的，包括约束条件 4，只不过有一个红点 *z* 的父亲 *x* 也是红点。所以，调整程序 RB-Insert-Fixup (*T,z*) 的策略是，对这棵树进行局部的结构调整，使得红点 *z* 的父亲不再是红点，而且保证这棵树仍然满足所有约束条件。有时，一次这样的调整还不够，因为这个局部调整可能导致另一红点的父亲是红点。但可以证明，最多不超过 $\lg(n+1)$ 次这样的调整就可以使这棵树的每个红点的父亲都是黑点，从而满足红黑树的所有要求。另外，还可证明，每次调整只需要 $O(1)$ 的时间，并且最多只有两次调整需要做旋转操作，而其他的调整都是极简单的操作。

我们用指针 *z* 指向当前要调整的结点 *z*，*z* 和它父亲 *x* 均为红点。在这种情况下，结点 *x* 必有父亲 *w* 并且是个黑点。我们只讨论点 *x* 是其父亲 *w* 的左儿子的情况，点 *x* 是其父亲 *w* 的右儿子的情况是个对称情况故省略。我们分别讨论 3 种可能的情况，然后给出 RB-Insert-Fixup(*T,z*) 的伪码。

第一种情况：结点 z 是父亲 x 的左儿子，而 x 的亲兄弟 y 是个黑点。图 A-3a 显示了这种情况的一个例子。对这种情况，我们把结点 x 改为黑色，把结点 w 改为红色，然后对结点 w 进行右旋操作。图 A-3b 显示了对这种情况进行调整后的情况。

由图 A-3b 可见，这个插入调整使每个红点的父亲都是黑点，并且仍然满足所有约束条件（包括条件 4）。前面讨论过，旋转操作保证这棵树仍然是一棵二元搜索树。所以，调整后的树是一棵合法的红黑树。显然，这个插入调整只需要 $O(1)$ 的时间，只进行一次旋转操作。

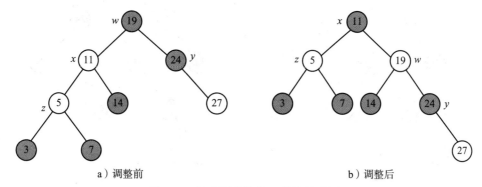

a）调整前　　　　　　　　　　　　b）调整后

图 A-3　插入调整的第一种情况示例

第二种情况：与第一种情况几乎相同，唯一不同的是，结点 z 不是它父亲 x 的左儿子，而是右儿子。图 A-4a 显示了这种情况的一个例子。对这种情况，我们只需要对点 x 进行左旋操作。这之后，点 x 成为要调整的点，把它置为 z。然后，把点 z 的父亲置为 x。图 A-4b 显示了对图 A-4a 中的树调整后的情况。

可喜的是，虽然调整后的树仍有父子两点都是红点问题，但恰好是第一种情况。因此，可接着用第一种情况中所讨论过的操作，再做一次调整，即可把它调整为一棵合法的红黑树。显然，在 $O(1)$ 时间内进行两次旋转就可以完成对第二种情况的调整。

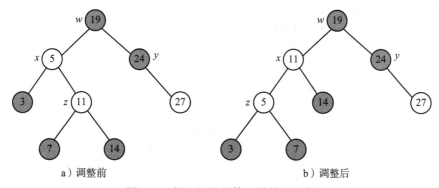

a）调整前　　　　　　　　　　　　b）调整后

图 A-4　插入调整的第二种情况示例

第三种情况：结点 z 的父亲 x 的亲兄弟 y 也是个红点。对这种情况，不论点 z 是点 x 的左儿子还是右儿子，做法都一样。图 A-5a 显示了这样一个例子。因为点 x 与 y 都是红点，我们的做法是把点 x 与 y 的颜色都改为黑色，而把它们父亲 w 的颜色改为红点。显然，这一调整不改变所有约束条件，而且原先点 z 的父亲变为黑色。但是因为把 w 的颜色改为红点，导致原先的点 w 可能成为新的需要调整的点。所以，如图 A-5b 所示，在调整后的图中，我们把原先的点 w 置为 z。如果新的点 z 的父亲是黑点，那么调整停止，红黑树的 4 个约束条件全满足了。否则，又有 3 种可能的情况。由于在第三种情况中，新的调整点 z 比原先点 z 的高度高 2 层，所以第三种情况连续出现的次数不超过 $\lg(n+1)$。一旦第一种或第二种情况出现，则调整可在 $O(1)$ 时间内完成。因此，这种情况下，插入调整最多需要两次旋转和 $O(\lg n)$ 时间。

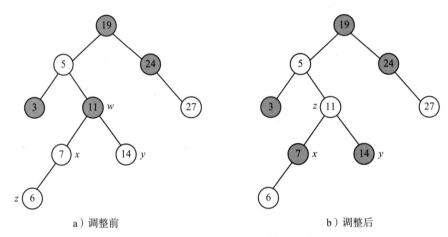

a）调整前   b）调整后

图 A-5   插入调整的第三种情况示例

通过对以上 3 种可能情况的分析可知，RB-Insert-Fixup (T,z) 可以在 $O(\lg n)$ 时间内把插入一个数据后的红黑树调整好。下面是它的伪码。

```
RB-Insert-Fixup(T,z)                    //z.color = red, z 是要调整的点
1  x ← z.parent              //z 的父亲是 x
2  while x.color = red                 // 如果 z 的父亲 x 是红点, 则不会是根
3      w ← x.parent          //w 是 x 的父亲
4      if x = w.left              // 如果 x 是 w 的左儿子
5          then y ← w.right              //y 是 x 的亲兄弟
6              if y.color = red                   // 第三种情况
7          then x.color ← black
8              y.color ← black
9              w.color ← red
10             z ← w
11             x ← z.parent
12                 else if z = x.right        // 第二种情况
13                         then        Left-Rotate(T,x)
14                             z ← x
15                             x ← z.parent
16                     else           // 第一种情况
17                 x.color ← black
18                 w.color ← red
19                 Right-Rotate(T,w)
20                     endif
21              endif
22      else{x 是 w 的右儿子, 对称处理 }
23      endif
24 endwhile
25 T.root.color ← black
26 End
```

A.4　删除操作

这一节讨论如何在 $O(\lg n)$ 时间内，在有 n 个内结点的红黑树中，删除一个内结点 z 中的数据使其变为一棵有 $n-1$ 个关键字（也就是有 $n-1$ 个内结点）的红黑树。与插入操作类似，我们分两步做。第一步把这个红黑树当作一般的二元搜索树，把 z 中的关键字删除，得到一棵有 $n-1$ 个关键字的二元搜索树。其中，每个关键字仍保有它在原先红黑树中的颜色——红或黑，但可能违反了约束条件。所以，第二步的工作就是把它调整为一棵有 $n-1$ 个关键字的、满足所有约束条件的红黑树（称为删除调整）。我们先回忆一下如何在一般的二元搜索树中删除 z 中的关键字。一共有 3 种情况：

1）结点 z 的两个儿子都是 *nil*。这时只要把 z 置为 *nil* 即可。

2）结点 z 的一个儿子是 *nil*。这时只要把 z 的另一个儿子和父亲连上即可。

3）结点 z 的两个儿子都不是 *nil*。这时需要找到 z 的后序数（successor）的结点 y，把 y 中数据填入结点 z 中，然后把结点 y 删除。因为 y 的左儿子必定是 *nil*，可按情况 2）删除 y。

图 A-6 演示了这 3 种情况的做法。

我们注意到，第一种情况是第二种情况的特例，可按第二种情况的做法操作，因此，算法不讨论对第一种情况的处理。为方便读者，下面我们先给出在任意一棵二元搜索树中找结点 x 的后序数的算法并附加简单解释。在红黑树的删除操作中，只会碰到其中一种简单的情况，不需要调用这个完整的子程序。

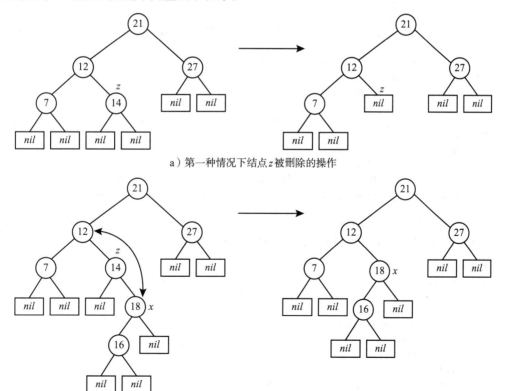

a）第一种情况下结点 z 被删除的操作

b）第二种情况下结点 z 被删除的操作，z 的非空子 x 取代 z 与 z 的父亲相连

图 A-6　删除二元搜索树中结点 z 中数据的三种情况和对应的操作

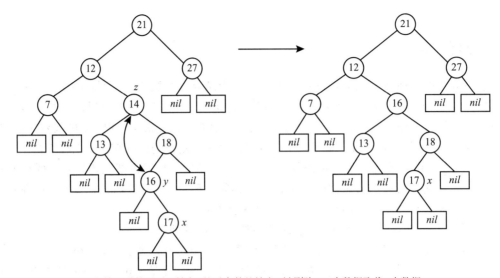

c）第三种情况下，结点 z 的后序数的结点 y 被删除，y 中数据取代 z 中数据

图 A-6　删除二元搜索树中结点 z 中数据的三种情况和对应的操作（续）

```
Tree-Successor(T, x)
1   if x.right ≠ nil                          // 简单情况，例如图 A-6c 中 14 的后序数
2       then y ← x.right
3           while y.left ≠ nil
4               y ← y.left
5           endwhile
6           return y
7       else y ← x.parent                     // 复杂情况，例如图 A-6c 中 18 的后序数
8           z ← x
9           while y ≠ nil and z = y.right
10              z ← y
11              y ← y.parent
12          endwhile         // 如果 y = nil，z 是根，x 是序列中最后一个数，无后序数
13          return y         // 否则 z 是 y 的左儿子。例如图 A-6c 中 18 的后序数是 21
14  endif
15  End
```

下面是删除红黑树中一个关键字的伪码，它与在一般的二元搜索树中删除一个数据基本上是一样的，只不过当删除的结点是个黑点时，子程序 RB-Delete-Fixup 要做删除调整的工作。注意，由图 A-6c 可见，删除的关键字是结点 z 中的关键字，但删除的结点可能是 z，也可能是另一结点 y，而 y 中的关键字被填入结点 z 中。

```
RB-Delete(T, z)              // 删除结点 z 中的关键字
1   if z.left = nil or z.right = nil                    // 这是第二种情况（包含了第一种情况）
2       then      y ← z                      // y 是要删除的结点，也就是结点 z
3       else y ← z.right              // 否则第三种情况，开始找出它的后序数
4           while y.left ≠ nil                  // 找后序数时简单且容易的一种情况
5               y ← y.left
6           endwhile                   // y 是 z 的后序数，是要删除的结点
7   endif
8   w ← y.parent                  // w 是 y 的父亲
9   if y.left ≠ nil                   // 必定是第二种情况，y 的右儿子 = nil，
10  then     x ← y.left                 // x 是要删除的点 y 的非空儿子
11      x.parent ← w                  // 把 x 和 y 的父亲 w 连上，暂连一半
```

```
12 else x ← y.right                      //y 的右儿子，也许是 nil，也许不是
13     if x ≠ nil                        // 可能是第三种情况，也可能第二种
14         then x.parent ← w             // 把 x 和 y 的父亲连上，暂连一半
15       endif
16 endif
17 if w = nil                            // 如果 y 是根，则不需要连 x 和 w 的另一半
18     then          T.root ← x          // 那么 x 成为根，如果 x = nil 则树为空集
19     else if y = w.left
20            then w.left ← x
21            else w.right ← x           // 把 x 和 y 的父亲 w 的另一半连上
22          endif
23 endif
24 if y ≠ z                              // 如果删除的结点是 z 的后序数 y 的结点
25     then z.key ← y.key                // 把 y 的数据（关键字）放到 z 的结点中
26 endif
27 if y.color = black                    // 如果删去的点是黑点，则要调整
28     then RB-Delete-Fixup(T,x)         // 做删除调整，点 x 是 y 的某个儿子，可能是 nil
29 endif
30 End
```

容易看出，如果删去的结点 y 是个红点，那么得到的树是满足 4 个约束条件的红黑树。但是，如果删去的结点 y 是个黑点，那么可能违反 4 个约束条件的情况不外乎下面几种：

1）结点 y 是树根，删去后它的一个非空儿子 x 成为根并且 x 是红点；

2）结点 y 的一个非空儿子 x 是红点，而它的父亲 $y.parent$，现在成为 x 的父亲，也是红点；

3）原先从结点 y 的父结点出发，经过这个 y 点到一个叶子的任一条路径现在少了一个点 y，会比那些原先不经过 y 点的路径的黑点个数少 1，这违反了第 4 条约束条件。

下面讨论子程序 RB-Delete-Fixup 如何进行调整。由图 A-6 容易看出，如果与点 y 的父亲 w 相连的点 x 是 y 的一个红色的儿子，那么，不论什么情况，把点 x 改为黑色即可满足 4 个约束条件。所以，对于前两种情况，只要把点 x 改为黑色即可。

问题是，如果点 x 是 y 的一个黑色的儿子，它可能非空，也可能是 nil，我们该如何解决上述情况三呢？我们的做法是，在点 x 上再打上一个黑点，即在该点上多算一个黑点，这样就不违反 4 个约束条件了。当然，我们不是允许一个点的颜色算两次，而是临时假设结点 x 上有一个额外的黑点，然后进行调整，消除这种情况。

我们用指针 x 指向这个有多余黑点的结点。然后，根据不同情况对这棵树进行调整使得每次调整保持 4 条约束条件始终满足，而有附加黑点的结点位置，即指针 x 指向的结点，会改变位置且不断向树根移动直到有附加黑点的结点是一个红点或者是树根。这时调整结束，接下来只要把 x 所指向的结点着为黑色即可。下面讨论有哪些情况发生以及如何调整。

假设 T 是算法 RB-Delete(T,z) 在第 26 行产生的有 $n-1$ 个结点的二元搜索树。其中，每个结点仍保有它在原先红黑树中的颜色。另外，点 x（也就是指针 x 所指的点）有两个黑点但不是根。再假设点 x 是它的父亲 p 的左儿子（如果是右儿子则对称处理），并且点 x 的兄弟结点是 w。这时，点 w 不会是 nil，否则，从父结点 p 经过点 x 和经过点 w 的路径会有不等的黑路径长度。我们有 4 种情况需要用不同的方法调整，分述如下。

第一种情况：点 w 是个黑点，但它的右儿子 $w.right$ 是个红点。图 A-7 显示了这种情况的一个例子。对这种情况，我们对点 x 的父亲 $x.parent$ 进行左旋操作。操作前把 $x.parent$ 的颜色 c 赋予点 w（即点 D），把 $w.right$（点 E）从红改为黑，再把 $x.parent$（点 B）的颜色改为黑色。操作后，取消点 x 的附加黑点。做法是置 $x \leftarrow T.root$，也就是让根有一个附

加黑点。从图 A-7 可看出，调整后，4 个约束条件仍然满足。这之后只要把新的点 x（也就是根）着为黑色即可。对这一情况的调整只需要 $O(1)$ 时间。

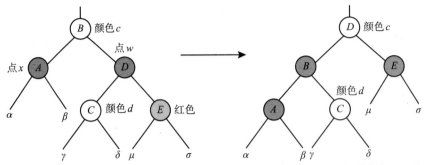

a）调整前，x=A 和 w=D 均为黑点，E=w.right 为红点，B 和 C 颜色分别为 c 和 d，可能黑可能红，点 A 的黑点算两次

b）对 B 左旋调整后，D 取 B 的颜色 c，B 和 E 改为黑点，其余不变。另外取消 A 的附加黑点，并置 x←T.root

图 A-7　从红黑树中删除一个黑点后需要调整的第一种情况示例

第二种情况：点 w 是个黑点，它的右儿子 w.right 是个黑点（可以是 nil），但它的左儿子 w.left 是个红点。图 A-8 显示了这种情况的一个例子。对这种情况，我们对点 w 进行右旋操作。操作前，把点 w 的左儿子 w.left 改为黑点，而把点 w 改为红点，指针 x 不变。从图 A-8 可见，调整后的树不改变任何点的黑高度，显然满足 4 个约束条件，并恰好变为第一种情况。接下来我们采用第一种情况下的调整方法即可。所以这种情况需要 2 次旋转，复杂度为 $O(1)$。

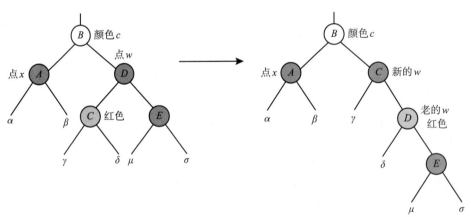

a）调整前，x=A 和 w=D 均为黑点，E=w.right 为黑点，C=w.left 为红点，B 颜色为 c，可能黑可能红，点 A 的黑点算两次

b）对 D 点右旋后，点 C 改为黑点，D=w 改为红点，其余不变，x 仍指向点 A，点 A 的黑点仍算两次

图 A-8　从红黑树中删除一个黑点后需要调整的第二种情况示例

第三种情况：点 w 是个黑点，它的两个儿子都是黑点。图 A-9 显示了这种情况的一个例子。对这种情况，我们把点 w 改为红点并给 x 的父亲 x.parent 附加一个黑点，然后把指针 x 改为指向 x 的父亲 x.parent。从图 A-9 可见，这个调整后的树显然满足 4 个约束条件，而新的点 x 与树根距离又接近一步。如果点 B = x.parent 原先是个红点，则把它改置为黑色后调整结束，否则继续。显然，连续出现第 3 种情况的次数不会超过 $O(\lg n)$。

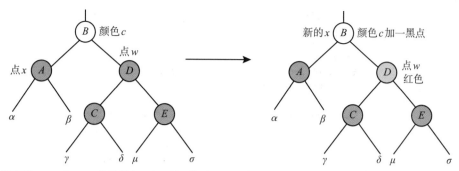

a）调整前，$x=A$和$w=D$均为黑点，点w的两儿子
也都是黑点。点x的父亲B颜色为c，可能黑可
能红，点A的黑点算两次

b）调整后，D改为红点，指针x改为指向A的父亲B。
点A黑点算一次，点B有一附加黑点

图 A-9　从红黑树中删除一个黑点后需要调整的第三种情况示例

第四种情况： 点w是个红点。图 A-10 显示了这种情况的一个例子。这时，点x的父亲$x.parent$，也是点w的父亲，必定是个黑点。而且，w的两个儿子（图中点C和点E）也必定是黑点。对这种情况，我们对点x的父亲$x.parent$做左旋操作。操作前把点w改为黑色，而把$x.parent$改为红色，其余不变。显然，这个调整保留 4 个约束条件不变，并且使点x的兄弟（新w）是个黑点。这是因为这个新w点是原先点w的左儿子。因此，这个调整把树变成了第一种，或第二种，或第三种情况。如果这棵树变成了第一种或第二种情况，那么最多再做两次旋转，在 $O(1)$ 时间内可结束调整。如果变成了第三种情况，那么因为$x.parent$已改为红色，根据第三种情况处理方法，只需再调整一次。因此，对第四种情况只需最多 3 次旋转，在 $O(1)$ 时间内可结束调整。

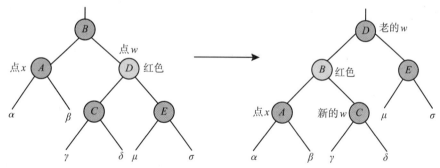

a）调整前，$w=D$为红点，点x的父亲B必为黑
点，点A的黑点算两次。点w的两个儿子也
必为黑点

b）左旋调整后，原$w=D$改为黑点，点x的父亲B
改为红色，点$x=A$黑点仍算两次，它的新兄弟
是原来w点的左儿子C并且是个黑点

图 A-10　从红黑树中删除一个黑点后需要调整的第四种情况示例

下面的算法 RB-Delete-Fixup 具体实现对上述各情况的操作，最后对点x着以黑色便完成从红黑树中删除一个数据的工作。

```
RB-Delete-Fixup (T,x)
1  while x ≠ T.root and x.color = black          // 点 x 不是树根，并且有两个黑点
2        p←x.parent.                             //p 是 x 的父亲
3        if x = p.left                           // 先考虑点 x 是左儿子的情况
4              then    w←p.right                 //w 是点 x 的兄弟
5                  if w.color = red              // 第四种情况
6                        then w.color←black
```

```
7                            p.color ← red
8                            Left-Rotate (T,p)
9                            w ← p.right                    // 点 x 的新兄弟 w
10               endif
11               if w.left.color=w.right.color=black        // 第三种情况
12                   then      w.color ← red
13                             x ← p
14                   else if w.right.color=black            // 第二种情况
15                       then w.letf.color ← black
16                              w.color ← red
17                              Right-Rotate (T,w)
18                              w ← p.right
19                   endif                                 // 变为第一种情况
20               w.color ← p.color                         // 第一种情况
21               p.color ← black
22               w.right.color ← black
23               Left-Rotate (T,p)
24               x ← T.root
25           endif
26       else (对称处理 x=x.parent.right)
27   endif
28 endwhile
29 x.color ← black        //x 或为根，或在第三种情况后 x.color=red 时跳出 while 循环到此
30 End
```

附录 B　用于分离集合操作的数据结构

　　分离集合是指一组两两不相交的集合，即集合中每个元素只出现在唯一的一个集合中。给定一组分离集合，我们经常需要对它们进行的一个操作是找出某个元素 x 所在的集合，定义为 Find-Set(x)，称为**寻找**操作。因此，我们需要给每个集合一个不同于其他集合的识别符。假设每个元素有它唯一的元素识别符或元素编号，那么我们可以在每个集合中选其中一个元素作为该集合的代表，该元素的识别符或编号即是该集合的识别符。

　　另一个分离集合的重要操作是把两个集合并为一个集合，定义为 Union(x, y)，称为**合并**操作。这里，x 和 y 是分属于这两个集合的两个元素。合并后的集合可以沿用 x 或 y 所属集合的识别符，而另一集合则消失。在本附录中，我们讨论用什么数据结构来组织每个集合的元素可以最有效地支持一系列的 Find-Set 和 Union 的操作。显然，这个数据结构在每次 Union 的操作后会动态地变化，从而影响下一个 Find-Set 或 Union 的操作。

　　假设总共有 n 个元素，开始时每个集合只含一个元素。构造只含一个元素 x 的集合的操作称为 Make-Set(x)。用不同的数据结构表示集合，算法 Make-Set(x) 会不同。对分离集合进行一系列 Find-Set 和 Union 的操作的算法通常也称为 Union-Find 算法（合并 - 寻找算法）。我们假定 Union-Find 算法需要做 n 个 Make-Set 的操作和之后的 $m(>n)$ 个 Find-Set 和 Union 的操作。

　　用 Union-Find 算法来解决应用问题的一个著名例子是计算图 $G(V, E)$ 的最小支撑树（MST）的 Kruskal 算法（见第 9 章）。Kruskal 算法构造 G 的一个子图 $T(V, A)$，其中，V 是图 G 的顶点集合，A 是边的集合。一开始，$A = \varnothing$，是空集。然后，Kruskal 算法把图 G 的边集合 E 的所有边按权值从小到大排序，并且按序检查每条边 (u, v)。如果顶点 u 和 v 在当前图 $T(V, A)$ 中是不连通的，也就是它们分属不同的连通分支，则 (u, v) 是条安全边而被加到集合 A 中，否则弃用 (u, v)，检查下一条边。所以，$T(V, A)$ 是一个不断变化的子图。当我们把边 (u, v) 加到集合 A 中以后，顶点 u 和 v 所属的两个不同连通分支就联结为一个连通分支了。Kruskal 算法就是通过逐步向集合 A 中加入安全边的方法把 n 个顶点连成一棵树的，并且这就是一个 MST。

　　如果我们把子图 $T(V, A)$ 中同一个连通分支的顶点组成一个集合并赋予一个分支号（集合识别符），那么所有分支形成的集合就是一组分离集合。用操作 Find-set(a) 和 Find-set(b) 可以分别找出顶点 a 和 b 所在的分支号。如果 Find-set(a) $\neq$ Find-set(b)，那么顶点 a 和 b 分属不同的分离集合，也就是表明它们在集合 A 中属于不同的连通分支。当我们把边 (a, b) 加到集合 A 中，这两个连通分支就联结为一个连通分支。相应地，我们需要把顶点 a 和 b 分属的分离集合合并为一个集合，Union (a, b) 就是用来完成这一步的操作。下面我们分析几种用于分离集合的数据结构以及对它们的操作。

　　这里要说明一点，进行 Union(a, b) 的操作之前，先要找出点 a 和 b 的分支号，也就是要先做 Find-set(a) 和 Find-set(b)。

B.1　用链表表示分离集合

用于分离集合的一个简单的数据结构就是链表。其中，每个集合用一个链表表示，也就是用一个链表把集合中的元素组织起来。代表集合识别符的元素放在表头，而其他元素按顺序逐个链接并有指针指向表头。图 B-1a 显示的一组分离集合有两个集合。集合 1 含元素 a，b，f，h，其中元素 b 是集合 1 的代表，放在表头。集合 2 含元素 c，p，u，w，z，其中元素 u 是集合 2 的代表，放在表头。显然，用链表表示一组分离集合，Make-Set(x) 和 Find-Set(x) 的操作都只需要 $O(1)$ 的时间。Union(x, y) 的操作可以把含有元素 y 的链表接在含有元素 x 的链表之后，然后把 y 的链表中每个元素的指向表头的指针更新为指向 x 的链表头。当然，做 Union(x, y) 时，先要做 Find-set(x) 和 Find-set(y)，但只要 $O(1)$ 的时间。图 B-1b 显示了一个 Union 的例子。因为每个链表除了有一个指向头部的指针外，还有一个指向尾部（即最后一个元素）的指针，我们只需要 $O(1)$ 的时间即可把 y 的链表接在含有元素 x 的链表之后。但是，更新 y 的链表中每个元素指向表头的指针需要的时间与 y 的链表的长度成正比。容易看出，把 n 个分离元素通过 Union 操作合并为一个集合需要做 $n-1$ 次的 Union 操作，最坏情况下，需要的总时间是 $O(n^2)$。

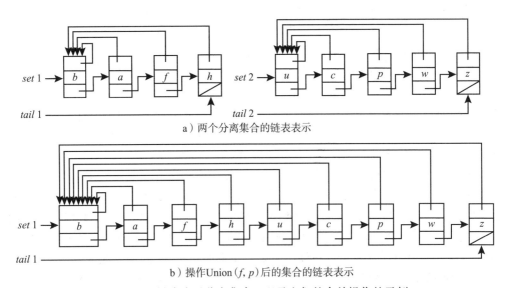

a）两个分离集合的链表表示

b）操作 Union(f, p) 后的集合的链表表示

图 B-1　用链表表示分离集合，以及它们的合并操作的示例

为了减少 Union(x, y) 的复杂度，我们规定，把 x 的链表和 y 的链表中较短的那个链表接在较长的链表后面。例如，在图 B-1 的例子中，我们应该把点 f 所在的链表接在点 p 所在的链表后面。但这样做，我们需要知道每个链表的长度。这不难，我们可以在尾部稍做修改。图 B-2 给出了修改后的链表结构。

定理 B.1　我们用上述修改后的链表表示分离集合。假设我们进行了 m 个分离集合的操作，其中有 $n(n < m)$ 个 Make-Set 操作和 $m-n$ 个 Find-Set 或 Union 操作。那么，不论 m 多大，总的时间复杂度是 $O(m + n\lg n)$。

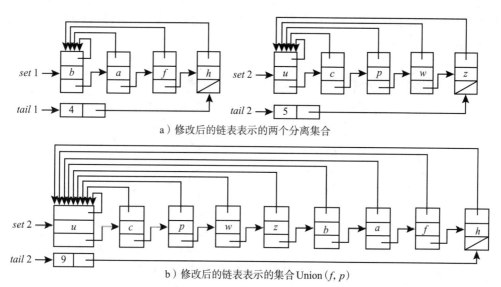

a）修改后的链表表示的两个分离集合

b）修改后的链表表示的集合 Union (f, p)

图 B-2   用修改后的链表表示图 B-1 中的分离集合，以及它们的合并操作

证明：我们把所需时间分成两部分。第一部分是做 Union 操作时，更新元素指针所需的时间。第二部分是其余操作所需时间。因为除去第一部分所要的时间，任何一个操作，包括 Make-Set、Find-Set 和 Union（不含指针更新），都只需要 $O(1)$ 的时间。因此，第二部分所需的总时间是 $O(m)$。现在来估计第一部分的时间。因为共有 n（$n < m$）个 Make-Set 操作，所以不同元素的个数是 n。因此，任何一个集合最多含有 n 个元素。假设元素 x 是其中一个元素。我们算一下它指向表头的指针最多会被更新多少次。因为当元素 x 的指针被更新时，它所在的链表长度一定比另一个被合并（Union）的链表短或相等，所以，当元素 x 的指针被更新后，它所在的新链表的长度一定大于或等于更新前的链表长度的两倍。因为链表的长度最多是 n，所以元素 x 的指针最多会被更新 $\lfloor \lg n \rfloor$ 次。那么，n 个元素总共被更新指针的次数不超过 $n \lfloor \lg n \rfloor = O(n \lg n)$ 次。因此，第一部分的时间是 $O(n \lg n)$，定理得证。∎

B.2   用树林表示分离集合

这一节我们讨论如何用一个树林来表示一个分离集合。做法是，用一棵根树把每个集合中的元素组织起来，集合中的元素与树的结点一一对应。代表集合识别符的元素对应树的根结点。树中每个结点除了含有对应的元素外，还有一个指向父亲结点的指针，根结点的指针指向自己。当然，每个结点必须有一条路径通往树根。这样，一组分离集合可用一组根树（也就是树林）来表示。图 B-3 给出了用树林表示的图 B-2 中分离集合的例子。

用一棵根树来表示一个分离集合，那么 Make-Set(x) 操作就是构造一棵只含一个元素 x 的树，显然只需要 $O(1)$ 时间。在树中进行 Find-Set(y) 的操作可以顺着指向父亲的指针从点 y 走到根，便可以找到元素 y 所在集合的代表元素和识别符。这一步所需时间不是 $O(1)$，而是与从点 y 到根的路径长度成正比。为了使下一次 Find-Set 的操作比较快，我们采用"路径压缩"（path compression）技术。这个方法是，在进行 Find-Set(y) 时，把从点 y 到根的路径上每个点的父亲指针更新为指向树根。图 B-4 解释了这个方法。显然，这使得这些点以及以这些点为根的子树中所有点到根的路径大大缩短，从而有效缩短之后对它们进行 Find-Set 操作所需的时间。

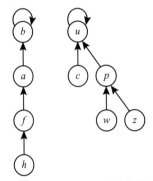

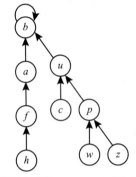

a）两棵根树表示的两个分离集合　　　　b）根树表示的 Union (f, p) 产生的集合

图 B-3　用树林表示的图 B-2 中的分离集合

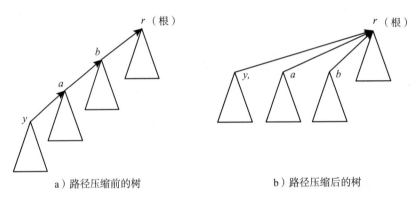

a）路径压缩前的树　　　　　　　b）路径压缩后的树

图 B-4　路径压缩技术的图示

对树林表示的一组分离集合进行 Union 的操作比较简单和方便，如图 B-3 所示，只要把其中一棵树的根变为另一棵树的根的儿子即可。为了使合并后的树有利于此后的 Find-Set 操作，我们总是把较矮的一棵树并入另一棵较高的树。这个做法称为 "Union by rank"（按秩合并）。为此，我们给每个结点引入一个属性 "秩"（rank）。简单来说，一个结点 x 的秩，记为 $x.rank$，它是以 x 为根的子树的高的一个上界。当我们建立含一个元素，即一个结点的树时，这个结点的秩是 0。当我们进行 Union(x, y) 操作时，如果点 x 所属的树的根 r_1 的秩小于点 y 所属的树的根 r_2 的秩，$r_1.rank < r_2.rank$，那么就把 r_1 作为儿子连到根 r_2 上，而所有点的秩不变。如果两个树根的秩相同，$r_1.rank = r_2.rank$，则可取任一树根，比如 r_1，使之成为另一树根的儿子。有一点要注意。如果 $r_1.rank = r_2.rank$，r_1 成为 r_2 的儿子，那么 r_2 的秩需要加 1，而其他所有点的秩都不变。Union 的操作显然只需要 $O(1)$ 时间。

如果没有 Find-Set 中路径压缩的操作，那么显然可见，任一个点的秩就等于以该结点为根的子树的高。因为路径压缩的操作把许多点到根的距离大大缩短，使得根的秩可能比树的高度大。例如，在图 B-4 中，如果路径压缩前，距离根 r 最远的点在以 y 为根的子树中而其他子树中的点距离根 r 都很近，那么路径压缩后，以 r 为根的树的实际高度会减小 2。被压缩的路径越长，树高会减小越多。因为我们在路径压缩的操作中不更新任何点的秩，所以一个结点的秩不一定等于以该结点为根的子树的高，但一定是这个子树高的上界。显然，在 Find-Set(x) 和 Find-Set(y) 之后，Union(x, y) 操作只需要 $O(1)$ 时间。下面我们给出这些操作的伪代码。为此，我们假定，存于结点 x 的数据单元有以下的几个属性：

- $x.key$ 是结点 x 对应的元素的识别符；
- $x.rank$ 是结点 x 在树中的秩；
- $x.parent$ 是结点 x 在树中指向它父亲的指针。

下面是 Make-Set、Find-Set 和 Union 的操作算法。

```
Make-Set(x)
1   x.key←元素 x 本身的识别符
2   x.parent ← x        // 结点 x 的父亲是 x 自己
3   x.rank ← 0
4   End
```

```
Find-Set(x)
1   if x ≠ x.parent        // 如果 x 不是根
2   then    y ← x.parent
3   x.parent ← Find-Set (y)        // 递归地找到 y 的树根后，更新 x 的父亲指针
4   endif                          // 同时实现了路径压缩
5   return x.parent                // x 的父亲指针一定指向根，即集合的代表元素
6   End
```

```
Link (x,y)        //Union 操作的一个子程序，x 和 y 是两个要合并的树根
1   if x.rank > y.rank        // 如果 x 的秩大
2   then y.parent ← x         // 点 y 的父亲更新为 x
3   else x.parent ← y         // 否则，点 y 是 x 的父亲
4   if x.rank=y.rank          // 检查秩是否相等
5           then y.rank=y.rank+1
6   endif
7   endif
8   End
```

显然，Link 操作只需要 $O(1)$ 时间。

```
Union (x,y)
1   u ← Find-Set(x)
2   v ← Find-Set (y)
3   if u ≠ v
4   then Link (u,v)        // 如果 u=v, 则不做任何事
5   endif
6   End
```

B.3 树林表示的分离集合的操作复杂度

在上一节我们介绍了用树林表示一组分离集合的方法以及对其进行各种操作的算法。这一节，我们分析它们的复杂度。假设 S 是出现在所有分离集合中的元素的集合，$|S| = n$。我们将证明，对树林表示的一组分离集合进行 m 个分离集合的操作，其中有 $n(n<m)$ 个 Make-Set 操作和 $m - n$ 个 Find-Set 或 Union 操作，那么，总的时间复杂度是 $O(\alpha(n)m)$。这里，$\alpha(n)$ 是一个增长极慢的函数，它是函数 $A_k(1)$（视 k 为变量）的反函数。函数 $A_k(1)$，类似于 Ackermann 函数，是一个增长极快的函数。下面我们先定义函数 $A_k(1)$，然后对分离集合的操作算法做详细分析。

B.3.1   一个增长极快的函数 $A_k(1)$ 及其反函数 $\alpha(n)$

给定两个整数，$k \geqslant 0$ 和 $j \geqslant 1$，我们定义函数 $A_k(j)$ 如下：

$$A_k(j) = \begin{cases} j+1, & \text{如果} k = 0 \\ A_{k-1}^{(j+1)}(j), & \text{如果} k \geqslant 1 \end{cases}$$

函数 $A_k(j)$ 中的 k 称为它的阶（level），$A_{k-1}^{(j+1)}(j)$ 是函数 $A_{k-1}(j)$ 迭代 $j+1$ 次的符号。准确定义是：

$$A_{k-1}^{(1)}(j) = A_{k-1}(j), \qquad\qquad \text{// 迭代一次就是函数本身}$$

$$A_{k-1}^{(2)}(j) = A_{k-1}\left(A_{k-1}^{(1)}(j)\right) = A_{k-1}\left(A_{k-1}(j)\right),$$

$$\cdots$$

$$A_{k-1}^{(j+1)}(j) = A_{k-1}(A_{k-1}^{(j)}(j)) = A_{k-1}(A_{k-1}(\ldots(A_{k-1}(j))\ldots)) \quad \text{（一共 $j+1$ 个 A_{k-1}）}。$$

由此可见，当 $k = 0$ 时，由定义，$A_k(j)$ 等于 $A_0(j) = j+1$，否则它等于低一阶函数 $A_{k-1}(j)$ 迭代 $j+1$ 次。根据这个定义，我们可以直接算出阶是 1 和 2 时，$A_k(j)$ 的非递归表达式如下：

$$A_1(j) = A_0^{(j+1)}(j) = A_0\left(A_0\left(\ldots(A_0(j))\ldots\right)\right) \qquad\qquad \text{（一共 $j+1$ 个 A_0）}$$

$$= A_0\left(A_0\left(\ldots(A_0(j+1))\ldots\right)\right) \qquad\qquad \text{（一共 j 个 A_0）}$$

$$= \cdots$$

$$= A_0(j+j)$$

$$= 2j+1$$

$$= 2(j+1) - 1$$

我们注意到，如果 $J = 2^k(j+1) - 1 (k \geqslant 1)$，那么 $2J + 1 = 2[2^k(j+1) - 1] + 1 = 2^{k+1}(j+1) - 1$，所以有：

$$A_2(j) = A_1^{(j+1)}(j) = A_1\left(A_1\left(\ldots(A_1(j))\ldots\right)\right) \qquad \text{（一共 $j+1$ 个 A_1）}$$

$$= A_1\left(A_1\left(\ldots(A_1(2(j+1) - 1))\ldots\right)\right) \qquad \text{（由 $A_1(j) = 2(j+1) - 1$，共 j 个 A_1）}$$

$$= A_1\left(A_1\left(\ldots(A_1(2^2(j+1) - 1))\ldots\right)\right) \qquad \text{（一共 $j-1$ 个 A_1）}$$

$$= A_1\left(A_1\left(\ldots(A_1(2^3(j+1) - 1))\ldots\right)\right) \qquad \text{（一共 $j-2$ 个 A_1）}$$

$$= \cdots$$

$$= 2^{j+1}(j+1) - 1$$

因为 $k \geqslant 3$ 时，$A_k(j)$ 的非递归表达式已非常复杂，我们只考虑 $j = 1$ 的情形。我们有如下推导：

$$A_3(1) = A_2^{(2)}(1) = A_2(A_2(1))$$

$$= A_2(2^2(1+1) - 1)$$

$$= A_2(7)$$

$$= 2^{7+1}(7+1) - 1$$

$$= 2047$$

下面，让我们计算一下 $A_4(1)$。

$$A_4(1) = A_3^{(2)}(1) = A_3(A_3(1))$$
$$= A_3(2047)$$
$$= A_2^{(2048)}(2047)$$
$$= A_2(A_2(\cdots(A_2(2047))\cdots)) \qquad （一共 2048 个 A_2）$$
$$>> A_2(A_2(\cdots(A_2(2^{2048}))\cdots)) \qquad （一共 2047 个 A_2）$$
$$> A_2(A_2(\cdots(A_2(10^{600}))\cdots)) \qquad （一共 2047 个 A_2）$$

由上面演算可知 $A_4(1)$ 是个难以想象的大数字。那么它的反函数一定增长很慢。准确地讲，我们定义它的反函数 $\alpha(n)$ 如下：

$$\alpha(n) = \min\{k \mid A_k(1) \geqslant n\}$$

换句话说，$\alpha(n)$ 就是最小的阶 k 使得 $A_k(1) \geqslant n$。由上面分析知，对所有可以想象到的应用问题，$\alpha(n) \leqslant 4$。另外，不难看出，函数 $A_k(j)$ 随着 j 和 k 严格地递增。

B.3.2　秩的两个特点

我们知道，对于树林表示的分离集合，Make-Set 和 Link 操作都只要 $O(1)$ 时间，所以我们讨论的重点是如何证明 Find-Set(x) 只要 $O(\alpha(n))$ 的时间。因为 Find-Set(x) 需要的时间与点 x 到树根的路径长度成正比，而这个长度的上界是树根的秩 (rank)，所以我们有必要总结一下秩的特点。在 B.2 节中，我们指出，任一点的秩等于或大于以该点为根的子树的高度。由简单推理，我们还得到秩的如下两个特点：

特点 1：如果 x 不是根，那么它的秩严格小于其父结点的秩，即 $x.rank < x.parent.rank$。如果 x 是根，则有 $x.rank = x.parent.rank$。

证明：如果 x 是根，则有 $x = x.parent$，所以有 $x.rank = x.parent.rank$，特点 1 正确。如果 x 不是根，考虑点 x 第一次成为另一个点 y 的儿子时的情形。显然，路径压缩操作是不可能使得 x 第一次成为儿子的，因为这时它已经是路径中某个点的儿子了。只有 Link(x, y) 操作才能使 x 第一次成为某个点 y 的儿子。而且，如果点 x 成为点 y 的儿子，则在 Link(x, y) 操作之前，必须有 $x.rank \leqslant y.rank$。如果是 $x.rank < y.rank$，那么在 Link 操作后，点 x 和点 y 的秩不变。如果是 $x.rank = y.rank$，那么在 Link 操作后，点 y 的秩加 1。这就证明了，如果 x 不是根，那么，在 x 第一次成为另一点 y 的儿子时，必有 $x.rank < y.rank$，即 x 的秩严格小于其父结点的秩。

下面，我们证明，x 的秩要永远严格小于其父结点的秩。我们注意到以下几点：1）只有根的秩可能增加；2）不是根的点永远不会成为根，也永远不会改变它的秩；3）任何点的秩不会减少。所以，如果点 x 的父亲 y 不变，那么点 x 的秩会永远地严格小于其父亲 y 的秩。但是，要想改变父亲，只有在路径压缩时才有可能。这时，点 x 的父亲改为它所属的树的根结点 z。我们证明，路径压缩后，仍然有关系 $x.rank < z.rank$。

我们用反证法证明。假设点 x 是第一个这样的点，通过路径压缩，使 $x.rank \geqslant z.rank$。我们证明这不可能。这是因为，要想这样，必须有 $y \neq z$，而当前的父亲 y 是路径上的一点。又因为点 x 是第一个这样的点，即通过路径压缩，使 $x.rank$ 大于等于它新的父亲 z 的秩，所以，在该次路径压缩前，没有任何点（树根除外）的秩大于等于它父亲的秩。所以，从点 x 到点 y 到点 z 的路径上，逐点的秩严格递增，我们有 $x.rank < y.rank < z.rank$。因为路径压缩不改变所有结点的秩，所以，路径压缩后也有关系 $x.rank < z.rank$。这与假设矛盾。

因此，点 x 的秩会永远地严格小于其父结点的秩，特点 1 正确。 ∎

特点 2：从任一点 x 到树根的路径上，每个点的秩严格地单调递增。并且，每个点的秩都不超过 $n-1$。

证明：由特点 1 已知，从点 x 到树根的路径上，每个点的秩都严格小于其父亲的秩，直到树根。因此，从点 x 到树根的路径上，每下一个点的秩严格地单调递增。我们又注意到，只有 Link (x, y) 操作才会使 x 或 y 的秩加 1，但是要求 x 和 y 必须是树根。因为 Link (x, y) 操作后，其中一个树根（x 或 y）会不再是树根，不可以再参加 Link 操作，所以 Link 操作的总次数不会超过 $n-1$，否则，树林中所有 n 个点都不是树根了，这不可能。因此，点 x 的秩从 0 开始最多可以增加 $(n-1)$ 次，它的秩不超过 $n-1$。 ∎

B.3.3　势能函数的设计

因为我们要用势能法来证明，Find-Set 的平摊时间是 $\alpha(n)$，我们为表示分离集合的树林设计一个势能函数（参考第 17 章）。我们将为树林中每一个点 x 定义一个势能函数 $\varphi(x)$，而所有点的势能函数之和 $\Phi = \sum_{x \in s} \varphi(x)$ 就是这个树林的势能函数。

首先，如果点 x 是一个树根，或者 $x.rank = 0$，那么 $\varphi(x)$ 定义为 $\varphi(x) = \alpha(n) \times x.rank$。否则，点 x 不是树根，而且 $x.rank \geqslant 1$。我们为这样的点 x 先定义两个辅助函数。

辅助函数 1：点 x 的层次函数 $level(x)$。它的定义是：

$$level(x) = \max\{k \mid A_k(x.rank) \leqslant x.parent.rank\}$$

点 x 的层次 $level(x)$ 就是函数 $A_k()$ 最大的阶 k 使得 x 的秩 $x.rank$ 的函数值 $A_k(x.rank)$ 不超过其父结点的秩。不难看出，点 x 的层次函数满足关系：

$$0 \leqslant level(x) \leqslant \alpha(n) - 1$$

这是因为，由秩的特点 1，$x.rank < x.parent.rank$，故有 $x.parent.rank \geqslant x.rank + 1 = A_0(x.rank)$，所以有 $level(x) \geqslant 0$。

又因为，函数 $A_k(j)$ 随着 j 和 k 严格地递增，我们有：

$$
\begin{aligned}
A_{\alpha(n)}(x.rank) &\geqslant A_{\alpha(n)}(1) &&（因为 x.rank \geqslant 1）\\
&\geqslant n &&（由 \alpha(n) 的定义）\\
&> x.parent.rank &&（由秩的特点 2）
\end{aligned}
$$

所以有 $0 \leqslant level(x) \leqslant \alpha(n) - 1$。

辅助函数 2：点 x 的迭代等级函数 $iteration(x)$。它的定义是：

$$iteration(x) = \max\{i \mid A_{level(x)}^{(i)}(x.rank) \leqslant x.parent.rank\}$$

点 x 的迭代等级 $iteration(x)$ 就是当点 x 的层次 $k = level(x)$ 确定后，函数 $A_k(x.rank) = A_{level(x)}(x.rank)$ 最多可以迭代的次数 i，使得 $A_{level(x)}^{(i)}(x.rank)$ 仍然不超过其父结点的秩。点 x 的迭代等级函数满足关系：

$$1 \leqslant iteration(x) \leqslant x.rank$$

这是因为，由 $level(x)$ 的定义，$x.parent.rank \geqslant A_{level(x)}(x.rank) = A_{level(x)}^{(1)}(x.rank)$，所以，显然有 $iteration(x) \geqslant 1$。另外，$iteration(x)$ 不可能大于 $x.rank$，否则，就会有 $x.parent.rank \geqslant A_{level(x)}^{(x.rank+1)}(x.rank) = A_{level(x)+1}(x.rank)$。再由 $level(x)$ 的定义，就有 $level(x) \geqslant level(x) + 1$，从而产生矛盾。

点 x 的层次函数和迭代等级函数体现了点 x 的秩和其父结点的秩之间的距离。现在我

们定义点 x 的势能函数 $\varphi(x)$ 如下：

势能函数：

$$\varphi(x) = \begin{cases} a(n) \times x.rank, & \text{如果} x \text{是根或} x.rank = 0 \\ [a(n) - level(x)] \times x.rank - iteration(x), & \text{如果} x \text{不是根并且} x.rank \geqslant 1 \end{cases}$$

为了方便叙述，我们假定每个元素 x 在 Make-Set(x) 之前对应一个势能为 0 的无结点的空树。所以，表示分离集合的树林的初始势能为 0。我们用 $\varphi_q(x)$ 表示对树林进行了 q 次操作后，点 x 的势能，用 $\Phi_q = \sum_{x \in s} \varphi_q(x)$ 表示 q 次操作后，树林的势能。如 $q = 0$，树林不含结点，每个元素 x 有 $\varphi_0(x) = 0$，并且有 $\Phi_0 = 0$。下面的引理给出函数 $\varphi(x)$ 的变化范围。

引理 B.2　假设 x 是表示分离集合的树林中一个结点，$\varphi_q(x)$ 是树林经过 $q(\geqslant 0)$ 次操作后的点 x 的势能，那么 $\varphi_q(x)$ 满足：$0 \leqslant \varphi_q(x) \leqslant \alpha(n) \times x.rank$。

证明： 如果 $q = 0$，我们有 $\varphi_0(x) = 0$，引理显然满足。如果经过第 $q(\geqslant 1)$ 次操作，点 x 仍然不在树里，或是根，或 $x.rank = 0$，那么由定义，我们分别有 $\varphi_q(x) = \varphi_0(x) = 0$，或 $\varphi_q(x) = \alpha(n) \times x.rank$，显然满足 $0 \leqslant \varphi_q(x) \leqslant \alpha(n) \times x.rank$。所以，我们假设，经过第 $q(\geqslant 1)$ 次操作，点 x 不是根，并且 $x.rank \geqslant 1$。由上面对辅助函数 $level(x)$ 和 $iteration(x)$ 的讨论，我们有：

$$0 \leqslant level(x) \leqslant \alpha(n) - 1, \quad 1 \leqslant iteration(x) \leqslant x.rank。$$

因此，点 x 的势能满足以下关系：

$$\varphi_q(x) = [\alpha(n) - level(x)] \times x.rank - iteration(x)$$
$$\geqslant [\alpha(n) - (\alpha(n) - 1)] \times x.rank - x.rank$$
$$= x.rank - x.rank$$
$$= 0$$

再因为 $level(x) \geqslant 0$，$iteration(x) \geqslant 1$，所以有：

$$\varphi_q(x) \leqslant [\alpha(n) - 0] \times x.rank - 1$$
$$= \alpha(n) \times x.rank - 1$$
$$< \alpha(n) \times x.rank$$

因此，引理 B.2 成立。　∎

由引理 B.2 知，$\varphi(x)$ 是满足定义要求的合法的势能函数。

B.3.4　Union 和 Find 算法复杂度的平摊分析

经过前面几节准备，我们在这一节讨论对表示分离集合的树林进行 m 次操作所需的时间复杂度。这 m 次操作包括 $n(n < m)$ 个 Make-Set 操作和 $m - n$ 个 Find-Set 或 Union 操作。我们将证明每次操作的平摊时间是 $O(\alpha(n))$，从而总的复杂度是 $O(\alpha(n)m)$。

为准确起见，我们假定有 k 个 Union 操作，$k \leqslant (m - n)$。因为 Union(x, y) 的操作有三步，即 $u \leftarrow$ Find-Set(x)，$v \leftarrow$ Find-Set(y)，Link(u, v)，我们把每个 Union 操作拆为这三个操作。这样一来，我们有：n 个 Make-Set 操作，$(m - n + k)$ 个 Find-Set 操作，k 个 Link 操作。总的操作个数是 $m' = n + (m - n + k) + k = m + 2k$。所以问题变为对树林进行 m' 次操作所需的时间复杂度。这 m' 次操作包括 $n(< m < m')$ 个开始的 Make-Set 操作和 $(m' - n)$ 个 Link 或 Find-Set 操作。因为 m 和 m' 等阶，$m = \Theta(m')$，所以原问题的渐近复杂度等于以下问题的渐近复杂度：假设我们对表示分离集合的树林进行了一系列 m 个分离集合的操作，其中有 n 个开始的 Make-Set 操作，以及 $m - n$ 个 Link 或 Find-Set 操作，分析这 m 个操作的时间复杂度。

注意，这里没有 Union 操作，它已被分解为 3 个操作。我们先分析一下这些操作对势能函数的影响。如前面所讨论的，Make-Set 操作不增减势能，它只有实际使用的时间复杂度 $O(1)$。下面的引理讨论 Link 操作和 Find-Set 操作对势能函数 $\varphi(x)$ 的影响。

引理 B.3　假设结点 x 不是根结点，而第 q 次操作是 Link 操作或 Find-Set 操作，那么操作后点 x 的势能 $\varphi_q(x)$ 小于等于操作前的势能 $\varphi_{q-1}(x)$，即 $\varphi_q(x) \leqslant \varphi_{q-1}(x)$。更进一步，如果 $x.rank > 0$，并且操作后 x 的层次 $level(x)$ 或迭代等级 $iteration(x)$ 有变化，那么 $\varphi_q(x) \leqslant \varphi_{q-1}(x) - 1$。

证明：因为点 x 不是根，所以第 q 次操作不改变点 x 的秩 $x.rank$。如果 $x.rank = 0$，那么，操作前后点 x 的势能都是 0，因而有 $\varphi_q(x) = \varphi_{q-1}(x) = 0$，引理成立。所以，我们假设 $x.rank > 0$。这时，虽然第 q 次操作后 $x.rank$ 不变，但是它的父亲的秩 $x.parent.rank$ 可能变大而导致 $level(x)$ 可能变大，或者 $level(x)$ 不变但 $iteration(x)$ 变大。

如果 $level(x)$ 和 $iteration(x)$ 都不变，那么因为 $\alpha(n)$ 是不变的，点 x 的势能 $\varphi(x) = [\alpha(n) - level(x)] \times x.rank - iteration(x)$ 也不会变。所以有 $\varphi_q(x) = \varphi_{q-1}(x)$，引理得证。

如果 $level(x)$ 或者 $iteration(x)$ 变了，我们用 $level_{q-1}(x)$ 和 $iteration_{q-1}(x)$ 表示第 q 次操作前的层次和迭代等级，$level_q(x)$ 和 $iteration_q(x)$ 表示第 q 次操作后的层次和迭代等级，我们有如下分析：

1）如果 $level(x)$ 变大了，$level_{q-1}(x) + 1 \leqslant level_q(x)$，那么，我们有：

$$
\begin{aligned}
\varphi_q(x) - \varphi_{q-1}(x) &= [level_{q-1}(x) - level_q(x)] \times x.rank + (iteration_{q-1}(x) - iteration_q(x)) \\
&\leqslant -x.rank + (iteration_{q-1}(x) - iteration_q(x)) \\
&\leqslant -iteration_q(x) \qquad （因为 iteration_{q-1}(x) \leqslant x.rank） \\
&\leqslant -1 \qquad\qquad （因为 iteration_q(x) \geqslant 1）
\end{aligned}
$$

所以有 $\varphi_q(x) \leqslant \varphi_{q-1}(x) - 1$。

2）如果 $level(x)$ 不变，但是 $iteration(x)$ 变大了，$iteration_{q-1}(x) + 1 \leqslant iteration_q(x)$，那么，我们有：$\varphi_q(x) - \varphi_{q-1}(x) = iteration_{q-1}(x) - iteration_q(x) \leqslant -1$。

所以，如果 $level(x)$ 或者 $iteration(x)$ 变了，就有 $\varphi_q(x) \leqslant \varphi_{q-1}(x) - 1$，引理得证。　■

下面的定理是这个附录的主要结果。它给出对分离集合的树林进行 m 次操作所需的时间复杂度。

定理 B.4　假设我们对表示某分离集合的树林进行了一系列 m 个分离集合的操作，其中包括 $n(n < m)$ 个 Make-Set 操作，以及 $m - n$ 个 Link 或 Find-Set 操作，那么，总的时间复杂度是 $O(\alpha(n)m)$。

证明：我们对三种操作分别进行平摊分析。

（1）Make-Set(x)

该操作建立一个 $rank$ 为 0 的点 x 并使 $\varphi(x) = 0$，Make-Set 操作不增减势能。所以，它的实用时间和平摊时间都是 $O(1)$。

（2）Link(x, y)

假设这是第 q 次操作。操作前，点 x 和 y 都是树根。操作后，不妨设点 x 是树根，点 y 是 x 的儿子。点 x 的秩可能不变，可能加 1。由 $\varphi(x) = \alpha(n) \times x.rank$ 知，它的势能最多增加 $\alpha(n)$，即

$$
\varphi_q(x) - \varphi_{q-1}(x) \leqslant \alpha(n)
$$

再看点 y。操作前，点 y 的势能是 $\varphi(y) = \alpha(n) \times y.rank$。操作后，$y.rank$ 不变。如果

$y.rank = 0$，那么操作后的势能仍然是 $\varphi(y) = \alpha(n) \times y.rank$，$\varphi_q(y) - \varphi_{q-1}(y) = 0$。

如果 $y.rank \geqslant 1$，那么，操作后的势能是 $\varphi(y) = [\alpha(n) - level(y)] \times y.rank - iteration(y)$。所以有

$$\varphi_q(y) - \varphi_{q-1}(y) = -level(y) \times y.rank - iteration(y)$$

因为 $level(y) \geqslant 0$，$iteration(x) \geqslant 1$，因此有：

$$\varphi_q(y) - \varphi_{q-1}(y) \leqslant -1$$

因为 Link(x, y) 的实际使用时间是 $O(1)$，而势能（包括点 x 和 y）最多增加 $\alpha(n)$，所以该操作的平摊时间是 $O(\alpha(n))$。

（3）Find-Set(x)

这个操作的主要工作是修改从点 x 到树根 r 的路径 P 上每个点的指针，使它们直接指向根。当然，它最后还要报告根的标识符。所以它的实用时间与这条路径的长度成正比。假设这条路径上有 s 个点。那么这个操作的实用时间是 $O(s)$。

现在分析一下这个操作产生的势能的变化。由 B.3.2 节秩的特点 2，从任一点到树根的路径上，每个点的秩严格地单调递增。并且，每个秩都不超过 $n-1$。因为 Find-Set(x) 不改变点 x 所在的树的根 r 的秩，所以根 r 的势能不变，操作前后，根 r 的势能都是 $\varphi(r) = \alpha(n) \times r.rank$。如果点 x 的 $rank$ 是 0，那么点 x 的势能也不变，$\varphi(x) = \alpha(n) \times x.rank = 0$。所以我们只需要考虑路径上除了根以及秩等于 0 的点以外的点。设这样的点有 p 个，$p = s-1$ 或 $s-2$（点 x 的秩可能为 0，可能不为 0）。由引理 B.3 知，这些点的势能只会减少，不会增加。另外，如果该操作改变了某点的层次或迭代等级，那么该点的势能至少减 1。下面我们证明，这些点中最多有 $\alpha(n)$ 个点可能不改变它的层次或迭代等级。

我们把这些点按它们操作前的层次分组。因为任一点 u 的层次满足 $0 \leqslant level(u) \leqslant \alpha(n) -1$，所以最多可分成 $\alpha(n)$ 组。我们证明，沿路径 P 的方向，每一组中最后一个点的 $level$ 和 $iteration$ 在操作后也许不变，但是其余点的 $level$ 或 $iteration$ 一定会变。当然，如果某组只含一个点，那么这个点也是该组最后一个点。假设点 u 属于第 k 组，但不是最后一个，而点 v 是该组中最后一个。我们有如下分析：

1）操作前的函数关系。

$level(u) = level(v) = k$

$u.parent.rank \geqslant A_k(u.rank)$　　　（由 $level(u) = k$ 定义）

$u.parent.rank \geqslant A_k^{(i)}(u.rank)$　　　（这里，$i = iteration(u)$）

$v.rank \geqslant u.parent.rank$　　　（层次严格递增，点 v 是 u 的父亲或更高祖先）

所以有：

$v.parent.rank \geqslant A_k(v.rank) \geqslant A_k(u.parent.rank) \geqslant A_k[A_k^{(i)}(u.rank)] = A_k^{(i+1)}(u.rank)$。

如果 $i = u.rank$，那么 $v.parent.rank \geqslant A_k^{(i+1)}(u.rank) = A_{k+1}(u.rank)$。

否则，$v.parent.rank \geqslant A_k^{(i+1)}(u.rank)$。

2）操作后的函数关系。

Find-Set(x) 操作后，路径上这 p 个点的父亲都是根 r。因为它们的 $rank$ 不变，而根 r 的 $rank$ 最大，所以有：

$r.rank \geqslant v.parent.rank \geqslant A_{k+1}(u.rank)$　　　（如果 $i = u.rank$）

或者

$r.rank \geqslant A_k^{(i+1)}(u.rank)$　　　（如果 $i < u.rank$）

所以，$level(u)$ 或 $iteration(u)$ 在操作后一定有变化。层次 $level(u)$ 会从 k 变为至少 $(k+1)$，或者 $iteration(u)$ 由 i 变为至少 $(i+1)$。那么，由引理 B.3，点 u 的势能在操作后至少减少 1。

因为像点 u 这样的点，即每组里非最后的点的个数至少有 $\max\{0, p-\alpha(n)\}$ 个，所以 Find-Set(x) 操作后，树林的势能减少至少 $\max\{0, p-\alpha(n)\} \geqslant \max\{0, s-2-\alpha(n)\}$。所以有：

如果 $s-2-\alpha(n) \geqslant 0$，那么 Find-Set($x$) 的平摊时间是 $O[(s) - (s-2-\alpha(n))] = O(\alpha(n))$。

否则，$s < 2 + \alpha(n)$，Find-Set(x) 的平摊时间是 $O(s) = O(\alpha(n))$。

因为每一种操作的平摊时间都是 $O(\alpha(n))$，那么一系列 m 个分离集合的操作总的时间复杂度是 $O(\alpha(n)m)$。∎

参考文献

［1］王晓东. 计算机算法设计与分析［M］. 3 版. 北京：电子工业出版社，2007.

［2］傅清祥，王晓东. 算法与数据结构［M］. 2 版. 北京：电子工业出版社，2001.

［3］齐德昱. 数据结构与算法［M］. 北京：清华大学出版社，2003.

［4］LIU C L. Elements of Discrete Mathematics［M］. 2nd ed. New York：MaGraw-Hill，1985.

［5］CORMEN T H，LEISERSON C E，RIVEST R L，et al. Introduction to Algorithms ［M］. 3rd ed. Cambridge：The MIT Press，2009.

［6］KLEINBERG J，TARDOS E. Algorithm Design［M］. Boston：Addison-Wesley，2014.

［7］REINGOLD E M，NIEVERGELT J，DEO N. Combinational Algorithms，Theory and Practice［M］. New Jersey：Prentice-Hall，1977.

［8］EDELSBRUNNER H. Algorithms in Combinatorial Geometry［M］. Berlin：Springer-Verlag，1987.

［9］GAREY M R，JOHNSON D S. Computers and Intractability，A Guide to the Theory of NP-Completeness［M］. New York：Freeman，1979.

［10］PAPADIMITRIOU C H，STEIGLITZ K. Combinatorial Optimization：Algorithms and Complexity［M］. New Jersey：Prentice-Hall，1982.

［11］HOROWITS E，SAHNI S，RAJASEKARAN S. Computer Algorithms/C++［M］. New York：Computer Science Press，1997.

［12］BAASE S. Computer Algorithms，Introduction to Design and Analysis［M］3rd ed. New York：Addison-Wesley，2000.

［13］LEVITIN A. Introduction to the Design and Analysis of Algorithms［M］. 3rd ed. Boston：Pearson，2012.

［14］AHO A V，HOPCROFT J E，ULLMAN J D. The Design and Analysis of Computer Algorithms［M］. Massachusetts：Addison-Wesley，1974.

［15］AHUJA R K，MAGNANTI T L，ORLIN J B. Network Flows，Theory，Algorithms，and Applications［M］. New Jersey：Prentice-Hall，1993.

［16］EVEN S. Graph Algorithms［M］. Maryland：Computer Science Press，1979.

［17］BONDY J A，MURTY U S R. Graph Theory with Applications［M］. London：The Macmillan Press Ltd.，1976.

［18］HOCHBAUM D S. Approximation Algorithms for NP-hard problems［M］. Boston：PWS，1997.

［19］JOHNSONBAUGH R. Discrete Mathematics［M］. 7th ed. New Jersey：Pearson-

Prentice Hall，2009.

[20] PREPARATA F P，SHAMOS M L. Computational Geometry，An introduction [M]. New York：Springer-Verlag，1985.

[21] BOLLOBAS B，FENNER T I，FRIEZE A M. On the Best Case of Heapsort [J]. Journal of Algorithms，1996，20：205-217.

[22] TARJAN R E. Data Structures and Network Algorithms [M]. Philadelphia：SIAM，1983.